U0221408

天目山动物志

（第十一卷）

脊椎动物卷

<table>
<tr><td>总 主 编</td><td>吴 鸿</td><td>王义平</td><td>杨星科</td><td>杨淑贞</td></tr>
<tr><td>本 卷 主 编</td><td>鲁庆彬</td><td>杨淑贞</td><td></td><td></td></tr>
<tr><td>本卷副主编</td><td>徐爱春</td><td>赵明水</td><td>庞春梅</td><td>赵金富</td></tr>
</table>

ZHEJIANG UNIVERSITY PRESS
浙江大学出版社

图书在版编目(CIP)数据

天目山动物志.第十一卷/吴鸿等总主编;鲁庆彬,
杨淑贞本卷主编.—杭州:浙江大学出版社,2021.4
ISBN 978-7-308-21159-8

Ⅰ.①天… Ⅱ.①吴… ②鲁… ③杨… Ⅲ.①天目山—
动物志 Ⅳ.①Q958.525.53

中国版本图书馆 CIP 数据核字(2021)第 041567 号

天目山动物志（第十一卷）

总 主 编　吴　鸿　王义平　杨星科　杨淑贞

本卷主编　鲁庆彬　杨淑贞

责任编辑	沈国明
责任校对	冯其华
封面设计	刘依群
出版发行	浙江大学出版社
	（杭州市天目山路 148 号　邮政编码 310007）
	（网址：http://www.zjupress.com）
排　　版	浙江时代出版服务有限公司
印　　刷	浙江省邮电印刷股份有限公司
开　　本	787mm×1092mm　1/16
印　　张	24
插　　页	26
字　　数	680 千
版 印 次	2021 年 4 月第 1 版　2021 年 4 月第 1 次印刷
书　　号	ISBN 978-7-308-21159-8
定　　价	180.00 元

FAUNA OF TIANMU MOUNTAIN

Volume XI

Vertebrate

Editor-in-Chief	Wu Hong	Wang Yiping
	Yang Xingke	Yang Shuzhen
Volume Editor	Lu Qingbin	Yang Shuzhen
Volume Vice-Editor	Xu Aichun	Zhao Mingshui
	Pang Chunmei	Zhao Jinfu

ZHEJIANG UNIVERSITY PRESS
浙江大学出版社

《天目山动物志》编辑委员会

顾　　问　印象初（中国科学院院士）
主　　任　俞建明
副 主 任　章滨森　吾中良　俞志飞　张国荣　刘海峰
秘 书 长　王义平
副秘书长　杨淑贞
委　　员　（按姓氏音序排列）

卜文俊　卜　云　陈德牛　陈学新　杜予州　郭　瑞
何俊华　黄复生　黄俊浩　李后魂　李利珍　刘国卿
刘　周　鲁庆彬　罗　远　庞春梅　祁祥斌　乔格侠
任国栋　石福明　孙长海　王义平　魏美才　吴　鸿
武三安　谢广林　徐爱春　薛晓峰　杨　定　杨莲芳
杨淑贞　杨　潼　杨星科　尹文英　张道川　张　锋
张润志　张雅林　赵金富　赵明水　周文豹

EDITORIAL COMMITTEE OF FAUNA OF TIANMU MOUNTAIN

Advisor　Yin Xiangchu
Director　Yu Jianming
Vice Director　Zhang Binsen　Wu Zhongliang　Yu Zhifei　Zhang Guorong
　　　　　　　Liu Haifeng
Secretary-general　Wang Yiping
Vice Secretary-general　Yang Shuzhen

Committee members	Bu Wenjun	Bu Yun	Chen Deniu
Chen Xuexin	Du Yuzhou	Guo Rui	He Junhua
Huang Fusheng	Huang Junhao	Li Houhun	Li Lizhen
Liu Guoqing	Liu Zhou	Lu Qingbin	Luo Yuan
Pang Chunmei	Qi XiangBin	Qiao Gexia	Ren Guodong
Shi Fuming	Sun Changhai	Wang Yiping	Wei Meicai
Wu Hong	Wu San'an	Xie Guanglin	Xu Aichun
Xue Xiaofeng	Yang Ding	Yang Lianfang	Yang Shuzhen
Yang Tong	Yang Xingke	Yin Wenying	Zhang Daochuan
Zhang Feng	Zhang Runzhi	Zhang Yalin	Zhao Jinfu
Zhao Mingshui	Zhou Wenbao		

参加编写单位

浙江农林大学
浙江天目山国家级自然保护区管理局
中国计量大学
临安区衣锦小学

Participated Units

Zhejiang A & F University
Administration of Zhejiang Tianmushan National Nature Reserve
China Jiliang University
Yijin Primary School of Lin'an District

本卷编著者

总论　　　　　　　　　　　　　　　　　　　　　鲁庆斌（浙江农林大学）

鱼纲　　　鲁庆斌[1]　赵明水[2]　（1.浙江农林大学；2.浙江天目山国家级自然保护区管理局）

两栖纲　　杨淑贞[1]　鲁庆斌[2]　（1.浙江天目山国家级自然保护区管理局；2.浙江农林大学）

爬行纲　　　　　　　　　　　　　　　杨淑贞[1]　鲁庆斌[2]　罗远[1]

　　　　　　（1.浙江天目山国家级自然保护区管理局；2.浙江农林大学）

鸟纲　　　　　　　　　　　　　　　赵金富[1]　庞春梅[2]　鲁庆斌[3]

　　　　　（1.临安区衣锦小学；2浙江天目山国家级自然保护区管理局；3.浙江农林大学）

哺乳纲　　　　　　　　　　　　　　徐爱春[1]　鲁庆斌[2]　祁祥斌[3]

　　　　　（1.中国计量大学；2.浙江农林大学；3.浙江天目山国家级自然保护区管理局）

Authors

Pandect

Lu Qingbin (Zhejiang A & F University)

Pisce

Lu Qingbin[1], Zhao Mingshui[2] (1. Zhejiang A & F University; 2. Administration of Zhejiang Tianmushan National Nature Reserve)

Amphibia

Yang Shuzhen[1], Lu Qingbin[2] (1. Administration of Zhejiang Tianmushan National Nature Reserve; 2. Zhejiang A & F University)

Reptilia

Yang Shuzhen[1], Lu Qingbin[2], Luo Yuan[1] (1. Administration of Zhejiang Tianmushan National Nature Reserve; 2. Zhejiang A & F University)

Aves

Zhao Jinfu[1], Pang Chunmei[2], Lu Qingbin[3] (1. Yijin Primary School of Lin'an District; 2. Administration of Zhejiang Tianmushan National Nature Reserve; 3. Zhejiang A & F University)

Mammalia

Xu Aichun[1], Lu Qingbin[2], Qi Xiangbin[3] (1. China Jiliang University; 2. Zhejiang A & F University; 3. Administration of Zhejiang Tianmushan National Nature Reserve)

序

　　动物是生态系统中最重要的组成部分,在地球生态系统的物质循环和能量流动中发挥着重要作用。野生动物也是生物进化历史产物和人类社会的宝贵财富。近年来,因气候等自然环境的变化,以及人为干扰等影响,野生动物与人类间的和谐关系遭到一定程度的破坏,人与野生动物间的矛盾越来越突出。对一个地区动物区系的研究,会极大地丰富我国生物地理的知识,对保护和利用动物资源具有重要的意义。记录一个地区的动物区系,是比较动物区系组成变化、环境变迁、气候变化的重要历史文献。

　　天目山脉位于浙江省,属南岭山系,是我国著名山脉之一。山上奇峰怪石林立,深沟峡谷众多,地质地貌复杂多变,生物种类繁多,珍稀物种荟萃。天目山动物资源的研究历来受到国内外的重视,是我国著名的动物模式标本产地。新中国成立后,大批动物学分类工作者对天目山进行广泛的资源调查,积累了丰富的原始资料。自 2011 年起,《天目山动物志》在此基础上,依据动物种群生物习性与规律,按照不同时间,有序组织国内动物分类专家进驻天目山进行野外动物调查、标本采集和鉴定等工作,该系列志书的出版是这些专家们多年研究的智慧结晶。

　　《天目山动物志》是一项具有重要历史和现实意义的艰巨工程,先后累计有 20 余所科研院所的 100 多位专家学者参加编写,其中有两位中国科学院院士。该志书按照动物进化规律次序编排,内容涵盖无脊椎到脊椎动物的主要门类。执笔撰写的作者都是我国著名的动物学分类专家。该志书不仅有严谨的编写规范,而且体现很高的学术价值,各类群种类全面、描述规范、鉴定准确、语言精炼,附有大量物种鉴别特征插图,便于读者理解和参阅。

　　该志书反映当地野生动物资源现状和利用情况,具有非常重要的科学意义和实际应用价值。不仅有助于人们全面了解天目山及其丰富的动物资源,还可供农、林、牧、畜、渔、生物学、环境保护和生物多样性保护等工作者参考使用。《天目山动物志》的问世必将以它丰富的科学资料和广泛的应用价值为我国的动物学文献宝库增添新的宝藏。

中国科学院院士
中国科学院动物研究所研究员、所长

2013 年 12 月 12 日于北京

前　言

　　天目山位于浙江省西北部,在杭州市临安区境内,主峰海拔 1506m,是浙江西北部主要高峰之一。有东、西两峰遥相对峙,两峰之巅各天成一池,形如天眼,故而得名。天目山属南岭山系,位于中亚热带北缘,是"江南古陆"的一部分,为我国著名山脉之一。气候具有中亚热带向北亚热带过渡的特征,并受海洋暖湿气流的影响较深,形成季风强盛、四季分明、气候温和、雨水充沛、光照适宜、复杂多变的森林生态气候类型。

　　天目山峰峦叠翠,古木葱茏,素有"天目千重秀,灵山十里深"之说。天目山物种繁多,珍稀物种荟萃,以"大树华盖"和"物种基因宝库"享誉天下。天然植被面积大,而且保存完整,森林覆盖率高,拥有区系成分非常复杂、种群十分丰富的生物资源和独特的环境资源,构成了以地理景观和森林植被为主体的稳定的自然生态系统。保护区现面积为 4284hm²,区内有高等植物 249 科 1044 属 2347 种,其中银杏、金钱松、天目铁木、独花兰等 40 种被列为国家重点保护植物,浙江省珍稀濒危植物 38 种,野生银杏为世界唯一幸存的中生代孑遗植物;天目山有兽类、鸟类、爬行类、两栖类、鱼类等脊椎动物近 400 种,其中属国家重点保护的野生动物有云豹、金钱豹、梅花鹿、黑麂、白颈长尾雉和中华虎凤蝶等 40 余种。由于生物丰富多样,天目山在1996 年加入联合国教科文组织人与生物圈保护区网络,成为世界级保护区;在 1999 年被中宣部和科技部等单位认定为"全国科普教育基地"和"全国青少年科技教育基地"。

　　天目山动物考察活动已有 100 多年历史。外国人的采集活动主要集中于 20 世纪 40 年代之前,采集标本数量大,影响深远。我国早期动物学家留学回国后,也纷纷到天目山考察,并发表了一系列论文。所有这些,为天目山闻名世界奠定了基础。50 年代之后,天目山更成为浙、沪、苏、皖等地多所高校的理想教学实习场所。中国科学院动物研究所、中国科学院上海昆虫研究所(现为中国科学院上海生命科学研究院植物生理生态研究所)、中国农业大学、南京农业大学、复旦大学、西北农学院(现为西北农林科技大学)、杭州植物园以及北京、天津、上海和浙江等省、市的自然博物馆的许多专家曾到天目山采集动物标本,发现不少新种和新记录。当时浙江的各高校,如原浙江农业大学(现为浙江大学)、原浙江林学院(现为浙江农林大学)、原杭州大学(现为浙江大学)、原杭州师范学院(现为杭州师范大学)等学校的师生更是常年在天目山进行教学实习和考察,还有 2001 年《天目山昆虫》的出版,都为本次研究奠定了坚实基础。众多动物学家来天目山考察,并发表大量新属、新种,使天目山成为模式标本的重要产地,从而进一步确立了天目山在动物资源方面的国际地位。

　　野生动物是生物多样性的重要组成部分,开发野生动物资源,首先必须认识动物、给每种动物以正确的名称,通过详细表述并记录动物种类、自然地理分布、生物学习性、经济价值与利用等信息,规范各类动物物种的种名和学名,对特有种、珍稀种、经济种等重大物种的保护管理、研究利用等事件做客观记载,为后人进一步认识动物提供翔实的依据。本动物志引证详尽、描述细致,既有国家特色,又有全球影响,既有理论创新,又密切联系地方生产实际。因此,本动物志是一项浩大的系统工程,是反映地方乃至国家动物种类家底、动物资源,永续利用动物多样性的信息库和社会的宝贵财富;也是反映一个国家或地区生物科学基础水平的标志之一,是永载史册并造福于子孙万代的系统科学工程;还是国际上多学科、多部门一直密切关注的课题之一。

为系统、全面地了解天目山动物种类的组成、发生情况、分布规律,为保护区规划设计、保护管理和资源合理利用提供基本资料,在 1999 年 7 月和 2011 年 7 月,浙江天目山国家级自然保护区管理局、浙江农林大学(原浙江林学院)等单位共同承担了国家林业局"浙江天目山自然保护区昆虫资源研究"和全球环境基金项目"天目山自然保护区野生动物调查监测和数据库建设"。经过 13 年的工作,共采集动物标本 45 万余号,计有 5000 余种,其中有大量新种和中国新记录属种。

《天目山动物志》的出版不仅便于大家参阅,也为读者更全面、系统地了解天目山动物资源,了解这个以"大树王国"著称的绿色宝库,提供了丰富的资料和理论研究基础。同时,本动物志的出版还有助于推进生物多样性保护、构建人与自然和谐共生的生态环境,为自然保护区的规划设计、管理建设和开发利用提供重要的科学依据,从而真正发挥出自然保护区的作用和功能,对构建国家生态文明,以及建设"绿色浙江""山上浙江""生态浙江"和推进"五水共治"均具有重要意义。同时,对于解决人类共同面临的水源、人口、粮食、资源、环境和生态安全等全球性问题,本动物志的出版也具有十分重要的战略意义和深远影响。

《天目山动物志》的编撰出版得到了中国科学院上海生命科学研究院植物生理生态研究所尹文英院士、河北大学印象初院士、中国科学院动物研究所陈德牛教授、中国科学院水生生物研究所杨潼教授、浙江大学何俊华教授和南京农业大学杨莲芳教授等国内动物学家的关怀和指导,得到了国家林业局、浙江省林业厅和浙江农林大学等单位的领导和同行的关心和鼓励,得到了浙江天目山国家级自然保护区广大干部职工的大力支持;中国科学院动物研究所所长康乐院士欣然为本动物志作序。在此,谨向所有关心、鼓励、支持和指导、帮助我们完成本动物志编写的单位和个人表示热诚的感谢。

由于我们水平有限,错误或不足之处在所难免,殷切希望读者朋友对本书提出批评和建议。

《天目山动物志》编辑委员会

2014 年 2 月

本卷前言

天目山自然条件优越,动物资源十分丰富。这些宝贵的大自然资源,在维护本地区生态系统的稳定和保持生物多样性等方面,一直发挥着重要的作用。由于规划管理、科学研究等部门的工作者以及广大动物爱好者,包括大量大中学生,迫切要求见到天目山的动物志书,以作为进一步开展工作和学习的依据,故作此志书。

在长期研究的基础上,总结了国内外、省内外其他动物学工作者的大量调查研究资源,历时数年,在《天目山动物志》编辑委员会的直接领导下,经过全体编写人员的密切合作和辛勤劳动,完成了本卷的编著工作。

本卷是一部全面系统地论述天目山脊椎动物资源的专著。全卷采用最新版的分类系统体系,即依据蒋志刚等(2016)的《中国脊椎动物红色名录》和蒋志刚等(2017)的《中国哺乳动物多样性(第二版)》。全卷包括总论、鱼纲、两栖纲、爬行纲、鸟纲和哺乳纲等六个部分,并相对独立地分篇编写,编写提要如下:

(一)总论

包括自然概况、研究概况、生态动物地理群和区系的划分。

(二)各论

简述各纲、目、科、属的主要形态特征、习性、地理分布,并就本卷各目、科、属和种列出相应检索表。

(三)种的记述

名称:包括中文名、学名和别名。

形态:描述种的体型、体色,雌雄个体差异大的分别描述其体型和体色;哺乳纲包括重要头骨的特征和齿式。这些描述立足于能使读者辨识物种。

生态:包括栖息环境、生活习性、食性及其他。

地理分布:先概述在天目山的分布,再记载国内外的分布情况,鸟纲还记述了居留情况。

在编写过程中,虽然力求做到内容的科学性、完整性、实用性和通俗性,但由于本卷门类广泛,包括了整个脊椎动物,加上编著者的水平及原有的调查研究还不够充分,错误和不完善之处在所难免,冀盼广大读者在参考使用中,随时提出批评和建议,以便今后修订补充。

本卷得到浙江省林业厅、浙江农林大学等单位的领导和同行的关心和帮助,得到浙江天目山国家级自然保护区广大工作人员的大力支持。在此,谨向所有关心、鼓励、支持和指导我们完成本卷编写的单位和个人表示热诚的感谢。

编著者

2020 年 4 月于临安

目　　录

浙江天目山国家级自然保护区（以下简称天目山）位于经济发达、交通便捷的浙江省西北部杭州市临安区境内，地理坐标为 119°23′28″～119°28′27″E、30°18′30″～30°24′55″N。1956 年被国家林业部划定为森林禁伐区，1975 年由浙江省人民政府建立为省级自然保护区，1986 年经国务院批准成为全国首批 20 个国家级自然保护区之一，1996 年被联合国教科文组织接纳为国际人与生物圈保护区网络成员。目前，天目山总面积 42.84km²，主峰仙人顶海拔 1505.7m，是一个以保护生物多样性和森林生态系统为重点的野生动植物类型国家级自然保护区。

第一章　天目山自然概况

一、地形地质

天目山脉是江南古陆的一部分，在数亿年间，随着地质运动，从汪洋大海中浮现，继而拔地而起，经天地锤炼，终有青山朗润之姿。

天目山脉属南岭山系，是浙江西北部最大山脉，自江西怀玉山经安徽黄山蜿蜒入境，横亘临安区西北部。其山脉总体从西北走向东南，自清凉峰（海拔 1787m）开始向东北绵延，经昌化的道场坪进入於潜的铜岭关、千秋关；至老虎坪后，山势渐升，形成东、西天目山两高峰，其最高峰为仙人顶（海拔 1505.7m），晋代郭璞诗云："天目山垂两乳长，龙飞凤舞到钱塘。"进入玲珑境内，自西向东山势渐降，至杭州形成武林诸山，经余杭、安吉至德清境内，构成莫干山，最后没于长江三角洲平原。

天目山峰峦起伏延绵，山地主要由中生代火山岩组成。地形复杂，奇峰怪石林立，地貌形态多变，地表结构以中山—深谷、丘陵—宽谷及小型山间盆地为特色，海拔 1000m 以上的山峰较多。海拔 450m 以上区域，多悬崖陡壁、深沟峡谷，构成奇特岩石地貌景观；海拔 450m 以下区域，则发育出岩溶地貌，形成华严溶洞等，构成低山地形。

从区域地质构造看，褶皱受基底构造控制，山体呈北东和北西向，局部呈南东向，一般较平缓，倾角在 25° 到 35° 之间。与火山接触带或断裂带，产状变化较大，个别地段倾角在 45° 到 60° 之间。局部地段地层产状混乱，难以分辨。

二、水系

天目山脉是长江和钱塘江水系的分水岭。天目山南坡诸水（主要包括东关溪、西关溪、双清溪、正清溪等），汇合为天目溪，往东南入紫溪，流经桐庐注入钱塘江。

天目山的水为低钠、低矿化度优质水，其补给来源主要为大气降水和植被凝结水。其水质多为重碳酸型，矿化度＜0.1g/L，pH 值约为 7。水质变化主要受地层岩性的影响，侏罗系上统黄尖组分布区为碳酸氢镁（钠＋钾）型水，奥陶系下统、寒武系上统碎屑岩和碳酸盐岩分布区为碳酸氢钙型水，均属低钠、低矿化度的优质水。

三、气候

天目山的气候具有丘陵向平原、中亚热带向北亚热带过渡的特征:季风强盛、四季分明、气候温和、雨量充沛、光照适宜。由于区内自然植被茂盛、林木葱郁,地貌多样,故天目山具有复杂多变的森林生态气候。

天目山年日照时数为1550~2200h。山体上、下层日照丰富,为1800~2000h;中层丘陵地带因雾日较多,日照偏少,在1750h以下。无霜期203~284天,降雪持续天数在80天以上,年雨日平均181.4天,年均降水量1822.2mm,有明显的区域差异。风向多东北风或西南风,春季多西南风,秋季风向不定,冬季多西北风;年平均风速0.9m/s,最大风速19.0m/s。

天目山年平均气温为8.8~15.8℃。受地形变化和海拔高低的影响,年平均气温随海拔高度呈线性变化,海拔每升高100m,平均气温递减0.48℃。常年1月为最冷月,由山麓至山顶气温平均为3.4~-2.6℃。极端最低气温为-20.2℃。

四、植被

天目山区内森林植被类型丰富,森林覆盖率达98.2%,已知有高等植物249科1042属2351种,区系起源古老,孑遗植物多,区系成分复杂,具有明显的温带植物区系特征,特有植物和珍稀植物多,被誉为"天然植物园"。

天目山地质古老,受第四纪冰川影响不深,加上历来都受到人类保护,植被没有遭受过重大破坏,计有苔类植物22科33属70种,藓类植物39科110属240种,蕨类植物29科60属110种,种子植物167科716属1570余种,其中木本植物86科277属675种。常绿树种主要有:壳斗科的青冈栎属、栎属和石栎属,樟科的樟属、紫楠属和润楠属,山茶科的柃木属和山茶属,还有杜鹃花科的杜鹃属、山矾科的山矾属、冬青科的冬青属等。落叶树种主要有槭树科、蔷薇科、豆科、壳斗科的栗属和水青冈属、樟科的木姜子属和山胡椒属,另外桦木科、胡桃科、木兰科等种类也较多。据记载,天目山有800多种野生名贵药材,如於术、竹节人参、天麻、天目贝母、八角金盘、短萼黄连等。

天目山分布有国家重点保护植物18种,其中国家一级保护野生植物有银杏、天目铁木、南方红豆杉等3种;国家二级保护野生植物有金钱松、榧树、羊角槭、连香树、樟树、浙江楠、野大豆、花榈木、鹅掌楸、凹叶厚朴、金荞麦、香果树、黄山梅、七子花、榉树等15种。以天目山命名的植物达37种之多,模式标本产地植物有89种。

五、景观资源

天目山保存着长江中下游典型的森林植被类型,其森林景观以"古、大、高、稀、多、美"称绝。"古":天目山保存有中生代孑遗植物野生银杏,被誉为"活化石",其自然景观有"五代同堂""子孙满堂"等;"大":天目山现有需三人以上合抱的大树400余株,享有"大树王国"之美誉;"高":天目山金钱松的高度居国内同类树之冠,最高者已达60余米,被称为"冲天树";"稀":天目山有许多特有树种,以"天目山"命名的动植物有85种;"多":自然保护区内国家珍稀濒危植物有35种,茂密的植被则庇护了37种国家级珍稀保护动物;"美":林林总总的各色植物,构成一幅蔚为壮观的森林画面,千树万枝,重峦叠嶂,四季如画。

天目山历史悠久,拥有璀璨夺目的绿色文化、宗教文化,是儒、道、佛等文化熔于一休的名山。东汉道教大宗师张道陵在此修炼多年,现有遗迹"张公舍"。梁代昭明太子萧统隐居于天目山太子庵潜心读书,留有"洗眼池""太子庵"等景点。唐代李白、宋代苏轼、元代张羽、明代刘基等文人墨客都曾上天目山游览并留下优美的诗章,现存有"太白吟诗石"等人文景观。清代乾隆皇帝也曾上山览胜,并赐封"大树王"。1939年,周恩来同志在禅源寺百子堂作团结抗日演讲。因此天目山具有丰富的人文景观和文化内涵,颇具魅力。

第二章　天目山野生动物研究概况

天目山野生动物的文字记载最早可追溯到战国时期,《山海经》第一卷载:"柜山⋯⋯又东五百里,曰浮玉之山,北望具区,东望诸毗。有兽焉⋯⋯苕水出其阴⋯⋯"。之后数千年,中国古代社会的重"文"思想,抑制了人的创造力,天目山有关自然科学方面的成果较少。直到19世纪末,德国学者配德斯发表第一个以"天目"命名的昆虫模式标本——天目缘花天牛。

20世纪早期,先后有法国、德国、日本、捷克斯洛伐克、苏联、匈牙利等国学者到天目山考察和采集标本,发表了诸多天目山模式标本。不少文人学士和宗教人士也频繁来到天目山游览和考察,留下了丰富的人文景观。新中国成立后,天目山的主要管理工作是天然林禁伐和森林防火。1975年3月,浙江省革命委员会批准天目山为浙江省省级自然保护区。与此同时,相关的野生动物研究工作得以提速,并于1979年8月6日汇编成《关于天目山自然风景区情况的调查报告》。1983年5—6月,浙江博物馆专家在天目山华严洞,发掘出大熊猫、中国犀、东方剑齿象等古动物化石,属晚更新世。

进入80年代后,国际交流不断增加,学术活动更加活跃。1986年7月9日,国务院批转林业部《关于审定国家级森林和野生动物类型自然保护区请示的通知》,天目山晋升为国家级森林和野生动物类型自然保护区。1987年1月,由浙江省林业厅牵头,邀请16所大专院校及科研单位组成自然资源综合考察队,首次调查天目山自然资源本底,历时两年半。保护区在完成了自然资源、人文资源综合考察的基础上,1991年6月,新编《西天目山志》由浙江人民出版社出版;1992年4月,编纂完成《浙江天目山国家级自然保护区自然资源综合考察报告》。期间,先后有德国、加拿大、日本、美国、泰国、朝鲜、荷兰、英国、瑞士、法国等国专家考察天目山。1993年3月5日,《西天目山志》被选送北京参加"全国地方志成果展览会"展出,并获得浙江省地方志优秀成果二等奖。

随着天目山知名度的增加,与科研相关的工作也随之开展和完善。1998年8月10日,临安市人民政府颁发《天目山自然保护区管理办法》。1998年11月1—4日,中央电视台科教中心专题系列片《让生命永存——生物多样性保护与可持续发展》摄制组来天目山拍摄。保护区先后与浙江林学院(现为浙江农林大学)、加拿大贵富大学、浙江大学及复旦大学等达成科研合作和教学实习关系。1998—2000年完成"天目山自然保护区昆虫资源研究"课题,共记录天目山昆虫4纲33目351科2342属4209种,出版了《天目山昆虫》。期间国内外各类专家先后莅临天目山,开展了文学、书画、宗教、旅游等方面的研创工作。

进入21世纪,各种科研成果相继问世。2000年12月29日,《天目山自然保护区昆虫资源研究》课题鉴定会在临安市举行。2001年12月,《天目山昆虫》由科学出版社出版。2002—2003年完成了保护区内古树名木资源的调查工作,鉴定出古树名木100种5511株,隶属43科73属,建立了天目山古树名木档案。2006年3月10日,《天目山国家示范保护区建设项目可行性研究报告》评审会在杭州举行。2007—2009年开展的"天目山植物资源综合研究"工作,邀请了省内外10多家研究院所的60多位专家、学者参与。2010年出版了《天目山植物志》。2011年启动了为期3年的"天目山动物志"调查工作。保护区完成的《天目山植物多样性与珍稀濒危物种保育关键技术研究》,获 2013 年浙江省科学技术奖二等奖。

为了完善管理体系,天目山管理局开展了一系列工作。2004 年编制了《浙江天目山自然保护区总体规划》,2005 年编制了《浙江天目山自然保护区旅游总体规划》,二者都报国家林业局审批通过,从而明确了保护区的管理目标。2006 年,保护区建成远程视频监控系统。2010 年,保护区与浙江农林大学、浙江省林业科学研究院、南京林业大学、浙江省生态环境监测中心等单位合作建成了完善的森林生态系统监测基础设施,并成为国家林业局陆地生态系统定位研究网络的成员。2011 年,建立了护林巡护系统,从而提高了生物多样性保护水平,使保护区管理工作更加有效。2012 年底,天目山自然保护区管理局成为副处级公益性事业单位,管护、办公设施齐全,管理人员结构合理。目前,天目山各类系统已实现常态化运营,为进一步科学研究提供了良好的条件和完善的研究平台,为区域生物多样性保护对策的制订及动植物栖息地恢复与重建提供科学依据。

在宣传教育方面,天目山自然保护区管理局做了大量的工作,有力地促进了保护区的保护管理和科学研究。保护区开辟了多条教学科普途径,如建设科普教育路径 20 余公里,制作了植被、树种解说牌 2000 余块,服务周边社区青少年校外科技活动及华东区 30 余所大专院校野外多学科人才培养计划。保护区还撰写与编制了大量文章、书籍、图片、影视等多样化科普作品,通过现场、媒体、网络等平台传播,同时开展"走进天目山,亲近大自然""天目山红色之旅""古树名木认养""大地之野自然教室"等特色科普活动,传播生物多样性知识与科学保护理念,提升民众的生态保护意识。2008 年 5 月 3 日,国家林业局、中国野生动物保护协会和中央电视台到天目山拍摄《绿野寻踪》专题片。60 年来,保护区累计接待国内外青少年 30 余万人次,其中大专院校学生 12 万余人次,由此先后被中国科协评定为"A"级国家级科普教育基地,被国家教育部批准为理科教育基地和农科教育基地。

第三章　天目山野生动物的区系组成

天目山多样的自然环境,养育了各种野生动物,这些野生动物在与环境的协同进化中形成了独特的区系和复杂多样的动物群落。

天目山具有显著的大陆性气候特征,四季分明,森林覆盖度高,溪流丰富,所以水栖和半水栖的鱼类和两栖类在此分布较多,分别有 52 种和 23 种。适应性更强的鸟类和哺乳类,在天目山分布的种类和数量也不少于其他地区,其中鸟类约有 190 种,占全国总种数的 13.92%;哺乳类约有 66 种,占全国总种数的 10.35%。

天目山位于古北界和东洋界交界的中心处,所以古北界、东洋界物种都比较丰富,而广布种也不少。由于天目山地理环境较为独特,森林效应明显,形成了冬暖夏凉的小气候,其野生动物区系组成中,偏向于东洋界的物种较多,其中两栖类占 91.30%,爬行类占 87.04%,鸟类占 56.84%,哺乳类占 74.24%。

一、鱼纲

天目山的鱼纲动物资源比较丰富,现存有 52 种,分属 6 目 16 科 44 属。从区系组成看,可分为以下 6 个鱼类区系复合体。

1. 北方平原鱼类区系复合体:为栖息于北半球北部亚寒带地区,向南分布残留下来的种类。保护区仅有鳅科的中华花鳅 1 种,占总种数的 1.92%。

2. 江河平原鱼类区系复合体:为新生代第三纪由热带迁入中国长江、黄河流域平原区的种类,在特有自然气候条件下逐渐演化成地区性物种,成为我国淡水鱼类区系的主要组成部分。包括鲤科的雅罗鱼亚科和鮈亚科的大部分种类,及鲌亚科、鲴亚科、鳡亚科、鲢亚科、鳅鮀亚科与鲈形目鮨科的鳜属。保护区有鳙、鲢、鲤、鲫、似鳊、鳘、贝氏鳘、红鳍鲌、鳊、大眼华鳊、团头鲂、大鳞鲴、圆吻鲴、宽鳍鱲、马口鱼、青鱼、草鱼、赤眼鳟、无须鳔、唇鲾、花鲻、似鲻、小鰁、黑鳍鰁、细纹颌须鮈、似鮈和倒刺鲃等 27 种,占总种数的 51.92%。

3. 上第三纪鱼类区系复合体:被认为形成于新生代第三纪早期的北半球温热带地区,可以说是中国土生土长的本地种类。包括胭脂鱼科、鲤亚科的麦穗鱼、鳅科的泥鳅及鮠科。保护区有麦穗鱼、泥鳅和鮠等 3 种,占总种数的 5.77%。

4. 热带平原鱼类区系复合体:分布于中国亚热带及热带,主要栖息于南部各省水系。包括鲤科中鲃亚科大部分种类及雅罗鱼亚科、鲌亚科、鮈亚科的个别种,鳅科的薄鳅;鲇形目的鲿科;鳉形目、合鳃目、鲈形目中的塘鳢科、鰕虎鱼科、攀鲈鱼科、鳢科、刺鳅科。保护区有棒花鱼、光唇鱼、张氏薄鳅、原缨口鳅、圆尾拟鲿、黄颡鱼、光泽拟鲿、青鳉、鳝鱼、刺鳅、中国少鳞鳜、斑鳜、波纹鳜、河川沙塘鳢、子陵吻鰕虎鱼、波氏吻鰕虎鱼、乌鳢和月鳢等 18 种,占总种数的 34.62%。

5. 中印山区鱼类区系复合体:分布于印度及中国南部热带及亚热带山区,多活动于急流中,有鲃亚科个别种、平鳍鳅科、鮡科等。保护区有鳗尾鮡和福建纹胸鮡 2 种,占总种数的 3.85%。

6. 海水区系复合体:为北温带近海物种,长期以来适应了淡水生态环境,部分终生生活在淡水中。包括鳗鲡、刀鲚、银鱼、鲚、河鲀等种类。保护区仅有鳅科的日本鳗鲡1种，占总种数的1.92%。

二、两栖纲

天目山的两栖纲动物资源较为丰富，现存有23种，占全国两栖纲动物总种数的5.68%，分属3目9科20属。从区系地理分布看，华中区有10种，占该区总种数的43.48%；华中华南区有11种，占47.83%；广布种有2种，占8.70%。从分布型看，东洋型有5种，占该区总种数的21.74%；南中国型有16种，占69.57%；季风区型有2种，占8.70%。根据其主要栖居方式，分为5种生态类群。

1. 静水型：有阔褶水蛙、弹琴蛙、金线侧褶蛙、黑斑侧褶蛙和虎纹蛙等5种，占总种数的21.74%。

2. 陆栖—静水型：有安吉小鲵、中华蟾蜍、小弧斑姬蛙、饰纹姬蛙、镇海林蛙和泽陆蛙等6种，占总种数的26.09%。

3. 流水型：有中国瘰螈、秉志肥螈、东方蝾螈、大树蛙、斑腿泛树蛙、小竹叶蛙、凹耳臭蛙、天目臭蛙和棘胸蛙等9种，占总种数的39.13%。

4. 陆栖—流水型：有淡肩角蟾和华南湍蛙2种，占总种数的8.70%。

5. 树栖型：有中国雨蛙1种，占总种数的4.35%。

由此可见，天目山两栖类生态类型以流水型为最多，陆栖—静水型和静水型次之，这与天目山具有较多的林区溪流和由复杂地形形成的多样的积水池塘等密切相关。

三、爬行纲

天目山的爬行纲动物资源很丰富，现存有54种，占全国爬行纲动物总种数的11.79%，分属2目13科44属。从区系地理分布看，古北界有6种，占该区总种数的11.11%；东洋界有3种，占5.56%；华中华南区有32种，占59.26%；华中区有12种，占22.22%；广布种有1种，占1.85%。从分布型看，东洋型有12种，占该区总种数的22.22%；南中国型有35种，占64.81%；季风区型有6种，占11.11%；广布种1种，占1.85%。根据其主要栖居方式，可分为6种生态类群。

1. 陆栖型：栖息于森林、灌丛、草地及路面等各类陆地环境的物种。保护区有黄缘闭壳龟、蓝尾石龙子、中国石龙子、铜蜓蜥、宁波滑蜥、脆蛇蜥、黑脊蛇、白头蝰、山烙铁头蛇、福建华珊瑚蛇、中华珊瑚蛇、纹尾斜鳞蛇、福建颈斑蛇、颈棱蛇、钝尾两头蛇、滑鼠蛇、翠青蛇、黑头剑蛇、紫灰蛇、玉斑蛇、王锦蛇和双斑锦蛇等22种，占总种数的40.74%。

2. 陆栖—静水型：栖息于各类陆地和池塘、水库及水田等静水区域的物种。保护区有银环蛇、舟山眼镜蛇、乌梢蛇、赤链蛇、红纹滞卵蛇、草腹链蛇、锈链腹游蛇、赤链华游蛇和异色蛇等9种，占总种数的16.67%。

3. 陆栖—流水型：栖息于各类陆地和溪流、水渠等流水区域的物种。保护区有中华鳖、平胸龟、山溪后棱蛇、虎斑颈槽蛇和乌华游蛇等5种，占总种数的9.26%。

4. 水栖型：栖息于各类流水和静水等区域的物种。保护区有乌龟和中国沼蛇2种，占总种数的3.70%。

5. 树栖型：栖息于各类木本、草本植物上及建筑物上的物种。保护区有铅山壁虎、多疣壁虎和灰腹绿蛇等3种，占总种数的5.56%。

6. 陆栖—树栖型:栖息于各类陆地和植物上的物种。保护区有北草蜥、中国钝头蛇、尖吻蝮、短尾蝮、原矛头蝮、福建绿蝮、绞花林蛇、灰鼠蛇、中国小头蛇、黄链蛇、刘氏链蛇、黑背链蛇和黑眉晨蛇等 13 种,占总种数的 24.07%。

由此可见,天目山爬行动物的生态类型以陆栖型为最多,陆栖—树栖型和陆栖—静水型次之,这与天目山具有丰富的森林植被和由此形成的多种积水区等密切相关。

四、鸟纲

天目山的鸟纲动物资源极为丰富,现存有 190 种,分属 16 目 50 科 124 属。从区系组成看,东洋界有 108 种,占该区总种数的 56.84%;古北界有 67 种,占 35.26%;广布种有 15 种,占 7.89%。从居留型看,夏候鸟有 30 种,占总种数的 15.79%;冬候鸟有 34 种,占 17.89%;留鸟有 107 种,占 56.32%;旅鸟有 19 种,占 10%。根据其主要栖居方式,分为 3 个生态群落。

1. 山地森林鸟类群落:天目山的自然资源以山地森林资源为主,占全部资源 80% 以上。这里除了林地资源外,还包括林中和林下植物、野生动物、土壤微生物及其他自然环境因子等资源。林地包括乔木林地、疏林地、灌木林地、林中空地、采伐迹地、火烧迹地、苗圃地和国家规划宜林地。栖息于天目山森林的鸟类有隼形目、鸡形目、鸽形目、鹃形目、鸮形目、夜鹰目、啄木鸟目的鸟类和雀形目的部分鸟类,约 110 种,占鸟类总种数的 60% 左右。

2. 草地鸟类群落:天目山自然资源中有一部分是草地资源,占总面积不到 10%,大部分位于海拔 1000m 以上,主要是常绿灌草丛,也有落叶成分。天目山草地植物种类组成以温带至亚热带广域分布的科属为优势,尤其是杜鹃花科的杜鹃属、越橘属、吊钟花属、马醉木属植物,部分地区还有白栎灌丛。草丛则以禾本科的芒属、野古草属、野青茅属、金茅属为优势。栖息于天目山草地的鸟类有雀形目的部分鸟类,包括扇尾莺科、鳞胸鹪鹛科、鹡鸰科、梅花雀科的鸟类和鹟莺科、雀科、莺科及鸦科的部分鸟类,约 20 种,占鸟类总种数的 10% 左右。

3. 湿地鸟类群落:天目山的资源中还有一部分是湿地资源,占总面积不到 10%。一般湿地指地表经常水饱和或者常年或短期有浅层积水(内陆水深界定为 2m 以内;沿海界定为 6m 以内),土壤为水成土,植被为湿生、沼生或水生植物占优势的土地类型。湿地具有陆地和水域无法替代的多种功能和价值。栖息于天目山湿地的鸟类有鹛鹛目、鹳形目、雁形目、鹤形目、雨燕目、佛法僧目、戴胜目的鸟类和雀形目的部分鸟类,约 60 种,占天目山鸟类总种数的 30% 左右。从物种数与面积比看,湿地鸟类无疑是最丰富的。

五、哺乳纲

天目山的哺乳纲动物资源十分丰富,现存有 66 种,分属 8 目 23 科 51 属。从区系组成看,东洋界有 49 种,占该区总种数的 74.24%;古北界有 12 种,占 18.18%;广布种有 5 种,占 7.58%。从分布型看,可分为 6 个分布类型。

1. 古北型:该类物种的分布区横贯欧亚大陆寒温带,在我国向南通过东北、新疆延伸至亚热带地区。保护区有黄鼬、水獭、野猪、巢鼠、小家鼠、黑线姬鼠和褐家鼠等 7 种,占总种数的 10.61%。

2. 全北型:该类物种的分布区除了横贯欧亚大陆寒温带,还包括北美,在我国,一些林栖或适应于湿润气候的物种沿季风区向南渗透。保护区有狼和赤狐 2 种,占总种数的 3.03%。

3. 季风型:该类物种主要分布于欧亚非大陆的低纬度至中纬度地区,有些物种的分布区可扩展至欧亚大陆的温带,它们大多属于喜湿种类,故多回避中亚干旱地区。保护区有东亚伏翼、貉、中华斑羚和东方田鼠等 4 种,占总种数的 6.06%。

4. 东洋型:该类物种主要分布于印度半岛、中南半岛及附近岛屿,向北伸入我国南部热带和亚热带地区。保护区有臭鼩、灰麝鼩、中华菊头蝠、皮氏菊头蝠、大菊头蝠、普氏蹄蝠、彩蝠、普通伏翼、猕猴、穿山甲、豺、黄喉貂、猪獾、大灵猫、小灵猫、豹猫、云豹、金猫、食蟹獴、中华鬣羚、中国豪猪、赤腹松鼠、中华竹鼠、针毛鼠、北社鼠、黄胸鼠、黄毛鼠、大足鼠、青毛巨鼠和白腹巨鼠等 30 种,占总种数的 45.45%。

5. 南中国型:该类物种主要分布于我国亚热带以南地区,不少种类可向南伸入中南半岛北部。保护区有华南缺齿鼹、喜马拉雅水麝鼩、山东小麝鼩、白尾梢麝鼩、小菊头蝠、大足鼠耳蝠、黄腹鼬、鼬獾、果子狸、华南梅花鹿、毛冠鹿、黑麂、小麂、珀氏长吻松鼠、猪尾鼠、黑腹绒鼠、中华姬鼠和华南兔等 18 种,占总种数的 27.27%。

6. 广泛分布型:该类物种分布最广,几乎遍布世界各大洲,它们通常没有特殊分布中心。保护区有东北刺猬、中菊头蝠、中华鼠耳蝠、亚洲长翼蝠和金钱豹等 5 种,占总种数的 7.58%。

第一章 鱼纲 Pisces

鱼纲是体被骨质鳞片、以鳃呼吸、用鳍作为运动器官和用上下颌摄食的脊椎动物。它们在长期的进化过程中,经历了辐射适应阶段,演变成种类繁多、千姿百态、色彩绚丽和生活方式迥异的多种鱼类。鱼纲是脊椎动物中种类最多的一个类群,超过其他各纲脊椎动物种数的总和。

第一节 鱼纲概述

生活在海洋里的鱼类约占全部总数的 58.2%,栖于淡水中的鱼类约占 41.2%,显然这一现状与海洋的面积辽阔及环境条件比较复杂有关。1954 年于南海广东省沿岸捕获的鲸鲨就是世界上最大的鱼种,其长度可达 20m,重量超过 5t。最小的鱼是生活在菲律宾淡水湖内的邦达克虎鱼,其成鱼体长仅 12mm,不及鲸鲨的 1/1600,也是世界上最小的脊椎动物。鱼类生存的水温适应幅度较广,既有栖息于 52℃ 山间温泉的花鳉,也有可以忍受北极地区水温在 2℃ 以下的黑鱼。

一、鱼纲的主要特征

鱼纲是现存脊椎动物亚门中最大的一纲,从动物进化的角度看,本纲是有颌类的开始,故为有颌类中最原始、最古老的一纲。鱼纲是脊椎动物亚门中最大的分类类群,远在泥盆纪就已派生出很多的边缘支系,发展和演变至今,形成各种复杂体形的物种。

鱼纲动物为与复杂的水域生态环境相适应,演化出各种体型。最常见的为纺锤形,适应于开阔水面灵活游动;其次是侧扁形,体高而极扁,适于水流平稳的静水水域生活,行动较为缓慢;第三为平扁形,鱼体极宽而体高甚低,多适于水底平卧生活;最后为鳗形,鱼体极长,棒状,适宜潜行于洞穴缝隙之间。

从鱼纲开始,动物出现了上下颌。这是脊椎动物进化史上的重要转折点,上下颌的出现增强了取食和攻防能力,开拓了广泛利用食物资源的领域,提高了生命活动能力,增强了在水生环境中的竞争力。上下颌既是鱼类索食、攻击和防御的器官,也是营巢、求偶、钻洞和呼吸进水的工具。由上下颌组成的口,其位置决定了鱼的取食对象和生活水层。上口位的鱼通常生活于水的中上层,以浮游生物为食;端口位的鱼常生活于水的中上层,善于游泳,属于肉食性鱼类;下口位的鱼多生活于中下层,以底栖生物为食。

出现了成对附肢——胸鳍和腹鳍,其运动更加灵活,游泳方向更易控制,大大加强了活动能力。一些鱼类的胸腹鳍发生特化,产生了特殊的功能,如鰕虎鱼的左右腹鳍愈合成吸盘,用以吸附在砂石或其他物体上;肉鳍鱼类中的总鳍鱼的胸腹鳍鳍骨发生分化,与四足动物的肢骨相对应,鳍部肌肉分化为外在肌和内在肌,成为陆生脊椎动物四肢出现的条件。尾鳍在运动中的作用十分明显,鱼的游泳需要尾部或躯干部的摆动以及鳍的协调作用。较为原始鱼类的尾鳍,鳍的上下两叶大小不等,脊椎骨延伸至尾鳍上叶,称为歪尾。一般淡水鱼类尾鳍上下两叶对称,大小相等,尾鳍上脊椎骨已退化萎缩,称为正形尾。正形尾在不同种类的鱼类中,形状多有分化,主要有叉形尾、圆形尾和截形尾等3种。

鱼体表面多被有鳞片,只有少数种类退化消失。淡水鱼类的鳞片前后作覆瓦状排列于表皮下,顶区露出部分的边缘因呈现圆滑或带有齿突而被称作圆鳞及栉鳞。栉鳞是进化的结果,使鱼体在湍急的流水,可以缓冲水流的冲击。在两种鳞片上都具有呈同心圆的环纹。由于鱼类生长具有季节性的变化,鳞片上环纹的排列也留下有规律疏密交替周期性的变化,藉此可以估测鱼类生长的年龄。在多数鱼类,沿体侧有一条特殊的感觉器官称为侧线,用于感知水流的变化。侧线上有许多短小分枝,贯穿鳞片与外界相通,沿侧线排列的鳞片特称为侧线鳞。

二、鱼类的进化史

从化石材料看,在距今大约4亿年的古生代泥盆纪,鱼类的主要类群均已出现,大致演化出四大类:棘鱼类、盾皮鱼类、软骨鱼类和硬骨鱼类。但一般认为,颌的出现可追溯到奥陶纪。

棘鱼类可能出现于奥陶纪,化石发现于距今约4.5亿年的地层中,在志留纪和泥盆纪时达到高峰,绝灭于距今约3亿年前的石炭纪。棘鱼类是原始有颌动物,体表覆盖一层“细密”的菱形鳞片,头侧有骨质鳃盖,奇鳍前方有一枚棘,2对偶鳍之间仅有5对小棘,代表动物为栅鱼(或称梯棘鱼)。根据棘鱼类具有鲨鱼样的牙和歪形尾,以及现代生存的某些鲨鱼的胚胎具有棘鱼样成排的小腹鳍,有人认为棘鱼类更接近软骨鱼;也有人认为棘鱼类更接近硬骨鱼类的祖先——古鳕鱼类,因它具有硬骨鳞和鳃盖,以及硬骨的内骨骼。

盾皮鱼类化石发现于志留纪,泥盆纪较发达,至泥盆纪末大部分绝灭,只有少数延续到石炭纪才绝灭。盾皮鱼类体被骨质盾甲,与甲胄鱼相似;但具上下颌、成对的鼻孔、偶鳍、歪形尾和软骨性骨骼,亲缘关系似乎更接近于软骨鱼类,但也有人认为盾皮鱼类的一支演化为软骨鱼类,另一支演化为硬骨鱼类。

软骨鱼类化石保留较少,有限的资料不能得出确切的结论;一些化石解剖结构发现,似乎早期古软骨鱼类与同时代的棘鱼类和盾皮鱼类均来自共同的祖先。最早发现的古软骨鱼类化石是泥盆纪的一些食肉鲨,如裂口鲨,已具有盾鳞、歪尾等许多现代软骨鱼类的特征。在泥盆纪时期软骨鱼类大量辐射发展,到石炭纪时已普遍扩散到淡水和海水中。软骨鱼很早就分为2大线系,即全头类和鲨鳐类。全头类从晚石炭纪开始出现,属于食软体动物类型,其亲缘关系尚不能确定。鲨鳐类又因适应不同的生活方式而向2个方向演化,即迅速游泳的鲨类和底栖、少活动的鳐类。软骨鱼在进化中相当保守,有的种类历经约2亿年的时日而很少变化,如现代的噬人鲨与其古代化石种古棘鲨类相比,变化不大,现代的扁鲨和六鳃鲨与其侏罗纪的祖先相比,变化也不大。

一般认为,最古老的硬骨鱼类从棘鱼进化而来。棘鱼是早期有颌鱼类,在早志留世(距今4亿年前)便已出现,一直延续到二叠纪(距今2亿5千万年前)。据最早的化石记录,古硬骨鱼类一开始就分成两支:辐鳍类和肉鳍鱼类。辐鳍类,化石由泥盆纪开始,发展至今天,大致经历了3个阶段:①早期阶段为软骨硬鳞类,以古鳕鱼类为代表,体呈纺锤形,被菱形硬鳞,骨骼大部分为软骨,脊索发达,上颌固定在颊部,歪形尾,上叶覆有鳞片;它们在泥盆纪开始出现,石炭纪是其全盛时期,到三叠纪渐渐被全骨类代替,到白垩纪绝迹。②第二阶段是全骨类,比软骨硬鳞鱼有明显的进步,椎骨骨化,上颌不再固定在颊部,歪尾,鳞片变薄;其化石在三叠纪开始出现,全盛时期是中生代,到中生代后期渐被真骨鱼类取代,现代生存的有北美的雀鳝和弓鳍鱼。③第三阶段是真骨类,沿着全骨鱼类所取得的那些进步性状,继续向前发展,所以它能繁荣昌盛,至今不衰,分布在全球各个水域;化石在侏罗纪开始出现,在白垩纪和第三纪时期广泛辐射发展,形成各种生态类型,以更好地适应各种不同的生态环境。肉鳍鱼类或称内鼻鱼类,由总鳍鱼类演化而出,包括肺鱼和总鳍鱼;其化石从泥盆纪早期已出现,在以后的地质年代从未得到大的发展,中生代末期已接近绝灭,至今残存的肺鱼有 3 属,而总鳍鱼类仅有矛尾鱼留存。古总鳍鱼的一支演化出陆生脊椎动物的祖先。

第二节　鱼纲形态术语

为便于读者查阅和比较,这里将本书所采用的部分形态名词列出,并适当加以说明。由于鱼纲动物千姿百态,不可能全部列出,这里仅列出本书涉及的形态术语(图 1-1)。

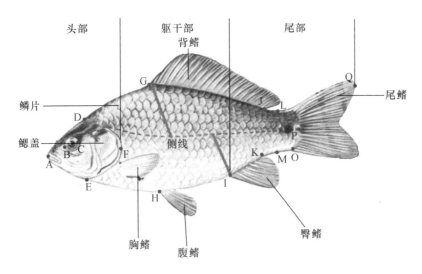

图 1-1　鱼外部形态的结构组成及量度

AB 为吻长;AP 为体长;AQ 为全长;BC 为眼径;AF 为头长;CF 为眼后头长;DE 为头高;
GH 为体高;GJ 为背鳍基长;IK 为臀鳍基长;KO 为尾柄长;LM 为尾柄高。
两红线分别为侧线上、下鳞数的计数路线

全长:从吻端或下颌前端到尾鳍末端的长度。
体长:从头的最前端到尾鳍基部(最末尾椎骨)的长度。
头长:从头的最前端(吻或下颌)到鳃盖骨后缘的长度。
头高:头的最大高度,从头的最高点到头腹面的垂直距离。
吻长:从眼眶前缘到吻端的长度。
口宽:指口角之间的距离。
眼径:眼眶前缘到眼眶后缘的距离。
眼间距:从鱼体的一侧眼眶上缘到另一侧的眼眶上缘之间的最小宽度。
眼后头长:从眼眶后缘到鳃盖骨后缘的长度。
体高:鱼体的最大高度,从背部上缘隆起到腹缘的垂直距离。

尾柄长:从臀鳍基部后端到最后一个尾椎骨后缘的距离。

尾柄高:尾柄最低处的高度。

背鳍基长:从背鳍起点到背鳍基部后端的距离。

臀鳍基长:从臀鳍起点到臀鳍基部后端的距离。

侧线鳞数:沿侧线一行有侧线孔的鳞片数目。

侧线上鳞数:从背鳍起点处的一片鳞向下斜数到接触侧线鳞的一片鳞为止的鳞片数目。

侧线下鳞数:从腹鳍起点处的一片鳞向上斜数到接触侧线鳞的一片鳞为止的鳞片数目。

侧线鳞的书写形式,如:$49\frac{9\sim10}{6\sim7}52$,是指沿侧线的鳞片是 49~52 枚,侧线上鳞有 9~10 枚,侧线下鳞有 6~7 枚。

口腔齿:有一些鱼类常在口腔内有齿。着生在上下颌的为上下颌齿。有的种类在犁骨、腭骨或舌骨上亦有齿,或在下咽骨上还着生有细小的齿。

硬鳞:由真皮演化而来的斜方形骨质板鳞片,表面有一层钙化的具特殊亮光的硬鳞质,叫作闪光质。硬鳞是硬骨鱼中最原始的鳞片,如雀鳝和鲟鱼的鳞。

圆鳞:由真皮演变而成的骨质鳞。鳞片光滑,略呈圆形,前端倾斜插入真皮内,后端游离,前后鳞片彼此作覆瓦状排列于表皮的下面。由于游离的一端圆滑,故称圆鳞。

栉鳞:和圆鳞相似,只是游离缘有数排锯齿状突起,见于比较高等的硬骨鱼类。

背鳍:由不分枝鳍条和分枝鳍条组成。不分枝鳍条数用罗马数字表示,分枝鳍条数用阿拉伯数字表示。例如,Ⅲ-8~9 是指不分枝鳍条数为 3 根,分枝鳍条数为 8~9 根。

胸鳍、腹鳍、臀鳍:鳍条数的表示方法同背鳍。

腹棱:肛门以前沿腹部中线隆起的皮质棱,有的鱼直达胸鳍基部,有的鱼仅达腹鳍基部或仅有一小部分。

鳃盖:在头部两侧,每侧由 4 个较大的骨片组成。鳃盖的最后一块骨片为鳃盖骨,位于其前方的骨片为前鳃盖骨,下方的为下鳃盖骨,介于前鳃盖骨和下鳃盖骨之间的为间鳃盖骨,最下面的条状骨片为鳃膜骨。盖在鳃盖骨上的皮质为鳃盖膜。

鳃弓:在鳃腔内着生有鳃丝和鳃耙的骨条。

鳃耙:是鳃弓前缘的刺状、瘤状或其他形状的突起,分外侧和内侧各一列。第一鳃弓内侧的鳃耙数目称为鳃耙数,通常取左侧第一片鳃进行计数。

口位:指口裂的位置。一般分为上位、端位、下位三类。上位是指下颌比上颌突出,口裂前端在头的背上方。端位是指上、下颌等长,口裂在头的前端。下位是指上颌比下颌突出,口裂在头的腹面。

须:指着生在头部不同位置的须。吻须是指着生在吻部的须。颌须是指着生在上、下颌的须。鼻须是指着生在鼻孔上的须。颏(或颐/颏)须是指着生于颏部的须。

下咽骨:是由最后一对鳃弧的下部分特化而形成的骨质结构。

下咽齿齿式:以鲤鱼为例,下咽齿有 3 行,左边第一行有咽齿 1 枚,第二行有 1 枚,第三行有 3 枚;右边第一行 3 枚,第二行有 1 枚,第三行有 1 枚。则齿式书写为 1.1.3—3.1.1。

鳔:在体腔背部或前部有充着气体的囊,一般由 1~3 个室组成。有的种类有或无鳔管与肠相通。有的种类鳔前室被包裹在骨质鳔囊中。

脂鳍长:从脂鳍起点到脂鳍基部后端的直线距离。

幽门垂:亦称幽门盲囊,是指胃的幽门部与肠交界处的囊状突起。

第三节　天目山鱼纲分类

　　由于种类繁多,鱼纲的分类系统较为复杂。据最新资料统计,现存鱼纲中的淡水鱼部分超过 20 目,物种数达 18000 多种。中国淡水鱼有 19 目 50 余科近 1500 种,遍布全国各种水域。

　　迄今为止,天目山共记录到鱼纲动物 52 种,分属 6 目 16 科 44 属。其中,种类最多的是鲤形目,有 34 种,占天目山鱼纲动物总种数的 65.38%;其次为鲈形目,有 8 种,占 15.38%;再次为鲇形目,有 6 种,占 11.54%;鳗鲡目和合针鱼目,各有 1 种,各占 1.92%。中国特有种有似鮈、贝氏鳘、大眼华鳊、团头鲂、大鳞鲴、圆吻鲴、马口鱼、无须鱊、似鱊、小鳈、细纹颌须鮈、似鮈、倒刺鲃、光唇鱼、张氏薄鳅、圆尾拟鲿、光泽拟鲿、鳗尾鮲、福建纹胸鮡、中国少鳞鳜、波纹鳜、河川沙塘鳢、波氏吻鰕虎鱼和月鳢等 24 种,占总种数的 46.15%。

天目山鱼纲分目检索

1(6)鳔具鳔管,各鳍无棘

2(3)体呈鳗形,脊椎骨无分化　………………………………………… 鳗鲡目 Anguilliformes

3(2)体多呈纺锤形,脊椎骨前端 4 枚分化为韦伯氏器

4(5)体被圆鳞,上下颌无齿

5(4)体裸露或被骨板,上下颌具齿 ………………………………………… 鲤形目 Cypriniformes

　　　　　　　　　　　　　　　　　　　　　　　　　　　　　　　　　　 鲇形目 Siluriformes

6(1)鳔无鳔管,鳍棘或有或无

7(8)背鳍无棘,腹鳍腹位　………………………………………… 鳉形目 Cyprinodontiformes

8(7)背鳍多具棘;腹鳍腹位或前移,有时缺如

9(10)左右鳃孔相连合一,位于喉部 ………………………………… 合鳃目 Synbranchiformes

10(11)左右鳃孔不相连,位于头侧 ………………………………………… 鲈形目 Perciformes

鳗鲡目 Anguilliformes

　　体棒状,呈鳗形。体被细小的圆鳞,或裸露无鳞。上颌前缘由前颌骨、中筛骨和上颌骨组成。颌骨、犁骨通常具牙。无中乌喙骨及后颞骨。鳃孔较小。鳍无棘也无硬刺。背鳍及臀鳍极长,常与尾鳍相连。腹鳍退化消失。椎骨很多,最多达 260 个。个体发育中经变态,幼鱼为柳叶状,后转为棒状。

　　本目现存有 19 科约 600 种,世界各地均有分布。中国有 12 科 110 多种,大多数种产于东海、南海,仅 4 种进入淡水河流中。天目山有 1 科 1 种。

鳗鲡科 Anguillidae

　　体延长,前部圆筒形,后部侧扁。吻短钝;眼较小。口大,微斜。舌前端游离。鳃盖骨发达;鳃孔狭,位于胸鳍基部前下方。体被细鳞,埋于皮下,作细纹状排列。侧线存在。背、臀和尾鳍相连;胸鳍发达。

　　本科现存有 1 属 19 种,世界各地均有分布,主要生长地为温、热带水域。中国有 4 种。天目山有 1 种。

鳗鲡属 *Anguilla* Garsault，1764

一般特征与科的特征一致。

1.1 日本鳗鲡 *Anguilla japonica* Temminck & Schlegel, 1846（图版 I -1）

别名 鳗鱼、白鳝、河鳗、蛇鱼

形态 成鱼体长 210~340mm，为头长的 7.7~9.5 倍，为体高的 16.0~21.5 倍，为体宽的 18.0~24.0 倍。头长为吻长的 4.8~6.0 倍，为眼径的 9.5~12.6 倍，为眼间距的 5.2~6.0 倍。

生活时，体背青灰色，两侧较淡，略带黄褐色。腹面灰白色，无斑点。背鳍和臀鳍后部边缘及尾鳍黑色，胸鳍色浅。

体细长，前部圆柱状，肛门以后渐转侧扁。鳞细小，呈细纹状排列，埋于皮下。侧线明显，位于体侧中部，后延至尾基正中。头部尖锥形，其长大于体高。吻圆钝，稍平扁。口较大，端位，下颌稍凸出；口裂微斜，后延伸至眼后缘下方。颌和犁骨具细齿，呈带状排列。唇厚；舌长而尖，前端游离。眼较小，近吻端，埋于皮下。鳃孔小，位于胸鳍基部前方，左右分离。

背鳍起点靠前，与尾基部的距离约为其至吻端距离的 2 倍，后端与尾鳍相连。胸鳍短而圆，位于体侧正中，贴近鳃孔。无腹鳍。臀鳍低而延长，与尾鳍相连。尾鳍圆钝，末端较尖。

鳔 1 室，较小，壁厚，有管与食道相通。腹膜银白色。

习性 日本鳗鲡是一种降河性洄游鱼类。每年春季，大批幼鳗成群自大海进入江河口。雄鳗通常就在江河口成长；雌鳗则逆水上溯进入江河的干、支流及与江河相通的湖泊，有的甚至跋涉几千公里到达江河的上游各水体。

常在夜间捕食，喜欢流水、弱光、穴居，性凶猛，肉食性。食物中有小鱼、蟹、虾、甲壳动物、水生昆虫，兼食水生植物碎屑和藻类。鳗鲡能用皮肤呼吸，有时离开水，只要皮肤保持潮湿，就不会死亡。

在秋季，到达性成熟年龄的个体大批进行降河性生殖洄游，游至江河口与雄鳗会合后，继续游至海洋中进行繁殖。产卵期为 2—6 月，鳗鲡一生只产一次卵，怀卵量达 70 多万粒，产卵后即死亡。

分布 天目山主要分布于天目溪水域中。国内分布于中国沿海和各大江湖及其附属水域。国外分布于朝鲜、日本、马来半岛及菲律宾群岛。

鲤形目 Cypriniformes

头部无鳞，体被圆鳞或裸露。侧线一般完全。上颌口缘由前颌骨和上颌骨组成，或仅由上颌骨组成；上下颌和犁骨一般无齿。最后 1 对鳃弓扩大特化为下咽骨，其上具下咽齿 1~3 行。最前端 4 个脊椎骨分化共同形成韦伯氏器，连接内耳和鳔。背鳍 1 个，有些种类背鳍和臀鳍的不分枝鳍条骨化成硬刺。胸鳍下侧位。腹鳍腹位，具 6~13 根鳍条。一般无上肋骨，具肌间刺。

本目现存有 15 科 3800 余种，主要分布于亚洲东南部，其次为北美洲、非洲及欧洲。中国有 9 科 1070 种。天目山有 4 科 34 种。

天目山鲤形目分科检索

1(2)口前吻部无须、1 对或 4 对吻须 ………………………………………………………… 鲤科 Cyprinidae

2(1)口前吻部具 2～3 对吻须

3(6)头部及体前部侧扁或略呈圆柱状,偶鳍不扩大,左右不平展

4(5)吻须 2 对,聚生于吻端;尾鳍后缘分叉深 …………………………………………………… 沙鳅科 Botidae

5(4)吻须 2 对,分生于吻端;尾鳍后缘外凸,呈圆弧形 ………………………………………… 花鳅科 Cobitidae

6(3)头部及体前部平扁,偶鳍扩大,左右平展 ………………………………………………… 腹吸鳅科 Balitoridae

鲤科 Cyprinidae

体侧扁,腹部圆形或具肉棱。头部裸露,体被覆瓦状排列的圆鳞,部分种类胸腹部裸露无鳞。上颌骨口缘仅由前颌骨组成。上下颌无齿。最后 1 对鳃弓形成下咽骨,有齿 1～3 行。背鳍 1 个,背鳍和臀鳍末的最后 1 枚不分枝的鳍条在某些种类骨化为硬刺。无脂鳍,腹鳍腹位,尾鳍分叉。鳔常很大,分为 2～3 室。

该科是一群纯淡水鱼类,几乎全数栖息于内陆水域中,少数种类可以适应盐碱水域生活,个别种类也可暂时或偶然进入河口的咸淡水中。

本科现存有 12 亚科 2500 余种,是当今世界上分布最广的淡水鱼类。中国有 12 亚科 654 种。天目山有 8 亚科 30 种。

天目山鲤科分亚科检索

1(2)口腔内有鳃上器,眼侧下位,鳃盖膜左右相连 …………………… 鲢亚科 Hypophthalmichthyinae

2(1)口腔内无螺旋形的鳃上器,眼侧位,鳃盖膜与峡部相连

3(18)口无须,或有 1 对吻须

4(5)臀鳍有硬刺,后缘具锯齿 …………………………………………………………… 鲤亚科 Cyprininae

5(4)臀鳍无硬刺,或有硬刺但后缘无锯齿

6(7)臀鳍较长,分枝鳍条多在 14 根以上,腹部常具发达的腹棱 ………………………… 鲌亚科 Cultrinae

7(6)臀鳍较短,分枝鳍条在 14 根以下,腹部腹棱不发达

8(9)下颌被发达角质边缘,无须 …………………………………………………… 鲴亚科 Xenocyprinae

9(8)下颌多无角质边缘

10(15)臀部分枝鳍条 7～14 根

11(14)体较长,背鳍和臀鳍均无硬刺,臀鳍起点在背部基部之后

12(13)眶下骨一般较大,第 5 眶下骨与眶上骨相接触 …………………………………… 鱊亚科 Danioninae

13(12)眶下骨除泪骨外均较小,第 5 眶下骨不与眶上骨相接触 ………………………… 雅罗鱼亚科 Leuciscinae

14(11)体较短,背鳍和臀鳍有或无,臀鳍起点在背部基部下方 ……………… 鳑亚科 Acheilognathinae

15(10)臀部分枝鳍条 5～6 根

16(17)臀部分枝鳍条多为 6 根,下咽齿多数 1～2 行 ……………………………………… 鮈亚科 Gobioninae

17(16)臀部分枝鳍条多为 5 根,下咽齿 3 行 …………………………………………………… 鲃亚科 Barbinae

鲢亚科 Hypophthalmichthyinae

体侧扁,被细小鳞片。侧线完全,腹棱完全或不完全。口端位,无须。眼位于头侧中轴下方。下咽骨具 1 或 2 个孔;下咽齿 1 行。鳃耙细长而密集,有螺旋形鳃上器。背鳍无硬刺,起点在腹鳍基部之后,具 7 根分枝鳍条。臀鳍无硬刺,具 10～15 根分枝鳍条。

本亚科现存有 2 属 3 种,分布于亚洲。部分文献把产自海南松涛的大鳞白鲢 *H. molitrix harmandi* 作为 1 个种的地位进行记述。上述大鳞白鲢也被浙江省各地养殖户饲养,本志以亚种对待。因此,天目山现存有 2 属 2 种。

天目山鲢亚科分属检索

1(2)头长约为体长的 1/3;腹棱仅存在于腹鳍基部至肛门间,鳃耙不相连 ⋯⋯⋯⋯⋯ 鳙属 *Aristichthys*
2(1)头长约为体长的 1/4;腹棱存在于胸鳍基部至肛门间,鳃耙互连 ⋯⋯⋯ 鲢属 *Hypophthalmichthys*

鳙属 *Aristichthys* Oshima，1919

体侧扁而稍厚。腹棱不完全,仅存在于腹鳍基部与肛门之间。头很大,吻短钝。口端位,下颌向上倾斜。眼较小,位于头侧中轴线下方。左右鳃盖膜彼此相连;鳃耙细长而密集,但互不相连。下咽齿 1 行,平扁。侧线完全,弧形下弯。背鳍短,无硬刺,具 7～8 根分枝鳍条。臀鳍无硬刺,具 10～13 根分枝鳍条。

本属现存仅 1 种,分布于亚洲东部,中国各大水系均有。天目山有 1 种。

1.2　鳙 *Aristichthys nobilis* Richardson，1845(图版Ⅰ-2)

别名　花鲢、胖头鱼、包头鱼

形态　成鱼体长 110～400mm,为头长的 3～3.5 倍,为体高的 3.1～3.4 倍,为尾柄长的 5.0～5.5 倍,为尾柄高的 7.5～10.0 倍;头长为吻长的 3.5～4.5 倍,为眼径的 6.5～7 倍,为眼间距的 1.9～2.4 倍。背鳍条Ⅲ-7,胸鳍条Ⅰ-7,腹鳍条Ⅰ-8,臀鳍条Ⅲ-12～13。鳃耙 400 以上。侧线鳞 99～110。

生活时,体背部及体侧上部灰黑色,间有浅黄色光泽,具有不规则的黑色斑点。体下侧和腹部银白色。各鳍呈灰色,有许多黑色小斑点。

体侧扁,背部圆,腹部在腹鳍基部之前平圆。腹鳍至肛门之间有腹棱。头特别大,头长大于体高。下咽齿平扁,齿面光滑。鳃孔大,鳃耙细长而密列,但不相连。鳞小;侧线完全,前段弯向腹侧,向后延伸至尾柄正中。

背鳍短,无硬刺,起点位于腹鳍起点之后。胸鳍末端远超腹鳍基部,鳍条长。腹鳍短小,末端达到或超过肛门。臀鳍无硬刺,鳍条较长。尾鳍分叉很深,两叶末端尖。

习性　生活于江河、湖泊和水库的中上层。性温顺,行动缓慢,不善跳跃。主食浮游动物,兼食藻类。平时生活于敞水区,冬季在深水区越冬。鳙 4～5 龄达性成熟,繁殖期为 4 月下旬至 6 月上旬,在流水中产卵。

分布　天目山主要分布于天目溪、水库及池塘中。国内分布于全国各大水系及其湖泊、水库。鳙原产于中国,现已引入世界各地的淡水水域。

鲢属 *Hypophthalmichthys* Bleeker，1860

体稍长而侧扁，腹棱不完全，存在于胸鳍基部与肛门之间。头背部较宽，吻圆钝。口端位，下颌向上倾斜。眼较小，位于头侧中轴线下方。左右鳃盖膜彼此相连；鳃耙细密，互相交织连成多孔的膜质片。下咽齿 1 行，呈杓状，冠面有羽状细纹。侧线完全，弧形下弯。背鳍短，无硬刺，具 6～7 根分枝鳍条。臀鳍无硬刺，具 11～14 根分枝鳍条。

本属现存仅 1 种，分布于亚洲东部，中国各大水系均有。天目山有 1 种。

1.3　鲢 *Hypophthalmichthys molitrix* Valenciennes，1844（图版Ⅰ-3）

别名　白鲢、鲢子、边鱼

形态　成鱼体长 120～400mm，为头长的 3.2～3.7 倍，为体高的 3.1～3.4 倍，为尾柄长的 5.0～7.5 倍，为尾柄高的 9.5～11.0 倍；头长为吻长的 4.0～4.5 倍，为眼径的 4.5～6.0 倍，为眼间距的 2～2.4 倍。背鳍条Ⅲ-7，胸鳍条Ⅰ-15～17，腹鳍条Ⅰ-6～8，臀鳍条Ⅲ-12～13。侧线鳞101～120。

生活时，体背浅灰色，略带黄色。体侧及腹部银白色。各鳍浅灰色，背鳍和尾鳍边缘黑色。

体长而侧扁，背部宽，腹部窄。自胸鳍至肛门之间有发达的腹棱。头较大，侧扁。口端位，口裂斜向上倾斜。下咽齿阔而平扁，呈杓状。鳃孔大，鳃耙细密，愈合成筛状滤器。鳞细小，不易脱落；侧线完全，前段弯向腹侧，向后平直延伸至尾柄正中。

背鳍短，无硬刺，起点位于腹鳍起点的后上方。胸鳍下侧位，后端伸达或超过腹鳍基部。腹鳍短小，末端不达肛门。臀鳍起点在背鳍基部后下方。尾鳍分叉很深，两叶末端尖。

鳔大，分两室，前室粗短，后室细长。肠很长，约为体长的 6 倍。

习性　生活于江河、湖泊等水体中上层。性活跃，善跳跃。主食浮游植物，兼食浮游动物。平时生活于敞水区，冬季在深水区越冬。鲢 4 龄达性成熟，繁殖期为 4 月下旬至 6 月上旬，集群洄游至江河上游产卵。

分布　天目山主要分布于天目溪、水库及池塘中。国内分布于各大水系。国外分布于西伯利亚东部、东亚等地。

鲤亚科 Cyprininae

体呈纺锤形或侧扁形，腹部圆，无腹棱。口一般为下位，部分端位或上位；须 2 对，部分 1 对或无。唇较简单，上下唇紧贴于上下颌外，唇后沟中断。下咽齿 1～3 行，个别 4 行；鳔 2 室。体被圆鳞。背鳍基部长，具 3～4 条不分枝和 8～22 条分枝的鳍条，最后 1 根不分枝鳍条为硬刺，后缘具锯齿。臀鳍具 3 条不分枝和 5 条分枝的鳍条，最后 1 根不分枝鳍条为硬刺，后缘常具锯齿。肛门紧靠臀鳍起点。尾鳍叉型或凹型。

本亚科现存有约 11 属 220 种，主要分布于欧亚大陆和非洲。中国有 6 属 31 种。天目山有 2 属 2 种。

天目山鲤亚科分属检索

1(2)体形一般较细长，头较长大，一般有 2 对须；下咽齿 3 行 ……………………………… 鲤属 *Cyprinus*

2(1)体形一般较圆扁，头较小，一般无须；下咽齿 1 行…………………………………… 鲫属 *Carassius*

鲤属 *Cyprinus* Linnaeus，1758

体侧扁而较为细长，呈纺锤形；腹部圆，无腹棱。吻圆钝，须一般 2 对或无。下咽齿一般 3 行，近臼齿状，齿冠具沟纹。

本属现存有 24 种，大多数种类分布于东亚，少数分布于欧洲和西亚。中国有 17 种。天目山有 1 种。

1.4　鲤 *Cyprinus carpio* Linnaeus，1758（图版Ⅰ-4）

别名　鲤鱼、鱼王、鲤拐子

形态　成鱼体长 250～370mm，为头长的 3.5～4.0 倍，为体高的 3.0～3.3 倍，为尾柄长的5.5～6.0 倍，为尾柄高的 7.5～8.0 倍；头长为吻长的 2.5～3.0 倍，为眼径的 5.5～6.5 倍，为眼间距的 2.1～2.5 倍。背鳍条Ⅲ-16～18，胸鳍条Ⅰ-14～17，腹鳍条Ⅰ-7～9，臀鳍条Ⅲ-5。鳃耙 20～23。侧线鳞 33～38。

体色常随环境的变化而有较大的变异。通体常为金黄色，有时青灰色或青绿色，背部略带黑灰色，腹部白色或淡黄色。背鳍和尾鳍基部稍显黑色。胸鳍和腹鳍橘黄色。臀鳍和尾鳍下叶橘红色。

体侧扁，背部隆起，腹部圆，无腹棱；头较小。吻长而钝，吻长约为眼径的 2 倍；口下位或亚下位。上颌稍长于下颌，下颚骨长小于眼间距。须 2 对，前须长约为后须长的 1/2。体被中大圆鳞，侧线明显，较平直，位于体侧中央。

背鳍始于腹鳍基部稍前上方，基底较长。背鳍和臀鳍都有 1 根锯齿鳍棘。胸鳍下侧位，后端不伸达腹鳍基部。腹鳍末端不达肛门。臀鳍基底短，始于背鳍后部鳍条下方。尾鳍分叉较深，上下叶对称。

鳔分 2 室，前室大而长，后室末端尖。肠的长度约为体长的 2 倍。

习性　生活于湖泊、河流或静水中。对水体环境的适应力强，底栖，杂食性，常以底栖动物为食，也食水草、有机物碎屑等。平时生活于近岸下层，冬季在深水区越冬。鲤 2 龄达性成熟，繁殖期为 3—6 月，分批产卵，卵带具黏性，附着在水草或其他物体上。

分布　天目山主要分布于天目溪、水库及池塘中。国内分布于（除青藏高原）各大水系。国外分布于除大洋洲和南美洲外的全世界，

鲫属 *Carassius* Jarocki，1822

体高而侧扁，腹部圆，无腹棱，尾柄短而高。吻圆钝；口小，端位。下颌稍向上倾斜，无须。体被中大圆鳞，侧线完全，平直或微弯。背、臀鳍最后 1 根不分枝鳍条为硬刺，后缘具锯齿。

本属现存有 5 种，主要分布于东亚。中国有 4 种。天目山有 1 种。

1.5　鲫 *Carassius auratus* Linnaeus，1758（图版Ⅰ-5）

别名　鲫鱼、鲫瓜子、鲋

形态　成鱼体长 130～250mm，为头长的 3.3～3.7 倍，为体高的 2.3～2.6 倍，为尾柄长的4.6～6.0 倍，为尾柄高的 5.8～7.2 倍；头长为吻长的 3.2～4.0 倍，为眼径的 4.2～5.5 倍，为眼间距的 2.0～2.5 倍。背鳍条Ⅲ-16～18，胸鳍条Ⅰ-13～15，腹鳍条Ⅰ-7～8，臀鳍条Ⅲ-5。鳃耙 42～50。侧线鳞 28～30。

体色因栖息环境不同而异，通常体银灰色。背部深灰色；体侧和腹部灰白色，略带黄色。各鳍灰色。

　　体高而侧扁,腹部圆,无腹棱。头短小;吻圆钝,吻长约等于眼径。口端位,呈弧形,斜向下方;无须。眼间距较宽,突起。上颌稍长于下颌;尾柄高大于眼后头长。体被较大圆鳞;侧线明显,微弯,位于体侧中央。

　　背鳍外缘平直或微凹,基底较长,起点位于吻端至尾鳍基部的中点。背鳍和臀鳍的最后 1 根硬刺粗大,后缘呈锯齿状。胸鳍下侧位,后端可伸达腹鳍基部。腹鳍腹位,起点稍前于背鳍起点,末端不达肛门。臀鳍基底短,始于背鳍后部鳍条下方。尾鳍分叉浅,上下叶末端尖。

　　鳔分 2 室,前室粗短,后室细长。肠较长,为体长的 2.5～4 倍。

　　习性　生活于江河、湖泊、池塘及沟渠等水体。对环境的适应力强,在低氧和碱性较大的水体中也可生存和繁殖。杂食性,食性较广,主食水草碎片及有机物碎屑等,也食甲壳类动物和藻类。1 足龄即达性成熟,繁殖期为 3—7 月,分批产卵,卵带具黏性,附着在水草或其他物体上。

　　分布　天目山各水域中均有分布。鲫原分布于(除青藏高原)各大水系及湖泊、河沟、池塘等,后引入世界各地的淡水水域。

鲌亚科 Cultrinae

　　体侧扁长形或高而菱形。口端位至上位,无须,唇后沟中断。眼大,侧上位,一般位于头的前半部。鳃盖膜附着于峡部中间。体被圆鳞,鳞片较小,薄而易脱落;侧线完全,横贯体侧中部或稍向下弯曲,有的在胸鳍上方急剧向下弯曲。下咽齿多为 3 行,末端尖而带钩。鳔具 2 或 3 室。多数种类背鳍有硬刺,具 7～8 根分枝鳍条。臀鳍基部较长,具 14 根以上分枝鳍条。尾鳍分叉深,通常下叶较上叶长。

　　本亚科现存有约 18 属 64 种,广泛分布于亚洲各地。中国有 16 属 60 种。天目山有 6 属 7 种。

天目山鲌亚科分属检索

1(8)腹棱完全,自胸鳍基部至肛门
2(3)背鳍最后 1 根硬刺后缘具锯齿,下咽齿 2 行 ··················· 似鳊属 *Toxabramis*
3(2)背鳍最后 1 根硬刺后缘光滑,下咽齿 3 行
4(5)侧线在胸鳍上方急剧向下弯折,臀鳍分枝鳍条在 20 以下 ············ 鳘属 *Hemiculter*
5(4)侧线平缓,前部不急剧向下弯折,臀鳍分枝鳍条在 20 以上
6(7)口上位,体长为体高的 3 倍以上 ····················· 红鲌属 *Chanodichthys*
7(6)口端位,体长为体高的 3 倍以下 ······················· 鳊属 *Parabramis*
8(1)腹棱不完全,仅限于腹鳍基部至肛门
9(10)眼较大,鳃耙 12～13,鳔 2 室,臀鳍分枝鳍条 20～24 ·········· 华鳊属 *Sinibrama*
10(9)眼较中等,鳃耙 14～20,鳔 3 室,臀鳍分枝鳍条 24～30 ········· 鲂属 *Megalobrama*

似鳊属 *Toxabramis* Günther,1873

　　体侧扁,腹棱完全。头小,吻短。口端位,斜裂。上下颌等长,无须。鳃耙细长,排列紧密,鳃耙 20 以上。下咽齿 2 行。鳔 2 室,后室较长。体被中等圆鳞,侧线完全。背鳍末根不分枝鳍条为硬刺,后缘具明显锯齿,具 7 根分枝鳍条。臀鳍无硬刺,具 15～19 根分枝鳍条。胸鳍下侧位,末端不伸达腹鳍。腹鳍始于背鳍起点前下方,后端不伸达肛门。尾鳍深叉形。

　　本属现存有 7 种,分布于东亚。中国有 3 种。天目山有 1 种。

1.6　似鳊 *Toxabramis swinhonis* Günther, 1873（图版Ⅰ-6）

别名　薄鳊、锯齿鳊、板肖

形态　成鱼体长 90～140mm,为头长的 3.7～5.0 倍,为体高的 4.0～4.8 倍,为尾柄长的 7.0～8.5 倍,为尾柄高的 9.8～11.0 倍;头长为吻长的 3.8～4.5 倍,为眼径的 3.2～4.0 倍,为眼间距的 3.5～4.5 倍。背鳍条Ⅲ-7,胸鳍条Ⅰ-12～13,腹鳍条Ⅰ-7,臀鳍条Ⅲ-16～20。鳃耙 22～27。侧线鳞 54～59。

生活时,体背部灰褐色,侧面和腹部银白色。尾鳍灰黑色,其余各鳍浅黄色或淡灰色。

体极侧扁,腹棱完全。头侧扁,头长显著小于体高。吻短,吻长小于眼径。口端位,口裂斜。上下颌略等长,无须。眼间隔宽平,隆起,眼间距一般大于眼径。体被圆鳞,鳞薄。侧线完全,在胸鳍上方急剧向下弯折,然后沿腹鳍基部行至臀鳍基部后端,又向上弯折至尾柄中线。

背鳍起点在吻端至尾基的中点附近,最后 1 根硬刺强大,后缘具明显锯齿。胸鳍下侧位,后端不达腹鳍。腹鳍位于背鳍起点的前下方,末端不达肛门。臀鳍位于背鳍的后下方,起点在背鳍末端稍远的下方。尾鳍分叉深,下叶略长于上叶。

鳔 2 室,后室较大,末端具一细小的乳突。肠管较短,略短于体长,具 2 个弯曲。

习性　似鳊为小型淡水鱼类,一般栖息于水体的中上层,在深水区越冬。性活泼,游泳迅速,喜集群于静水或缓流之处。主食枝角类、桡足类和水生昆虫,偶食轮虫和藻类。似鳊一般 1 龄即达性成熟,繁殖期为 6—7 月,怀卵量为 0.5 万～1 万粒。

分布　中国特有种。天目山主要分布于天目溪水域中。国内分布于长江、黄河、钱塘江等水系。

鲦属 *Hemiculter* Bleeker, 1859

体长形,侧扁。头侧扁,小而尖。口端位,斜裂。上下颌略等长。下咽齿 3 行,圆锥形,尖端钩状。鳃耙短小,13～28 个。鳔 2 室,后室较长。鳞片薄而易脱落,侧线完全。背鳍短小,无硬刺,具 3 根不分枝和 7 根分枝鳍条。臀鳍无硬刺,具 3 根不分枝和 11～19 根分枝鳍条。尾鳍深叉形。

本属现存有 8 种,主要分布于东亚,向北达西伯利亚,向南达越南。中国均有分布。天目山有 2 种。

天目山鲦属分种检索

1(2)侧线鳞 49 枚以上,侧线在腹鳍上方急剧向下弯折 …………………… 鲦 *Hemiculter leucisculus*

2(1)侧线鳞 48 枚以下,侧线在腹鳍上方平缓下弯 …………………… 贝氏鲦 *H. bleekeri*

1.7　鲦 *Hemiculter leucisculus* Basilewsky, 1855（图版Ⅰ-7）

别名　白鲦、白漂子、鲦条、鲦子

形态　成鱼体长 100～150mm,为头长的 4.4～5.0 倍,为体高的 4.1～5.0 倍,为尾柄长的 6.0～7.5 倍,为尾柄高的 10.5～12.0 倍;头长为吻长的 3.5～4.5 倍,为眼径的 3.5～4.5 倍,为眼间距的 3.3～4.0 倍。背鳍条Ⅲ-7,胸鳍条Ⅰ-12～13,腹鳍条Ⅰ-7～8,臀鳍条Ⅲ-12～14。鳃耙15～19。侧线鳞 49～54。

生活时,体背部青灰色,侧面和腹部银白色。尾鳍边缘灰黑色,其余各鳍均浅黄色。

体长而侧扁,背缘平直,腹缘弧形。头略尖,呈三角形,头长短于体高。吻中长,吻长大于眼径。口端位,口裂斜;上下颌略等长,无须。眼间隔宽而微凸,眼间距大于眼径。体被中大圆鳞,鳞薄而易脱落。侧线完全,在胸鳍上方急剧向下弯折,至胸鳍末端,与腹部平行,在臀鳍基部又折向上,后延至尾柄正中。

背鳍起点在鼻孔至尾基的中点,最后 1 根硬刺后缘光滑。腹鳍位于背鳍起点之前,末端不达肛门。臀鳍起点在背鳍之后。胸鳍下侧位,末端一般不达腹鳍。尾鳍深叉形,末端尖形,下叶长于上叶。

鳔 2 室,后室较长,末端具一附属小室。肠管较短,略短于或等于体长,具 2 个弯曲。

习性　生活于流水或静水的上层,为中上层鱼类。性活泼,喜集群沿岸水面觅食。杂食性,幼鱼以枝角类、桡足类和水生昆虫为主,成鱼则以藻类、甲壳类、植物碎屑、寡毛类、水生昆虫等为食。一般 1~2 龄即达性成熟,繁殖期为 5—7 月,分批产卵,卵具黏性。

分布　天目山各水域中均有分布。国内各江河、湖泊均有分布。国外主要分布于东亚。

1.8　贝氏鳌 *Hemiculter bleekeri* Warpachowsky, 1887(图版Ⅰ-8)

别名　短头白鲦、油鳌条、油鳌

形态　成鱼体长 75~110mm,为头长的 4.4~4.8 倍,为体高的 4.0~4.5 倍,为尾柄长的 7.0~8.5 倍,为尾柄高的 9.8~11.0 倍;头长为吻长的 3.5~4.3 倍,为眼径的 3.5~4.2 倍,为眼间距的 3~3.8 倍。背鳍条Ⅲ-7,胸鳍条Ⅰ-12~13,腹鳍条Ⅰ-7~8,臀鳍条Ⅲ-12~14。鳃耙 17~21。侧线鳞 44~47。

生活时,体背部灰色带黄绿色,体侧和腹部银白色。各鳍均呈浅灰色。

体长而侧扁,背、腹缘突起呈弧形,腹棱完全。头尖,头背平直,头长短于体高。吻短,稍尖,吻长大于眼径。口端位,口裂斜;上下颌略等长,无须。眼间隔宽而突起,眼间距大于眼径。体被中大圆鳞,鳞薄而易脱落。侧线完全,在胸鳍上方平缓向下弯折,形成一较平滑的弧线,然后沿腹侧后延至臀鳍基部后端,再向上折至尾柄正中,直达尾鳍基部。

背鳍起点在腹鳍起点后上方,距吻端较近,而距尾基较远;末根不分枝鳍条为光滑的硬刺。胸鳍下侧位,末端不达腹鳍。腹鳍起点在胸鳍起点和臀鳍起点之间的中点或稍前方,末端不达肛门。臀鳍起点在背鳍之后,无硬刺。尾鳍深叉形,末端尖形,下叶长于上叶。

鳔 2 室,后室较长,末端尖细或具一附属小室。肠管较短,肠长大于体长,具 2 个弯曲。

习性　生活于河流、湖泊、天然池塘等各种类型的水体,为中上层小型鱼类。喜集群,行动迅速。杂食性,幼鱼主食枝角类和水生昆虫,成鱼主食水生昆虫的幼体和卵,也食植物碎屑、枝角类、桡足类和浮游植物。一般 1 龄即达性成熟,繁殖期为 5—6 月,卵具漂浮性。

分布　中国特有种。天目山各水域中均有分布。国内平原地区各大江河、湖泊及池塘均有分布。

红鲌属 *Chanodichthys* Bleeker，1860

体长而侧扁,背面隆起。头小,眼大,眼间隔较平坦。口上位或近上位。上颌突出,无须。鳃盖膜不与峡部相连。背鳍起点位于腹鳍之后的上方;背鳍具硬刺,分枝鳍条 7 枚。臀鳍基部较长,起点在背鳍基部稍后方,分枝鳍条 18~30 枚。尾鳍分叉,下叶较长。体被较小的圆鳞,侧线完全,稍下弯。从腹鳍基部到肛门间有腹棱。鳃耙细长,排列紧密。下咽骨狭长,下咽齿 3 行,齿端呈钩状。

本属现存有 4 种,分布于东亚,包括俄罗斯、蒙古、中国及越南。中国全境各水系均有分布。天目山有 1 种。

1.9 红鳍鲌 *Chanodichthys erythropterus* Basilewsky，1855（图版Ⅰ-9）

别名 短尾鲌、翘嘴鱼、黄掌皮

形态 成鱼体长 110～240mm，为头长的 3.8～4.5 倍，为体高的 3.6～4.7 倍，为尾柄长的 9.3～11.0 倍，为尾柄高的 9.5～11.2 倍；头长为吻长的 3.6～4.5 倍，为眼径的 4.1～5.5 倍，为眼间距的 4.1～4.7 倍。背鳍条Ⅲ-7，胸鳍条Ⅰ-14～16，腹鳍条Ⅰ-8，臀鳍条Ⅲ-21～24。鳃耙 24～28。侧线鳞 60～69。

生活时，体背和体侧青灰色带蓝绿色，腹部银白色。体侧上半部每个鳞片的后缘有 1 黑色小斑点。背鳍灰色，胸鳍淡黄色，尾鳍下叶和臀鳍橘红色。

体长而侧扁，头后背部隆起。腹棱完全。头中大，侧扁，头长小于体高。吻短钝，吻长小于或等于眼径。口小，上位，口裂几与体轴垂直。下颌上翘，突出于上颌之前，无须。眼大，上侧位，位于头的前半部。眼间隔较宽，眼间距大于眼径。体被小圆鳞。侧线完全，前部浅弧形下弯，后部平直，伸达尾柄中央。

背鳍起点位于腹鳍基部的后上方，最后 1 根不分枝的鳍条为光滑的硬刺。胸鳍尖长，下侧位，末端接近腹鳍。腹鳍位于背鳍之前，末端不达肛门。臀鳍无硬刺，起点距腹鳍基部较距尾鳍基部近。尾鳍分叉深，上叶短于下叶，末端尖形。

鳃耙细长，排列紧密。下咽齿端钩状。鳔 3 室，中室最大，后室细长而尖，伸入体腔后延部分。肠短，约等于体长，呈前后弯曲。

习性 红鳍原鲌为中上层鱼类，生活于静水和缓流中，喜栖于水草茂盛的浅水区。适应能力强，能在半咸的水体中生长繁殖。肉食性，成鱼主食小型鱼类，亦食少量水生昆虫、虾和枝角类等；幼鱼则主要摄食枝角类、桡足类和水生昆虫。3 龄达性成熟，繁殖期为 5—7 月，产卵静水、水草茂盛的水体，卵具黏性，淡黄色。

分布 天目山各水域中均有分布。国内除青藏高原外，遍布中国各大水系。国外分布于东亚。

鲂属 *Parabramis* Bleeker，1864

体高而侧扁，呈长棱形，腹棱完全。头小，侧扁，头后背部隆起。吻短，口端位，口裂斜。唇厚，无须。鳃耙短，14～20 枚。下咽齿 3 行，侧扁，齿面斜。鳔 3 室，中室最大，后室小，末端尖形。体被中大圆鳞；侧线完全，近平直，略位于体侧中轴。背鳍末根不分枝鳍条为光滑粗壮的硬刺，具 7 根分枝鳍条。臀鳍长，无硬刺，具 27～35 根分枝鳍条。尾鳍深叉形。肠颇长，为体长的 2 倍以上。

本属现存有 1 种，分布于东亚、俄罗斯及中国。天目山有 1 种。

1.10 鲂 *Parabramis pekinensis* Basilewsky，1855（图版Ⅰ-10）

别名 长春鲂、鳊鱼、草鳊

形态 成鱼体长 180～270mm，为头长的 4.8～5.5 倍，为体高的 2.5～2.9 倍，为尾柄长的 9.5～11.5 倍，为尾柄高的 9.0～9.5 倍；头长为吻长的 3.6～4.5 倍，为眼径的 3.5～4.0 倍，为眼间距的 2.5～3.5 倍。背鳍条Ⅲ-7，胸鳍条Ⅰ-16～18，腹鳍条Ⅰ-8，臀鳍条Ⅲ-28～33。鳃耙 17～20。侧线鳞 54～58。

生活时，体背部青灰色，略带绿色光泽，体侧银灰色，腹部银白色。各鳍灰白色，镶以灰色边缘。

体高而侧扁，呈长菱形，腹棱完全。头小，侧扁，头后背部急剧隆起，头长远小于体高。吻短,吻长大于或等于眼径。口小,端位,口裂斜。上颌长于下颌,无须。眼中大,侧位;眼间隔略宽凸,眼间距大于眼径。体被中大圆鳞,不易脱落。侧线完全,近平直,略位于体侧中央,向后伸达尾鳍基部。

背鳍起点在吻端至尾基的中点附近,最后1根不分枝的鳍条为光滑的硬刺。胸鳍下侧位,末端不达腹鳍起点。腹鳍位于背鳍起点的前下方,末端不达肛门。臀鳍长,起点位于背鳍基部后端的正下方。尾鳍分叉深。

鳔3室,中室最大,后室小而末端尖。肠长为体长的2.5～3倍,在腹腔内作多次盘曲。

习性 鳊为中下层鱼类,喜栖于多水草的静水和流水的中下层。草食性,成鱼主食水生维管束植物和禾本科植物,亦食少量藻类、浮游动物和水生昆虫等。一般2龄达性成熟,繁殖期为5—8月,分批产卵,卵具漂浮性。

分布 天目山主要分布于天目溪水域中。国内分布于中国平原地区各江河、湖泊。国外分布于俄罗斯南部、东亚。

华鳊属 *Sinibrama* Wu,1939

体高而侧扁,腹缘突出,腹棱不完全。头小。吻短,口端位,口裂稍斜,上下颌略等长。眼大,眼间隔宽而稍圆突。下咽齿3行,侧扁,尖端钩状。鳃耙短小,呈三角形,排列稀疏。鳔分2室,后室较长而大,末端圆钝。体被中等大的圆鳞,侧线完全,略向下弯。背鳍起点位于腹鳍起点稍后上方,具3根不分枝和7根分枝鳍条,末根硬刺状鳍条后缘光滑。臀鳍起点在背鳍基部末端稍后下方,具3根不分枝和18～24根分枝鳍条。尾鳍深叉形。

本属现存有5种,分布于中国、老挝及越南等地。中国有3种,分布于长江流域及南方诸水系(包括台湾和海南)。天目山有1种。

1.11 大眼华鳊 *Sinibrama macrops* Günther,1868(图版Ⅰ-11)

别名 圆眼鳊、大眼鳊、大眼鲂

形态 成鱼体长90～180mm,为头长的4.3～4.6倍,为体高的3.0～3.8倍,为尾柄长的8.0～9.4倍,为尾柄高的9.1～10.0倍;头长为吻长的3.2～3.8倍,为眼径的2.5～3.5倍,为眼间距的2.8～3.4倍。背鳍条Ⅲ-7,胸鳍条Ⅰ-15～16,腹鳍条Ⅰ-8,臀鳍条Ⅲ-20～24。鳃耙12～13。侧线鳞55～62。

生活时,体背部青灰色或黄褐色,向腹部色泽逐渐变淡。沿侧线上下方的每列鳞片具暗色斑点。背鳍、胸鳍和尾鳍浅灰色或浅黄色,背鳍上角和尾鳍边缘黑色。臀鳍和腹鳍无色。

体细高而侧扁,背部在头后隆起;腹棱不完全。头小而尖,头长小于体高。口端位,口裂斜;上颌略长于下颌,后端达鼻孔下方。眼大,眼径略大于或等于吻长。眼间距宽而隆起。侧线完全,在胸鳍上方略向下弯,在臀鳍基部后端向上弯至尾柄正中,直达尾鳍基部。

背鳍起点位于腹鳍起点稍后上方,具1根粗短的光滑硬刺,最长鳍条短于头长。臀鳍基较长,臀鳍起点在背鳍基部末端稍后下方。尾鳍深叉形。

鳔2室,形大,后室较长,末端圆钝。肠长为体长的2～2.2倍。

习性 栖息于溪河岸边水流缓慢的浅水中,夏季常成群活动于水体的中下层,冬季潜于水底越冬。主要摄食岩石上附生的藻类和小鱼等,也食植物碎屑。繁殖期为3—6月,在水流较急和有砾石底质的浅水区产卵,卵稍带黏性。

分布 中国特有种。天目山主要分布于天目溪水域中。国内分布于南部、东南部各水域。

鲂属 *Megalobrama* Dybowski，1872

体高而侧扁,呈棱形,腹棱不完全。头小侧扁。吻短,无须。口端位,口裂斜;上下颌等长,具角质。眼中大,眼间隔宽平或稍隆起。下咽齿 3 行。鳃耙短小,14～21 枚。鳔分 3 室,后室小,末端细尖。肠较长,多次盘曲。体被中大圆鳞。侧线完全,较平直,中部浅弧形,后部伸达尾鳍基部。背鳍具 3 根不分枝和 7 根分枝鳍条,末根硬刺状鳍条后缘光滑。臀鳍无硬刺,具 3 根不分枝和 24～32 根分枝鳍条。胸鳍下侧位。腹鳍始于背鳍起点前下方,末端不达肛门。尾鳍深叉形。

本属现存有 5 种,分布于俄罗斯、中国及越南。中国均有分布。天目山有 1 种。

1.12　团头鲂 *Megalobrama amblycephala* Yih，1955（图版Ⅰ-12）

别名　武昌鱼、团头鳊、鳊鱼

形态　成鱼体长 120～230mm,为头长的 4.0～4.7 倍,为体高的 2.0～2.4 倍,为尾柄长的 9.2～11.5 倍,为尾柄高的 7.5～8.5 倍;头长为吻长的 3.5～4.2 倍,为眼径的 3.5～4.5 倍,为眼间距的 2.0～2.5 倍。背鳍条Ⅲ-7,胸鳍条Ⅰ-14～16,腹鳍条Ⅰ-8,臀鳍条Ⅲ-26～29。鳃耙 14～17。侧线鳞 52～56。

生活时,体灰黑色,背部和体上侧色较深。体侧每一鳞片的外缘灰黑色,使体侧呈现多条平行的黑色纵纹。各鳍灰黑色。

体短,高而侧扁,呈棱形,头背后隆起,胸部平直。腹棱不完全,尾柄宽短。头小,锥形,头长小于体高。吻短钝;口端位,口裂较宽。上下颌等长,具薄而窄的角质边缘。眼较小,眼间距甚宽,呈弧形隆起。侧线较直,纵贯体侧中部下方,在胸鳍上方略向下弯。

背鳍起点位于吻端与尾鳍基部的中点,具 1 根粗短的光滑硬刺。胸鳍下侧位,末端接近腹鳍起点。腹鳍起点在背鳍起点下方之前,末端不达肛门。臀鳍较长,起点与背鳍基部末端几相对。尾鳍深叉形。

鳔 3 室,中室最大,后室短小。肠长为体长的 2.7～3.7 倍。

习性　栖息于江河、湖泊水流平缓的敞水区,常活动于中下水层。性温和,草食性。成鱼主要以水生植物为食;幼鱼主要摄食枝角类、桡足类,也食少量嫩叶。一般 3 龄性成熟,繁殖期为 5—6 月,产卵在夜间进行,卵带黏性。

分布　中国特有种。天目山主要分布于水库、池塘中。国内分布于长江中下游及附属湖沼,由于生产性能较好,故被移养全国。

鲴亚科 Xenocyprinae

体侧扁,稍细长。腹部稍圆,腹棱不完全或无。头小,锥形。吻圆钝;口小,下位或亚下位,一般横裂。下颌前缘具锋利的角质缘;无须。下咽齿 1～3 行,齿数 6～7。鳔 2 室,前室短于后室。体被圆鳞。背鳍具 3 根不分枝和 8～13 根分枝的鳍条,最后 1 根不分枝鳍条为粗大光滑的硬刺。臀鳍无硬刺,具 3 根不分枝和 8～13 根分枝的鳍条。肛门紧接臀鳍起点之前。尾鳍叉型。

本亚科现存有 4 属 27 种,分布于东欧、亚洲东部、伊拉克等。中国有 4 属 13 种。天目山有 2 属 2 种。

天目山鲴亚科分属检索

1(2)下咽齿 3 行,腹棱不完全,下颌前缘具轻度的角质缘 ……………………………… 鲴属 *Xenocypris*

2(1)下咽齿 2 行,无腹棱,下颌前缘具发达的角质缘 …………………………… 圆吻鲴属 *Distoechodon*

鲴属 *Xenocypris* Günther,1868

体长而侧扁。头小,呈锥形。吻圆钝,口下位或略呈弧形。下颌前缘有锋利的角质,无须。鳞片中等大,侧线完全。背鳍末根不分枝鳍条为光滑的硬刺,分枝鳍条 7 根。臀鳍无硬刺,分枝鳍条 8～13 根。肛门紧靠臀鳍起点。腹棱通常不完全,或无腹棱。下咽齿 3 行,主行齿 6～7 枚。鳔 2 室,后室长于前室。

本属现存有 6 种,分布于东亚。中国均有分布。天目山有 1 种。

1.13 大鳞鲴 *Xenocypris macrolepis* Günther,1968(图版Ⅰ-13)

别名 密鲴、银鲴、黄尾巴

形态 成鱼体长 110～220mm,为头长的 4.5～5.1 倍,为体高的 3.5～4.0 倍,为尾柄长的 6.0～7.5 倍,为尾柄高的 9.0～9.8 倍;头长为吻长的 3.0～3.5 倍,为眼径的 3.5～4.5 倍,为眼间距的 2.0～2.7 倍。背鳍条Ⅲ-7,胸鳍条Ⅰ-13～16,腹鳍条Ⅰ-8,臀鳍条Ⅲ-9～11。鳃耙 40～47。侧线鳞 54～63。

生活时,体银白色,体背黄褐色或灰黄褐色。鳃盖膜后缘具橘黄色斑条。背鳍和尾鳍灰色。胸、腹和臀鳍基部橘黄色。

体长形,侧扁。腹部圆,无腹棱或在肛门前有不明显短腹棱。头小而尖。吻圆钝,吻长稍大于眼径。口下位,无须。下颌较短,前缘具角质边缘。眼中大,上侧位,距吻端较近。眼间隔突起,眼间距略大于吻长,小于眼后头长。体被小圆鳞;侧线完全,前部下弯,后部直达尾柄中央。

背鳍起点约与腹鳍起点相对或稍前,最后不分枝鳍条骨化为粗壮的硬刺,但端部仍保持柔软。胸鳍较短,末端远离腹鳍。腹鳍位于胸鳍基部至臀鳍起点的中点,末端不达肛门。臀鳍起点在腹鳍基部与尾鳍基部之间的中点。尾鳍分叉。

鳃耙短,呈扁平三角形,排列紧密。下咽齿主行侧扁,齿尖钩状。鳔分 2 室,后室长于前室。肠长为体长的 1.5～2 倍。

习性 该鱼为底栖性鱼类,栖息于水流平缓的湖湾或石滩浅水地带,刮食石面上附生的藻类,兼食植物碎屑、浮游动物和腐殖质等。2 龄达性成熟,繁殖期为 5—6 月,分批产卵,多在流水中产卵,卵带黏性,附着在水草或其他物体上。

分布 中国特有种。天目山各水域中均有分布。国内分布于各大水系及其附属湖泊。

圆吻鲴属 *Distoechodon* Peters,1880

体长而侧扁,腹部圆,无腹棱或仅在肛门之前有不明显的腹棱。头小。口下位,横裂;下颌前缘具发达的角质边缘,无须。体被小圆鳞。侧线完全。背鳍起点几与腹鳍起点相对,末根不分枝鳍条为光滑的硬刺,分枝鳍条 7 根。臀鳍末根不分枝鳍条不为光滑的硬刺,分枝鳍条 8～10 根。肛门紧靠臀鳍起点。鳃耙密而扁薄。下咽齿 2 行,主行齿侧扁,6～7 枚。鳔 2 室。

本属现存有 4 种,分布于东亚。中国均有分布。天目山有 1 种。

1.14　圆吻鲴 *Distoechodon tumirostris* Peters，1880（图版Ⅰ-14）

别名　红翅鱼、青片

形态　成鱼体长 110~240mm，为头长的 4.0~4.8 倍，为体高的 3.7~4.5 倍，为尾柄长的 5.7~6.5 倍，为尾柄高的 8.7~11.0 倍；头长为吻长的 2.8~3.5 倍，为眼径的 4.2~5.5 倍，为眼间距的 2.2~2.7 倍。背鳍条Ⅲ-7，胸鳍条Ⅰ-14~16，腹鳍条Ⅰ-8，臀鳍条Ⅲ-8~10。鳃耙 85~110。侧线鳞 68~82。

生活时，体背深黑褐色，体侧和腹部银白色。体侧上部每个鳞片基部有一簇深黑色的色素，断续连成黑色纵纹。眼后缘有一浅黄色斑块。背鳍和尾鳍灰黑色。胸、腹和臀鳍基部橘黄色，外缘灰白色。

体长而侧扁，腹部圆，肛门前无腹棱或腹棱极弱。头小。吻钝而突出；口下位，宽而横裂。下颌前缘有发达的角质边缘；无须。眼上侧位，眼后头长大于吻长。体被圆鳞，鳞片较小；侧线完全，在胸鳍上方略向下弯，向后直入尾柄中央。

背鳍起点在吻端与尾鳍基部之间的中点，最后不分枝鳍条为光滑的硬刺。胸鳍较短，末端不伸达腹鳍起点。腹鳍起点与背鳍起点相对，末端不达肛门。臀鳍起点约在腹鳍基部至尾鳍基部之间的中点，末端不达肛门。尾鳍分叉。

鳃耙短而扁薄，排列紧密。下咽齿侧扁，齿尖钩状。鳔分 2 室，后室长于前室的 2 倍以上。肠长为体长的 1.5~2 倍。

习性　圆吻鲴为底栖性鱼类，栖息于水清流急的溪流深潭的中下层水体中。夏秋季节，成群在岸边或急滩的石块上，刮食附生的藻类。在春末夏初大雨之后，成群在急滩卵石上产卵，卵黏性，附着于石上。秋冬时节，成群移至深水区越冬。

分布　中国特有种。天目山各水域中均有分布。国内分布于珠江、长江、黄河等东南沿海各河流。

鲌亚科 Danioninae

体长而侧扁，腹部一般无腹棱（个别种具不完全的腹棱）。吻钝；口端位。多数种类下颌前端正中有一凸起，与上颌凹陷相吻合。须 1~2 对或无。眶上骨大，与最后 1 个眶下骨相接。下咽齿 2~3 行。鳃耙短小，排列稀疏。各鳍无硬刺，一般背鳍具 7~10 根分枝鳍条，臀鳍具 10~14 根鳍条。尾鳍叉形。

本亚科现存有 32 属近 300 种，分布于南亚、中国及东南亚。中国有 14 属 28 种。天目山有 2 属 2 种。

天目山鲌亚科分属检索

1(2)口裂较小，上下颌侧缘平直 ·· 鲹属 *Zacco*

2(1)口裂较大，上下颌侧缘凹凸相嵌合 ·················· 马口鱼属 *Opsariichthys*

鲹属 *Zacco* Jordan & Evermann，1902

体长而侧扁，腹部圆，无腹棱。口中大，端位，口裂斜。下颌前缘具凸起，与上颌凹陷相吻合，侧缘无明显凹刻；口无须。侧线完全，弧形下弯，后部行于尾柄中部。鳍无硬刺。背鳍起点与腹鳍起点相对，具 3 根不分枝和 7 根分枝鳍条。臀鳍具 3 根不分枝和 9~10 根分枝鳍条。尾鳍分叉。下咽齿 2~3 行，末端钩状。鳃耙短小，稀疏。鳔 2 室，后室长于前室。

本属现存有 4 种,分布于东亚至越南北部。中国有 2 种。《浙江动物志·鱼纲》把侧线鳞为 47～52 枚的命名为宽鳍鱲 Zacco platypus,而侧线鳞为 42～45 枚的命名为谈氏鱲 Zacco temminckii,但其他文献的记述各不相同。本志基于上述情况,认为以 1 个种来记述为妥。因此,天目山现存有 1 种。

1.15　宽鳍鱲 *Zacco platypus* Temminck & Schlegel, 1846(图版Ⅰ-15)

别名　桃花鱼、七色鱼、赤须、红翅膀

形态　成鱼体长 100～140mm,为头长的 3.8～4.5 倍,为体高的 3.2～4.0 倍,为尾柄长的5.5～6.5 倍,为尾柄高的 9.2～10.5 倍;头长为吻长的 2.2～3.0 倍,为眼径的 3.8～5.0倍,为眼间距的 2.4～3.0 倍。背鳍条Ⅲ-7,胸鳍条Ⅰ-13～15,腹鳍条Ⅰ-7～8,臀鳍条Ⅲ-9～10。鳃耙 8～9。侧线鳞 41～46。

生活时雄鱼体色非常鲜艳,背部黄绿色,腹部银白色;体侧淡黄色,具 10 余条银灰蓝色垂直条纹,条带间有许多不规则的粉红色斑点。雌鱼全体素色。

体长而侧扁,腹部圆,无腹棱。头尖短,略短于体高。吻钝,口端位,口裂斜;无须。上颌略长于下颌,上颌骨末端伸达眼前缘下方;下颌前端有不明显凸起,与上颌浅凹陷相吻合。眼中大,上侧位,距吻端较近。眼间距约等于吻长。体被较大圆鳞。侧线完全,弧形下弯,后部直达尾柄中央。

鳍无硬刺。背鳍起点距吻端较比距尾鳍基部为近。胸鳍下侧位,末端伸达(雄鱼)或不伸达(雌鱼)腹鳍起点。腹鳍起点几与背鳍起点相对,末端伸达(雄鱼)或不伸达(雌鱼)肛门。臀鳍位于背鳍基部后方,后端伸达(雄鱼)或不伸达(雌鱼)尾鳍基部。尾鳍分叉较深,下叶稍长。

鳃耙尖短,排列稀疏。鳔分 2 室,后室长于前室。肠长为体长的 1.5～2 倍。

背鳍粉红色,间有黑色斑块。胸、腹鳍黄色,胸鳍上有黑色斑点,尾鳍灰色。在生殖季节,雄鱼的头部和臀鳍上有许多粒状珠星,体色也较雌鱼更为鲜艳。

习性　宽鳍鱲为溪流性鱼类,栖息于大溪水流湍急的溪中或浅滩上。常成群游动,杂食性,以水生昆虫为食,也食附生藻类及有机物碎屑。2 龄达性成熟,春秋季节分批产卵,卵黏附于浅滩的卵石下。

分布　天目山主要分布于天目溪水域中。国内各大水系及东部沿海各溪流中均有分布。国外分布于东亚。

马口鱼属 *Opsariichthys* Bleeker,1863

体长而侧扁,腹部圆,无腹棱。口大,端位,斜裂。下颌前缘和两侧各有一凸起,与上颌前缘和两侧的凹陷相吻合;口无须。侧线完全,弧形下弯,后部行于尾柄中部。鳍无硬刺。背鳍起点几与腹鳍起点相对,具 3 根不分枝和 7 根分枝鳍条。臀鳍起点在背鳍末端后下方,具 3 根不分枝和 9～10 根分枝鳍条;雄鱼前方数个鳍条显著延长,伸达或伸越尾鳍基部。尾鳍分叉。下咽齿 3 行,末端钩状。鳃耙短小,排列稀疏。鳔 2 室,后室长于前室。

本属现存有 12 种,分布于日本、朝鲜、越南及中国等地。中国有 4 种,分布于南部、东部各溪流。天目山有 1 种。

1.16　马口鱼 *Opsariichthys bidens* Günther, 1873(图版Ⅰ-16)

别名　马口、大白鱼、昌支鱼

形态　成鱼体长 120～150mm,为头长的 3.4～3.8 倍,为体高的 3.5～4.0 倍,为尾柄长的6.3～7.5 倍,为尾柄高的 9.7～10.8 倍;头长为吻长的 2.8～3.2 倍,为眼径的 5.6～6.8

倍,为眼间距的 2.7~3.1 倍。背鳍条Ⅲ-7,胸鳍条Ⅰ-12~14,腹鳍条Ⅰ-8,臀鳍条Ⅲ-7~9。鳃耙 8~11。侧线鳞 44~50。

生活时,背部灰蓝色,腹部银白色,体侧有许多蓝绿色的垂直斑条。眼上方有 1 块红色斑点。背鳍和臀鳍有蓝黑色小斑点。其他各鳍橘黄色。在生殖期间,雄鱼头部、臀鳍上有粗大的珠星,鱼体出现鲜艳的婚姻色。雌鱼保持素色,也无珠星。

体长而侧扁,腹部圆,无腹棱。头中等大,顶部较平。吻钝;口端位,口裂大,向上倾斜。下颌前缘和两侧各有一凸起,与上颌前缘和两侧的凹陷相吻合;口无须。眼小,位于头部两侧上方,偏近吻端。眼间隔宽平,眼间距略小于眼径的 2 倍。体被中大圆鳞。侧线完全,弧形下弯,后部直达尾柄中央。

鳍无硬刺。背鳍起点在吻端与尾鳍基部的中点或稍近前方。胸鳍下侧位,末端不伸达腹鳍。腹鳍起点几与背鳍起点相对,末端不伸达臀鳍。臀鳍起点距腹鳍基部比距尾鳍基部近,雄鱼前部 1~4 根分枝鳍条特别延长,向后可达尾鳍基部。尾鳍分叉,下叶稍长。

鳃耙短小,排列稀疏。下咽齿圆柱状,顶端呈钩状。鳔分 2 室,后室较长而尖。肠较短,为体长的一半以上。

背鳍粉红色,间有黑色斑块。胸、腹鳍黄色,胸鳍上有黑色斑点,尾鳍灰色。在生殖季节,雄鱼的头部和臀鳍上有许多粒状珠星,体色也较雌鱼更为鲜艳。

习性　栖息于水流较平稳的溪流中,居于水的上层。性凶猛,肉食性,成鱼以小鱼和水生甲壳动物为食,幼鱼以浮游动物为食。2 龄达性成熟,4—6 月产卵,卵具漂浮性。

分布　中国特有种。天目山各水域中均有分布。国内除青藏高原、新疆和台湾等地外,其他各大水系均有分布。

雅罗鱼亚科 Leuciscinae

体长形而稍侧扁,或近圆筒形,腹部圆,一般无腹棱。头侧扁或近锥形。口端位或亚下位。上下颌无须,或具 1~2 对须。眼上侧位。鳃耙一般较短。下咽齿 1~3 行,齿侧扁。体被小型或中型圆鳞。侧线一般完全。各鳍无硬刺。背鳍具 3 根不分枝和 7~10 根分枝鳍条。臀鳍位于背鳍的后下方,一般具 7~14 根分枝鳍条。尾鳍叉形。肛门紧靠臀鳍起点的前方。

本亚科现存有 90 余属 580 多种,分布于北美、欧洲、亚洲等。中国有 13 属 25 种。天目山有 3 属 3 种。

天目山雅罗鱼亚科分属检索

1(2)下咽齿 1 行,呈臼状 ·· 青鱼属 *Mylopharyngodon*
2(1)下咽齿 2~3 行
3(4)下咽齿 2 行,侧扁,呈梳状 ··· 草鱼属 *Ctenopharyngodon*
4(3)下咽齿 3 行,眼上有红斑 ··· 赤眼鳟属 *Squaliobarbus*

青鱼属 *Mylopharyngodon* Peters,1881

体长近圆筒形,腹部较圆,无腹棱。头宽,稍扁。吻短钝而尖。口小,端位,上颌较下颌突出;口无须。眼较小,中侧位;眼间隔宽突。侧线完全,浅弧形下弯。体被圆鳞,鳞片较大。鳍无硬刺。背鳍起点稍前于腹鳍起点,具 7~9 根分枝鳍条。臀鳍起点距腹鳍基部较距尾鳍基部稍近或相等,具 8 根分枝鳍条。尾鳍分叉浅,上下叶末端钝。下咽齿 1 行,臼齿状,齿面光滑。

鳃耙短小，稀疏。鳔大，2室。

本属现存有1种，主要分布于亚洲、东欧及中美洲。中国有1种。天目山有1种。

1.17 青鱼 *Mylopharyngodon piceus* Richardson，1846（图版Ⅰ-17）

别名 青根、螺蛳青、乌青

形态 成鱼体长300～650mm，为头长的3.7～4.5倍，为体高的3.5～4.3倍，为尾柄长的5.8～6.5倍，为尾柄高的7.6～8.5倍；头长为吻长的3.5～4.5倍，为眼径的5.5～7.3倍，为眼间距的1.9～2.3倍。背鳍条Ⅲ-7，胸鳍条Ⅰ-16～17，腹鳍条Ⅰ-8，臀鳍条Ⅲ-8～9。鳃耙15～21。侧线鳞40～44。

生活时，体青黑色或蓝黑色，背部较深，腹部灰白色。各鳍均呈灰黑色。生殖期雄鱼吻部及胸鳍背面有珠星。

体长形略侧扁，略呈柱状，腹部较圆，无腹棱。头中等大，眼前部稍平扁，后部稍侧扁。吻圆钝，略尖，吻长稍大于眼径。口端位，形成微弧形；无须。上颌略长于下颌，上颌骨伸达鼻孔后缘的下方。眼中等大，位于头部的正中两侧。眼间距短于眼后头长。鳃耙短而细，排列较稀。体被较大圆鳞。侧线完全，略作弧形，后部直达尾柄中央。

鳍无硬刺。背鳍起点位于吻端至尾鳍基部的中点。胸鳍末端不达腹鳍起点。腹鳍起点稍后于背鳍起点的下方。臀鳍起点位于腹鳍起点与尾鳍基部的中点或近尾鳍基部，鳍条末端不达尾鳍基部。尾鳍叉形，上下叶末端圆钝。

鳃耙短小，排列稀疏。下咽齿粗大而短，呈臼状，齿面光滑。鳔分2室，前室粗短，后室较长，末端尖形。肠多次盘曲，肠长约为体长的2倍。

习性 青鱼为大型淡水鱼类，主要生活在江河、湖泊等水面中下层水体中。主要摄食螺、蚌等软体动物，也食水生昆虫及虾类等小型水生动物。4～5龄达性成熟，繁殖季节为5—7月，卵浮性，随水流漂流孵化。

分布 天目山主要分布于天目溪、水库及池塘中。国内除青藏高原外，其他各地均有分布。国外主要分布于中美洲、东欧、东亚至越南。

草鱼属 *Ctenopharyngodon* Steindachner，1866

体长形，前部呈圆筒形，后部侧扁，无腹棱。头中大，顶部较宽。吻短钝；口大，端位。上颌稍短；口无须。眼较小，中侧位；眼间隔宽圆。侧线完全，浅弧形下弯。体被圆鳞，侧线位于体侧近中央。鳍无硬刺。背鳍起点稍前于腹鳍起点，具7根分枝鳍条。臀鳍起点距腹鳍基部较距尾鳍基部远，具7～8根分枝鳍条。尾鳍分叉浅，上下叶末端钝。下咽齿2行，主行齿侧扁，梳状。鳃耙短小，数量少。鳔大，2室。

本属现存有1种，原产地为中国，现已被引入欧洲、美洲等地。天目山有1种。

1.18 草鱼 *Ctenopharyngodon idellus* Cuvier & Valenciennes，1844（图版Ⅰ-18）

别名 草青、草鲩、草混

形态 成鱼体长140～450mm，为头长的3.7～4.5倍，为体高的3.5～4.5倍，为尾柄长的6.5～7.5倍，为尾柄高的7.8～8.5倍；头长为吻长的3.1～3.7倍，为眼径的4.3～6.5倍，为眼间距的1.7～2.0倍。背鳍条Ⅲ-7，胸鳍条Ⅰ-15～17，腹鳍条Ⅰ-7～8，臀鳍条Ⅲ－8。鳃耙14～19。侧线鳞38～44。

生活时，体呈茶黄色，背部青灰色，腹部灰白色。胸、腹鳍带灰黄色，其余各鳍浅灰色。

体长形，前部呈圆柱状，后部稍侧扁。腹部较圆，无腹棱。头中等大，头背宽平。吻短钝，吻长稍大于眼径。口端位,呈弧形;无须。上颌略长于下颌,上颌骨伸达鼻孔后缘的下方。眼中等大,位于头前半部的侧面。眼间距等于或稍大于眼后头长。鳃耙短小,排列稀疏。侧线完全,在腹鳍下方略弯曲成弧形,向后延伸至尾柄中轴线。体被中大圆鳞。侧线完全,略呈弧形,后部直达尾柄中央。

鳍无硬刺。背鳍起点位于吻端至尾鳍基部的中点。胸鳍末端不达腹鳍起点。腹鳍末端不达肛门。臀鳍起点距尾鳍基部较距腹鳍起点近,鳍条末端不达尾鳍基部。尾鳍浅叉形,上下叶相等,末端圆钝。

鳃耙短小,排列稀疏。下咽齿 2 行,侧扁,呈镰刀状。鳔分 2 室,前室较后室短,末端尖形。肠多次盘曲,肠长为体长的 2～3 倍。

习性　草鱼为大型淡水鱼类,主要生活在江河、湖泊、水库等水面中下层水体中。性情活泼,成鱼以水草为主要食物;幼鱼摄食动物性饵料,以浮游动物、摇蚊幼虫等为主,也摄食部分藻类、浮萍等。一般 4 龄开始成熟,每年 4—5 月产卵繁殖。卵浮性,随水流漂流孵化。

分布　天目山主要分布于天目溪、水库及池塘中。国内除西藏和新疆外,其他广大地区均有分布。国外分布于西伯利亚、东亚至越南。

赤眼鳟属 *Squaliobarbus* Günther,1868

体稍侧扁,腹部圆形,无腹棱。头较小。吻短钝;口前位,口裂宽,上斜。上颌稍短,上颌骨伸达鼻孔后缘下方;具短须 2 对。眼中大,上侧位,眼上缘具 1 红色斑。眼间隔宽凸。侧线完全,广弧形下弯。体被圆鳞。鳍无硬刺。背鳍起点位于腹鳍起点稍前或上方,具 7 根分枝鳍条。臀鳍起点距腹鳍基部较距尾鳍基部远,具 7～8 根分枝鳍条。尾鳍分叉,上下叶约等长。下咽齿 3 行,齿端钩状。鳃耙短小。鳔 2 室。

本属现存有 1 种,广泛分布于俄罗斯、东亚、越南及中国。天目山有 1 种。

1.19　赤眼鳟 *Squaliobarbus curriculus* Richardson,1846(图版Ⅰ-19)

别名　红眼、野草鱼、火烧草鱼

形态　成鱼体长 210～270mm,为头长的 4.2～4.8 倍,为体高的 4.3～4.9 倍,为尾柄长的 5.7～6.5 倍,为尾柄高的 8.2～9.5 倍;头长为吻长的 3～3.7 倍,为眼径的 4.6～5.2 倍,为眼间距的 2.2～2.5 倍。背鳍条Ⅲ-7～8,胸鳍条Ⅰ-14～16,腹鳍条Ⅰ-7～8,臀鳍条Ⅲ-7～9。鳃耙 10～14。侧线鳞 44～48。

生活时,体银白色,背部较深,体侧青灰色,腹部银白色。眼的上缘有一红色斑。侧线以上每个鳞片的基部有一黑色斑块。背鳍和尾鳍灰黑色,尾鳍有 1 条黑色边缘,其他各鳍灰白色。

体前部呈圆柱状,后部稍侧扁。腹部圆,无腹棱。头中大,较尖,圆锥形。吻短钝,吻长大于眼径。口端位,口裂宽,呈弧形。上颌略长,上颌和口角各有 1 对小须,隐藏于唇褶缝内。眼侧位,位于头的前半部。眼间距约为眼径的 2 倍。体被较大圆鳞。侧线完全,广弧形下弯,向后延伸至尾柄正中。

鳍无硬刺。背鳍起点稍前于腹鳍起点,距吻端较距尾鳍基部近。胸鳍下侧位,末端不达腹鳍起点。腹鳍位于背鳍下方,末端不达肛门。臀鳍起点距尾鳍基部较距腹鳍起点近,鳍条末端不达尾鳍基部。尾鳍分叉较深,上下叶约相等。

鳃耙疏短,鳃丝长。下咽齿 3 行,主行齿第 1、2 齿圆锥状,其余齿侧扁。鳔 2 室,前室大,后室圆锥状。

习性　生活于水流缓慢的江河、湖泊,栖息于水的中下层。以藻类和水生植物为主要食料,兼食小鱼虾、底栖软体动物及昆虫幼虫等。2 龄成熟,每年 6 月—8 月产卵。卵浅绿色,具沉性。

分布　天目山主要分布于各溪流、水库及池塘中。国内除青藏高原外,其他各地均有分布。国外分布于俄罗斯东部、东亚及越南。

鳑亚科 Acheilognathinae

体中小型,体高而侧扁,略呈卵圆形或棱形,腹部无腹棱。头短小,吻短钝。口小,端位或亚下位;口角有须 1 对或无。眼中大,近吻端。鳃耙细小。下咽齿 1 行,齿侧面光滑或具锯刻。体被圆鳞。背鳍和臀鳍具 2～3 根不分枝鳍条,鳍基较长。背鳍具 7～18 根分枝鳍条;臀鳍具 7～15 根分枝鳍条。胸鳍下侧位。腹鳍起点位于背鳍起点稍前方或与之相对。尾鳍分叉较深。鳔 2 室,后室较大。产卵期,雄鱼个体头部出现白色颗粒状"珠星",体色鲜艳;雌鱼长出一条长的产卵管,生殖期过后产卵管萎缩。

本亚科现存有 7 属 70 余种,主要分布于东亚,欧洲仅有 1 种。中国有 3 属 31 种,除青藏高原和新疆外,全国各地均有分布。天目山有 1 属 1 种。

鳑属 *Acheilognathus* Bleeker,1859

体高而侧扁,呈长椭圆形,腹部无腹棱。口小,端位或亚下位。口角须 1 对或无须。体被圆鳞。侧线完全。背鳍和臀鳍具光滑的硬刺。背鳍起点位于吻端与尾鳍基部的中点。臀鳍起点后于背鳍起点。腹鳍起点位于背鳍起点下方或稍前下方。下咽齿齿面有较明显的锯齿或光滑,尖端钩状。鳔 2 室,后室较长。

本属现存有 41 种,分布于亚洲。中国有 22 种。天目山有 1 种。

1.20　无须鳑 *Acheilognathus gracilis* Nichols,1926(图版 I-20)

别名　鳑鲏

形态　成鱼体长 45～55mm,为头长的 3.8～4.5 倍,为体高的 2.7～3.2 倍,为尾柄长的 4.7～5.2 倍,为尾柄高的 7.2～7.8 倍。头长为吻长的 3.5～4.2 倍,为眼径的 2.5～2.9 倍,为眼间距的 2.4～2.8 倍。背鳍条 III-8～9,胸鳍条 I-11～13,腹鳍条 I-6～7,臀鳍条 III-7。鳃耙 22～24。侧线鳞 32～35。

生活时,体背及两侧深黑色,上半部每个鳞片后缘黑色。腹部灰白色,略显粉红色。体侧中部自背鳍起点至尾鳍基部有 1 条蓝黑色纵带。背鳍上有 2 列不规则黑白相间的细纹。生殖季节,雄鱼吻部出现珠星,臀鳍下缘有一黑纵纹,外缘白色。

体侧扁,呈长椭圆形,背部稍隆起,腹部较圆。头小,略尖。吻短钝,短于眼径。口小,亚下位,口裂弧形,口角无须。眼中大,上侧位。体被圆鳞。侧线完全,略呈弧形,后部直达尾柄中央。

背鳍和臀鳍不分枝鳍条只基部骨化成不完整的硬刺。背鳍起点位于吻端至尾鳍基部的中点,基部较长。胸鳍下侧位,末端不达腹鳍基部。腹鳍起点在背鳍第 2～3 分枝鳍条的下方,末端不达臀鳍。臀鳍起点位于背鳍末端的下方,末端不达尾鳍基部。尾鳍叉形,上下叶对称。

鳃耙细密。下咽齿细长,侧扁,末端钩状,侧面平滑或有浅凹纹。鳔 2 室,后室较长。肠细长,多次盘曲,肠长略为体长的 6 倍。

习性　生活在江河湖泊沿岸静水区,主食藻类和植物碎屑。4—6 月产卵繁殖。适应能力较强,常混入养殖种类被带到其他地区。

分布　中国特有种。天目山主要分布于各溪流、水库及池塘中。国内分布于长江水系及附属水域。

鮈亚科 Gobioninae

体中小型。体稍侧扁，略呈圆筒形，腹部圆或平坦，无腹棱。头侧扁或锥形。吻短钝，或长而突出。口多为下位。须1～2对，或退化。胸腹部通常具鳞，少数裸出。背鳍具3根不分枝和7～8根分枝鳍条，一般无硬刺。臀鳍具6根（少数5）分枝鳍条。鳃耙不发达。下咽齿1～3行。鳔2室，后室较大或细小。

本亚科现存有约29属209种，广泛分布于亚洲和欧洲，以东南亚水域为最。中国有22属100种。天目山有7属9种。

天目山鮈亚科分属检索

1(2)背鳍最后不分枝鳍条为硬刺 ··· 鮈属 *Hemibarbus*
2(1)背鳍最后不分枝鳍条为软刺
3(4)下咽齿3行 ·· 似鮈属 *Belligobio*
4(3)下咽齿1～2行
5(10)上下唇正常，不特别肥厚；下唇无乳突，也不分叶
6(7)口上位，口角无须，下咽齿1行 ·· 麦穗鱼属 *Pseudorasbora*
7(6)口端位或下位，口角多数有须1对
8(9)口裂狭小，呈马蹄形或弧形，下颌前缘多角质化 ························ 鳂属 *Sarcocheilichthys*
9(8)口裂较大，呈弧形，下颌无角质边缘，有须1对 ·························· 颌须鮈属 *Gnathopogon*
10(5)唇多数肥厚发达，边缘有乳突；下唇分叶（光唇蛇鮈例外）
11(12)下唇左右两叶在中叶前缘相连，吻长为眼径的2倍以上 ··············· 似鮈属 *Pseudogobio*
12(11)下唇左右两叶相互独立，吻短钝 ·· 棒花鱼属 *Abbottina*

鮈属 *Hemibarbus* Bleeker，1860

体长形而稍侧扁，腹部圆，无腹棱。头中大，锥形。吻较长，尖突，吻褶发达。口下位，马蹄形。唇光滑，下唇具两侧叶。口角须1对。眼大，上侧位。眶前骨扩大呈长方形，眶前骨、眶下骨及前鳃盖骨边缘有1列黏液腔。体被圆鳞。侧线完全，侧线鳞40～54。背鳍末根为不分枝的光滑硬刺。臀鳍无硬刺。鳃耙长，较发达。下咽齿3行。鳔大，2室，后室粗长。

本属现存有12种，分布于亚洲东部。中国有8种，除青藏高原和新疆外，遍布全国各水系。天目山有2种。

天目山鮈属分种检索

1(2)吻长显著大于眼后头长，下唇两侧叶宽肥，体侧无斑点 ··················· 唇鮈 *Hemibarbus labeo*
2(1)吻长小于或等于眼后头长，下唇两侧叶狭窄，体侧有1列大黑点斑 ·········· 花鮈 *H. maculatus*

1.21　唇鮈 *Hemibarbus labeo* Pallas，1776（图版Ⅰ-21）

别名　重唇、竹鱼

形态　成鱼体长140～240mm，为头长的3.3～4.1倍，为体高的4.4～5.2倍，为尾柄长的5.4～6.2倍，为尾柄高的9.5～11.0倍。头长为吻长的2.2～2.4倍，为眼径的3.5～4.3倍，为眼间距的2.8～3.5倍。背鳍条Ⅲ-7，胸鳍条Ⅰ-17～19，腹鳍条Ⅰ-8，臀鳍条Ⅲ-6。鳃耙

22～24。侧线鳞 45～48。

生活时,体银灰色,背部青灰色,腹部白色。成体体侧一般无斑点,幼鱼体侧具不明显的黑斑。背鳍、尾鳍灰黑色,其余各鳍灰白色。

体较长,略侧扁,腹部圆,无腹棱。头中大,稍尖,头长大于体高。吻长,稍尖突,长于眼后头长。口中大,下位,马蹄形。唇厚,下唇发达,两侧叶宽厚;中叶小,被侧叶所盖。口角须 1 对,须长小于或等于眼径。眼大,上侧位。眼间隔较宽,微凸。体被中大圆鳞。侧线完全,较平直。

背鳍起点距吻端较距尾鳍基部近,具一长而粗壮的硬刺,较头长为短。胸鳍下侧位,末端不达腹鳍起点。腹鳍较短小,起点位于背鳍起点稍后下方,末端不达臀鳍。臀鳍无硬刺,起点位于背鳍起点稍后下方。尾鳍分叉,上下叶等长,后端微圆。

鳃耙发达,较尖长。下咽齿末端稍呈钩状。鳔较大,分 2 室,后室约为前室的 2.5 倍。肠粗短,弯曲 2 次,肠长为体长的 1～1.2 倍。

习性　生活在水体底层,喜栖于水流较湍急的江河及湖泊中,幼鱼生活于水流较平稳的水域。主食水生昆虫和软体动物。繁殖期多在 6 月份。在沙砾底质的地方产卵,卵具黏性。

分布　天目山各水域中均有分布。国内分布于黑龙江、黄河、长江、钱塘江及闽江等水系。国外分布于东亚至越南。

1.22　花𩾌 *Hemibarbus maculatus* Bleeker, 1871(图版Ⅰ-22)

别名　杨花鱼、麻花𩾌鱼、吉勾鱼、七星麻鲤

形态　成鱼体长 150～260mm,为头长的 3.6～4.6 倍,为体高的 4.3～5.4 倍,为尾柄长的 5.2～7.3 倍,为尾柄高的 9.1～10.2 倍。头长为吻长的 2.4～3.1 倍,为眼径的 3.7～5.0 倍,为眼间距的 3～3.9 倍。背鳍条Ⅲ-7,胸鳍条Ⅰ-16～19,腹鳍条Ⅰ-8,臀鳍条Ⅲ-6～7。鳃耙 6～10。侧线鳞 46～49。

生活时,体银灰色。背部灰黄褐色,至体侧逐渐转淡。腹部白色。在侧线上方体侧有 7～12 个纵列大黑斑。背部散布有大小不等的黑色斑点。在背鳍及尾鳍上,有小黑斑组成的黑色斑纹 3～5 行。其余各鳍灰白色。

体较长,侧扁,背部隆起稍呈弧形。腹部平圆,无腹棱。头中大,头长大于体高。吻圆锥形,稍扁平,前端圆钝突出,吻长稍短于眼后头长。口下位,马蹄形。唇较肥厚,下唇侧叶较狭,中叶呈宽三角形向后凸出;唇后沟中断。口角须 1 对。眼较大,上侧位。眼间隔宽,略隆起。体被中小圆鳞。侧线完全,较平直。

背鳍起点近吻端,位于背部最高点,最末不分枝鳍条为粗大光滑的硬刺。胸鳍下侧位,末端不达腹鳍起点。腹鳍短小,起点稍后于背鳍起点,末端距臀鳍起点远。臀鳍无硬刺,起点在尾鳍基部与腹鳍起点的中点,末端不达尾鳍基部。尾鳍分叉,上下叶等长,末端钝圆。

鳃耙长而粗,锥状。下咽齿发达粗壮,咽齿尖钩状。鳔较大,分 2 室,后室约为前室的 2 倍。肠粗短,弯曲 2 次,肠长为体长的 1～1.2 倍。

习性　生活在水体底层,栖息于水面开阔、水流平稳的水域中。以水生昆虫、螺、小鱼、小虾为食。3～4 龄性成熟,繁殖期在 5—6 月。雄鱼在繁殖季节头部出现珠星,色彩鲜艳,雌鱼在水流缓慢的水域中产卵,卵具黏性。

分布　天目山各水域中均有分布。国内除新疆和青藏高原外,各大水系均有分布。国外分布于东亚。

似鮈属 *Belligobio* Jordan & Hubbs，1925

头较长,锥形,头长略大于体高。吻较长,吻长稍小于眼后头长。口亚下位,弧形或马蹄形。下颌前缘无角质。下唇具两侧叶,中叶具三角形突起。口角须 1 对,略短。眼中等大,前眶骨和下眶骨边缘具黏液腔。侧线平直或微下弯。背鳍起点稍近吻端,末根不分枝鳍条细软分节。腹鳍起点与背鳍第一根分枝鳍条相对。下咽齿 3 行。鳔 2 室。体具多数斑点。

本属现存有 2 种,仅分布于中国。天目山有 1 种。

1.23　似鮈 *Belligobio nummifer* Boulenger，1901(图版Ⅰ-23)

别名　章鱼

形态　成鱼体长 75～140mm,为头长的 3.5～4.1 倍,为体高的 4.1～4.9 倍,为尾柄长的 5.4～6.5 倍,为尾柄高的 9.5～11.6 倍。头长为吻长的 2.5～2.8 倍,为眼径的 3.7～5.1 倍,为眼间距的 2.8～3.8 倍。背鳍条Ⅲ-7,胸鳍条Ⅰ-16～17,腹鳍条Ⅰ-8,臀鳍条Ⅲ-6。鳃耙 5～6。侧线鳞 40～46。

生活时,背部黄褐色,体侧浅黄色,腹部淡黄白色。在侧线上方有 6～10 个圆形大黑斑,成 1 纵列。背部散布有许多形状不规则的黑色斑点。背鳍和尾鳍上有几行稍规则的由小黑点组成的横纹。其余各鳍灰白色。

体粗长而稍侧扁,腹部平圆。头较长,头长大于体高。吻锥形,吻端钝圆,吻长短于眼后头长。口较大,亚下位,马蹄形。唇较肥厚,下唇中叶呈三角形向后凸出;唇后沟中断。口角有须 1 对,须长约等于眼径。眼大小适中,上侧位。眼间隔宽平,眼间距等于或略小于眼径。前眶骨和下眶骨边缘有黏液管。体被中等圆鳞。侧线完全,较平直。

背鳍起点位于体背中部最高点,最末不分枝鳍条为软刺。胸鳍短小,末端达背鳍起点的下方,后伸不达臀鳍。腹鳍起点正对背鳍的第 2、3 根分枝鳍条。臀鳍起点在尾鳍基部与腹鳍起点的中点。尾鳍分叉,上下叶等长。肛门靠近臀鳍起点。

鳃耙短小,排列稀疏。鳔 2 室,前室卵圆形,后室粗大,末端略尖,长为前室的 1.6～1.7 倍。

习性　似鮈为溪流性鱼类,栖息于水流比较平稳的水潭中下层水体中。以底栖动物为食。

分布　中国特有种。天目山主要分布于各溪流中。国内分布于甬江、灵江、富春江和长江水系等。

麦穗鱼属 *Pseudorasbora* Bleeker，1860

头较长,稍侧扁。腹部圆,无腹棱。头较短小。吻短,稍平扁。口很小,上位,口裂几垂直。唇薄,简单。下颌长于上颌。无口角须。眼较大,位于头侧中上位。眼间隔平,眼间距宽。体被较大圆鳞,侧线平直。侧线鳞 33～45。背鳍和臀鳍均无硬刺。背鳍起点位于吻端至尾鳍基部的正中或稍近吻端,鳍条Ⅲ-7。臀鳍在背鳍末端的下方,鳍条Ⅲ-6。肛门紧靠臀鳍起点。下咽齿 1～2 行,末端呈钩状。鳃耙不发达。鳔 2 室,前室无膜囊包被。

本属现存有 5 种,主要分布于朝鲜、日本、越南及中国。中国有 3 种,除青藏高原和新疆外,各水系均有分布。天目山有 1 种。

1.24　麦穗鱼 *Pseudorasbora parva* Temminck & Schlegel，1846(图版Ⅰ-24)

别名　罗汉鱼、青梢子、木榔头

形态　成鱼体长 45～85mm,为头长的 4.2～4.8 倍,为体高的 3.4～4.4 倍,为尾柄长的

4.3～5.4 倍,为尾柄高的 7.4～8.2 倍。头长为吻长的 2.6～3.2 倍,为眼径的 3.5～4.8 倍,为眼间距的 2.0～2.8 倍。背鳍条Ⅲ-6～7,胸鳍条Ⅰ-12～14,腹鳍条Ⅰ-7,臀鳍条Ⅲ-6。鳃耙7～9。侧线鳞 34～37。

生活时,背部浅黑色,至体侧渐渐转淡,腹部灰白色。体侧每个鳞片的基部黑色而其后缘浅色,形成新月形的镶边。各鳍浅灰色。在繁殖期,雄鱼体色明显加深,吻部出现粗大的珠星;雌鱼体色浅淡,产卵管稍突出。幼鱼体侧中央有 1 条黑色条纹。

体粗侧扁,背部在头后明显隆起,呈弧形,腹部平圆。头尖小,略平扁。吻短,稍尖突,吻长短于眼后头长。口小,上位,下颌长于上颌。唇较薄,唇后沟中断。眼较大,稍短于吻长。眼间隔平,眼间距宽。体被较大圆鳞。侧线完全,较平直。

背、臀鳍无硬刺。背鳍起点偏近吻端,位于体背中部最高点。胸鳍下侧位,末端不达腹鳍起点。腹鳍起点约与背鳍起点相对或略后。臀鳍起点距腹鳍起点较距尾鳍基部近。尾鳍分叉,上下叶等长。肛门靠近臀鳍起点。

鳃耙细小,排列稀疏。下咽齿稍侧扁,顶端呈钩状。鳔大,2 室,椭圆形,前室小,后室约为前室的 2 倍。肠管弯曲 2 次,肠长约等于体长。

习性　生活在静水和缓流水体,喜栖于水草丛中。适应性很强,凡是有水的地方几乎都可见其踪迹。杂食性,以浮游动物、水生昆虫、水生植物及藻类为食。2 龄达性成熟,繁殖期在4—6 月。陆续产卵,卵具黏性,黏附于水草茎、木桩等物体上。

分布　天目山各水域中均有分布。国内遍布全国各主要水系。国外广布于亚洲,已被引入欧洲。

鳅属 *Sarcocheilichthys* Bleeker,1860

体稍长,侧扁。腹部圆,无腹棱。头较小。吻圆钝。口小,下位或亚下位,呈马蹄形或弧形。唇简单,光滑无乳突。下颌狭窄具角质边缘。口角具短须 1 对。眼小,眼间隔宽,显著隆起。体被中大圆鳞,侧线鳞 35～45。侧线完全。背鳍短,无硬刺(少数种类末根不分枝鳍条基部硬,末端柔软),起点位于腹鳍起点稍前上方,距吻端较距尾鳍基部近。臀鳍无硬刺。肛门靠近臀鳍起点。下咽齿 1～2 行。鳃耙短小。鳔 2 室,后室较长。生殖季节雌鱼具有较短的产卵管,雄鱼具鲜明的婚姻色,且吻部具珠星。

本属现存有 12 种,主要分布于俄罗斯、朝鲜、日本、越南及中国等地。中国有 9 种,除西北少数地区外,几乎遍布全国各主要水系。天目山有 2 种。

天目山鳅属分种检索

1(2)口裂狭小,马蹄形,下唇侧瓣短小,体侧有 1 条黑色纵纹 ············· 小鳅 *Sarcocheilichthys parvus*
2(1)口裂较宽,弧形,下唇侧瓣较长,体侧密布不规则黑色横斑 ················ 黑鳍鳅 *S. nigripinnis*

1.25　小鳅 *Sarcocheilichthys parvus* Nichols,1930(图版Ⅰ-25)

别名　五色鱼

形态　成鱼体长 44～65mm,为头长的 4.6～5.5 倍,为体高的 3.4～4.5 倍,为尾柄长的4.8～5.8 倍,为尾柄高的 6.6～7.5 倍。头长为吻长的 2.5～3.6 倍,为眼径的 3.0～4.0 倍,为眼间距的 2.0～3.4 倍。背鳍条Ⅲ-7,胸鳍条Ⅰ-11～15,腹鳍条Ⅰ-7,臀鳍条Ⅲ-6。鳃耙 6。侧线鳞 32～36。

生活时,背部灰黑色,体侧灰白色,腹部白色。自吻部至尾鳍基部,沿体侧正中有 1 条宽阔的黑色纵纹。峡部及胸部淡橘红色,体侧带红色光彩。背鳍灰白色,其余各鳍淡橘黄色。大多数个体鳍条上有微细的小黑点。

体稍长而侧扁,腹部圆。头较小。吻较短而钝圆。口下位,口裂较狭,呈马蹄形。唇肥厚,唇后沟中断,间隔较宽。眼小,位于头侧的上方。口角具须 1 对,极为微小。鳞片较大,胸腹部有鳞。侧线完全,平直。

背鳍起点偏近吻端,鳍条较长,倒伏后末端可覆盖在臀鳍上方,最后不分枝鳍条为软刺。胸鳍长度适中,末端与腹鳍起点相隔 4 行鳞片。腹鳍起点与背鳍第 2、3 分枝鳍条的基部相对。臀鳍位置偏近腹鳍。尾鳍分叉较浅,上下叶末端稍圆。肛门位于腹鳍基部与臀鳍起点之间的中点或稍近腹鳍。

鳃耙粗短,不发达,排列稀疏。下咽齿长而侧扁,齿尖呈钩状。鳔较小,2 室,前室圆形或椭圆形,后室细长,末端略尖。肠短,肠长约为体长的 2/3。

习性　小鳈属于中下层鱼类,喜生活在水质清澈的石底山溪和小河中。喜欢在水底的砾石中翻寻食物,行动十分敏捷;刮食附生于石块上的藻类及水生昆虫幼虫。生殖季节约在 4 月,雄鱼吻部出现珠星,雌鱼有短的产卵管。分批产卵,卵大,呈浅黄色或黄色。

分布　中国特有种。天目山各水域中均有分布。国内分布于长江、富春江及北江等水系。

1.26　黑鳍鳈 *Sarcocheilichthys nigripinnis* Günther, 1873(图版Ⅰ-26)

别名　花腰、花玉穗、花花媳妇

形态　成鱼体长 53～100mm,为头长的 3.8～4.5 倍,为体高的 3.4～4.2 倍,为尾柄长的 4.8～5.8 倍,为尾柄高的 7.4～8.2 倍。头长为吻长的 2.8～3.4 倍,为眼径的 3.9～4.5 倍,为眼间距的 2.8～3.5 倍。背鳍条Ⅲ-7,胸鳍条Ⅰ-14～15,腹鳍条Ⅰ-7,臀鳍条Ⅲ-6。鳃耙 5～8。侧线鳞 38～41。

生活时,背部及体侧呈暗黑色,杂有棕黄色,腹部白色。体侧具不规则黑色和黄色斑纹,沿侧线自鳃盖后上角至尾鳍基部,有时具黑色纵纹。鳃盖后缘及峡部呈橘黄色。肩部及鳃孔后缘具 1 条深黑色垂直条纹。各鳍黑色,边缘色浅,背鳍和尾鳍浅色部分更多。繁殖期间,雄鱼颊部、颌部和胸鳍基部橙红色,尾鳍黄色,吻部具白色珠星;雌鱼产卵管稍延长。

体较长,侧扁而微圆,头后背部隆起呈弧形,腹部圆。头较小,吻圆钝,吻长短于眼后头长。口下位,口裂呈弧形。唇较瘦薄,下唇较狭,唇后沟断离,但间距很狭。下颌前缘被较薄的角质边缘,无须。眼位于头侧稍偏上方。眼间隔较宽,隆起。鳞片中等大小。侧线完全,平直。

背鳍短,无硬刺,起点距吻端较距尾鳍基部近。胸鳍较短,末端不达腹鳍起点。腹鳍起点位于背鳍起点稍后,末端可达肛门。臀鳍短,亦无硬刺,起点距腹鳍基部较距尾鳍基部近。尾鳍分叉较浅,上下叶末端稍圆钝。肛门位于腹鳍基部与臀鳍起点的中点。

鳃耙短小,稀疏。下咽齿尖端钩曲。鳔 2 室,前室椭圆形,后室粗长,其长度为前室的 1.4～1.6 倍。肠短,约为体长的 3/4。

习性　活动于沿岸中下水层中,栖息于水流平稳的河流、湖泊及溪流中。摄食浮游动物、水生昆虫幼虫、藻类及有机碎屑等。1 足龄性成熟,生殖期 4—5 月。

分布　天目山各水域中均有分布。国内除西部高原地区外,其他各省均有分布。国外分布于东亚。

颌须鮈属 *Gnathopogon* Bleeker, 1860

头稍长,略侧扁,腹部圆。头中等长,近圆锥形。吻短,稍钝或尖。口端位,弧形。唇薄,简单,无突起。上下颌无角质边缘。口角具须 1 对,较短。眼较大,位于头侧上位。体被中等圆鳞,胸腹部具鳞,侧线鳞 33～42。背鳍和臀鳍均无硬刺。背鳍起点位于腹鳍起点稍前方,鳍条Ⅲ-7。臀鳍鳍条Ⅲ-6。尾鳍分叉,上下叶尖。肛门紧靠臀鳍起点或稍前移。下咽齿 2 行。鳃耙不发达。鳔较大,2 室,后室长。

本属现存有 9 种,分布于东亚。中国有 7 种。天目山有 1 种。

1.27 细纹颌须鮈 *Gnathopogon taeniellus* Nichols, 1925(图版Ⅰ-27)

别名 天目颌须鱼

形态 成鱼体长 48～55mm,为头长的 3.9～4.4 倍,为体高的 3.7～4.3 倍,为尾柄长的 4.9～6.0 倍,为尾柄高的 6.9～8.2 倍。头长为吻长的 3.2～4.0 倍,为眼径的 4.0～4.3 倍,为眼间距的 2.6～3.4 倍。背鳍条Ⅲ-7,胸鳍条Ⅰ-13～14,腹鳍条Ⅰ-7,臀鳍条Ⅲ-6。鳃耙 7～9。侧线鳞 34～36。

生活时,背部灰棕褐色,至体侧转淡为淡黄白色,腹部白色。体侧有小黑斑组成的断续相继的 4～5 条纵纹。近背侧条纹色泽较深而清晰,向腹侧色泽转为模糊。背鳍有小黑斑组成的条纹,其他各鳍灰白色。

体较长,稍侧扁,腹部平圆。头较短,长度短于体高。吻较短,稍尖而圆钝,吻长大于眼径,而小于眼后头长。口端位,口裂向下倾斜,呈弧形。唇较薄,唇后沟中断。口角有短须 1 对。眼中等大,侧上位,偏近吻端。眼间隔宽平,间距大于眼径。体被中等圆鳞,胸腹部均具鳞片。侧线完全,较平直。

背鳍起点在吻端至尾鳍基部的中点,稍近吻端,最后不分枝鳍条为软刺。胸鳍较短,末端与腹鳍起点间隔 3 行鳞片。腹鳍起点在背鳍第 2、3 分枝鳍条基部的下方。臀鳍起点与背鳍起点上下相对。尾鳍翻出,上下叶等长,末端圆钝。肛门偏近臀鳍起点。

鳃耙细小,排列稀疏。下咽齿顶端呈钩状。鳔较大,2 室,前室卵圆形,后室长圆形,其长约为前室的 1.5 倍。肠管较短。

习性 细纹颌须鮈为溪流性鱼类,栖息于大小溪流及山涧中,生活在水流比较平稳的沿岸浅水处;以附生石上的藻类、有机腐屑及水生昆虫幼虫等为食。

分布 中国特有种。天目山主要分布于各溪流中。国内分布于浙江、福建等地。

似鮈属 *Pseudogobio* Bleeker, 1860

体长,圆筒形。头大,长度大于体高。吻较长,略平扁,吻长大于眼后头长。口小,下位,深弧形。唇发达,具许多细小乳突;下唇分 3 叶,中叶稍呈椭圆形,后缘游离,两侧叶发达。上下颌无角质边缘。口角具须 1 对。眼间隔宽而下凹。胸腹部在胸鳍基部之前无鳞,侧线鳞 39～44。背鳍无硬刺,起点距吻端较距尾鳍基部的距离近,鳍条Ⅲ-7。胸鳍长而宽大,平展,位近腹面。腹鳍位于背鳍起点之后的下方。臀鳍起点距尾鳍基部较距腹鳍基部近,鳍条Ⅲ-6。肛门紧邻腹鳍基部。下咽齿 2 行。鳔 2 室,前室扁圆形,包于韧质膜囊内;后室小,长形。

本属现存有 4 种,分布于东亚的朝鲜、日本及中国等地。国内有 2 种,南北各水域均有分布。天目山有 1 种。

1.28　似鮈 *Pseudogobio vaillanti* Sauvage，1878（图版Ⅰ-28）

别名　搭砂、沙棒子

形态　成鱼体长 95～160mm，为头长的 3.5～4.2 倍，为体高的 5.2～6.4 倍，为尾柄长的 7.8～9.1 倍，为尾柄高的 13.3～14.5 倍。头长为吻长的 1.8～2.0 倍，为眼径的 4.9～6.2 倍，为眼间距的 3.5～5.1 倍。背鳍条Ⅲ-7，胸鳍条Ⅰ-13～14，腹鳍条Ⅰ-7，臀鳍条Ⅲ-6。鳃耙 10～13。侧线鳞 39～42。

生活时，体背及侧面灰黑色，鳞片间具小黑点，腹部灰白。体背具 5 块较大的黑斑，体侧中轴有 6～7 个不规则的大黑斑。背、尾鳍上黑点排列成条纹，胸、腹鳍具零散小黑点，臀鳍灰白色。

体较长而宽阔，似柱形，背部隆起呈低弧形。躯干部膨大，至腹鳍以后转细长。头部较为长大，其长度超过体高。吻甚长，宽而平扁，前端圆形似鸭喙。口下位，呈弧形。唇极为肥厚，边缘密集小球状乳突。下唇分 3 叶，中叶小球状，上有珠状乳突；左右两叶在中叶前端相连。口角有短须 1 对，粗而短，其长度约等于眼径。眼大小适中，侧上位，偏近头顶。眼间隔宽而平，中央微凹。鳞片中等大小，腹部在腹鳍基部前方裸露无鳞。侧线完全，平直。

背鳍无硬刺，其起点至吻端较至尾鳍基部的距离为小。胸鳍大而平展，位于近腹面，第 2～3 根分枝鳍条最长，末端不过腹鳍起点。腹鳍位置略后于背鳍，其起点约与背鳍第 2～3 根分枝鳍条相对。臀鳍短小，至腹鳍起点远超过至尾鳍基的距离。肛门位置靠近腹鳍基部。

鳃耙不发达，呈页状。下咽主行齿侧扁，末端稍钩曲，外行齿纤细。鳔 2 室，前室扁圆形，包于韧质膜囊内；后室小，长形，其长约与眼径相等。

习性　似鮈为小型底栖鱼类，喜栖于砂砾底质且缓流的浅水处。以摇蚊幼虫、枝角类、桡足类和藻类为食。生殖期在 5—6 月。

分布　中国特有种。天目山各水域均有分布。国内除青藏高原等少数地区之外，几遍布其他各主要水系。

棒花鱼属 *Abbottina* Jordan & Fowler，1903

体长，粗壮，略侧扁。头后背部稍隆起，腹部平，无腹棱。头中大，吻短钝。口小，下位，马蹄形。唇发达，下唇分 3 叶，中叶为 1 对椭圆形肉质突起，两侧叶发达。口角须 1 对。体被圆鳞，胸部或胸腹部裸露无鳞。侧线完全。背、臀鳍无硬刺。背鳍起点距吻端较距尾鳍基部近。臀鳍分枝鳍条 5（少数 6）根。肛门近腹鳍基部。鳃耙退化，下咽齿 1 行。鳔大，2 室，前室包于薄膜质囊内；后室长圆形，大于前室。

本属为小型鱼类，现存有 5 种，分布于亚洲东部。中国有 3 种，除青藏高原和新疆外，其他各水系均有分布。《浙江动物志·淡水鱼类》记载有 4 种，结合各种文献资料分析，乐山棒花鱼、福建棒花鱼和建德棒花鱼均唇有乳突，三者可能应归为一种，或者说都是钝吻棒花鱼的亚种。因此，天目山现确定有 1 种。

1.29　棒花鱼 *Abbottina rivularis* Basilewsky，1855（图版Ⅰ-29）

别名　砂鮀、淘砂郎、爬虎鱼

形态　通常成鱼体长 45～95mm，为头长的 3.5～4.2 倍，为体高的 4.4～5.7 倍，为尾柄长的 6.1～8.0 倍，为尾柄高的 9.6～11.3 倍。头长为吻长的 2.1～2.9 倍，为眼径的 4.1～5.5 倍，为眼间距的 3.5～5.2 倍。背鳍条Ⅲ-7，胸鳍条Ⅰ-10～12，腹鳍条Ⅰ-7，臀鳍条Ⅲ-5。鳃耙 4～5。侧线鳞 34～38。

生活时,体背及体侧青灰色,腹部浅黄色。体侧上部每个鳞片后缘有一黑色斑点。体侧中部有 7~8 个较大的黑斑。各鳍浅黄色,背鳍和尾鳍上有 5~7 条黑色点纹,胸鳍、腹鳍和臀鳍稍带灰黑色。生殖期间,雄鱼体色鲜艳,胸鳍不分枝鳍条变硬,外缘和头部有发达的珠星。

体稍长而粗壮,前部近圆筒形,后部略侧扁。背部略隆起,腹部较平直,无腹棱。头中大,头长大于体高。吻较长,圆钝。口小,下位,近马蹄形。唇厚,乳突不明显。上下颌无角质边缘,上颌略长于下颌。须 1 对,粗短。眼小,侧上位。眼间隔宽平,眼间距大于眼径。体被圆鳞,胸部前方裸露无鳞。侧线完全,平直。

鳍条无硬刺。背鳍起点距吻端较距尾鳍基部近;雄鱼背鳍较高大,第 3~4 分枝鳍条最长,雌鱼背鳍较小,第 1 分枝鳍条最长。胸鳍下侧位,后缘呈弧形,末端不达腹鳍。腹鳍起点位于背鳍起点之后,约与背鳍第 3、4 分枝鳍条相对,末端超过肛门。臀鳍短,起点距尾鳍基部较距腹鳍基部近。尾鳍分叉,上叶稍长于下叶,末端稍圆。

鳃耙短小,呈瘤状突起。下咽齿侧扁,末端稍钩曲。鳔大,2 室,前室近圆形,后室长圆形,为前室的 1.5~2.0 倍。肠管弯曲 2 次,肠长为体长的 1.1~1.3 倍。

习性 棒花鱼为底层小型鱼类,栖息于江河岔湾和湖泊中,喜生活于静水砂石底处。主要摄食枝角类、桡足类和端足类,也食水生昆虫、蚯蚓和轮虫及植物碎屑等。1 足龄性成熟,产卵期为 4—6 月。卵具黏性,雄鱼有筑巢、护卵习性。

分布 天目山各水域均有分布。国内除少数高原地区外,遍布各水系。国外分布于东亚,已传入土库曼斯坦和湄公河流域。

鲃亚科 Barbinae

本亚科在鲤科中种类较多,在形态上变化较大。上下颌无齿,牙齿着生在较为扩大而镰刀形的下咽骨上面。须多为 2 对。背鳍较短,背鳍起点与腹鳍起点基本相对,鳍条多数为Ⅲ-7~9。臀鳍亦短,鳍条Ⅲ-5,不分枝鳍条为软刺。体被大型或中型圆鳞。侧线完整,平直或微呈弧形。下咽齿多为 3 行。

本亚科现存有 26 属 625 种,主要分布于长江中下游、东南亚及非洲,外高加索、黄河等地区也有少数种类。中国有 16 属 133 种。天目山有 2 属 2 种。

天目山鲃亚科分属检索

1(2)体被大型圆鳞,侧线鳞 30 枚以下 ·· 倒刺鲃属 *Spinibarbus*
2(1)体侧鳞片中等大小,侧线鳞 40 枚左右 ··· 光唇鱼属 *Acrossocheilus*

倒刺鲃属 *Spinibarbus* Oshima,1919

体细长,稍高而侧扁。头较小,略尖。吻短钝,口亚下位。须 2 对,颌须长大于眼径,吻须稍短。背鳍硬刺粗壮,具弱锯齿,起点在腹鳍起点后上方。起点前有一埋于皮内的平卧倒刺。胸鳍末端不达腹鳍起点。腹鳍位于背鳍起点后下方,起点距臀鳍起点较距胸鳍起点略近。臀鳍末端不达尾鳍基部,起点距尾鳍基部较距腹鳍起点略近。尾鳍叉形。侧线完全。鳔 2 室。

本属现存有 7 种,分布于东亚。中国有 5 种。天目山有 1 种。

1.30 倒刺鲃 *Spinibarbus denticulatus* Oshima,1926(图版Ⅰ-30)

别名 青竹鲤、竹鲃鲤、绢鱼

形态 成鱼体长 45~140mm,为头长的 3.3~3.9 倍,为体高的 3.7~4.3 倍,为尾柄长的

6.2～8.8 倍,为尾柄高的 8.6～9.7 倍。头长为吻长的 3.0～3.8 倍,为眼径的 4.4～6.3 倍,为眼间距的 2.2～2.8 倍。背鳍条Ⅲ-8～9,胸鳍条Ⅰ-15,腹鳍条Ⅰ-8,臀鳍条Ⅲ-5。鳃耙 10～13。侧线鳞 21～25。

生活时,体背深黄褐色,至体侧色调逐渐转淡,腹部灰白色。眼球的背缘银色,在水中游动时银光闪闪,引人注目。在体侧上方,每一鳞片的基部黑色,至边缘黑色消失转淡。在背鳍外缘有 1 条较宽的黑色镶边。腹鳍和臀鳍为鲜艳的橙黄色。

体细长,略侧扁,腹圆无腹棱。头部背面呈弧形,吻端圆钝,向前突出。吻皮伸展至上唇基部。上下唇紧贴于颌外,在口角处相连。唇后沟直达颐部,但左右不相连。口亚下位,呈马蹄形,口角间距比眼径大,较吻长短。须 2 对,较发达。眼中等大,稍近于头的背轮廓线。鳞片极大。侧线在胸鳍的上方略向下弯曲,而后平直地沿体侧延伸至尾鳍基部正中。

背鳍起点位于鱼体背中间,稍偏近吻端,最后不分枝鳍条为比较细弱的软刺。在背鳍基部前方有 1 倒刺,深埋于皮下。胸鳍较短,其末端伸至胸鳍基部与腹鳍起点之间的中点。腹鳍起点在背鳍起点的后下方。臀鳍起点约在腹鳍起点与尾鳍基部之间的中点。尾鳍分叉深,最长鳍条为中央最短鳍条的 2 倍左右。肛门位于臀鳍起点的前方。

鳃耙短小,呈锥形,排列稀疏。下咽齿 3 行,齿尖侧扁,尖端略弯。鳔 2 室。

习性　生活在较大溪流的中下层水体中。主食动物性饵料,兼食植物性碎片及藻类。平时多单个分散活动,冬季集群在深潭岩石间隙中越冬。

分布　中国特有种。天目山主要分布于较大的溪流、水库及池塘中。国内分布于湖南、浙江、广东、广西、福建、海南岛及台湾等地。

光唇鱼属 *Acrossocheilus* Ōshima,1919

体长形,侧扁。吻皮一般止于上唇基部。唇肉质,上唇与上颌不分离;下唇一般与下颌前端分离。须 2 对,少数吻须退化。背鳍分枝鳍条 8 根。臀鳍分枝鳍条 5 根。侧线完全,向后延伸至尾柄中轴。尾鳍叉形。鳞片中等大,仅胸部变小。鳃耙稀疏。下咽齿 3 行。鳔 2 室。

本属现存有 26 种,多数分布于中国,少数分布于老挝和越南。中国有 17 种。天目山有 1 种。

1.31　光唇鱼 *Acrossocheilus fasciatus* Steindachner,1892（图版Ⅰ-31）

别名　石斑鱼、罗丝鱼

形态　成鱼体长 70～160mm,为头长的 3.6～4.4 倍,为体高的 3.6～4.1 倍,为尾柄长的 5.5～7.4 倍,为尾柄高的 8.3～9.5 倍。头长为吻长的 2.5～3.0 倍,为眼径的 3.8～5.4 倍,为眼间距的 2.6～3.4 倍。背鳍条Ⅲ-8,胸鳍条Ⅰ-14～16,腹鳍条Ⅰ-8,臀鳍条Ⅲ-5。鳃耙 14～16。侧线鳞 37～41。

生活时,体背黑褐色,至体侧逐渐转淡,腹部淡黄白色或乳白色。雌鱼体侧有 6 条黑色横斑,雄鱼沿体侧有 1 条黑色纵条,横斑不显著。

体细长,侧扁,头后背部稍隆起,腹部圆而平直。头中等大,侧扁,前端略尖。吻圆钝,稍向前突出,吻长一般短于眼后头长。口较宽,下位,口裂近弧形。上颌末端不达眼前缘垂直线;下颌前缘几平直,具有锐利角质。上唇较窄,下唇分离成 2 个短小的侧瓣,中央有宽阔的间隔。须 2 对,其中吻须短小,颌须较长,大于眼径。眼中等大小,侧上位,偏近吻端。吻部有珠星,雄性比雌性数量多。鳞片中等大小,在腹鳍基部上方有一大型腋鳞。侧线平直,沿体侧延伸至尾鳍基部正中。

　　背鳍起点位于吻端至尾鳍基部之间的中点,最后不分枝鳍条为硬刺,后缘有锯齿状的细齿,分枝鳍条的末端略超鳍膜,使外缘微呈波状。雌鱼胸鳍较短,末端与腹鳍起点相隔 4～5 行鳞片;雄鱼胸鳍较长,末端与腹鳍起点相隔只有 2 行鳞片。腹鳍起点在背鳍第 1、2 分枝鳍条基部下方。臀鳍起点,雄鱼位置较前,起点被覆于背鳍末端的下方,其鳍条上附有珠星;雌鱼位于背鳍末端的下方,但不被覆。尾鳍叉形,上下叶等长。肛门位于臀鳍起点的前方。

　　鳃耙短小,排列稀疏。下咽齿稍侧扁,第 1 枚齿最小,第 2 枚齿最大,顶端尖而呈钩状。鳔 2 室,前室短而薄,后室圆筒状而较厚,约为前室的 2 倍。

　　习性　生活于水系上游丘陵山区的大小溪流,可达海拔 1000m 的高山峡谷的山涧,喜栖于石砾底质、水清流急的中下层水体中。常以下颌发达之角质层刮食石块上附生的苔藓及藻类,兼食水生昆虫的幼虫。2 龄鱼开始成熟,每年 6—8 月在浅水急流中,产卵于卵石下。

　　分布　中国特有种。天目山主要分布于天目溪水域中。国内分布于上海、江苏、安徽、浙江、福建、台湾等地。

腹吸鳅科 Balitoridae

　　体前部平扁,后部侧扁。口下位,弧形或马蹄形。须短小,至少 3 对,其中吻须 2 对,颌须 1～3 对。下咽齿 1 行,有 4～5 枚小齿。体被小鳞。偶鳍宽大,呈扇形,鳍前端有 2 根以上不分枝鳍条,与体腹在同一平面上。背鳍和臀鳍都短,无硬刺;臀鳍的分枝鳍条 5 根。尾鳍圆形、凹形或叉形。鳔小,分 2 室,前室包于骨质囊中,后室退化。

　　本科为小型鱼类,栖息于山溪激流、多卵石或石块的浅滩和江河急流中。

　　本科现存有 16 属 107 种,分布于印度、尼泊尔、中国及东南亚。中国有 9 属 55 种。天目山有 1 属 1 种。

原缨口鳅属 *Vanmanenia* Hora, 1932

　　体延长,腹部平,背部稍隆起。吻较短,吻褶分为 3 叶,具吻沟,后唇沟不连续。口下位,较小。须 3 对,其中吻须 2 对,颌须 1 对。眼小,上侧位。背鳍小,位于体中央。胸鳍和腹鳍平展。尾鳍浅叉形。头及体表有许多斑纹。

　　本属现存有 17 种,分布于中国及亚洲东南部。中国有 11 种,分布于浙江、江西、广西及海南等。天目山有 1 种。

1.32　原缨口鳅 *Vanmanenia stenosoma* Boulenger, 1901(图版 I-32)

　　别名　史丹纹门鳅、石壁鱼

　　形态　成鱼体长 52～88mm,为头长的 4.3～4.9 倍,为体高的 4.6～5.9 倍。头长为吻长的 1.6～2.0 倍,为眼径的 5.6～6.6 倍,为眼间距的 2.1～2.5 倍。背鳍条Ⅲ-7,胸鳍条Ⅰ-13～14,腹鳍条Ⅰ-7,臀鳍条Ⅱ-5。

　　生活时,体色与所栖息环境的卵石相似,且个体间变异较大。头及身体散布许多虫状斑纹或斑块。尾鳍基部具 1 大黑斑点或条斑。奇鳍有明显的褐色斑纹,偶鳍偶有斑纹。

　　体稍延长,背鳍前较平扁,其后渐侧扁。头平扁,口下位,呈新月形。吻很长,吻褶分成 3 叶,边缘多呈短须状。唇肉质,下唇边缘有 4 个分叶小乳突。须 3 对。鳃裂下端延伸到头部腹面。眼侧上位。体被细鳞,腹侧无鳞。侧线完全。

　　背鳍起点稍前于腹鳍。胸鳍、腹鳍左右平展。臀鳍靠近尾鳍。尾鳍凹形。肛门位于腹鳍基部与臀鳍起点之间的 1/3 处或稍前。

　　习性　原缨口鳅为溪涧性鱼类,栖息于水急、底质为石砾的水底。取食石块上附生的藻类和水生昆虫。

　　分布　天目山主要分布于天目溪水域内。国内分布于浙江、江西、广西及海南等地各水系。国外分布于亚洲东南部。

沙鳅科 Botiidae

　　体细长而侧扁。头侧扁,吻尖。眼侧位,口下位,呈弧形。须 3 对或 4 对,其中 2 对吻须聚生于吻端,口角须 1 对,颏须 1 对或缺如。臀鳍分枝鳍条 5 根;尾鳍分叉深,适于游泳。体被细鳞,颊部有鳞或裸露。侧线完全。鳔的前室全部或部分骨质,后室游离。

　　本科现存有 8 属 56 种,分布于南亚、东亚及东南亚。中国有 6 属 35 种,分布于长江流域及其以南地区,北方种类较少。天目山有 1 属 1 种。

薄鳅属 *Leptobotia* Bleeker, 1870

　　体侧扁,头较大,头长大于体高。吻短,前端圆钝或较尖,其长小于眼后头长。口亚下位,口裂长,马蹄形。眼小,位于头的前半部。须 3 对。背鳍小,位于身体的后半部。臀鳍短小,外缘平截。鳞片细小,颊部有鳞片。侧线完全,较平直。鳃耙稍长,排列稀疏。鳔前室包于骨质囊内,后室短小,膜质状。

　　本属鱼类有的体型较大,是重要的经济鱼类;有的个体较小,喜流水,底栖性。

　　本属现存有约 13 种,主要分布于中国长江流域及其以南地区。天目山有 1 种。

1.33　张氏薄鳅 *Leptobotia tchangi* Fang, 1936(图版Ⅰ-33)

　　别名　宽斑薄鳅

　　形态　成鱼体长 91～125mm,为头长的 3.8～5.6 倍,为体高的 4.8～6.6 倍,为尾柄长的 4.5～6.3 倍,为尾柄高的 5.8～8.1 倍。头长为吻长的 2.1～2.7 倍,为眼径的 6.7～11.0 倍,为眼间距的 5.0～8.3 倍。背鳍条Ⅲ-8,胸鳍条Ⅰ-12～13,腹鳍条Ⅰ-7,臀鳍条Ⅲ-5。

　　生活时,体灰黄褐色,杂灰黑色。自吻端至臀鳍前方的腹侧淡黄色。自头部至背鳍起点有 4 块近方形的黑褐色大斑。斑块之间有 3～5 条灰黄褐色横带隔开。背鳍基部有 1 狭长黑斑,有的分为相连的 2 块。背鳍后至尾鳍基部有 3 个黑斑,相互分隔而轮廓较模糊。背鳍、臀鳍基部灰黑色,中间有 1 条较宽的黑色带纹。胸鳍、腹鳍上侧有 1 条淡黑色带纹。尾鳍基部黑色,在其后有 3～5 条黑色小点组成的带纹。

　　身体稍延长,侧扁。头短侧扁,略呈三角形。吻尖钝,口下位,呈马蹄形。吻端有吻须 2 对和颌须 1 对。眼上侧位,位于头的中部。眼下刺不分叉,末端不达眼的后缘。眼间隔较窄,背侧明显隆起。鼻瓣发达,呈半圆形,竖立在鼻孔后缘。体被细鳞,颊部也被鳞。侧线完整平直,沿体侧延至尾鳍基部。

　　背鳍起点位于吻端至尾鳍基部之间的中点,偏近尾鳍基部。胸鳍起点紧靠鳃孔,展开略呈椭圆形。腹鳍起点与背鳍起点大体上下相对或稍后,末端圆形。胸鳍与腹鳍都有 1 枚小皮瓣。臀鳍起点位于腹鳍基部与尾鳍基部之间的中点。尾鳍分叉深,上下叶对称,外角尖钝。

　　习性　张氏薄鳅为溪流性的小型鱼类,栖息于急流滩的卵石缝隙间。

　　分布　中国特有种。天目山主要分布于天目溪水域中。国内分布于湖南、浙江等地。

花鳅科 Cobitidae

体细长而侧扁或稍侧扁。头侧扁。眼下刺分叉。须 3 对或 5 对。臀鳍分枝鳍条 5 根。尾鳍圆形或截形,后缘凹入。体被细鳞或裸露。咽齿 1 列,齿数与外侧鳃耙数相近。骨质鳔囊由第 4 脊椎的背突、腹肋和悬器构成,第 2 椎体不参与骨囊的形成;游离鳔退化。

本科现存有 17 属 202 种,分布于欧亚大陆及摩洛哥。中国现知有 10 属 35 种。天目山有 2 属 2 种。

天目山花鳅科分属检索

1(2)具眼下刺,须 3 对 ·· 花鳅属 *Cobitis*
2(1)无眼下刺,须 5 对 ·· 泥鳅属 *Misgurnus*

花鳅属 *Cobitis* Linnaeus,1758

体稍延长,头和身体均侧扁。吻长与眼后头长几乎相等。眼位于头的中部。眼下刺分叉。须 3 对,其中吻须 2 对,口角须 1 对。颏叶发达。尾鳍截形。侧线不完全,后伸不超过胸鳍。体被细鳞,头部裸露。

本属现存有 96 种,分布于欧亚大陆、非洲。中国有 18 种。天目山有 1 种。

1.34 中华花鳅 *Cobitis sinensis* Sauvage & Dabry,1874(图版Ⅰ-34)

别名 花泥鳅、斑鳅、花胡鳅

形态 成鱼体长 80~140mm,为头长的 4.5~5.3 倍,为体高的 5.5~7.3 倍,为尾柄长的 5.9~6.3 倍,为尾柄高的 9.6~13.6 倍。头长为吻长的 1.9~2.6 倍,为眼径的 4.8~8.5 倍,为眼间距的 5.3~9.1 倍。背鳍条Ⅲ-6~7,胸鳍条Ⅰ-8~10,腹鳍条Ⅰ-6,臀鳍条Ⅲ-5~6。鳃耙 11~14。

生活时,体呈浅黄色,色斑常有变异。头部自吻端经眼至头顶左右各有 1 条黑色斜线,在头顶后左右相接。在背部正中有 1 列黑褐色方斑,在背鳍前有 5~8 个,在背鳍基部有 2~3 个,在背鳍之后有 6~10 个。体侧沿中轴有 11~15 个较大的深褐色斑块。尾鳍基部上角有 1 大黑斑。身体上侧部还有很多虫形斑或小斑点。背鳍和尾鳍有很多斑点,常排成 2 列(背鳍)和 3~4 列(尾鳍),其他鳍无斑点。

体长而侧扁,背较平直,腹部圆。头侧扁,吻钝。口下位,上下唇在口角处相连接,唇后沟中断。须 3 对,其中吻须 2 对,颌须 1 对,都很短。眼很小,侧上位;眼下刺分叉,较短。体被小鳞,头部裸出。侧线不完全,仅伸至胸鳍上方。

背鳍起点位于吻端与尾鳍基部之间的中点,最后不分枝鳍条为软刺。胸鳍小,侧下位,末端远离腹鳍。腹鳍起点在背鳍起点之后,约与背鳍第 2、3 根分枝鳍条相对,末端远离肛门。臀鳍起点约位于腹鳍起点与尾鳍起点连线的中点,末端不达尾鳍基部。尾鳍稍呈圆形或平截。

鳃耙短小。鳔小,前室呈哑铃形,包于骨质囊中,后室退化。肠道前部稍膨大,向后至相当于腹鳍附近稍弯折后直通肛门。

习性 中华花鳅是溪流性的底栖小型鱼类,喜栖于澄清、缓流的河段,以底栖无脊椎动物及有机腐屑为食。春夏季节产卵繁殖。

分布 天目山各水域中均有分布。国内分布于黄河以南、红河以北各水系中上游,海南和台湾均有分布。国外分布于印度、斯里兰卡及泰国等。

泥鳅属 *Misgurnus* Lacepède，1803

体延长而侧扁或稍侧扁。头长大于体高或相等。无眼下刺。须 5 对,其中吻须 2 对,口角须 1 对,颐须 2 对。背鳍基部起点在体长中点之后。尾鳍皮褶棱发达,与尾鳍相连。尾鳍后缘圆弧形。侧线不完全,后伸不过胸鳍。体被细鳞,头部裸露。咽齿 1 行,咽齿数与外侧鳃耙数相近。

本属现存有 4 种,分布于欧洲和亚洲。中国有 2 种。天目山有 1 种。

1.35 泥鳅 *Misgurnus anguillicaudatus* Cantor，1842(图版 I-35)

别名　鳅鱼、湖鳅

形态　成鱼体长 80～150mm,为头长的 5.0～6.7 倍,为体高的 6.1～7.5 倍,为尾柄长的 5.8～7.1 倍,为尾柄高的 8.0～11.2 倍。头长为吻长的 2.4～3.1 倍,为眼径的 6.0～7.5 倍,为眼间距的 4.4～5.5 倍。背鳍条 III-7～8,胸鳍条 I-7～9,腹鳍条 I-5～6,臀鳍条 III-5～6。鳃耙 14～18。

生活时,一般背部深灰色或褐色,腹部浅黄色或灰白色。体色的深浅与生活环境有关。背部及体侧散布不规则的黑色斑点或缺如。尾鳍基部上角有 1 黑斑。背鳍和尾鳍有较密的黑色斑点,余鳍灰白色。

体稍延长,前部圆柱形,后部侧扁。头较小,锥形,吻部较尖。口下位,口裂深弧形。唇厚,上下唇在口角处相连接,唇后沟中断。须 5 对,其中吻须 2 对,颌须 1 对,颏须 2 对;颏须最长,向后延伸可达眼前缘下方。眼小,侧上位。体被细圆鳞,头部无鳞。侧线不完全,终止于胸鳍上方。

背鳍起点距吻端较距尾鳍基部略远,最后不分枝鳍条为软刺。胸鳍小,侧下位,末端远离腹鳍。腹鳍起点与背鳍起点相对或稍后,末端不达肛门。臀鳍起点在背鳍倒伏后末端下方,距腹鳍起点较近。尾鳍圆形。

鳃耙外行退化,内行短小。鳔前室呈哑铃形,包于骨质囊中,后室退化。肠管直,无弯曲,自咽喉向后直通肛门。

性成熟后,两性在形态上略有不同。雌鱼由于怀卵而体较肥大,胸鳍短小,无珠星出现;雄鱼体清瘦,胸鳍尖长,有少数珠星。

习性　栖息于河流、湖泊、沟渠、水田、池沼等各种环境的水域中,生活于浅水多淤泥的底层。对环境的适应能力强,当水中缺氧时,可将头部伸出水面,吞吸空气;水池干涸时,能潜入泥中,依靠少量水分可维持生命。摄食藻类等底栖生物,也取食浮游动物。2 龄性成熟,4—9 月为其繁殖期。

分布　天目山各水域中均有分布。国内除青藏高原外,全国各地均有分布。国外分布于朝鲜、日本及越南。

鲇形目 Siluriformes

体较长,皮肤裸露无鳞或被有骨板。上颌骨退化,仅留痕迹支持口须。上下颌及犁骨具绒毛状的细齿,排列成齿带。常具脂鳍,胸、腹鳍前常具一强大的鳍棘。下鳃盖骨缺如,无肌间骨。具韦伯氏器,有鳔。

多数为淡水鱼类,少数生活在海水中。

本目现存有 39 科 2200 余种,广泛分布于世界各地。中国现存 10 科 161 种。天目山有 4 科 6 种。

<h2 style="text-align:center">天目山鲇形目分科检索</h2>

1(2)背鳍常缺如,存在时无硬刺;无脂鳍,须 1～3 对 ………………………………………… 鲇科 Siluridae
2(1)背鳍存在,具硬刺或缺如;具脂鳍
3(6)前后鼻孔相距很远,胸部无吸器
4(5)脂鳍与尾鳍明显分离,具发达侧线 ……………………………………………………… 鲿科 Bagridae
5(4)脂鳍低长,后端与尾鳍基部相连或很近,无侧线 ………………………… 钝头鮠科 Amblycipitidae
6(3)前后鼻孔相距很近,胸部有吸器 …………………………………………………………… 鮡科 Sisoridae

<h2 style="text-align:center">鲿科 Bagridae</h2>

体长形,前部粗壮,后部侧扁。头较宽,稍平扁,多有皮膜覆盖。吻圆钝,略向前突出。口端位或下位,口横裂,呈弧形。唇肥厚,具唇沟和唇褶。上下颌及腭骨均有排列成带的绒毛状细齿。眼中等大小或较小,侧上位。须 4 对,其中鼻须 1 对,颌须 1 对,颐须 2 对。鳃孔宽大,鳃膜不与峡部相连。背鳍、胸鳍都有较粗的硬棘。臀鳍条 30 根以下。有脂鳍。体光滑无鳞,侧线完全。

本科现存有 22 属 245 种,分布于非洲和亚洲。中国有 3 属 38 种。天目山有 1 属 3 种。

<h2 style="text-align:center">拟鲿属 Pseudobagrus Bleeker,1865</h2>

体长形,头略平扁,头后体渐侧扁。头顶被较厚皮肤,或仅枕突裸露。吻圆钝,或呈锥形。口下位,口裂浅弧形。上颌突出于下颌,上下颌及腭骨均具绒毛状细齿。唇较厚,上下唇连于口角处,唇后沟不连接。眼中等大,侧上位,近吻端。须 4 对,上颌须末端稍超过眼后缘或达鳃膜。鳃孔宽阔,左右鳃膜联合,不与峡部相连。背鳍硬刺一般较细弱,少数较发达。胸鳍硬刺强,前缘一般光滑,后缘具粗壮锯齿。脂鳍基部与臀鳍基部相对,且通常较后者长,末端游离。尾鳍内凹,其中部鳍条约为最长鳍条的 2/3 或以上。全身裸露无鳞。侧线较平直。

本属现存有 32 种,分布于东亚。中国有 30 种,多分布于黄河、长江及以南各水系。天目山有 3 种。

<h2 style="text-align:center">天目山拟鲿属分种检索</h2>

1(2)眼常有皮膜覆盖,无游离眼缘,臀鳍分枝鳍条 20 枚以下 …………… 圆尾拟鲿 <i>Pseudobagrus tenuis</i>
2(1)眼一般无皮膜覆盖,眼缘游离,臀鳍分枝鳍条 20 枚以上
3(4)胸鳍硬刺前后缘均有锯齿 …………………………………………………… 黄颡鱼 <i>P. fulvidraco</i>
4(3)胸鳍硬刺前缘光滑,后缘有锯齿 ……………………………………… 光泽拟鲿 <i>P. nitidus</i>

1.36 圆尾拟鲿 <i>Pseudobagrus tenuis</i> Günther,1873(图版Ⅰ-36)

别名　牛尾巴、三肖、石格

形态　成鱼体长 115～330mm,为头长的 3.8～5.5 倍,为体高的 5.1～7.5 倍,为尾柄长的 4.6～5.7 倍,为尾柄高的 11.9～15.5 倍。头长为吻长的 2.6～4.0 倍,为眼径的 6.5～9.5 倍,为眼间距的 2.4～3.5 倍。背鳍条Ⅱ-6～7,胸鳍条Ⅰ-7～8,腹鳍条Ⅰ-5～6,臀鳍条Ⅱ-17～22。鳃耙 9～14。

生活时,体青灰黑色,略带黄色。腹部淡黄白色。各鳍浅灰黑色,尾鳍边缘镶有明显的白边。

体极长,前部粗壮呈柱状,后部侧扁。头中等大,稍宽,较平扁,头顶有粗厚的皮膜覆盖。吻较短,圆钝,稍向前突出。口下位,较宽大,略呈马蹄形。上下颌及腭骨均具绒毛状细齿。眼较小,侧上位,眼间隔宽,稍隆起。须短,4 对,颌须最长,近伸达或稍过眼后缘,不伸达鳃盖后缘。鳃孔宽阔,鳃膜不与峡部相连。体裸露无鳞。侧线完全,较平直。

背鳍起点位于吻端与臀鳍起点之间的中点,具 1 枚光滑的硬刺。胸鳍短,硬刺前缘光滑,后缘有粗锯齿。脂鳍较低,与臀鳍上下相对,其基部稍长于臀鳍基部。腹鳍末端可达肛门,不达臀鳍。臀鳍基部较长,约与脂鳍基部相对,末端不达尾鳍。尾鳍圆形。

鳔位于体腔前半部,分前后 2 室,后室分左右 2 房。肠管较短,为体长的 3/5～4/5 倍。

习性　栖息于水系中上游较大的溪流中。白天潜居洞穴、石隙,夜出觅食。以小鱼虾及昆虫幼虫等为食。5—8 月为生殖期,卵沉性,淡黄色。

分布　中国特有种。天目山主要分布于天目溪水域中。国内分布于长江、钱塘江、闽江等水系。

1.37　黄颡鱼 *Pelteobagrus fulvidraco* Richardson, 1846（图版Ⅰ-37）

别名　大头黄颡鱼、黄刺头、黄丁头

形态　成鱼体长 118～195mm,为头长的 3.5～4.2 倍,为体高的 3.9～4.5 倍,为尾柄长的 6.2～7.8 倍,为尾柄高的 9.5～11.4 倍。头长为吻长的 3.2～4.0 倍,为眼径的 4.5～6.0 倍,为眼间距的 1.8～2.5 倍。背鳍条Ⅱ-6～8,胸鳍条Ⅰ-6～7,腹鳍条Ⅰ-5～6,臀鳍条Ⅱ-14～19。鳃耙 12～16。

生活时,体背部黑褐色,两侧黄褐色,并有 3 块断续的黑色条纹。腹部淡黄色。各鳍灰黑色。

体长形,较粗壮,体前段扁平,后部稍侧扁。头大且平扁。吻圆钝。口下位,口裂大。上颌稍长于下颌,上下颌及腭骨均具绒毛状细齿。唇肉质,上下唇在口角处相连,唇后沟中断,中断部分颇宽。须 4 对,其中鼻须 1 对,颌须 1 对,颐须 2 对。颌须最长,后伸可达或稍超过胸鳍的中部。眼中等,侧上位,眼间隔宽,略隆起。鳃孔大,鳃膜不与峡部相连。体裸露无鳞。侧线完全,平直,后延至尾鳍基部正中。

背鳍较短,具硬刺,其起点距吻端较距脂鳍起点近。胸鳍略呈扇形,具硬刺,前后缘均具锯齿,末端未达腹鳍。腹鳍短小,起点稍后于背鳍基部,末端可达臀鳍起点。臀鳍基部较长,末端可达尾鳍基部。脂鳍较短,起点约与臀鳍相对,末端游离。尾鳍分叉深,两叶对称,叶端圆。肛门距腹鳍较距臀鳍近。

鳃耙短小,内行退化,外行尖长。鳔 1 室,呈心形。胃膨大;肠管约等于体长。

习性　黄颡鱼是底栖性小型鱼类,栖息于缓流多水草的浅水区,尤喜生活在静水或缓流的浅滩处、具腐殖质和淤泥的水域。白天潜伏于水底或石隙中,夜间活动、觅食,取食小鱼虾、水生昆虫、软体动物等,也食植物碎屑。适应性强,即便在恶劣环境中也可生活。一般 2 龄性成熟,5—7 月产卵,卵具黏性,雄鱼具护卵习性。

分布　天目山各水域中均有分布。国内除青藏高原和新疆外,其余各地均有分布。国外分布于西伯利亚、朝鲜、越南及老挝。

1.38　光泽拟鲿 *Pseudobagrus nitidus* Sauvage et Dabry, 1874（图版Ⅰ-38）

别名　尖头黄颡鱼、光泽黄颡鱼、黄腊丁

形态　成鱼体长 60～124mm,为头长的 4.0～5.0 倍,为体高的 4.0～4.9 倍,为尾柄长的 6.2～9.0 倍,为尾柄高的 11.8～13.3 倍。头长为吻长的 2.9～4.1 倍,为眼径的 3.6～4.8

倍,为眼间距的 2.2～3.5 倍。背鳍条 Ⅱ-6～8,胸鳍条 Ⅰ-6～8,腹鳍条 Ⅰ-5～6,臀鳍条 Ⅱ-21～28。鳃耙 7～12。

生活时,体灰黄色,背部及两侧有黑褐色斑块。腹部黄白色。各鳍灰黑色。

体长形,体前段稍扁平,后部侧扁。头中大,稍平扁。吻尖钝,突出。口下位,口裂呈浅弧形。上颌稍长于下颌,上下颌及腭骨均具绒毛状细齿。唇肉质,上下唇在口角处相连,唇后沟中断,中断部分较宽。须 4 对,其中鼻须 1 对,颌须 1 对,颐须 2 对。颌须短于头长,后伸不达胸鳍起点。眼中等,侧上位,位于头的前部。眼间隔略隆起。鳃孔大,鳃膜不与峡部相连。体裸露无鳞。侧线完全,平直。

背鳍短小,起点距吻端较距脂鳍起点近;不分枝鳍条为硬刺,前缘光滑,后缘具锯齿。胸鳍位于鳃盖末端下方,硬刺前缘光滑,后缘有锯齿。腹鳍小,起点约位于背鳍基部后缘的正下方,末端超过臀鳍起点。臀鳍基部较长,末端不达尾鳍基部。脂鳍肥厚,位于背鳍后缘至尾鳍基部之间的中点,较臀鳍短,末端游离。尾鳍分叉较深,两叶对称,叶端尖。肛门靠近臀鳍起点。

鳃耙细小稀疏,内行退化,外行尖长。鳔 1 室,呈心形。胃膨大;肠管约等于体长。

习性 光泽拟鲿是底栖性小型鱼类,栖息于沿岸浅水区。白天潜伏洞穴,夜间活动,捕食小鱼虾、水生昆虫、软体动物等。5—7 月产卵,卵具黏性,雄鱼具护卵习性。

分布 中国特有种。天目山主要分布于天目溪水域中。国内分布于长江和闽江等水系。

鲇科 Siluridae

体长形,前部扁平,后部侧扁。头较大,吻纵扁。眼小,侧上位。须 1～3 对。上下颌及犁骨具绒毛状细齿。鳃膜不与峡部相连。背鳍很小或缺如,无硬刺,分枝鳍条常少于 7 根。胸鳍具硬刺或缺如。腹鳍小或缺如。臀鳍基部长,后缘接近或连于尾鳍。无脂鳍。皮肤光滑无鳞。侧线完全。

本科现存有 14 属 108 种,分布于亚洲和欧洲,主要分布于东南亚。中国有 6 属 17 种,除了青藏高原和新疆外,其他各地均有分布。天目山有 1 属 1 种。

鲇属 *Silurus* Linnaeus,1758

体长形,前部平扁,后部侧扁。吻短而宽圆,吻长显著小于眼后头长。口亚上位,口裂较深,末端达到或超过眼前缘垂直线。须 2～3 对,上颌须长,末端后伸可达或超过胸鳍基部。下颌突出于上颌之前。眼小,上侧位,眼间隔宽平。背鳍 1 个,很小,无鳍棘,其起点距吻端较距尾鳍基部远。胸鳍具硬刺。腹鳍腹位,末端超过臀鳍起点。臀鳍基部很长,起点接近腹鳍腋部,后缘与尾鳍相连。尾鳍短小,近截形。全身光滑无鳞。侧线平直。

本属现存有 18 种,分布于欧洲和亚洲。中国有 8 种,除西藏、青海、新疆外,其他各地均有分布。天目山有 1 种。

1.39 鲇 *Silurus asotus* Linnaeus, 1758(图版 Ⅰ-39)

别名 鲇鱼、鳀、鯬、鰋

形态 成鱼体长 130～390mm,为头长的 4.2～5.6 倍,为体高的 5.3～6.3 倍。头长为吻长的 2.9～4.8 倍,为眼径的 6.7～10.4 倍,为眼间距的 2.1～2.8 倍。背鳍条 Ⅲ-5,胸鳍条 Ⅰ-8～16,腹鳍条 Ⅰ-9～12,臀鳍条 Ⅱ-68～85。

生活时,体背部及两侧为深灰黑色,腹部白灰色。背鳍、臀鳍及尾鳍灰黑色,胸鳍、腹鳍灰白色。

体长形而侧扁,背面平直,腹部圆。头平扁,中等长。吻短而宽圆,吻长显著小于眼后头长。口亚上位,口裂宽,末端达眼前缘垂直线。下颌稍突出于上颌之前,上下颌具绒毛状细齿。唇薄,仅见于口角处。须 2 对,上颌须长,后伸可超过胸鳍末端,颏须较短。眼小,侧上位,眼间距小于眼后头长。鼻孔 2 对,前后分离,前鼻孔为小管状。鳃裂宽阔,鳃膜延伸至头部腹部中线,鳃膜不与峡部相连。体裸露无鳞。侧线完全,较平直,侧线上有 1 列黏液孔。

背鳍短小,无硬刺,其起点距吻端较距尾鳍基部近。胸鳍较小,略呈扇形,末端远不及腹鳍起点,具发达硬刺,前后缘均有锯齿。腹鳍腹位,末端后伸超过臀鳍起点。臀鳍基部甚长,末端与尾鳍相连。无脂鳍。尾鳍短小,分叉处稍有下凹。肛门近臀鳍。

鳔 1 室,短而宽。肠管较短,肠长为体长的 7/10～9/10 倍。

习性　鲇是一种较大型的鱼类,适应性强,生活于各种水域中。性不很活泼,一般多栖息于水草丛生的水底层。白天多隐蔽,夜间活动寻食,捕食小鱼虾、河蚌及昆虫。2～3 龄性成熟,繁殖期在 5—7 月。卵产于水草较多的水域,卵具黏性,附在水草或石块上。

分布　天目山主要分布于各溪流、水库及池塘中。国内除青藏高原和新疆外,全国各水系均有分布。国外分布于欧洲和亚洲。

钝头鮠科 Amblycipitidae

体长形,前部宽而扁平,后部侧扁。口端位,弧形。吻宽而钝。上下颌具绒毛状细齿。眼小,侧上位,被以皮膜。须 4 对:鼻须、颌须各 1 对,颐须 2 对。背鳍短小,具 1 小刺。脂鳍长而低,连于或近于尾鳍基部。胸鳍短,常有硬刺,并埋于皮下。臀鳍稍长,与尾鳍不相连。尾鳍圆形或叉形。鳃盖膜不连于峡部。体裸露,无侧线。

本科现存有 4 属 40 种,分布于东亚至东南亚。中国有 2 属 13 种。天目山有 1 属 1 种。

鮰属 *Liobagrus* Hilgendorf, 1878

体长形,前部略圆,后部侧扁。头部宽而扁平。吻短,口大而宽,横裂。上下颌具细齿,排列紧密,带状。眼很小,位于后鼻孔后方,被有皮膜。鼻孔 2 对,前鼻孔短管状,左右鼻孔相距较远。鳃孔大,鳃膜与峡部不相连。背鳍具光滑硬刺,其外包有皮膜。胸鳍具 1 根硬刺,隐于皮内。臀鳍无硬刺。体裸露无鳞,体侧无明显的皮褶。

本属现存有 15 种,主要分布于东亚。中国有 10 种,主要分布于长江流域。天目山有 1 种。

1.40　鳗尾鮰 *Liobagrus anguillicauda* Nichols, 1926(图版Ⅰ-40)

别名　黄泥刀鳅

形态　成鱼体长 55～85mm,为头长的 4.3～5.5 倍,为体高的 4.8～6.0 倍,为尾柄长的 6.0～6.1 倍,为尾柄高的 5.7～6.7 倍。头长为吻长的 2.9～3.2 倍,为眼径的 6.0～8.5 倍,为眼间距的 2.1～2.5 倍。背鳍条Ⅰ-6～7,胸鳍条Ⅰ-7,腹鳍条Ⅰ-5,臀鳍条Ⅰ～Ⅱ-12～14。鳃耙 6～7。

生活时,体棕黄色,腹部淡灰色。各鳍棕黄色,尾鳍边缘淡黄白色。

体细长,前部略平扁,后部侧扁,眼后背部稍隆起。头部宽阔平扁,头顶皮膜光滑较厚。吻短而圆钝。前鼻孔位于吻端前缘,后鼻孔位于眼前上方。口端位,口裂宽大。上颌稍突出,上下颌具绒毛状细齿,腭骨无齿。眼较小,上侧位,眼间隔宽,稍凹。须 4 对,均较长,上颌须与外侧颏须均可伸达胸鳍。鳃孔宽大,鳃盖膜不与峡部相连。体光滑无鳞,无侧线。

背鳍短小,起点位于吻端和腹鳍末端之间中点的正上方,具一短小鳍棘,埋于皮下。胸鳍略圆而短,末端不达腹鳍,具1枚尖短光滑的硬刺。脂鳍低长,末端与尾鳍基部相连。腹鳍末端盖过肛门,不达臀鳍起点。尾鳍圆形。

鳃耙排列稀疏。鳔分左右侧室,背面包于骨质囊内。肠管较短,肠长为体长的1/3倍。

习性　鳗尾鮡是溪流性小型鱼类,栖息于水流平缓的岸边浅水卵石缝隙中。夜出觅食,以水生昆虫、螺类为食。

分布　中国特有种。天目山主要分布于天目溪水域中。国内分布于东南沿海各溪流。

鮡科 Sisoridae

体长形,前部粗壮扁平,后部侧扁,腹面平坦。头中等大,扁平,头宽大于体宽。吻宽,前端圆弧形。口下位,横裂或呈弧形。上下颌具绒毛状细齿,排列呈带状,腭骨无齿。眼很小,侧上位或上位。须4对,上颌须侧扁,与上唇相连,基部变宽。背鳍短小,位于身体前段。胸鳍一般较宽阔,平展。脂鳍较短,不与尾鳍相连。尾鳍分叉。体裸露无鳞,侧线完全平直。

本科现存有17属223种,分布于青藏高原及其邻近地区的河流中,西至阿富汗,南至泰国,北至秦岭,东至福建。中国有13属78种。天目山有1属1种。

纹胸鮡属 *Glyptothorax* Blyth,1860

体长形,背鳍前身体较扁平,后部侧扁,胸部平坦。头扁平,较宽钝。吻短钝。口下位,宽阔,横裂状。上颌突出于下颌,上下颌具绒毛状细齿,排列成带状。唇较厚,有小乳突。眼小,上位,被有皮膜。鼻孔2对。须4对,上颌须基部宽,末端细长;下颌颏须短,外侧颏须长。鳃孔大,鳃裂达腹面,鳃膜与峡部仅在腹面正中相连。背鳍短小,有硬刺。胸鳍略平展,具硬刺,后缘有锯齿。脂鳍短而高。臀鳍短。尾鳍叉形或凹形。体表光滑或具疣状突起。侧线完全,较平直。

本属现存有103种,主要分布于亚洲中部和东南部。中国有29种,广泛分布于秦岭以南诸省区。天目山有1种。

1.41　福建纹胸鮡 *Glyptothorax fokiensis* Rendahl,1925(图版Ⅰ-41)

别名　刺格巴、红金嘴鱼、黄搭刺娘舅、骨钉

形态　成鱼体长58～110mm,为头长的3.2～4.5倍,为体高的3.8～5.1倍,为尾柄长的4.8～6.2倍,为尾柄高的7.0～11.0倍。头长为吻长的1.9～2.6倍,为眼径的9.7～11.0倍,为眼间距的2.6～3.9倍。背鳍条Ⅰ-6,胸鳍条Ⅰ-7～8,腹鳍条Ⅰ-5,臀鳍条Ⅱ-7～8。鳃耙7～8。

生活时,体背部及两侧灰黄色,腹部灰白色。头背部灰棕色。体侧有许多黑色小斑点。背鳍、尾鳍有黑斑,脂鳍基部黑色,外镶白边。胸鳍、腹鳍和臀鳍各有1～2条黄斑带。

体长形,较粗壮,背鳍前身体略扁平,后段侧扁。头长适中,头部宽阔平扁。吻宽大,前端圆。口较宽,下位,略呈弧形。唇较厚,其上有小乳突。上下颌具新月形的绒毛状齿带。眼小,位于头背面,眼间隔稍宽,有皮膜覆盖。须4对:鼻须1对,基部稍宽,位于前后鼻孔之间;上颌须1对发达,基部宽阔,后伸达胸鳍基部;颏须2对,外侧颏须较长。鳃孔较宽,鳃膜与峡部相连,下角扩展至腹面。胸部有明显的纹状吸器。体光滑无鳞,侧线完全平直。

背鳍起点约在吻端与腹鳍末端之间的中点,具2硬棘,后缘光滑。胸鳍较长,具硬棘1枚,前缘光滑,后缘有锯齿。腹鳍起于背鳍后方,鳍末可达臀鳍。脂鳍短小,起点距背鳍起点较距

尾鳍基部大,后缘游离。臀鳍与脂鳍相对,末端不达尾鳍。尾鳍分叉,上下叶末端稍圆。肛门距臀鳍较近。

鳃耙粗长,长度短于鳃丝,较硬,末端钝,排列稀疏。鳔小,分左右 2 侧室,部分或全部包于骨质囊内。

习性　福建纹胸鮡是溪流性小型鱼类,栖息于山区溪流的底层。常附着在石上,白天常潜伏在石缝和洞穴中,夜间外出觅食。食性较杂,主要摄食水生昆虫幼虫,也食岩石上的固着藻类。生殖期在 4—5 月。在流水河滩上产卵,受精卵具黏性,黏在石上孵化。

分布　中国特有种。天目山各水域中均有分布。国内分布于长江及以南各水系。

颌针鱼目 Beloniformes

体小,长形,稍侧扁。眼侧位。口有齿。腭骨上通常有小刺。各鳍均无鳍棘。背鳍 1 个,位置靠后。腹鳍腹位,鳍条 6~7 根。鳔无鳔管。体被圆鳞,无侧线。

本目现存有 6 科 270 余种,分布于亚洲、非洲及美洲热带。中国有 2 科 7 种。天目山有 1 科 1 种。

鳉科 Adrianichthyidae

体长形,稍侧扁。背部较平直,腹部较突出,呈弧形。头中等大,头背扁平。眼大,侧上位。口小,上位,横裂。吻短,能伸缩。无须。背鳍靠近尾部,背鳍条和臀鳍条柔软分节。尾鳍宽,截形。体被圆鳞,头背部具鳞片。无侧线。

本科现存有 2 属 37 种,分布于印度、日本及以南到大洋洲群岛的淡水水系。中国有 1 属 3 种。天目山有 1 属 1 种。

青鳉属 *Oryzias* Jordan & Snyder, 1906

体长形,背部平,腹部突出。头中等大,平扁而宽。眼大,位于头侧上方。口小,上位。吻宽短,较厚。无须。下颌稍长于上颌,上下颌具尖锐的细齿。左右鳃膜相连,不连于峡部。背鳍 1 个,位于身体后部。臀鳍起点在背鳍起点之前下方,鳍基部甚长。尾鳍宽阔,截形。体被圆鳞,鳞片较大,头背部具鳞。无侧线。

本属现存有 33 种,主要分布于东亚和东南亚各水域。中国有 3 种,分布华南、华东各省,北方可达河北。天目山有 1 种。

1.42　青鳉 *Oryzias latipes* Temminck & Schlegel, 1846(图版Ⅰ-42)

别名　鳉鱼、亮眼铜柱、白眼佬

形态　成鱼体长 19~45mm,为头长的 3.4~5.5 倍,为体高的 3.5~5.3 倍,为尾柄长的 6.1~8.0 倍,为尾柄高的 8.7~12.3 倍。头长为吻长的 3.7~6.0 倍,为眼径的 2.0~3.5 倍,为眼间距的 2.0~3.5 倍。背鳍条Ⅰ-5~6,胸鳍条Ⅰ-7~9,腹鳍条Ⅰ-5~6,臀鳍条Ⅱ-14~19。鳃耙 13~14。

生活时,体背部淡黄褐色,体侧和腹部银白色。背部正中有 1 黑色纵线。自胸部平直向后至尾柄正中有 1 条黑色细线。体背及体侧有许多黑色小点。各鳍浅灰白色,臀鳍及尾鳍分布有褐色小斑点。生殖期雄鱼腹鳍转为深黑色。

体长形,前段稍侧扁,后段侧扁,背部较平直,腹部圆弧形。头呈楔形,中等大,头背平坦。

吻短而钝圆,吻长小于眼径。口小,上位,横裂,能伸缩。唇较厚,无须。下颌长于上颌,上下颌具齿。眼大,稍向外突出,侧上位,眼间隔较平。体被薄而透明的较大圆鳞,头顶及鳃盖也被鳞。无侧线。

背鳍1个,起点在臀鳍中点相对的后上方,与臀鳍相对,长度不及臀鳍的1/3。胸鳍较大,高位,其末端可达腹鳍起点的上方。腹鳍腹位,较小,末端抵达肛门。臀鳍极长,起点在胸鳍基部至尾鳍基部之间的中点,末端接近尾鳍基部。尾鳍宽大,平截形。肛门位于腹鳍末端。

鳃耙短而细小。肠管短,约为体长的1/3。

习性　栖息于河流、湖泊、池塘、沟渠及水田等平稳的水域中。活动于沿岸的浅水地带,在水面集群游动。捕食浮游动物。春夏季开始产卵,分批产卵至秋季。成熟卵透明,卵膜上具丝状物,悬挂在母体生殖孔后面发育孵化。

分布　天目山各水域中均有分布。国内除西部高原外,广布于各大水域。国外分布于东亚、越南。

合鳃鱼目 Syngnathiformes

体鳗形,稍侧扁。头小,颇尖。吻向前伸出形成吻突。口裂上缘由前颌骨及部分颌骨组成。眼间隔狭而隆起。鳃孔位于头的腹面,左右鳃孔连成一横裂。背鳍、臀鳍和尾鳍相连或稍分离。腹鳍缺如,或很小、喉位。口腔和肠有呼吸功能。体裸露无鳞或被小圆鳞。侧线存在。

本目现存有11科650余种,分布于亚洲、非洲、大洋洲及美洲。中国有2科8种淡水鱼类,除西北高原地区以外,各地区均有分布。天目山有2科2种。

天目山合鳃鱼目分科检索

1(2)体光滑无鳞,尾部尖细,尾鳍退化 ······················· 合鳃鱼科 Syngnathidae
2(1)体被细小圆鳞,尾鳍圆形,略尖或圆截 ··············· 刺鳅科 Mastacembelidae

合鳃鱼科 Syngnathidae

体细长似鳗形,前半部近圆筒形,往后半部渐细,尾部又尖又细。头部圆钝且偏大,吻短而扁平。口大,端位,斜裂至眼后方。鳃不发达,3对,两鳃孔愈合为一体,开口于腹面。身体光滑无鳞。成鱼无胸鳍和腹鳍,背鳍、臀鳍和尾鳍退化成皮褶。尾部尖细。

本科现存有56属288种,分布于亚洲、非洲、大洋洲及中南美洲等地。中国有1属2种。天目山有1属1种。

黄鳝属 *Monopterus* Lacépède, 1800

体细长,鳗形,前段圆筒形,后段渐侧扁,尾部尖细。头短,呈锥形。吻短,稍尖。口大,端位,略斜裂。唇颇厚。上下颌及腭骨具细齿。无须。眼小,为皮膜所覆盖。眼间隔,稍隆起。左右鳃孔在腹面合二为一,呈"∧"形,鳃膜与峡部相连。背鳍、臀鳍和尾鳍退化成皮褶,无鳍条。无胸鳍和腹鳍。无鳔。体表光滑,裸露无鳞。

本属现存有15种,主要分布于亚洲,有2种分布于非洲。中国有2种。天目山有1种。

1.43　鳝鱼 *Monopterus albus* **Zuiew，1793**（图版Ⅰ-43）

别名　黄鳝、血鳝、田鳝、田鳗、血鱼

形态　成鱼体长 400～640mm，为头长的 10.1～12.8 倍，为体高的 18.8～27.5 倍。头长为吻长的 4.2～6.1 倍，为眼径的 8.5～13.3 倍，为眼间距的 5.3～8.0 倍。

生活时，全身散布不规则的斑点。体侧侧线以上为灰黑色，侧线以下黄褐色。腹部灰白色，间有不规则的黑色斑纹。

体圆形细长，鳗形，肛门后渐侧扁，尾较短尖细。头较大而短，略呈锥形，头的顶部隆起，头高大于体高。吻较长而突出。口大，端位，口裂深。上颌稍突出，上下颌及咽部有绒毛状细齿。唇厚，上下唇发达，唇后沟不连续。眼小，侧上位，位于头的前部，有皮膜覆盖。鳃孔较小，左右鳃孔在腹面合为一体，鳃裂呈"∧"形。鳃膜左右相连，但不与峡部相连。体光滑无鳞，多黏液。侧线完整，较平直，侧线孔不明显。

无胸鳍、腹鳍。背鳍、臀鳍和尾鳍均退化，成为不发达的皮褶，无鳍条。肛门开口于臀鳍皮褶起点之前。

无鳃耙，鳃丝成羽状。鳔退化。肠管短，无盘曲，肠长约等于头后体长。

习性　营底栖生活，主要栖息于稻田、湖泊、池塘、河流与沟渠等泥质水域，多在沿岸石隙或在泥岸钻洞穴居，少数潜居在河面草滩中。多在夜间外出觅食。鳝鱼为肉食性鱼类，捕食小鱼、虾、蚯蚓、青蛙及蝌蚪等各种小动物。鳝鱼鳃十分退化，以咽部皮肤黏膜直接呼吸空气中氧气，故离水后长时间也不会窒息而死。

鳝鱼有很特殊的性逆转现象，即在幼体至初次性成熟时，所有个体均为雌性，在产卵后，卵巢退化而转变为精巢，变为雄性个体。每年春末到仲夏为繁殖季节，分批产卵，亲鱼有护卵习性。

分布　天目山各水域中均有分布。国内各地均有分布，在中国长江流域、辽宁和天津产量较多。国外广泛分布于亚洲东部及附近之大小岛屿，西起东南亚，东至菲律宾群岛，北起日本，南至东印度群岛。

刺鳅科 Mastacembelidae

体细长，侧扁。头尖突，略侧扁。吻尖，具管状柔软吻突。眼小，侧上位，为皮膜覆盖。眼下刺发达或不显著。口下位。上下颌具多行细齿。犁骨和腭骨一般无齿。鳃盖膜不与峡部相连。背鳍鳍棘短小，游离，无鳍膜相连。背鳍、臀鳍与尾鳍分离，基部相连或愈合。胸鳍短圆。腹鳍缺如。臀鳍有 2～3 枚鳍棘。尾鳍圆形，略尖或圆截。体被细小圆鳞。鳃耙退化。鳔无鳔管。

本科现存有 3 属 87 种，分布于非洲、亚洲等热带水域。中国有 2 属 6 种，分布于长江流域以南及海南岛。天目山有 1 属 1 种。

刺鳅属 *Mastacembelus* Scopoli，1777

体略似鳗形，头与体均甚侧扁，尾部向后渐扁薄。头尖长。吻端有柔软的管状吻突。眼小，眼下方有 1 硬棘。鳃孔较小，鳃盖膜不与峡部相连。背鳍棘多于 33 枚。体被细小的圆鳞。

本属现存有 61 种，分布于印度、缅甸、中国及东南亚等地。中国有 6 种。天目山有 1 种。

1.44 刺鳅 *Macrognathus aculeatus* **Basilewsky，1855**(图版Ⅰ-44)

别名 刀鳅、剪刀鳅、钢鳅

形态 成鱼体长 112～199mm，为头长的 6.0～7.6 倍，为体高的 9.2～12.0 倍。头长为吻长的 3.0～4.0 倍，为眼径的 6.0～9.3 倍，为眼间距的 5.2～8.0 倍。背鳍ⅩⅩⅪ～ⅩⅩⅩⅣ-60～66；胸鳍 20～21；臀鳍Ⅲ-58～65。

生活时，体背黑褐色，两侧灰黑色，腹部淡黄色。背、腹部有许多网状花斑。两侧有 10 多条垂直黑斑。胸鳍淡黄色，其他各鳍灰黑色，有时有不规则白斑。鳍缘常镶有灰白色边。

体长形，呈鳗形，头体侧扁，肛门处体较高。头小而尖长。吻尖长，吻端有游离状皮褶，向下伸出呈钩状。口端位，口裂较深，延至眼前缘的下方。上颌长于下颌，上颌后端伸达眼中部下方，上下颌有多行细尖齿。眼甚小，侧上位，眼间隔稍隆起；眼间距狭小，眼前下方有 1 硬刺。鳃孔窄，鳃盖膜不与峡部相连。前鳃盖骨后缘无棘。身体密被细小的圆鳞。无侧线。

背鳍基部极长，起点在胸鳍中部稍后上方，鳍棘由皮膜包住。胸鳍小，在鳃孔后方，末端圆。无腹鳍。臀鳍与背鳍鳍条部同形，几乎相对，第 2 鳍棘最大。背鳍、臀鳍与尾鳍相连。尾鳍小，近长圆形。肛门接近臀鳍起点前方。

鳃耙退化。鳔小，位于体腔前 1/3 处背方。无鳔管。肠长约为体长的 1/2 倍。

习性 为底栖性小型鱼类，栖息于河道、池塘、溪流等水域，常生活于多水草的浅水区。喜欢群居，日间潜伏于水底洞穴，夜间外出觅食。杂食性，以水生昆虫、小鱼、虾及藻类等为食。生殖期在 5—7 月，产黏性卵。

分布 天目山各水域中均有分布。国内分布于长江和珠江水系。国外分布于印度以东至东南亚。

鲈形目 Perciformes

体侧扁或稍呈圆筒形。上颌口缘由前颌骨组成。鳃盖发达，常有棘。背鳍 1 个或 2 个，如为 1 个，其前部为鳍棘，后部由鳍条组成；如为 2 个，则前一个为鳍棘，后 1 个为鳍条。腹鳍存在时，为胸位或喉位，通常有 1 个鳍棘和 5 根鳍条。尾鳍鳍条通常不超过 17 根。鳞片多为栉鳞，少数为圆鳞或裸露无鳞。鳔若有，无鳔管。

多数生活于海洋，少数生活于淡水中。

本目现存有 20 亚目 10000 余种，是种类最多的鱼类之一，约占全部鱼类总种数的 41%。中国有 19 亚目 1800 余种，其中淡水鱼有 116 种。天目山有 4 亚目 8 种。

天目山鲈形目分亚目检索

1(6)无眼下刺，背鳍无游离小鳍刺

2(5)无鳃上器

3(4)左右腹鳍不显著接近，不形成吸盘，一般具侧线 ………………………………… 鲈亚目 Percoidei

4(3)左右腹鳍显著接近，大多数愈合成吸盘，无侧线 ………………………………… 鰕虎鱼亚目 Gobioidei

5(2)有鳃上器 …………………………………………………………………………………… 攀鲈亚目 Anabantoidei

6(1)背鳍具许多游离小鳍棘 ……………………………………………………………… 刺鳅亚目 Mastacembeloidei

鲈亚目 Percoidei

上颌骨与前颌骨不固结。第 2 眶下骨不与前鳃盖骨连接。无眶蝶骨和鳃上器。背鳍鳍棘发达。腹鳍胸位或喉位,具 1 棘和 5 鳍条,无吸盘状构造。臀鳍通常具 2～3 棘。尾鳍鳍条一般不超过 17 根。体多被栉鳞或圆鳞。无鳔管。

本亚目现存有 79 科近 3000 种,主要栖息于热带、温带水域,高纬度地带几乎没有分布。中国有 53 科 840 种,其中淡水鱼类有 3 科 17 种。天目山有 1 科 3 种。

真鲈科 Percichthyidae

体侧扁或近圆筒形。口大,稍倾斜。上下颌、犁骨及腭骨均具绒毛状细齿,两颌具犬齿。前鳃盖骨通常具细齿,鳃盖骨后缘有扁平棘 1～3 枚。背鳍 2 个,第 1 背鳍由 6～15 枚鳍棘组成,第 2 背鳍由 10～30 根鳍条组成。胸鳍下侧位,圆形或稍尖。腹鳍胸位或亚胸位,具 1 枚鳍棘和 5 根鳍条。臀鳍短,通常具 3 枚鳍棘和 7～12 根鳍条。尾鳍后缘圆、微凹或平截。体被圆鳞或栉鳞,或鳞片隐于皮下。侧线完全无分支,不延伸至尾鳍基部。

本科现存有 81 属 500 余种,分布于朝鲜、日本、越南及中国。中国有 37 属 121 种,其中淡水鱼类 2 属 10 种。天目山有 2 属 3 种。

天目山真鲈科分属检索

1(2)上下颌等长或下颌稍长,眼后头侧有辐射状黑色带纹 ………………………… 少鳞鳜属 *Coreoperca*
2(1)下颌显著突出或略突出,眼后头侧无辐射带纹 …………………………………… 鳜属 *Siniperca*

少鳞鳜属 *Coreoperca* Heizenstein, 1896

体侧扁,背缘呈弧形。上下颌等长或下颌稍长。上下颌、犁骨和腭骨具绒毛状齿带。前翼骨上亦有细齿。前后鼻孔间隔宽,具眼缘。前鼻孔有瓣,明显或痕迹状;后鼻孔小或不明显。前鳃盖骨后缘锯状,后角及下缘有细锯齿或弱棘。间鳃盖骨和下鳃盖骨下缘亦有弱锯齿,锯缘较宽。体被圆鳞,较大;颊部、鳃盖和腹鳍之前的腹面具鳞。侧线鳞 33～82 枚。鳃耙 7～16 枚,长而发达。

本属现存有 4 种,分布于东亚。中国有 2 种。天目山有 1 种。

1.45　**中国少鳞鳜 *Coreoperca whiteheadi* Bolenger, 1900**(图版 I-45)

别名　白头鳜、辐纹鳜、桂婆

形态　成鱼体长 145～193mm,为头长的 2.4～3.1 倍,为体高的 2.7～3.3 倍,为尾柄长的 5.6～7.6 倍,为尾柄高的 8.4～12.8 倍。头长为吻长的 3.2～3.9 倍,为眼径的 4.2～6.1 倍,为眼间距的 4.8～7.7 倍。背鳍Ⅷ～ⅩⅣ-14～15;胸鳍 13～15;腹鳍Ⅰ-5;臀鳍Ⅲ-10～12。鳃耙 7～8(通常为 7)枚。

生活时,体黄褐色或棕褐色,体侧有不规则的深色斑纹及斑点。眼后头侧有 3 条辐射状黑色斜纹带,鳃盖后端有 1 具黄缘的黑色眼状斑,鲜活时斑缘镶橘红色彩圈。体侧后半部有 3～4 条黑褐色横带。背鳍、臀鳍及尾鳍有黑色斑点组成的横条纹。胸鳍灰色,腹鳍灰黑色。

体侧扁,长圆形,背腹缘均为弧形。头较大,头长与体高几乎相等。吻短,钝尖。口大,端位,口裂斜。两颌等长或下颌稍长,上下颌有多行绒毛细齿,无犬齿。犁骨及腭骨齿细弱稀疏。

眼中等大,位于头侧上方,离吻端较近。前鳃盖骨与间鳃盖骨外缘有细锯齿,鳃盖后端及后上方各有 1 枚扁平棘。鳃膜分离,不与峡部相连。鳞小,圆鳞;头部无鳞,但颊部、鳃盖具鳞。侧线完全。

背鳍始于胸鳍基部上方,具棘 13～14 枚,鳍条 14 枚,鳍棘基部明显长于鳍条基部。胸鳍具 13～15 鳍条。腹鳍稍后于胸鳍,有 1 棘和 5 鳍条,鳍棘细长,长约为鳍条的 1/2。臀鳍有 3 棘和 11 鳍条,第 2 臀棘最长。肛门靠近臀鳍起点。尾鳍圆形。

鳃耙梳齿状,7～8 枚(7 枚为常见);耙齿内侧布满针状小突起,最长鳃耙约与鳃丝等长。肠短,幽门盲囊分 3 叶,各叶不分枝。

习性　中国少鳞鳜为溪涧性鱼类,喜生活于石砾底质的流水域,以鱼虾为食。

分布　中国特有种。天目山主要分布于天目溪水域中。国内分布于浙江、广西及海南岛等地主要河流中。

鳜属 *Siniperca* Gill, 1862

体侧扁,背部隆起。头大而长。口端位,口裂大,能伸缩。下颌略突出于上颌,两颌、犁骨及腭骨均具绒毛状细齿,两颌具发达犬齿。前鳃盖骨后缘有锯齿,下缘有数个倒刺,鳃盖后角常有 2 棘。背鳍 2 个相连,有 10～14 枚鳍棘和 11～15 根鳍条。腹鳍腹位。臀鳍由 3 枚鳍棘和 7～11 根鳍条组成。侧线完全。

本属现存有 10 种,分布于东亚、越南北部和中国。中国有 8 种。天目山有 2 种。

天目山鳜属分种检索

1(2)口闭合时,下颌前端齿多少外露,体侧有黑斑和环状斑纹 ……………………… 斑鳜 *S. scherzeri*

2(1)口闭合时,下颌前端齿不外露,体侧有白色波状纵线纹 ………………… 波纹鳜 *S. undulata*

1.46　斑鳜 *Siniperca scherzeri* Steindachner, 1892(图版Ⅰ-46)

别名　桂花鱼、岩鳜鱼、刺薄鱼

形态　成鱼体长 135～312mm,为头长的 2.3～2.9 倍,为体高的 3.1～4.1 倍,为尾柄长的 6.0～7.8 倍,为尾柄高的 9.3～10.7 倍。头长为吻长的 3.0～4.3 倍,为眼径的 3.8～6.4 倍,为眼间距的 5.1～9.0 倍。背鳍Ⅻ～ⅩⅢ-12～13;胸鳍 15～16;腹鳍Ⅰ-5;臀鳍Ⅲ-8～9。鳃耙 4～5 枚。

生活时,体黄褐色至灰褐色,腹部浅黄或灰白色。体侧有大小不等的黑斑和环状斑纹。背侧常有 4 个深色鞍状斑纹。奇鳍上有 3～4 列深色斑点。偶鳍色浅,沿鳍条有浅色条纹,或呈灰白色。胸鳍基部有 1 深色条纹或环状斑纹。

体长形,侧扁,背腹缘均为弧形。头大。吻略尖。眼大,侧上位。口大,近端位。下颌突出,口裂稍斜,两颌、犁骨及腭骨具绒毛状细齿,犬齿发达。前鳃盖骨外缘有锯齿,间鳃盖骨与下鳃盖骨后缘有细弱锯齿,鳃盖后缘有 2 扁平棘。鳃孔大,鳃膜发达。体被细鳞,两侧鳞大,腹侧鳞较小,峡部鳞片多隐于皮下。侧线完全,前段稍弯,后段较平直。

背鳍 2 个,彼此相连,起点约与胸鳍起点相对,前部约 3/4 为鳍棘,后部约 1/4 由鳍条组成。胸鳍较长,末端上缘与鳃孔上缘平行。腹鳍胸位,长形,末端圆。臀鳍较短。尾鳍宽大,后缘圆形。肛门接近臀鳍起点。

鳃耙硬,较粗,末端钝,其上有细刺,第 2、3 枚鳃耙最长。

习性　斑鳜栖息于中下层水域,多生活于底质多石砾的流水环境。以鱼虾为食。通常 2

龄性成熟,5—7月为繁殖期,分批产卵,多在夜晚产卵,卵为漂浮性。

分布　天目山主要分布于天目溪水域中。国内分布于珠江和长江以东,北至辽河和鸭绿江水域。国外分布于东亚至越南。

1.47　波纹鳜 *Siniperca undulata* Fang & Chong, 1932(图版Ⅰ-47)

别名　铁鳜鱼、花鳜鱼、桂花鱼

形态　成鱼体长 85～155mm,为头长的 2.5～2.9 倍,为体高的 2.5～3.2 倍,为尾柄长的 5.7～7.5 倍,为尾柄高的 7.3～10.1 倍。头长为吻长的 2.6～4.8 倍,为眼径的 3.9～4.6 倍,为眼间距的 5.5～8.0 倍。背鳍ⅩⅢ～ⅩⅣ-10～12;胸鳍 14～15;腹鳍Ⅰ-5;臀鳍Ⅲ-7～9。鳃耙 6 枚。

生活时,体暗褐色至红褐色,腹部略灰白色。体侧有数条黄白色波状线纹及虫状纹,有时杂有不规则黑色斑块。背鳍最后 4 枚鳍棘下方的侧线上有 1 大黑圆斑。背鳍两侧数个黑斑块横跨背部连成鞍状斑。第 2 背鳍、臀鳍及尾鳍均有暗色点列。

体长圆形,侧扁,背腹缘浅弧形。头大,眼后头背平直。吻钝尖。眼大,侧上位,眼间隔宽平。口端位,斜裂。下颌稍长,上颌缝合部及下颌两侧有稍大的圆锥齿,犬齿数个较不发达。前鳃盖骨外缘有锯齿,有棘突 2 个;鳃盖后缘及上缘有长、短扁平棘各 1 根。体被圆鳞,头部背面无鳞。侧线前段稍弯,后段较平直。

背鳍起点在胸鳍基部上方,鳍棘 13～14 根,发达,鳍条部较短,边缘圆凸。胸鳍鳍条边缘圆弧形。腹鳍起点稍后于胸鳍,略长于胸鳍。臀鳍基部短,约与背鳍鳍条部相对。尾鳍短小,后缘圆形。

鳃耙梳齿状,短于鳃丝。幽门盲囊 40～57。

习性　常栖于河底石缝、水草丰盛的缓流中,生活在水质较好的江河中。其性凶猛,是一种小型食肉鱼类,喜食小鱼、小虾及其他无脊椎动物。通常 2 龄性成熟,6—7 月为繁殖期。

分布　中国特有种。天目山主要分布于各溪流中。国内主要分布于珠江和长江水系。

鰕虎鱼亚目 Gobioidei

体近圆筒形或鳗形,侧扁或前部平扁后部侧扁。头大多平扁,头部常有感觉突及感觉孔。鳃孔侧位,鳃盖膜一般与峡部相连。背鳍 2 个或 1 个,鳍棘细弱柔软,有时延长成丝状。臀鳍一般和第 2 背鳍同形,常有 1 根弱棘。腹鳍胸位,有 1 枚鳍棘和 4～5 根鳍条;左右腹鳍分离或愈合成吸盘。无幽门盲囊和鳔。体被圆鳞或栉鳞,有时鳞片退化或完全无鳞,无侧线。

本亚目有 9 科 2000 余种,分布于三大洋热带、温带海域及世界各地淡水水域。中国有 5 科 295 种,其中淡水鱼类有 4 科 89 种。天目山有 2 科 3 种。

天目山鰕虎鱼亚目分科检索

1(2)两腹鳍靠近,但不愈合成吸盘 ·· 沙塘鳢科 Odontobutidae

2(1)两腹鳍靠近愈合成吸盘 ··· 鰕虎鱼科 Gobiidae

沙塘鳢科 Odontobutidae

体圆筒形,侧扁。眼侧上位而不突出于头背缘之外。口上位,倾斜。下颌突出。背鳍2个,前后分离或仅在基部以鳍膜相接,第1背鳍由6～10枚软棘组成,第2背鳍有1枚软棘和数根鳍条。腹鳍腹位,左、右腹鳍相互靠近而不愈合。体被圆鳞或栉鳞,头全部被鳞或部分裸露。肛门后有1生殖突。消化管简单,无幽门盲囊。

本科现存有40属150余种,主要分布于印度—太平洋暖水区域、大西洋中美洲沿岸及地中海欧洲沿岸。中国有8属14种,其中淡水鱼类6属9种。天目山有1属1种。

沙塘鳢属 *Odontobutis* Bleeker, 1874

体粗短或细长,体后部侧扁。头平扁,头宽大于头高。吻宽扁。眼较大,眼上缘突出为骨嵴。口大。上下颌均聚集着数排圆锥形的细小牙齿。犁骨上无齿。前鳃盖后缘无硬棘。体被细鳞,头部、胸腹部为细小圆鳞,躯干两侧及尾部为栉鳞。

本属现存有8种,分布于东亚至越南。中国有4种,分布于长江流域及以南各水域。天目山有1种。

1.48　河川沙塘鳢 *Odontobutis potamophila* Günther, 1861(图版Ⅰ-48)

别名　沙塘鳢、土才鱼、暗色土布鱼

形态　成鱼体长35～169mm,为头长的2.6～3.1倍,为体高的3.5～5.3倍,为尾柄长的4.6～5.9倍,为尾柄高的7.3～9.7倍。头长为吻长的3.4～4.3倍,为眼径的5.1～8.0倍,为眼间距的3.5～5.6倍。背鳍Ⅵ～Ⅷ,Ⅰ-8～10;胸鳍14～15;腹鳍Ⅰ-5;臀鳍Ⅰ-6～8。鳃耙7～11枚。

生活时,体青黑色。体侧具数条不明显的褐色纵线纹。自吻端经眼至鳃盖上方有1条黑色线纹。自眼后缘至前鳃盖骨亦有1条黑色线纹。各鳍具暗色点纹,胸鳍基底有2条粗短纵褐斑,尾鳍边缘常白色。

体粗壮,前部圆筒形,后部侧扁。头宽大平扁,宽大于高。吻宽短,吻长大于眼径。眼小,上侧位,稍突出,眼间隔宽而凹入,大于眼径。口大,端位,斜裂。下颌突出,上颌骨后延伸达眼中部下方或稍前。两颌齿细尖,多行;犁骨和腭骨无齿。前鳃盖骨后下缘无棘,鳃孔宽大,向前伸达眼前缘或中部;鳃盖膜不与峡部相连。体被栉鳞,头部及颈背被圆鳞,吻和头部腹面无鳞,腹部及胸鳍基部被圆鳞。无侧线。

背鳍2个,第1背鳍鳍棘均细弱,始于胸鳍基底后上方,后伸达第2背鳍起点;第2背鳍高于第1背鳍,后伸不达尾鳍基部。胸鳍宽圆,后端伸越第1背鳍基底后端。两腹鳍短小,分离,相距颇近,末端不达肛门。臀鳍起点在第2背鳍第1～2分枝鳍条的下方。尾鳍圆形。

鳃耙为细小刺球,每个鳃耙上有十多个小刺。肛门后生殖突较大,末端达到或超过臀鳍起点。

习性　生活于江河和湖泊的溪流底层,喜栖于泥沙、杂草和碎石混杂的浅水区。游泳力较弱,冬季潜伏于泥沙石砾间越冬。为肉食性鱼类,成鱼以小虾为主食,兼食小型鱼类和水生昆虫的幼虫。1龄即达性成熟,4—6月为繁殖期。喜在石砾间隙等处产卵,卵具黏性,雄鱼有护卵习性。

分布　中国特有种。天目山各水域中均有分布。国内分布于长江中下游各水系,包括钱塘江和闽江水系。

鰕虎鱼科 Gobiidae

体卵圆形、长形或鳗形,侧扁。头侧扁或平扁,头部有感觉孔或乳突。眼小或中等大,不突出于头的背面,无游离下眼睑。口大,两颌等长或下颌突出。上下颌细齿多行,平直或弯曲,腭骨常无齿。前鳃盖骨边缘光滑或具细锯齿,鳃盖上方有时具凹陷。背鳍2个或1个,第1背鳍有6~10枚鳍棘,第2背鳍有1枚鳍棘和数根鳍条。臀鳍常与第二背鳍同形,相对。背、臀鳍有时与尾鳍相连。胸鳍大,圆形,基部肌肉不发达,不呈臂状。腹鳍胸位,具1枚鳍棘和5根鳍条,左右腹鳍愈合成一吸盘,后缘完整或凹入。尾鳍圆形、尖长或内凹。体被栉鳞或圆鳞,有时鳞退化或完全无鳞。无侧线和幽门盲囊。

本科现存有196属1480余种,广布于除极地以外的海水和淡水水域,但主要布于印度—西太平洋暖水区域,大西洋中美洲沿岸及地中海欧洲沿岸亦有。中国有86属237种,其中淡水鱼类有13属72种。天目山有1属2种。

吻鰕虎鱼属 *Rhinogobius* Gill, 1859

体细长,前部浑圆,后部侧扁。头钝,稍平扁,吻圆钝。眼中等大,上侧位,眼间隔狭小。口中等大,上下颌等长或下颌稍突出,具数排绒毛状细齿,下颌外行齿仅至颌的1/2处,最末一齿呈犬齿状。犁骨和腭骨均无齿。在每侧鼻孔之下有感觉乳突线,下弯至口角。两个背鳍不相连接,前背鳍由硬刺组成,后背鳍全是软鳍条。体被中等大的栉鳞,头部几乎完全裸露,胸、腹部裸露无鳞。

本属现存有66种,主要分布于东亚的热带和温带。中国有45种。天目山有2种。

天目山吻鰕虎鱼属分种检索

1(2)头背部被鳞,背鳍前鳞较多 ·· 子陵吻鰕虎鱼 *R. giurinus*

2(1)头背部裸露,背鳍前不被鳞或具少数鳞 ························· 波氏吻鰕虎鱼 *R. cliffordpopei*

1.49 子陵吻鰕虎鱼 *Rhinogobius giurinus* Rutter, 1897(图版Ⅰ-49)

别名 吻鰕虎鱼、朝天眼、竹壳

形态 成鱼体长42~94mm,为头长的2.8~4.5倍,为体高的3.6~6.3倍,为尾柄长的3.5~4.1倍,为尾柄高的6.8~11.6倍。头长为吻长的1.8~3.5倍,为眼径的4.0~7.6倍,为眼间距的3.7~6.5倍。背鳍Ⅵ,Ⅰ-7~9;胸鳍Ⅰ-16~17;腹鳍Ⅰ-5;臀鳍Ⅰ-7~9。鳃耙7~9枚。

生活时,体黄褐色至灰褐色,腹部色浅。体侧沿中轴有5~7个黑色斑块。头部密布黄褐色虫纹斑。颊部有数条斜向前下方的橘黄色线纹。背鳍和尾鳍有暗色点列,胸鳍基底上端有1较大的黑斑。有时此斑不明显。

体前部近圆筒形,后部稍侧扁,背缘浅弧形,腹缘稍平直。头中等大,前部稍平扁,头宽大于头高。吻宽钝。眼较大,在头的前半部,眼间隔狭而稍凹,稍小于眼径。口端位,稍斜裂。上下颌约等长。齿细小,外行齿稍大于内行齿。鳃孔中等大,约与胸鳍基部等宽。峡部宽大,其宽约等于吻长。体被栉鳞,颊部和鳃盖无鳞。无侧线。

第1背鳍起点在胸鳍基部后上方,鳍棘短小;第2背鳍较高,各鳍条较长。胸鳍基部宽,长圆形,其宽大于眼后头长,末端不伸达第1背鳍基部末端的下方。腹鳍胸位,左右腹鳍愈合成1个长圆形的吸盘。臀鳍起点在第2背鳍第2、3鳍条下方,后部鳍条较长。尾鳍圆形。肛门几乎与第 2 背鳍起点相对。

习性 子陵吻鰕虎鱼为淡水小型鱼类,栖息于江河湖沼及溪流中,河边沙滩、石砾地带、水库、池塘均产。摄食水生昆虫、小鱼虾、浮游动物、鱼卵等,也食水生环节动物、藻类等。繁殖期为 4—6 月,卵有黏性。雄鱼在繁殖期体色特别鲜艳,雌鱼产卵前有翻沙筑穴等习性。

分布 天目山主要分布于各溪流、水库及池塘中。国内除了青藏高原和云贵高原外,其他各地均有分布。国外分布于朝鲜、日本、越南等地。

1.50 波氏吻鰕虎鱼 Rhinogobius cliffordpopei Nichols, 1925(图版Ⅰ-50)

形态 成鱼体长 22～44mm,体长为头长的 3.0～4.5 倍,为体高的 4.5～5.6 倍,为尾柄长的 3.7～4.2 倍,为尾柄高的 8.6～10.0 倍。头长为吻长的 3.0～4.8 倍,为眼径的 3.9～7.5 倍,为眼间距的 5.1～9.2 倍。背鳍Ⅵ,Ⅰ-8～9;胸鳍Ⅰ-16～17;腹鳍Ⅰ-5;臀鳍Ⅰ-7～8。鳃耙 9～11 枚。

生活时,体灰褐色。体侧有数个暗褐色横斑,有时横斑不明显。颊部及体侧偶散布许多橙色斑点。雄鱼第 1 背鳍第 1～3 棘间有 1 蓝色斑点。各鳍棕褐色。

体长形,前部近圆筒形,后部侧扁,背部在后头稍隆起。头略平扁,头宽大于头高。吻短而钝,雌鱼稍尖,吻长大于眼径。眼中等大,位于头的前半部,眼间隔狭而稍凹,小于眼径。口端位。上下颌约等长,具齿多行。齿细小,外行齿稍大于内行齿。鳃孔侧位,鳃膜在前鳃盖骨后下方与峡部相连。峡部宽。鳞中大,体侧为弱栉鳞,腹侧为圆鳞,头部无鳞,背鳍前一般无鳞,雌鱼背鳍前常有 2～4 个小圆鳞,腹部在臀鳍前方无鳞,胸鳍基部无鳞。

背鳍 2 个,相距 2～3 个鳞片。雄鱼第 1 背鳍伸达第 2 背鳍起点,雌鱼则不达第 2 背鳍起点。胸鳍宽大,末端几伸达第 1 背鳍基部末端的下方。腹鳍小,圆盘状,后端至臀鳍起点的距离几等于腹鳍长,有 2 侧突。臀鳍与第 2 背鳍同形,起点在第 2、3 鳍条的下方,后端不达尾鳍基部。尾鳍圆形。

习性 波氏吻鰕虎鱼为溪涧性小型鱼类,常栖息在山溪的砂石底流水,亦在江河、湖泊的浅水区生活。5—6 月繁殖。

分布 中国特有种。天目山主要分布于各溪流中。国内分布于长江水系及江珠水系。

攀鲈亚目 Anabantoidei

体卵圆形,侧扁或近圆筒形,后部侧扁。吻较短,口小或中等大,斜裂。下颌突出,上下颌及犁骨有细齿,腭骨有或无齿。鳃上具辅助呼吸器官。鳃盖骨有或无锯齿,鳃盖膜不与峡部相连。背鳍和腹鳍有或无鳍棘,基部长。腹鳍胸位或近胸位,左右腹鳍靠近。尾鳍圆形或楔形,少数分叉。体被圆鳞或栉鳞,头部具鳞。侧线完全,或分为二,或无侧线。幽门盲囊有或无,肠细小。鳔很长,无管,后方分叉。

本亚目有 5 科 168 种,分布于热带非洲、印度、中国及东南亚等地。中国有 4 科 15 种。天目山有 1 科 2 种。

鳢科 Channidae

体长形,前部近圆筒形,后部渐侧扁。头平扁,似蛇头。眼小,上侧位。口大,前位,斜裂。上下颌、犁骨及腭骨有绒毛状细齿,犬齿有或无。鳃孔大,鳃盖骨后缘一般无锯齿。鳃盖膜左右愈合,不与峡部相连。鳃上腔有发达的副呼吸器官。背鳍与臀鳍无棘,基部均很长。胸鳍圆形。腹鳍有或无鳍棘。尾鳍圆形。体被圆鳞,头顶有大型鳞片。侧线在肛门上方常中断为二。

本科有 2 属约 40 种,主要分布于中非、印度、中国和东南亚等地。中国有 1 属 11 种。天目山有 1 属 2 种。

鳢属 *Channa* Scopoli, 1777

体长形,略呈圆筒形,后部略隆起。头大。眼间隔宽平。吻宽短。下颌稍长于上颌,上颌骨后端几乎伸达眼后缘下方。上下颌、犁骨及腭骨有绒毛状细齿,犬齿有或无。鳃上腔具片状副呼吸器官。胸鳍宽圆。腹鳍有或无。各鳍无鳍棘。体被中等大的圆鳞,头部鳞片较大。侧线中断。鳔单室,长形,向后伸达尾柄部。

本属现存有 36 种,分布于俄罗斯、亚洲。中国有 11 种。天目山有 2 种。

天目山鳢属分种检索

1(2)具腹鳍,尾鳍基部无眼状斑 ·· 乌鳢 *C. argus*
2(1)无腹鳍,尾鳍基部有 1 眼状斑 ·· 月鳢 *C. asiatica*

1.51 乌鳢 *Channa argus* Cantor, 1842(图版 I -51)

别名　乌鱼、黑鱼、乌棒

形态　成鱼体长 190～295mm,为头长的 3.0～3.4 倍,为体高的 5.3～6.1 倍,为尾柄长的 11.6～19.5 倍,为尾柄高的 9.3～10.7 倍。头长为吻长的 5.1～8.2 倍,为眼径的 7.9～11.4 倍,为眼间距的 4.3～5.7 倍。背鳍 47～56;胸鳍 17～18;腹鳍 6～7;臀鳍 31～34。鳃耙 10～13。

生活时,体灰黄黑色,背部及头背部较黑,腹部较淡,间有不规则的黑色斑块。体侧中间 2 行不规则黑褐色斑块。头部有 3 条深色纵纹,上侧 1 条自吻端越过眼眶伸至鳃孔上角,下面 2 条自眼下方沿头侧至胸鳍基部。背鳍、臀鳍及尾鳍灰黑色,有不规则的黑褐色斑点。胸鳍和腹鳍浅黄色,胸鳍基部有一黑色斑点。

体长形,呈圆筒形,尾部侧扁。头较大,约为体长的 1/3。眼较小,位于头侧上方,靠近吻端;眼间隔宽平,眼间距大于眼径。唇较厚。无须。吻圆钝,扁平,后部稍隆起。口大,端位,口裂倾斜,后伸达眼后缘下方。下颌稍向前突出;上下颌、犁骨和腭骨均有细齿。鳃孔大,鳃膜左右联合,不与峡部相连。全身被鳞,头部鳞片不规则。侧线在臀鳍起点上方下弯或折断。

背鳍基部很长,起点在胸鳍基部后上方,末端接近尾鳍基部。胸鳍较大,下侧位,略呈扇形。腹鳍小,近胸鳍,末端不达肛门。臀鳍基部长,起点位于吻端与尾鳍基部之间的中点,末端接近尾鳍基部。尾鳍圆形。肛门紧靠臀鳍起点。

习性　营底栖性生活,常栖息于水草丛生、底泥细软的静水或微流水中,遍布于河流、湖泊、池塘等较宽阔的水域中。为凶猛的肉食性鱼类,成鱼主食鱼虾、青蛙等动物。对水体中环境因子的变化适应性强,尤其对缺氧、水温和不良水质有很强的适应能力。生殖期在 4—7 月,多在水草丛生的岸边产卵。卵具浮性,无黏性。亲鱼有营巢、护卵、护幼的习性。

分布　天目山主要分布于各溪流、水库及池塘中。国内除高原地区外,分布于长江流域至黑龙江一带,尤以湖北、江西、安徽、河南、辽宁等省居多。国外分布于俄罗斯、东亚。

1.52 月鳢 *Channa asiatica* Linnaeus, 1758(图版 I -52)

别名　山花鱼、七星鱼、点称鱼

形态　成鱼体长 60～240mm,为头长的 3.1～4.0 倍,为体高的 4.3～6.6 倍,为尾柄长的 11.9～18.7 倍,为尾柄高的 8.4～9.4 倍。头长为吻长的 4.7～6.1 倍,为眼径的 4.3～8.6

倍,为眼间距的 3.1～4.3 倍。背鳍 40～48;胸鳍 15～16;臀鳍 23～32;尾鳍 14。鳃耙 11。

生活时,体灰黑色,背部颜色较深,腹部灰白色。头背部黑褐色,头侧后部有 2 条黑色纵带。体侧沿中部有 7～10 条"〈"形黑褐色横纹带。背鳍、臀鳍灰褐色,有白色小斑点。胸鳍、尾鳍灰色;胸鳍基部后上方有 1 个黑色大斑,尾鳍基部有数条灰色横纹,尾柄部有 1 个白色边缘的黑色眼状斑。

体长形,体背、腹缘几乎平直,尾柄短。头宽,中等大,后部圆筒形。眼中等大,位于头的前半部;眼间隔宽凸。上颌骨末端伸达或伸越眼后缘下方;上下颌外行齿绒毛状,下颌内行齿较大。犁骨、腭骨有细齿。体被中等大的圆鳞,头部鳞片呈不规则扩大。侧线存在,自鳃盖上缘沿体侧上部向后延至肛门上方附近中断,向后沿体中部延至尾鳍基部。

背鳍极长,起点在头部后方,末端达尾鳍基部。胸鳍宽大,形似葵扇。无腹鳍。臀鳍甚长,起点位于吻端与尾鳍基部之间的中点,末端接近尾鳍基部。尾鳍圆形。各鳍均无棘。

鳃耙较弱,上鳃耙略为明显。鳔细长。无幽门盲囊。肠细短,2 次盘曲。

习性 常栖息于水流缓慢的山涧溪流中,也喜在堤岸或田埂边穴居。一般夜间外出活动觅食,白天栖息于水草丛中。适应能力强,在缺氧的情况下,可以借助鳃上腔中的副呼吸器官进行呼吸。性凶猛,摄食小鱼、虾、水生昆虫及其他小型水生动物。产卵期 4—6 月,卵黏性。

分布 中国特有种。天目山主要分布于各溪流、水库及池塘中。国内分布于长江以南各水系,被引入日本南部。

第二章　两栖纲 Amphibia

两栖纲是介于鱼类和爬行类之间的陆生脊椎动物,它们的个体发育必须经历两个不同的阶段:一是从无羊膜的卵发育成为以鳃为呼吸器官的幼体阶段,该阶段一般只能生活在水中;二是幼体经过变态,发育成为陆上生活的以肺为呼吸器官的成体阶段。因此,现存两栖动物表现出某些陆生动物的结构特点,同时又保留了它们从鱼类祖先继承下来的某些水生结构。

第一节　两栖纲概述

一、两栖纲的主要特征

在两栖纲的不同类群中,有以水栖为主的,也有以陆栖为主的,还有穴居生活的。但它们一般是体外受精的,产无羊膜的有胶质膜的中黄卵。在发育过程中,不出现羊膜、绒毛膜和尿囊,个体发育中有变态。幼体(蝌蚪)通常生活在水中,用鳃呼吸,进行一心房和一心室的单循环,且运动器官是鳍等。变态时,幼体结构萎缩、吸收、改组,形成以肺呼吸为主、具五趾型附肢的幼成体。这些特征反映了它们的过渡地位,也是它们最根本的特征之一。

成体两栖纲动物具备一系列陆生脊椎动物的形态特征,主要表现为:

1. 皮肤裸露,无鳞片覆盖(蚓螈目的鱼螈具细鳞)。表皮细胞开始有角质物积累,但角质化程度不高,防止水分散失的能力有限。它们常生活在潮湿的地方,皮肤腺丰富,以保持皮肤表面的湿润。皮肤里有丰富的微血管网分布,空气中的氧分子可通过微血管进入血液,体内的二氧化碳也可由皮肤排出体外。因此,皮肤是两栖类重要的辅助呼吸器官,冬眠期间几乎完全靠皮肤呼吸。

2. 心脏由二心房一心室组成。由于汇集在心室内的动脉血、静脉血部分混合,血液含氧量低,新陈代谢缓慢,产生热量不足,加上本身调节体温的机制不完全,所以两栖类的体温不恒定,故称为变温动物(或冷血动物)。它们在高温或低温季节,有夏眠或冬眠现象。

3. 体肌分节现象不明显,低等两栖动物的轴肌保留分节现象。四肢肌肉发达,具备陆生动物五趾型附肢肌肉的基本结构。舌为肌肉质,富有黏液,多能活动,常用作捕食工具。

4. 脊柱分化出现了一枚颈椎和一枚荐椎,加强了后肢与中轴骨骼的联系。肩带不与头骨相连,悬于肌肉中,有较大的灵活性。头骨骨片减少,骨化不完全,保留有许多软骨成分。头骨宽而扁,具2枚枕髁与颈椎相关节,使头部略能活动,而不是与脊柱固着。肋骨退化,与胸骨不相连,不形成胸腔。出现了五趾型附肢骨骼,支持身体行动,但某些水生种类或地下生活的两栖类动物四肢较不发达或退化。

5. 颌齿存在或退化,齿侧生,锥状,常具犁骨齿。消化管分化较明显,具泄殖腔,以泄殖腔孔通到体外。肺呈囊状,肺内隔膜不发达,还必须以皮肤呼吸来补偿,具内鼻孔,喉与气管未分化或分化,一般无支气管或极不发达。某些种类(如洞螈科的泥螈)变态后仍保留外鳃,甚至还有鳃裂1~2对。

6. 大脑半球分化明显,有左右两侧脑室,出现原脑皮,脑神经 10 对;一般具中耳,包括鼓膜、鼓室、耳柱骨及特有的耳盖骨;眼具眼睑,一般眼睑能活动,具瞬膜;鼻腔不仅为呼吸道,还有多数陆生脊椎动物所特有的犁鼻器。

二、两栖纲的进化史

从生物学或化石方面看,两栖纲动物无疑是起源于鱼纲动物,是由距今四亿年前的总鳍鱼类演化而来的。但到底是起源于哪类肉鳍鱼尚不明确。过去一般认为,以泥盆纪的真掌鳍为代表的扇骨鱼类是两栖类比较理想的祖先。最新的研究否认了这种说法,故两栖类的祖先到底是肉鳍鱼类中的扇骨鱼类、空棘鱼类还是肺鱼类,尚待研究发现。

最早的两栖类是出现于古生代泥盆纪晚期的鱼石螈和棘鱼石螈,拥有较多鱼类的特征,如保留有尾鳍,并且未能很好地适应陆地的生活。它们身体上的骨骼特征表现了鱼类和两栖类之间的过渡性,脊椎骨比肉鳍鱼类稍有进步,但是尾巴上却依然保留着像鱼尾一样的鳍条;强壮的肩带、腰带以及与之相关连的发育完全的前后肢则表明,鱼石螈已经完全可以靠四肢在地面上走动了。进入石炭纪后,两栖类迅速分化,并在古生代的石炭纪和二叠纪达到鼎盛,这个时代也因此称为"两栖动物时代"。这个时期的两栖类多种多样,适应不同的生活环境,有些相当适应陆地生活,有些则又回到了水中,有些大型的种类如石炭纪的始螈可以长到 $4\sim8m$ 长,习性颇似现代的鳄鱼等。两栖类(纲)在适应陆地环境过程中分化出三个亚纲:迷齿亚纲、壳椎亚纲和滑体亚纲。

鱼石螈和棘鱼石螈的牙齿有类似总鳍鱼的迷路,被归入两栖纲的迷齿亚纲鱼石螈目,自泥盆纪晚期出现后延续到了石炭纪早期。在石炭纪早期,迷齿亚纲的另外两个目离片椎目和石炭螈目也已经出现,它们分别代表两栖类的主干类型和向着爬行类进化的类型。离片椎目是两栖类的主干类型,在石炭纪和二叠纪时遍布世界各地,体型巨大,如三叠纪的乳齿螈,头骨长度就超过 $1m$,主要生活在水中。在古生代结束时,离片椎目的一些成员仍然繁盛了一段时间,是原始两栖类中唯一延续到中生代的代表,有些甚至到中生代后期才灭绝。向着爬行动物进化的类型是石炭螈目,主要发现于欧洲和北美,一直不很繁盛。石炭螈目中最著名的当属二叠纪的蜥螈,同时具有两栖动物和爬行动物的特征。对于其到底是两栖动物还是爬行动物曾经有争议,直到发现了蜥螈的蝌蚪才确认其是两栖动物。因为蜥螈生活的时代要晚于最早的爬行动物,所以不可能是爬行动物的祖先。

在石炭纪和二叠纪还曾经生存着一类牙齿没有迷路的原始两栖动物,被归为壳椎亚纲。壳椎类体型多较小,非常特化,其中包括一些相貌奇特的成员,如石炭纪的蛇螈完全没有四肢,而二叠纪的笠头螈有着独特的三角形的头。古生代结束时壳椎类全部灭绝,是否留下了后代尚不明确。

在古生代结束后,大多数原始两栖类灭绝,只有少数延续了下来,而新型的两栖类则开始出现。进入中生代后,现代类型的两栖动物开始出现。现代类型的两栖动物身上光滑而没有鳞甲,皮肤裸露而湿润,布满黏液腺,被归入滑体亚纲。这种皮肤可以起到呼吸的作用,有些两栖动物甚至没有肺而只靠皮肤呼吸。最早的滑体两栖类是三叠纪的原蛙类,如三叠尾蛙,与现代的蛙有些类似,但是有短的尾。有尾目和无足目出现得晚些,有尾目出现于侏罗纪,而无足目到了新生代初期才有可靠的纪录,不过无足目特征比较原始,可能更早便已起源。

第二节　两栖纲形态术语

为使读者便于领会、查阅和比较,这里将两栖纲的形态名词列出,适当加以说明。由于物种千姿百态,表现为结构特征多种多样,这里仅列出本书涉及的形态术语(图 2-1)。

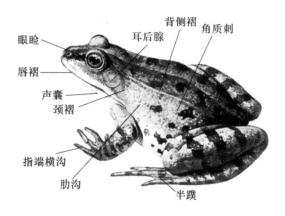

图 2-1　蛙外部形态的特征结构

犁骨齿:口腔内的腭齿,着生在犁骨上。

眼睑:能够活动的眼皮盖,俗称眼皮,位于眼球前方,构成保护眼球的屏障。

唇褶:唇缘皮肤肌肉组织的突出部分,一般存在于上唇口角附近,掩盖一部分下唇。

颈褶:颈部侧面及腹面皮肤的皱褶,为头部和躯干部的分界。

肋沟:位于躯干部体侧,相当于两肋骨之间形成的凹痕。

弧胸型:上喙软骨甚大,外侧与前喙软骨和喙骨相连,内侧左右上喙软骨不相连,彼此重叠,肩带可通过上喙软骨左右交错活动。

固胸型:左右上喙软骨极小,外侧与前喙软骨和喙骨相连,内侧左右上喙软骨在腹中线紧密相连而不重叠,肩带不能通过上喙软骨左右交错活动。

后凹型椎体:脊椎骨的椎体都是前凸后凹,前三枚躯椎有短肋,骶椎横突宽大,尾椎骨髁 1个或 2个。

前凹型椎体:椎体都是前凹后凸,躯椎无肋骨,骶椎横突较宽大,尾椎骨髁 2个。

变凹型椎体:椎体有前凹后凸或前后凹的,躯椎无肋骨,骶椎横突极宽大,尾椎骨髁 1个或与荐椎相愈合。

参差型椎体:第 1 至第 7 椎骨的椎体前凹后凸,一般第 8 枚为前后均凹,躯椎无肋骨,骶椎横突柱状或略宽大,尾椎骨髁 2个。

间介软骨:指/趾远侧最末节两个骨节间有一块软骨或已骨化的小块软骨片。

"Y"形软骨:指/趾远侧最末骨节游离端分成叉形。

声囊:位于多数种类雄性咽喉附近,鸣叫时呈囊状突起,因种而别。

耳后腺:位于眼后枕部两侧的皮肤腺聚集成一定形状的增厚部分。

背侧褶:位于背侧,自眼后达胯部的一对纵行皮肤褶。

角质刺:是皮肤的一种角质化衍生物,一般锥状,黑褐色,大小及着生部位随种类而异。

关节下瘤:指/趾腹面的活动关节间的疣状突起,在掌部远端突起称指基下瘤。

婚垫:为雄性第 1 指背面基部隆起,少数种类在第 2、3 指也有婚垫。婚垫上着生的角质刺,称为婚刺。

指趾吸盘:指/趾末端膨大呈圆盘状,大于其基部骨节的横径。

指/趾端横沟:沿吸盘游离缘有一条水平的马蹄形横沟,将指/趾分隔成背腹面。

满蹼:趾间蹼达趾末端,蹼的游离缘无明显的缺刻。

全蹼:趾间蹼达趾末端,蹼的游离缘有缺刻。

唇乳突:蝌蚪口部唇周围的乳状突起,其多少及分布随不同类群而异。

第三节　天目山两栖纲分类

现存两栖纲分为 3 目,有 68 科 7790 余种。中国有 3 目 13 科 400 余种,主要分布于秦岭以南,东北、华北、西北、蒙古地区种类很少,西南山区最多。

迄今为止,天目山共记录到两栖纲动物 23 种,分属 2 目 9 科。其中,种类最多的是蛙科,有 9 种,占总种数的 39.13%;其次为蝾螈科和叉舌蛙科,各有 3 种,占 13.04%;最少的有小鲵科、角蟾科、蟾蜍科和雨蛙科,各有 1 种,分别占 4.35%。列入国家二级重点保护的动物有虎纹蛙 1 种,占 4.35%,其他 22 种全部列入《国家保护的有益的或者有重要经济、科学研究价值的陆生野生动物名录》。列入《浙江省重点保护陆生野生动物名录》的物种有中国瘰螈、秉志肥螈、东方蝾螈、安吉小鲵、中国雨蛙、斑腿泛树蛙、大树蛙、凹耳臭蛙、天目臭蛙和棘胸蛙等 10 种,占 43.48%;列入《浙江省一般保护陆生野生动物名录》的物种有淡肩角蟾、中华蟾蜍、小弧斑姬蛙、饰纹姬蛙、华南湍蛙、阔褶水蛙、弹琴蛙、小竹叶蛙、镇海林蛙、金线侧褶蛙、黑斑侧褶蛙和泽陆蛙等 12 种,占 52.17%。中国特有种有东方蝾螈、秉志肥螈、淡肩角蟾、中国雨蛙、阔褶水蛙、弹琴蛙、金线侧褶蛙、华南湍蛙和镇海林蛙等 9 种,占 39.13%。

天目山两栖类分目检索

体长形,尾发达,四肢较弱,少数种类后肢退化或终生有鳃,变态时体形无明显变化 …… 有尾目 Urodela

体短宽,无尾,四肢发达,后肢较长,变态后鳃退化,体形有明显变化 ………………… 无尾目 Anura

有尾目 Urodela

有尾目又称蝾螈目(Caudata),大多数水生,终生保留有尾。口裂较宽,舌圆形或椭圆形,舌后端不完全游离,不能翻出摄食。上下颌有细齿;腭上有犁骨齿,排列形式多样。眼较小,大多有眼睑。无鼓膜。身体可分为头、颈、躯干、尾和四肢。头宽扁,颈短。躯干部长圆柱形,有 2 对附肢,前后肢大小一致,均较弱,指 4、趾 5 或 4,一般无蹼或蹼不发达。尾长,尾肌发达;在水中游泳时前后肢贴体,尾左右摆动,蜿蜒前进。

头骨边缘不完整,额骨与顶骨不愈合,一般没有方轭骨,上颌骨不与方骨相接。脊椎数目较多,最多的可达百枚以上。有肋骨,但肋骨较短,某些种类还有一个发育不良的原始胸骨。带骨保留较多软骨成分,肩带只有肩臼周围部分骨化,无锁骨。髂骨短,耻、坐软骨愈合成板状,某些种类具"Y"形前耻软骨。

　　一般第二性征不明显,无交接器,体外或体内受精,体内受精方式是雌体以泄殖腔接纳雄体排出的精包或精子团,储入泄殖腔的贮精囊内。绝大多数有尾类是卵生的,在水中或阴湿的地方产卵。个别种类是卵胎生的,幼体极像成体,上下颌具真正的牙齿,而不是角质齿。幼体一般在水中生活,尾鳍褶发达,除常鳃类外,终生保持幼体那样,到成体还保留鳃和鳃裂,其余有尾类变态后外鳃和侧线都消失,鳃裂一般封闭。

　　在演化发展的历史进程中,有尾两栖类没有像其他四足动物那么广泛地适应辐射,所以大多数种类必须停留在潮湿的地方或生活在水中。表现为:①肉食性,主要食物包括节肢动物、蠕虫等,成体以蝌蚪、蛙类、小鱼、贝类等为食;②视觉差,捕食活动主要靠嗅觉或侧线的感觉;③求偶活动靠皮肤腺、肛腺等分泌的特殊气味识别同类。

　　本目现存有 10 科 710 多种,主要分布于北半球,少数渗入热带地区,而非洲大部、美洲南部、大洋洲不产。中国有 3 科 71 种。天目山有 2 科 4 种。

天目山有尾目分科检索

犁骨齿列呈"∧"形,体侧肋沟不显,鼻突长,将左右鼻骨分开 ·················· 蝾螈科 Salamandridae
犁骨齿列不呈"∧"形,体侧肋沟明显,鼻突短,左右鼻骨相接 ·················· 小鲵科 Hynobiidae

蝾螈科 Salamandridae

　　体中小型,全长一般不超过 230mm。头躯略扁平,皮肤光滑或有瘰疣,脊棱弱或显,有些种类在繁殖季节,雄性的背脊棱皮膜显著隆起,如欧螈。肋沟不明显,陆栖种的尾略呈圆柱状或略侧扁。四肢较发达,指 4、趾 5 或 4(螈属 4 趾)。

　　犁骨齿两长列,呈"∧"形或"八"形。具前额骨,无泪骨。多数种类有额鳞弓。基舌骨前有 1 对或 2 对辐射状的指状突,角舌骨粗大,左右不相连;上舌骨骨化。耳柱骨仅见于幼体阶段,成体的耳柱骨与鳃盖骨合并或仅有短的柱状突,隅骨和前关节骨愈合。鳃弓 2 对,角鳃骨 2 对,第 1 对骨化;上鳃骨 1 对或 2 对骈列分界不清晰。椎体多为后凹型,个别为双凹型。肋骨上有钩突,有"Y"形前耻软骨。

　　睾丸分叶,肛腺 3 对。成体水栖为主,体内受精,雌螈将雄螈排出的精包(或精子团)纳入或植入泄殖腔壁。多数水中产卵,幼体 4 对鳃裂,有 3 对发达的外鳃。

　　本科现存有 20 属约 78 种,广泛分布于北半球温带地区。中国有 7 属 40 种,分布于秦岭以南。天目山有 3 属 3 种。

天目山蝾螈科分属检索

1. 头侧有骨质或腺质隆起,皮肤极粗糙 ·················· 瘰螈属 Paramesotriton
   头侧无隆起,皮肤光滑或有细痣粒 ·················· 2
2. 皮肤光滑,全长 150mm 或更长,体浑圆,背脊不隆起 ·················· 肥螈属 Pachytriton
   皮肤有小痣粒,全长不超过 100mm,体略扁,背脊隆起 ·················· 蝾螈属 Cynops

瘰螈属 Paramesotriton Chang, 1935

　　头部稍扁,躯干圆柱状,尾部侧扁,四肢细长,无蹼。皮肤粗糙,有大的瘰粒;头侧有腺质棱峰。额鳞弓粗壮,上颌骨稍短不达方骨。背正中脊棱明显。舌较小,小于口腔底部的 1/2,圆或卵圆形。犁骨齿列呈"∧"形排列,前端会合,后部分离。前颌骨单枚,鼻突长,伸达额骨,将左右鼻骨隔开。

成体营水栖生活,多见于流水缓慢的溪流中。在水中产卵。幼体较细长,3 对外鳃,尾背鳍褶细弱,始于尾基部。

本属现存有 12 种,分布于老挝、越南北部及中国南部。中国有 10 种。天目山有 1 种。

2.1 中国瘰螈 *Paramesotriton chinensis* Gray, 1859(图版 Ⅱ-1)

别名 山和尚、水壁虎

形态 身体圆柱形,全长 126～150mm。

生活时,全身黑褐色,随栖息环境不同,颜色有深浅不同的变异。体背与尾侧褐色,背脊棱暗红色。体侧与腹面色浅,腹面有橘红或黄色斑块或斑点。许多个体在尾端两侧有白色大斑。

头部扁平,头顶略凹,头长大于头宽。鼻孔近吻端,吻端钝圆,吻棱明显。上下颌具细齿,犁骨齿呈"∧"形排列。舌小近圆形,两侧缘游离。头两侧有显著的腺质嵴棱,体背与体侧布满大小分散的瘰粒;躯干瘰粒较头部的大。枕部有"V"形隆起,后端与背正中的嵴棱连接,向后延伸达尾部。头腹面较光滑,体腹面两侧较中央部位瘰粒多,体腹面及尾侧具横的细沟纹。肢细长,指趾末端钝圆,且相重叠。尾部侧扁,尾梢钝圆,尾长略大于全长之半。

第二性征:雄螈肛部显著隆起,肛裂长,肛后部有许多绒毛状乳突;雌螈肛部微隆起,肛裂短,无绒毛状乳突。

习性 生活于海拔 100～1200m 的丘陵山脚,喜欢栖息于植被茂密、环境潮湿的平缓的山区急流的回水荡和溪流中,对水质要求较高,常隐蔽在水底的石块间或溪旁杂草丛中。以水蚯蚓、叶甲虫、蜗牛、螺类等为食。卵生,产卵期在 7—8 月,产卵量 200 枚左右。

分布 中国特有种。天目山各溪流中有分布。国内分布于重庆、湖南、安徽、浙江、福建、广东和广西等地。

肥螈属 *Pachytriton* Boulenger, 1879

头体肥实略扁,皮肤光滑。舌大与口腔底部相连,仅舌周微游离。四肢粗短,指/趾缘膜宽或基部相连成半蹼。尾长,基部柱状,后部侧扁。犁骨齿列呈"∧"形排列,前端会合,后端分离。前颌骨单枚;鼻突长,中间有 1 条小骨缝。上颌骨短不达方骨,翼骨常与上颌骨连接。角鳃骨 2 对,第 1 对大于第 2 对。

成体营水栖生活,多见于山涧溪流。卵单生或连成片,黏附于水中石块或杂物上。

本属现存有 9 种,分布于中国华中、华南山区。天目山有 1 种。

2.2 秉志肥螈 *Pachytriton granulosus* Unterstein, 1930(图版 Ⅱ-2)

别名 无斑肥螈、水和尚、四脚鱼

形态 体形肥壮,在蝾螈类中属较大的体形者,雄螈全长 120～198mm,雌螈 129～229mm。

生活时,体背面棕褐或黄褐色,无深色圆斑。腹面色浅,有或多或少的橘红或橘黄色大斑块。尾上、下缘橘红色,连续或间断。

头部扁平略长;吻较长,大于或等于眼间距,吻端钝圆。鼻孔垂直,位于吻两侧。眼小,约为吻长之半。上下颌具细齿,齿尖圆,颌骨外侧唇缘很厚,使吻部显得特宽。犁骨齿列呈"∧"形,在内鼻孔之间相遇,后端左右分开。舌厚实,底部固着于口腔底部。体表光滑,体尾侧面可见到许多横细皱纹。四肢粗短,后肢比前肢略粗。尾短于头体长,尾基部圆,向后逐渐转为侧扁。

第二性征:雌体稍长大;肛部略隆起,在冬季甚至不隆起;肛裂较短,无黑色绒毛状生殖乳突。雄体肛孔周围明显膨大,呈唇状隆起;肛裂较长,沿肛孔内壁有黑色绒毛状生殖乳突。

习性　一般生活于海拔 50～700m,水质清凉、流水较湍急的溪流中,溪内大小石块甚多,溪底多积有粗砂,水质清澈。白天多栖于石下,夜晚外出,多在水底石上爬行。4—7 月繁殖,体内受精,卵生,产卵 30～50 枚。

分布　中国特有种。天目山四季长流不断的溪流中有分布。国内主要分布在安徽、湖南、贵州、浙江、江西、福建和广西等地。

蝾螈属 *Cynops* Tschudi，1838

体较小,头部扁平。皮肤较光滑,有小疣粒,背脊棱弱,唇褶明显。舌小,卵圆形,前后端与口腔底部相连,两侧游离。四肢细弱,指/趾间无蹼。尾侧扁。

头骨卵圆形。前颌骨单枚,鼻骨不与额骨连接,左右鼻骨相连。犁骨齿列呈"∧"形,前端会合。额鳞弓粗壮。上颌骨短,翼骨小,两者相距远。基舌骨有 1 对指状突。睾丸豆形,分成 3 叶。卵单生,产于静水,卵数量多。

生活于山区静水中,在阴雨潮湿季节能爬上陆地,钻入草丛中,干旱时能潜入潮湿土中。以蜉游幼虫、溪蟹、蚯蚓等为食。

本属现存有 8 种,分布于日本和中国。中国有 6 种。天目山有 1 种。

2.3　东方蝾螈 *Cynops orientalis* David，1873（图版 Ⅱ-3）

别名　潜水狗、水龙、四脚鱼

形态　雄螈全长 55～73mm,雌螈全长 58～92mm。

生活时,背面及体侧黑褐色,带有蜡样光泽,具灰白色细小痣粒,少数背面有黑色圆斑点。大多数个体背面无斑纹,极个别有隐约可见的深浅相闻的斑纹。腹面朱红色,有不规则的椭圆形黑斑,大多数个体在颈褶后方至腹后部有一块"T"形朱红色斑,两侧缀以不规则黑斑,仅少数无黑斑。四肢基部、肛前半部及尾腹鳍褶边缘朱红色,肛后半部黑色。

头部平扁,头长大于头宽。吻端钝圆,吻棱较明显,颊部略斜出。鼻孔近吻端,鼻间距小于眼径或眼间距,眼径与吻长几相等。上唇褶在近口角处较显。犁骨齿列呈"∧"形,前端靠拢,后端向后向外斜行。舌小而厚,卵圆形,约占口腔底面的 1/2,两侧缘微游离。躯干圆柱形,颈部略细,腹部稍膨大。背脊平扁或略隆起。四肢细长,前肢前伸时指端达鼻孔;前、后肢贴体相对时,指/趾端相互重叠;指/趾细长而略扁,末端钝尖,基部无蹼。尾侧扁,尾长略短于头体长;尾背、腹鳍褶较平直,尾末端钝圆。皮肤较光滑,背面满布细小痣粒及细沟纹。耳后腺发达;枕部有不清晰之"V"形隆起,其后有弱的脊棱。

第二性征:雄螈体较小,肛部明显肥肿状,肛裂较长,表面光滑,肛裂后缘内侧有许多浅灰色绒毛状突起;雌螈肛部呈丘状隆起,肛裂短,表面具颗粒疣,肛内壁光滑。

习性　生活于海拔 30～1000m 的山区,常栖息于水草繁多的泥地沼泽、静水塘、泉水潭和稻田内及其附近水沟中,一般数量较多。白天常在水底或水草下面,有时浮出水面呼吸。捕食水生昆虫和昆虫卵、幼虫以及其他小型水生动物。3—7 月初为繁殖期,体内受精,卵生,产卵 10～260 枚。

分布　中国特有种。天目山分布于多草而常年积水的静水潭中。国内广泛分布于河南、湖北、湖南、安徽、江苏、浙江、江西、福建等省。

小鲵科 Hynobiidae

亚洲地区特有的蝾螈类。全变态,体中小型。皮肤光滑无疣粒,有眼睑和颈褶。体侧有肋沟,四肢较发达,指 4 趾 5 或 4。有前额骨和泪骨,前颌骨鼻突短,左右鼻骨在中线相触,有间颌骨。犁骨齿长短不一,呈"V"或"U"形。多数种的中耳有耳盖骨,耳柱骨抵向椭圆窗。隅骨不与前关节骨合并,肩胛提肌与耳盖骨相连。椎体双凹型或后凹型,棘突低平,肋骨末端无钩突。有"Y"形前耻软骨,脊神经从椎间孔伸出,仅在后段尾椎者由髓弓伸出。

多数成体陆生,有肺(仅爪鲵属无肺)。睾丸不分叶,肛腺 1 对,体外受精。雄鲵泄殖腔壁无乳突;雌鲵无贮精囊。产卵于静水坑或小溪流中。

本科现存有 10 属 54 种,分布于中亚、俄罗斯、朝鲜半岛和中国。中国有 9 属 30 种。天目山有 1 属 1 种。

小鲵属 *Hynobius* Tschudi,1838

体较小,全长不超过 200mm,尾短于头体长。舌较宽圆。犁骨齿排列成"V"形,位于内鼻孔后方。上颌骨较长,向后多超过翼骨前缘。躯干圆筒状,在体侧前后肢间有肋褶 10～14 条。掌、跖无角质鞘。指 4 趾多为 5。尾部侧扁。

幼体头大、眼大。外鳃 3 对,鳃枝发达,呈羽状。溪流型种类指趾端有微弱的角质黑爪,池沼型则无。

非繁殖期营陆栖生活,繁殖时回到水中,产卵于水塘或小溪。幼体完成变态后开始陆上生活。

本属现存有 32 种,分布于俄罗斯东部、日本、朝鲜和中国东部。中国有 11 种。天目山有 1 种。

2.4　安吉小鲵 *Hynobius amjiensis* Gu,1992(图版Ⅱ-4)

形态　体型较大,全长 153～166mm,尾长占头体长的 90% 以上。

生活时,体背面暗褐色或棕黑色,腹部灰褐色,均无斑纹。

头平扁,卵圆形,吻宽圆。鼻孔近吻端,鼻间距等于或小于眼间距。眼背侧位,突出呈球状,瞳孔圆形。上下颌具细齿。犁骨齿列"V"形。舌大,椭圆形,几占满口腔底部。躯干粗壮而略扁,背中央脊线明显下凹,腹部略平扁,泄殖肛孔纵裂。四肢较细长,前、后肢贴体相对时指/趾端重叠或互达掌/跖部。前肢 4 指,后肢 5 趾,指/趾无角质鞘,无蹼。尾基部近圆形,向后逐渐侧扁,尾背鳍褶低而明显,尾末端钝圆。

第二性征:雄鲵肛孔纵裂,前缘中央有一个小乳突。

习性　生活于海拔 1300m 左右的山区。成鲵多栖息在山顶沟谷处沼泽地内,周围植被繁茂,地面有水坑,水深 50～100cm。以多种昆虫及蚯蚓等小动物为食。每年 12 月到翌年 3 月繁殖产卵,产卵袋 1 对,每条卵袋内有卵 43～90 粒。

分布　中国特有种。天目山主要分布于北部沼泽水池。国内目前已知分布于浙江、安徽等地,模式标本产地为浙江省安吉县龙王山自然保护区。

无尾目 Anura

无尾目的成员体型大体相似,而与其他动物均相差甚远,仅从外形上就不会与其他动物混淆。无尾目幼体和成体则区别甚大,幼体(即蝌蚪)有尾无足,成体无尾而具四肢,后肢长于前肢,不少种类善于跳跃。一般来说,皮肤比较光滑、身体比较苗条而善于跳跃的称为蛙;而皮肤比较粗糙、身体比较臃肿而不善跳跃的称为蟾蜍。实际上有些科同时具有这两类成员,在描述无尾目的成员时,可以统称为蛙类,故又称蛙形目(Raniformes)。

成体体形宽而短,头部略呈三角形。颈部不明显,躯干宽短。四肢发达,前肢短,后肢长,跗部自成 1 节,趾间一般有蹼。成体无鳃,无尾。眼大,位于头侧,突出时可扩大视野;下眼睑连有透明的瞬膜。中耳多完备,鼓膜显著或隐于皮下或无。口大,舌后端多游离,可翻出摄食。下颌无齿,上颌一般有细齿。皮肤一般光滑湿润,有的皮肤上有疣粒或瘰粒,其上有角质刺或无,或头顶皮肤骨质化。皮肤与皮下肌肉之间有一些大淋巴囊。大多数种类有明显的第二性征,如雄性有声囊,前肢粗壮,有婚垫或婚刺,以及其他部位有角质刺,有较明显的大腺体等。

额骨与顶骨愈合为额顶骨,有方轭骨,副蝶骨呈"⊥"形。椎体有双凹型、后凹型、前凹型和变凹型。椎骨一般为 10 枚,荐椎后有 1 细长的尾杆骨。腰带呈"U"字形,髂骨长,平直向前与荐椎横突相关联。脊柱短,脊椎骨数少,弯曲度和灵活性不强;脊柱与后肢的关联由髂骨和后肢以及尾杆骨部位的肌肉、肌腱相牵连而加强,能做有力的跳跃或游泳动作。前肢较短,主要可减轻落地时的冲击力。低等类群的前 3 对躯椎上有短肋(如铃蟾),这是原始性状。肩带左、右侧上喙骨相接,即为固胸型;或相互重叠,即为弧胸型(或弧固胸型)。桡骨与尺骨、胫骨与腓骨分别愈合为桡尺骨和胫腓骨;近端 2 跗骨长,自成 1 节,这增强了跳跃和游泳能力。

没有交接器,行体外受精。卵生,仅个别种卵胎生或胎生。幼体——蝌蚪的体形、食性等与成体迥然不同。蝌蚪口部有角质小齿及角质颌,有鳃和尾,早期为外鳃,外鳃萎缩后代之以内鳃;有 1 个或 2 个出水孔,出水孔位于腹面中部或两侧或体左侧,其孔通向体外。依据唇齿的有或无和出水孔的特征一般分为 4 个类型,即有唇齿腹孔型、有唇齿左孔型、无唇齿腹孔型、无唇齿双孔型。除上述 4 个类型外,有的类群(如尖舌浮蛙)无唇齿和唇乳突,而出水孔位于体左侧,可称为无唇齿左孔型。蝌蚪先长出后肢芽,前肢于早期就开始在鳃盖腔内或附近部位发育,变态盛期时才伸出体外。在变态期内尾和鳃萎缩以至消失,呼吸和消化器官的改组尤为突出。

依据成体蛙的生活习性,本目动物大致分为水栖、半水栖、树栖、穴居等不同生态类群。主要以昆虫和其他各类小动物为食,是农田、菜地、森林、灌丛和草地害虫的主要天敌。

蛙类是现存两栖纲中较为特化、种类最多的一个目,现存有 48 科约 6870 种,除南极洲外,广泛分布于各大洲,个别种分布达北极圈南缘。中国有 9 科 333 种。天目山有 7 科 19 种。

天目山无尾目分科检索

1. 左右上喙骨较大,呈弧形,相互重叠,肩带弧胸型 ……………………………………… 2
   左右上喙骨很小,在腹中线紧密相连或合并,肩带固胸型 ………………………………… 4
2. 尾杆骨髁 1 个,或荐椎后端与尾杆骨愈合,趾间蹼不发达 …………… 角蟾科 Megophryidae
   尾杆骨髁 2 个,一般趾间蹼较发达 …………………………………………………………… 3

3. 指/趾末两节无介间软骨,上颌无齿,有耳后腺 ·································· 蟾蜍科 Bufonidae
　　指/趾末两节有介间软骨,上颌有齿,无耳后腺 ·································· 雨蛙科 Hylidae
4. 荐椎横突柱状 ·· 5
　　荐椎横突宽扁 ··· 姬蛙科 Microhylidae
5. 指/趾末两节无介间软骨,指/趾末端一般无吸盘,或吸盘背面具横凹痕 ···················· 6
　　指/趾末两节有介间软骨,指/趾末端有扩大的吸盘 ·················· 树蛙科 RHacophoridae
6. 皮肤无疣粒 ··· 蛙科 Ranidae
　　皮肤有疣粒 ··· 叉舌蛙科 Dicroglossidae

角蟾科 Megophryidae

头部较高,吻部向前倾斜或垂直,呈盾形。吻棱显著。上眼睑外缘有一个大疣粒或呈背部皮肤光滑,少数种类具疣粒。前颌骨鼻突向前倾斜或垂直。上颌一般无齿,下颌均有齿,一般无犁骨齿。舌卵圆形,后端游离,一般有缺刻或缺刻不深。鼻骨较大,与额顶骨相触。瞳孔大多纵置。肩带弧胸型,椎体变凹型。无肋骨,荐椎横突显著宽扁,荐椎以单个骨髁与尾杆骨凹相关节。指/趾末端不呈吸盘状,指/趾间无蹼或不发达。

蝌蚪口部呈漏斗状,位于吻的背面。唇缘宽,其上有棒状乳突,无唇齿和角质颌。出水孔在体左侧,肛孔位于尾基部下方,肛孔管后端游离。成体陆栖为主,产卵于山区溪流内石块下。

本科现存有 9 属约 136 种,分布于南亚、东亚及东南亚等地区。中国有 88 种。天目山有 1 属 1 种。

角蟾属 Megophrys Kehl and van Hasselt,1822

皮肤一般光滑。吻端突出于下颌,呈盾形;吻棱棱角清晰。上眼睑外缘有 1 个大疣粒或有帘状肤褶。舌大,宽圆,后端微缺。

上颌骨与方轭骨相重叠;上颌齿发达。鼻骨较大,与蝶筛骨或额顶骨重叠或相接。额顶骨前后几等宽,或前宽后窄。一般有犁骨齿或犁骨棱。通常有鼓膜和鼓环(个别无),无耳柱骨,咽鼓管孔大,胫骨略长于股骨。

成体以陆栖为主,在溪流内产卵。卵乳白色或乳黄色。蝌蚪口部呈漏斗状;唇上有棒状乳突,无唇齿、无角质颌;肛管位于尾基部尾鳍上,后段游离,开口于端部中央。

本属现存有约 60 种,主要分布于亚洲东部、东南部和南部热带及亚热带地区。中国有 35 种。天目山有 1 种。

2.5　淡肩角蟾 Megophrys boettgeri Boulenger,1899(图版Ⅱ-5)

形态　体小,雄蟾头体长 32～36mm,雌蟾 34～48mm。

生活时,体背部棕褐色或黑褐色。两眼间黑褐色宽带一直延伸到颈背。肩上方形成半圆形棕灰色斑或略带绿色。颌缘及四肢有深浅相间的横纹。腹面淡棕黄色,微带浅紫色,肛下部分颜色较深。

头扁平,长宽几乎相等。吻盾形,显著突出于下唇。鼓膜大而明显。无犁骨棱和犁骨齿。头部和背部有分散的小刺粒。自眼后部起,两侧斜向背中线有断续的细肤棱,其下部有分散的大疣粒。体背面皮肤较光滑,有分散小刺粒。腹部皮肤光滑,颏部中央和胸部两侧各有 1 粒白色小疣。后肢较长,胫跗关节前达眼部。指/趾端圆,趾侧微具缘膜,基部有蹼迹。雄性第一指婚刺细密,第二指刺少。

第二性征:雌性个体较大,皮肤较光滑。雄性较小,背与腹侧疣粒较多;繁殖时期第 1 指有婚垫。

习性　栖于海拔 350～1000m 山林溪边的草丛和土穴中,昼伏夜出。成体多栖于溪边杂草丛中,夜间常在小灌木叶上、枯竹竿或沟边石上,发出连续 10 余个短音组成的鸣声,开始音清脆低沉,越叫声调越高。成体以林中的鳞翅目、鞘翅目和膜翅目昆虫为食。繁殖季节为 6—8 月,产卵 200 余枚,卵乳黄色。蝌蚪黑褐色,瘦长;口在前方顶端,唇大呈漏斗状;唇有棒状唇突,周缘有极细小的乳突。

分布　天目山分布于各溪流边。国内分布于甘肃、山西、陕西、四川、安徽、浙江、江西、湖南、福建、广东、广西等地。国外分布于印度东北部。

蟾蜍科 Bufonidae

大多数皮肤粗糙。舌长椭圆形,后端无缺刻,能自由伸出。瞳孔横置。四肢较短。前颌骨和上颌骨均无齿。鼻腔大,额顶骨宽。肩带弧胸型,椎体前凹型。一般无肩胸骨和肋骨,胸骨多数为软骨质,少数中央骨化。荐椎有宽大的横突,通常有 2 个骨髁与尾杆骨相关节。

大部分在水中产卵,呈卵带状产出。卵粒多,具色素。

本科现存有 38 属约 500 种,除伊里安岛、马达加斯加岛及大洋洲外,是世界温带、热带的动物。中国 7 属 20 种。天目山 1 属 1 种。

蟾蜍属 *Bufo* Laurenti, 1768

皮肤粗糙,具大小瘰粒或疣粒,耳后腺大。瞳孔椭圆形横置。舌椭圆或梨形,后端游离无缺刻。无犁骨齿,舌骨前角无前突,具翼突和后侧突。指间通常无蹼(个别除外),趾间蹼发达或无;指/趾末端正常或略膨大,外侧距间无蹼。

成体除繁殖期间下水外,一般均为陆栖,分布广、数量多、敌害少。体外受精,在水中产卵。受精卵动物极黑色、植物极淡棕色。

本属现存有 12 种,分布于温带欧亚大陆,包括日本南部、中东、缅甸和越南北部。中国有 5 种。天目山有 1 种。

2.6　中华蟾蜍 *Bufo gargarizans* Cantor, 1842(图版Ⅱ-6)

别名　癞蛤蟆、癞蛤疱、癞疙疱

形态　体形肥硕,雄蟾头体长 55～110mm,雌蟾 65～125mm。

生活时,体色以黄褐色、墨绿色为基调,随季节、性别和产地不同而有较大差异,深至黑褐色,浅至淡黄色。一般冬眠后繁殖时,多为墨绿色,生活一段时间后黄褐色个体较多。体侧多有一黑色大斑块,其后有小块破碎黑斑纹,其上为一条醒目的淡灰蓝色斑纹;体色深的个体可将色斑掩盖而不显现。腹面乳黄色或淡褐色,有黑色斑纹。股后至胯基部多有一深色大斑。

头宽大于头长。吻端圆而宽,吻棱明显。颊部和颞部稍向外斜。鼻孔略近吻端,鼻间距小于眼间距。上眼睑宽为眼间距的 4/5。口腔广阔;舌厚,长椭圆形,后端无缺刻。上下颌无齿,亦无犁骨齿。鼓膜大,竖立椭圆形。上眼睑及头侧有小疣粒。耳后腺长椭圆形,隆起。头后枕部的瘰粒排列成两斜行,与耳后腺几乎平行。颈部大瘰粒显著。背部皮肤极粗糙,密布大小不等的圆形瘰粒。除掌、跖、蹠部外,整个腹部密布小疣粒。前肢长而粗壮,指略扁,有缘膜。指关节下瘤成对;内掌突位于拇指基部,椭圆形,较小,外掌突位于掌心,梨形,特大。后肢粗短,胫部短,左右跟部相距甚远。趾尖钝,趾基粗,侧缘膜明显,基部相连成半蹼。

第二性征:雄性个体小于雌性;皮肤松而深色;瘰粒上无角质刺;前肢粗壮,内侧三指基部有黑色婚垫。雌性个体的瘰粒上有黑色或棕色角质刺。

习性 比较能忍受干旱,除休眠和繁殖在水中外,平时很少在水中生活,在山林、农田和居民点周围均可见。常在黄昏或黎明活动,行动蹒跚,很少跳跃,下大雨时白天也可见到。食谱很广泛,主要包括蚂蚁、蚯蚓、蜈蚣、蜗牛及其他昆虫等。

在早春繁殖。繁殖期间,雌雄个体互相追逐拥抱,在静水中产卵,排出 2 条卵带,一般每个雌体可产 5000 多粒卵。

分布 天目山内各地均有分布。国内除宁夏、新疆、西藏及海南外,其余各省区均有分布。国外分布于东亚。

雨蛙科 Hylidae

前颌骨和上颌有齿。多数瞳孔水平,椭圆形。肩带弧胸型,具软骨质的肩胸骨和胸骨。椎体前凹型,肋骨缺失,荐椎具扩大的横突。具 2 个骨髁与尾杆骨相关节,尾杆骨无横突。指/趾末端两骨节有间介软骨,末端有吸盘。

绝大多数为树栖或半树栖生活,但也有某些是水生的(如黄蛙属 Acris)或穴居生活的(如圆蟾属 Cyclorana)。产卵孵化形式多种多样,如产在植物上、树洞中或成体的背上;发育有直接发育和变态发育等。

本科现存有 49 属 860 多种,广泛分布于欧洲的中部和南部、北非、美洲、亚洲、大洋洲等地。中国有 1 属 8 种。天目山有 1 属 1 种。

雨蛙属 *Hyla* Laurenti,1768

吻短圆而高,上颌具齿,有犁骨齿。舌大,卵圆形,后端微有缺刻或完整。背部皮肤多光滑无疣粒。指/趾末端多扩大为吸盘,有马蹄形横沟;指无蹼或微具蹼,趾蹼发达。

成体多树栖,在静水中产卵。蝌蚪的尾鳍多始自体背中部,尾鳍高而薄;口部略呈三角形,上唇缘无唇乳突。

本属现存有 33 种,美洲、撒哈拉以北的非洲分布的种类繁多,而欧洲、亚洲分布甚少。中国有 8 种。天目山有 1 种。

2.7 中国雨蛙 *Hyla chinensis* Güenter,1859(图版Ⅱ-7)

别名 绿猴、雨怪、小姑鲁门

形态 体较小,雄蟾头体长 26～31mm,雌蟾 31～39mm。

生活时,体背部绿色,体侧略带淡黄色,散有黑色斑点,或断续排列成行。自眼后延至胁部或股前有 1 条深棕色细线纹。沿吻棱至吻端左右各有一棕色线纹,至吻端相会合,在眼后经鼓膜下方左右各有 1 条棕色细线纹,向后在肩部会合;3 条细线纹组成三角形。股后散布大小不等的黑色圆斑纹。腹面乳白色。

头短钝,吻端高而圆,平直。吻棱明显,颊部略向下倾斜。鼻孔位于吻端上方。鼓膜圆而小。舌大而圆,后端微有缺刻。上颌有齿,犁骨齿 2 小团状。背面光滑,腹面密布扁平疣粒。四肢相对较长,指端具吸盘和马蹄形横沟;指基具微蹼,指侧有缘膜。后肢较长,大于体长的1.5 倍,趾端具吸盘,趾间具蹼;关节下瘤明显,跗部有小疣粒。

蝌蚪背面黑色,有 2 条清晰浅黄色纵纹,中间夹着深色纹,自吻端开始,经眼沿体背两侧,直达尾末端。口位于吻的腹面,下唇乳突两排,上唇无乳突。背鳍上散布不规则的细点纹。肛孔斜开于尾鳍基部右侧。

第二性征:雄性较小,具单咽下外声囊,咽部色深;鸣时声囊鼓起呈球形,直径可达体长之半,粉红色;雄性线明显,拇指内侧婚垫浅棕色。

习性 成体常生活于灌丛、水塘芦苇、美人蕉及麦秆等处。其生存的海拔范围为 200～1000m。黄昏或黎明时频繁活动,以蟛蜞、金龟子、叶甲虫、象鼻虫、蚁类等为食。多在 4—5 月间大雨后的夜晚繁殖,雌蛙一次可产卵 236～682 粒,成群附着在水草或池边石块上。

分布 天目山分布于开山老殿以下的水边灌丛。国内分布于河南、湖北、江苏、湖南、浙江、江西、福建、广东、广西及台湾等地。国外分布于越南。

姬蛙科 Microhylidae

通常体小。头小,体胖。瞳孔圆或横椭圆形。通常有耳柱骨,上颌骨一般无齿,多数无犁骨齿。肩带固胸型,无肋骨,肩胸骨小或缺,前喙骨和锁骨多退化或缺。椎体参差型,荐椎横突宽大。关节髁 2 枚与尾杆骨相关节。蝌蚪口位于吻顶端,无唇齿及角质颌;出水孔位于腹面后部中线上,近肛部。

本科现存有 61 属 580 余种,分布于美洲、非洲东南部、亚洲的南部和东部及大洋洲北部等地区,多数为陆生和树栖。中国有 4 属 16 种。天目山有 1 属 2 种。

姬蛙属 *Microhyla* Tschudi,1838

体小,头体长在 40mm 以下。上颌无齿,无犁骨齿。舌卵圆形,后端无缺刻。前喙骨及肩胸骨均消失,仅有喙骨及软骨质的胸骨。趾间有蹼。

成体以陆栖为主,常在小水塘、稻田附近活动。在水中产卵,蝌蚪生活在静水中,常在水的中层活动。

本属现存有 29 种,主要分布于亚洲南部和东南部。中国有 6 种,多分布于秦岭以南各省区。天目山有 2 种。

天目山姬蛙属分种检索

有趾吸盘,吸盘背面有纵沟 ································ 小弧斑姬蛙 *M. heymonsi*

无趾吸盘,如有吸盘,则无纵沟 ································ 饰纹姬蛙 *M. fissipes*

2.8 小弧斑姬蛙 *Microhyla heymonsi* Vogt,1911(图版Ⅱ-8)

别名 三角蛙、犁头蛙

形态 体型小,略呈三角形,雄蛙头体长 17～22mm,雌蛙体长 18～24mm。

生活时,背部颜色变异大,多为粉灰色、浅绿色或浅褐色,从吻端至背部有一条黄色细脊线。在背部脊线上有 1 对或 2 对黑色弧形斑;体两侧有纵行深色纹。腹面肉白色,咽部和四肢腹面有褐色斑纹。

头小,头长宽几乎相等。吻端钝尖,突出于下唇;吻棱明显,颊部几近垂直。鼻孔紧靠吻棱,近吻端,鼻间距小于眼间距,大于上眼睑宽。鼓膜不显。无犁骨齿;舌呈爪形,较长,后端圆,无缺刻。背面皮肤光滑,散有小痣粒。眼后至肩前肤沟与咽部肤沟相连。股基部腹面有较大的痣粒。指/趾端有小吸盘,背面有纵沟,掌突 3 个。后肢适中而粗壮,前伸贴体时胫跗关节达眼部,胫长超过体长之半,趾间具蹼迹。

第二性征:雄性具单咽下外声囊,雄性线紫色。

习性 生活于70～1500m的山区或平地,常栖息于稻田、水坑、沼泽等地的泥窝、土穴或草丛中。捕食昆虫和蛛形纲等小动物,其中蚁类占90%左右。繁殖旺季在5—6月,卵产于静水域中,卵群成片,含卵100～450粒,每年可产卵2次。卵的动物极黑褐色,植物极乳白色。蝌蚪头和背部扁平,吻部较窄尖,体宽而高;眼位于头两侧,两眼间及尾中部有银白色横斑;背面草绿色,有深色斑点;尾长超过头体长的2倍,尾末段成丝状。

分布 天目山内各地均有分布。国内分布于河南、四川、重庆及长江以南地区。国外分布于印度东北部、东南亚等地。

2.9 饰纹姬蛙 *Microhyla fissipes* Boulenger, 1884(图版Ⅱ-9)

别名 三角蛙、食蚁蛙

形态 体小,略呈三角形,雄蛙头体长18～22mm,雌蛙20～24mm。

生活时,背面颜色有变异,一般为粉灰色或灰棕色,上面有前后2个深棕色"八"形斑。咽喉部色深,胸、腹部肉白色,四肢腹面肉红色。

头小,头长宽几相等。吻钝尖,突出于下唇;吻棱不明显。鼻孔紧靠吻棱,近吻端,鼻间距小于眼间距,大于上眼睑宽。鼓膜不显,无犁骨齿。舌长椭圆形,后端圆,无缺刻。背面皮肤有小疣,枕部有肤沟或无,由眼后至胯部前方有斜行大长疣;肛孔附近有小圆疣。腹面光滑。指/趾端圆,均无吸盘,也无纵沟,掌突2个。后肢粗短,胫跗关节前伸达肩部,趾间仅具蹼迹。

第二性征:雄性咽喉部黑色,具单咽下外声囊;有雄性线,呈紫色。雌性咽喉部灰色。

习性 常栖息于草丛、田边和水塘附近。以昆虫为食,常食白蚁、小型鞘翅目昆虫等。夏初产卵,卵小,直径不足1mm,成片浮于水面,每片200粒左右;卵的动物极黑色,或深棕色,植物极灰白色。蝌蚪头背部扁平,尾尖细;口在吻前端,呈漏斗状,无唇齿及角质颌;眼位于头两侧;肛孔位于尾鳍基部正中,前方有游离管状出水孔,末端分叉。背面草绿色或灰绿色,散有深色细斑点,体侧及腹面透明。

分布 天目山内各地均有分布。国内分布于西北、华中、华南、华东和西南等地。国外分布于南亚。

树蛙科 Rhacophoridae

肩带固胸型,椎体参差型。肩胸骨发达,有骨质柄;荐椎横突柱状。指趾末端两节间具介间软骨;指趾端均具吸盘,并有马蹄形横沟。

多为树栖生活,产卵于卵泡内,受精卵置于树洞、陆地上发育,部分生活于溪流静水域内。

本科现存有18属约408种,分布于旧大陆,包括亚洲及非洲南部热带和亚热带地区。中国有11属59种。天目山有2属2种。

天目山树蛙科分属检索

指间无蹼,背部黄褐色或棕褐色,股后通常有黑褐色网状斑;蝌蚪眼部位于头两侧 ……………………………………………………………………………………………… 泛树蛙属 *Polypedates*

指间有蹼,多数种类背部绿色或有棕褐色的不规则花斑,股后通常无黑褐色网状斑;蝌蚪眼部位于头的背侧 ……………………………………………………… 树蛙属 *Rhacophorus*

泛树蛙属 *Polypedates* Tschudi，1838

体型中等。鼻骨小，蝶筛骨完全显露。额顶骨宽短；舌骨无舌角前突，有翼状突。椎体参差型。指趾骨末节呈"Y"形，介间软骨呈心形。

鼓膜明显；舌后部缺刻深。背面皮肤光滑，或具小痣粒。前臂、跟部和肛上方无明显的皮肤褶。指间无蹼或仅有蹼迹；趾间约为半蹼。一般外侧趾间蹼不发达。

成体背部多为黄褐色，一般为陆栖或树栖。产卵于水塘、沼泽和稻田，卵群形成泡沫状。蝌蚪中等大小，口部位于吻端腹面，眼位于头的两侧；尾鳍高而薄，尾末端细尖。

本属现存有 24 种，主要分布在斯里兰卡、印度、日本、中国南部到东南亚等地区。中国有 4 种。天目山有 1 种。

2.10　斑腿泛树蛙 *Polypedates megacephalus* Vogt，1911（图版Ⅱ-20）

别名　上树蛤蟆、涨水蛤蟆

形态　体扁而窄长，雄蛙头体长 36～55mm，雌蛙 51～69mm。

生活时，背面颜色有变异，多为浅棕色、褐绿色或黄棕色，一般有深色"X"形斑或纵条纹；有的仅散有深色斑点。腹面乳白或乳黄色，咽喉部有褐色斑点。股后有网状斑。

头部扁平，头长大于头宽或相等。吻端钝圆，突出于下颌；吻棱明显。鼻孔近吻端，鼻间距小于眼间距，眼间距大于上眼睑宽。鼓膜大而圆，达眼径之半。口大，上颌缘具细齿，下颌缘光滑。犁骨齿两短列，位于内鼻孔前缘内侧。舌梨形，前部窄，中部宽，后部两突起间凹陷较深。颞褶平直，从眼后延伸经鼓膜上方直达肩胛部。部分个体头后寰椎与枕髁之间有一横皮褶。背面皮肤光滑，有细小痣粒。腹部及股腹面有扁平疣，但颌下、胫部、足及前肢腹面的疣较小。四肢匀称，指/趾端均具吸盘和边缘沟，趾吸盘比指吸盘小，趾间半蹼，第 4 趾外侧趾间蹼达远端两个关节下瘤之间，其余各趾以缘膜达趾端，外侧趾间蹼不发达。前臂及手长超过头体长之半，指间无蹼，指侧均有缘膜；后肢较细长，前伸贴体时胫跗关节达眼与鼻孔之间，胫长约为体长之半，左右跟部重叠。

第二性征：雄蛙个体明显较小，身体瘦长，头长略大于头宽；第 1、2 指有乳白色椭圆形婚垫；通常具 1 对咽侧下内声囊；有雄性线。

习性　生活于海拔 80～2200m 的丘陵和山区，常栖息在稻田、草丛或泥窝内，或在田埂石缝以及附近的灌木、草丛中。行动较缓，跳跃力不强。多在 4—6 月产卵，卵群附着在稻田或静水塘岸边草丛中或泥窝内，卵泡呈乳黄色，含卵 250～2400 粒。蝌蚪体形肥硕，背部黄绿色、棕红色或橄榄绿色，腹部乳白色；尾上有许多深棕色斑块，尾末端细尖无斑；在静水内发育生长。

分布　天目山内各地均有分布。国内分布于甘肃、西藏、四川、贵州、云南、湖北及长江以南地区，包括海南、香港及澳门等地。国外分布于日本、印度、斯里兰卡及东南亚。

树蛙属 *Rhacophorus* Kuhl and van Hasselt，1822

体型中等或偏大。鼻骨小，蝶筛骨显露。额顶骨宽短；舌骨无舌角前突，有翼状突。椎体参差型。指趾骨末节呈"Y"形，介间软骨菱形或心形。

鼓膜明显；舌后部缺刻深；犁骨齿发达。指间有蹼或蹼发达；趾间近全满蹼。指趾吸盘及边缘沟明显。

成体多为树栖。产泡沫状卵团，悬挂于水面上空的植物上或泥窝内。卵粒较少，多为乳黄色。蝌蚪中等大小，口部位于吻端腹面，眼位于头的背侧；尾鳍多低平，一般末端钝尖；生活在静水水域。

本属现存有 60 余种,分布在亚洲东部和南部亚热带及热带地区。中国有 25 种。天目山有 1 种。

2.11 大树蛙 *Rhacophorus dennysi* Blanford, 1881(图版Ⅱ-11)

别名 上树马拐、青皮马拐、南风拐

形态 体扁平细长,雄蛙头体长 67～86mm,雌蛙 70～107mm。

生活时,背部常为绿色,因环境因素影响,可产生黄绿色—绿色—蓝绿色等颜色;散有少数不规则的棕黄色斑点,斑点的周围镶以浅黄色边纹。沿体侧下方一般都有成行的乳白色大斑点。下唇和咽部的前方及侧面为紫罗兰色,胸腹部为乳白色或灰白色。前臂后侧和跗部后侧各有一条较宽的乳白色线纹,分别延伸至第 4 指和第 5 趾外侧。

雄蛙头长大于头宽;雌蛙头宽大于头长。鼻孔略近吻端,鼻间距小于眼间距。瞳孔横椭圆形。鼓膜大而圆,颞褶明显。犁骨齿强壮,左右两列几乎与内鼻孔平列。舌宽大,后端两突起间缺刻深。背面皮肤略粗糙,常有密集分布的小刺粒;依性别、年龄、季节等因素刺粒有变化。腹部及后肢股部下面密布较大的扁平疣。前肢略短粗,指宽扁,指端有横椭圆形的吸盘,第 3、4 指的吸盘大于鼓膜;指间几全蹼;关节下瘤发达,内掌突椭圆形,外掌突小或不显著。后肢结实,胫跗关节贴体前伸达或超过眼前部,左右跟部不相遇;趾吸盘较小,趾间全蹼;趾关节下瘤极发达;内跖突小,无外跖突。

第二性征:雄蛙略小,背面小刺粒更显著;吻端颌缘向前方突出;指吸盘较大,第 1、2 指基部内侧背面有浅灰色婚垫;有单咽下内声囊,声囊孔长裂形;有雄性线。雌蛙头较宽,吻端较圆而高,略突出下颌。

习性 栖息于海拔 80～1000m 丘陵山区的阔叶林、竹林等林中。白天贴在树皮上睡觉少活动,晚上开始活动,捕食昆虫和蜘蛛。多在 4—6 月产卵,产卵于卵泡内,卵粒一般 1000～2000 粒,卵泡乳黄色,挂在静水域上空的树梢枝叶上。蝌蚪最初为黑褐色,逐渐转为棕绿色到绿色。

分布 中国特有种。天目山分布于开山老殿以下各林地。国内主要分布于西南、华南、华中等省区。

蛙科 Ranidae

具青蛙的基本体形。大多数上颌有齿,一般均有犁骨齿,有耳柱骨。瞳孔多横置。肩带固胸型,肩胸骨和胸骨发达,无肋骨。椎体参差型,荐椎横突圆柱状。关节髁 2 枚与尾杆骨相关节,尾杆骨无横突。指/趾末两节无介间软骨。

大多数在静水水域产卵,部分种类在溪流中产卵。蝌蚪一般有唇齿或唇乳突,体腹无吸盘(湍蛙属有);出水孔位于体左侧。

本科现存有 50 属 670 余种,几乎分布于全球,其中非洲属种最多。中国有 15 属 100 种。天目山有 7 属 9 种。

天目山蛙科分属检索

1. 指/趾末端膨大,吸盘明显,背面有一横凹痕;蝌蚪口后有吸盘 ·························· 湍蛙属 *Amolops*
   指/趾末端尖出,或稍膨大成吸盘,背面无横凹痕;蝌蚪口后无吸盘 ································· 2
2. 指/趾末端略膨大呈吸盘状,有腹侧沟 ·· 3
   指/趾末端不呈吸盘状,无腹侧沟 ··· 4

3. 背侧褶甚宽厚,雄蛙肱部前方有发达的腺体 ················· 水蛙属 *Sylvirana*

　背侧褶相对较窄,雄蛙肩部有大而扁平的腺体 ················· 琴蛙属 *Nidirana*

4. 无背侧褶 ·· 5

　有背侧褶 ·· 6

5. 上唇缘有锯齿状缺刻,体背棕色,杂有绿色斑点 ·············· 竹叶蛙属 *Bamburana*

　上唇缘正常,体背纯绿色 ···························· 臭蛙属 *Odorrana*

6. 背侧褶细,鼓膜区有深色三角斑 ····················· 林蛙属 *Rana*

　背侧褶宽,鼓膜区无深色三角斑 ·················· 侧褶蛙属 *Pelophylax*

湍蛙属 *Amolops* Cope，1865

鼻骨较小,与蝶筛骨和额顶骨分离。有耳柱骨,鼓膜大多不明显,雄性鼓膜小于雌性。犁骨齿列短弱或无。上胸骨小于剑胸骨,剑胸骨后端有缺刻。指趾末端膨大,吸盘明显。指间无蹼,趾间蹼发达。

成体一般多栖息于湍急溪流中,常吸附于岩石壁上。蝌蚪生活于山溪内,口部后方有大吸盘,借以吸附在石块上。

本属现存有 42 种,主要分布于中国、菲律宾、东南亚至大巽他群岛。中国有 22 种,主要分布在秦岭以南各省区。天目山有 1 种。

2.12 华南湍蛙 *Amolops ricketti* Boulenger，1899（图版Ⅱ-12）

别名　黏石怪、梆梆

形态　雄蛙头体长 42～61mm,雌蛙 52～66mm。

生活时,体色随环境不同有较大变异,一般为淡黄褐色至深黄褐色。背部满布不规则的深色斑纹。两眼角间有一小白点。自吻端沿吻棱到颞褶有深色条纹。腹部一般为灰白色,有的个体有深色斑纹。四肢有黑色横纹。

头扁平,宽略大于长。吻端圆,略突出下唇;吻棱略显,口角有 1～2 个明显的颌腺。鼻孔位于吻眼之间,鼻间距明显大于眼间距。鼓膜可见但较小。犁骨齿在内鼻孔内侧,呈倒"八"字形。舌长椭圆形,后端缺刻深。背中部皮肤较光滑,或有细小痣粒。体侧皮肤粗糙,满布细小痣粒,间以较大的痣粒。前肢长,前臂及手长超过体长之半。指细长,第 1、2 指几等长,短于第 4 指,第 1 指吸盘小。后肢细长,胫跗关节前伸达或超过鼻孔,左右跟部重叠较多,足短于胫。趾端均有吸盘及横沟,趾侧缘膜极发达,趾间具全蹼;关节下瘤极清晰,内跖突小,卵圆形,无外跖突。

第二性征:雄蛙个体略小于雌蛙,雄蛙前肢粗壮,第 1 指基部有乳白色或乳黄色婚刺,无声囊。

习性　生活于海拔 400～1500m 的山溪急流中,常栖息在小瀑布附近,以特大的指/趾吸盘吸附于潮湿光滑的石面或瀑布里的石壁上,任流水飞溅和冲击。白天少见,夜晚栖息在急流处石上或石壁上,一般头朝向水面,稍受惊扰即跃入水中。成蛙捕食蝗虫、蟋蟀、金龟子等多种昆虫及其他小动物。繁殖季节在 5—6 月,雌蛙可产卵 730～1080 粒。卵乳白色。蝌蚪口宽大,位于腹面,口后有一个大吸盘;体背灰黑色,后背及尾两侧与上尾鳍交界处有细长的金黄色斑纹;腹面浅白色。

分布　天目山分布于各溪流间。国内分布于四川、贵州、云南、湖北及长江以南地区。国外分布于越南北部。

水蛙属 *Sylvirana* Dubois，1992

鼓膜明显。鼻骨小,额顶骨前后几乎等宽。舌骨前突长。肩胸骨分叉,上胸骨极小;中胸骨细长,基部粗;剑胸软骨远大于上胸软骨,后端有缺刻。背侧褶明显或甚宽。指端吸盘状或略膨大,指基下瘤明显;趾端膨大成小吸盘,趾间近全蹼。外侧跖间蹼达跖基部。有内外跗褶或仅有内跗褶。

蝌蚪口部位于吻腹面,下唇乳突2排完整,外排较长;唇齿行少,上唇齿1～2排,下唇齿2～3排。

本属现存有约84种,分布于热带非洲、亚洲和大洋洲。中国有8种,分布于华中、华南及西南各省区。天目山有1种。

2.13 阔褶水蛙 *Sylvirana latouchii* Boulenger，1899（图版Ⅱ-13）

形态 小型蛙类,体较平扁,雄蛙头体长26～40mm,雌蛙36～48mm。

生活时,体背部黄褐色或棕黄色,杂以灰色斑。背侧褶棕黄或金黄色。自吻端沿鼻孔、背侧褶下方有一黑纹。体侧有形状大小不等的黑斑。四肢背面具黑色横纹。上臂基部前方有深褐色斑。股后具黑斑点和云斑。体腹面浅黄色。

头明显扁平,头长大于头宽。吻钝尖而扁,吻端突出于下颌;吻棱明显,口角后有2团黄色颌腺。鼻孔位于吻棱下方,近吻端;鼻间距小于眼间距。颊部几乎垂直,舌后端缺刻深。鼓膜圆而明显,小于眼径,与上眼睑几等宽。犁骨齿2短列,呈倒"八"字形,自内鼻孔内侧斜向中间集中,延至内鼻孔后方,左右犁骨齿不相连。眼中部开始有小白刺粒,分布到整个背部及背侧,肛孔周围刺粒更粗大。背部皮肤粗糙,有稠密的痣粒或刺粒。背侧褶甚宽厚,褶间距窄。体侧、腹部及前肢皮肤光滑。前肢稍短,指纤细而长,指端钝圆略扁;第1指长于第2指,约等于第4指;指间无蹼,指关节下瘤发达,指基下瘤小,掌突明显。胫跗关节前伸达眼部,左右跟部相重叠;趾吸盘略膨大,有横沟,趾具关节下瘤;第1趾短,第3、5趾几等长;趾间半蹼,第4、5趾间蹼几达基部。

第二性征:雄体相对稍小,吻端尖圆且比下颌更突出;前臂稍宽,上臂基部上方有肱腺;第1指内侧具浅色婚垫;有1对咽侧内声囊,具雄性线。

习性 生活在海拔30～1500m的平原、丘陵和山区,常活动于水田、水池、水沟附近,很少在山溪流水内。以蠕虫、软体动物和各种昆虫为食。繁殖期为3—5月,产卵于水池或水田边缘水生植物上或岸边石块上。卵的动物极深棕色,植物极乳黄色。蝌蚪生活于静水域内,体背面浅绿棕色,尾部有深棕色细点;上唇无乳突,下唇乳突2排,外排须状;体腹面有3个淡黄色腺体,即口后方1个,后肢基部1对;尾末端钝尖。

分布 中国特有种。天目山分布于各类水池、水沟附近。国内主要分布于河南、湖北、贵州及长江以南地区。

琴蛙属 *Nidirana* Dubois，1992

头长宽几乎相等。鼓膜与眼几乎等大。体被皮肤光滑,背侧褶宽窄适度。四肢背面有分散小疣粒。指端略膨大,腹侧多无沟或不显。后肢较长,胫长超过体长之半,趾末端吸盘较大,均有腹侧沟。体背颜色变异大,由浅棕色至棕绿色;腹面白色。上颌有黄色条纹。鼻尖至上眼睑有一条浅黄色斑纹,沿背外侧延伸至臀部。身体两侧浅棕色至灰褐色,有一些暗色斑纹。

繁殖季节为3—9月。雄蛙鸣声悦耳似琴声,从日落叫至夜晚,有时整个晚上都鸣叫。

本属现存有 10 种,分布于东亚和东南亚。中国有 5 种,分布于华中、华南及西南各省区。天目山有 1 种。

2.14 弹琴蛙 *Nidirana adenopleura* Boulenger, 1909(图版Ⅱ-14)

形态 中小型蛙类,体形匀称,雄蛙头体长 45～62mm,雌蛙 49～63mm。

生活时,体背面多为灰棕色或蓝绿色,有的个体有黑点。背中线自两眼间至肛上方多有浅色脊线。背侧褶色浅,体侧其余部分深棕色,有黑色斑纹。臂外侧及后肢背侧有横斑,股后有不规则的棕黑色斑纹。腹面灰白色。

头部扁平,头长略大于头宽。吻端钝圆,突出于下唇;吻棱明显,颊部稍凹,口角有浅色细颌腺。外鼻孔明显外突,位于吻棱之下;鼻间距大于眼间距。鼓膜与眼径几乎等大。颞褶不明显。犁骨齿两短列,外端靠近内鼻孔内侧,内端向中后斜行。背部皮肤不甚光滑,背侧褶显著;背部后端有少许深色扁平疣。背后部、体侧及四肢背面有许多小白疣,在股、胫部的小白疣排列成纵行。腹面光滑,肛周围有扁平疣。四肢发达,前臂及手长不及头体长之半。指细长略扁,指端略膨大,呈椭圆形小吸盘状,指腹有沟。后肢前伸贴体时胫跗关节达鼻孔或吻端;胫长约为体长之半,略短于足或等长;趾端吸盘较大,有腹侧沟,趾间半蹼,第 4 趾外侧蹼超过第 2 关节下瘤。内跖突大而窄长,外跖突小而圆。

卵的动物极棕黑色,植物极乳白色。蝌蚪背面棕黄色,尾部灰褐色,有细密斑点,尾末端尖;下唇乳突两排,其间距近,外排呈须状,但远短于第二排;口角部有副突。

第二性征:雄蛙咽侧有深色斑,第 1 指有灰色婚垫,体侧近肩部有一米黄色的扁平肩上腺,有 1 对咽侧下外声囊,背侧有雄性线。

习性 生活于海拔 30～1800m 山区的梯田、水草地、水塘及其附近。成蛙白昼隐匿于石缝间,阴雨天夜间外出活动较多,有的在洞口或草丛中鸣叫。捕食多种昆虫、蚂蟥、蜈蚣等。4—7 月为繁殖盛期,卵产于水田、水塘内或水沟之缓流处,卵呈团,浮于水面。蝌蚪底栖,多分散活动。

分布 天目山内各地均有分布。国内分布于贵州、安徽、湖南、浙江、江西、福建、广东、广西、海南及台湾等地。国外分布于日本至越南。

竹叶蛙属 *Bamburana* Fei *et al*.,1990

头扁平,吻长而宽扁。上唇缘有锯齿状突起。皮肤光滑,背侧褶细而平直。指/趾均具吸盘,腹侧具沟;趾间全蹼。背部颜色变化,由棕色至绿色,散有稀疏不规则的绿色斑点。四肢除上臂外,均有横纹。

雄性第 1 指有小婚垫,具 1 对咽侧下内声囊,无雄性线。

本属现存有 10 种,主要分布于亚洲亚热带地区,常栖于溪边长有苔藓的岩石上或瀑布附近。中国有 3 种,主要分布于南方各省区。天目山有 1 种。

2.15 小竹叶蛙 *Bamburana exiliversabilis* Liu & Hu,1962(图版Ⅱ-15)

别名 狗拐、辣拐

形态 体型较小,雄蛙略小,雄蛙体长 42～52mm,雌蛙 52～62mm。

背部颜色变异较大,多为橄榄褐色、浅棕色、铅灰色或绿色,有的个体背面有几个深蓝色或黑褐色斑。吻棱下方、颞部及背侧褶有黑褐色纵纹。上唇缘浅黄色,在颊部呈三角形,颌腺浅黄色。体侧疣粒上有浅黄色斑。四肢背面横纹黑褐色,前臂 2～3 条;股、胫、跗各 3～5 条。

头部扁平,头长略大于头宽。上唇缘有白色锯齿状乳突;吻端钝圆,略突出于下唇,吻长大于眼径。鼻孔位于头侧,略近吻端。鼻间距大于眼间距。鼓膜光滑,其后有细小疣粒,鼓膜与眼径的距离约等于鼓膜的1/2。体和四肢背面皮肤光滑。背侧褶细窄而平直,在眼后方靠近鼓膜边缘,向后直达胯部。体后端、体侧及股后方小疣粒稀疏。腹面皮肤光滑。前臂及手长不到体长之半。指较长,扁平,末端吸盘明显;第2指短小,明显短于第1和第4指。后肢长为体长的近2倍;第5趾略长于第3趾。趾间全蹼,蹼缘凹陷较深。关节下瘤发达,无蹠褶。

第二性征:雄性前臂较粗,第1指基部婚垫乳黄色;有1对咽侧下内声囊,声囊孔小;背腹侧均无雄性线。

习性　生活于海拔600～1500m森林茂密的山区,成蛙栖息于溪流内,白天常蹲在瀑布下深水潭两侧的大石上或在缓流处岸边。每年产卵1次,产卵150粒左右,蝌蚪生活于溪流水潭落叶层中或石下。

分布　中国特有种。天目山分布于三里亭以上的溪流附近。国内主要分布于贵州、四川、安徽、浙江、江西、福建及海南等地。

臭蛙属 *Odorrana* Fei *et al*., 1990

体扁平,背部多为绿色。鼻骨小,与额顶骨不相接。蝶筛骨显露甚多。肩胸骨基部不分叉,上胸骨小;中胸骨细长,基部粗;剑胸软骨大于上胸软骨。皮肤光滑,无背侧褶或背侧褶细。指趾端吸盘一般纵径大于横径,腹侧具沟。第3、4指有指基下瘤。趾间全蹼,无蹠褶。

雄蛙前拇指粗大,指趾骨节末端略膨大,或略呈"T"字形;繁殖期间,雄蛙胸部多有白色刺团,婚垫发达。

本属现存有约45种,主要分布于亚洲亚热带地区,栖息于林间清澈溪流内。中国有22种,主要分布于南方各省区。天目山有2种。

天目山臭蛙属分种检索

鼓膜凹陷明显,体背棕色,具形状不规则的小黑斑 ……………………………… 凹耳臭蛙 *O. tormota*
鼓膜正常,体背暗绿色,有棕褐色大圆斑…………………………………………… 天目臭蛙 *O. tianmuii*

2.16　凹耳臭蛙 *Odorrana tormota* Wu, 1977(图版Ⅱ-16)

形态　小型蛙类,雄蛙头体长32～36mm,雌蛙52～60mm。

生活时,体背部棕色,具形状不规则的小黑斑。吻棱及背侧褶下方色深,上唇缘及颌腺黄白色。体侧颜色较背部浅,散有许多小黑点。咽部和胸部有云斑,腹面淡黄色。股、胫部有黑横纹,边缘镶有细黄纹;股后具棕褐色网状斑。

头略扁平,头长大于头宽。吻端钝尖,吻棱明显。口角有断续颌腺,无颞褶。鼻孔近吻端,鼻间距大于眼间距。雄蛙鼓膜内凹呈外耳道的雏形。体背部皮肤较光滑,体背后端、体侧及四肢背面满布细小痣粒;有背侧褶。体腹除腹部后端有少量扁平疣粒外,其余很光滑。前肢适中,前臂及手长不到体长之半。指端扩大成小吸盘,但宽度小于指节宽的2倍;外侧3指腹侧有马蹄形横沟,指关节下瘤显著。后肢长,前伸贴体时胫跗关节达吻端,左右跟部重叠较多;胫长超过体长的一半;趾间全蹼,趾端吸盘与指端同;内跖突长椭圆形,外跖突小而圆。

第二性征:雄蛙鼓膜凹陷(雌蛙略凹),第1指有灰色婚垫,有1对咽侧下外声囊,无雄性线。

习性　生活于海拔150～700m的山溪附近。白天隐匿在阴湿的土洞或石穴内,夜晚栖息在山溪两旁灌木枝叶、草丛的茎秆上或溪边石块上。4—6月可发现雌雄蛙的抱对行为,雌蛙可产卵 490～860 粒。卵乳白色或乳黄色。蝌蚪体尾具褐色斑纹,尾较窄弱,尾鳍几近于透明,末端尖;下唇乳突 2 排,呈交错排列。

分布 中国特有种。天目山分布于七里亭以下溪流两旁的灌草丛。国内主要分布于安徽、浙江等地。

2.17 天目臭蛙 *Odorrana tianmuii* Chen *et al.*,2010(图版Ⅱ-17)

形态 雌雄体形大小相差很大,雄蛙头体长 39～54mm,雌蛙为 66～92mm。

生活时,背面黄绿色,背部褐色斑稀疏,形状、大小、排列均不规则,斑点周围无浅色边缘。背侧褶位置有深褐色小斑。颌腺 2 枚,黄色。两眼间有一个小白点。四肢有宽窄不一的浅褐色横纹;股、胫部各有 4～5 条,股后方褐色斑小而稀疏。腹面白色无斑。

头扁平,头长大于头宽。吻端钝尖(♂)或钝圆略尖(♀),略突出于下颌。鼻孔略外凸,鼻间距大于眼间距。鼓膜相对较大,颞褶明显。犁骨齿 2 短列,斜行。舌椭圆形,后端两突起较短宽,缺刻明显。背部和四肢背面皮肤有小痣粒。体侧有大小不一的扁平疣粒,疣粒在背部沿背侧褶部位排成两纵列,无背侧褶。体腹面光滑。前臂粗壮,前臂及手长小于体长的 1/2;指具吸盘,纵径大于横径,有腹侧沟。后肢较长,前伸贴体时胫跗关节达眼鼻之间,胫长超过体长之半,左右跟部重叠较多;趾间全蹼,第 4 趾两侧及第 2、3 趾内侧蹼以缘膜达趾吸盘基部,第 1、5 趾外侧缘膜达吸盘基部。外侧跖间蹼达跖基部。

第二性征:雄性前臂粗壮,在繁殖季节胸部有细小白刺群,第 1 指婚垫乳白色;有 1 对咽侧下外声囊;仅背侧有肉粉色雄性线。

习性 生活于海拔 200～800m 的丘陵山区,所在环境水流平缓、水面开阔,环境阴湿、植被茂盛。成蛙栖息于溪边的石块、岩壁、岩缝或溪边的灌丛中。约在 7 月抱对,产卵时间尚不很清楚,卵的动物极棕褐色,植物极米黄色。

分布 中国特有种。天目山分布于七里亭以下溪边岩石、灌丛。国内目前仅分布于浙江。

林蛙属 *Rana* Linnaeus,1758

鼻骨小,内缘短,左右平行,间距宽。鼻骨与蝶筛骨和额顶骨表面不相接触。额顶骨一般前窄后宽。鼓膜明显,具深色三角斑;背侧褶细。肩胸骨基部不分叉;上胸骨小,长约为剑胸软骨的 1/5;中胸骨细长,杆状;剑胸软骨后端扩大为半月状,后端无缺刻。舌前角突细小。指趾末端略膨大,无沟;趾间全蹼,外侧趾间蹼几达跖部。

成体以陆栖为主,生活于森林、灌丛或草地;繁殖期进入静水或溪流平缓处产卵。蝌蚪多在静水中生活,上唇齿 2 排以上,出水孔位于体左侧,肛孔位于尾基右侧,均无游离管。

本属现存有近 50 种,分布于欧洲、亚洲、北美及中美。中国有 18 种。天目山有 1 种。

2.18 镇海林蛙 *Rana zhenhaiensis* Ye *et al.*,1995(图版Ⅱ-18)

别名 黄拐、禾花鸡、尖嘴蛙、长脚蛙

形态 中小型蛙类,体形瘦长,雄蛙头体长 38～49mm,雌蛙 39～55mm。

体色变异较大。雄体多为橄榄棕、灰棕、灰黄色。繁殖时雌蛙背面多为红棕或棕黄色,繁殖后体色逐渐近于雄性。部分个体背面散有棕黑、灰棕色斑点。鼓膜有三角形黑斑,两眼间常有黑色或深灰色横斑。四肢背面横纹清晰,股部、胫部可见到 4～6 条黑横纹。前肢和后肢的前缘均有规则的灰色线纹。腹部乳白色,有的咽喉部有灰色斑点。

头长略大于头宽。吻端钝尖,明显超出下颌;吻棱较钝,口角后方有一细窄的淡黄色颌腺。舌长条形,前端尖,后端缺刻深。颊下陷,颊面向外倾斜。鼻孔位于吻棱之下,略近吻端;眼间

距小于鼻间距。瞳孔横椭圆形;鼓膜大致圆形,为眼径的 2/3。犁骨齿两短列,从内鼻孔内侧向内后斜行。体背及体侧皮肤光滑,仅有少数圆疣,在肩上方的疣粒排列成"八"字形。背侧褶细,在鼓膜上方略弯曲,然后直伸至胯部。腹面光滑,股部腹面有扁平疣,以股后缘较多。四肢均显得较细长。前臂及手长不到体长之半;指细长,指端钝圆,关节下瘤明显。后肢较长,胫跗关节前伸达鼻孔,左右跟部明显重叠;趾细长,趾末端钝尖;趾间蹼较发达,关节下瘤明显。内跖突长椭圆形,呈隆起状;外跖突不显。

　　第二性征:雄体略小于雌蛙,前臂粗壮;第 1 指内侧有灰色或灰棕色婚垫,其上有小白刺粒。

　　习性　生活于平原及海拔 1400m 以下的山区,所在环境植被较为繁茂,乔木、灌木和杂草丛生。非繁殖期成蛙多分散在林间或杂草丛中活动觅食。取食鳞翅目、双翅目、膜翅目、鞘翅目等昆虫,及蜗牛、蚯蚓、蜘蛛等动物。繁殖期为 1—4 月,成蛙群集于稻田、水塘以及临时积水且有草本植物的静水域内抱对产卵。卵群多产在水质较为清澈、腐殖质少的水域内,每一卵群有卵 400～1200 粒。蝌蚪多底栖,比同一地区的其他蛙类更早完成变态,使其在生态位竞争中处于有利地位。

　　分布　中国特有种。天目山内各地均有分布。国内主要分布于天津、山东、河南、安徽、江苏、上海、浙江、江西、湖南、福建、广东和广西等地。

侧褶蛙属 *Pelophylax* Fitzinger，1843

　　鼓膜大而明显。鼻骨较大,两内缘略分离或在前方相切,并与额顶骨相接。额顶骨窄长。肩胸骨基部不分叉,上胸软骨扇形,一般与剑胸软骨近等长;中胸骨较长,基部较粗;剑胸软骨后端缺刻较浅。背侧褶宽厚。指趾末端钝尖,无沟;无指基下瘤。趾间半蹼或近半蹼。外侧跖间蹼发达。

　　成体主要在静水域(稻田、鱼塘、藕池等)及其附近生活、繁殖。卵粒小,有色素。蝌蚪下唇乳突 1 排,完整或中央缺如,上唇齿 1～2 排;出水孔位于体左侧,无游离管;肛孔位于尾基部右侧。

　　本属现存有约 25 种,广泛分布于欧亚大陆及北非。中国有 6 种,除西藏、海南外,其他各地均有分布。天目山有 2 种。

天目山侧褶蛙属分种检索

趾间全蹼,背侧褶最宽处与上眼睑几等宽,无声囊 ················· 金线侧褶蛙 *Pelophylax plancyi*
趾蹼缺刻深,背侧褶较窄,其间有肤褶,有 1 对外声囊 ················· 黑斑侧褶蛙 *P. nigromaculatus*

2.19　金线侧褶蛙 *Pelophylax plancyi* Lataste，1880(图版Ⅱ-19)

　　别名　金线蛙

　　形态　雄蛙头体长 32～49mm,雌蛙 42～67mm。

　　生活时,体背面暗绿色或橄榄绿色。鼓膜及背侧褶棕黄色,沿背侧下方有黑纹。腹面鲜黄色,咽胸部及胯部金黄色。四肢背面绿色或有棕色横纹,股后正中有棕黄色纵线纹,其上方为浅棕色,其下方有一条棕黑色宽纵纹。

　　头略扁,头长略大于头宽。吻端钝圆,略突出于下颌;吻棱不明显。颞褶不明显,口角有颌腺。颊部向外倾斜。眼间距窄,小于上眼睑宽。鼓膜大而明显,略小于眼径,紧靠眼后。犁骨齿两小团。皮肤光滑,仅在体背后部有小疣粒。背侧褶自眼后至胯部,前后段窄,中段较宽,约等于眼睑宽。腹面光滑,肛部及股后多疣粒。前肢较短,前臂及手长不及体长之半。指/趾端钝尖,关节下瘤小而明显;后肢较粗短,前伸贴体时胫跗关节达眼后角,左右跟部仅相遇;趾间全蹼。外跖突小而圆形;内跖突呈刀刃状。

第二性征:雄性体型较小,鼓膜较大,第 1 指有灰色婚垫;有 1 对咽侧内声囊和雄性线。

习性　生活于平原、丘陵的稻田、池塘等静水域内。成蛙多匍匐在塘内杂草中或藕叶上;昼夜出外觅食,捕食多种昆虫,如鞘翅目、鳞翅目、直翅目、膜翅目等,甚至蚯蚓、贝类、马陆、蜘蛛及小鱼等。繁殖季节在 4—6 月,雌蛙产卵 350~3000 粒,卵群分散呈片状。卵的动物极褐色,植物极乳黄色。蝌蚪栖于池塘的水草间,从口角至眼下方有金黄色斑;背部暗绿色,有许多深色细点;体尾黄绿色,满布深棕色斑纹,尾正中有一条浅色细纵纹。

分布　中国特有种。天目山分布于各沼泽、池塘等处。国内主要分布于辽宁、河北、北京、天津、山东、山西、安徽、江苏、浙江、江西等地。

2.20　黑斑侧褶蛙 *Pelophylax nigromaculatus* Hallowell, 1861(图版Ⅱ-20)

别名　田鸡、青鸡、青蛙、青头蛤蟆

形态　体中等大小,雄蛙头体长 41~70mm,雌蛙 40~90mm。

体色变异大,背侧多为蓝绿色、暗绿色、黄绿色、灰褐色、浅褐色等,有数量不等、形状不规则、大小不一的黑斑。自吻端沿吻棱到颞褶有一条清晰的黑纹。常有 1 条窄而色浅的纵脊线,自吻端到肛部背脊线上。四肢有黑色或褐绿色横纹,股后侧有黑色或褐绿色云斑。体腹和四肢腹面为一致的浅肉色。

头长大于头宽。吻部略尖,吻端钝圆;吻棱略显或不明显。颞褶清晰,上颌有齿;舌略呈心形,前窄后宽,后端缺刻深。眼大,瞳孔横椭圆形;眼间距窄,小于鼻间距和上眼睑宽。鼓膜大,为眼径的 2/3~4/5。犁骨齿两小团,左右不相遇。背面和侧面皮肤较粗糙,其间有长短不一的肤褶。背侧褶较宽厚,肩上方无扁平腺体,体侧有长疣和痣粒。胫部背面有纵肤棱。体腹和四肢腹面光滑。四肢发达。前肢较短,指端钝尖;关节下瘤大而突出。后肢较短粗,前伸贴体时胫跗关节达鼓膜和眼之间,左右跟部不相遇,胫长不到体长之半;趾端钝尖,趾间蹼发达,第 4 趾蹼达远端关节下瘤,其余趾间蹼达趾端,蹼凹陷较深。内跖突窄长,有游离的刀状突起;外跖突小,圆点状。

第二性征:雄性第 1 指有灰色婚垫,其上有细小的白疣;有 1 对颈侧外声囊和雄性线。

习性　广泛生活于平原或丘陵的水田、池塘、湖沼区。白天隐蔽于草丛和泥窝内,黄昏和夜间活动。跳跃力强,捕食昆虫纲、腹足纲、蛛形纲等小动物。繁殖季节在 3—4 月,雌蛙黎明前后产卵于稻田、池塘浅水处,卵群团状,每团 3000~5500 粒。卵径 1.5~2mm,动物极深棕色,植物极淡黄色或乳白色。卵的动物极深棕色,植物极淡黄色或乳白色。蝌蚪在静水中发育生长,生活时体背灰绿色,有深色斑点,尾部杂浅红斑和黑斑;腹部浅黄色。

分布　天目山分布于各山谷沼泽、池塘等处。国内除新疆、西藏、青海、台湾、海南外,广布于其余各省区。国外分布于俄罗斯、朝鲜半岛、日本大部。

叉舌蛙科 Dicroglossidae

鼻骨大,与额顶骨相触或略分离。舌大致呈卵圆形,前窄后宽,后端具缺刻。背部皮肤粗糙,有数行长短不一的纵肤褶。头、躯干、四肢的背面及体侧布满小圆疣。指/趾末端钝尖,无沟,趾全蹼或半蹼。

本科现存有 15 属 186 余种,分布于亚洲和非洲,其中大多数在亚洲。中国有 11 属 33 种。天目山有 3 属 3 种。

天目山叉舌蛙科分属检索

棘胸蛙属 *Quasipaa* Dubois,1992

体形肥硕,一般无背侧褶,体背和体侧皮肤粗糙,有长肤棱和疣粒。鼓膜多数隐蔽或不显。鼻骨大,多数与额顶骨相接。额顶骨前后几乎等宽。舌骨前突粗短,向外弯曲,几乎成环状。上胸软骨略小于剑胸软骨;中胸骨粗短;剑胸软骨宽大,呈圆盘状,后端有浅缺刻。指/趾末端呈球状,无沟;趾间全蹼或满蹼,外侧跖间蹼较弱。

本属现存有 11 种,主要分布于亚洲亚热带和近热带地区。中国有 7 种,主要分布在秦岭以南各省区。天目山有 1 种。

2.21 棘胸蛙 *Quasipaa spinosa* David,1875(图版Ⅱ-21)

别名 石蛙、石鸡、棘蛙、石蛤

形态 体粗壮大型,雄蛙头体长 100～140mm,雌蛙 110～150mm。

生活时,全身灰黑色。背部褐色、深棕色或棕色,大多数两眼间有一棕黑色横纹,上下唇边缘有棕黑色椭圆形或条形斑。颞褶及其下有深色斑。腹面浅黄色,小方斑或多或少。四肢背面具黑褐色横斑;掌或跖面黑褐色。

头宽大于头长;吻端圆,突出下唇,吻棱不显。鼻孔位于吻眼之间,距眼略近。眼间距小于鼻间距;两眼后端有横置的肤沟,颞褶极显著。鼓膜隐约可见;内耳突发达,无外耳突。犁骨齿斜列,左右不相遇。头、躯干、四肢的背面及体侧布满小圆疣,疣上还有分散的小黑棘,以体侧最明显。背部皮肤粗糙,有许多疣状物,多成行排列而不规则。胸部满布分散的大刺疣;刺疣中央有角质黑刺。腹面相对较光滑。四肢发达;前肢粗壮,前臂和指长不及头体长之半。指略扁,指端圆,略膨大,指侧有厚缘膜;关节下瘤及掌突均发达,第 1 指基部粗大,内侧三指均有黑刺。后肢肥硕,胫跗关节前伸可达眼部,跗褶明显;趾间全蹼,第 1、5 趾的游离缘有膜;关节下瘤发达,内跖突细长,无外跖突。

第二性征:雄蛙背部有许多窄长疣,多成行排列;胸部密布带黑刺的小圆疣;前臂粗壮,内侧 3 指有黑色婚刺。雌蛙背部散布小型圆疣,胸部无刺,腹部光滑有黑点。

习性 常栖息于深涧和溪沟的源流处,尤喜栖居在悬岩底的清水潭及有瀑水倾泻而下的小水潭,或有水流动、清晰见底的山间溪流中。畏光怕声,跳跃能力很强。傍晚时出洞穴,在山溪两岸或山坡的灌木草丛中觅食、嬉戏,异常活跃。白天一般伏在洞口,或潜伏在草丛、砂砾和石头空隙间,伺机捕捉附近的食物,捕食多种昆虫、溪蟹、蜈蚣、小蛙等。一旦遇蛇、鼠等敌害或人,迅速退回洞内,或潜入水底。繁殖季节为 4—9 月,5—7 月为繁殖盛期。交配一般在晚上进行,行体外授精。1 年多次产卵。

分布 天目山分布于各溪流的水潭中。国内分布于湖北、安徽、江苏、湖南、浙江、江西、福建、广东、广西和香港等地。国外分布于越南。

虎纹蛙属 *Hoplobatrachus* Peters，1863

体大无背侧褶，背部有短纵肤棱。腹部皮肤光滑。指/趾末端钝尖，无沟。无掌突，无指基下瘤。趾间全蹼，外侧趾间蹼达跖基部，有内跗褶。鼻骨大，略呈三角形，与额顶骨相触；额顶骨窄长，前窄后宽。蝶筛骨大部分或全部被覆盖。下颌前部齿状突起发达，舌角前呈环状膨大。肩带弧胸型，肩胸骨基部分叉，呈"人"形；上胸软骨较小，中胸软骨粗短，剑胸骨宽大，后端无缺刻。

本属现存有 5 种，分布于非洲、南亚、东南亚及中国热带亚热带地区。中国有 1 种。天目山有 1 种。

2.22 虎纹蛙 *Hoplobatrachus chinensis* Ohler，Swan & Daltry，2002（图版Ⅱ-22）

别名　水鸡、粗皮田鸡、糙皮蛤蟆

形态　大型蛙类，雄蛙头体长约 55～100mm，雌蛙 56～120mm。

生活时，体背黄绿色或棕黄色；头侧、体背及体侧有棕黑色斑纹。咽部和胸部有灰黑色斑纹。体腹部肉白色，有的个体有不规则斑纹。四肢背面深色斑纹常融合成横斑。

头部一般呈三角形，头与躯干部没有明显的界线。吻尖圆，吻部长，吻棱圆；颊部向外侧倾斜。鼻孔大，朝上，鼻孔略近吻端。眼睑宽大于鼻间距，鼻间距大于眼间距。上眼睑中部有 1 或 2 条纵肤棱，弧形。颞褶明显。鼓膜大，圆形。上颌前部有呈"山"字形排列的三个突起。犁骨齿左右两列，呈倒"八"字形排列，向后外侧倾斜，外端与内鼻孔相接。舌大，椭圆形，舌后部形成 2 个长的突起，中间缺刻深。体背部皮肤粗糙，有不规则的纵肤棱。肤棱间和体侧散有小疣粒；无背侧褶。腹部皮肤光滑。四肢短，粗壮，肌肉发达。胫部疣粒排列成行；跗跖外侧及跗跖底部有细疣粒。前肢较粗短，第 1 指长，第 2、4 指稍短；指端尖圆，无掌突。后肢短壮，胫跗关节达肩部，左右跟部不相重叠；趾末端尖圆，趾间全蹼，趾关节下瘤小于指关节下瘤。内跖突窄长，有游离刃，无外跖突。

第二性征：雄体略小，有 1 对咽侧内声囊；前肢较粗，第 1 指内侧有肥厚的灰色婚垫；有雄性线。

习性　常生活于丘陵地带海拔 900m 以下的水田、沟渠、水库、池塘、沼泽地等处，以及附近的草丛中。白天多藏匿于深浅、大小不一的各种石洞和泥洞中，如遇猎物活动，则迅速捕食之，若遇敌害则隐入洞中。雄性还占有一定的领域，彼此间有 10m 以上的距离。食物种类很多，以昆虫为主，其他包括蜘蛛、蚯蚓、多足类、虾、蟹、泥鳅及动物尸体等。繁殖期为 5—8 月，在水中进行体外受精，1 年多次产卵。卵群成片浮于水面，其动物极深棕色，植物极乳白色。蝌蚪体较宽扁，尾末端钝尖；口周围有波浪状的唇乳突，角质上颌中央尖凸，下颌中央凹；背部绿褐色，杂有黑色细点；眼下及口角两侧有金黄色斑点，体腹白色。

分布　天目山分布于开山老殿以下的溪流、池塘及沼泽等地。国内分布在河南、陕西、四川、重庆、湖北及长江以南地区。国外分布于南亚和东南亚。

陆蛙属 *Fejervarya* Bolkay，1915

体背部和体侧有疣粒或肤棱；腹部皮肤光滑。鼻骨大，其内缘相接，与额顶骨相触或略分离。额顶骨窄长。蝶筛骨完全或部分隐蔽。肩胸软骨基部分叉，呈"人"字形；中胸骨杆状或哑铃状；剑胸软骨伞状，后端钝尖，无缺刻。指/趾末端钝尖，无沟；无指基下瘤，趾全蹼或半蹼。雄蛙第 1 指基部有婚垫。

成体陆栖为主,在静水中产卵。蝌蚪口部位于吻腹面,两口角及下唇突单排,下唇中央缺乳突;出水孔位于体左侧,无游离管;肛孔位于尾基右侧。

本属现存有 16 种,分布于亚洲亚热带和热带地区。中国有 2 种,分布于南方各地。天目山有 1 种。

2.23　泽陆蛙 *Fejervarya multistriata* Hallowell,1861(图版Ⅰ-23)

别名　干蛤蟆、乌蟆、狗乌田鸡

形态　体中小型,雄蛙头体长 29～43mm,雌蛙 31～51mm。

体色变异较大,背面一般以灰褐色或深灰色为底色,杂有黑褐色、赭红色或深绿色大块斑。上下唇缘有棕黑色纵纹。有的头体背中部有一条浅色脊线。四肢背面各有黑色横斑 2～4 条。体和四肢腹面为乳白色或乳黄色。

头长略大于头宽,吻端钝尖,吻棱圆。鼻间距大于眼间距。瞳孔横椭圆形,眼间距很窄,为上眼睑的 1/2。鼓膜圆形,约为眼径的 2/3。犁骨齿 2 列,呈倒"八"字排列。舌大致呈卵圆形,前窄后宽,后端具缺刻。背部皮肤粗糙,无背侧褶,体背面有数行长短不一的纵肤褶。褶间、体侧及后肢背面有小疣粒。体腹面皮肤光滑。前肢较短,指略钝尖,无横沟,第 1 指特长,关节下瘤及掌突发达。后肢粗壮,前伸贴体时胫跗关节达鼓膜,左右跟部相触或略重叠,关节下瘤小而突出;胫长小于体长之半,趾细长,趾间近半蹼,第 5 趾外侧无缘膜。内跖突窄长,有时与跗褶相连;外跖突小。

第二性征:雄体弱小,第 1 指婚垫发达,乳白色;具单咽下外声囊,咽喉部黑色;有雄性线。

习性　生活于海拔 2000m 以下平原和丘陵的稻田、沼泽、水塘、水沟等静水域或其附近的旱地草丛。昼夜活动,主要在夜间觅食。繁殖期 4—9 月,大雨后常集群繁殖,雌蛙每年产卵多次,每次产卵 370～2000 粒,卵粒成片漂浮于水面或黏附于植物枝叶上。卵的动物极棕黑色,植物极灰白色。蝌蚪生活于静水域中,背面橄榄绿色,体背、尾部有深色斑点;头体呈椭圆形,尾部较弱,尾末端略细尖。

分布　天目山内各地均有分布。国内分布于河北、天津、陕西、甘肃、四川、西藏及长江以南地区。国外分布于印度、缅甸、越南、老挝及泰国。

第三章　爬行纲 Reptilia

　　爬行纲动物(简称为爬行动物)是典型的陆生脊椎动物,其身体构造和生理机能比两栖动物更能适应陆地生活环境。两栖类虽已成功地登上了陆地,但仍有两个根本性的问题没有解决,即保持体内水分和在陆地繁殖,因而还不是真正的陆生脊椎动物。而爬行类不仅解决了两栖类所遗留的两个问题,而且在运动、感觉、气体交换、循环和排泄等方面获得了进一步发展。现今虽然已经不再是爬行动物的时代,大多数爬行动物的类群已经灭绝,只有少数幸存下来,但就种类来说,爬行动物仍然是繁盛的一群,其种类数仅次于鸟类,现存的爬行动物有近8000种。

　　由于摆脱了对水的依赖,爬行动物的分布受温度的影响大于受湿度的影响,现存的爬行动物大多分布于热带、亚热带地区,在温带和寒带地区则很少。

第一节　爬行纲概述

一、爬行纲的主要特征

　　爬行动物的机体结构是在两栖类动物基础上进一步发展的,主要表现在体表覆有角质鳞或角质板,缺乏皮肤腺,借此减少体内水分的蒸发,免于干燥;幼体和成体都以肺呼吸,在空气中进行气体交换;心室开始出现不完全的分隔;脊柱分化成颈椎、胸椎、腰椎、荐椎和尾椎五部分,颈椎又分化出寰椎和枢椎,头颅以单枚枕髁与脊柱相关节,使身体和头部活动性增强;四肢(除消失肢体的物种外)骨架壮健并向外侧延伸,匍匐前进,腹部着地;内耳发达,有些种类鼓膜下凹,开始形成外耳道,有利于收集声波;大脑皮层加厚,出现新脑皮,脑的弯曲较显著,脑神经12对;成体由后肾代替中肾,更有效地执行排泄功能;在陆上繁殖,雄体有交接器,行体内受精,卵生或卵胎生,产羊膜卵,发育不经过变态。总之,爬行动物的机体结构更完善,繁殖发育彻底摆脱对外界水环境的依赖,充分适应于陆上生活。

　　与鸟纲、哺乳纲动物比较,爬行动物显得较低等,表现在体温调节机能不完善,不能维持恒定的体温,所以在严寒的冬季要冬眠,在炎热干旱的夏季要夏眠;对外界环境变化的反应力较差;不具备真正胎生的繁殖方式等。这些均限制了爬行动物的繁衍,因此不及鸟类、哺乳类繁盛。

二、爬行纲的进化史

　　从生物学或化石方面看,爬行动物无疑是起源于两栖动物,特别是迷齿类最接近于爬行纲的祖先。

　　从比较解剖学出发,发现于美国德克萨斯州西蒙城的西蒙螈,出现于二叠纪早期地层,是介于爬行类和两栖类之间的小型四足动物。蜥螈的头骨结构与坚头类相似,颈很短,肩带紧贴头骨之后,脊柱分区不明显,这些都与古两栖类相似;但头骨具单个枕髁,前后肢均为五趾,各趾的骨节数也比两栖类多,这些特点又与爬行类相似。蝾螈出现的时间晚于真正的爬行动物,所以不可能是爬行类的直接祖先。由此推知,发现于石炭纪末期的林蜥类是最早的爬行类,它与油页岩蜥、始祖单弓兽同时被发现于加拿大。后来,在石炭纪末期的化石中又陆续发现了大鼻龙类、阔齿龙类、盘龙类和中龙类等许多类群,这说明爬行动物在晚石炭纪之前早已分支进化了,它们有可能是多源起源。再经过二叠纪的分支进化,爬行纲的各亚纲均已出现,为中生代爬行类的大发展打好了基础。

中生代开始,它们不仅横行于大陆,而且还占领了天空和水域。中生代中期分支进化出的种类更是多种多样,很多类群发展成庞然大物。在当时的地球上,它们是占据绝对统治地位的动物。所以中生代被称为"爬行动物时代",又叫作"恐龙时代"。侏罗纪和白垩纪是巨大爬行动物——恐龙的兴旺时期。它们不仅个体发展得特大,而且体态乃至食性也非常特化。

在白垩纪末期,这些在地球上经历了1亿多年的庞然大物终于绝灭了。渡过中生代而又残存到新生代的只有龟鳖类、鳄类和有鳞类,而现存的喙头类可以看作是爬行类的活化石。

第二节　爬行纲形态术语

为使读者便于理解、查阅和比较,这里将爬行纲的形态名词列出,适当加以解释。由于爬行动物千姿百态,这里仅列出本书涉及的形态术语(图 3-1 和图 3-2)。

一、龟壳的背甲

1. 背甲外层的盾片
颈盾:背甲背面(外层)正中嵌于左右缘之间的一片小盾片。
椎盾:颈盾之后正中的一列盾片,通常为 5 片。
肋盾:椎盾两侧两列宽大的盾片,左右各 4 片。
缘盾:位于背甲边缘的两列小盾片,通常左右各 11 片。背甲后缘正中的一对缘盾称为臀盾。

2. 背甲内层的骨板
颈板:背甲腹面中央最前面的 1 片骨板。
椎板:颈板之后中央的一列骨板,并与背椎的椎弓相愈合,通常为 8 片。
肋板:位于椎板的两侧,通常左右 8 片。
缘板:位于背甲边缘在肋板的最外侧,通常左右各 11 片。
上臀板和臀板:位于椎板之后,前 1 片为第一上臀板,后 1 片为第二上臀板,其后为臀板,常有 1~3 片。若只有 2 片,称为上臀板、臀板;若只有 1 片,则称为臀板。

二、龟壳的腹甲

1. 腹甲外层的盾片
腹甲外层的盾片共有左右对称的 6 对,由前至后依次为:
喉盾:腹甲外层前端的 2 片盾片。
肱盾:紧接喉盾之下的 2 片盾片。

胸盾:肱盾之下的 2 片盾片。

腹盾:胸盾之下的 2 个盾片。

股盾:腹盾之下的 2 片盾片。

肛盾:股盾之下的 2 片盾片。

此外,左右喉盾之间的沟叫喉盾沟;喉盾与肱盾之间的沟叫喉肱沟;肱盾与胸盾之间的沟叫肱胸沟;胸盾与腹盾之间的沟叫胸腹沟;腹盾与股盾之间的沟叫腹股沟;股盾与肛盾之间的沟叫股肛沟。

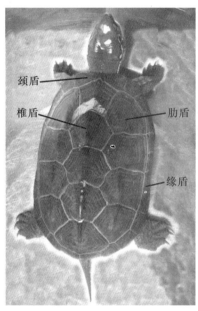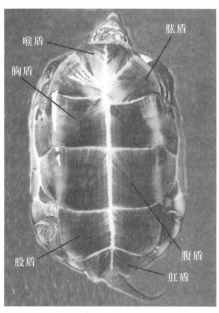

图 3-1　龟背、腹部盾片组成

2. 腹甲内层的骨板

腹甲内层的骨板有 9 片,除内板成单外,其余 8 片均成对,由前至后依次为:

上板:腹甲内层最前面的 2 片。

内板:单片,位于上板与舌板中央,少数种类缺如。

舌板:位于内板下面的 2 片。

下板:位于舌板下面的 2 片。

剑板:位于下板下面的 2 片。

此外,左右上板之间的骨缝叫上板缝;上板与舌板之间的骨缝叫上舌缝;内板与舌板之间的骨缝叫内舌缝;舌板与下板之间的骨缝叫舌下缝;下板与剑板之间的骨缝叫下剑缝。

甲桥:为腹甲的舌板、下板延伸与背甲借韧带或骨缝相连的部分。此处外层的盾片尚可能有以下几种:

腋盾:位于腋凹的 1 片小盾片。

胯盾:位于胯凹的 1 片小盾片,又称鼠蹊盾。

下缘盾:在腹甲的胸盾、腹盾与背甲的缘盾之间的几枚小盾片。

三、头部的鳞片

吻鳞:吻端中央仅有的1片鳞。

上唇鳞:指吻鳞后方和上颌唇缘的鳞片。其数目多少及是否入眶用于分类鉴别,可用数字表示,如3-2-3,即表明有上唇鳞8枚,第4、5枚入眶,前后各有3枚未入眶。

下唇鳞:在颏鳞之后沿下颌唇缘排列的鳞片。多数种类的第1对下唇鳞在颏鳞之后彼此相切,而将颏鳞与颏片隔开;少数种类前颏片与颏鳞相切,故第1对下唇鳞左右不相切。

鼻鳞:位于吻鳞的后侧方,左右各一,鼻孔开口于其上。有的种类鼻鳞为完整的1枚,有的种类鼻鳞有一鳞沟,将其局部分开或完全分开为前后两半。

上鼻鳞:位于吻鳞之后,左右鼻鳞之间,有些种类无上鼻鳞。

鼻间鳞:在吻鳞后方,左右鼻鳞之间或稍后,常为1对或合为1枚或没有。

后鼻鳞:鼻鳞后方的鳞片,常不存在。

颏鳞:下颌前端正中的1枚大鳞,与上颌的吻鳞相对。

后颏鳞:位于颏鳞之后,1片或多于1片,但亦有不存在的。

额鼻鳞:位于吻鳞之后,常为单片,但亦有成对的。

前额鳞:位于头顶中央,额鼻鳞之后的1对,有的种类只有1片,或多于1对。

额鳞:指前额鳞之后,两眼之间的1枚长形大鳞。

额顶鳞:指额鳞之后的1对大鳞。

眼前(下)鳞:位于眼眶前缘,有的种类为一长条状,有的较小,1枚或数枚。靠近眼眶腹前方的称为眼前(下)鳞;靠近眼眶腹后方的称为眼后(下)鳞。

眼后(上)鳞:位于眼眶后缘,额鳞的两侧,1枚或数枚。有的种类无眼后鳞,则颞鳞入眶,构成眼眶后缘。

顶鳞:额鳞及眼上鳞后方的1对大鳞(鳞蛇属有4枚,其间还夹着1枚,称顶间鳞)。

颊鳞:位于鼻鳞和眼前鳞之间的小鳞片,常为左右1枚。有的种类不止1枚,有的缺如。眼前鳞小或无的种类中,颊鳞可以入眶。

图 3-2　蛇外部形态的主要鳞片组成

1.吻鳞;2.鼻鳞;3.上唇鳞;4.颊鳞;5.下唇鳞;6.眶前鳞;7.鼻间鳞;8.前额鳞;
9.眶上鳞;10.额鳞;11.眶后鳞;12.顶鳞;13.颞鳞;14.腹鳞;15.颈槽沟;16.背鳞

眶前鳞:位于眼眶前缘的鳞片,常 1 枚或数枚。

眶后鳞:位于眼眶后缘的鳞片,常 1 枚或数枚。

眶上鳞:额鳞与顶鳞外侧的 1 列鳞片,常为 2～4 对,也有 5 对。

眶下鳞:位于眼眶下缘的鳞片,常缺如,并由数枚上唇鳞参与构成眶下缘。

上睫鳞:位于眶上鳞与眼之间的 1 行小鳞。

颞鳞:位于眼后鳞之后,顶鳞与上唇鳞之间的鳞片,常为前后两列,以数字表示,如 2＋3,表示前颞鳞 2 枚,后颞鳞 3 枚。

枕鳞:位于顶鳞后方的 1 对大鳞,仅眼镜王蛇具有。

窝下鳞:有颊窝的蛇类在颊窝腹后方有 1 狭长鳞片。

颈鳞:位于顶鳞后方的 1 对或几对宽大鳞片,明显大于其后的背鳞。

颏片(或颔片):位于在颏鳞后方,常为 2 对纵长的鳞片,与下唇鳞平行排列,前 1 对称前颏片(或前颔片),后 1 对称后颏片(后颔片)。

四、躯体的鳞片

背鳞(或称体鳞):位于体背面的鳞片。背鳞相互叠盖,形成纵行或斜行的行列,称为鳞列,可用数字式表示。如 23-25-19,表示颈部为 23 行,中段为 25 行,肛前的为 19 行。

腹鳞:为腹部正中宽大的一行鳞片。

肛鳞:紧覆于泄殖肛孔上,一般是纵裂为两片,或为完整的一片。

尾下鳞:位于尾部腹面肛鳞后方直到尾尖的鳞片,常成对排列,左右交错,尾尖为 1 枚。少数种类单行;有的种类则兼有成对和单行的。

五、鳞片的种类及其形状

方鳞:身体腹面近于方格状之大鳞。

圆鳞:身体腹面近于圆形之大鳞。

粒鳞:体背鳞小而略圆,呈颗粒状平铺排列的鳞片。

疣鳞:分布于粒鳞间较大呈疣状的鳞片。

棱鳞:鳞片表面具突起的纵棱者。

锥鳞:耸立呈锥状的鳞片(如长鬣蜥头两侧后下方的大鳞)。

棘鳞:耸立呈锥状的鳞片(如鬣蜥科的眶后鳞)。

鬣鳞:颈、背中央纵行竖立而侧扁的鳞片。

板鳞:雄性肛门前或腹中央有一块较大而颜色不同的鳞片。

六、其他与鉴别有关的结构

耳孔瓣突:耳孔边缘鳞片突出部分所形成的叶状物。

肛前窝:肛门前的部分鳞片上的小窝,形成一横排。

鼠蹊窝:鼠蹊部的部分鳞片上的小窝,有 1 至数对。

股窝:股部腹面部分鳞片上的小窝,由几对到几十对排列成行。

指趾扩张:指、趾两侧缘横向延伸。

指趾下瓣:指、趾腹面排列成行的皮肤褶襞。

栉状缘:指、趾侧缘的鳞。

第三节　天目山爬行纲分类

根据头骨侧面、眼眶之后的颞颥孔之有无、数目之多少和位置的不同,爬行动物分为四大类:①无孔亚纲(或缺弓亚纲):头骨侧面没有颞颥孔,包括杯龙目和龟鳖目。②下孔亚纲(或单弓亚纲):头骨侧面有一个下位的颞颥孔,眶后骨和鳞骨为其上界,包括盘龙目和兽孔目。③调孔亚纲(或阔弓亚纲):头骨侧面有一个上位的颞颥孔,眶后骨和鳞骨为其下界,主要包括鳍龙目和鱼龙目等,通常为水生爬行动物。④双孔亚纲(或双弓亚纲):头骨侧面有两个颞颥孔,眶后骨和鳞骨位于两孔之间,该亚纲为占优势的爬行动物,包括始鳄目、喙头目、有鳞目、槽齿目、鳄目、蜥臀目、鸟臀目和翼龙目等。

由于各种内外环境因素的影响,现生的爬行纲仅有4目,有9000多种,其中喙头目1种,鳄目23种,龟鳖目约250多种,有鳞目约9000余种。中国有3目31科458种。

迄今为止,天目山共记录到爬行动物54种,分属2目13科。其中,种类最多的是游蛇科,有29种,占总种数的53.70%;其次为蝰科,有6种,占11.11%;再次为眼镜蛇科和石龙子科,各有4种,占7.41%;最少的有钝头蛇科、闪皮蛇科、水蛇科、平胸龟科、泽龟科、鳖科、蜥蜴科和蛇蜥科,各有1种,占1.85%。全部列入《国家保护的有益的或者有重要经济、科学研究价值的陆生野生动物名录》。列入《浙江省重点保护陆生野生动物名录》的有平胸龟、黄缘闭壳龟、宁波滑蜥、脆蛇蜥、白头蝰、尖吻蝮、原矛头蝮、舟山眼镜蛇、滑鼠蛇、玉斑蛇、黑眉晨蛇和王锦蛇等12种,占22.22%;列入《浙江省一般保护陆生野生动物名录》的有铅山壁虎、多疣壁虎、蓝尾石龙子、中国石龙子、铜蜓蜥、北草蜥、黑脊蛇、中国钝头蛇、短尾蝮、山烙铁头蛇、福建绿蝮、银环蛇、福建华珊瑚蛇、中华珊瑚蛇、绞花林蛇、纹尾斜鳞蛇、福建颈斑蛇、颈棱蛇、钝尾两头蛇、山溪后棱蛇、乌梢蛇、灰鼠蛇、中国小头蛇、虎斑颈槽蛇、翠青蛇、黑头剑蛇、赤链蛇、黄链蛇、黑背链蛇、灰腹绿蛇、紫灰蛇、红纹滞卵蛇、双斑锦蛇、草腹链蛇和锈链腹游蛇等35种,占64.81%。中国特有种有中华鳖、中国石龙子、宁波滑蜥、中国钝头蛇、纹尾斜鳞蛇、乌梢蛇、刘氏链蛇、双斑锦蛇和赤链华游蛇等9种,占16.67%。此外,列入《华盛顿公约(CITES)》附录Ⅰ的有平胸龟1种,占总种数的1.85%;列入附录Ⅱ的有黄缘闭壳龟、滑鼠蛇和舟山眼镜蛇等3种,占5.56%;列入附录Ⅲ的有乌龟1种,占1.85%。

天目山爬行纲分目检索

体短扁,尾较短,具硬壳;上下颌无齿,被角质鞘 ······························· 龟鳖目 Testudoformes
体和尾较长,无硬壳,而被角质鳞;颌上有齿 ······························· 有鳞目 Squamata

龟鳖目 Testudoformes

一、龟鳖目的形态特征与起源进化

龟鳖目动物基本保留原始体型。背腹甲间有甲桥在体侧连接,甲由真皮骨化的膜成骨板与上面盖着表皮角化的盾片构成。盾片与骨板逐年增长,盾片上有生长线,而盾顶区与其邻近的小片则常磨损脱落。背甲有上穹突,正中一行脊板(连脊椎骨)8枚,上盖脊盾5枚,两侧各有一行肋板（连接肋骨）8 对，上盖肋盾通常 4 对，其外围还有缘板 11 对和缘盾 12 对，鳖科无缘板或仅留痕迹。骨板、盾片的数目和大小不等，两相黏合以加强龟壳的坚固性。腹甲平坦，包括骨板 9 枚（上、舌、下、剑腹板各 1 对，内腹板 1 枚），上覆盾片 6 对（喉、肱、胸、腹、股、肛盾各 1 对）。鳖甲无角盾而以皮膜的鳖裙代替。棱皮龟无整块背甲，而有许多细小多角形骨片排列成行、紧贴在表皮上，不与深层的骨板连接成大块背甲。

该目的头、颈、四肢都可缩入骨匣，免被掠食。四肢短粗，覆以角鳞，指、趾 5 枚，短小而有爪。海生种类四肢鳍状如桨，指、趾较长，但爪数较少。尾短小。雄性尾较长，腹甲略微凹。交接器单枚。泄殖孔圆形或星裂。颅顶平滑无雕饰纹，腭缘平阔无齿，而覆以坚厚角鞘，前端狭窄成喙。喙尖有外鼻孔。头侧的眼圆而微突，有眼睑与瞬膜，鼓膜圆而平滑。头顶后段覆以多角形细鳞；头颅骨片连接牢固，无顶孔，颞部无窝，或有次生小窝孔；次生腭骨质完整；舌短阔柔软，黏附口腔底，不能外伸。颈椎 8 枚，衔接灵活，无颈肋。

该目所有成员是现存最古老的爬行动物，最早化石出现在约 2 亿年前，但其起源至今未明确。现有的关于龟鳖目的进化和系统学关系的学说主要是以形态学研究为基础的。最早的化石是南非二叠纪的古龟，已有骨质壳匣。

二、龟鳖目的习性与生长发育特征

陆栖龟类大多为草食性，鳖类大多为肉食性，其他种类也有杂食的。温带种类冬季蛰伏（冬眠），热带种类炎热时期蛰伏（夏眠）。

雄性有交配器，卵生，水栖者产卵也在陆地上，并在陆地上发育。胚胎发育早期，肋骨位于骨板内。由于背腹甲发育迅速，肋骨并合在背甲里随同发育。后因四肢常发育较晚，成体的肋骨落在肢带外面，后段还有腹膜肋。

繁殖季节为 5—10 月，此期雄性的颜色特别鲜明。交配后产卵 1 至数次。体内受精。雌龟用后肢掘土成穴，在穴中产卵，然后覆以沙土，靠自然气温孵化。卵的大小与数目因种而异（1～200 枚不等）。卵有皮膜或钙质外壳。孵化期随气温而有异，越冷时间越长。海产龟类能从数千里外返回原地交配产卵。

三、天目山龟鳖目分类

本目现存有 12 科 250 余种，除南极洲外，广泛分布于全球。中国有 7 科 35 种。天目山有 3 科 4 种。

天目山龟鳖目分科检索

1. 背腹甲表面被柔软的革质皮肤 ··· 鳖科 Trionychidae
   背腹甲表面被角质盾片 ··· 2
2. 头大尾长，不能缩入甲壳内 ··· 平胸龟科 Platysternidae
   头、颈、四肢都可缩入甲壳内 ··· 地龟科 Geoemydidae

鳖科　Trionychidae

体扁平，具圆而平的骨质背甲，体表具柔软的革质皮肤，无角质盾片。上下颌无齿，鼓膜不显。颈部较长，头与颈全部能缩入甲壳内。肋骨与肋板愈合，并突出于肋板外侧，远端游离。背腹甲以结缔组织相连，边缘为厚实的结缔组织，通常称为"裙边"。四肢扁平，各有 5 指/趾，内侧 3 指/趾具爪,具满蹼。尾较短。

栖息于河流、池塘、水库中。肉食性为主,食物包括小鱼、小虾、贝类、蚯蚓、蛙类及瓜果等。

本科现存有 14 属 31 种,主要分布于欧洲、亚洲、北非和北美洲。中国有 4 属 7 种。天目山有 1 属 1 种。

中华鳖属 *Pelodiscus* Fitzinger, 1835

头中等大小,头顶隆起。吻突较长,骨质吻长于最大眶径。下颚联合无脊,大于最大眶径。颚锐利,有肉质唇。背甲卵圆形,长略大于宽,前缘有缘脊;幼体背甲结节排列成纵行,成体除前缘有扩大粗糙的结节外,余部均光滑。无椎前板,椎板 8 枚,肋板 8 对。背盘常被瘰粒,背甲骨板有细窝。腹甲有 7 个骨板,前腹板分离。尾短,四肢蹼膜发达。

本属现存有 4 种,分布于亚洲及其岛屿,中华鳖被引入到帝汶岛和夏威夷群岛。中国均有。天目山有 1 种。

3.1 中华鳖 *Pelodiscus sinensis* Wiegmann, 1835(图版Ⅲ-1)

别名　鳖、甲鱼、团鱼、王八

形态　体中等,背甲长 100～210mm。外形似龟,呈椭圆形,比龟更扁平。头颈和四肢可以伸缩。躯干略呈卵圆形,吻长,鼻孔开口于吻端,背部隆起有骨质甲。背腹甲上着生柔软的外膜,没有乌龟般的条纹,也较乌龟为软。周围是柔软细腻的裙边。骨质壳没有周边骨板,高纹理表层,没有角状外骨板以及松散连接的腹(腹甲)。四肢粗短稍扁平,为五趾型,趾间有蹼膜。

通常体色受生活环境的影响,栖息在清澈的水库和河流中,背面呈淡绿色;生活在肥沃的池塘或水草茂密的湖泊中,背面呈黄褐色;人工室内池中,背面呈淡黑色或暗绿色。腹面的颜色依年龄而有区别,稚鳖腹面为橘红色或橘黄色;幼鳖和成鳖呈白色。

雌性通常比雄性大一倍。雄鳖腹甲后缘弧形,体形较薄,背甲稍稍隆起,呈椭圆形;裙边较窄;尾粗而长,大多伸出裙边外;肛孔距尾基部远。雌鳖体较厚,背甲隆起,呈圆形;裙边较宽;尾短而软,一般不达裙边外缘;肛孔距尾基部近。

习性　在自然环境中,甲鱼喜欢栖息于水质清洁的江河、湖泊、水库、池塘等水域,风平浪静的白天常趴在向阳的岸边晒太阳(俗称晒背)。中华鳖对周围环境的声响反应灵敏,只要周围稍有动静,即可迅速潜入水底淤泥中。

杂食性,以动物性食物为主,喜食小鱼、小虾、贝类、昆虫及动物尸体。动物性食物缺乏时,也食青草、瓜类和粮食等植物性食物。性贪食,食物不足时,常自相残食。

中华鳖对外界温度变化十分敏感,生活规律与外界温度变化有着密切的关系,10～12℃时,鳖进入冬眠。春季水温上升到 15℃左右时,从冬眠中逐渐苏醒并开始摄食。20℃以上时,雌雄鳖进行交配产卵。鳖有护卵的习性,产卵后会在产卵地不远的水中守护,以防天敌伤害。

分布　中国特有种。天目山分布于池塘、水库等处。国内除新疆、西藏和青海外,其他各省区均有分布。现已被引入俄罗斯、西班牙、巴西、美国及亚洲其他国家。

平胸龟科 Platysternidae

头大,上喙钩曲而有力,呈鹰嘴状。头光滑,覆以角质盾。头、尾及四肢不能缩入壳内。背甲扁,腹甲大,长方形,背腹甲以切带相连。尾圆而长,以环状排列的矩形鳞片覆盖。四肢发达,覆有大的鳞片;指/趾较长,具蹼,除第 5 指/趾外,均具爪。

栖息于山溪、沼泽、河边和田野附近。食性较广,以小鱼、贝类、蠕虫及瓜果等为食。

本科现存仅有 1 属 1 种,主要分布于东南亚及中国南方各省。中国有 1 属 1 种。天目山有 1 属 1 种。

平胸龟属 *Platysternon* **Gray**,*1831*

平胸龟科是单型科,仅 1 属 1 种,故其科、属特征一致。

3.2　平胸龟 *Platysternon megacephalum* **Gray**,*1831*(图版Ⅲ-2)

别名　鹰嘴龟、大头龟、鹰龟

形态　体中等,背腹极扁平。背甲长 80～175mm,长卵圆形,前缘中部微凹,后缘圆,微缺;具中央嵴棱,其前后稍隆起。腹甲小于背甲,近长方形。前缘平截,后缘凹入。背腹甲以韧带相连。各盾片中心均有疣轮,并有与疣轮平行的同心纹以及由疣轮向四周放射的线纹。四肢强,被有覆瓦状排列的鳞片。前肢 5 指,后肢 4 趾;指、趾间具蹼。尾长等于或超过背甲长,其上覆以环状排列的矩形鳞片。

头、背甲、四肢及尾背为棕红色、棕橄榄色或橄榄色。头背具深棕色细线纹,头侧眼后及颚缘具棕黑色纵纹。背甲有虫蚀纹及浅黄色细点。每一盾片上的放射纹为黑褐色,盾缘色较深。腹甲及缘盾腹面为黄橄榄色,有的缀有黄点。四肢前缘的成排大鳞上,有黄色斑点或橘黄色斑点。

雄龟尾基部较粗,泄殖腔孔位于背甲后缘之外,头侧、咽、颏及四肢均缀有橘红色斑点。与雌龟不同。

习性　生活于山涧、溪流。性凶猛,攀缘能力强,可爬树、攀登崖壁。肉食性为主,喜食小鱼、小虾、贝类、蠕虫等动物,也食野果。一般繁殖期为 6—9 月,产卵于水潭边。

分布　天目山分布于山涧、溪流等处。国内分布于江苏、浙江、安徽、福建、江西、湖南、香港、广东、海南、广西、贵州及云南各省区。国外分布于缅甸、泰国和越南等东南亚国家。

地龟科 Geoemydidae

头较小,尾短。头被平滑皮肤,或后部被鳞。头、尾及四肢均可缩入壳内。背甲通常圆穹形,覆以角质盾。背腹甲间通常有宽阔的骨桥,二者在此以骨缝或韧带相连。四肢各具 5 指/趾,指/趾间通常有蹼,具 4～5 爪。

大部分种类为淡水水生生活,杂食性为主,食物包括昆虫、贝类、蠕虫及植物瓜果等。

本科现存有 19 属 69 种,分布于亚洲、部分在欧洲西南部、非洲和美洲。中国有 5 属 18 种。天目山有 2 属 2 种。

天目山地龟科分属检索

背腹甲借韧带相连,腹甲前后两叶间有结缔组织;背甲边缘呈锯齿状 ⋯⋯⋯⋯⋯⋯⋯⋯ 闭壳龟属 *Cuora*

背腹甲直接相连,其间均无结缔组织;背甲边缘不呈锯齿状 ⋯⋯⋯⋯⋯⋯⋯⋯ 乌龟属 *Mauremys*

闭壳龟属 *Cuora* Gray,1856

颧弓骨质。背甲与腹甲以韧带相连,无甲桥。胸盾与腹盾以韧带相连,其内的骨板也以韧带相连,前后两半均可活动,能与背甲闭合。椎板六边形,短边在后。头、四肢及尾部可以全部入壳内。前肢 5 爪,后肢 4 爪,其间蹼膜发达。尾长短适中,少数较短。

本属现存有 12 种,分布于印度、中国、东南亚等地。中国有 9 种。天目山有 1 种。

3.3　黄缘闭壳龟 *Cuora flavomarginata* Gray, 1863(图版Ⅲ-3)

别名　夹板龟、金龟、断板龟、黄缘盒龟

形态　体中等,背甲长130～170mm。头背皮肤光滑。吻短,突出于上颚。上颚钩曲。颚缘无齿状突。眼大,鼓膜圆而清晰。背甲隆起,前缘圆或凹缺,后缘圆或有一小的凹缺;每枚盾片均有疣轮及平行于疣轮的清晰同心纹。腹甲平,椭圆形,前缘圆或微凹,后缘圆;各盾片同心纹清晰,其中心亦位于外下角。四肢略扁,前肢前缘被覆瓦状圆形大鳞;指、趾间微蹼,具钝爪。前肢5爪,后肢4爪。尾短,尾基及股后有疣粒。

头顶橄榄绿色,吻端柠檬黄色,眼睑、虹膜和鼓膜黄色,瞳孔黑色。眼角向后,沿头顶两侧各有1金黄色细线纹。头侧、咽及颏部橘黄色。体背棕红色,每枚盾片的边缘色较深,为暗褐色。侧面和后面的缘盾呈黄褐色的方块。腹甲棕黑色,外缘均为鲜米黄色,因而得名。四肢背面棕黑色,腹浅灰棕色。尾部两侧各有1条黄褐色纵纹。

雄龟尾较长,尾基的棘状疣亦强,泄殖腔孔位于背甲后缘之外。雌龟尾短,尾基部细,泄殖腔孔位于背甲后缘之内。

习性　常活动在森林边缘、河流、湖泊等潮湿处。以陆栖为主,下雨时常外出。夏季以夜间活动为主,白天隐蔽于阴凉的柴草或溪谷边的乱石堆中。杂食性,食昆虫类动物性食物及果实类植物性食物。当气温低于10℃时,进入冬眠。4月中旬交配,5月下旬至9月中旬产卵。

分布　天目山分布于林缘、溪流等处。国内分布于华中、华东和华南等省区。国外分布于日本琉球的石垣岛、西表岛。

乌龟属 *Chinemys* Gray, 1869

头前部平滑,后部覆盖细鳞。头骨具颞弓。方颧骨与眶后骨及颧骨相接。上颚咀嚼面宽,无中央嵴。硬腭达眼眶后半部。背甲具三嵴棱,椎盾六边形,前窄后宽。背甲与腹甲之间直接相连而无韧带相连,具有腋盾及胯盾。内板被肱胸沟分隔。指趾之间全蹼。尾中等长。

本属现存有10种,分布于亚洲各地。中国有4种。天目山有1种。

3.4　乌龟 *Chinemys reevesii* Gray, 1831(图版Ⅲ-4)

别名　草龟、泥龟、山龟

形态　体中型,背甲长80～190mm。头中等大小,头顶前部平滑,后部被以多边形的细粒状小鳞。吻短,端部略微超出下颚,并向内侧下方斜切。上喙边缘平直或中间部微凹;鼓膜明显。背甲较平扁。有3条纵棱,雄性成体棱弱。背甲盾片常有分裂或畸形,致使盾片数超过正常数目。腹甲与背甲以骨缝连接,甲桥弱。腹甲平坦,几与背甲等长,前缘平截略向上翘,后缘缺刻较深,前宽后窄。四肢略扁平,指/趾间均全蹼,具爪。尾较短小。

生活时,头部橄榄色或黑褐色;头侧及咽喉部有暗色镶边的黄纹及黄斑,并向后延伸至颈部,雄性不明显。背甲棕褐色,雄性几近黑色。腹甲及甲桥棕黄色,雄性色深。每一盾片均有黑褐色大斑块,有时腹甲几乎全被黑褐色斑块所占,仅在缝线处呈现棕黄色。四肢灰褐色。

习性　常栖于江河、湖沼或池塘中。食性很广,取食螺类、小虾、小鱼及蠕虫等动物,也食植物茎叶及作物种子等。4月下旬开始交尾,傍晚进行;5—8月为产卵期,每年产卵分3、4次完成,每次一穴产卵5～7枚。产卵前,雌龟用后肢在向阳有荫的岸边松土处掘穴,将卵产于穴内,产毕将松土覆盖于卵上。

分布　天目山分布于池塘、溪流等处。国内各地几乎均有分布,以长江中下游各省区为主。国外分布于日本、朝鲜等地。

有鳞目 Squamata

一、有鳞目的形态特征与起源进化

有鳞目是现代爬行动物中最为兴盛的一个类群，形态多样，主要由蛇类和蜥蜴类两大类组成，个体大小差别很大。现存最小的蜥蜴，即澳大利亚的一种石龙子是最小的陆生脊椎动物之一，新生幼体的体长只有 10mm，体重小于 0.1g，成体体长约 25mm，体重 0.3g；最大的蜥蜴是科莫多巨蜥，体长 1.5m，体重 70kg。现存的最小的蛇是卡拉细盲蛇，长度约 10cm；最大的有鳞目动物是美国绿水蟒，体长超过 10m，重量超过 150kg。

该目体表满被角质鳞片，一般无骨板，身体多为长形。前后肢发达或退化。所有的蜥蜴和蛇都有成对的交配器官——半阴茎，位于雄性个体尾的基部。有鳞目动物另外一个重要的特点是犁鼻器——位于口腔顶部的独立于鼻腔的成对盲囊。因此，有鳞目动物具备三个化学感受系统：舌头的味蕾；鼻腔的嗅黏膜，识别空气中的挥发性气味；犁鼻器，分析处理通过舌片收集的空气中挥发性化学物质。

蛇类具有愈合而透明的眼睑、外耳退化及无四肢的细长躯体等特征，可说是爬行动物中最为特殊的体型。大多数的蛇四肢完全退化消失（一些化石种类拥有功能性的四肢），而许多蜥蜴，特别是地下生活的种类，四肢也完全退化，并失去了他们的鼓膜和眼睑。

有鳞目分布遍及世界各地，其一直被广泛应用于生态学、生物地理学及探讨物种进化的研究。但到目前为止有鳞目内部的系统发生关系一直存在许多争议。已知最早的蜥蜴化石见于三叠纪，大约 2.2 亿年前。而蛇的化石记录则比较差，因为蛇的骨架通常小而脆弱。已知最早的蛇类化石见于晚白垩纪，距今约 1.1 亿年左右。

一般认为，蜥蜴类在三叠纪早期从始鳄类演化而来，原蜥蜴（Prolacerta）可能是其直系祖先。到侏罗纪已演化出各种不同类型的蜥蜴动物。鬣蜥科和壁虎科一般被认为是最原始的类群；石龙子科和双足蜥科有共同的祖先，且与蜥蜴科亲缘关系较近；鳄蜥科、蛇蜥科和巨蜥科亲缘关系较密切。

虽然有学者认为蛇单独构成一支，但它们是蜥蜴的后裔，只是附肢退化消失。蛇的起源仍然是一个悬而未决的问题，目前主要有两种假说。"穴居蜥蜴假说"认为蛇可能是从白垩纪时期类似现在巨蜥的陆生地下蜥蜴进化而来。"水产沧龙假说"认为蛇的祖先是从白垩纪灭绝的水生爬行动物——沧龙进化而来，在晚白垩纪，蛇的祖先重返陆地，并继续辐射进化为今天的蛇。

二、有鳞目的习性与生长发育特征

有鳞目都是变温动物，从外部环境获得热量，而不是像恒温动物（鸟类和哺乳动物）那样通过代谢产生热量，采用行为方式调节体温。天气寒冷时，它们进行"日光浴"，并寻求温暖的小生境御寒。天气炎热时，寻找凉爽的地方避暑。

该目动物每年至少蜕皮一次。蜕皮前，表皮生发层进行强烈的细胞分裂，在外表皮层下形成一个内表皮层，随着后者分化成熟，两者之间发生分裂，外表皮层整个蜕去，完成一个蜕皮周期。

许多蜥蜴有高度敏感的颜色视觉，而大多数蜥蜴很大程度上依赖于肢体语言，用特定的姿势、手势和动作定义领土,解决纠纷,并吸引配偶。蛇的视觉良莠不齐,有的只能够在黑暗中分辨光线,有的则具有敏锐的眼力,但多数对运动的物体更敏感。

蜥蜴吃各种各样不同的食物,有的只吃动物,昆虫是蜥蜴类最常见的食物,也有一些种类是严格的素食者,只吃种子。所有的蛇都严格食肉,吃各种小动物。少数种类的食性特化,如猪鼻蛇只吃蟾蜍,眼镜王蛇主要以其他蛇类为食,还有几种蛇的食物几乎完全是石龙子类蜥蜴,游蛇科有几个种只吃蜗牛。

所有的有鳞类都是体内受精,用成对的叉形半阴茎交配并输送精子。很多蜥蜴有复杂的求偶行为,大多数有鳞类是卵生并且不护卵。一些分布在寒冷地区的有鳞类是卵胎生,卵留在他们的身体内,直到他们几乎孵化再产出。而蟒蛇和绿水蟒已被证实完全是胎生的,通过卵黄囊胎盘为幼仔提供营养。

三、天目山有鳞目分类

有鳞目是现今爬行纲中最大的目,是种类最多样化的类群,除南极外,分布遍及全球。主要分为两个亚目,其中蜥蜴亚目有 20 科 5700 余种,蛇亚目有 15 科 3400 余种。

该目在中国有 23 科 422 种(其中蜥蜴亚目有 10 科 188 种,蛇亚目有 13 科 234 种)。天目山有 10 科 50 种(其中蜥蜴亚目有 4 科 8 种,蛇亚目有 6 科 42 种)。

天目山有鳞目分科检索

1. 具四肢,若四肢缺失则必有肢带骨,一半有眼睑和鼓膜 ………………………………………………… 2
   无四肢,或只有后肢残余,无活动眼睑和鼓膜 ………………………………………………………………… 5
2. 头顶无对称排列的大鳞 …………………………………………………………… 壁虎科 Gekkonidae
   头顶有对称排列的大鳞 …………………………………………………………………………………………… 3
3. 四肢发达 …… 4
   四肢退化 …………………………………………………………………………………………… 蛇蜥科 Anguidae
4. 具有股窝或鼠蹊窝,腹鳞近方形 ……………………………………………………… 蜥蜴科 Lacertidae
   无股窝亦无鼠蹊窝,腹鳞近圆形 ………………………………………………………… 石龙子科 Scincidae
5. 上颌前端无毒牙 …… 6
   上颌前端有毒牙 …… 9
6. 头腹前部中央的颌片一般有 3 对,左右不对称,其间无颌沟 …………………………… 钝头蛇科 Pareatidae
   头腹前部中央的颌片一般有 2 对,左右对称,其间有颌沟 ……………………………………………………… 7
7. 上颌齿后端有沟牙 …………………………………………………………………………… 水蛇科 Homalopsidae
   上颌齿无沟牙 ……… 8
8. 尾下鳞单行 …………………………………………………………………………… 闪皮蛇科 Xenodermatidae
   尾下鳞双行 ……………………………………………………………………………………… 游蛇科 Colubridae
9. 上颌骨前端具较长的前沟牙,瞳孔一般为圆形,头椭圆形 …………………………… 眼镜蛇科 Elapidae
   上颌骨前端具较长的管牙,瞳孔一般为直立椭圆形,头三角形 ………………………… 蝰科 Viperidae

壁虎科 Gekkonidae

体较小,体背腹扁平,皮肤柔软。头顶无对称排列的大鳞,体被镶嵌排列的粒鳞,鳞间散有大的疣鳞。眼大,无活动眼睑;鼓膜裸露,内陷。舌长而宽,前端微缺。侧生齿圆锥形,小而多。尾可自行截断,再生力强。四肢发达,指/趾形态变异较大。

栖息于山区、丘陵地带,多活动在林间、岩缝及住宅内外壁上。常在夜间活动。主要以昆虫为食。卵生,每次产卵2枚。

本科现存有61属950余种,广泛分布于各大洲的温带和热带地区。中国有9属39种。天目山有1属2种。

壁虎属 *Gekko* Laurenti，1768

体小而扁平,头部背面无对称排列大鳞。眼大,无活动眼睑,瞳孔垂直椭圆形。身体背面均为粒鳞或在粒鳞间散有疣鳞,腹面大而光滑,成覆瓦状排列。指/趾末端扩大,无蹼或基部具蹼,第1指、趾无爪,指趾下瓣单行。雄性具肛前窝和股窝。

本属现存有51种,主要分布于日本、印度、中国、东南亚及热带大洋洲。中国有11种。天目山有2种。

天目山壁虎属分种检索

体背中央疣鳞稀少,四肢背面无疣鳞,尾基每侧有1枚大鳞 ··················· 铅山壁虎 *G. hokouensis*

体背中央疣鳞较多,四肢背面具疣鳞,尾基每侧有3～8枚大鳞 ··············· 多疣壁虎 *G. aponicas*

3.5　铅山壁虎 *Gekko hokouensis* Pope，1928(图版Ⅲ-5)

别名　壁虎、扒壁虎

形态　体小,体长6～13cm。头平扁,近三角形。眼圆而大,无活动的眼睑,上眼睑有1条明显的褶沟。外鼻孔近圆形,位于吻端;两鼻孔间相隔1枚小鳞。吻鳞长方形;上唇鳞8～11枚,下唇鳞7～10枚。鼓膜下陷,耳孔小,椭圆形。指/趾平扁,末端较宽,除第1指/趾外,均具爪;指/趾间无蹼。指/趾下瓣单行,呈"V"形。

生活时,体背主要为褐色或深褐色,头、体具一些不太明显的浅色斑纹;躯干有4～6条浅色横纹,尾具8～10条浅色横纹。腹面灰白色。

头、体、四肢及尾背被粒鳞,眼前方和颊部的粒鳞较头部大;颞部散有许多大的疣鳞,体背散有密集的疣鳞,而背脊中央的疣鳞较稀疏。咽喉部被细而均匀的粒鳞,自此以后的体、尾和四肢腹面被均匀而密集的粒鳞,呈覆瓦状排列。

习性　主要出没于郊区房舍或树林中。夜间活动,多在屋檐、天花板、墙壁等建筑物上捕食,以昆虫及其他小型无脊椎动物为食。在墙缝、墙角、树洞、岩洞或屋檐瓦下等处产卵,每产2枚。有时几个雌体将卵产在一起。

分布　天目山分布于树林、房舍等处。国内分布于安徽、江苏、上海、浙江、福建、江西、湖南、台湾等地。国外分布于日本。

3.6　多疣壁虎 *Gekko japonicus* Duméril & Bibron，1836(图版Ⅲ-6)

别名　壁虎、扒壁虎

形态　体小,全长110～135mm。头平扁,略呈三角形。吻长大于眼径的2倍;吻鳞长方形,明显大于其他鳞片。鼻孔近圆形,位于吻鳞、第1上唇鳞、鼻鳞之间;鼻间鳞2枚,相隔一个小鳞。上唇鳞9～12枚,下唇鳞8～10枚。颏鳞五角形,前宽后窄。眼大形圆,瞳孔纵立,无活动眼睑。耳孔小,卵圆形,鼓膜深陷。四肢短,除第1指/趾外,均具爪;指/趾间无蹼,后肢第2、3趾基部具蹼迹。

生活时,体背面灰棕色,头及躯干背面有深褐色斑,并在颈及躯干面形成5～7条横斑。四肢及尾背面有黑褐色横纹。体腹面灰白色。

体背自额、顶、颏、枕至尾基被粒鳞,散有较密集的疣鳞;吻背粒鳞较大,四肢背面粒鳞间散布有小疣鳞。喉部被细而均匀的粒鳞;以后躯干、尾和四肢腹面被均匀密集的细鳞,呈覆瓦状排列。尾稍侧扁,尾背面被覆瓦状小鳞,腹面的覆瓦状鳞较大,中央具一行较宽的鳞片。

习性　常栖息于树林、沙漠、草原及住宅区等,是昼伏夜出的动物。有冬眠的习性。白天潜伏在壁缝、瓦檐下、橱柜背后等隐蔽的地方,夜间则出来活动。主要以各种昆虫、蜘蛛为食。卵产于墙缝、墙角或屋檐瓦下,每次产卵 2 枚。

分布　天目山分布于树林、房舍等处。国内主要分布于东部地区,西至四川,北达陕西、甘肃。国外分布于朝鲜、日本。

石龙子科 Scincidae

体形通常呈圆柱形。头顶被对称排列的大鳞,全身被覆瓦状排列的平滑圆鳞,鳞片下常具骨板。眼较小,具活动眼睑;瞳孔圆形。鼓膜深陷。舌长而扁,前端微缺,舌面具鳞状乳突。侧生齿圆锯齿状。尾较粗,横切面呈圆形,易断,且能再生。四肢发达,无股窝,亦无鼠蹊窝。有不发达的颞弓和眶后弓。大多为卵生,偶有卵胎生者。

主要以陆地生活为主,但也有些是树栖,或半水栖,或穴居。大多数是完全只吃食昆虫或其幼虫,但体型较大的石龙子亦吃食小型的脊椎动物或兼食一些植物。

本科现存有 153 属 1500 余种,广泛分布于各大洲。中国有 8 属 31 种。天目山有 3 属 4 种。

天目山石龙子科分属检索

1. 有上鼻鳞,鼻鳞 2 枚 ·· 石龙子属 *Plestiodon*
   无上鼻鳞 ·· 2
2. 下眼睑中央有一无鳞区,体细长,指/趾短,全长不过 120mm ············· 蜓蜥属 *Sphenomorphus*
   下眼睑有鳞,体较粗,四肢发达,全长一般 180mm 以上 ··············· 滑蜥属 *Scincella*

石龙子属 *Plestiodon* Duméril & Bibron, 1839

体较粗壮,圆柱状,体型中等大小。眼较小,有活动眼睑,下眼睑被以细鳞。鼻孔位于鼻鳞中间。鼓膜明显,深陷。颚骨在颚部中央不相遇;有翼骨齿,侧生齿圆锥形或具球形齿冠。头部背面有对称排列大鳞,通体被以覆瓦状排列的圆鳞。四肢发达,五趾型;指、趾下瓣横列。尾易断,断后能再生。

本属现存有 50 种,分布于美洲、亚洲和非洲。中国有 8 种。天目山有 2 种。

天目山石龙子属分种检索

后颈鳞 1 枚,有后鼻鳞,第 2 列下颏鳞不呈楔形 ·························· 蓝尾石龙子 *P. elegans*
后颈鳞 2 枚,无后鼻鳞,第 2 列下颏鳞呈楔形 ·························· 中国石龙子 *P. chinensis*

3.7　蓝尾石龙子 *Plestiodon elegans* Boulenger, 1887(图版Ⅲ-7)

别名　蓝尾四脚蛇、草龙

形态　体肥壮,全长 18～28cm。头顶具对称的大鳞。鼻孔开口于鼻鳞中央,上鼻鳞 1 对,彼此相接。上下眼睑被 6～8 枚片状鳞,眼睑的前后端以及下眼睑下方被颗粒状鳞。吻鳞大,近三角形;上唇鳞 7 枚,少数 8 枚;下唇鳞 7 枚,偶尔 6 和 8 枚。外耳孔椭圆形,鼓膜下陷。

生活时,成体背面棕褐色,有 5 条浅黄色纵纹;背中央的一条由顶间鳞分叉向前,沿额鳞两侧,达上鼻鳞后缘。体侧各有 2 条纵带,分别由眼上下方向后延伸达尾部,在尾后端纵纹消失。尾部一般为蓝色,具金属光泽。体背面浅灰色。雄体背棕灰色,头部浅棕色;5 条浅黄色纵纹消失。

体被光滑的圆鳞,呈覆瓦状排列;除颈部、喉部和四肢鳞片较小外,其余鳞片几乎等大。环体中段鳞列 24～28 行。肛前鳞大,2 枚;肛侧有 1 枚较大的棱鳞,尤其雄体明显。尾长大于体长,尾腹面有一列横向扩大的鳞片。前后肢贴体相向时,指/趾端相遇;指/趾侧扁,指长顺序为 3、4、2、5、1,趾长顺序为 4、3、5、2、1。

习性　主要栖息于山地草丛、石缝、林下或溪边乱石杂草等处。温暖季节,自清晨至傍晚均在外活动觅食。以昆虫为食,尤其嗜食蚂蚁、鞘翅目成虫和幼虫、甲壳纲动物等。当气温降至 13℃左右时,陆续进入冬眠。卵生,6—7 月为产卵盛期,每次可产卵 6～9 枚。卵产于草丛或隐蔽的地面上,再用土或枯叶将卵盖住。

分布　天目山分布于石缝、林下、草丛等处。国内主要分布于两湖、两广、安徽、福建、四川、辽宁、华北、台湾等地。国外分布于东亚。

3.8　中国石龙子 *Plestiodon chinensis* Gray，1838（图版Ⅲ-8）

别名　山龙子、石龙蜥、猪婆蛇、山弹涂

形态　体肥硕,全长 17～35cm。头顶具对称的大鳞。吻端圆凸,吻鳞近三角形;上唇鳞 8 枚,第 7 枚最大,呈扁五角形;下唇鳞 6～8 枚,呈斜方形。鼻孔 1 对,开口于鼻鳞的中央;上鼻鳞 1 对,圆五边形,左右相接。眼分列于头部两侧,眼间距宽,上眼睑被 12 枚片状鳞;下眼睑缘被 13 枚粒鳞,中央 4～5 枚为方形大鳞。外耳孔椭圆形,鼓膜下陷,越接近耳孔边缘鳞片越小。

生活时,全身棕色,头部略浅,背部略带灰褐色。自耳孔向后至尾基部,体两侧具红棕色纵纹,雄体生殖季节更鲜艳。背侧有分散的黑色斑点。腹面灰白色。幼体背面灰褐色,体背有浅黄色的纵纹 3 条,至成体消失。

周身被光滑的圆鳞,呈覆瓦状排列,除颈侧和四肢外,鳞片几乎等大。环体中段鳞列 24～26 行。肛鳞 2 枚,特大。尾细长,末端尖锐,尾长大于体长,尾腹面有一列横向扩大的鳞片;易断,断后能再生。四肢发达,前肢 5 指,后肢 5 趾,指、趾端均有钩爪。前后肢贴体相向时,指/趾端相遇;指/趾侧扁,指长顺序为 3、4、2、5、1;趾长顺序为 4、3、5、2、1。

习性　栖息于平原、丘陵的草丛、乱石堆、低矮灌丛等处。温暖季节,自清晨至傍晚均在外活动觅食。以直翅目、鳞翅目、鞘翅目等昆虫和幼虫为食,亦吞食蛙类、幼蜥等脊椎动物。当气温降至 13℃左右时,陆续进入冬眠。卵生,6—7 月为产卵盛期,每次可产卵 5～9 枚。

分布　中国特有种。分布于天目山乱石堆、灌草丛等处。国内主要分布于两湖、两广、云贵川、江苏、安徽、浙江、江西、福建、台湾等地。

蜓蜥属 *Sphenomorphus* Fitzinger，1843

体中等,头部背面有对称排列大鳞。眼睑发达,下眼睑被以小鳞。鼻孔位于鼻鳞中央,无上鼻鳞。耳小,鼓膜显著而下陷。前额鳞、额顶鳞及顶间鳞显著。颚骨在中线彼此相接,翼骨前端相接,翼骨齿细弱或缺失,上颌齿圆锥形。四肢发达,具五趾型四肢,趾下瓣横列。尾易断,断后能再生。

本属现存有约 120 种,主要分布于亚洲南部、美洲、大洋洲和非洲。中国有 6 种。天目山有 1 种。

3.9　铜蜒蜥 *Sphenomorphus indicus* Gray, 1853(图版Ⅲ-9)

别名　铜石龙子、山龙子、蝘蜓

形态　体肥胖,全长16～25cm。头较小,头顶具对称的大鳞。吻短,吻端钝圆;吻鳞扁短,略呈三角形。眼睑发达,下眼睑被小鳞。鼻孔开口于鼻鳞中央,无上鼻鳞。上唇鳞7枚,偶尔8枚,下唇鳞7枚,偶尔8枚。外耳孔椭圆形,鼓膜内陷。

生活时,体背面古铜色,背中央有一条断断续续的黑纹。体侧各有一条宽的黑褐色纵带,自眼前方,经体侧至尾基;部分个体由3～4条连续的黑色点线构成。四肢背面散有细黑点;腹面色浅,无斑。雄体眼后角到前肢间的黑带下缘具醒目的浅色镶边。

通体被覆瓦状排列的圆鳞,鳞片均光滑无棱,环体中段鳞列为35～38行。颈部鳞片略小于体背中央,体两侧鳞片较小。尾部腹面鳞片较宽大,肛前鳞2枚。四肢发达,前后肢贴体相向时,指/趾端相遇,指长顺序为4、3、2、5、1,趾长顺序为4、3、5、2、1。指/趾侧扁,末端具爪。通常同龄的雌体较雄体大而长,但雄体的尾较雌体长。雄体的半阴茎为分叉型,分叉达全长之半。

习性　主要栖息于低山荒地、溪边、路边、阴湿草丛、乱石堆等处。温暖季节自清晨至傍晚均在外活动觅食,但中午多见于阴凉处。以各种无脊椎动物为食,亦吞食蛙类等小型脊椎动物。雨天不外出活动。当气温降至13℃左右时,陆续进入冬眠。卵胎生,每次可产卵6～9条幼蜥。

分布　天目山分布于荒地、路边、草丛等处。国内分布北至河南、陕西、甘肃和西藏,南至云南、广西、广东、海南和台湾。国外分布于印度、锡金、缅甸、泰国和越南。

滑蜥属 *Scincella* Mittleman, 1950

体形细长,体被覆瓦状排列的圆鳞。头背有对称排列大鳞。无上鼻鳞,鼻孔开口于鼻鳞中间。眼小,眼睑发达,下眼睑具无鳞区。颈鳞斜向排列,通常有两枚颞鳞接顶鳞。鼓膜小而下陷。有1对大的肛前鳞。四肢发达,趾背鳞片1行以上。

本属现存有35种,主要分布于亚洲南部、美洲、大洋洲和非洲等温带地区。中国有14种。天目山有1种。

3.10　宁波滑蜥 *Scincella modesta* Günther, 1864(图版Ⅲ-10)

别名　马蛇子

形态　体较小,全长80～100mm,尾长45～55mm。吻短钝,吻长略短于眼与耳间距。鼻孔卵圆形,开口于鼻鳞中央。眼大小适中,下眼睑中央有一扁圆形无鳞区。鼓膜下陷,耳孔近圆形。

生活时,背部一般为古铜色,略带黑点,随温度与光照而有细微的变化。腹面色彩多样,雄性青黄色至鹅黄色,雌性灰黄色且隐泛粉红色。体侧及尾的两侧各有一条黑褐色纵纹,其下有不规则棕红色斑,间杂黑色斑点,但断尾后的再生尾侧面则不显。

通体被覆瓦状排列的圆鳞,光滑无棱。吻鳞宽大于高。眶上鳞4枚,颊鳞2枚,上唇鳞7枚。体背鳞片约为体侧鳞片宽的2倍,环体中段鳞列26～30行。肛鳞2枚。

习性　多见于向阳坡面的溪边卵石间和草丛下的石缝。以昆虫为食,也捕食蚂蚁、蜘蛛等。卵生。

分布　中国特有种。分布于天目山路边、草丛等处。国内分布于河北、天津、辽宁、上海、江苏、浙江、安徽、福建、湖北、湖南、香港、四川等地。

蜥蜴科 Lacertidae

体细长。头顶被对称排列的大鳞。体背被有棱的大鳞或粒鳞。腹鳞方形,纵横成行。眼睑发达,瞳孔圆形。多数种类鼓膜裸露。舌薄而窄长,前端有深微缺,舌面具成排的倒"V"形鳞状乳突。侧生齿。具不发达的眶后弓及颞弓。尾长而易断,亦易再生。四肢发达。具股窝或鼠蹊窝。

栖息于山坡、平原的草丛中及灌丛下,部分种类树栖。主要以昆虫为食。多数种类卵生。

本科现存有 39 属 300 余种,分布于欧洲、非洲和亚洲。中国有 4 属 28 种。天目山有 1 属 1 种。

草蜥属 *Takydromus* Daudin,1802

体细长,四肢发达,尾远长于体长。鼻孔位于鼻鳞、后鼻鳞及第 1 枚上唇鳞之间。头顶具对称排列的大鳞,下眼睑被鳞。体背鳞片强烈起棱,呈覆瓦状排列。体侧被以颗粒状细鳞。腹鳞呈方形,纵横成行。指、趾呈圆柱形,末端直,最末节近端不侧扁。尾细长,鳞片起棱,尾易断,再生能力强。鼠蹊窝 1～3 对。

本属现存有 22 种,分布于西伯利亚东南部、日本、中国、东南亚及马来群岛。中国有 13 种。天目山有 1 种。

3.11　北草蜥 *Takydromus septentrionalis* Güenther,1864(图版Ⅲ-11)

别名　草蜥、四脚蛇

形态　体细长,全长 12～31cm。头顶具对称的大鳞。吻窄,前端钝圆,吻鳞三角形;上唇鳞 7 枚,第 5 枚最大;下唇鳞 5 枚,第 3 枚最大。鼻孔 1 对,开口于鼻鳞、后鼻鳞与第 1 枚上唇鳞之间;无上鼻鳞。眼周被大小不等的粒鳞。外耳孔椭圆形,周围除前上沿具 1 枚弧形鳞片外,余部为粒鳞;鼓膜显著。

体色变化较大,体背草绿色、棕绿色或棕色。体腹黄绿色或灰白色。眼至肩部有一条深纵纹。雄体背侧有一纵纹,体侧有不规则的深色斑。

颈部为不规则的棱鳞,向后逐渐整齐化。背部为 6 行大棱鳞,中央 2 行到体中部后逐渐变小,最后消失;其余延伸为尾鳞列。腹鳞大,8 行棱鳞,略呈方形。两侧各有 3 行较小的棱鳞。尾细长,鳞均具发达的棱。四肢发达,前后肢贴体相向时,指/趾达对方掌跖部。鼠蹊窝 1 对,位于股基部。雄性半阴茎较粗短,为双叶型。

习性　栖息于山区、丘陵的荒地、灌丛、乱石堆、草丛及农田等处。温暖季节,自清晨至傍晚均在外活动觅食,雨天活动较少。主要以直翅目、鳞翅目、鞘翅目等昆虫和幼虫为食。当气温降至 13℃左右时,陆续进入冬眠。冬眠洞穴多藏匿在草根、树根下及田埂边的土洞内。卵生,5—6 月为产卵盛期,每次可产 2～4 枚。

分布　天目山分布于荒地、灌草丛、乱石堆等处。国内分布于陕西、甘肃、江苏、上海、安徽、湖北、四川、浙江、福建、江西、湖南、贵州、云南等地。国外分布于越南、缅甸、印尼、日本、朝鲜及西伯利亚。

蛇蜥科 Anguidae

体长条形,四肢退化,但体内有带骨的残迹,体侧有纵沟。头顶被对称排列的大鳞。体被覆瓦状排列的圆鳞,鳞下有骨板。眼小,具活动眼睑。舌长,舌尖分叉,略能缩入舌鞘内。侧生齿,其大小和形状因种而异。鼓膜内陷,外观极不明显,尾较长,易断,可再生。无肛前窝和股窝。

生活于山区,多数为陆生穴居类型,少数种类树栖。主要以昆虫和其他小型无脊椎动物为食。多数种类卵生。

本科现存有 10 属约 100 种,分布于美洲和旧大陆。中国有 1 属 3 种。天目山有 1 属 1 种。

脆蛇蜥属 Dopasia Daudin,1803

体细长似蛇,四肢退化,仅有残迹。头部有大的对称排列的鳞片。眼小。体侧有纵沟。无肛前窝或股窝。尾长易断。

本属现存有 6 种,分布于东南欧、北美、北非、印度、印尼及中国南部。中国有 3 种。天目山有 1 种。

3.12　脆蛇蜥 Dopasia harti Boulenger,1899(图版Ⅲ-1)

别名　脆蛇、金蛇、土龙、金星地鳝

形态　体细长,圆筒状,全长 28～53cm。头顶具对称的大鳞。额鳞最大,近盾形。口与鼻孔等大,吻鳞三角形;上唇鳞 10 枚,下唇鳞 9 枚。眼小,眼径约为吻长的一半。外鼻孔开口于鼻鳞中后部。外耳孔小,其孔径小于鼻孔,鼓膜下陷。

体色变化较大,体背浅褐色或乳白色,头部色深。体前段背部有 10 余行不规则蓝黑色或天蓝色横斑。体侧紫色,外侧比内侧浅。腹面颜色比体背浅,无横斑。雄体背中线两侧有17～20 余条不对称的翡翠色横斑和玛瑙色黑色点斑,侧沟背缘的深色纵纹自腹侧延伸至尾端。雌体背部无鲜艳的色斑,侧沟背缘的深色纵纹自头后延伸至腹侧。

背鳞自颈后至尾部末端16 行,中央 10～12 行明显具棱,前后连续成明显的纵嵴。腹鳞10 行,呈覆瓦状排列,光滑圆形。尾部鳞片均起棱。无四肢,但体内有肢带残迹。雄性半阴茎较粗,为双叶型。

习性　栖居于山林、草丛、菜园、茶园等的土中或大石下。喜群居,晚间活动,行动似蛇。以蚯蚓、贝类、蠕虫和昆虫等为食。当气温降至 13℃ 左右时,陆续进入冬眠。卵生,6—9 月为产卵季节,每次可产 4～13 枚。雌性有护卵习性。

分布　天目山分布于树林、草丛、乱石堆等处。国内分布于长江流域及以南省区,包括台湾。国外分布于越南北部。

闪皮蛇科 Xenodermatidae

体小,全长不超过 80cm。无眶前鳞和眶后鳞。额片 2～3 对,几乎等大,略呈方形。背鳞略具金属光泽。肛鳞 1 枚,尾下鳞单行。

穴居土中,食蚯蚓,均为无毒蛇。

本科现存有 6 属 18 种,分布于南亚、东亚及东南亚。中国有 1 属 8 种。天目山有 1 属 1 种。

脊蛇属 *Achalinus* Peters，1869

体小而细长,圆柱形。头略呈椭圆形,与颈区分不明显。眼小,瞳孔圆形。颊鳞 1 枚,入眶;无眼前鳞,眼后鳞缺如或极小。背鳞中段 21～27 行。腹鳞较大,圆形。肛鳞完整。尾下鳞单行。

本属现存有 9 种,分布于日本、中国及越南北部。中国有 8 种。天目山有 1 种。

3.13　黑脊蛇 *Achalinus spinalis* Peters，1869(图版Ⅲ-13)

形态　体小而细长,圆柱形,体长 190～380mm,尾长 45～80mm。吻鳞三角形,宽大于高。鼻间鳞四边形,长大于宽。前额鳞四角形,长宽略相等。额鳞五角形,长略小于宽。顶鳞最大最长。颊鳞 1 枚,入眶。无眶前鳞、眶后鳞和眶下鳞,眶上鳞 1 枚。颞鳞 2 枚＋2 枚,上下前鳞均入眶。上唇鳞 6 枚,第 6 枚最大最长;下唇鳞 5 枚,第 4 枚最大。背鳞 23(24)-23-23 枚,起棱,最外行光滑无棱或微棱。腹鳞 146～173 枚。尾下鳞单列,雄性 50～66 枚,雌性 39～56 枚。肛鳞 1 枚。

生活时,体背棕黑色。从额鳞开始至尾端,背中央有一条醒目的黑脊线,线宽占脊鳞及其左右各半鳞。腹面色浅,为淡棕灰色。

习性　生活于山区、平原,亦见大江沿岸。喜穴居。主食蚯蚓。卵胎生,每次产卵 4～7 枚。

分布　天目山分布于林区。国内分布于陕西、甘肃、四川、贵州、云南、湖北、湖南、江苏、安徽、浙江、江西、福建、广西等地。国外分布于日本、越南北部。

钝头蛇科 Pareatidae

头宽而短,吻端宽钝。躯干略侧扁,尾具缠绕性。眼大,颈细。颏片交错排列,无颏沟。上颌骨短,前端无齿;下颌骨较上颌骨发达。上颌齿数少,仅 4～9 枚。背鳞通体 15 行或 13 行。

陆栖或树栖,夜行性为主,白昼活动相对较少,以蛞蝓、蜗牛、蠕虫等小型动物为食。全为无毒蛇,卵生。

本科现存有 3 属 20 种,主要分布于东南亚,西起巴基斯坦东部,东至中国台湾,北起中国甘肃,南至菲律宾南部。中国有 1 属 9 种。天目山有 1 属 1 种。

钝头蛇属 *Pareas* Wagler，1830

背鳞通体 15 行,平滑或微具棱。具眶下鳞。上唇鳞不入眶(个别例外)。颊鳞 1 枚,颞鳞 2＋2 枚或 3＋4 枚,颏片 3 对,无前颏片。第 2 和 3 对下唇鳞都不扩大。尾下鳞 2 行。

本属现存有 14 种,分布于中国及东南亚。中国有 9 种。天目山有 1 种。

3.14　中国钝头蛇 *Pareas chinensis* Barbour，1912(图版Ⅲ-14)

别名　台湾钝头蛇、高脊蛇

形态　体略侧扁,体长 340～390mm,尾长 90～115mm。头较大,吻钝圆,吻鳞宽略大于高。眼大,瞳孔呈竖椭圆形。鼻间鳞 1 对,长宽近相等,短于前额鳞。前额鳞宽大于长,向后入眶。颊鳞 1 枚,不入眶或仅尖端入眶。眶前鳞 1 枚,无眶上鳞,眶后鳞 1 枚,眶下鳞 1 枚,或眶后鳞和眶下鳞愈合为一。上唇鳞 7,均不入眶;下唇鳞 7 枚,个别 6 枚。背鳞通体 15 行,平滑或中央 3 行具微棱。腹鳞 170～190 枚,肛鳞完整,尾下鳞 70～90 枚。

生活时,头背面自眶后鳞、顶鳞向后,各有 1 条黑纹;左右 2 条黑纹至颈合成 1 条粗黑纹,止于颈后部。体背棕褐色或黄褐色,有不规则黑色横斑。腹面色淡,间杂黑褐色小斑点。

习性　生活于海拔 300～800m 山区,常见耕地、溪流附近,或攀爬于灌木上。以蜗牛、蛞蝓等为食,偶食鱼类。卵生,每次产卵 5～9 枚。

分布　中国特有种。分布于天目山七里亭以下的溪流附近。国内分布于四川、云南、贵州、浙江、安徽、江西、福建、广东、广西等地。

蝰科 Viperidae

具有典型毒蛇的体形,头大,呈三角形,与颈区分明显。眼中等,瞳孔垂直椭圆形。上颌骨极短而且很高,能动地附着在前额和外翼骨上,其上着生较长而弯曲的管牙及若干副牙。躯干一般较粗短,尾短或中等。背鳞较小,呈斜方菱形交错排列;腹鳞横向扩大,长方形单列。

一般情况下活动迟缓,常盘成团长时间不动。陆栖、树栖或穴居。以多种脊椎动物,特别是鸟兽为食。

本科现存有 3 亚科 31 属约 219 种,分布于世界大部分地区,包括欧洲、非洲、美洲、亚洲及大洋洲。中国有 3 亚科 11 属 37 种。天目山有 2 亚科 6 属 6 种。

天目山蝰科分亚科检索

眼与鼻孔之间无颊窝 ……………………………………………………… 缅蝰亚科 Azemiopinae
眼与鼻孔之间有颊窝 ……………………………………………………… 蝮亚科 Crotalinae

缅蝰亚科 Azemiopinae Liem, Marx & Rabb, 1971

体型中等。无颊窝,颚骨具 1 个长而细的内鼻孔突起。前额骨腹面中间有 1 个边状突起后伸出似中后突,构成眼眶的部分中隔。头背具对称大鳞。蝶骨前后孔之间有管道相通,后与脑孔有一共通外孔。管牙较短小。

本亚科有 1 属 2 种,分布于中国、越南和缅甸。中国有 1 属 2 种。天目山 1 属 1 种。

缅蝰属 *Azemiops* Boulenger,1888

属的特征与亚科特征同。

3.15　白头蝰 *Azemiops kharini* Orlov, Ryabov & Nguyen, 2013(图版Ⅲ-15)

别名　白块蝰

形态　体型中等,体长 350～600mm,尾长 60～90mm。头较大,近椭圆形,无颊窝。吻短宽,吻鳞梯形,宽大于高。鼻间鳞宽大于长。前额鳞两端达头侧;额鳞略成六角形,上宽下窄。颊鳞 1 枚,较小;上唇鳞 2-1-3 式,眼前鳞 3 枚,眼后鳞 2 枚,无眼下鳞。前颞鳞 2 枚,后颞鳞 2 枚。下唇鳞 8～9 枚。背鳞平滑,17-17-15 式;腹鳞 171 枚;肛鳞完整;尾下鳞 42 枚。半阴茎从基部到分叉处皱缩;从尖端到分叉处,前半部具刺,后半部具杯状窝。

生活时,头部浅灰色,正中有 1 条浅黄色纵纹;头部腹面灰黄色,杂以浅色纹。体背及尾背紫灰色,每一鳞片四周或仅前下周缘黑褐色,使通体看上去为深色纹;具朱红色窄横纹 15 条,左右交错排列或在中部愈合成一完整圆圈。腹面浅灰色,无斑。

习性　栖息于山区或丘陵地区,多见于海拔 1000m 左右的山区,栖息于路边、碎石队、草丛中。可能以小型鼠类或食虫类为食。繁殖习性尚待研究。

分布　天目山分布于海拔 900～1000m 左右的路边、草丛。国内分布于西藏、甘肃、陕西、四川、贵州、云南、湖北、安徽、江西、浙江、福建、广西等地。国外分布于越南、缅甸。

蝮亚科 Crotalinae Oppel，1811

具颊窝，头背有大的对称鳞片或全为小鳞片。大多数是夜间活动的。除少数为卵生外，绝大部分为卵胎生。

本亚科有 19 属 151 种，分布于美洲、亚洲及欧洲。中国有 17 属 26 种。天目山 5 属 5 种。

天目山蝮亚科分属检索

1. 头背有对称大鳞 ……………………………………………………………………………… 2
　　头背均为小鳞，头呈三角形，似烙铁 ………………………………………………………… 3
2. 吻端有由吻鳞及鼻间鳞形成的一短而上翘的突起 …………………… 尖吻蝮属 Deinagkistrodon
　　吻端正常 …………………………………………………………………… 蝮属 Gloydius
3. 鼻骨较大，呈三角形；鳞骨短窄，不超过枕骨大孔 ………………………… 烙铁头属 Ovophis
　　鼻骨一般或偏小；鳞骨长条形，一般超过枕骨大孔 …………………………………………… 4
4. 颚骨无齿或少齿，与翼骨关节退化而不呈马鞍形 ……………… 原矛头蝮属 Protobothrops
　　颚骨近三角形，一般有 3～5 枚齿，与翼骨关节呈马鞍形 …………………… 绿蛇属 Viridovipera

尖吻蝮属 *Deinagkistrodon* Gloyd，1979

体大型，剧毒。颚骨背突高。吻端尖出而末端圆钝，由吻鳞与鼻间鳞延伸而翘向上方形成。成体背中央及上背侧的鳞片有极发达的结节状突起。靠近尾尖的最下行鳞高大于宽。卵生。

本属仅有 1 种，分布于中国及东南亚。中国有 1 种。天目山有 1 种。

3.16 尖吻蝮 *Deinagkistrodon acutus* Güenther，1889（图版Ⅲ-16）

别名　白花蛇、百步蛇、五步蛇、蕲蛇、盘蛇、中华蝮

形态　体较大，体长 700～1100mm，尾长 130～200mm。头大，呈三角形。上颌前端具长而大的管牙。有颊窝，狭长的吻鳞和锥形鼻间鳞明显前突上翘。前额鳞为不规则的五边形，长大于宽，前额鳞沟等于或大于鼻间鳞沟。额鳞小，六边形，其长大于宽，但远不及其前缘至吻鳞后缘的距离。鼻鳞 2 裂，鼻孔开于裂间。颊鳞 3 枚，位于后鼻鳞与第 2 枚上唇鳞之间。眶下鳞 1 枚，镰状；眶上鳞 1 枚，与前额鳞相切；眶前鳞 3 枚，上下排列；眶后鳞 1 枚，位于眼后上角。上唇鳞 7 枚，第 4(5) 枚最大；下唇鳞 11 枚。背鳞 21(22、23)-21-17(18、16) 行，最外 1～3 行弱棱，其余均强起棱并具鳞孔，棱的后半部隆起成嵴，所以体表极粗糙；腹鳞 160～172 枚。肛鳞完整，尾下鳞 48～62 对。

生活时，头背棕黑色或棕褐色，头侧自吻鳞经眼至口角上唇鳞以上棕黑色，以下黄白色。体背至尾背深棕、深褐或黄褐色，具有 15～20 块灰白色方形大斑。此斑由左右两侧大三角斑在背正中合拢形成，偶尔也有交错摆列的，斑块边缘色深。头、腹及喉部白色，散布少数黑褐色斑点。体腹乳白色，腹部中央和两侧有近圆形的黑褐色块斑，并有不规则的小斑点。

习性　栖息于山区或丘陵地区，多见于海拔 300～800m 的山谷、溪涧附近的岩石上、落叶间或草丛中。常在夜间觅食，阴雨天活动。气温高时不动，常发现其盘踞不动，运动也缓慢，故有"懒蛇"之称。能游水，但不能持久。为广食性蛇类，食物有蛙类、蜥蜴、鸟类和鼠类等。卵生，8—9 月产卵，每产 11～29 枚。

分布　天目山分布于七里亭以下的溪边、灌草丛等处。国内分布于重庆、贵州、湖北、安徽、湖南、江西、浙江、福建、广西、广东及台湾等地。国外分布于越南北部，可能见于老挝。

蝮属 *Gloydius* Hoge & Romano-Hoge，1981

头较大，略呈三角形，与颈区分明显。吻端不尖出，瞳孔直立，椭圆形。头背有 9 枚对称大鳞。具颊窝，上唇鳞不入颊窝。躯干圆柱形，尾适中或较短。尾下鳞双行，肛鳞完整。

本属现存有 10 种，主要分布于俄罗斯及亚洲大部。中国有 6 种。天目山有 1 种。

3.17 短尾蝮 *Gloydius brevicaudus* Stejneger，1907（图版Ⅲ-17）

别名 土公蛇、草上飞、狗阿蝮、烂塔蛇、土虺蛇

形态 头不特别大，略呈长三角形，颈细，身体粗大，尾短小。体长 300～500mm，尾长 40～60mm。吻鳞宽略超过高。鼻间鳞内缘较长，外缘尖细且略向后弯，呈逗点状。鼻鳞较大，分为前后两片；鼻孔圆形，位于较大的前鼻鳞后半部，开口朝向后外方。额鳞长超过宽，等于其前缘至吻端距离。眶下鳞 1 枚，新月形，弯至眼后下方；眶上鳞 1 枚；眶前鳞 2 枚；眶后鳞 2(3) 枚。上唇鳞 7 枚，第 2 枚最小且不入颊窝，第 3 枚最大；下唇鳞多数 10 枚，第 7 枚最大。背鳞除体中段最外行平滑外，其余均起棱，21(22、23)-21(20、22)-17(18、16)行；腹鳞 135～168 枚。肛鳞完整，尾下鳞双行，22～47 对。半阴茎较小，末端分叉，外翻呈丫状。

生活时，体色变化较大，头体背颜色变化灰褐色至土红色之间。眼后到口角有一较宽的黑色带，其上缘镶以一黄白色细纹。体背交互排列着黑褐色的圆形斑，有些个体出现一条红棕色脊线。腹面灰黑色，具不规则的黑色小点。尾后段的腹面黄白色，尾尖常为黑色。

习性 栖息于平原、丘陵草丛中，夏季、秋初分散活动于耕作区、沟渠、路边和村落周围，多利用树洞、鼠洞等现成的洞穴穴居。昼夜都可活动，尤其晚上 8 时到次日凌晨活动最频繁。取食鱼类、蛙类、蜥蜴、鸟类、鼠类及其他蛇类等。卵胎生，8—9 月产卵，每产 2～20 枚。

分布 天目山分布于草丛、路边、溪流等处。国内分布于华北、西南、华中及长江以南地区。国外见于朝鲜半岛。

烙铁头属 *Ovophis* Burger，1981

头大，三角形，与颈区分明显。鼻骨较大，三角形；鼻小孔位于鼻腔靠外侧。额骨近长方形，与前额骨关节面小。上颌骨颊窝前缘突起并不明显，毒牙较小。头背全为小鳞片，喉部鳞片光滑。

本属现存有 4 种，分布于尼泊尔、印度、缅甸、马来西亚、老挝、越南及中国南部。中国均有。天目山有 1 种。

3.18 山烙铁头蛇 *Ovophis monticola* Güenther，1864（图版Ⅲ-18）

别名 山竹叶青、黑斑竹叶青、恶乌子

形态 头部略呈三角形，但较宽短；颈细，体粗，尾短。体长 290～510mm，尾长 60～100mm。头顶具有小鳞片，吻宽圆，吻鳞宽远超过高。颊鳞 1 枚狭长，并构成颊窝前上缘。鼻间鳞大，互相接触。眶前鳞 2 枚，眶下鳞为多枚小鳞片。上唇鳞 9 或 10 枚，第 2、第 4 枚构成颊窝的前缘和下缘；下唇鳞 10～11 枚。背鳞光滑，在后部中央数行具有极微弱的起棱，鳞列 25(26、27)-23(24、22)-19(21)行。腹鳞 137～146 枚。尾下鳞双列，34～46 对。

生活时，头体背浅棕色或浅棕褐色，吻及头侧黑褐色。头背后有一细尖黑斑。体背有两行略呈方形的黑褐色斑块 22～27 个，左右交错排列，有时相连呈城垛状。腹面浅褐色，散布深褐色斑块和点斑。

习性 栖息于海拔 300～2600m 的山区中，适应于各种环境，包括森林，灌丛和草地，喜欢

山地荒漠化地区,便于隐藏避难。喜夜间活动,行动迟缓。主要以青蛙、鼠类等小型哺乳动物为食。卵生,每产 5～18 枚。

　　分布　天目山内各地均有分布。国内分布于喜马拉雅山南坡、横断山及其东延山区、云贵高原,沿大娄山、南岭到东南沿海及台湾、香港等地。国外分布于尼泊尔、印度,向东经缅甸、泰国到中南半岛各国。

原矛头蝮属 *Protobothrops* Hoge & Romano,1983

　　头被光滑无棱小鳞。额骨近长方形。鼻小,鼻孔位于鼻腔后壁。鼻骨大小一般,呈"刀"形。上颌骨颊窝前缘突起不明显。颚骨无齿或少齿,与翼骨关节突退化而不成马鞍形。顶骨不明显下凹,与前额骨关节面较大。鳞骨长条形或后端较向背方突出,超过枕骨大孔。外翼骨前端不特别扩大。

　　本属现存有 14 种,分布于印度、孟加拉、缅甸、越南、日本及中国南部。中国有 9 种。天目山有 1 种。

3.19　原矛头蝮 *Protobothrops mucrosquamatus* Cantor,1839(图版Ⅲ-19)

　　别名　烙铁头、龟壳花、笋壳斑

　　形态　体细长,尾纤细,体长 500～750mm,尾长 130～180mm。头部长三角形,颈部细,形似烙铁,故名烙铁头。管牙长,吻棱明显。眼相对较小,瞳孔垂直椭圆形。头顶具细鳞。鼻鳞较大,鼻鳞与颊窝间有 2～5 片细鳞。鼻间鳞略大于头背其他鳞片。眶前鳞 3 枚,少数 2 或 4 枚;眶后鳞 3～4 枚,少数 2 或 5 枚。上唇鳞 8～11 枚,第 1 枚最小,略呈三角形;第 2 枚较大,形成颊窝的前缘;第 3 枚最大。下唇鳞 12～16 枚,以 14 或 15 为多,第 1 对在颏鳞之后相切,第 2～3 对切颏片。背鳞较窄长,25(26,27)-25(24,26)-19(18,20)行,中段除最外行光滑外,其余均强起棱;腹鳞 198～218 枚。肛鳞完整;尾下鳞双行,64～95 对。

　　头背棕褐色,有近倒"V"形的深褐色斑。上下唇色较浅。眼后到颈侧有一暗褐色纵纹。体背棕褐色,在背中线两侧有并列的暗褐色斑纹,左右相连而成波状纵纹,在波纹的两侧有不规则的小斑块。头部腹面灰白色。体腹面浅褐色,每一腹鳞有 1～3 块近方形或近圆形的小斑。

　　习性　生活于海拔 200m 以上的丘陵和山区,多栖息于灌丛、竹林、溪边及住宅附近柴堆或石缝中。善于上树,多在夜间活动。捕食蛙类、蜥蜴、鸟类及鼠类。卵生,每产 5～13 枚。

　　分布　天目山分布于灌丛、竹林、溪边等处。国内分布于甘肃、陕西、四川、重庆、贵州、云南及长江以南地区,包括台湾、海南等地。国外分布于印度、孟加拉国及缅甸等地。

绿蝮属 *Viridovipera* David *et al*.,2011

　　鼻骨一般或偏小;鼻小孔位于鼻腔后壁。额骨近方形或长方形,顶部有一般不明显的下凹。鳞骨一般大于枕骨大孔。上颌骨颊窝前缘一般有小突起。头背全为小鳞片,顶区前部鳞片和喉区鳞片光滑。

　　本属现存有 6 种,分布于南亚、东南亚及中国南部。中国有 4 种。天目山有 1 种。

3.20　福建绿蝮 *Viridovipera stejnegeri* Schmidt,1894(图版Ⅲ-20)

　　别名　竹叶青、青竹彪、刁竹青、焦尾巴

　　形态　头大呈三角形,颈细,头颈区分明显。体长 500～700mm,尾长 120～170mm。眼与鼻孔之间有颊窝(热感应器)。角膜红色,瞳孔直立。上颌前端具长而可倒伏的大管牙。头

背都是小鳞片,头顶具细鳞。吻鳞1枚,梯形,底边与高约相等。鼻鳞1枚,鼻孔开于中央,与第1上唇鳞间有一明显而完整的缝沟。鼻间鳞小,1枚,两鼻间鳞间有1～4枚小鳞。眶下鳞1～3枚;眶上鳞1～2枚,呈长形;眶后鳞2～3枚,多数位于后上角;眶前鳞3枚。上唇鳞9～11枚,第1枚在鼻鳞后下方,第2枚形成颊窝的前缘和下缘,第3枚最大;下唇鳞11～13枚,第1枚最大,第1～3枚与前额鳞相切。背鳞21(20)-21(20)-15(16)行,除最外1～2行外均起棱;腹鳞160～174枚。肛鳞完整;尾下鳞双行,58～78对。

生活时,眼多数为黄色或者红色,瞳孔呈垂直的一条线。背呈草绿色,腹面稍浅或呈草黄色。自颈部以后,体侧常有由背鳞缀成的左右各一条白色纵线,或为红白色纵线,或为黄色纵线。尾短圆,焦红色,具缠绕性。

习性 生活于海拔150～2000m的山区树林中、阴湿的山溪旁杂草丛或竹林中,常栖息于溪涧边灌木杂草、稻田田埂杂草、宅旁柴堆或瓜棚。蛇的体色通常与其生境有关,体色与环境相似,不易于被天敌或捕食者发现。树栖性,常吊挂或缠在树枝上,尤其喜栖于山洞旁树丛中。多于阴雨天昼夜活动,夜间活动更频繁。以蛙、蜥蜴、小鸟和鼠类等小型动物为食。性情较为神经质,具攻击性,有毒。卵胎生,一般而言,其产仔期为7—8月,每次产4～15仔。

分布 天目山分布于树林、灌草丛、竹林等处。国内分布于吉林、甘肃、河南、四川及长江以南地区。国外分布于亚洲大部分地区。

水蛇科 Homalopsidae

上颌齿最后2～3枚扩大为后沟牙,具温和的毒性。鼻孔开口于吻背,有鼻瓣,能自由开闭。头相对较小,头颈区分不明显。眼小,瞳孔垂直椭圆形。鼻间鳞单枚。腹鳞窄。

生活在淡水、浅海或江河入海口等处。取食鱼类、虾蟹类、贝类等。不适应长期在陆地上爬行。

本科现存有28属50余种,主要分布于东南亚。中国有3属4种。天目山有1属1种。

沼蛇属 *Myrrophis* Kumar *et al*., 2012

体粗尾短。头较扁平,头颈区分不明显。眼小,瞳孔垂直椭圆形。上颌齿10～16枚,最后2枚增大成沟牙。鼻鳞彼此相切,鼻间鳞单枚,鼻孔向上。头背具对称大鳞。背鳞平滑,中段19～33行。尾下鳞成对。

本属现存有2种,分布于中国和越南北部。中国有1种。天目山有1种。

3.21 中国沼蛇 *Myrrophis chinensis* Gray,1842(图版Ⅲ-21)

别名 中国水蛇

形态 体粗壮,尾短。雄蛇全长26～49cm,雌蛇全长27～83cm。头较大,与颈明显区别。吻端宽钝,吻鳞宽超过高。鼻孔位于吻背面,左右鼻鳞彼此相切。鼻间鳞呈菱形,较小,位于左右鼻鳞之后中央,与颊鳞不相切或偶相遇。前额鳞较小;额鳞窄长,长度等于从它到吻端的距离。背鳞平滑;肛鳞二分;尾下鳞双行。

生活时,蛇体前部呈深灰色或灰棕色,具有大小不一的黑点,排成3纵行。上唇缘黄白色。背鳞最外行暗灰色,外侧2至3行红棕色。腹鳞前半暗灰色,后半黄白色。

习性 一般生活于平原、丘陵或山麓地区,栖息于溪流、池塘、水田或水渠内,偶尔会离开水面,白天及晚上均见活动,食性杂,主要以鱼类、青蛙以及甲壳纲动物为食。雌蛇1年1次排卵,卵胎生。8月中旬至9月中旬产仔,每胎产仔6～21条。

分布　天目山分布于溪流、水池等处。国内分布于江苏、浙江、安徽、福建、江西、湖北、湖南、广东、海南、广西、台湾等地。国外分布于越南。

眼镜蛇科 Elapidae

世界上的毒蛇近一半隶属于本科,也有不少种类咬人并无严重危害的。其毒性主要作用于神经系统,称神经毒类,少数具混合毒。眼镜蛇科蛇类头部椭圆形,身体修长,外形上与无毒蛇不易区别。其上颌骨较短,前部着生 2 枚大的前沟牙(毒牙),之后往往有 1 至数枚细牙。头顶具对称大鳞。无颊鳞。瞳孔圆形。尾圆柱形。整个脊柱都具有椎体下突。半阴茎的精液槽沟往往是分叉的。

除眼镜蛇属(产于中非)外,均为陆栖。除唾蛇属(产于南非)卵胎生外,均为卵生。

本科现存约有 61 属 310 余种,有一半左右的种类产于大洋洲,其余分布于亚洲、非洲及美洲的热带和亚热带地区,欧洲没有该科动物分布。中国有 7 属 26 种,主要分布于长江以南地区。天目山有 3 属 4 种。

天目山眼镜蛇科分属检索

1. 脊鳞较其余背鳞大,呈六角形,尾下鳞单行 ························· 环蛇属 *Bungarus*
   脊鳞不比其余背鳞大,尾下鳞全部或大部成对 ··· 2
2. 颈部可膨扁,背面以黑色或黑褐色为主,鼻间鳞接鼻孔 ················ 眼镜蛇属 *Naja*
   颈部不膨扁,背面以棕色、红棕或紫棕色为主,鼻间鳞不接鼻孔 ········· 珊瑚蛇属 *Sinomicrurus*

环蛇属 *Bungarus* Daudin,1803

头、颈部不易区分。头部无颊鳞,眶前鳞与鼻鳞相接。眼中等大小,瞳孔圆形。背鳞光滑,13～19 行,中段背鳞扩大为六角形。尾下鳞全部单行。背部黑褐色,有几十个约等距排列的白色或黄色窄横纹。毒性强。

本属现存有 15 种,分布于南亚、东南亚。中国有 3 种。天目山有 1 种。

3.22　银环蛇 *Bungarus multicinctus* Blyth,1861(图版Ⅲ-22)

别名　白节蛇、寸白蛇、白带蛇、桶箍蛇、金钱白花蛇(幼蛇的中药名)

形态　体长 1000～1800mm。背脊较高,横截面呈三角形,尾末端较尖。头部椭圆形,略大于颈部,吻短钝圆,眼较小,具前沟牙。上唇鳞和下唇鳞各 7 枚。无颊鳞。眶前鳞 1 枚,眶后鳞通常 2 枚。前颞鳞多数为 1 枚;后颞鳞常 2 枚。背鳞平滑,脊鳞扩大呈六角形,通身常 15 行;腹鳞雄蛇 205～215 枚,雌蛇 200～220 枚。肛鳞单枚;尾下鳞雄蛇 45～50 对,雌蛇 40～48 对。

生活时,头背黑褐,幼体枕背具浅色倒"V"形斑。体背面黑色或蓝黑色,具 30～50 个白色或乳黄色窄横纹,约 1～2 个鳞片宽。腹面污白色,无斑纹。幼体色斑与成体基本相似。

习性　栖息于山区、丘陵及平原多水处,常见于灌木林、坟堆、石头堆下、田埂、菜地等处。昼伏夜出,尤其闷热天气的夜晚出现更多,但也见有初夏气温 15～20℃天气晴朗时,白天出来晒太阳。捕食泥鳅、鳝鱼和蛙类,也吃各种鱼类、鼠类、蜥蜴和其他蛇类。性情较温和,一般很少主动咬人,但在产卵孵化,或有惊动时也会突然袭击咬人。

卵生,多于 6—7 月间产卵,每次产 3～12 枚,孵化期 40～55 天。幼蛇三年后性成熟。

分布　天目山分布于开山老殿以下的灌木林、竹林等处。国内分布于四川、贵州、云南、湖北及长江以南地区,包括海南、台湾等地。国外分布于缅甸、老挝及越南北部。

眼镜蛇属 *Naja* Laurenti,1768

头部椭圆形,头与颈之间区分不太明显。上颌骨在前端超过颚骨。眼大小适中,瞳孔圆形。鼻孔位于前后鼻鳞之间。前沟牙之后有 1～3 枚细牙。颈部肋骨增大,颈部可膨大为宽扁形。无颊鳞;背鳞平滑,斜向排列;尾下鳞为双行。均为剧毒蛇。

本属现存有 38 种,分布于非洲及亚洲大部。中国有 2 种,主要分布于长江以南地区。天目山有 1 种。

3.23　舟山眼镜蛇 *Naja naja* Linnaeus,1758(图版Ⅲ-23)

别名　扁头蛇、吹风蛇、蝙蝠蛇、膨颈蛇、扇颈蛇、琵琶蛇

形态　体较大,体长 700～1200mm,尾长 120～200mm。头部呈椭圆形,具前沟牙,上颌骨较短不能动,无颊窝,颈部能向两侧展开。吻鳞三角形,但底边内凹,高大于宽。鼻间鳞楔形,长与最宽处约相等。前额鳞楔形,长宽相等,其间沟远大于鼻间鳞沟。额鳞长五边形,长大于宽,但不及额鳞前缘与吻鳞后缘的距离。无颊鳞。无眶下鳞,眶上鳞、眶前鳞各 1 枚,眶后鳞 3 或 2 枚。上唇鳞7(8)枚,第7(8)枚最大;下唇鳞8～10 枚,第 5 枚最大。体光滑无棱,背鳞较小,斜向排列,23(22、24)-19(18、20)-13(15)行;腹鳞宽,164～176 枚。肛鳞单枚,尾下鳞38～50 对。

成体:体色变化较多,有白化、米黄色、棕色及黑色变体等。尽管体色发生各种变化,但颈背有似眼镜状的白色斑纹,颈部膨大时尤为明显。头背黑色或黑褐色。体及尾背黑褐色,具窄的黄白色横纹 10 多条。头腹及体前腹面黄白色,颈部腹面有 2 黑点及黑横斑。体中段之后的腹面逐渐呈灰褐色或黑褐色。

幼体:色斑同成体。

习性　栖息于平原、丘陵地区,多见于海拔 30～500m 的山坡、坟堆、灌木林、竹林等处。昼行性,有向阳性,能攀树。食性很广,以鱼类、蛙类、蜥蜴类、蛇类、鸟类、鼠类及鸟卵等为食。卵生,6—8 月产卵,每产 7～19 枚。

分布　天目山分布于三里亭以下的灌木林、竹林等处。国内分布于重庆、贵州、湖北及长江以南地区,包括海南、香港、澳门和台湾等。国外分布于印度、巴基斯坦、尼泊尔、斯里兰卡、老挝、越南。

珊瑚蛇属 *Sinomicrurus* Gray,1834

上颌骨前缘超过颚骨。前沟牙后面有 1 条间隙,有 0～5 枚细牙。头部与颈区分不明显。瞳孔圆形。躯干部圆柱形,通体粗细一致。无颊鳞。背鳞平滑,通体 13 行或 15 行。尾短,尾下鳞双行或部分单行。体表常具明显色斑。

本属现存有 5 种,分布于亚洲各地。中国有 4 种。天目山有 2 种。

天目山珊瑚蛇属分种检索

背部有一黄白色"∩"形斑,背鳞通身 15 行 …………………………… 福建华珊瑚蛇 *S. kelloggi*

头背有一黄白色宽阔的一字形横斑,背鳞通身 13 行 ………………… 中华珊瑚蛇 *S. macclellandi*

3.24 福建华珊瑚蛇 *Sinomicrurus kelloggi* Pope, 1928(图版Ⅲ-24)

别名 瑰纹蛇、丽纹蛇

形态 体全长雄蛇 400～500mm，雌蛇 500～600mm。头钝圆，头、颈区分不明显，鼻孔大，呈椭圆形，无颊鳞，有前沟牙。上唇鳞 7 枚，下唇鳞 7 或 6 枚。通常眶前鳞 1 枚，眶后鳞 2 枚；前颞鳞 1 枚，后颞鳞 2 枚。背鳞光滑，15 行；腹鳞雄蛇 189～194 枚，雌蛇 190～195 枚。肛鳞 2 枚；尾下鳞成对，雄蛇 32～36 对，雌蛇 27～33 对。

生活时，头背黑色，有两条黄白色横斑。前条在眶前，较窄，起于两鼻间鳞后缘及前额鳞前半部，止于两侧第二、三上唇鳞；后条是"∩"形，较宽。体背红褐色，有黑色横斑 17～24 条。横斑之间、背鳞两侧通常各有一对称小黑点。头部腹面黄白色，无斑；体腹面浅黄色，具有许多不规则的黑斑块。幼体与成体的色泽基本相同。

习性 栖息于山区森林中，常见于腐殖质较多的林地。常夜间活动，主要捕食小型蛇类、蜥蜴类。卵生，怀卵量常 8～9 枚。

分布 天目山分布于森林、枯枝落叶等处。国内分布于重庆、四川、贵州、湖南、浙江、江西、福建、广东、广西及海南等地。国外分布于越南、老挝北部。

3.25 中华珊瑚蛇 *Sinomicrurus macclellandi* Reinhardt, 1844(图版Ⅲ-25)

别名 环纹赤蛇、丽纹蛇

形态 体较小，体长 300～500mm，尾长 30～50mm。头部短宽，具前沟牙，吻钝圆，头颈区分不明显。眼小，椭圆形。鼻孔大，位于两鼻鳞间。无颊鳞，吻鳞宽大于高。鼻间鳞较前额鳞小，其间沟为前额鳞沟的 1/2。额鳞长等于或稍超过其与吻端的距离。眶前鳞 1 枚，眶后鳞 2(1)枚。上唇鳞 7 枚；下唇鳞 6 枚，个别 7 枚，前 4 枚切前颏鳞。体鳞无棱，背鳞不扩大，通体 13 行；腹鳞 197～218 枚。肛鳞二分，尾下鳞 27～34 对。

生活时，头背黑色，头背中间两眼之后到顶鳞后缘有一宽阔的黄白色横斑。吻部有细窄的黄白色横斑。体背赤红色，有黑色横斑 26～33＋3～6 个，每个横斑约 1～1.5 个鳞片宽。腹面浅黄色，有不规则的黑斑。

习性 栖息于山区森林或平原丘陵中，有时藏于地表枯枝败叶下。常夜间活动，性格懒惰，活动性较差。虽被干扰也不攻击人。以其他小蛇、蚯蚓、蜥蜴等为食。卵生，怀卵 4～14 枚。

分布 天目山分布于森林、枯枝落叶等处。国内分布于甘肃、西藏、四川、重庆、贵州、云南及长江以南地区。国外分布于印度、尼泊尔、缅甸、老挝、越南等地。

游蛇科 Colubridae

蛇类最进步的一类，由于广泛地适应辐射，形成非常庞大的类群。它们头部明显，颈较细，尾较长。头顶被大型对称的鳞片。背鳞大致为菱形或椭圆形，排列成覆瓦状。腹鳞横向延长，呈单列的宽大鳞片。

一般眼较大，瞳孔圆形，少数椭圆形。前颌骨无齿，上颌骨较长具齿，少数种类在其后端着生 2～4 枚较大的沟牙；下颌骨无冠状突。牙齿众多，着生于上颌骨、颚骨、翼骨和齿骨上。椎骨几乎都有椎体下突。

本科动物种类多、数量大，给系统分类带来了困难。其主要原因是三个热带地区(亚洲、非洲、美洲)在适应辐射过程中，形态特征表现了趋同进化的现象。这搅乱了自然分类系统体系的建立。随着研究的深入及动物分类方法的改进，蛇的分类可能会有不少变动。

本科现存有 304 属 1938 种,世界各地均有分布(新西兰除外),主要分布于温、热带地区。中国有 38 属 135 种。天目山有 21 属 30 种。

天目山游蛇科分属检索

1. 上颌齿后端有沟牙 ··· 林蛇属 *Boiga*
   上颌齿无沟牙 ·· 2
2. 背鳞前段斜行 ·· 3
   背鳞均不斜行 ·· 4
3. 背鳞中段 17~19 行,肛前 15 或 17 行,肛鳞二分 ····················· 斜鳞蛇属 *Pseudoxenodon*
   背鳞通身 15 行,肛鳞完整 ··· 颈斑蛇属 *Plagiopholis*
4. 头部呈三角形,头顶被粗糙大鳞,颞鳞具棱 ····················· 颈棱蛇属 *Macropisthodon*
   头部不呈三角形,头顶鳞片不粗糙,颞鳞平滑 ··· 5
5. 头顶为正常 9 枚大鳞 ·· 7
   头顶鳞片有变异 ·· 6
6. 无颊鳞,尾较短 ··· 两头蛇属 *Calamaria*
   有颊鳞,尾甚长 ··· 后棱蛇属 *Opisthotropis*
7. 颊鳞 2~4;若为 1 枚,则背鳞行数为偶数 ····························· 鼠蛇属 *Ptyas*
   颊鳞仅 1 枚,背鳞行数为奇数 ·· 8
8. 吻鳞甚高,弯向吻背,背鳞光滑 ································· 小头蛇属 *Oligodon*
   吻鳞不特别高,背鳞有棱 ·· 9
9. 颈背正中有一明显颈槽 ··· 颈槽蛇属 *Rhabdophis*
   颈背正中无颈槽 ·· 10
10. 背鳞行数通身一致 ··· 11
    背鳞行数前后不一致 ··· 12
11. 背鳞通体 15 行,体绿色 ··· 翠青蛇属 *Cyclophiops*
    背鳞通体不全是 17 行,体棕褐色为主,枕部常有一黑斑 ············· 剑蛇属 *Sibynophis*
12. 体前段背鳞一般 19 行以下,颊鳞一般窄长,体背具横斑 ············· 链蛇属 *Dinodon*
    体前段背鳞一般 19 行以上,颊鳞一般不窄长,体背具各种斑纹 ····················· 13
13. 体中段背鳞 19 行以上,眶后鳞一般 2 枚 ··· 14
    中段背鳞 19 行以下,眶后鳞 3 枚或更多 ··· 19
14. 成体体背翠绿色 ··· 雅蛇属 *Rhadinophis*
    体背有各种斑纹,不呈翠绿色 ··· 15
15. 背鳞在头后不超过 19 行,头背有 3 条纵线 ····················· 山隐蛇属 *Oreocryptophis*
    背鳞在头后 21 行或更多 ··· 16
16. 背鳞在头后 23 行以下,体背前段有 4 行黑点 ····················· 滞卵蛇属 *Oocatochus*
    背鳞在头后 23 行以上,可多至 29 行 ·· 17
17. 背鳞平滑,体背灰色,具黄色镶着黑斑的马鞍状斑纹 ············· 丽蛇属 *Euprepiophis*
    背鳞起棱 ·· 18
18. 体中段最外侧有 2 行以上背鳞平滑,其余无或弱起棱 ············· 晨蛇属 *Orthriophis*
    体中段最外侧有 1~2 行背鳞平滑,其余强起棱 ····················· 锦蛇属 *Elaphe*
19. 半阴茎分叉 ·· 21
    半阴茎不分叉,精沟亦不分叉 ··· 20

20. 半阴茎外翻呈浅丫形 ··· 草游蛇属 *Amphiesma*
    半阴茎外翻细小,近柱状 ··· 腹链蛇属 *Hebius*
21. 精沟不分叉 ·· 华游蛇属 *Sinonatrix*
    精沟分叉 ·· 渔游蛇属 *Xenochrophis*

林蛇属 *Boiga* Fitzinger,1826

体细长而略侧扁。头较大,略呈三角形,与颈区分明显。眼大,瞳孔直立,椭圆形。上颌齿10～14 枚,大小几乎相等,最后 2～3 枚为较长的沟牙。颚骨齿常极大,外翼骨前端常分叉与上颌骨关联。背鳞平滑,中段 17～31 行,或多或少斜列;腹鳞圆形或具不明显的侧棱。尾较长,尾下鳞 2 行。

本属现存有 34 种,分布于热带非洲、大洋洲及亚洲大部。中国有 4 种。天目山有 1 种。

3.26 绞花林蛇 *Boiga kraepelini* Stejneger,1902(图版Ⅲ-26)

别名 绞花蛇、大头蛇

形态 体细长而侧扁,体长 500～1100mm,尾长 200～380mm。头大颈细,头颈区分明显。吻端钝圆,头被对称大鳞。眼大,瞳孔垂直椭圆形。吻鳞圆三角形,底边凹陷,宽大于高。鼻间鳞 1 对,近椭圆形,长宽略相等。鼻鳞 2 枚,鼻孔位于吻侧,开口于鼻鳞之间。颊鳞 1 枚,条形,后缘入眶。上唇鳞 8 枚或 9 枚,第 6 或第 7 枚最大;下唇鳞 11～12 枚。无眶下鳞,眶前鳞 2 枚,眶后鳞 2(或 3)枚,眶上鳞 1 枚。背鳞平滑,21(22、23、25)-21-17(15、16)行。腹鳞宽,无侧鳞,221～240 枚。肛鳞两分。尾下鳞双行,127～145 对。半阴茎不分叉,外翻呈柱状。

生活时,头背灰褐色或浅紫褐色,具深棕色条斑达颈背。上唇及头腹黄白色,散以深褐色斑。体背灰褐色或浅紫褐色,背中央有一行粗大而不规则镶黄边的深棕色斑块,一些斑块前后相连呈波状纹。体侧各有 1 行棕色块斑。腹面黄白色,密布棕褐色或浅紫褐色点斑。

习性 栖居在中、低海拔山区和丘陵的树林、灌丛、溪沟和草丛中,常活动于森林底层、灌丛、草丛和树林中,有时候也会出现在住家与庭院附近。攀爬力强,夜行性。以蜥蜴、鸟类为食,偶尔也吃鸟蛋、雏鸟。卵生。

分布 天目山分布于树林、灌草丛、溪流等处。国内分布于四川、贵州、湖南、安徽、浙江、江西、福建、广东、广西、海南、香港及台湾岛等地。国外分布于东亚和东南亚。

斜鳞蛇属 *Pseudoxenodon* Boulenger,1890

头颈区分明显。眼大,瞳孔圆形。上颌齿 19～29 枚,最后 2 枚明显增大。整个脊柱椎体下突。背鳞起棱,体前部鳞列斜行,体中部多数为 17～19 行,肛前 15 行。腹鳞圆形,尾下鳞成对。

本属现存有 6 种,分布于印度、尼泊尔、中国及东南亚。中国有 4 种。天目山有 1 种。

3.27 纹尾斜鳞蛇 *Pseudoxenodon stejnegeri* Barbour,1908(图版Ⅲ-27)

别名 臭蛇、花尾斜鳞蛇、气扁蛇、草上飞

形态 体长 400～550mm,尾长 90～140mm。吻较尖,头近椭圆形,与颈区分明显。鼻鳞1 枚,鼻孔位于鼻鳞中央。颊鳞 1 枚,偶见 2 枚。上唇鳞 8 枚,偶见 7 枚;下唇鳞 10 枚。眶前鳞1 枚;眶后鳞 3 枚,偶见 1 枚。背鳞 19(17)-19(17)-15 行,除最外 1～2 行外,均起棱。腹鳞135～150 枚。肛鳞二分。尾下鳞 50～60 枚,双行。

生活时,头部青灰色,上唇黄色,其鳞沟间有黑色斑纹。头部有一块不明显的倒"V"形黑

斑,其顶端起于额鳞后缘,两侧后延到口角后方,外缘为土黄色。眼后到口角有一黑带,颈部有一箭形黑斑,尖端达顶鳞后缘。体背灰褐色,中央有约 22 个近乎菱形的黄褐色斑纹,每块约有 4 行鳞片的宽度,1～2 行鳞片的长度。该黄褐色斑在体后部合并,形成一条黄褐色的中央纵线,直到尾端。中央纵线两侧为黑色纵带。腹鳞灰白色,两侧各有一条由黑色点斑组成的纵纹。

习性　一般栖息于海拔 400～2100m 的高原山区,常见于常绿阔叶林、草灌丛、田地、溪边、路旁、潮湿地岩石堆上。白天活动,主食蛙类。受惊时体前段竖起,颈膨扁,能呼呼发声;特臭。卵生,无毒。

分布　中国特有种。天目山分布于林区。国内分布于河南、四川、贵州、安徽、浙江、江西、广西、福建及台湾。

颈斑蛇属 *Plagiopholis* Boulenger,1893

体小粗短,圆柱形。头较小,与颈部区分不明显。眼小,瞳孔为直立椭圆形。上颌齿 16～20 枚,几乎均相等。鼻孔位于鼻鳞两半之间或鼻鳞与第 1 上唇鳞之间。背鳞平滑,通身 15 行,略呈斜行。腹鳞圆形。尾短,尾下鳞单行或双行。颈背有一黑色箭形斑或黑块斑。

本属现存有 5 种,分布于中国、缅甸及越南。中国有 4 种。天目山有 1 种。

3.28　福建颈斑蛇 *Plagiopholis styani* Boulenger,1899(图版Ⅲ-28)

别名　颈瘢蛇

形态　体形小,体长 200～300mm,尾长 30～60mm。头较小,头颈区分不明显。吻短,吻鳞宽。鼻间鳞 1 对,前额鳞 1 对;前额鳞沟比鼻间鳞沟长。额鳞 1 枚,六角形;无颊鳞。眶前鳞 1 枚,眶后鳞 2 枚。上唇鳞 6 枚,下唇鳞 6 枚。背鳞通身 15 行;腹鳞 110～115 枚。肛鳞完整。尾下鳞 26～30 对。

生活时,头背棕褐色,上唇鳞淡黄色,吻鳞及唇鳞缘黑色。体背红棕色,部分鳞片边缘黑色,形成断续网纹。颈背有一边缘带黄色的黑块斑。腹鳞和尾下鳞淡黄色,两侧有许多黑褐色点斑。

习性　生活于山区阔叶林、混生林、竹林和草原等处。穴居,以蚯蚓和节肢动物为食。卵生,每产 5～11 枚。无毒。

分布　天目山分布于森林、竹林等处。国内分布于甘肃、四川、安徽、浙江、江西、福建、广西等地。国外分布于越南北部。

颈棱蛇属 *Macropisthodon* Boulenger,1893

体粗壮,能膨扁,鳞片具强棱。头颈区分明显。眼中等大小,瞳孔圆形。上颌齿 12～20 枚,隔一齿间隙有 1 对大牙;下颌齿大小几乎相等。背鳞 19～27 行,具强大的脊棱。腹鳞圆形。尾较短,尾下鳞 2 行成对。

本属现存有 4 种,分布于印度、马来群岛及中国南部。中国有 1 种。天目山有 1 种。

3.29　颈棱蛇 *Macropisthodon rudis* Boulenger,1906(图版Ⅲ-29)

别名　伪蝮蛇、老憨蛇

形态　体粗尾短,体长 600～800mm,尾长 130～170mm。头部略呈三角形,外形极像蝮蛇或蝰蛇,头背大鳞粗糙。颈部具多数起棱的小鳞片。吻鳞宽为高的 1.5 倍。额鳞盾状,长大于宽。眶前鳞 3 枚,个别 2 枚;眶后鳞 3 枚;眶下鳞 3 枚,个别 2 枚。上唇鳞 7 枚,个别 8 枚;下唇鳞 9 枚,个别 10 枚。颊鳞 2 或 1 枚。背鳞明显起棱,23(22、25、27)-23(24、25)-19 行。腹鳞 135～155 枚。肛鳞二分。尾下鳞 34～60 枚,双行。

生活时,身体的斑纹像蝮蛇。头背黑褐色,上下唇红砖色,喉部土黄色。体背棕褐色,具两行粗大的深棕色斑纹,交互排列。腹面淡灰色,间杂黑褐色斑点。

习性　多生活于山区树林间、草丛中或水边等处。以蟾蜍、蛙类等为食。卵胎生。无毒。

分布　天目山分布于树林、草丛、溪流边等处。国内分布于河南、四川、贵州、云南、安徽、湖南、浙江、江西、广西、广东、福建及台湾。国外分布尚未明确。

两头蛇属 *Calamaria* Boie,1827

体小,圆柱形,头颈区分不明显。眼小,瞳孔圆形。上颌齿 8～11 枚,大小相似,强烈后弯;下颌齿少而大。鼻孔位于非常小的鼻鳞中央,无鼻间鳞、颊鳞及颞鳞。顶鳞与上唇鳞相切。背鳞平滑,通身 13 行。腹鳞圆形。尾短,尾下鳞成对。

本属现存有约 60 种,分布于印度、日本、中国、缅甸、印尼及菲律宾。中国有 3 种。天目山有 1 种。

3.30　钝尾两头蛇 *Calamaria septentrionalis* Boulenger,1890(图版Ⅲ-30)

别名　双头蛇、两头蛇、枳首蛇、越王蛇

形态　体较小,体长 270～380mm,尾长 10～25mm。头颈区分不明显。吻鳞宽而低。无鼻间鳞、颊鳞和颞鳞。顶鳞大于额鳞,其间沟等于额鳞长。眶前鳞、眶后鳞和眶上鳞各 1 枚,无眶下鳞。上唇鳞 4 或 5 枚;下唇鳞 5 枚,第 4 枚最大。背鳞平滑,通体 13 行。肛鳞完整。尾下鳞两列。尾部形状、粗细、花纹与头部相似,常被误认为两个头的蛇。

生活时,体色可分为两类,一类是背面全为灰黑色,鳞片的外缘黑色,构成网纹;另一类是背部灰褐色,鳞片的黑缘色稍淡,背中央的 6 行鳞片中,有纵横各间 2 行宽的约半个鳞片的黑点,排成 3 条纵线。腹面橙红色,有分散的零星黑点。尾部腹面中央有一条黑线纹。

习性　栖息在山区或平原低地,多发现于海拔 300m 左右的山丘。生活于阴湿的土穴中。在泥土下,行动十分隐秘。以蚯蚓为食。卵生。无毒。

分布　天目山分布于一里亭以下低地。国内分布于河南、四川、贵州、江苏、安徽、两湖、浙江、江西、两广、福建及香港。国外分布于越南北部。

后棱蛇属 *Opisthotropis* Güenther,1872

体圆柱形,头小而扁平,与颈区分不甚明显。眼小,瞳孔圆形或直立椭圆形。鼻间鳞 2 枚,前端较窄,左右鼻鳞偏背侧,故鼻孔开口略近吻背。背鳞中段 15～19 行,尾下鳞成对。

本属现存有 23 种,分布于中国及东南亚。中国有 12 种。天目山有 1 种。

3.31　山溪后棱蛇 *Opisthotropis latouchii* Boulenger,1899(图版Ⅲ-31)

别名　福建颈斑蛇

形态　体长 270～380mm,尾长 70～110mm。头小,背腹扁平。吻鳞宽远超过高。鼻间鳞狭小,长小于宽。前额鳞单枚,宽为长的 2 倍多。额鳞五边形,长等于宽。顶鳞为头部最大的鳞片,其间沟大于额鳞长。眶后鳞 1 或 2 枚,眶上鳞 1 枚,无眶前鳞、眶下鳞。上唇鳞 8 或 9 枚,第 7 枚最大;下唇鳞 9 枚,第 5 枚最大。背鳞通身 17 行(个别 18-17-16),均起鳞。腹鳞 145～156 枚。肛鳞二分。尾下鳞 54～68 对。

生活时,下唇鳞有黑褐色污斑。体背黑褐色,每枚体鳞中央有黄白色纵纹。这些条纹首尾

相连形成黄白色和黑色长纵纹。腹面黄白色,无斑。有的尾下鳞中央色深,边缘黑褐色。

习性　栖息于森林、竹林,常生活于山区溪流及附近,善于潜伏在岩石及腐烂植物之下。以蚯蚓和节肢动物为食。卵生,产卵于石下或茶山草坡杂草中。

分布　天目山分布于各溪流及附近。国内分布于四川、贵州、安徽、湖南、浙江、江西、两广及福建。国外分布于越南。

鼠蛇属 *Ptyas* Fizinger,1843

体圆柱形。头长椭圆形,眼圆而大,瞳孔圆形。上颌齿 20～30 枚,连续排列并向后逐渐增大。颊部略凹,颊鳞 1～4 枚。眼前鳞下面有一片明显较小的鳞片。腹鳞宽大,无棱。尾长,尾下鳞双行。体侧有黑色纵纹或后段有黑色网纹。

本属现存有 8 种,分布于中国及东南亚。中国有 5 种。天目山有 3 种。

天目山鼠蛇属分种检索

1. 颊鳞仅 1 枚,背鳞行数为偶数 ··· 乌梢蛇 *P. dhumnades*
   颊鳞 2～3 枚,背鳞行数为奇数 ··· 2
2. 背鳞行数较少,背部灰黑色,缀以黑褐色的细纵纹 ························· 灰鼠蛇 *P. korros*
   背鳞行数较多,背部棕黑色,可见黑色网状或横纹 ······················· 滑鼠蛇 *P. mucosus*

3.32　乌梢蛇 *Ptyas dhumnades* Cantor,1842(图版Ⅲ-32)

别名　乌梢蛇、乌风蛇、黑乌梢、黄风蛇

形态　成蛇体长一般在 90～160cm 左右。头较长,呈扁圆形,与颈区分明显。鼻鳞 2 枚,鼻孔位于吻侧,开口于鼻鳞之间。吻鳞 1 枚近三角形,宽大于高。鼻间鳞 1 对,方形,为前额鳞长的 2/3。上唇鳞 8 枚,第 7 枚最大;下唇鳞 8～10 枚。额鳞 1 枚,盾形,长大于宽。顶鳞 1 对,大于额鳞。无眶下鳞,眶上鳞 1 枚,眶前鳞、眶后鳞各 2 枚。背鳞鳞行成偶数,16-16(14)-14 行,中央 2～4 行强起棱。腹鳞 191～205 枚。肛鳞二分。尾下鳞 95～137 对。

身体背面呈棕褐色、黑褐色或绿褐色,背部正中有一条黄色的纵纹。体侧各有两条黑色纵纹,成年个体的黑色纵线在体后部变得逐渐不明显(有的个体通身墨绿色,有的前半身近黄色,后半身黑色)。次成体通身纵纹明显。幼蛇背面呈深绿色,有 4 条纵纹贯穿于全身,与成蛇明显不同。

习性　栖息于平原、丘陵、山地的田野间,住宅周围。常在农田、田埂、菜地、湖沟附近活动。行动敏捷,以蛙类、蜥蜴类为食。卵生,每产 6～16 枚不等,6 月中下旬开始产卵。

分布　中国特有种。天目山分布于荒野、屋舍等附近。国内分布于甘肃、陕西、华北、西南、华中及长江以南地区。

3.33　灰鼠蛇 *Ptyas korros* Schlegel,1837(图版Ⅲ-33)

别名　黄梢蛇、索蛇、过树蛇、跳树标、黄肚龙、山蛇、土蛇

形态　体略细长,体长 60～120cm,尾长 20～50cm。头长,眼圆而大,瞳孔圆形。吻鳞 1 枚,呈三角形,宽大于高。鼻间鳞 1 对,呈规则五边形,长宽略相等。额鳞 1 枚,呈盾形,长大于宽。鼻鳞 2 枚,鼻孔位于吻侧,开口于鼻鳞之间。颊部内凹,颊鳞 2～3 枚,个别 1 枚。上唇鳞 8 枚,第 7 枚最大;下唇鳞 10 枚,以第 5 或第 6 枚最大。无眶下鳞,眶前鳞、眶后鳞各 2 枚,眶上鳞 1 枚。背鳞无棱或体后段极弱,15(16,17)-15(13)-11 行。腹鳞宽无棱,162～173 枚。尾下鳞双行,113～121 对。肛鳞 1 列 2 枚,极个别两列 4 枚。

生活时,上唇和背面灰褐色。背面橄榄灰色,躯干后部和尾背鳞片边缘黑褐色,整体略显网纹。体中、后部每一背鳞中央有黑褐色纵线,前后缀连成 10～11 条纵纹,到尾前段合并成 6 条,到尾后段并成 4 条。腹面淡黄色,无斑纹。尾下鳞有的棕黄色。

习性　生活于丘陵和平原地带,主要活动在灌木林中,在水田、溪边石上或草丛中也可见到,常攀缘于溪流或水塘边的灌木或竹丛上。行动敏捷,性温顺,胆怯,一般不主动袭击人。昼夜活动,阵雨后太阳出来时,常见于路边、沟边的灌木顶上;晚间常蜷伏于竹枝上。捕食蛙类、蜥蜴,也食小鸟及其他小型动物。卵生,5—6 月产卵,卵数 9 枚左右,卵产于灌木丛中的落叶下,并有护卵行为。

分布　天目山分布于灌草丛、溪流边等处。国内分布于四川、贵州、云南、湖南、浙江、江西、广西、广东、福建及台湾等。国外分布于中南半岛、印度、印度尼西亚。

3.34　滑鼠蛇 *Ptyas mucosus* Linnaeus, 1758(图版Ⅲ-34)

别名　草锦蛇、长柱蛇、水律蛇、乌肉蛇、水南蛇

形态　体长而粗大,体长 90～150cm,尾长 30～60cm。头较长,眼大而圆,瞳孔圆形。颊部略内凹,颊鳞一般 3 枚。吻鳞 1 枚,宽大于高。鼻间鳞 1 对,扇形,长宽略相等。额鳞 1 枚,呈盾形,长大于宽。颊鳞 3 枚。上唇鳞 8 枚,第 7 枚最大;下唇鳞 10 枚,个别 9 或 11 枚,以第 6 枚最大。无眶下鳞,眶前鳞、眶后鳞各 2 枚,眶上鳞 1 枚。体鳞光滑,背中央少数几行起棱,背鳞一般 19-17-14(个别 21-17-14)行,腹鳞 185～193 行。尾下鳞双列,98～114 对。肛鳞 2 枚。半阴茎不分叉,圆柱形。

生活时,头部黑褐色,唇鳞淡灰色。体背面黄褐色,体后部有不规则的黑色横纹,至尾部形成网纹。腹面黄白色,腹鳞及尾下鳞的后缘为黑色,有时呈黄白色。

习性　生活于平原、山地或丘陵地区,常活动于近水的地方。行动迅速,昼夜活动,捕食蛙类、蜥蜴、鼠类和其他蛇类等,其中以鼠类为最嗜好。卵生,5—7 月产卵,卵数 7～15 枚,雌蛇将卵产于灌木丛中的落叶下面,随后盘于其上保护之。

分布　天目山分布于近水之处。国内分布于西藏、四川、贵州、云南、湖北、湖南、浙江、江西、广西、广东、福建及台湾。国外分布于印度、阿富汗、印度尼西亚、中南半岛。

小头蛇属 *Oligodon* Fitzinger, 1826

头短小,与颈部不易区分。眼中等大小,瞳孔圆形。上颌齿 6～16 枚,后端的牙齿明显增大而窄扁。鼻孔在长形鼻鳞中央。鼻间鳞 1 对或缺失。背鳞平滑或微起棱。腹鳞圆形,或两侧具棱。尾下鳞双行。脊柱后部没有椎体下突。嗜食蜥蜴、小鸟、小鼠、两爬类的卵、昆虫及蜘蛛等。

本属现存有 76 种,分布于亚洲中部及以南地区。中国有 12 种。天目山有 1 种。

3.35　中国小头蛇 *Oligodon chinensis* Güenther, 1888(图版Ⅲ-35)

别名　秤杆蛇、小头蛇

形态　体长 190～520mm,尾长 60～130mm。头小,吻稍尖。鼻鳞 2 枚,鼻孔位于吻侧,开口于鼻鳞之间。吻鳞大,呈三角形,宽大于高。鼻间鳞 1 对,条状倾斜,左右形成八字。上唇鳞 8 枚,个别 6 或 7 枚;下唇鳞 7～9 枚,以第 5 枚最大。额鳞大,呈六边形,长大于宽。无眶下鳞,眶前鳞、眶上鳞各 1 枚,眶后鳞 2 枚。背鳞光滑,17-17-15(偶 19-19-15)行。腹鳞宽,有侧棱,176～189 枚。肛鳞完整。尾下鳞双行,47～64 对。

生活时,头部两眼之间有一块黑斑,一直延伸到上唇鳞。颈部有一明显的箭头状斑纹。体

背淡灰褐色,中央有一条淡褐色(有时呈红色)的纵纹。背面有黑褐色横纹,各横纹间具多数波状纤细黑纹,有如秤杆上的秤花,故名秤杆蛇。腹部灰白色,具不规则的黑斑,身体后段腹面中央有一条不明显的红纵带。尾部腹面粉红色。

习性　生活于山区和平原,但喜开阔的低地、草坡、溪沟等地。主要以其他爬行动物的卵为食。卵生,每产 8~16 枚不等。

分布　天目山分布于草坡、溪边等处。国内分布于河南、贵州、云南及长江以南地区。国外分布于越南。

颈槽蛇属 *Rhabdophis* Fitzinger，1843

体圆柱形。头长,眼圆而大,瞳孔圆形。上颌齿 20~28 枚,最后 2 枚显著大,向后弯曲,与其前方的齿列间常有一齿的间隙。鼻间鳞前缘宽大,鼻孔侧位。颊部略凹,颊鳞一般 2~3 枚。眼前鳞下面有一片明显较小的鳞片,故称眼前下鳞。尾长,尾下鳞双行。半阴茎分叉。

本属现存有 22 种,分布于东亚及南亚,自西伯利亚东南部、日本,经中国,向西到斯里兰卡,向南到菲律宾及印尼。中国有 9 种。天目山有 1 种。

3.36　虎斑颈槽蛇 *Rhabdophis tigrinus* Boie，1826(图版Ⅲ-36)

别名　虎斑游蛇、红脖游蛇、竹竿青、鸡冠蛇

形态　体中等,体长 450~780mm,尾长 90~170mm。头较大,与颈部区别明显。吻鳞 1 枚,宽大于高。鼻间鳞 1 对,斜方形,长小于宽。前额鳞 1 枚,方形,长小于宽,其间沟大于鼻间鳞沟。额鳞盾状,长大于宽。上唇鳞 7 枚,个别 8 枚,第 5 枚最大;下唇鳞 8 或 9 枚,以第 6 枚最大。无眶下鳞,眶前鳞 2 枚,眶后鳞 3(个别 2)枚,眶上鳞 1 枚。背鳞起棱,19-19(17)-17 行,个别 19-18-17 或 19-17-15 行。腹鳞 144~160 枚。尾下鳞双行,52~68 对。肛鳞 2 枚。

生活时,体色美丽,背面暗绿色。上唇鳞后缘黑色,下唇鳞黄白色。眼后有一黑斜纹,伸达口角。颈背正中有一明显浅槽。体侧从颈部起,有红色和黑色斑点交互排列,在体中部红色渐渐消失,绿色增多。腹面青灰色,但腹鳞后缘灰白色。

习性　生活于平原、山区,常见于田园草地及水边。白天活动,性温和。以蛙类、蝌蚪等为食,亦食鱼类、蟾蜍及蛞蝓等。卵生,每年 6—7 月间产卵,怀卵数 4~14 枚。

分布　天目山分布于草地、水边等处。国内广泛分布全国各地。国外分布于俄罗斯东部、朝鲜、日本。

翠青蛇属 *Cyclophiops* Boulenger，1888

体较细长,头略大于颈。眼大,瞳孔圆形。上颌齿 18~30 枚,大小一致,或最后有 1~2 枚较小。背鳞通常 15 行,平滑或微具棱,无鳞孔。腹鳞圆形。尾长,尾下鳞双行。

本属现存有 8 种,分布于南亚、东亚及东南亚。中国有 3 种。天目山有 1 种。

3.37　翠青蛇 *Cyclophiops major* Güenther，1858(图版Ⅲ-37)

别名　青竹标、青蛇、小青

形态　体细长而中等,成蛇体长为 460~660mm,尾长 140~230mm。头略尖,呈椭圆形,头部鳞片大。眼睛较大,瞳孔圆形。吻鳞宽稍大于高。鼻间鳞长略大于宽;前额鳞长大于宽,其间沟大于鼻间鳞沟。额鳞六边形,长稍大于宽,而短于顶鳞。颊鳞 1 枚,颊部稍凹。上唇鳞 8 枚,偶 7 或 9 枚;下唇鳞 6(5,7)枚。无眶下鳞,眶前鳞、眶后鳞和眶上鳞各 1 枚。背鳞 15-15-15 行,平滑,后部数行微起棱。腹鳞 161~180 枚。肛鳞两分。尾下鳞双行,78~92 对。半阴

茎不分叉,外翻近圆柱状。

体色为深绿、黄绿或翠绿色,无斑点,但死后或濒死时身体会变成蓝色。头部腹面及躯干部的前端腹面为淡黄绿色。

习性　生活于山区森林中,常于草木茂盛或荫蔽潮湿的环境中活动。不论白天晚上都会活动,但白天较常出现。动作迅速而敏捷,性情温和,不攻击人。在野外见到不明物体时会迅速逃走。擅长以身体颜色掩藏自己行踪以自保,遇有危机会迅即逃窜。以蚯蚓和昆虫为食。卵生,怀卵数 5～13 枚。

分布　天目山分布于森林之地。国内主要分布于南方中低海拔地区。国外分布于越南、老挝。

剑蛇属 *Sibynophis* Fitzinger, 1843

体圆柱形。头与颈略可区分。眼较大,瞳孔圆形。上颌齿甚多且大小相似,齿形侧扁而端部略平,形成剑形的锐利切缘。背鳞通身 17 行,平滑;腹鳞圆形。肛鳞二分,尾下鳞双行。全部脊椎均有发达的椎体下突。

本属现存有 9 种,分布于中国、阿富汗及东南亚。中国有 2 种。天目山有 1 种。

3.38　黑头剑蛇 *Sibynophis chinensis* Güenther, 1889（图版Ⅲ-38）

别名　黑头蛇

形态　体小,体长 330～500mm,尾长 150～240mm。头椭圆形,与颈部区分明显。吻鳞 1 枚,宽大于高。鼻间鳞斜方形,长小于宽;前额鳞长方形,长小于宽,其间沟大于鼻间鳞间沟。额鳞六边形,长倍于宽;长度大于其至吻端距离,而短于顶鳞。鼻孔较大,位于鼻鳞中央。颊部较小,长大于或略等于高。上唇鳞 9(10) 枚,第 5、第 6 枚最大。无眶下鳞,眶前鳞、眶上鳞各 1 枚,眶后鳞 2 枚。背鳞无光滑,通身 17 行;腹鳞 170～180。肛鳞二枚;尾下鳞 100～118 对。半阴茎不分叉,外翻细小,近棒状。

生活时,头背面暗黑色,头顶后部有 2 块黑斑。上唇鳞白色,下缘有黑斑,相互形成黑色波状纹。头部腹面黄白色,间杂黑褐色细斑。背部黑褐色或深棕色,由头后至体背正中有 1 条棕褐色线纹,在体后逐渐不明显。腹部灰绿色或灰白色,腹鳞两侧具黑褐色斑点,并列成行直至尾端。

习性　栖息于山区树林、灌木草丛间,常在山脚下靠溪流、草多石乱之地。尾有缠绕性,能上树活动。性温顺。主要捕食蜥蜴、小型蛇类及蛙类。卵生。

分布　天目山分布于树林、灌草丛等处。国内分布于甘肃、陕西、四川、贵州、云南、安徽、湖南、浙江、福建、广东及海南等地。国外分布于越南、老挝。

链蛇属 *Lycodon* Fitzinger, 1826

体圆柱形,稍侧扁。头较宽扁,头颈略能区分。眼较小,瞳孔略垂直,椭圆形。上颌齿具 2个无齿区而分成三组,前部 1 组 3～6 枚,中间 1 组 7～15 枚,最后 1 组 2～3 枚。颊鳞较窄长。背鳞平滑或具微棱。尾下鳞双行。体背黑褐色,间以红、粉红、黄、白或草绿色窄横纹。

本属现存有 52 种,分布于东亚、东南亚等地。中国有 15 种。天目山有 4 种。

天目山链蛇属分种检索

3.39　赤链蛇 *Lycodon rufozonatum* Cantor, 1842(图版Ⅲ-39)

别名　火赤链、红斑蛇、火链蛇

形态　体中型,体长 550～1100mm,尾长 140～230mm。头部略扁,呈椭圆形。眼较小,瞳孔直立,椭圆形。鼻孔位于 2 鼻鳞之间,有瓣膜。额鳞 1 枚,近盾形,长约等于其前缘到鼻间鳞前缘的距离。顶鳞 1 对,楔状,长为额鳞与前额鳞之和。颊鳞 1 枚,狭长、入眶。上唇鳞 8(个别 7 枚)枚,第 7(6)枚最大;下唇鳞 10 枚,第 5 和第 6 枚最大。无眶下鳞,眶前鳞和眶上鳞各 1 枚,眶后鳞 2 枚。体鳞光滑,背鳞 19(21)-17(19)-15(17)行,背中央后部有数行微弱的起棱。腹鳞 187～225 枚。肛鳞完整,尾下鳞 53～88 对。

生活时,头部黑色,有明显的红色边缘。枕部具红色"∧"形斑。体背黑褐色,具有约 70 条狭窄的红色横斑。腹面灰黄色,腹鳞两侧杂以黑褐色点斑。腹部白色,在肛门前面则散生灰黑色小点。有时尾下全呈灰黑色。

习性　常生活于丘陵、山地、平原、田野村舍及水域附近地带,多活动于稻田、园地、水塘、路边。性温顺,不主动攻击人,性懒不爱动,爬行缓慢。多在傍晚出来活动,属夜行性蛇类。广食性,以蛙类、蜥蜴、小鸟、鼠类及鱼类为食。卵生,5—6 月交配,7—8 月产卵,每产 7～15 枚。

分布　天目山分布于荒地、房舍、溪流等附近。国内各地均有分布。国外分布于东亚。

3.40　黄链蛇 *Lycodon flavozonatus* Pope, 1928(图版Ⅲ-40)

别名　黄赤链、方印蛇

形态　体较细长,体长 460～850mm,尾长 110～190mm。头宽扁,头颈略能区分。眼小,瞳孔直立椭圆形。上颌齿 12～13 枚,由 2 个齿间隙将其分为 3 组,前端 1 组齿渐增大,中间 1 组齿较小而等大,最后 1 组齿最大。颊鳞 1 枚,窄长而小,不入眶。无眶下鳞,眶上鳞和眶前鳞各 1 枚,眶后鳞 2 枚。上唇鳞 8 枚,第 7 枚最大;下唇鳞 9 或 10(偶 8)枚,第 6 枚最大。背鳞 17-17-15 行,中央 5～9 行微弱起棱;腹鳞具侧棱,204～224 枚。肛鳞完整;尾下鳞 72～95 对。半阴茎不分叉,外翻呈顶端膨大的柱状,远端具不规则的皱褶和突起,渐为小而密集的小刺突,最后为锥形刺区。

生活时,头和体背黑褐色,头背大鳞具黄色边缘。枕部具一倒"V"形黄斑。体背有 60～81＋19～24 条黄色横纹,横纹宽度约为半枚鳞片的长度,在两侧分叉延伸至腹鳞,但尾的后部分叉不明显。腹面灰白色,后部腹鳞中央由黑褐色点斑构成的横斑。尾下鳞具黑色斑点。

习性　生活于山区森林,靠近溪流、水沟的草丛、矮树附近,偏树栖。喜欢安静、阴凉,行动敏捷,且非常神经质,某些个体性情凶猛,攻击性比赤链蛇强。傍晚开始活动,夜晚最为活跃。主要以蜥蜴为食,也吃爬行动物的卵及小蛇。卵生,每次产卵 10 余枚。

分布　天目山分布于森林近水处。国内分布于四川、贵州、湖南、安徽、浙江、江西、福建、广东、广西、海南等地。国外分布于缅甸、越南等地。

3.41　刘氏链蛇 *Lycodon liuchengchaoi* **Zhang** *et al.***，2011**（图版Ⅲ-41）

形态　身体近圆柱形；蛇体全长 450～600mm，尾长 100～140mm。头略大而扁平，与颈部区分明显。瞳孔椭圆形。吻端宽钝，向前伸出超出下颌。鼻鳞二分；颊鳞 1 枚，入眶，但与鼻间鳞不相接。前额鳞接颊鳞，不入眶。额鳞近三角形，长宽相等。眶前鳞 1 枚，眶后鳞 2 枚；颞鳞 2+2；上唇鳞 8(2+3+3 式)；下唇鳞 8，前 5 枚切颔片；颔片 2 对。背鳞中央几行略起棱。肛鳞二分；尾下鳞成双。

生活时，头背黑色，枕部有淡黄色横斑。背腹黑色，体部和尾部分别具淡黄色环纹，亦环围腹面。

习性　生活于山间林区的灌草丛中或丘陵地带。尾具缠绕性，常栖于灌木树上。

分布　中国特有种。天目山分布于灌草丛地带。国内分布于四川、陕西、湖北、安徽和浙江等地。

3.42　黑背链蛇 *Lycodon ruhstrati* **Fischer，1886**（图版Ⅲ-42）

别名　黑背白环蛇

形态　体细长，体长 530～800mm，尾长 120～220mm。头宽扁，吻钝，头颈区别明显。瞳孔圆形。颊鳞 1 枚，入眶不接鼻鳞，个别不入眶。前额鳞宽大于长，其间沟大于鼻间鳞沟，不入眶。额鳞略呈三角形，长大于宽，其长小于至吻端的距离。上唇鳞 8 枚，第 6、第 7 枚最大；下唇鳞 9 枚，第 5 枚最大。无眶下鳞，眶前鳞和眶上鳞各 1 枚，眶后鳞 2 枚。背鳞 17-17-15 行，光滑或中央数行微棱；腹鳞 193～230 枚。肛鳞 1 枚；尾下鳞 75～102 对。半阴茎不分叉，外翻呈棒状。

头背在额鳞以前呈暗黑色，以后至颈前部色较淡，为灰白色，杂有黑色斑点。体背和尾背黑褐色，具有白色横纹 18～42+8～20 个，横纹杂有浅褐色小斑点。腹面灰白色，中段以后散有黑点斑，向后此斑点密集，至尾下为灰黑色，与背部的暗斑构成隐约可见的环纹。

习性　生活于海拔 400～1000m 的山区和丘陵地带，常在林中灌丛、草丛、田间、溪边、路旁活动。尾具缠绕性，善攀树。主食蜥蜴、壁虎、昆虫等。卵生。

分布　天目山分布于开山老殿以下地带。国内分布于中国南部，南至香港、台湾，北至安徽，西至四川、甘肃（东南部）。国外分布于日本（琉球群岛南部）、越南北部。

雅蛇属 *Rhadinophis* Wagler，1828

体尾均较细长，眼大，瞳孔圆形。吻较长，吻鳞宽大于高。眼后鳞 2～3 枚，呈拱形。颊鳞薄而长。半阴茎不分叉，外翻呈棒状。成体通身背面翠绿色，腹面淡黄色。

本属现存有 6 种，分布于印度、中国、越南等。中国有 3 种。天目山有 1 种。

3.43　灰腹绿蛇 *Rhadinophis frenatus* **Gray，1853**（图版Ⅲ-43）

形态　体尾均较细长，体长 530～880mm，尾长 210～380mm。眼大，瞳孔圆形。吻较长，吻鳞宽大于高。无颊鳞；额鳞长略短于其与吻鳞的距离。无眶下鳞，眶前鳞和眶上鳞各 1 枚，眶后鳞 2 枚。上唇鳞 8 枚，第 4、5 枚入眶；下唇鳞 10 枚。背鳞 19-19-15 行，微弱起棱；腹鳞 200～227 枚，具侧棱。肛鳞二分；尾下鳞 120～149 对，也具侧棱。半阴茎不分叉，外翻呈棒状。

成体:通身背面翠绿色，头侧各有一黑色纵纹穿过眼。上唇鳞及咽部灰白色，腹面淡黄色。腹侧有侧棱，一直延伸到尾端。

幼蛇:背面棕褐色。头背和体背部分鳞缘黑色，出现一些黑色斑纹，彼此缀连成黑色网纹。

有的幼蛇上下唇瓣中央有小黑点，眼前后均有一条黑带纹。随着体长增长，黑色斑纹逐渐不显，仅留下穿眼纹。

习性　栖息于海拔 200～1000m 的丘陵与低山的林中。树栖性，性较驯良。以鸟、蜥蜴或小型哺乳动物为食物。卵生。

分布　天目山分布于开山老殿以下的林中。国内分布于河南、四川、贵州、安徽、浙江、福建、广东、广西等地。国外分布于印度、越南北部。

山隐蛇属 *Oreocryptophis* Wagler，1828

头小，吻尖。吻鳞宽远超于高。额鳞盾状，长大于宽。成体多为红色或橙色，随亚种不同而有变化，带黑色横纹。背鳞平滑，肛鳞二分。半阴茎不分叉，外翻近柱状，顶端略膨大。

本属现存有 1 种，分布于东南亚。中国有 1 种。天目山有 1 种。

3.44　紫灰蛇 *Oreocryptophis porphyraceus* Cantor，1839（图版Ⅲ-44）

别名　红竹蛇

形态　体长 530～770mm，尾长 115～160mm。吻鳞宽远超于高。额鳞盾状，长大于宽，其长等于或长于其至吻端的距离。无眶下鳞，眶前鳞和眶上鳞各 1 枚，眶后鳞 2 枚。上唇鳞 8 枚，第 6、7 枚最大；下唇鳞 9 或 10 枚。背鳞平滑，19-19-15 行；腹鳞 191～214 枚。肛鳞二分；尾下鳞 52～69 对。半阴茎不分叉，外翻近柱状，顶端略膨大。

生活时，头体背紫灰色，头背有三条纵黑纹，一条在头顶中央，两条在眼后。体尾背有 9～17+2～6 块近等距排列的马鞍形黑斑，每个黑斑约占 3～5 行鳞片宽，少数横斑不太明显。体背还有 2 条黑色纵纹，纵贯全身。腹面玉白色，无斑纹。

幼蛇头体背色较淡，呈黄褐色。头背三条纵纹深黑色。体背横斑色黑而大，约占 5～8 行鳞片宽。

习性　栖息于海拔 200～2400m 山区、丘陵的森林、耕地、山涧溪旁及山区居民点附近。性情温驯，夜间活动。捕食鼠类等小型哺乳动物。卵生。

分布　天目山分布于森林、溪流边、屋舍等处。国内分布于江苏、浙江、安徽、福建、台湾、江西、湖南、广东、海南、广西、贵州等地。国外分布于印度、缅甸、泰国、马来西亚及印尼。

滞卵蛇属 *Oocatochus* Helfenberger，2001

体粗壮。吻鳞宽扁，近半圆形。额鳞单枚，盾形，长度等于其与吻端的距离。背鳞平滑，肛鳞二分。半阴茎不分叉，外翻近柱状。头体背淡红褐或黄褐色，具黑斑。腹面黄棕色，密缀黑黄相间的棋格斑。

本属现存有 1 种，分布于俄罗斯、朝鲜及中国东部。中国有 1 种。天目山有 1 种。

3.45　红纹滞卵蛇 *Oocatochus rufodorsatus* Cantor，1842（图版Ⅲ-45）

别名　红点锦蛇、黄领蛇、水长虫、白线蛇

形态　体长 460～700mm，尾长 90～130mm。吻鳞宽扁，近半圆形。鼻间鳞 1 对，前窄后宽近似三角形。颊鳞 1 枚，偶见 2 枚，长大于高，略呈矩形。额鳞单枚，盾形，长度等于其与吻端的距离。无眶下鳞，眶前鳞和眶上鳞各 1 枚，眶后鳞 2 枚。上唇鳞 7 枚，偶有 8 枚；下唇鳞 9～11 枚。背鳞平滑，21(18～20)-21(19、20)-17(16、18)行；腹鳞 127～186 枚。肛鳞二分；尾下鳞 39～60 对。半阴茎不分叉，外翻近柱状。

生活时，头体背淡红褐或黄褐色。头有 3 条倒"V"形黑褐色斑，一条在吻背，穿过眼沿头

侧向后;另 2 条自额部沿枕部向后,分别延伸至尾背面,成 4 条黑褐色纵纹。体前有 4 行杂有红棕色的黑点,渐成黑纵线到尾背。腹面黄棕色,密缀黑黄相间的棋格斑。有些色变个体的黑色部分变成褐黄色。幼体色斑更深而明显。

习性　常见于河沟、水田、池塘及其附近,为半水生性无毒蛇类,常在水域附近草丛中晒太阳。性温驯,捕食泥鳅、鳝鱼及蛙类。卵胎生,一般在 7～9 月份产出仔蛇,每产 4～17 条不等。

分布　天目山分布于池塘、溪流等处。国内分布于黑龙江、吉林、辽宁、内蒙古、山西及以南地区,直到广西、广东、福建及台湾等。国外分布于俄罗斯、朝鲜。

丽蛇属 *Euprepiophis* Fitzinger,1843

体修长呈圆筒状。头部小呈椭圆形。眼小,瞳孔圆形。眶前鳞 1 枚,眶后鳞 2 枚。头背面有成套尖端向前、彼此套跌的倒"V"形黑斑。

本属现存有 3 种,分布于欧洲、亚洲及北美。中国有 2 种。天目山有 1 种。

3.46　玉斑蛇 *Euprepiophis mandarinus* Cantor,1842(图版Ⅲ-36)

别名　神皮花蛇、玉带蛇、高砂蛇

形态　体长 470～1020mm,尾长 70～210mm。头椭圆形。鼻间鳞长方形,宽大于长。额鳞六边形,长略大于宽,其长等于额鳞前缘至吻端的距离。眶前鳞 1 枚,眶后鳞 2 枚。上唇鳞 7 枚,个别 8 枚;下唇鳞 9 枚,个别 8 枚。背鳞 23(21、24)-23(21)-19(18、20),平滑;腹鳞 205～231 枚;肛鳞二分;尾下鳞 58～72 对。半阴茎不分叉,外翻近柱状。

生活时,头背黄色,具有明显的 3 条黑色斑纹。最前 1 条横跨鼻间鳞经鼻孔及上唇止于下唇;第 2 条略呈弧形,横跨两眼之间经眼至眼下分出两支,前支至第 3、4 枚上唇鳞间,后支至第 5、6 枚上唇鳞间;第 3 条呈倒"V"形,尖端在额鳞处,向后斜向头后两侧。体背紫灰色,有黑色棱形斑 25～27＋5～10 个,每个棱形斑占 8～9 列鳞片,前后棱形斑相间 1～3 列鳞片。棱形斑的中央黄色,边缘有窄的黄色边。体侧具紫红色的小斑点。腹面灰白色,散布交互排列的灰黑色斑,有的黑斑左右相连横贯腹面。

习性　栖息于平原山区林中、溪边、草丛,也常出没于居民区及其附近。以小型哺乳动物为食,捕食蜥蜴和鼠类。卵生,一般在 6—7 月份产卵,每产 5～16 枚。

分布　天目山分布于树林、溪边、草丛等处。国内分布于中国华北、华东、华南地区,北至辽宁、河北、陕西、甘肃,西至西藏、四川,南至广西、广东、福建及台湾。国外分布于印度、缅甸、泰国、马来西亚及越南。

晨蛇属 *Orthriophis* Utiger *et al.*,2002

体大而粗,呈圆筒状。头部小,呈梨形。眼小,瞳孔圆形。眼中等大小或略大,瞳孔圆形。尾细长,尾下鳞成双。大多体背灰褐色至灰棕色,腹面黄白色。

本属现存有 4 种,分布于欧洲、亚洲及北美。中国有 4 种。天目山有 1 种。

3.47　黑眉晨蛇 *Orthriophis taeniurus* Cope,1861(图版Ⅲ-47)

别名　黄颔蛇、家蛇、黄长虫、称星蛇、花广蛇

形态　体大型,体长 700～1600mm,尾长 220～370mm。吻鳞宽大于高。鼻间鳞长小于宽。前额鳞长大于宽,其沟为鼻间鳞沟的 2～3 倍。额鳞盾形,长大于宽,其长大于其与吻鳞的距离。无眶下鳞,眶上鳞 1 枚,眶前鳞和眶后鳞各 2 枚。上唇鳞 8、9 枚,个别 10 枚;下唇鳞 9～12 枚,前 3～6 枚切前颏片。背鳞 25(23、24)-25(23、24)-19(17)行,背中央 9～17 行起弱棱;腹

鳞雄性 227~266 枚。尾下鳞 81~114 对;肛鳞二分。半阴茎不分叉,外翻呈棒状。

生活时,体背黄绿色或棕灰色,上下唇鳞和下颌淡黄色。眼后各有 1 条明显的黑纹延伸至颈部,如黑眉状,故名黑眉锦蛇。体背前段有窄的黑色梯状横纹,至后端逐渐不显。从体中段开始,体侧和腹鳞两侧有 4 条黑色纵带,伸至尾端。腹面灰黄色或铅灰色,腹鳞及尾下鳞两侧具黑斑。

习性 生活在高山、平原、丘陵、草地、田园及村舍附近,也常在稻田、河边及草丛中,有时活动于农舍附近。性极其温顺优雅,善攀爬,适应力极强,活动不分昼夜。喜食鼠类、鸟类及蛙类。卵生,6—7 月产卵,每次产卵 6~12 枚。

分布 天目山分布于草地、屋舍、溪流等处。国内分布于全国各地。国外分布于朝鲜、日本、越南、老挝、缅甸、印度及马来半岛。

锦蛇属 *Elaphe* Wagler,1833

体长圆柱状或略侧扁。头较长,与颈部区分明显。眼中等大小或略大,瞳孔圆形。上颌齿 14~24 枚,几乎等大。背鳞中段 19~27 行,平滑或起棱。尾细长,尾下鳞成双。椎体下突仅见于躯干部前端。

本属现存有 11 种,分布于北半球许多地区。中国有 7 种。天目山有 2 种。

天目山锦蛇属分种检索

中段有 1~2 行背鳞平滑,其余强起棱,头背具"王"字斑 ……………………………… 王锦蛇 *Elaphe carinata*
中段有 2 行以上背鳞平滑,其余无或弱起棱,头背无"王"字斑 ……………… 双斑锦蛇 *E. bimaculata*

3.48 王锦蛇 *Elaphe carinata* Güenther,1864(图版Ⅲ-48)

别名 黄喉蛇、臭王蛇、黄颌蛇、黄蟒蛇、大王蛇、棱锦蛇、菜花蛇、松花蛇

形态 体粗壮,体长 800~1800mm,尾长 200~360mm。吻鳞宽大于高。鼻间鳞方形,长稍大于宽。前额鳞长小于宽,其沟稍大于鼻间鳞沟。额鳞盾形,其长稍超过其与吻鳞的距离。无眶下鳞,眶上鳞 1 枚,眶前鳞和眶后鳞各 2 枚。上唇鳞 8 枚,第 7 枚最大;下唇鳞 11 枚,个别 10 枚。背鳞 23(21、22、24、25)-23(21、22)-19(17、18、20)行,除最外侧 1~2 行平滑外,其余强烈起棱;腹鳞 210~224 枚。尾下鳞 65~99 对;肛鳞二分。半阴茎不分叉,外翻近球形。

成体:头背棕黄色,鳞缘和鳞沟黑色,形成"王"字形黑斑,故称王锦蛇。体背鳞缘黑色,中央黄色,且在体前部具有黄色横斜纹,在体后部横纹消失。黄色部分似油菜花瓣,故有菜花蛇之称。腹面黄色,具黑色斑。

幼体:背面灰橄榄色,鳞缘微黑,枕部有 2 条短的黑纵纹。体背前中段具有不规则的细小黑斜纹;体后段黑斜纹消失,呈分散的细黑点,至尾背形成 2 条纵行的细黑线。体后段及尾部两侧各有 1 条暗褐色纵斑。腹面粉红色或黄白色。

习性 栖息于山区、丘陵地带,平原亦有,常于山地灌丛、田野沟边、山溪旁、草丛中活动。性凶猛,行动迅速。昼夜均活动,以夜间更活跃。取食蛙类、蜥蜴、鸟、鼠类及其他蛇类。卵生,6—7 月产卵,每次产 8~12 枚。

分布 天目山分布于灌草丛、溪流边等处。国内主要分布于河南、山东、陕西、四川、云南、贵州、湖北及长江以南地区。国外分布于东亚和东南亚。

3.49　双斑锦蛇 *Elaphe bimaculata* Schmidt，1925（图版Ⅲ-49）

别名　白条锦蛇

形态　体长 500～800mm，尾长 120～170mm。吻鳞宽略大于高。额鳞长大于宽，前端宽，后端窄。顶鳞长度大于额鳞，其间沟等于额鳞长。眶前鳞和眶后鳞各 2 枚。上唇鳞 8 枚；下唇鳞 10 或 11 枚，少数 9 枚，第 6 枚最大。背鳞 23(22、24)-25(23、24)-19(21)行，平滑或背中央 3～9 行起棱；腹鳞 183～206 枚。尾下鳞 63～79 对；肛鳞二分。半阴茎不分叉，伸延至尾下鳞第 15 枚处，外翻呈棒状。

生活时，体背灰褐色。额鳞和顶鳞各有 1 条倒"V"形斑纹，在颈背形成 2 条平行的镶黑边的带状斑。眼后有一黑带至口角。体背面具有褐色的哑铃状或成对的圆块斑纹。体侧各有 57 个小圆斑；尾部则无，而具有 20～22 个黑点斑。体背和体侧斑块交错排列。腹面灰白色，有半圆形或三角形的小黑斑。

习性　常见于平原、丘陵，在溪边、村边、草丛、坟堆均可发现。性情温顺。捕食蜥蜴、壁虎和鼠。卵生，6—7 月产卵，通常 3～10 枚，孵化期 35～48d。

分布　中国特有种。天目山分布于草丛、屋舍边、溪边等处。国内分布于华北、华东的广大地区。

草游蛇属 *Amphiesma* Duméril *et al.*，1854

体中小型，陆栖。上颌齿连续排列，最后 2 枚明显较大。鼻间鳞前缘宽大，鼻孔侧位。半阴茎及精沟不分叉，外翻呈浅丫形。

本属现存有 42 种，分布于东亚及南亚。中国有 1 种。天目山有 1 种。

3.50　草腹链蛇 *Amphiesma stolatum* Linnaeus，1758（图版Ⅲ-50）

别名　黄头蛇、草游蛇、花浪蛇、斑背蛇

形态　体中小型，体长 300～440mm，尾长 80～150mm。头椭圆形。吻鳞宽约倍于高。鼻间鳞前端比后端狭，长大于宽。前额鳞方形，长略等于宽，其间沟等于鼻间鳞沟。额鳞五边形，长大于宽，其长大于其前缘至吻端距离。颊鳞 1 枚。无眶下鳞，眶上鳞、眶前鳞各 1 枚，眶后鳞 3 枚。上唇鳞 8 枚；下唇鳞 10 枚，个别 9 枚。背鳞 19-19-17 行，最外侧 1 行平滑无棱，其余均起棱；腹鳞 142～163 枚。肛鳞二分，尾下鳞 54～80 对。半阴茎双叶型不分叉，外翻呈浅丫形。

生活时，体色一般黄褐色或淡灰褐色，上唇鳞色较浅，鳞沟黑色。在体背中线有一些淡黑色的横斑，横斑两侧有浅色点。在体后端至尾部浅色点缀连成浅色纵带。头腹面黄白色，颔下黄色。躯干及尾部的腹面白色。

习性　生活于平原、丘陵及高山的潮湿地区，喜活动于水域附近。半水栖昼行性为主，性情温和。特别喜食蛙类，偶尔也吃鱼类、昆虫、蝌蚪及蛞蝓等。卵生，每产 4～14 枚。

分布　天目山分布于水域附近。国内分布于河南、贵州、云南、湖南、安徽、浙江、福建、江西、广东、广西、海南、台湾、香港、澳门等地。国外分布于巴基斯坦、印度、斯里兰卡、尼泊尔、缅甸、泰国、越南、柬埔寨、泰国等地。

腹链蛇属 *Hebius* Thompson，1913

体中等，陆栖。上颌齿连续排列，由前向后逐渐增大。鼻间鳞前缘宽大，鼻孔侧位。腹鳞两侧常有黑点，前后缀连呈两条腹链纹。半阴茎及精沟不分叉，外翻细小，近柱状。

本属现存有 41 种，分布于亚洲各地。中国有 16 种。天目山有 1 种。

3.51 锈链腹游蛇 *Hebius craspedogaster* **Boulenger, 1899**(图版Ⅲ-51)

别名 锈链游蛇

形态 体中小型,体长300~450mm,尾长90~170mm。头椭圆形,眼大。吻鳞弧形,宽倍于高。鼻间鳞方形,长略大于宽。前额鳞长略小于宽,其间沟大于鼻间鳞沟。额鳞盾状,长大于宽,其长大于其前缘至吻端距离。颊鳞1枚。无眶下鳞,眶上鳞1枚,眶前鳞2枚,眶后鳞3枚。上唇鳞8枚,第7枚最大;下唇鳞9枚,第5、6枚最大。背鳞19-19-17行,最外侧2~3行平滑,其余均微起棱;腹鳞142~164枚。肛鳞二分,尾下鳞78~106对。半阴茎双叶型不分叉,外翻细小,近柱状。

生活时,体背深棕色,两侧有两行铁锈色纵纹。颈背两侧有1对椭圆形黄白色枕斑。腹面黄白色,每一腹鳞和尾下鳞两侧有一长方形黑点,在腹面两侧呈明显点状纵线。

习性 栖息于山区草丛、路边及水域附近。常见于水田、道边,白昼活动;主食蛙、蟾及其蝌蚪,亦食小鱼。卵生。

分布 天目山分布于路边、草丛、溪流边等处。国内分布于甘肃、陕西、山西、四川、贵州、河南、湖北、湖南、江苏、安徽、浙江、江西、福建、广西等地。国外分布于越南北部。

华游蛇属 *Sinonatrix* Rossman & Eberle, 1977

体中大型,半水栖。鼻间鳞前端较窄,鼻孔背侧位。前颊鳞2枚。中段背鳞19行。肛鳞二分,尾下鳞无棱。半阴茎中等程度分叶,具单一的左旋精沟,顶部裸区不显著。

本属现存有4种,分布于东亚和东南亚。中国均有。天目山有2种。

天目山华游蛇属分种检索

腹面环纹之间呈红色 ·· 赤链华游蛇 *S. annularis*
腹面不呈红色 ··· 乌华游蛇 *S. percarinata*

3.52 赤链华游蛇 *Sinonatrix annularis* **Hallowell, 1856**(图版Ⅲ-52)

别名 赤腹游蛇、半纹蛇、水赤链蛇、水游蛇

形态 体中等,体长400~690mm,尾长100~160mm。鼻间鳞前端极窄,鼻孔位于近背侧。眼较小,头颈区分明显。额鳞六边形,其长与顶鳞间沟大体相等,并小于它至吻端的距离。颊鳞1枚。无眶下鳞,眶上鳞1枚,眶前鳞1枚;眶后鳞3枚。上唇鳞9枚,个别8或10枚;下唇鳞10(9)枚,第6枚最大,前5(4)枚切前额片。背鳞19-19-17(16)行,最外行平滑或微棱,其余均具棱;腹鳞136~160枚。肛鳞二分,尾下鳞39~76对。半阴茎双叶型,外翻近柱状。

生活时,头背暗褐色,上唇鳞黄白色,头背及上唇鳞各鳞沟黑色;头腹白色,下唇鳞部分鳞沟黑色。体背灰褐色,体侧有2行鳞片宽的5行鳞片高的黑色横斑,并向下延伸到腹部中间,成交错排列;各黑斑之间间隔2~3个鳞片。通身具多数黑色环纹,体侧及腹面环纹之间为橘红色。

习性 生活于沿海低地及内地的平原、丘陵及山区,常见于稻田、池塘、溪流等水域及其附近。白昼活动,常在水中,受惊潜入水底。捕食时,多从猎物后部摄入。以鱼类(如泥鳅、鳝鱼)、蛙类及蝌蚪为食。卵胎生,怀卵数4~28枚,9月末到10月产仔蛇。

分布 中国特有种。天目山分布于池塘、溪流等处。国内分布于四川、湖北、湖南、江苏、上海、安徽、浙江、江西、福建、广西、广东、海南及台湾等地。

3.53　乌华游蛇 *Sinonatrix percarinata* Boulenger，1899（图版Ⅲ-53）

别名　乌游蛇、华游蛇、草赤链

形态　体中等，体长 400～620mm，尾长 110～220mm。吻鳞宽大于高。鼻间鳞长形，前端比后端窄。前额鳞略呈方形，长等于宽，其间沟大于额鳞长。颊鳞 1 枚。无眶下鳞，眶上鳞 1 枚，眶前鳞 1 枚；眶后鳞 4 枚，个别 3 或 5 枚。上唇鳞 9 枚，第 7 枚最大；下唇鳞 10(9) 枚，第 6(5) 枚最大，前 5(4) 枚切前颔片。背鳞 19-19-17(15) 行，均起棱；腹鳞 131～148 枚。肛鳞二分，尾下鳞 56～81 对。半阴茎双叶型，外翻近柱状，精沟不分叉。

生活时，头背橄榄灰色，上唇鳞色稍浅，鳞沟色较深。体尾背面砖灰色。头体腹面灰白色。通身具黑色环纹，背部由于基色较深，环纹有些模糊。腹面后端至尾端具黑色细斑。

习性　常栖息于山区溪流或水田地带，其生存的海拔范围为 100～1646m。行动敏捷，受惊时能咬人，但无毒。以鱼类、虾类、蛙类及蝌蚪为食。卵生，8—9 月间产卵。

分布　天目山分布于溪流附近。国内分布于甘肃、陕西、湖北、河南及以南广大地区。国外分布于印度、缅甸、泰国、老挝及越南。

渔游蛇属 *Xenochrophis* Güenther，1864

体中等，半水栖。上颌齿 30 枚，连续排列，后面增大。鼻间鳞前端较窄，鼻孔背侧位。颈部鳞片有不甚明显的端窝。半阴茎及精沟分叉。

本属现存有 13 种，分布于南亚、中国南部及东南亚。中国有 2 种。天目山有 1 种。

3.54　异色蛇 *Xenochrophis piscator* Schneider，1799（图版Ⅲ-54）

别名　草花蛇、渔游蛇、千步花甲、小黄蛇

形态　体中等，体长 430～700mm，尾长 150～220mm。上颌齿 23～26 枚。吻鳞宽大于高，小于鼻间鳞沟。鼻间鳞方形，前端极窄，鼻孔位于近背侧。前额鳞长小于宽，其间沟大于鼻间鳞沟。额鳞盾状，长倍于宽，超过其前缘至吻端的距离。颊鳞 1 枚。无眶下鳞，眶上鳞、眶前鳞各 1 枚，眶后鳞 3 或 4 枚。上唇鳞 9 枚，少数 8 或 10 枚；下唇鳞 10(9) 枚，第 7(6) 枚最大。背鳞 19-19(17)-17 行，最外侧 2～3 行平滑，其余均微起棱；腹鳞 125～147 枚。肛鳞二分，尾下鳞 46～81 对。半阴茎双叶型，外翻呈丫形，两叶较膨大。

生活时，体色变化较多，体背多灰褐色。眼后下方有 2 条斜行的黑线纹。体鳞每间隔一行在鳞片前缘呈黑色，左右交叉成网状斑，两侧尤为明显。腹面白色，腹鳞及尾下鳞的前缘黑色，呈现整齐的黑斑纹。

习性　生活于平原、丘陵地区，常见于稻田、池塘、沼泽等水域及其附近。半水生性，夜行性，能在水中潜游。性凶猛，常攻击捕蛇者。以鱼类、蛙类、鸟类及小型哺乳类为食。卵生，6—8 月产卵，每产 3～15 枚。

分布　天目山分布于水域附近。国内分布于陕西、西藏、贵州、云南、湖北及长江以南地区。国外分布于亚洲南部、东南部。

第四章 鸟纲 Aves

鸟纲动物是体表被覆羽毛、有翼、恒温和卵生的高等脊椎动物,前肢成翼,有时退化,多营飞翔生活。为了适应自然界中各种复杂的环境条件,鸟类适应性地向飞翔生活进化,并逐渐演化了一系列的过渡类型,形成了游禽、涉禽、攀禽、陆禽、猛禽和鸣禽等 6 大生态类群。

第一节 鸟纲概述

一、鸟纲的形态结构特征

鸟纲动物在许多方面具有显著的进步性特征:有羽毛,有翼,有飞翔能力,可快速捕食和逃避,也能远距离寻找适宜的环境;新陈代谢旺盛,体温高而恒定(37~44.6℃),对环境的依赖性减少;有发达的神经系统、感官,能更好地协调各种复杂行为;更完善的繁殖方式和行为(如占区、营巢、孵卵和育雏),保证后代有较高的成活率。除此之外,还有如下特征。

皮肤薄而松,缺乏腺体,既能减轻身体重量,又不会限制其在飞行时肌肉的剧烈运动。唯一的皮肤腺是 1 个或 1 对尾脂腺,位于尾端背侧,能分泌油脂保护羽毛,并可防水,因而水禽的尾脂腺特别发达。

羽毛由爬行动物的鳞片进化而成,主要分为正羽、绒羽和纤羽等。羽毛的功能是:①构成飞翔器官的一部分——飞羽及尾羽;②使外廓呈流线型,减少阻力;③形成隔热层,保持体温;④形成屏障,保护皮肤;⑤在水中增加浮力;⑥感觉;⑦炫耀;⑧形成不易被天敌发觉的保护色;⑨性的识别等。

骨骼多为气质骨,轻而坚固。为了保持在飞行时身体紧凑而坚实,脊椎骨发生了愈合,如荐椎愈合,称为愈合荐椎,它由少数胸椎、全部腰椎和荐椎以及一部分尾椎愈合而成,而且又与宽大的骨盆相接,是鸟类特有的结构;最后几枚尾椎骨愈合成一块尾综骨,以支持扇形尾羽。

左右锁骨及退化的间锁骨在腹中线处愈合成鸟类特有的"V"形,称为叉骨,具有弹性,防止飞行剧烈扇翼时左右肩带的相互碰撞。腰带与愈合荐骨愈合在一起,骨盆中的左右耻骨不在腹中线处相汇合连结,而是一起向侧后方伸展,形成了开放式骨盆。它不仅使后肢得到强有力的支持,而且与产大型有硬壳的卵密切相关。

肌肉高度适应于飞翔生活。胸肌是最重要的飞翔肌,约占体重的 1/5,分为胸大肌(收缩时使翼下降)和胸小肌(收缩时使翼上举)。

与其他动物不同,鸟肺是由多极分支形成的复杂网状管道系统构成的,丰富的毛细血管密布于微支气管周围。这种结构使得鸟肺接触气体面积比人肺约大 10 倍。此外,它们还有 4 对半气囊,辅助呼吸,使其不论在吸气或呼气时总有新鲜空气进入肺部进行气体交换,这种独特的呼吸方式称为双重呼吸。气囊具有的功能是:①协助肺呼吸;②减轻身体比重;③减少肌肉间以及内脏间的摩擦;④帮助散热。由于气囊的作用,使气流能够单向进入肺,通过纵横交错的血管可以利用吸入空气中 90％的氧。

口内无齿,上下颌向前伸并包以角质鞘形成喙,成为取食器官。食管长而具有延展性,基部膨大,称为嗉囊,具有临时贮存和软化食物的功能。鸟类的胃分为腺胃和肌胃两部分。腺胃富含腺体,可分泌蛋白酶和盐酸;肌胃又称砂囊,外壁有强大的肌肉层,内壁为坚硬的革质层(中药称鸡内金),磨碎食物。

心脏容量大(心脏相对大小居脊椎动物的首位,占体重的 0.95％～2.37％),心跳频率快(300～500 次/min),动脉压高,代谢旺盛。完全双循环。右体动脉弓保留,而左体动脉弓退化。血液中红细胞大多呈卵圆形,具细胞核,数量较哺乳类少。

在泄殖腔背面有一个盲囊,称为腔上囊,是鸟类特有的淋巴中心器官,又称法氏囊,可以产生具有免疫成分的分泌物。幼体最发达,随着性成熟而逐渐退化。

具有敏锐的视力,能在一瞬间把扁平的远视眼调整为近视眼,其视觉调节称为三重调节,即调节视觉的横纹肌能改变:晶体的曲率,角膜的曲率,以及晶体与角膜间的距离。这保证它们在飞翔中远距离的察觉和近距离的定位。

二、鸟纲的生物学特征

繁殖具有明显的季节性,并有复杂的行为,如占区、筑巢、孵卵、育雏等,这些都有利于后代存活。性成熟大多在生后一年,其性腺发育和繁殖行为的出现,是在外界条件作用下,通过神经内分泌系统的调节加以实现的。绝大多数有筑巢行为,但巢的材料、大小、形状等各不相同。所有的鸟都产卵,但卵的大小、形状、颜色等各不相同。孵卵行为大多为雌鸟担任(如伯劳、鸭及雉类等),也有的为雌雄轮流孵卵(如鸽、鹤及鹭类等),少数种类为雄鸟孵卵(如鸸鹋、三趾鹑等)。

雏鸟分为早成雏和晚成雏两种。早成雏表现为:出壳时,即已充分发育,密被绒羽,眼已张开,腿脚有力,待绒羽干后,即可随亲鸟觅食,大多数地栖鸟类和游禽属此。晚成雏表现为:出壳时,尚未充分发育,体表光裸或微具稀疏绒羽,眼不能张开,需亲鸟饲喂半月至 8 个月不等,继续在巢内完成后期发育,才能逐渐独立生活,攀禽、猛禽、鸣禽及部分游禽属此。

多数鸟具有迁徙行为,是每年在繁殖区与越冬区之间的周期性的迁居。这种迁徙的特点是定期、定向,多集成大群。具有迁徙行为的鸟称为候鸟。其中夏季飞来繁殖,冬季南去的鸟类称为夏候鸟,如家燕、杜鹃等;冬季飞来越冬、夏季北去繁殖的鸟称为冬候鸟,如大雁、某些鸭类等。不具迁徙行为的鸟称为留鸟,如麻雀、喜鹊等。此外,还有一些鸟,属于路过或仅作短暂停留,但不留下来繁殖和越冬,称为旅鸟。引起其迁徙的原因很复杂,有多种学派,至今无肯定的结论。大多数学者认为,迁徙是对冬季不良环境的一种适应,以寻求较丰富的食物资源。

三、鸟纲的进化史

鸟纲动物是除鱼类以外种类最多的脊椎动物。在进化系统中,鸟可能是由侏罗纪蜥龙类进化而来的。最早的鸟(如始祖鸟)与恐龙中虚骨龙(如恐爪龙)表现出明显的相似性。因此,鸟最早的祖先出现在晚侏罗纪之前。

在晚侏罗纪或早白垩纪早期鸟出现了两大演化分支:一是以始祖鸟、孔子鸟等为代表的蜥鸟亚纲,二是以辽宁鸟为先驱的今鸟亚纲。蜥鸟在白垩纪得到空前发展,以树栖型为主,但到白垩纪末期全部绝灭了。辽宁鸟是迄今为止在已发现的侏罗纪鸟类中唯一具有胸骨龙骨突、又具有前胸骨的鸟,说明辽宁鸟与爬行类祖先有着密切的关系。

在新生代初期,鸟类迅速发展,占领了各生态领域,现生鸟类的所有类型都已出现。到第四纪时,90%以上的现生鸟种属都已出现。其中,雀形目是现生鸟类中最成功的一支,大约占现生鸟类种类的3/5。

第二节　鸟纲外部形态的常用术语及测量

一、鸟体的测量

鸟体的量度对于分类鉴定十分重要。在鸟类研究工作中,常用的衡度和量度指标及测量方法简单介绍如下(图4-1)。

1. 体重:采得标本后,立即对其体重进行称量。一般以克(g)为单位。

2. 体长:自嘴的先端至尾羽末端的直线距离。一般以毫米(mm)为单位。一些著作称为全长。

3. 翼长:自翼角(即腕关节)至翼尖(最长初级飞羽之先端)的直线距离。

4. 尾长:自尾综骨至最长尾羽末端的直线距离。通常从2枚中央尾羽之间,以钢卷尺测量。

5. 喙长:自嘴基部至上嘴先端的直线距离(隼形目和鸽形目鸟类一般不包括蜡膜的长度)。

6. 爪长:中趾爪的末端至先端的直线距离。

7. 跗跖(或跗蹠)长:自胫骨和跗跖关节后面中点至跗跖和中趾关节前缘最下方的直线距离。

二、鸟纲形态术语

为便于读者了解本书的内容,对专业性较强的术语作如下介绍。

冠羽:头顶上伸出的长羽,常成簇后伸。

枕冠:头最后部伸出的成簇长羽。

过眼纹:又称穿眼纹或贯眼纹,自眼先穿过眼(及眼周)延伸至眼后的纵纹。

颏纹:喙基部腹面所接续的一小块羽区,纵贯于此区中央的纵纹。

翎领:着生于颈部四周的长羽,形成领状。

飞羽:为翼的一列大型羽毛,依着生部位可分为:着生于掌指骨(手部)的初级飞羽;着生于尺骨(前臂)上的次级飞羽;着生于肱骨上的三级飞羽。

覆羽:为覆盖在飞羽基部的小型羽毛。其中,覆于初级飞羽基部的称为初级覆羽,覆于次级飞羽基部的称为次级覆羽。次级覆羽又明显分为3层:大覆羽、中覆羽和小覆羽。

翼镜:翼上特别明显的色斑,通常为初级飞羽或次级飞羽的不同羽色的区段所构成。

肩羽:位于翼背方最内侧的覆盖三级飞羽的多层羽毛,当翼合拢时,恰好位于肩部。

翈:即羽瓣(羽片),由羽钩和羽枝钩连而成,位于羽毛内侧者称内翈,位于羽毛外侧者称外翈,通常外翈较内翈狭窄。

切迹:初级飞羽羽片的外翈先端突然变窄,致使这一段的外翈几乎贴紧羽干,好似刀切的痕迹。

纵纹:羽毛上与羽轴平行或接近平行的斑纹。其与羽轴重合者称羽轴纹(或羽干纹);多羽连成一条带状斑纹者称带斑。

蠹状斑:甚为细密的波纹状或不规则的横斑,犹如小蠹虫在树皮下筑成的坑道而得名。

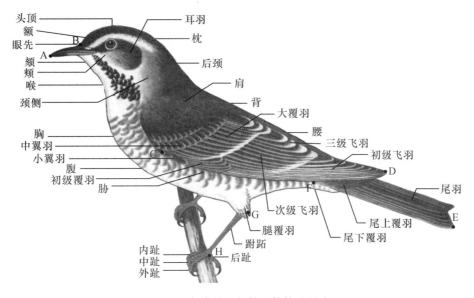

图 4-1　鸟类的一般外形结构及量度

A—B 为喙长;A—E 为体长;C—D 为翼长;E—F 为尾长;G—H 为跗跖长

第三节　天目山鸟纲分类

全世界已发现鸟纲有 10000 多种,分属 30 余目 200 多科,遍布地球上陆地、水域及空中各个领域,是进化极为成功的一个类群。中国有 24 目 100 余科 1400 多种。

迄今为止,天目山共记录到鸟纲有 190 种,分属 16 目 50 科。其中,种类最多的是雀形目,有 120 种,占总种数的 63.16%;其次是隼形目,有 17 种,占 8.95%;再次是鹃形目和鸮形目,各有 8 种,占 4.21%;最少的有鹛鹧目、鹤形目、夜鹰目和戴胜目,各有 1 种,占 0.53%。

列入国家一级重点保护的有白颈长尾雉 1 种,占总种数的 0.53%;列入国家二级重点保护的有鸳鸯、凤头鹰、赤腹鹰、苍鹰、雀鹰、松雀鹰、白腹鹞、普通鵟、林雕、灰脸鵟鹰、蛇雕、白腹隼雕、黑冠鹃隼、黑鸢、凤头蜂鹰、红隼、灰背隼、燕隼、勺鸡、白鹇、褐翅鸦鹃、小鸦鹃、东方草鸮、褐林鸮、鹰鸮、斑头鸺鹠、领鸺鹠、雕鸮、红角鸮、领角鸮和仙八色鸫等 31 种,占 16.32%;其他 158 种全部列入《国家保护的有益的或者有重要经济、科学研究价值的陆生野生动物名录》。

我国特有种有灰胸竹鸡、白颈长尾雉、领雀嘴鹎、栗背短脚鹎、棕噪鹛、画眉、黄腹山雀和蓝鹀等 8 种,占总种数的 4.21%。列入《浙江省重点保护陆生野生动物名录》的有针尾鸭、绿翅鸭、噪鹃、红翅凤头鹃、四声杜鹃、小杜鹃、大杜鹃、八声杜鹃、三宝鸟、戴胜、斑姬啄木鸟、灰头绿啄木鸟、星头啄木鸟、大斑啄木鸟、棕背伯劳、牛头伯劳、虎纹伯劳、红尾伯劳、黑枕黄鹂、寿带、红嘴相思鸟、画眉、普通鸬鹚和黄胸鹀等 24 种,占 12.63%。

列入《华盛顿公约(CITES)》附录 Ⅰ 的有白颈长尾雉 1 种,占总种数的 0.53%;列入附录 Ⅱ 的有凤头鹰、赤腹鹰、苍鹰、雀鹰、松雀鹰、白腹鹞、普通鵟、林雕、灰脸鵟鹰、蛇雕、白腹隼雕、黑冠鹃隼、黑鸢、凤头蜂鹰、红隼、灰背隼、燕隼、东方草鸮、褐林鸮、鹰鸮、斑头鸺鹠、领鸺鹠、雕鸮、红角鸮、领角鸮、仙八色鸫、红嘴相思鸟和画眉等 28 种,占 14.74%。

天目山鸟类分目检索

1. 趾间具蹼,脚适于游泳 ……………………………………………………………………… 2
   趾间无蹼或仅趾基部具蹼,脚不适于游泳 …………………………………………………… 4
2. 嘴平扁,先端具嘴甲,嘴侧缘有栉状突 ………………………………… 雁形目 Anseriformes
   嘴不平扁,先端无嘴甲 ………………………………………………………………………… 3
3. 翼尖长,外趾短于中趾,最外侧初级飞羽比其他飞羽长或等长 ……… 鸻形目 Charadriiformes
   翼短圆,外趾长于中趾,向前 3 趾间具叶状瓣蹼 ……………………… 䴙䴘目 Podicipediformes
4. 颈和腿较长,前 3 趾或 2 趾基部具蹼 ………………………………………………………… 5
   颈和腿较短,趾间无蹼,翼大多短圆,最外侧初级飞羽较短 ………………… 鹤形目 Gruiformes
5. 后趾发达,与前趾在同一平面上 ……………………………………… 鹳形目 Ciconiiformes
   后趾较小或缺如,存在时比前趾位置高 ……………………………………………………… 6
6. 嘴和爪均特别锐利而弯曲,嘴基具蜡膜 ……………………………………………………… 7
   嘴和爪平直或稍曲,嘴基不具蜡膜(鸽形目除外) …………………………………………… 8
7. 蜡膜裸出,两眼位于头侧 ……………………………………………… 隼形目 Falconiformes
   蜡膜常被硬须所掩盖,两眼向前 ……………………………………… 鸮形目 Strigiformes
8. 趾 3 前 1 后(少数无后趾),各趾大多分离 ……………………………………………… 14
   趾不具上述特征 ……………………………………………………………………………… 9
9. 嘴短阔而平扁 ……………………………………………………………………………… 10
   嘴较长,不平扁 ……………………………………………………………………………… 11
10. 脚呈前趾型,无嘴须 ………………………………………………… 雨燕目 Apodiformes
    脚不呈前趾型,常具嘴须 ……………………………………… 夜鹰目 Caprimulgiformes
11. 脚呈对趾型 …………………………………………………………………………………… 12
    脚不呈对趾型 ………………………………………………………………………………… 13
12. 嘴强而直,呈凿状 …………………………………………………… 䴕形目 Piciformes
    嘴稍弯曲,不呈凿状 ………………………………………………… 鹃形目 Cuculiformes
13. 嘴粗壮 ………………………………………………………………… 佛法僧目 Coraciiformes
    嘴细长而下弯 ………………………………………………………… 戴胜目 Upupiformes
14. 嘴基柔软,被蜡膜,仅嘴端被角质 …………………………………… 鸽形目 Columbiformes
    嘴基无蜡膜,嘴全被角质 …………………………………………………………………… 15
15. 后爪不比其他趾的爪长,雄性常具距 ………………………………… 鸡形目 Galliformes
    后爪比其他趾的爪长,雌雄均无距 …………………………………… 雀形目 Passeriformes

䴙䴘目 Podicipediformes

　　中小型游禽,嘴尖直,眼先裸露。翼短圆,尾羽极短。脚位于体后侧,趾间具瓣蹼。栖息于江河、湖泊、水塘等淡水水域,有的种类冬季亦在海水生活,集群活动,善游泳与潜水,飞翔能力差。以鱼、水生无脊椎动物为食,也食少量水草。

　　本目有 1 科 22 种,广泛分布于各淡水环境。中国有 1 科 5 种。天目山 1 科 1 种。

鹏鹛科 Podicipedidae

体形似鸭,但较小,背腹稍扁。嘴窄而尖,眼先裸露。翼较短,初级飞羽 12 枚,第 1 枚退化;次级飞羽缺第 5 枚。尾羽短小。脚近尾端,四趾均具瓣蹼。两性相同,但夏羽较冬羽鲜艳。

栖息于淡水湖泊、沼泽中,群居,不善飞翔,善于游泳和潜水。危急时,潜水而逃。

本科现存有 6 属 22 种,分布于淡水水域,一些种类在冬季迁徙途中会在海洋里作短暂停留。中国有 2 属 5 种。天目山有 1 属 1 种。

小鹏鹛属 *Tachybaptus* Reichenbach,1853

体较小,翼长在 110mm 以下。头上无饰羽。跗跖后缘的鳞片主要为三角形。繁殖羽:喉及前颈偏红,头顶及颈背深灰褐色,上体褐色,下体偏灰,具明显黄色嘴斑。非繁殖羽:上体灰褐色,下体白色。

全世界现存有 6 种,分布于非洲、欧亚大陆。中国有 1 种。天目山有 1 种。

4.1　小鹏鹛 *Tachybaptus ruficollis* Pallas,1764(图版Ⅳ-1)

别名　潜水鸭子、水葫芦、小艄板儿

形态　体中小型,体重 150～270g,体长 220～310mm,翼长 80～140mm。虹膜黄色。嘴细直而尖,黑色具白端。跗跖和趾暗绿色。跗骨侧扁,前趾各具瓣状蹼。

成鸟夏羽:眼先、颊、耳羽、颈侧及前颈栗红色。上体黑褐色,部分羽毛尖端苍白。飞羽深褐色,初级飞羽尖端灰黑,次级飞羽尖端淡白色。下喉红栗色。前胸、两胁、肛周灰褐色。后胸和腹部银白色,杂以灰褐色,腋羽和翼下覆羽白。尾羽均为短小绒羽。

成鸟冬羽:额淡灰褐色,头顶和后颈黑褐色。颈部有栗色、白色横斑。颊、耳羽、颈侧等均淡黄褐色,并有白色斑纹。腰的两侧淡黄棕色;上体余部灰褐色。颏、喉黄白色。前胸和两胁淡黄棕色,胁部羽端黑褐色。

习性　栖息于湖泊、池塘、沼泽及水流缓慢的江河。繁殖季节成对生活,繁殖过后常 3～5 只成群在水中活动。飞翔能力不强,善于潜水,能潜入水中数分钟。以水中小鱼虾、水生昆虫为食,也吃水草、种子。

营巢于芦苇和水草丛中,雌雄轮流孵卵。雏鸟早成性,孵出后的第 2 天即能下水游泳。

分布　天目山留鸟,分布于河流、水库及池塘等处。国内分布于全国各地。国外分布于欧洲、非洲和亚洲大部。

鹳形目 Ciconiiformes

大中型涉禽,雌雄鸟羽色相同或相似。嘴侧扁而直,眼先常裸露。颈长而细,翼短圆。尾较短,多为平尾。脚长而健,胫的下半部裸出。趾长,3 前 1 后,前后趾在同一水平面上。前 3 趾基部有蹼。

大多栖息于江河、湖泊、水库岸边浅水及其附近的沼泽地。主要在水中取食鱼、蛙、螺、虾等水生动物。多数在树上营巢,雏鸟大多为晚成鸟。

本目现存有 3 科 117 种,广布于全球内陆及沿海地区。中国有 3 科 37 种。天目山有 1 科 5 种。

鹭科 Ardeidae

体纤细瘦削,嘴侧扁而尖直。眼先及眼周裸露。颈较长,由 19~20 各椎骨组成。翼大而圆,初级飞羽 11 枚。腿长,胫下部裸出。趾细长,4 趾均在一平面上。尾短,尾羽 10~12 枚。体羽疏松,多为单色。

栖息于河流、湖泊、沼泽、水塘等水域,大多在岸边和浅水地觅食。大多集群营巢。飞行速度很慢,也不很敏捷,但很有力。主要食鱼类、两栖类、昆虫和甲壳类等。

本科现存有 21 属 64 种,分布于除南极洲以外的世界各地。中国有 10 属 24 种。天目山有 5 属 5 种。

天目山鹭科分属检索

1. 体羽全白 ··· 白鹭属 *Egretta*
   体羽非全白 ··· 2
2. 两翼白色 ··· 3
   两翼非白色 ··· 4
3. 嘴黄色,尖端黑色 ··· 牛背鹭属 *Bubulcus*
   嘴黄色,尖端也为黄色 ······································ 池鹭属 *Ardeola*
4. 尾羽 12 枚,嘴峰与跗跖几等长 ··························· 夜鹭属 *Nycticorax*
   尾羽 10 枚,嘴峰比跗跖长 ···································· 黑鸦属 *Dupetor*

白鹭属 *Egretta* Forster,1817

体呈纺锤形。嘴长而尖直,胫部部分裸露,翼大而长。脚和趾均细长,脚三趾在前一趾在后,中趾的爪上具梳状栉缘。雌雄同色,大多数种类白色。体羽疏松,具有丝状蓑羽。部分种类有冠羽,胸前有饰羽。

本属现存有 12 种,分布于欧洲、非洲、亚洲至大洋洲。中国有 6 种。天目山有 1 种。

4.2 白鹭 *Egretta garzetta* Linnaeus,1766(图版 IV-2)

别名 白翎鸶、白鹭鸶、小白鹭

形态 体中型,体重 350~550g,体长 550~650mm,翼长 250~300mm。虹膜黄色,嘴黑色。胫的裸露部分及跗跖黑绿色。趾黄绿色,爪黑色。

雌雄鸟羽色相似。嘴、颈和脚均甚长,通体白色。眼睑粉红色。眼先裸出部分粉红色(夏季)或黄绿色(冬季)。

夏羽:枕部着生两条狭长而软的矛状羽,状若头后的两条辫子。肩和背部着生羽枝分散的长形蓑羽,一直向后伸展至尾端;羽干基部强硬,至羽端羽枝纤细分散。前颈下部也有长的矛状饰羽,向下披至前胸。

冬羽:全身亦为乳白色,但头部、肩、背和前颈的蓑羽或矛状饰羽均消失,仅个别前颈矛状饰羽还残留少许。

习性 栖息于河岸、鱼塘、稻田、海滩等湿地环境。喜群栖,与其他水鸟一道集群营巢,营巢大树上。成散群或与其他种类混群在食物丰富的岸边浅水中觅食。每日天亮后即成群由栖息地飞往觅食地,远者可达数十里,夜晚飞回栖处时呈"V"字队形。主要以鱼类、蛙类、昆虫和甲壳类等为食。

营巢由雌雄鸟共同进行,雌鸟留在巢边,雄鸟外出寻找巢材,运回后交雌鸟筑巢。雌雄亲鸟轮流孵卵,以雌鸟孵卵时间较长,雏鸟晚成性,雌雄亲鸟共同育雏。

分布　天目山留鸟,分布于各类水域。国内分布于四川、陕西、河南、山东及长江流域以南地区。国外分布于非洲、欧洲、亚洲及大洋洲,并沿太平洋海岸扩散到加勒比海和美国。

牛背鹭属 *Bubulcus* Bonaparte,1855

中型涉禽,体呈纺锤形。嘴长而尖直,翼大而长。脚和趾均细长,胫部部分裸露。趾三前一后,中趾的爪上具梳状栉缘。雌雄同色,体羽疏松。是世界上唯一不以食鱼为主而以昆虫为主食的鹭类。

本属现存有 2 种,分布于欧洲、美洲、非洲、亚洲至大洋洲等处的大部分地区。中国有 1 种。天目山有 1 种。

4.3　牛背鹭 *Bubulcus ibis* Linnaeus,1758(图版Ⅳ-3)

别名　黄头鹭、畜鹭、放牛郎

形态　体中型,体重 300～450g,体长 460～550mm,翼长 230～280mm。虹膜淡黄色,嘴、眼先和眼周裸露皮肤黄色。跗跖和趾暗黄至近黑,爪黑色。雌雄鸟羽色相似。

夏羽:头部、前颈基部和背中央具羽枝分散成发状的橙黄色长形饰羽。前颈饰羽长达胸部。背部饰羽橙黄色,略带桂皮红色,向后长达尾部。尾和其余体羽白色。

冬羽:通体白色,个别头顶缀有橙黄色,无发丝状饰羽。

习性　栖息于平原草地、牧场、湖泊、水库、低山水田、池塘、旱田和沼泽等地。成对或以3～5 只的小群活动,有时亦单独或集成数十只的大群活动。常与家畜及水牛相伴,捕食家畜及水牛从草地上引来或惊起的昆虫,也食鱼虾、蛙类及草籽。

营巢于树上或竹林上,常成群营巢,也常与白鹭和夜鹭一起营巢。雌雄亲鸟轮流孵卵,雏鸟晚成性。

分布　天目山夏候鸟,分布于草地和各水域。国内分布于河北、山东、河南、四川及长江流域以南地区。国外分布于北美洲东部、南美洲中部及北部、非洲、伊比利亚半岛至伊朗、南亚、东亚及东南亚。

池鹭属 *Ardeola* Boie,1822

中型涉禽,体纺锤形。嘴峰、颈及跗跖均长。体羽疏松,大多由栗色和棕色两种羽毛组成。雌雄同色,头胸等部栗红色,背部蓑羽黑色,两翼白色。尾羽 12 枚。中趾爪的内侧具栉缘。

本属现存有 6 种,分布于欧亚大陆、非洲大部及太平洋诸岛。中国有 1 种。天目山有 1 种。

4.4　池鹭 *Ardeola bacchus* Bonaparte,1855(图版Ⅳ-4)

别名　红头鹭鸶、鸡鹃、沼鹭、红毛鹭

形态　体中型,体重 160～350g,体长 380～540mm,翼长 200～250cm。虹膜黄色,嘴黄色,先端黑色,基部蓝色。跗跖和趾淡黄色。跗跖粗壮,与中趾(连爪)几乎等长。脚和趾均细长,胫部部分裸露,脚三趾在前一趾在后,中趾的爪上具梳状栉缘。

雌雄鸟羽色相似。脸和眼先裸露皮肤黄绿色。体羽疏松,具有丝状蓑羽。

夏羽:头、头侧、颈、前胸与胸侧栗红色,羽端呈分枝状。冠羽甚长,一直延伸到背部。背、肩部羽毛也甚长,呈披针形,蓝黑色,延伸到尾。颏、喉白色,前颈有一条白线,向下延伸。下颈有长的栗褐色丝状羽悬垂于胸。腹、两胁、腋羽、翼下和尾下覆羽及两翼全为白色。尾短圆形,

白色;尾羽 12 枚。

冬羽:头顶白色而具密集的褐色条纹。颈淡皮黄白色而具厚密的褐色条纹。背和肩羽较夏羽为短,暗黄褐色。胸淡皮黄白色,具密集的褐色粗条纹。其余似夏羽。

习性　通常栖息于稻田、池塘、湖泊、水库和沼泽湿地等水域,有时也见于水域附近的竹林和树上。常单只或 3～5 只结成小群活动,有时集成大群。白昼或晨昏活动,性较大胆,常站在水边或浅水中,用嘴飞快地攫食。以动物性食物为主,包括鱼虾、螺类、蛙类、昆虫等,兼食少量植物性食物。

营巢于水域附近高大树木的树梢上或竹林上,常成群营巢,也常与白鹭和牛背鹭一起营巢。雌雄共同孵卵,雏鸟为晚成性。

分布　天目山夏候鸟,分布于各类水域。国内分布于东北、河北、内蒙古、甘肃、青海、陕西、四川及长江以南地区。国外分布于南亚、东亚及东南亚。

夜鹭属 *Nycticorax* Forster，1817

本属是一些中型鹭科鸟类,身体粗壮。嘴粗壮而侧扁,嘴峰与跗跖几等长。翼圆,第 3 枚初级飞羽最长。胫的裸出部较后趾(不连爪)为短。一般头顶和背部深色,腹面白色或灰色。各个种的幼鸟类似,羽毛为棕色,带有白色和灰色的斑点。

本属现存有 2 种,分布于欧亚大陆、美洲、非洲大部及太平洋诸岛。中国有 2 种。天目山有 1 种。

4.5　夜鹭 *Nycticorax nycticorax* Linnaeus，1758(图版 Ⅳ-5)

别名　苍鸻、水洼子、灰洼子、星鸻、夜鹤

形态　体中型,体重 450～750g,体长 480～600mm,翼长 260～300mm。虹膜血红色(成鸟)或黄色(幼鸟)。眼先裸露部分黄绿色(成鸟)或绿色(幼鸟)。嘴黑色;幼鸟嘴先端黑色,基部黄绿色。胫裸出部分、跗跖和趾黄色。

成鸟:额、头顶、枕、后颈、肩和背绿黑色,具金属光泽。额基和眉纹白色,枕部有 2～3 条长带状白色饰羽,下垂至背上。双翼棕褐色,上体余部灰色。颏、喉白色。颊、颈侧、胸和两胁淡灰色。腹白色。尾羽灰色,圆尾,尾羽 12 枚。雌性羽色与雄性大致相同,但枕部没有白色带状长羽,颏喉部羽毛白色,颈胸部淡灰棕褐。

幼鸟:上体暗褐色,缀有淡棕色羽干纹及白色或棕白色的星状端斑。下体白色,缀以暗褐色纵纹,尾下覆羽棕白色。

习性　栖息于平原和低山丘陵地区,活动于溪流、水塘、江河、沼泽和水田附近的大树、竹林中。喜结群,常成小群于晨昏和夜间活动,白天结群隐藏于密林僻静处,或分散成小群栖息在僻静的灌丛或高大树木的枝叶丛中,偶有单独活动的。主要以鱼类、蛙类、虾类、水生昆虫等动物性食物为食。

通常营巢于各种高大的树上,雌雄亲鸟共同参与,常成群在一起营巢,也常与白鹭、池鹭、牛背鹭和苍鹭等一起混群营巢。孵卵由雌雄亲鸟共同承担,以雌鸟为主。雏鸟晚成性,刚孵出时身上被有白色稀疏的绒羽,由雌雄亲鸟共同抚育。

分布　天目山夏候鸟,分布于池塘、沼泽及水库周边的树林。国内几乎遍布全国各地。国外分布于美洲、非洲、欧洲和亚洲各地。

黑鸦属 *Dupetor* Latham，1790

嘴长而形如匕首,使其有别于色彩相似的其他鸦。成年雄鸟通体青灰色,颈侧黄色,喉具黑色及黄色纵纹。雌鸟通体褐色较浓,下体白色较多。亚成鸟顶冠黑色,背及两翼羽尖黄褐色或褐色鳞状纹。

本属为单型属,即现存仅 1 种,分布于印度、中国、东南亚及大洋洲。中国有 1 种。天目山有 1 种。

4.6　黑苇鸦 *Dupetor flavicollis* Latham, 1790(图版Ⅳ-6)

　　别名　乌鹭、黄颈黑鹭、黑长脚鹭鸶

　　形态　体中型,体重 200~400g,体长 500~650mm,翼长 200~250mm。虹膜橙红色。眼先裸露皮肤淡紫色。嘴黑褐色,基部黄褐色。跗跖和趾暗褐色。

　　雄性:额、头顶至后颈、背羽、翼和尾羽均为沾蓝的黑色。颈侧橙黄色,形成显著黄斑。颏和上喉淡棕白色,中央颏纹淡棕栗色。中央喉纹棕栗色,杂以黑斑。前颈和前胸满布淡棕白色和黑色相杂条纹。下体余部黑褐色,腹部中央具黄白色的羽缘。

　　雌鸟:羽色与雄性大致相同,但上体较暗褐,无蓝色。颊和耳羽栗红色。颏、喉、前颈淡棕白色,中央纹呈栗红色点斑状。下喉及颈侧满布栗红色斑纹。胸、腋羽和肋部褐色,较背羽浅淡。腹面淡褐色而具较多的黄白色羽缘。

　　习性　栖息于芦苇丛、沼泽、滩涂、河塘、稻田、红树林及林间溪流。主要在夜间活动,常单只或成对活动和觅食。主要以鱼虾、蛙类及水生昆虫等为食。

营巢于芦苇丛、灌丛、竹林等,雌雄共同孵卵。雏鸟晚成性,由雌雄亲鸟共同抚育。

　　分布　天目山夏候鸟,分布于溪流、池塘、沼泽等处。国内分布于四川、陕西、河南及长江流域以南地区。国外分布于印度、东南亚及大洋洲。

雁形目 Anseriformes

大中型游禽,体肥胖,嘴大而扁平,先端具嘴甲,两侧边缘具角质栉状突或锯齿。大多数种类翼上具翼镜。前趾间具蹼,后趾形小不着地。尾脂腺发达。雄鸟具交接器。雏鸟晚成性。

本目现存有 3 科约 180 种。中国有 1 科 51 种。天目山有 1 科 3 种。

鸭科 Anatidae

羽丰而肥,头较大而颈细长。嘴大多宽阔扁平,先端具角质嘴甲,两侧边缘具角质栉状突或锯齿。翼常具翼镜,初级飞羽 10~11 枚。前趾间具蹼,后趾小而不着地。尾脂腺发达,具有盐腺。

栖息于河流、湖泊、水塘等各种水域环境。大多数种类善于游泳,部分种类善于潜水。多数为杂食性,主要以水生昆虫、甲壳类、软体动物及水生植物等为食,部分种类喜食鱼虾。

本科有 43 属 146 种,绝大多数种类为候鸟。中国有 20 属 51 种。天目山有 2 属 3 种。

天目山鸭科分属检索

嘴形短厚似鹅,头具羽冠,雄鸟翼上具帆状饰羽 1 对 ··· 鸳鸯属 *Aix*

嘴形宽平 ··· 鸭属 *Anas*

鸳鸯属 *Aix* Boie，1828

雌雄异色。雄性头具羽冠；嘴短、嘴峰平直；前颈羽毛延长，形成翎领；初级飞羽的外缘银灰色，内侧次级飞羽稍扩大，并具金属光泽；跗跖短。雌鸟灰褐色，头无羽冠。

本属现存有 2 种，主要分布于南美、西欧、东亚及大洋洲。中国有 1 种。天目山有 1 种。

4.7　鸳鸯 *Aix galericulata* Linnaeus，1758(图版Ⅳ-7)

别名　匹鸟、官鸭

形态　体中型，体重 450～600g，体长 400～450mm，翼长 180～240mm。虹膜褐色，嘴暗红色。跗跖黄褐色。嘴形短厚似鹅。

雄鸟：羽色艳丽，额和头顶翠绿色而具金属光泽。枕部赤铜色，与后颈的暗紫或暗绿色长羽组成羽冠。眉纹白色，长而宽，并向后延伸构成羽冠的一部分。眼先淡黄色，颊部具棕栗色斑，颈侧具长矛形的栗色领羽。背、腰暗褐色，并具铜绿色金属光泽。翼上有 1 对帆状饰羽，初级飞羽暗褐色，次级飞羽褐色，三级飞羽黑褐色。尾羽暗褐色，带金属绿色。

雌鸟：无冠羽，头和后颈灰褐色，眼周白色，眼后有一条白色眉纹。颏、喉白色。上体灰褐色，两翼和雄鸟相似，但无帆状饰羽。胸、胸侧和两胁暗棕褐色，杂有淡色斑点。腹和尾下覆羽白色。

习性　栖息于溪流、湖泊、沼泽、水库等处。喜成群活动，常活动于多林木的溪流，有时也同其他野鸭混在一起。性机警，善隐蔽，飞行能力强。杂食性，食物包括水草、草籽、根茎、浆果、昆虫等。

营巢于树上或河岸，雌鸟孵卵，雏鸟早成性。

分布　天目山冬候鸟，分布于溪流、水库等处。国内多在东北部、内蒙古繁殖，东南各省越冬；少数在台湾、云南、贵州等地是留鸟。国外主要分布于东北亚、俄罗斯等，引种至其他地区。

鸭属 *Anas* Linnaeus，1758

体似家鸭。嘴形平扁，两侧几乎平直，上下嘴边缘的栉突短，但较明显。鼻孔椭圆形，位于嘴基部。翼尖而长，第 2、3 枚初级飞羽最长，翼上具有翼镜。尾羽 18～26 枚。腿短，跗跖前面多少被以盾状鳞，后趾具狭形蹼膜。雌雄性繁殖羽大多有差异，但冬羽相似。

本属现存有 31 种，除南极外，世界各地都有分布。中国有 12 种。天目山有 2 种。

天目山鸭属分种检索

中央尾羽特别延长，并呈尖形 ……………………………………………… 针尾鸭 *A. acuta*
中央尾羽长度适中，并不延长 ……………………………………………… 绿翅鸭 *A. crecca*

4.8　针尾鸭 *Anas acuta* Linnaeus，1758(图版Ⅳ-8)

别名　尖尾鸭、长尾凫、拖枪鸭

形态　体型较大，体重 0.5～1kg，体长 450～700mm，翼长 240～270mm。虹膜暗褐色，嘴蓝灰色。跗跖灰黑色，爪黑色。

雄鸟：头灰褐色，头顶、枕部沾棕色。背部杂以淡褐色与白色相间的波状横斑。颈侧有白色纵带与下体白色相连。翼上覆羽大多灰褐色，飞羽暗褐色，翼镜铜绿色。尾羽灰褐色，中央 1 对尾羽特别延长，黑色并具金属光泽。

雌鸟：体型较小，头为棕色，杂以黑色细纹。后颈暗褐色而缀有黑色小斑。上体大多黑褐色，杂以黄白色斑纹。翼上覆羽褐色，具白色端斑，尤其是大覆羽的白色端斑特别宽阔，和次级飞羽的白色端斑在翼上形成两道明显的白色横带。下体白色，杂以暗褐色斑纹。尾较雄鸟短，但较其他鸭尖长，尾下覆羽白色。

习性 栖息于河流、湖泊、沼泽、水库及开阔海湾等处。常 10～20 只呈小群活动。性胆怯而机警，善游泳，飞翔速度快。食性很杂，以植物性食物为主，包括草籽、嫩芽、嫩叶等，也食昆虫、贝类、蠕虫和小鱼等。

营巢于湖边、河岸灌草丛，雌鸟孵卵，雏鸟早成性。

分布 天目山冬候鸟，分布于溪流、水库等处。国内分布广泛，冬季遍及南部全境，春季经华北，到新疆北部繁殖。国外繁殖于全北界，包括欧亚大陆北部、北美洲西部；在南方越冬，包括东南亚、印度、北非、北美洲、中美洲。

4.9 绿翅鸭 *Anas crecca* Linnaeus，1758（图版 Ⅳ-9）

别名 小凫、巴鸭、沙鸭儿、小麻鸭、小水鸭、半斤头

形态 体中小型，体重 0.2～0.4kg，体长 300～470mm，翼长 160～190mm。虹膜淡褐色，嘴黑色，下嘴棕褐色；跗跖棕褐色，爪黑色。

雄鸟：头颈深栗色，自眼周往后经耳区向下有一宽阔的具有光泽的绿色带斑，与另一侧的相连于后颈基部。自嘴角至眼有一窄的浅棕白色细纹，自眼前分别向眼后绿色带斑上下缘延伸，在头侧栗色和绿色之间形成一条醒目的分界线。上背、肩和两胁均为黑白相间的虫蠹状细斑。肩羽外侧乳白色或淡黄色，外翈具绒黑色羽缘。两翼大多暗灰褐色，覆羽具浅棕色或白色端斑，翼上形成显著的绿色翼镜，翼镜前后缘白色。下背和腰暗褐色，羽缘较淡。下体棕白色，胸部满布黑色小圆点，下腹亦微具暗褐色虫蠹状细斑。尾上覆羽黑褐色，具浅棕色羽缘；尾下覆羽两侧前端为绒黑色，后部为乳黄色，中央尾下覆羽绒黑色。

雌鸟：头顶和颈后棕色，杂以黑色粗纹。头颈侧棕白色，杂以黑褐色细纹。颏、喉污白色，杂以褐色点斑。上体暗褐色，具棕色或棕白色羽缘，翼镜较雄鸟为小。下体白色或棕白色，杂以褐色斑点。下腹和两胁具暗褐色"V"形斑点。尾下覆羽白色，具黑色羽轴纹。

习性 常栖息于湖泊、河流、水塘、沼泽及沿海地带。喜集群，常集成数百，甚至上千只的大群飞翔，速度很快，游泳亦很好，但在陆地上行走时显得较为笨拙。食性杂，以植物性食物为主，喜食稻谷、麦粒、水草、杂草种子等，也食动物性食物，如甲壳类、螺类、软体动物、水生昆虫等。

繁殖期 5—7 月，营巢于湖泊、河流等水域岸边或附近草丛和灌木丛中地上。雌鸟孵卵，雏鸟早成性。

分布 天目山冬候鸟，分布于溪流、水库等处。国内分布广泛，繁殖于新疆天山、东北中部及北部，迁徙时经过华北和长江流域，主要在中国东南部越冬。国外繁殖于欧洲、亚洲、美洲北部，越冬于该三大洲南部和非洲。

隼形目 Falconiformes

　　昼行性猛禽。嘴强大,上嘴向下弯曲呈钩状,基部具蜡膜。目光敏锐,可迅速调节焦距。翼大而宽,适于高空盘旋和翱翔;或长而尖,适于灵活翻飞,快速飞行。脚强健有力,趾上具锐利钩爪。

　　大多栖息于山地森林、草原、荒漠、湿地等环境。性凶猛,肉食性。多数营巢于高大的树上或岩石缝隙间。雏鸟晚成性。

　　本目现存有 3 科 290 余种。中国有 3 科 64 种。天目山有 2 科 16 种。

天目山隼形目分科检索

　　上嘴左右两侧各具齿突,鼻孔圆形,孔内具丘状突起 ················· 隼科 Falconidae
　　上嘴左右两侧无齿突或具双齿突,鼻孔内无丘状突起 ··············· 鹰科 Accipitridae

鹰科 Accipitridae

　　上嘴先端具钩,两侧具弧状垂突,嘴基被蜡膜。鼻孔圆形或椭圆形,开口于蜡膜处,裸露或被须。翼大而宽,善于疾飞和翱翔。尾羽 12 枚,多为圆尾。脚趾强而有力,具锐利的钩爪。

　　栖息于山地悬崖峭壁、森林、草原、荒漠、湿地等多种环境。多以野兔、啮齿动物为食,也捕食小型鸟类、鸟卵及其他小动物等。营巢于树上、悬崖、芦苇丛及草丛。一般每窝产卵 1～2 枚(大型鸟)或 3～5 枚(小型鸟),幼雏晚成性。

　　本科现存有 63 属 230 余种。中国有 20 属 50 种。天目山有 10 属 14 种。

天目山鹰科分属检索

1. 胫与跗跖的长度差不及后爪长 ··· 2
   胫与跗跖的长度差超过后爪长 ··· 3
2. 跗跖前后缘均具盾状鳞 ··· 鹰属 Accipiter
   跗跖前缘具盾状鳞,后缘具网状鳞 ······························· 鹞属 Circus
3. 跗跖后缘具盾状鳞(毛脚鵟除外) ······························· 鵟属 Buteo
   跗跖后缘具网状鳞,或前缘均被羽 ··· 4
4. 嘴形小,较弱,跗跖裸出或前缘上部被羽 ··· 7
   嘴形大而强,跗跖全部或部分被羽 ··· 5
5. 爪稍曲,内爪较后爪长 ··· 林雕属 Ictinaetus
   爪甚曲,后爪较内爪长 ··· 6
6. 跗跖前后缘均具网状鳞,前缘鳞片较后缘大 ············· 鵟鹰属 Butastur
   跗跖前后缘网状鳞几等大,头具羽冠 ····················· 蛇雕属 Spilornis
7. 上喙无齿突 ··· 9
   上喙具双齿突 ··· 8
8. 跗跖部相对较长,约等于胫部长度,冠羽较短或缺如 ····· 隼雕属 Hieraaetus
   跗跖部明显较短,小于胫部长度,常具长的冠羽 ··········· 鹃隼属 Aviceda
9. 无羽冠,尾呈叉状 ·· 鸢属 Milvus
   羽冠显著,尾呈圆尾或平尾状 ······························· 蜂鹰属 Pernis

鹰属 *Accipiter* Brisson，1760

体修长。嘴短而弯曲。鼻孔圆形或卵圆形，为稀疏须所覆盖。翼短而宽。跗跖部细长，爪曲而锋利。尾较长。

本属现存有约 50 种，多数分布于欧亚大陆和非洲，少数见于大洋洲和北美洲。中国有 7 种，广布于全国各地。天目山有 5 种。

天目山鹰属分种检索

1. 嘴长（蜡膜除外）几等于或长于中趾（不连爪）之半 ·· 2
   嘴长（蜡膜除外）不及中趾（不连爪）之半 ·· 4
2. 头具显著冠羽 ··· 凤头鹰 *A. trivirgatus*
   头无显著冠羽 ··· 3
3. 第 3 枚初级飞羽最长 ·· 赤腹鹰 *A. soloensis*
   第 4 枚初级飞羽最长 ··· 苍鹰 *A. gentilis*
4. 喉部满布褐色细纹，无特别显著的中央条纹 ···················· 雀鹰 *A. nisus*
   喉部白色，并具褐色中央条纹 ······························· 松雀鹰 *A. virgatus*

4.10 凤头鹰 *Accipiter trivirgatus* Temminck，1824（图版 Ⅳ-10）

别名 凤头苍鹰

形态 体中型，体重 360～530g，体长 410～490mm，翼长 210～270mm。上喙边缘具弧形垂突，基部具蜡膜或须状羽。虹膜金黄色，嘴角褐色或铅色，嘴峰和嘴尖黑色，口角黄色，蜡膜和眼睑黄绿色。翼强健，翼宽圆而钝。雌鸟显著大于雄鸟。

成鸟：前额、头顶、后枕及羽冠黑灰色。头和颈侧较淡，具黑色羽干纹。上体暗褐色，飞羽具暗褐色横带，内翈基部白色。颏、喉和胸白色，颏和喉具一黑褐色中央纵纹。胸具宽的棕褐色纵纹，尾下覆羽白色。胸以下具暗棕褐色与白色相间排列的横斑。脚和趾淡黄色，爪角黑色。

幼鸟：上体暗褐色，具茶黄色羽缘，后颈茶黄色，微具黑色斑；头具宽的茶黄色羽缘。下体皮黄白色或淡棕色或白色，喉具黑色中央纵纹，胸、腹具黑色纵纹或纵行黑色斑点。

习性 通常栖息在 2000m 以下的山地森林和山脚林缘地带，也出现在竹林和小面积丛林地带，偶尔也到山脚平原和村庄附近活动。性机警，善于藏匿，常躲藏在树叶丛中，有时也栖息于空旷处孤立的树枝上。日出性。多单独活动，飞行缓慢。主要在森林中的地面上捕食，躲藏在树枝丛间，发现猎物时才突然出击。主要以蛙、蜥蜴、鼠类、昆虫等动物性食物为食，也吃鸟和小型哺乳动物。

繁殖期 4—7 月，营巢位置多在河岸或水塘旁边。孵卵期间领域性极强，雏鸟晚成性。

分布 天目山留鸟，分布于森林和林缘地带。国内分布于整个中国南半部。国外分布于印度、尼泊尔、斯里兰卡、泰国、越南、印尼及菲律宾等。

4.11 赤腹鹰 *Accipiter soloensis* Horsfield，1821（图版 Ⅳ-11）

别名 红鼻鹞、鸽子鹰、鹞子、打鸟鹰

形态 体小型，体重 110～180g，体长 270～350mm，翼长 170～200mm。翼尖长，外形似鸽子，故俗称鸽子鹰。虹膜红色或黄褐色；嘴灰色，端黑；蜡膜橘黄色。跗跖和趾橘黄色，爪褐色或近黑色。

成鸟：雌雄鸟羽色相似。头至背部蓝灰色，颊和颈侧暗灰色。上体余部和两翼淡灰蓝色，

背部羽尖略呈白色。飞羽灰蓝色,除初级飞羽羽端黑色外,几乎全白。胸腹污棕色(雌性腹部现不明显的污棕色横斑),胸及两胁略沾粉色。下体余部乳白色,两胁具浅灰色横纹,腿上也略具横纹。中央尾羽灰黑色,先端较暗;其余尾羽暗褐色,具不明显黑褐色横斑。

亚成鸟:上体褐色,下体白色。喉具纵纹,胸及腿部具褐色横斑。尾具深色横斑。

习性 栖息于山地森林和林缘地带,也见于低山丘陵和平原地带的小块丛林、农田和村庄附近。常单独或成小群活动,休息时多停息在树冠或电线杆上。主要以蛙类、蜥蜴等动物性食物为食,也吃小型鸟类、鼠类和昆虫。

营巢于林中的树上,巢由枯枝和绿叶构成。孵卵由雌鸟承担,雏鸟晚成性。

分布 天目山夏候鸟,分布于森林和林缘地带。国内在整个中国南半部均有繁殖,偶见河北、山东,迁徙经过台湾和海南。国外繁殖于东北亚,冬季南迁至东南亚,包括菲律宾、印度尼西亚和新几内亚等。

4.12 苍鹰 *Accipiter gentilis* Linnaeus, 1758(图版Ⅳ-12)

别名 鹗鹰、鸡鹰、兔鹰、牙鹰、元鹰

形态 体型较大,体重500～1100g,体长470～600mm,翼长300～370mm。虹膜金黄色,蜡膜黄绿色。嘴黑色,基部沾蓝。跗跖黄绿色,前后缘均为盾状鳞。脚和趾黄色,爪黑色。

成鸟:眉纹白而具黑色羽干纹,耳羽黑色。额、头顶至颈黑褐色,羽基白色。上体到尾灰褐色。飞羽有暗褐色横斑,内翈基部有白色块斑,初级飞羽第4枚最长。下体污白色,喉部有黑褐色细纹及暗褐色斑。胸、腹、两胁和覆腿羽均具黑褐色横纹。尾灰褐色,具3～5道黑褐色横斑;肛周和尾下覆羽白色,有少许褐色横斑。雌鸟羽色与雄鸟相似,但较暗,体型较大。

亚成体:眉纹不明显,耳羽褐色。上体褐色,有不明显暗斑点。腹部淡黄褐色,有黑褐色纵行点斑。

幼鸟:头顶、后头、后颈及颈侧均暗褐色,羽缘淡棕黄色。上体褐色,羽缘淡黄褐色。飞羽褐色,具暗褐横斑和污白色羽端。下体棕白色,有粗的暗褐色羽干纹。尾羽灰褐色,具4～5道比成鸟更显著的暗褐色横斑。

习性 栖息于不同海拔高度的针叶林、混交林和阔叶林等地带,也见于山地平原和丘陵地带的疏林和小块林内。视觉敏锐,善于飞翔。白天活动,性甚机警,亦善隐藏。通常单独活动,叫声尖锐洪亮。食肉性,主要以森林鼠类、野兔、雉类、鸠鸽类和其他小型鸟类为食。

在林密僻静处较高的树上筑巢。雌、雄鸟共同育雏,以雌鸟为主,雄鸟主要是警戒。雏鸟晚成性。

分布 天目山冬候鸟,分布于森林和草地等处。国内分布于全国各地。国外繁殖于北美和欧亚大陆,向南至北非、伊朗和印度,越冬于东南亚。

4.13 雀鹰 *Accipiter nisus* Linnaeus, 1758(图版Ⅳ-13)

别名 鹞鹰、鹞子、细胸、朵子

形态 体小型,体重130～300g,体长310～410mm,翼长200～260mm。虹膜橙黄色;嘴暗铅灰色,先端黑色,基部黄绿色;蜡膜橙黄色或黄绿色。脚和趾橙黄色,爪黑色。

雄鸟:眼先灰色,具黑色刚毛,颊和头侧棕色,具暗色羽干纹。头顶、枕至后颈暗青灰色,后颈羽基白色。上体鼠灰色或暗灰色。翼上覆羽暗灰色;初级飞羽暗褐色,内翈白色而具黑褐色横斑;次级飞羽青灰色,内翈白色而具暗褐色横斑。下体白色,颏和喉部满布褐色羽干细纹;胸、腹和两胁具红色或暗褐色细横斑;翼下覆羽和腋羽白色,具暗褐色或棕褐色细横斑。尾羽灰褐色,具4～5道黑褐色横斑,端斑灰白色,次端斑黑褐色;尾下覆羽亦为白色,常缀不甚明

显的淡灰褐色斑纹。

雌鸟：体型较雄鸟为大。前额乳白色，或缀有淡棕黄色，头顶至后颈灰褐色或鼠灰色，具有较多羽基显露出来的白斑。头侧和颊乳白色，微沾淡棕黄色，并缀有细的暗褐色纵纹。上体灰褐色，自背至尾上覆羽灰褐色或褐色，飞羽暗褐色。下体乳白色，颏和喉部具较宽的暗褐色纵纹，胸、腹和两胁以及覆腿羽均具暗褐色横斑，尾羽暗褐色，其余似雄鸟。

幼鸟：头顶至后颈栗褐色，羽基灰白色。背至尾上覆羽暗褐色，各羽均具赤褐色羽缘。喉黄白色，具黑褐色羽干纹，胸具斑点状纵纹，胸以下具黄褐色或褐色横斑。其余似成鸟。

习性　栖息于针叶林、混交林、阔叶林等山区地带，冬季主要栖息于低山丘陵、山脚平原、农田地边及村庄附近，尤喜在林缘、河谷。日出性，常单独活动。视觉敏锐，飞行有力而灵巧，能巧妙地在树丛间穿行飞翔。主要以鸟类、昆虫和鼠类等为食，也捕食鸠鸽类和鹑鸡类等体形稍大的鸟类和野兔、蛇类等。

常在高山幼树上筑巢。雌鸟孵卵，雄鸟偶尔亦参与孵卵活动，雏鸟晚成性。

分布　天目山冬候鸟，分布于森林地带。国内繁殖于东北、新疆、华北一带，西至甘肃、宁夏、四川西部；越冬于云南、广西、台湾及海南岛。国外繁殖于欧亚大陆，向南至非洲西北部，向东到伊朗、印度及日本；越冬于地中海、阿拉伯及东南亚。

4.14　松雀鹰 *Accipiter virgatus* **Temminck，1822**（图版 IV-14）

别名　雀鹞、松子鹰、摆胸、雀贼

形态　体小型，体重 160～200g，体长 280～370mm，翼长 160～220mm。虹膜橙黄色；嘴蓝色，先端黑色（幼鸟嘴黑色，基部沾黄褐）；蜡膜黄色。脚和趾黄色或浅绿色，爪黑色。

雄鸟：眼先白色，头顶至后颈灰黑色，头顶缀有棕褐色，后颈基羽白色。头侧、颈侧和其余上体暗灰褐色，肩和飞羽基部有白斑。初级飞羽和次级飞羽外翈具黑色横斑；内翈基部白色，具褐色横斑。颏和喉白色，具有 1 条宽的黑褐色中央纵纹。胸和两肋白色，具宽的灰栗色斑纹。腹和覆腿羽白色，具灰褐色横斑。尾和尾上覆羽灰褐色，尾具 4 道黑褐色横斑。尾下覆羽白色，具少许断裂的暗灰褐色横斑。

雌鸟：和雄鸟相似，但体型较大。耳羽暗灰褐色。上体及两翼黑褐色。下体白色，喉部中央具宽的黑色中央纹。胸具褐色纵纹，腹和两肋具横斑。

习性　栖息于针叶林、混交林、阔叶林等林缘较为空旷处。常单独或成对活动和觅食。性机警，飞行迅速，亦善于滑翔。以各种小鸟为食，也吃蜥蜴、蝗虫、蚱蜢、甲虫以及其他昆虫和小型鼠类，有时捕杀鹌鹑和鸠鸽类中小型鸟类。

营巢于茂密森林中枝叶茂盛的高大树木上部，巢位置较高，且有枝叶隐蔽。亲鸟在孵卵期间有强烈的护巢行为，雏鸟晚成性。

分布　天目山留鸟，分布于林缘地带。国内繁殖于东北，迁徙时途经中国东部、长江以南地区，西至贵州、广西，南至广东、台湾等。国外分布于西伯利亚地区，东至远东太平洋沿岸，南至菲律宾。

鹞属 *Circus* Lacépède，1799

体细瘦，体羽单色不鲜艳，羽毛较柔软。鼻孔纵向，被眼先向前上方斜伸的刚毛覆盖。面部后缘羽毛狭窄而稍曲，形成数量不一的翎领。翼长而尖，初级飞羽较次级飞羽长。尾较长，跗跖部细长，爪曲而锋利。

本属现存有 16 种，几乎遍布全世界。中国有 6 种。天目山有 1 种。

4.15 白腹鹞 *Circus spilonotus* Kaup，1847(图版Ⅳ-15)

别名 鹞子、泽鹞、白尾巴鹰

形态 体中型，体重 500～780g，体长 500～590mm，翼长 380～440mm。虹膜橙黄色；嘴黑褐色，嘴基淡黄色；蜡膜暗黄色。脚淡黄绿色，爪黑色。

雄鸟：眼先灰棕色，具黑色刚毛，耳羽黑褐色，羽缘皮黄色。额、头顶及枕部黑色沾褐色，羽基白色。颈至上背白色，具宽的黑褐色纵纹。肩、下背、腰黑褐色，具污灰白色或淡棕色斑点。翼上覆羽灰色沾棕色。外侧 1～5 枚初级飞羽黑褐色，内翈白色，具黑褐色斑，其余初级飞羽、次级飞羽灰色略沾棕色，尖端较淡，具有黑色亚端斑。下体白色，喉胸具黑褐色纵纹，腋羽具淡棕褐色横斑。尾羽银灰色，具不甚规则的淡棕褐色斑；外侧尾羽污白色，具淡棕褐色斑。覆腿羽和尾下覆羽白色，具淡棕褐色斑或斑点。

雌鸟：头至后颈乳白色或黄褐色，具暗褐色纵纹。上体褐色，具棕红色羽缘。飞羽黑褐色，基部具白色或皮黄色斑纹，羽缘棕色。颏、喉、胸、腹部皮肤黄白色或白色，具宽的褐色羽干纹。尾羽银灰色，微沾棕色，具黑褐色横斑。尾上覆羽白色，具棕褐色斑纹；覆腿羽和尾下覆羽白色，具淡棕褐色斑。

幼鸟：似雌鸟，但上体较暗棕。下体颏、喉部白色或皮黄白色，其余下体棕褐色，胸常具棕白色羽缘。

习性 栖息于沼泽、芦苇塘、江河与湖泊沿岸等较潮湿而开阔的地方。常单独或成对活动，白天为主。性机警而孤独。主要以小型鸟类、啮齿类、蛙类、蜥蜴、小型蛇类和大的昆虫为食，有时也在水面捕食各种中小型水鸟和地上的雉类、鹑类及野兔等动物。

通常营巢于地上芦苇丛中，偶尔也在灌木丛中营巢。主要由雌鸟孵卵，雏鸟晚成性。

分布 天目山冬候鸟，分布于沼泽、水库等开阔处。国内分布于东北、西北、华北、西南，向南至长江中下游、福建、广东、云南、海南和台湾等。国外繁殖于西伯利亚贝加尔湖地区、蒙古、远东太平洋沿岸，越冬于东南亚到大洋洲地区。

鵟属 *Buteo* Lacépède，1799

体型中等。上喙前端具弧形垂突，适于撕裂猎物而吞食；基部具蜡膜或须状羽。翼强健，翼宽圆而钝。翼外侧 4 枚初级飞羽的内翈先端不足 1/2 处剧烈凹陷，形成深的切刻，翼下翼角处具大型黑斑。跗跖部大多相对较长，约等于胫部长度。跗跖全部或部分被羽，但后侧都裸露。雌鸟显著大于雄鸟。

本属现存有 30 种，分布于欧亚大陆、非洲西部及太平洋诸岛等地。中国有 4 种。天目山有 1 种。

4.16 普通鵟 *Buteo buteo* Linnaeus，1758(图版Ⅳ-16)

别名 土豹、鵟、鸡姆鹞

形态 体型较大，体重 600～1050g，体长 500～600mm，翼长 360～410mm。虹膜淡褐色或黄色，嘴黑褐色，蜡膜黄色。跗跖和趾淡棕黄色或黄绿色，爪黑色。

普通鵟体色变化较大，有淡色型、棕色型和暗色型 3 种类型。

淡色型：头具窄的暗色羽缘。上体多呈灰褐色，羽缘白色。翼上覆羽常为浅黑褐色，羽缘灰褐色。外侧初级飞羽黑褐色，杂以赭色斑；内侧飞羽黑褐色，展翼时形成显著的翼下大型白斑。下体乳黄白色，颏和喉部具淡褐色纵纹，胸和两胁具粗的棕褐色横斑，腹近乳白色，有的被有细的淡褐色斑纹。覆腿羽黄褐色，杂以暗褐色斑纹。尾羽暗灰褐色，具数道不清晰的黑褐色横斑和灰白色端斑,肛区和尾下覆羽乳黄白色,微具褐色横斑。

暗色型:眼先白色,颏、喉、颊沾棕黄色。全身黑褐色,两翼与肩色较淡,羽缘灰褐色。外侧5枚初级飞羽羽端黑褐色,内翈乳黄色;其余飞羽黑褐色,内翈羽缘灰白色。下体黑褐色,翼下和尾下覆羽乳白色,覆腿羽黄白色。尾羽棕褐色,具暗褐色横斑和灰白色端斑。

棕色型:颏、喉乳黄色,具棕褐色羽干纹。两翼棕褐色,羽端淡褐色或白色,小覆羽栗褐色,飞羽较暗色型稍淡。胸、两胁具大型棕褐色粗斑,体侧尤甚,腹部乳黄色,有淡褐色细斑。尾羽棕褐色,羽端黄褐色,亚端斑深褐色,往尾基部横斑逐渐不清晰,代之以灰白色斑纹;尾下覆羽乳黄色,有不清晰的暗色横斑。

习性　栖息于开阔的原野、农田及村落等处。成对生活,秋季多集成小群,冬季多单独活动,主要昼行性。性机警,视觉敏锐。善飞翔,每天大部分时间都在空中盘旋滑翔。以森林中鼠类为食,也吃蛙、蜥蜴、蛇、野兔、小鸟和大型昆虫等动物性食物,有时亦到村庄捕食鸡等家禽。

通常营巢于高大树枝上。雌雄亲鸟都能孵卵,但主要由雌鸟担任,雏鸟晚成性。

分布　天目山冬候鸟,分布于林缘、山顶草地等处。国内繁殖于东北,迁徙经新疆、青海、四川、西藏、河北、河南、山东等,越冬于长江以南广大地区。国外主要繁殖于欧亚大陆,越冬于欧洲和亚洲南部、非洲东部和南部。

林雕属 *Ictinaetus* Blyth, 1843

中型猛禽。虹膜黄色,脚黄色。通体黑褐色,眼下及眼先具白斑。尾较长,尾上覆羽淡褐色,具白横斑。爪长而微具钩,与其他雕类有别。

本属为单型属,现存仅有1种,分布于热带亚洲山区。中国有1种。天目山有1种。

4.17　林雕 *Ictinaetus malayensis* Temminck, 1822(图版Ⅳ-17)

别名　树鹰、黑雕

形态　中型猛禽,体重1000～1600g,体长67～81cm。嘴较小,上嘴缘近直,嘴铅色,尖端黑色。蜡膜和嘴裂黄色。鼻孔宽阔,呈半月形,斜列。外趾及爪均短小,爪的弯曲程度不如雕属其他种类,且内爪比后爪为长。两翼后缘近身体处明显内凹,使翼基部明显较窄,因而翼后缘突出,飞翔时极明显。跗跖被羽,尾羽较长而窄,呈方形。趾黄色,爪黑色。

成鸟:雌雄鸟羽色接近。通体为黑褐色。尾羽上具多条淡色横斑及宽的黑色端斑。下体黑褐色,但较上体稍淡,胸、腹有粗的暗褐色纵纹。

亚成鸟:色彩较浅,具皮黄色的细纹和羽缘,腿浅色。

习性　栖息于山地森林中,主要是中低山地的阔叶林和混交林中。飞行时两翼扇动缓慢,显得相当从容不迫和轻而易举;有时也沿着林缘地带飞翔巡猎,但从不远离森林。不善鸣叫。主要以鼠类、蛇类、雉鸡、蛙、蜥蜴、小鸟、鸟卵以及大的昆虫等动物性食物为食。

繁殖期为11月—翌年3月,营巢于浓密的常绿阔叶林或落叶阔叶林中,巢多位于高大乔木的上部。每窝通常产卵1枚,偶尔2枚。雌鸟孵卵,护巢性甚为强烈。

分布　天目山留鸟,分布于森林地带。国内已知分布于西藏南部、浙江、云南、福建、广东、海南、台湾等地,但各地均极罕见,其中在台湾为留鸟,在海南东南部为旅鸟。国外分布于印度、斯里兰卡、缅甸、中南半岛、泰国、马来西亚、菲律宾及印度尼西亚等。

鵟鹰属 *Butastur* Hodgson，1843

嘴峰从嘴基部开始向下弯曲。鼻孔椭圆形。第 3 枚初级飞羽最长,第 1～4 枚内缘有缺刻。跗跖部裸出,被覆瓦状鳞片。趾短。两性相似。

全世界现存有 4 种,分布于非洲和亚洲。中国有 3 种。天目山有 1 种。

4.18　灰脸鵟鹰 *Butastur indicus* Gmelin，1788(图版Ⅳ-18)

别名　灰面鵟、南路鹰、三春鵟

形态　体中型,体重 370～500g,体长 400～450mm,翼长 300～340mm。虹膜黄色,嘴灰色,嘴基部和蜡膜橙黄色。跗跖和趾黄色,爪黑色。

成鸟:雌雄鸟羽色接近。眼先灰白,颊和耳暗灰色。头顶至颈灰褐色,具暗色纤细羽干纹。上体余部暗棕褐色。翼上的覆羽棕褐色,飞羽大多栗褐色,杂以黑色点斑。颏喉白色,具有宽的黑褐色中央纵纹。胸部以下为白色,具有较密的棕褐色横斑。覆腿羽棕白色,具栗色横斑。尾羽灰褐色,具 3～4 道宽的黑褐色横斑。

幼鸟:颊棕色,具棕褐色羽干纹,眉纹皮黄色。上体褐色,具纤细的黑褐色羽干纹,羽缘棕白色。喉白色沾棕色,具黑褐色中央纹。下体乳白色或皮黄色,上胸具粗的棕褐色纵纹,下胸、腹及两胁具棕褐色横斑。尾羽褐色,具 4～5 道黑褐色横斑。

习性　在繁殖期主要栖息于阔叶林、针阔叶混交林以及针叶林等山林中,秋冬季节则大多栖息于林缘、山地、丘陵、草地、农田和村屯附近等较为开阔的地区。常单独活动,性情较为胆大,叫声响亮。觅食主要在早晨和黄昏。主要以小型蛇类、蛙类、蜥蜴、啮齿类和小鸟等动物性食物为食,有时也食昆虫和动物尸体。

营巢于阔叶林或混交林中靠河岸的疏林地带或林中沼泽草甸、林缘地带的树上。孵卵由雌鸟承担,雏鸟晚成性。

分布　天目山冬候鸟,分布于森林地带。国内繁殖于东北各省,迁徙时见于青海、长江以南地区及台湾。国外繁殖于俄罗斯东部、日本和朝鲜等地,越冬于印度、缅甸、中南半岛、马来西亚、菲律宾、印度尼西亚和新几内亚等地。

蛇雕属 *Spilornis* Gray，1840

中型猛禽。瞳孔黄色。鼻孔椭圆形,眼先裸露。嘴基蜡膜黄色。嘴长而向下弯曲,上嘴缘缺刻不明显。翼长而圆。头顶黑色,具黑色冠羽。

本属现存有 6 种,多数分布于欧亚大陆和非洲,少数见于大洋洲和北美洲。中国有 1 种。天目山有 1 种。

4.19　蛇雕 *Spilornis cheela* Latham，1790(图版Ⅳ-19)

别名　白腹蛇雕、蛇鹰、凤头捕蛇雕、横髻山鹛、冠蛇雕

形态　体大型,体重 1～1.5kg,体长 600～700mm,翼长 400～450mm。虹膜黄色,嘴灰绿色,先端较暗,蜡膜黄色。跗跖裸出,被网状鳞,与趾同为黄色,爪黑色。

成鸟:前额白色,头顶黑色,羽基白色。枕部具黑色冠羽,常呈扇形展开,其上有白色横斑。上体灰褐色至暗褐色,具窄的白色或淡棕黄色羽缘。翼上覆羽暗褐色,具白色斑点。飞羽黑色,具白色端斑和淡褐色横斑。喉和胸灰褐色或黑色,具淡色或暗色虫蠹状斑。翼下覆羽和腋羽皮黄褐色,被白色圆形细斑。下体余部棕褐色,具丰富的白色圆形细斑。尾黑色,尾上覆羽具 1 条宽阔的灰白色中央横带和窄的白色先端。

幼鸟：头顶和羽冠白色，具黑色先端，贯眼纹黑色，背暗褐色，杂有白色斑点。下体白色，喉和胸具暗色羽轴纹，覆腿羽具横斑。尾灰色，具两道宽阔的黑色横斑和黑色端斑。

习性　栖居于深山高大密林中。多成对活动。喜在林地及林缘活动，在高空盘旋飞翔。以小型两栖类、爬行类以及鸟类为食，也吃鼠类、鸟类、甲壳动物等。

用树枝筑巢于高大树上。孵卵由雌鸟承担，雏鸟晚成性。

分布　天目山留鸟，分布于茂密森林地带。国内分布于西藏、云南、长江流域及以南地区。国外分布于尼泊尔、巴基斯坦、印度、日本、韩国及东南亚各国。

隼雕属 *Hieraaetus* Kaup，1844

中型猛禽。虹膜褐色，嘴近黑色，蜡膜黄色。腿被羽。脚黄色。

本属现存有 5 种，多数分布于欧亚大陆和非洲，少数见于大洋洲和北美洲。中国有 3 种。天目山有 1 种。

4.20　白腹隼雕 *Hieraaetus fasciata* Vieillot，1822（图版Ⅳ-20）

别名　白腹山雕

形态　体大型，体重 1.5～2.5kg，体长 600～750mm，翼长 450～550mm。虹膜淡褐色，嘴蓝灰色，先端黑色，基部灰黄色，蜡膜黄色。跗跖被羽，脚趾柠檬黄色，爪黑色。

眼先白色，有黑色羽须，眼后上缘有一不明显的白色眉纹。头顶羽呈矛状，头顶至后颈棕褐色。上体暗褐色，颈侧和肩部羽缘灰白色。飞羽灰褐色，内侧羽片上有云状白斑；翼下覆羽黑色，飞羽内面白色而具波浪形暗色横斑。下体白色，杂以栗褐色，腹部棕黄色。尾较长，羽灰色，具有 7 道不甚明显的黑褐色波浪形斑。

习性　在繁殖季节主要栖息于低山丘陵和山地森林及河谷，尤其是富有灌木丛的荒山和有稀疏树木生长的河谷地带。常单独活动，不善于鸣叫。非繁殖期也常沿着海岸、河谷进入山脚平原、沼泽，甚至半荒漠地区；寒冷季节常到开阔地区游荡。性情较为大胆而凶猛，行动迅速。飞翔速度很快，多在低空鼓翼飞行，很少在高空翱翔或滑翔，捕捉鸟类和兽类等。主要以鼠类、中小型鸟类为食，也吃野兔、爬行类和昆虫，但不吃腐肉。

营巢于河谷岸边的悬崖上或树上。孵卵由雌雄亲鸟轮流承担，护巢性很强。雏鸟晚成性。

分布　天目山留鸟，分布于荒坡及河谷地带。国内分布于东北、河北、长江流域及其以南地区。国外分布于北非、欧亚大陆。

鹃隼属 *Aviceda* Swainson，1836

中小型猛禽。大多具冠羽，其上有 2～3 道黑纵纹，羽端白色。上体深色，背和肩羽缘颜色深浅略有不同。飞羽具宽阔的暗灰色和黑色横斑。喉白色，胸部羽色是大小不同的白色或浅灰色，下体余部满缀宽阔的淡红褐色和白色横斑。

本属现存有 5 种，分布于非洲、南亚及大洋洲。中国有 2 种。天目山有 1 种。

4.21　黑冠鹃隼 *Aviceda leuphotes* Dumont，1820（图版Ⅳ-21）

别名　虫鹰

形态　小型猛禽，体重 180～250g，体长 30～33cm。头顶具有长而垂直竖立的蓝黑色冠羽。虹膜紫褐色或血红褐色。嘴峰上有 2 个尖尖的齿突。

头部、颈部、背部、尾上的覆羽和尾羽都呈黑褐色，并具有蓝色的金属光泽。嘴和腿均为铅色。飞翔时翼阔而圆，飞羽银灰色，次级飞羽上有一宽的白色横带。翼和肩部具有白斑，喉部和颈部为黑色。上胸具有一个宽阔的星月形白斑,下胸和腹侧具有宽的白色和栗色横斑。翼下覆羽,腹部的中央、腿上的覆羽和尾下覆羽均为黑色。尾羽内侧为白色,外侧具有栗色块斑。

习性　常单独活动,有时也以 3～5 只的小群活动。常在森林上空翱翔和盘旋,间或鼓翼飞翔。性警觉而胆小,活动主要在白昼,特别是清晨和黄昏时最为活跃。主要以蝗虫、蚱蜢、蝉、蚂蚁等昆虫为食,也吃蝙蝠、鼠类、蜥蜴和蛙等小型脊椎动物。

繁殖期 4—7 月,营巢于森林中河流岸边或邻近的高大树上,巢主要由枯枝构成,内放草茎、草叶和树皮纤维。每窝产卵 2～3 枚。

分布　天目山留鸟,分布于森林地带。国内分布于四川、贵州、云南、湖北、湖南、浙江、江西、福建、广东、广西及海南等省区。国外分布于南亚和东南亚。

鸢属 *Milvus* Boddaert,1783

体型中等。鼻孔开放,向前上方倾斜。外侧初级飞羽基部的内翈白色,在翼下形成一大型白斑。第 3、4 枚初级飞羽最长。尾长而呈叉状。跗跖部较其他鹰类粗短,约一半被羽,其后缘鳞片细密。

本属现存有 3 种,分布于欧洲、亚洲、非洲及澳大利亚等地。中国有 1 种。天目山有 1 种。

4.22　黑鸢 *Milvus migrans* Boddaert,1783(图版 IV-22)

别名　老鹰、黑耳鸢

形态　体型较大,体重 900～1150g,体长 550～650mm,翼长 450～550mm。虹膜暗褐色,嘴黑色,蜡膜和下嘴基部黄绿色。脚和趾黄绿色,爪黑色。

成鸟:雌雄鸟羽色相似。前额基部和眼先灰白色,耳羽黑褐色。头顶至后颈棕褐色,具黑褐色羽干纹。上体暗褐色,微带紫色光泽,具不甚明显的暗色细横纹和淡色端缘。翼上覆羽淡褐色,具黑褐色羽干纹。初级飞羽黑褐色,外侧飞羽内翈基部白色,形成翼下一大型白色斑。次级飞羽暗褐色,具不甚明显的暗色横斑。下体颏、颊和喉灰白色,具细的暗褐色羽干纹。胸、腹及两胁暗棕褐色,具黑褐色羽干纹;下腹至肛部羽毛色稍浅淡,呈棕黄色。尾浅叉形,棕褐色,其上宽度相等的黑色和褐色横带呈相间排列,尾端羽缘淡棕白色;尾下覆羽灰褐色。

幼鸟:全身大多栗褐色,头、颈大多具棕白色羽干纹。胸、腹具有宽阔的棕白色纵纹,翼上覆羽具白色端斑,尾上横斑不明显。其余似成鸟。

习性　栖息于开阔平原、草地、荒原和低山丘陵地带,也常在城郊、村落、田野、港湾、湖泊上空活动。白天活动,常单独在高空飞翔。性机警,视力亦很敏锐,在高空盘旋时即能见到地面活动的动物。主要以小鸟、啮齿类、蛇类、蛙类、蜥蜴、鱼和昆虫等动物性食物为食,偶尔也吃家禽和腐尸。

营巢于高大树木、峭壁或建筑物等处。孵卵主要由雌鸟担任,雏鸟晚成性。

分布　天目山留鸟,分布于林缘、山顶草地等处。国内遍及全国各地。国外主要分布于欧洲、非洲、亚洲及大洋洲。

蜂鹰属 *Pernis* Cuvier,1816

体型中等。嘴弱而长,不太弯曲。头具鳞片状羽。脸部羽毛小而致密,像鳞片一样起保护作用,防止蜂群的攻击。背部羽毛深褐色。尾稍圆,外侧尾羽较中央尾羽短。

本属现存有 4 种,分布于欧洲、亚洲和非洲等地。中国有 1 种。天目山有 1 种。

4.23　凤头蜂鹰 *Pernis ptilorhyncus* Temminck，1821（图版Ⅳ-23）

别名　八角鹰、雕头鹰、蜜鹰

形态　体大型,体重 1～1.8kg,体长 500～650mm,翼长 400～500mm。虹膜金黄色或橙红色,嘴黑色。脚和趾黄色,爪黑色。

生活时,体色变化较大,头顶暗褐色至黑褐色。头侧灰色,具有短而硬的鳞片状羽毛。头的后枕部通常具有短的黑色羽冠,看上去像在头顶戴了一尊"凤冠",故名凤头蜂鹰。上体通常黑褐色。初级飞羽暗灰色,先端黑色,翼下飞羽白色或灰色,具黑色横带。喉部白色,具有黑色的中央斑纹。下体余部棕褐色或栗褐色,具有淡红褐色和白色相间排列的横带和黑色中央纹。尾圆形,羽灰色至暗褐色,具有 3～5 条暗色宽横斑及若干灰白色的波状横斑。

习性　栖息于不同海拔高度的阔叶林、针叶林和混交林中,尤以疏林和林缘地带较为常见,有时也到林外村庄、农田和果园等处活动。平时常单独活动,冬季也偶尔集成小群。飞行灵敏,多为鼓翼飞翔,偶尔也在林区上空翱翔。主要以蜂类、蝴蝶等成虫和幼虫为食,兼食其他昆虫和幼虫,偶尔也捕食蛇类、蜥蜴、蛙类、鼠类、鸟类等动物性食物。

营巢于高大树上。孵卵由雌鸟担任,雏鸟晚成性。

分布　天目山留鸟,分布于森林及林缘地带。国内遍及全国各地。国外繁殖于西伯利亚、萨哈林岛、日本和朝鲜等,冬季南迁;在菲律宾、马来半岛和印尼等地为留鸟。

隼科 Falconidae

多为小型猛禽。嘴粗短,先端钩曲,上嘴两端具单个齿突。鼻孔圆形,中间具丘状突起。翼形尖长。脚强健,爪高度弯曲而锐利。尾羽 12 枚,多为圆尾或凸尾。

栖息于开阔地带的林缘、灌木丛、草原、农田。飞行迅速,以蜥蜴、昆虫、啮齿动物、小型鸟类等为食。营巢于树上、树洞或岩洞中。一般每窝产卵 2～6 枚,雏鸟晚成性。

本科现存有 11 属约 60 种。中国有 2 属 13 种。天目山有 1 属 3 种。

隼属 *Falco* Linnaeus，1758

小型猛禽。上嘴先端钩曲,边缘具锐利齿突。鼻孔圆形,中间具丘状突起。翼长而尖。脚强健,爪弯曲而十分锐利。

本属现存有约 40 种,广泛分布于世界除南极洲以外的各大陆。中国有 11 种,广布于全国各地。天目山有 3 种。

天目山隼属分种检索

1. 尾呈凸尾形 ··· 红隼 *Falco tinnunculus*
   尾呈圆尾形 ··· 2
2. 初级飞羽第 2 与第 3 枚几等长,第 1 枚较第 4 枚稍短或等长 ············ 灰背隼 *F. columbarius*
   初级飞羽第 2 枚最长,第 1 枚较第 4 枚长甚 ····························· 燕隼 *F. subbuteo*

4.24　红隼 *Falco tinnunculus* Linnaeus，1758（图版Ⅳ-24）

别名　红鹰、红鹘子、砂老鹰、茶隼

形态　体小型,体重 180～330g,体长 310～360mm,翼长 240～270mm。虹膜暗褐色;眼睑黄色。嘴蓝灰色,先端黑色,基部黄色;蜡膜黄色。跗跖和趾深黄色,爪黑色。

雄鸟:前额、眼先和眉纹棕白色。眼下沿口角垂直向下有一宽的黑色纵纹。头顶、枕部至

后颈蓝灰色,具纤细的黑色羽干纹。背、肩和翼上覆羽砖红色,具近似三角形的黑色斑块。翼上覆羽和初级飞羽黑褐色,具淡灰褐色端缘;三级飞羽砖红色。初级飞羽内翈具白色横斑,并微缀棕色斑纹。腰蓝灰色,具纤细的暗灰褐色羽干纹。颏、喉乳白色,胸、腹和两胁棕黄色或乳黄色,缀黑褐色的细纵纹,下腹和两胁具黑褐色的滴状斑。翼下覆羽和腋羽皮黄白色或淡黄褐色,具褐色点状横斑。覆腿羽浅棕色或棕白色。尾蓝灰色,具宽阔的黑色次端斑和窄的白色端斑,尾上覆羽蓝灰色;尾下覆羽浅棕色或棕白色。

雌鸟:头顶、后颈及颈侧具细密的黑褐色羽干纹。脸颊和眼下口角髭纹黑褐色。上体棕红色,背到尾上覆羽具黑褐色横斑。翼上覆羽与背同为棕黄色。飞羽黑褐色,具窄的棕红色端斑,内翈具白色横斑,并微缀棕色。下体乳黄色微沾棕色,胸、腹和两胁具黑褐色纵纹。翼下覆羽和腋羽淡棕黄色,密被黑褐色斑点。尾棕红色,具9～12道黑色横斑、宽的黑色次端斑和棕黄白色尖端。覆腿羽和尾下覆羽乳白色。

幼鸟:似雌鸟,但头部羽色较淡;鼻与眼眶裸露部分呈灰蓝色;上体斑纹较粗著;尾羽具10条横纹和1条宽的次端斑,末端沾棕色较多。

习性 栖息于山地森林、苔原、丘陵、草原、灌丛草地、林缘、疏林、河谷和农田等地区。喜单独活动,尤以傍晚时最为活跃。飞翔力强,喜逆风飞翔,可快速振翼停于空中。视力敏捷,取食迅速。主要以小型哺乳动物为食,也食小鸟、昆虫和蜥蜴等。

营巢于悬崖、岩石缝隙、土洞、树洞及其他鸟类在树上的旧巢中。孵卵主要由雌鸟承担,雄鸟偶尔亦替换雌鸟孵卵。雏鸟晚成性。

分布 天目山留鸟,分布于森林、草地及河谷等地。国内分布于新疆、东北、华北、青海、西藏、四川及长江流域以南地区。国外分布于欧洲、亚洲、非洲,少数见于北美。

4.25 灰背隼 *Falco columbarius* Linnaeus,1758(图版Ⅳ-25)

别名 灰鹞子、鸽子鹰、鸼隼、朵子

形态 体小型,体重120～200g,体长250～330mm,翼长180～210mm。虹膜暗褐色,眼周黄色;嘴蓝灰色,先端黑色,基部黄绿色;蜡膜黄色。跗跖和趾橙黄色,爪黑褐色。

雄鸟:额、眼先、眉纹、头侧、颊和耳羽污白色,微缀棕黄色。后颈为蓝灰色,有一棕褐色领圈,杂有黑斑。上体余部淡蓝灰色,具黑色羽干纹。飞羽黑褐色,外翈缀以灰色点斑,内翈具白色横斑。喉部白色,下体余部淡棕色,具有棕褐色羽干纹;覆腿羽深棕色,杂以黑纹。尾羽具宽的黑色次端斑和较窄的白色端斑。

雌鸟:头部密缀黑色细纹。翼上覆羽暗褐色沾蓝灰色,杂以棕褐色羽缘,具棕色横斑。飞羽黑褐色,羽缘近白色,满布棕色横纹。下体与雄鸟相似,但棕色较多,斑纹较粗。尾上覆羽灰褐色沾蓝色,杂以棕色或蓝灰色沾棕色的横斑。

习性 栖息于开阔的低山丘陵、山脚、平原、海岸和苔原地带,特别是林缘、林中空地、山岩和有稀疏树木的开阔地方。常单独活动,叫声尖锐,多在低空飞翔。主要以小型鸟类、鼠类和昆虫等为食,也吃蜥蜴、蛙类和小型蛇类。

通常营巢于树上或悬崖岩石上,偶尔也在地上,喜欢占用乌鸦、喜鹊和其他鸟类的旧巢。孵卵由雌雄亲鸟轮流进行,雏鸟晚成性。

分布 天目山冬候鸟,分布于林缘、山谷等开阔地带。国内繁殖于新疆天山、黑龙江,越冬于长江流域以南地区。国外繁殖于欧亚大陆、北美洲北部地区,越冬于欧亚大陆南部、非洲北部和北美洲南部等地区。

4.26　燕隼 *Falco subbuteo* Linnaeus，1758（图版Ⅳ-26）

别名　青条子

形态　体小型，体重通常 140～260g，体长 290～350mm，翼长 245～260mm。虹膜黑褐色，眼圈和蜡膜黄色；嘴蓝灰色，先端黑色。跗跖和趾黄色，爪黑色。

雄鸟：前额白色，头顶至后颈灰黑色或黑色，有一条细的白色眉纹。头侧、眼下和嘴角垂直向下的髭纹黑色。后颈羽基白色。背、肩、腰和尾上覆羽暗灰色或蓝灰色，具黑褐色羽干纹。翼上覆羽蓝灰色或灰褐色，初级飞羽和次级飞羽黑褐色，内翈具淡棕黄色不规则的横斑。尾羽灰色或灰褐色，除中央尾羽外，均具皮黄色或棕色或黑褐色横斑和淡棕黄色羽端。颈侧、颏、喉白色，微沾棕色。胸、上腹白色或黄白色，具粗著的黑色纵纹。下腹、尾下覆羽和覆腿羽棕栗色。翼下和腋羽白色，密被黑褐色横斑和斑点。

雌鸟：与雄鸟大致相似，但体型稍大。上体较褐，下腹和尾下覆羽棕栗色但较淡，多为淡棕色或淡棕黄色，并缀黑褐色纵纹。

幼鸟：与雌鸟相似，但上体较暗褐，下体自胸以下为浅棕黄色，具黑色纵纹。

习性　栖息于有稀疏树木生长的开阔平原、旷野、耕地、海岸及林缘地带。常单独或成对活动，飞行快速而敏捷。白天活动，尤以黄昏时捕食较频繁。主要在空中捕食，停飞时多栖于高树和电线杆上。主要以麻雀、山雀等小鸟为食，也大量捕食蜻蜓、蟋蟀、天牛等昆虫。

营巢于高大乔木上，繁殖期 5—7 月，每窝产卵 2～4 枚。孵卵由雌雄亲鸟轮流进行，孵化期 28 天。雏鸟晚成性，由雌雄亲鸟共同抚养。

分布　天目山夏候鸟，分布于林缘、山谷等开阔地带。指名亚种繁殖于欧亚大陆大部，越冬于非洲、亚洲南部。南方亚种多为留鸟，分布于长江流域以南地区，直到中南半岛北部。

鸡形目 Galliformes

嘴短钝，上嘴微曲，略长于下嘴。两翼短圆，初级飞羽 10 枚。尾发达，尾羽 12～20 枚。脚强健，三前一后，爪钝，适于奔走和挖土觅食。雄鸟跗跖后缘一般有距，有的种类雌雄都有距。雌雄大多异色，雄性羽色通常较艳丽。

大多为陆栖，部分树栖。一般为留鸟。主要取食植物的茎、叶、种子、果实和昆虫。体型较小、羽色较淡的种类，多为单配型；体型较大、雄性羽色较艳丽的种类，通常是多配型。大多地面营巢，每年产一窝卵。雏鸟早成性。

本目现存有 7 科 290 种。中国有 2 科 55 种。天目山有 1 科 5 种。

雉科 Phasianidae

嘴强而粗短，上嘴先端稍向下弯，但不呈钩状。鼻孔裸露。头顶常具羽冠或肉冠。翼短圆，尾羽平扁或侧扁状。腿脚强健，跗跖裸出或仅上部被羽。雄性具距。趾裸出，后趾稍高于其他趾。

多地面活动，善用钝爪掘土挖食。以植物种子为主食。大多数在地面营巢。

本科现存有 38 属 150 余种，分布限于东半球。中国有 21 属 55 种。天目山有 5 属 5 种。

天目山雉科分属检索

1. 翼长在 200mm 以下,尾羽较翼短 ··· 竹鸡属 Bambusicola
   翼长在 200mm 以上,雄性尾羽较翼长 ·· 2
2. 雌雄尾羽均较翼长 ··· 3
   雄性尾羽较翼长,雌性尾羽与翼等长或稍短 ··· 4
3. 羽色具金属光泽,腰羽呈矛状而离散如发 ··· 雉属 Phasianus
   体羽大部鲜红色(♂)或褐色(♀),颈部和腹部白色 ················· 长尾雉属 Syrmaticus
4. 雄性头部金属暗绿色,下体深栗色,雌性通体褐色 ····················· 勺鸡属 Pucrasia
   雄性上体白色,密布黑纹,下体蓝黑色,雌性通体橄榄褐色 ············· 鹇属 Lophura

竹鸡属 Bambusicola Gould,1863

小型鸡类,体长 30~36cm,体重 200~360g。嘴强直,黑色或近褐色。雄鸟具距。跗跖绿褐色。

本属现存约有 3 种,主要分布于亚洲南部。中国均有。天目山有 1 种。

4.27 灰胸竹鸡 Bambusicola thoracicus Temminck,1815(图版Ⅳ-27)

别名 竹鸡、普通竹鸡、竹鹧鸪

形态 体中型,体重 240~320g,体长 220~370mm,翼长 110~140mm。虹膜深棕色或淡褐色,嘴黑色。跗跖和趾绿色或黄褐色。

额与眉纹灰色,眉纹粗著,向后一直延伸至上背。头、枕和后颈橄榄褐色,具不甚明显的暗褐色纹。颊、耳羽及颈侧栗棕色。上背灰褐色,具不甚清晰的暗褐色虫状斑和栗色块斑。肩和下背橄榄褐色,密布黑色虫状斑,并具栗红色块斑和白色斑点。腰、翼上覆羽和飞羽橄榄褐色,密布黑色虫状斑。尾上覆羽橄榄褐色,中央尾羽红棕色,杂以黑褐色和淡褐色虫状横斑,外侧尾羽几纯红棕色;尾下覆羽栗色。雌雄鸟羽色相似,但雌鸟稍小,且跗跖无距。

习性 栖息于低山丘陵和山脚平原地带的竹林、灌丛和草丛中,也出现于山边耕地和村屯附近。常成群活动,群由数只至 20 多只组成,冬季集群较大,繁殖季节则分散活动。通常在天明即开始活动,一直到黄昏,晚上栖于竹林或树上。杂食性,主要以植物幼芽、嫩枝、嫩叶、果实、种子等植物为食,也吃昆虫和其他无脊椎动物。

营巢于灌丛、草丛、树下或竹林下地面凹处,有时也在树根附近的裸露地方营巢。孵卵由雌鸟担任。雏鸟早成性,孵出后不久即能活动,几天后就能飞行。

分布 中国特有种。天目山留鸟,分布于灌丛、草丛等处。国内分布于中国长江以南各省,北达陕西南部,西至四川、云南、贵州,南至台湾省。现已引进至日本。

雉属 Phasianus Linnaeus,1758

体形较家鸡略小,体重 880~1650g,体长 600~860mm。雄鸟羽色华丽,具金属光泽;脸部裸出,头顶两侧各具一束能耸立的耳羽簇;分布于东部的几个亚种颈部有白色颈圈;翼稍短圆,第 4 枚最长;尾羽长而有横斑。雌鸟羽色暗淡,大多为褐色和棕黄色,杂以黑斑;尾羽也较短。

本属现存有 2 种,分布于欧洲东南部及亚洲。中国有 1 种。天目山有 1 种。

4.28 环颈雉 *Phasianus colchicus* Linnaeus，1758（图版Ⅳ-28）

别名 野鸡、山鸡、环颈雉

形态 体型较大，体重 900～1650g，体长 600～850mm，翼长 210～240mm。虹膜栗红色（♂）或红褐色（♀），嘴暗白色，基部灰褐色。跗跖黄绿色（♂）或红绿色（♀），雄性有距。脚灰色。

雄鸟：额和上嘴基部黑色，具蓝绿色光泽。眉纹白色，眼先和眼周裸出皮肤绯红色。眼后、眼下和耳羽蓝黑色。头顶、枕部棕褐色，颈黑褐色，具绿色金属光泽。颈部有一完整的白色颈环，其前颈比后颈白环更为宽阔。上背羽毛基部紫褐色，具白色羽干纹。背和肩栗红色。下背和腰两侧蓝灰色，中部灰绿色，且具黄黑相间排列的波浪形横斑。翼上覆羽淡黑褐色，杂有白色斑纹。飞羽褐色，初级飞羽具锯齿形白色横斑，次级飞羽外翈具白色虫斑和横斑。三级飞羽棕褐色，具波浪形白色横斑，外翈羽缘栗色，内翈羽缘棕红色。颏、喉黑色，具蓝绿色金属光泽。胸部紫红色，亦具金属光泽，羽端具有倒置的锚状黑斑或羽干纹。两胁淡黄色，近腹部栗红色。腹部黑褐色。尾羽黄灰色，除最外侧两对外，均具一系列交错排列的黑色横斑和栗色横斑。尾上覆羽黄绿色，部分末梢沾有土红色；尾下覆羽棕栗色。

雌鸟：较雄鸟为小，羽色亦不如雄鸟艳丽。头顶和后颈棕白色，具黑色横斑。肩和背栗色，杂以粗的黑纹和宽的淡红白色羽缘。下背至腰羽色逐渐变淡，呈棕红色至淡棕色，且具黑色中央纹和灰白色羽缘。颏、喉棕白色，下体余部沙黄色，胸和两胁具沾棕色的黑斑。尾灰棕褐色，比雄鸟短。

习性 栖息于低山丘陵、草地、农田及林缘灌丛等处。繁殖季节成对活动，非繁殖季节常集成几只至十几只的小群活动和觅食。脚强健，善奔跑，特别是在灌丛中奔走极快，也善于藏匿。杂食性，春季啄食刚发芽的嫩草，也常到耕地扒食种下的谷籽与禾苗；夏季以各种昆虫和其他小型无脊椎动物以及部分植物的嫩芽、浆果和草籽为食；秋季以各种植物的果实、种子、叶、芽、草籽和部分昆虫为食；冬季则取食各种植物的草茎、果实、种子和谷物。

一雄多雌制，营巢于草丛、芦苇丛或灌丛中地上，也在隐蔽的树根旁或麦地里营巢。孵卵由雌鸟担任，雏鸟早成性。

分布 天目山留鸟，分布于林缘、草地等处。浙江分布于全省山地丘陵。国内除西藏和海南外，其余各省皆有分布。国外分布于欧洲东南部、小亚细亚、西伯利亚东南部、中亚、东亚及东南亚北部。

长尾雉属 *Syrmaticus* Wagler，1832

身体大小近似雉属，但尾羽长。眼部周围红色。雄鸟羽色艳丽，尾羽长达 1.2～2.0m。雌鸟与幼鸟很相似，羽色暗淡。

本属现存有 5 种，主要分布于亚洲南部。中国有 4 种。天目山有 1 种。

4.29 白颈长尾雉 *Syrmaticus ellioti* Swinhoe，1872（图版Ⅳ-29）

别名 山鸡、红山鸡、高山雉鸡、锦鸡

形态 体型较大，体重 900～1650g，体长 600～900mm，翼长 200～250mm。虹膜褐色至浅栗色，嘴黄褐色。脚蓝灰色。雄性有距。

雄鸟：额、头顶和枕橄榄灰褐色，后颈灰色，颈侧灰白色。脸裸露鲜红色，耳羽淡灰褐色，眼上有一白色短眉纹。肩羽基部栗色至黑色，并具宽阔的白色端斑，两肩各具一条宽阔的白带。上背栗色；下背、腰及尾上覆羽黑色，具蓝色金属光泽，并具细窄的白色横斑。翼上覆羽暗赤褐

色,中部横贯以铜蓝色斑块,羽缘色深并有金属光泽。初级飞羽暗褐色,外䎃端部棕色而杂有褐斑;次级飞羽浅栗色,具灰色羽端。颏、喉及前颈黑色。胸部栗色,具金黄色羽端和黑色中央次端斑。腹棕白色,胁羽栗色,具黑斑和白色羽端。尾羽橄榄灰色,尾上覆羽具灰色和栗色相间的横斑;尾下覆羽黑色,具蓝灰光泽。

雌鸟:脸裸露红色,眼黑色,耳羽棕褐色。额、头顶和枕栗褐色,头侧和颈部稍淡为沙褐色。上背黑色,羽端沙褐色,具浅栗色横斑和白色羽干纹;下背棕褐色,杂以黑色和棕色斑。翼上覆羽红棕色至棕褐色,杂以黑斑,端部沙褐色而具白缘。飞羽暗褐色,初级飞羽外䎃杂有淡棕黄色三角形斑,内䎃具淡栗色斑纹;次级飞羽具不规则的栗色横斑和浅褐色羽端。颏沙褐色,喉和前颈黑色。胸和两胁浅棕褐色,具白色羽端和黑斑,下体余部大多白色。中央尾羽灰白色,杂以栗褐色斑点和横斑;外侧尾羽和尾下覆羽栗色,具黑斑和白色羽端。

习性 主要栖息于低山丘陵地区的阔叶林、混交林、针叶林、竹林和林缘灌丛地带,尤以阔叶林和混交林为最。喜集群,常以3~8只的小群活动。性胆怯而机警,活动时很少鸣叫,因此难以见到。活动以晨昏为主,常常边游荡边取食,中午休息,晚上栖于树上。杂食性,主要以植物叶、茎、芽、花、果实、种子等为食,也吃昆虫等动物性食物。

一雄多雌制,交配结束后雌雄各自分开。营巢于林下或林缘岩石下、草丛中、灌丛间和大树脚下,甚为隐蔽,亦较简陋,主要由枯枝落叶和草茎构成。孵卵由雌鸟担任,雏鸟早成性。

分布 中国特有种。天目山留鸟,主要分布于森林地带。国内分布于中国长江以南的江西、安徽南部、浙江西部、福建北部、湖南、贵州东部及广东北部的山林。

勺鸡属 *Pucrasia* Gray,1841

头部全被羽,无裸出部分。雌雄均具枕冠,但羽色各异。雄性枕冠很发达,并在枕冠左右两侧各具一束长羽簇;羽簇在发情活动时能竖立起来。体羽大多呈矛状。尾上覆羽较长,尾羽呈楔状。跗跖部具一短的钝形距。

本属为单型属,现存仅有1种,主要分布于亚洲南部。中国有1种。天目山有1种。

4.30 勺鸡 *Pucrasia macrolopha* Lesson,1829(图版Ⅳ-30)

别名 角鸡、柳叶鸡、山鸡

形态 体型较大,体重800~1300g,体长400~600mm,翼长170~220mm。虹膜褐色,嘴黑褐色。脚和趾铅灰色。雄性有距。

雄鸟:头顶棕褐色,冠羽细长,呈棕色;黑色枕冠更长,具灰绿色羽缘。耳羽黑色,下眼睑具一小块白斑。颈侧有一大块白斑,颈后及上背淡棕黄色,形成领环,羽片中央贯以乳白色纵纹。肩羽棕褐色,具皮黄色羽干纹,杂以绒黑色块斑。上体余部紫灰色,内外䎃各具一条黑色沾栗色的纵纹,两者合成"V"形,并具虫状黑斑,羽干白色。翼上覆羽黑褐色,具4条黑纹。初级飞羽黑褐色,羽端棕白色,第2~6枚的外䎃棕色,杂棕白色羽缘;次级飞羽黑褐色,具棕色羽缘,杂以棕褐色虫状细斑。颏、喉等均为黑色,具暗绿色的金属光泽。下体自喉至腹部中央栗色,余部浅棕色。下腹基黑褐,端部浅栗棕。尾上覆羽及中央尾羽灰褐色,其外为"V"形栗色纵带,内外两侧均具狭窄的黑缘;外侧尾羽银灰色,具三道黑色横斑,各羽端白色。尾下覆羽暗栗色,具黑色次端斑和白色端斑。

雌鸟:额、头顶及冠羽等的羽基黑色,羽端棕褐。前部冠羽黄褐色,后部冠羽淡棕色,羽缘黑色。眉纹宽阔,棕白色而级以黑点。头侧棕褐色,颈侧栗褐色,杂以黑斑。颧纹黑色,与颈部黑色横纹相连,形成三角形黑色块斑。颧纹和块斑的羽色均为棕白色,羽缘均为黑色,彼此相叠。上体棕褐色,杂以黑褐色虫状斑。上背及肩部黑斑较大,具棕白色羽干纹。两翼覆羽与背略同,但棕褐色较淡,黑斑较少,羽干纯白。飞羽与雄鸟相同。颏、喉棕白色。下体余部淡栗黄色,羽干棕白,各羽具黑色块斑一对。尾上覆羽与下背同色,但中央具黑斑或"V"形黑纹,羽干纹浅栗色。尾下覆羽栗红色,羽端洁白。

雏鸟:全身被绒羽。头顶至颈皮黄色,有一狭窄栗色带。眼先、眼上方和耳区均具栗色纹。后颈皮黄色,上体余部栗色。肩和两翼棕褐色,肩羽及内侧翼羽均有小栗色点。翼上覆羽的末端皮黄色。下体淡皮黄色。

习性　栖息于针阔混交林、多岩坡地、山脚灌丛、开阔的多岩林地、松林,喜在低洼的山坡和山脚的灌木丛中活动。单独或成对活动,性情机警,很少结群,夜晚也成对在树枝上过夜。秋冬季则结成家族小群。雄鸟在清晨和傍晚时喜欢鸣叫。遇警情时深伏不动。杂食性,以植物根、果实及种子为主食,也吃少量昆虫、蜗牛等动物性食物。

在地面以树叶、杂草筑巢,巢置于灌丛间的地面上。孵卵以雌鸟为主,雏鸟出壳后能独立活动。

分布　天目山留鸟,分布于多岩林地。国内分布于华北以南的广大地区,喜马拉雅山脉至中国中部及东部;二者分布不连续。国外分布于阿富汗、巴基斯坦、克什米尔、印度北部和尼泊尔等地。

鹇属 *Lophura* Fleming,1822

脸部皮肤裸露。嘴粗短而强,上嘴先端微向下曲,但不具钩。鼻孔不为羽毛遮盖。翼稍短圆。尾长,尾羽呈平扁状。跗跖裸出,或仅上部被羽。雄性常具距。雌雄异色。雄鸟羽色华丽,脸部皮肤裸露;头顶具有稍直立的羽冠;雌鸟大多羽色稍暗,具较宽的淡色羽缘。

本属现存有 10 种,主要分布于亚洲的热带和亚热带地区。中国有 3 种。天目山有 1 种。

4.31　白鹇 *Lophura nycthemera* Linnaeus,1758(图版Ⅳ-31)

别名　白山鸡、银鸡、银雉、越鸟、白雉

形态　体大型,体重 1200～2000g,体长 700～1100mm,翼长 240～290mm。虹膜橙黄色(♂)或红褐色(♀),嘴墨绿色。脚红色。雄性有距。

雄鸟:脸裸露,赤红色。额和头顶蓝黑色,耳羽灰白色。羽冠蓝黑色,披于头后。上体和两翼白色,自后颈至上背密布近似 V 形的黑纹。初级飞羽外缘黑色但较浅,略带棕褐色;次级飞羽羽干黑白相间。下体蓝黑色,但颏、喉和下腹近黑褐色。白色尾羽甚长,密布细细的 V 形黑纹,黑纹越向后越小,至逐渐消失。

雌鸟:上脸裸出部分小,赤红色。羽冠褐色,先端黑褐色。上体棕褐色或橄榄褐色。飞羽棕褐色,次级飞羽外翈缀有黑色斑点。下体棕褐色或橄榄褐色,胸以后微缀黑色虫状斑。中央尾羽棕褐色,外侧尾羽黑褐色,满布以白色波状斑。尾下覆羽黑褐色而具白斑。

习性　主要栖息于亚热带常绿阔叶林中,特别是树木茂密、林下植被稀疏的常绿阔叶林和沟谷雨林,亦出现于针阔叶混交林和竹林内。成对或以 3～6 只的小群活动,冬季有时集群个体多达 16～17 只。通常凌晨即从夜栖树上飞到地面活动,一般在天黑时才开始上树栖息。性机警,胆小怕人,受惊时多由山下往山上奔跑,很少起飞。杂食性,主要以植物的嫩叶、幼芽、花、茎、浆果、种子、根和苔藓等为食,也吃蚯蚓、蜗牛、昆虫及幼虫等动物性食物。

一雄多雌制,雄鸟之间常为争夺配偶而争斗。营巢于林下灌丛间地面凹处或草丛中。孵卵以雌鸟为主,雏鸟早成性,孵出当日即可离巢随亲鸟活动。

　　分布　天目山留鸟,分布于森林地带。国内主要分布于南方各省。国外分布于柬埔寨、老挝、缅甸、泰国、越南等国家。

鹤形目 Gruiformes

　　各类涉禽。一般嘴、颈和腿较长,胫部常裸露无羽。翼短圆,尾较短。部分具蹼,适于沼泽中活动。具 3 趾或 4 趾,3 趾者适于草原活动;4 趾者后趾位置高于前 3 趾。栖息于湿地、草原或森林中。

　　本目现存有 11 科 200 余种。中国有 4 科 34 种。天目山有 1 科 1 种。

秧鸡科 Rallidae

　　中小型涉禽。颈长,嘴短而强。翼短圆,次级飞羽第 5 枚缺如。尾短常上翘。腿较长,脚 4 趾,中趾较长。部分种类具蹼。

　　栖息于植物茂盛的湖泊、沼泽,或近水的草地。不善飞行,遇惊时潜伏或奔走草丛中。以鱼、虾、昆虫或水生植物为食。

　　本科现存有 33 属 130 余种,除了南极洲,广泛分布于世界各地。中国有 11 属 19 种。天目山有 1 属 1 种。

苦恶鸟属 Amaurornis Reichenbach,1853

　　体形大小似秧鸡。嘴形多样,嘴黄色或绿色。嘴短,约为跗跖长的 2/3;嘴基稍隆起,但不形成额甲。翼较圆,第 3 枚初级飞羽最长。跗跖细长,其长度短于中趾(连爪)。体色以素色和暗色为主,大多数种类腿部颜色鲜艳。

　　本属现存有 10 种,主要分布于南亚和东南亚。中国有 2 种,主要分布于长江流域及以南地区。天目山有 1 种。

　　4.32　红脚苦恶鸟 Amaurornis akool Sykes,1832(图版Ⅳ-32)

　　别名　红脚秧鸡、苦哇鸟、苦娃子、红脚田鸡

　　形态　体小型,体重 200~300g,体长 250~280mm,翼长 120~140mm。虹膜红色,眼睑橘红色。嘴橄榄绿色。跗跖和脚红色,爪灰褐色。

　　生活时,成鸟两性相似,雌鸟稍小。体色暗淡无斑纹,头顶、后颈、上体、两胁和尾下覆羽均为橄榄褐色。颏、喉污白色,头侧、颈侧和胸部蓝灰色,向后到腹渐变为橄榄褐色。腹和尾下覆羽橄榄褐色。幼鸟:虹膜褐色,下体淡灰色。雏鸟绒羽黑色。

　　习性　栖息于平原和低山丘陵地带的沼泽地、高草丛、竹丛、湿地灌丛、水稻田、甘蔗田中,以及河流、湖泊和池塘边。一般成对活动,性机警,多在黄昏活动。善于步行、奔跑及涉水,行走时头颈前后伸缩,尾上下摆动。杂食性,动物性食物有各类昆虫及幼虫、软体动物、鼠类、小鱼等;植物性食物包括草籽、水生植物的嫩茎和根。

　　巢营于水域附近的灌木丛、草丛或水稻田内,位置较为隐蔽。两性轮流孵卵、喂养和照顾幼鸟。雏鸟绒羽、嘴及腿均为黑色,常由亲鸟带领活动。

　　分布　天目山夏候鸟,分布于河流、池塘等附近。国内主要分布于长江以南地区。国外分布于印度、尼泊尔、巴基斯坦、缅甸、越南等。

鸻形目 Charadriiformes

中小型涉禽。嘴形大多细长。翼长而尖,第 1 枚初级飞羽退化,三级飞羽特长。尾常短圆,尾羽大多 12 枚。胫部裸露,脚一般较长。后趾不发达,位高;前三趾细长,具蹼或微蹼。

栖息于湖泊、江河、沼泽及沿海滩涂。多为迁徙鸟类,迁徙时喜集群。以小鱼、昆虫和底栖动物为食。地面营巢,雏鸟早成性。

本目现存有 19 科 350 种。中国有 14 科 131 种。天目山有 2 科 4 种。

天目山鸻形目分科检索

跗跖前后缘被盾状鳞 ·· 鹬科 Scolopacidae
跗跖前后缘被网状鳞 ·· 反嘴鹬科 Recurvirostridae

反嘴鹬科 Recurvirostridae

中型涉禽。嘴细长,先端上弯或下弯。翼长而尖,折合时超过体长。腿细长,胫裸露,跗跖被网状鳞。后趾短小,或缺失;仅前 3 趾基部具蹼。雌雄鸟羽色相似,但不同季节略有差异。

栖息于海岸、河流、湖泊、沼泽等湿地环境。迁徙时,喜结群而飞。以昆虫、甲壳动物、小型软体动物等为食。繁殖为单配型,雌雄亲鸟共同孵卵及护巢,雏鸟早成性。

本科现存有 3 属 6 种。中国有 2 属 2 种。天目山有 2 属 2 种。

天目山反嘴鹬科分属检索

趾间几无蹼,无后趾,嘴形几直 ·························· 长脚鹬属 *Himantopus*
趾间具全蹼,具后趾,嘴向上弯曲 ······················ 反嘴鹬属 *Recurvirostra*

长脚鹬属 *Himantopus* Brisson,1760

嘴细长而直,鼻沟长不超过嘴长之半。翼尖而长,第 1 枚初级飞羽最长。腿细长,胫部裸出。跗跖超过中趾(连爪)长的 2 倍。趾间无蹼,无后趾。尾较嘴长。

本属现存有 5 种,广泛分布于非洲、欧亚大陆、太平洋诸岛及美洲大部。中国有 1 种。天目山有 1 种。

4.33 黑翅长脚鹬 *Himantopus himantopus* Linnaeus,1758(图版Ⅳ-33)

别名　长脚鹬、黑翅高跷、长脚娘子

形态　体型较大,体重 150～200g,体长 200～410mm,翼长 220～250mm。虹膜红色。嘴细而尖,黑色;幼鸟下嘴基部棕红。腿细长,橙红色。

成鸟夏羽:额、眼先和颊部白色。头顶、枕、耳至后颈灰黑色,羽缘具灰白色点斑。上背、肩部和两翼黑色,且富有绿色金属光泽。飞羽黑色,微具绿色金属光泽,飞羽内侧黑褐色。下背、腰白色。下体几纯白色。腋羽白色,翼下覆羽黑色。尾羽淡灰色或灰白色,外侧尾羽近白色。

成鸟冬羽:冬羽和雌鸟夏羽相似。头颈均为白色。头顶至后颈缀有灰褐色斑纹。上背、肩和三级飞羽褐色。

幼鸟:和成鸟冬羽相似,但头顶至后颈为灰色或黑色,不为白色。翕、肩和三级飞羽褐色,

具皮黄色羽缘和暗褐色亚端斑。内侧初级飞羽和次级飞羽具白色尖端。

习性 栖息于开阔平原中的湖泊、浅水塘和沼泽地带。非繁殖期也出现于河流浅滩、水稻田、鱼塘和海岸沼泽地带。常单独、成对或成小群活动,非繁殖期也常集成较大的群。行走缓慢,步履稳健、轻盈,姿态优美,但奔跑和在有风时行走显得笨拙。性胆小而机警,当有干扰者接近时,常不断点头示威,然后飞走。主要以软体动物、甲壳类、环节动物、昆虫、昆虫幼虫及小鱼和蝌蚪等动物性食物为食。

营巢于开阔的湖边、草地或湖中露出水面的浅滩及沼泽地上。常成群在一起营巢。雌雄亲鸟轮流孵卵。雏鸟早成性,出壳后不久即能行走。

分布 天目山旅鸟,分布于草地、沼泽地带。国内繁殖于新疆西部、青海东部及内蒙古西北部,迁徙途经全国大部分省份,越冬于广东、台湾及香港等地。国外分布于欧洲的东南部和南部、北非、印度、东南亚、大洋洲、夏威夷、北美。

反嘴鹬属 *Recurvirostra* Linnaeus,1758

虹膜褐色或红褐色。嘴细长而向上弯曲。翼长而尖,折合时超过体长。腿细长,胫裸露。趾间具全蹼,具后趾。

本属现存有 4 种,分布于非洲、欧亚大陆。中国有 1 种。天目山有 1 种。

4.34 反嘴鹬 *Recurvirostra avosetta* Linnaeus,1758(图版IV-34)

别名 翘嘴鹬、翘嘴娘子

形态 体大型,体重 300～400g,体长 350～480mm,翼长 220～250mm。虹膜褐色。嘴细长上翘,黑色。腿细长,青灰色。脚橄榄墨绿色,爪黑色。

成鸟:眼先、前额、头顶、枕和颈上部绒黑色或黑褐色,形成一个经眼下到后枕,然后弯向后颈的黑色帽状斑。内肩、翼上中覆羽和外侧小覆羽黑色;最长的肩羽黑色,并杂有灰色。初级飞羽黑色,内侧初级飞羽和次级飞羽白色;三级飞羽黑色,外侧三级飞羽白色,并常杂有褐色。颈、背、腰、尾上覆羽和整个下体白色。尾白色,末端灰色,中央尾羽常缀灰色。

幼鸟:和成鸟相似,但黑色部分变为暗褐色或灰褐色,上体白色部分大多缀有暗褐色、灰褐色或皮黄色斑点和羽缘。

习性 栖息于河流、湖泊、沼泽、水库、池塘及水田等处。常单独、成对或成小群活动,有时集成大群。行走缓慢,主要以甲壳类、昆虫、昆虫幼虫等小型无脊椎动物为食。

繁殖期为 5—7 月,常成群繁殖,营巢于开阔的湖泊岸边、盐碱地或沙滩、沿海沼泽边的裸露干地上。每窝产卵 3～5 枚,雌雄亲鸟轮流孵卵。

分布 天目山冬候鸟,分布于草地、沼泽地带。国内于新疆、青海、内蒙古、辽宁、吉林等省繁殖,迁徙经过河北、山东、山西、陕西、江苏、湖南和四川等省,越冬于西藏南部、广东、福建和香港等南部省区。国外于欧洲、中东、中亚、塔吉克斯坦、阿富汗、西西伯利亚南部繁殖,越冬于里海南部、非洲、南亚和东南亚。

鹬科 Scolopacidae

中小型涉禽。雌雄鸟羽色相似,体羽色暗而富有条纹。嘴细而长,先端稍膨大。鼻沟长,超过上嘴长之半。颈较长,翼形尖。尾短,脚细长。跗跖裸露,前缘被盾状鳞。趾间无蹼,或仅基部微具蹼。

栖息于海滨、河岸、湖泊及沼泽地。飞行力强；迁徙时，成群沿着海岸或较大的河川飞行。取食昆虫、软体动物、甲壳动物、鱼类、蛙类和小型爬行类。营巢于草丛地面的凹陷处。雌雄亲鸟孵卵和育雏。

本科现存有 21 属 98 种，中国有 18 属 48 种。天目山有 1 属 2 种。

鹬属 *Tringa* Linnaeus, 1758

嘴细而直，先端稍下曲。跗跖前后缘均被盾状鳞。脚具 4 趾，中趾与外趾基部具蹼。尾较嘴长。

本属现存有 13 种，广泛分布于非洲、欧洲、大洋洲、南美洲及北美洲南部。中国有 8 种。天目山有 2 种。

天目山鹬属分种检索

上下背同色，具白色羽缘，飞行时仅趾伸至尾后 ·················· 白腰草鹬 *T. ochropus*
下背白色，上背色暗，飞行时脚伸出尾部很多 ··············· 青脚鹬 *T. nebularia*

4.35　白腰草鹬 *Tringa ochropus* Linnaeus，1758（图版 IV-35）

别名　绿鹬、水鸡子

形态　体中型，体重 70～100g，体长 210～260mm，翼长 130～150mm。虹膜暗褐色，嘴灰褐色或暗绿色，先端黑色。跗跖和脚橄榄绿色，爪灰黑色。飞行时仅趾伸至尾后。

夏羽：眼周白色，与白色眉纹相连。额、头顶至后颈黑褐色，具白色纵纹。颊、耳羽、颈侧白色，具细密的黑褐色纵纹。上背、肩、翼黑褐色，羽缘具白色斑点。飞羽黑褐色，三级飞羽具白色羽缘。下背和腰黑褐色，具白色羽缘。尾上覆羽白色。颏、喉和上胸白色，密被黑褐色纵纹。下胸、腹和尾下覆羽纯白色；胸侧和两胁白色，具黑色斑点。腋羽和翼下覆羽黑褐色，具细窄的白色波状横纹。外侧 1 对尾羽纯白色；其余尾羽基部纯白，端部具 4 条宽阔的暗褐色横斑。

冬羽：与夏羽基本相似，但体色较淡，上体呈灰褐色，背和肩具不甚明显的皮黄色斑点。

习性　繁殖季节主要栖息于山地或平原森林中的湖泊、河流、沼泽和水塘附近；非繁殖期主要栖息于沿海、河口、湖泊、河流、水塘、农田与沼泽地带。常单独或成对活动，迁徙期间也常集成小群。常上下晃动尾，边走边觅食。主要以甲壳类、蜘蛛、软体动物、昆虫及昆虫幼虫等小型无脊椎动物为食，偶尔也吃小鱼和稻谷。

通常营巢于草丛中地上或树下树根间，少数营巢于树上。雌雄亲鸟轮流孵卵，孵卵期间亲鸟甚为护巢。

分布　天目山冬候鸟，分布于溪流、水池、沼泽等处。国内繁殖于东北和新疆西部，越冬于西藏南部、西南及长江流域以南的广大地区。国外繁殖于斯堪的纳维亚半岛、欧洲东部至中亚，越冬于地中海、非洲热带地区、中东至东南亚。

4.36　青脚鹬 *Tringa nebularia* Gunnerus，1767（图版 IV-36）

别名　水鸡子

形态　体型较大，体重 130～350g，体长 290～340mm，翼长 180～200mm。虹膜黑褐色。嘴较长，基部蓝灰色而较粗；先端黑色而渐细。跗跖和脚淡灰绿色或青绿色。飞行时脚伸出尾端甚长。

成鸟夏羽：眼先、颊白色，缀有黑褐色羽干纹。头顶至后颈灰褐色，羽缘白色。上背、肩灰褐色,具黑色羽干纹和窄的白色羽缘;下背、腰白色。翼上覆羽黑褐色或灰褐色。初级飞羽黑色,羽干白色;次级飞羽和三级飞羽暗褐色,羽缘白色或棕白色。颈侧和上胸白色,缀有黑褐色羽干纹。腋羽和翼下覆羽白色,具黑褐色斑点。下胸、腹和尾下覆羽白色。尾羽具黑褐色和白色相间的横纹。

成鸟冬羽:头、颈白色,微具暗灰色条纹。上体淡灰褐色至棕褐色,具白色羽缘。三级飞羽灰褐色,羽缘较暗。下颈和上胸两侧具淡灰色纵纹。其余似夏羽。

幼鸟:似成鸟冬羽,但较褐,具皮黄白色羽缘和暗色亚端斑。下体白色,颈和胸部具细的褐色纵纹;两胁具淡褐色横斑。尾白色,具细窄的灰褐色横斑;外侧 3 对尾羽几纯白色,有的具不连续的灰褐色横斑。

习性　繁殖期主要栖息于湖泊、河流、水塘和沼泽地带,特别喜欢在有稀疏树木的湖泊和沼泽地带。非繁殖期主要栖息于河口和海岸地带,也到内陆淡水或咸水湖泊和沼泽地带。常单独、成对或成小群活动。多在水边或浅水处走走停停,步履矫健、轻盈,也能在地上急速奔跑和突然停止。主要以虾蟹、小鱼、螺类、水生昆虫和昆虫幼虫为食。

巢多置于树杈上或沼泽中的土丘上。雌雄亲鸟轮流孵卵,但以雌鸟为主,雄鸟协助和负责警卫。雏鸟早成性,雏鸟出壳后不久即能行走和奔跑。

分布　天目山冬候鸟,分布于溪流、水池、沼泽等处。国内在长江流域以北地区为旅鸟,在长江流域以南地区越冬,西抵西藏东南部。国外繁殖于欧洲至亚洲北部,越冬于西北欧沿海地区、北非、地中海、西亚和南亚。

鸽形目 Columbiformes

体中小型。嘴短,先端膨大坚硬,嘴基有蜡膜。翼长而尖,初级飞羽 11 枚,缺第 5 枚次级飞羽。尾羽 12～20 枚。尾脂腺裸出或退化。鼻孔为裂鼻型。嗉囊发达,除临时贮存和软化食物外,还能在育雏初期分泌“鸽乳”。

大多树栖,栖息于悬崖峭壁、建筑物或树上。繁殖期成对生活;非繁殖期常结群活动,有时结成大群。主要取食植物种子、果实、嫩芽等,兼食小型无脊椎动物。

本目现存有 1 科约 310 种,除地球两极外,分布于世界各地。中国有 1 科 31 种。天目山有 1 科 3 种。

鸠鸽科 Columbidae

体型中等。嘴较短,上嘴先端膨大而坚硬,嘴基有蜡膜。翼长而尖,飞翔迅速。尾呈圆形或楔形,尾羽 12～20 枚。脚短而健,适于地面疾走;具 4 趾,同在一平面上。

栖息于树木、悬崖峭壁或建筑物上。大多数种类集群活动,繁殖期成对活动。主要取食植物的种子、果实、嫩芽等。营巢于树木、岩石缝或建筑物上。雏鸟晚成性,刚孵出时被毛状绒羽。雌雄亲鸟以嗉囊中分泌的“鸽乳”饲喂雏鸟。

本科现存有 42 属 310 种,主要分布于全球温带和热带地区。中国有 7 属 31 种。天目山有 1 属 3 种。

斑鸠属 *Streptopelia* Bonaparte，1855

体中型，较家鸽小。头小，颈部较细。翼狭长，第 2 和第 3 枚初级飞羽最长。尾较长，跗跖短而强。脚短而强壮。

本属现存有 15 种，分布于非洲、欧亚大陆。中国有 6 种。天目山有 3 种。

天目山斑鸠属分种检索

1. 两性不同，第 1 和第 2 枚飞羽最长 …………………………………………… 火斑鸠 *S. tranquebarica*
   两性相似，第 2 和第 3 枚飞羽最长 ………………………………………………………………… 2
2. 后颈有很宽的黑领，领羽缀以白点 …………………………………………… 珠颈斑鸠 *S. chinensis*
   后颈无黑领，颈侧各有一丛杂以暗灰色的黑羽 ………………………… 山斑鸠 *S. orientalis*

4.37 火斑鸠 *Streptopelia tranquebarica* Hermann，1804（图版Ⅳ-37）

别名 红鸠、火鹁鸪、红斑鸠、红咖追

形态 体中小型，体重 80～140g，体长 210～250mm，翼长 130～150mm。虹膜暗褐色。嘴黑色，基部较浅淡。脚褐红色，爪黑褐色。

雄鸟：额、头顶至后颈蓝灰色。头侧和颈侧亦蓝灰色，但稍淡。后颈有一黑色领环，横跨在后颈基部，并延伸至颈两侧。背、肩和翼上覆羽葡萄红色。飞羽暗褐色，内侧飞羽栗色。腰、尾上覆羽和中央尾羽暗蓝灰色，其余尾羽灰黑色，具宽阔的白色端斑。颏和喉上部蓝灰白色，最外侧尾羽外翈白色。喉下部至腹部淡葡萄红色，尾下覆羽白色。两胁、腿、肛周、翼下覆羽和腋羽均蓝灰色。

雌鸟：额和头顶淡褐色而沾灰色。后颈黑色领环较细窄，不如雄鸟明显，且黑色领环外缘有白边。其余上体深土褐色，腰部缀蓝灰色。下体浅土褐色，略带粉红色。颏和喉近白色。下腹、肛周和尾下覆羽淡灰色或蓝白色。

习性 栖息于开阔的平原、田野、村庄、果园和山麓疏林地带，也见于低山丘陵和林缘地带。常成对或成群活动。飞行甚快，喜欢栖息于电线上或高大的树木枯枝上。主要以植物浆果、种子和果实为食，也食农作物种子，有时也取食白蚁、蛹和昆虫等动物性食物。

成对营巢繁殖，通常营巢于低山或山脚丛林或疏林乔木树上，巢多置于隐蔽性较好的低枝上。

分布 天目山留鸟，分布于疏林、林缘及草地。国内分布于辽宁和河北以南的广大地区，西至青藏高原、云贵高原，东至东部沿海；在长江以南各地为留鸟。国外分布于南亚、中南半岛、东南亚等地。

4.38 珠颈斑鸠 *Streptopelia chinensis* Scopoli，1768（图版Ⅳ-38）

别名 珍珠鸠、鸪鸪、鸪雏、斑颈鸠、珠颈鸽、花斑鸠

形态 体中型，体重 140～200g，体长 270～340mm，翼长 140～160mm。虹膜暗褐色。嘴黑褐色。腿和趾棕红色，爪黑褐色。

雄鸟：前额淡蓝灰色，到头顶逐渐变为淡粉红灰色。枕部、头侧和颈部粉红色，后颈有一大块黑色领斑，羽端满布白色或黄白色珠状斑点。上体余部褐色，缀以棕红色羽缘。翼缘、外侧小覆羽和中覆羽蓝灰色，其余覆羽灰褐色。飞羽深褐色，羽缘较淡。颏白色，喉、胸及腹粉红色。两胁、翼下覆羽、腋羽和尾下覆羽银灰色。中央尾羽棕褐色；外侧尾羽黑色，具宽阔的白色端斑。

雌鸟:羽色和雄鸟相似,但不如雄鸟辉亮,光泽较少。

幼鸟:与成鸟相近,但颈基不具黑色领环,仅有零星的黑羽和稀疏的白色斑点。下腹葡萄红更淡。尾下覆羽蓝灰色。

习性　栖息于有稀疏树木生长的平原、草地、低山丘陵和农田地带,也常出现于村庄附近的树林。常成小群活动,有时也与其他斑鸠混群活动。飞行快速,但不能持久。主要以植物种子为食,特别是农作物种子,有时也吃蝇蛆、蜗牛、昆虫等动物性食物。

常繁殖于树上,以树枝在树杈间编筑简陋的编织巢。雌雄亲鸟共同筑巢、孵卵。幼鸟孵出后,亲鸟嗉囊能将食物消化成食糜并分泌一些特殊成分形成"鸽乳",用于喂养幼鸟。

分布　天目山留鸟,分布于林缘、草地等处。国内遍布于中国中部和南部,西抵四川西部和云南,北至河北南部和山东,南达台湾、香港和海南岛。国外分布于南亚、中南半岛和东南亚,已被引种到澳大利亚和美国。

4.39　山斑鸠 *Streptopelia orientalis* Latham, 1790(图版Ⅳ-39)

别名　斑鸠、金背斑鸠、雉鸠、麦雏

形态　体中型,体重 180~320g,体长 270~360mm,翼长 180~200mm。虹膜金黄色或橙色。嘴铅蓝色。跗跖和脚洋红色,爪暗褐色。

雌雄体色相似。额和头顶前部蓝灰色,头顶后部至后颈转为沾栗色的棕灰色,颈基两侧各有一块羽缘为蓝灰色的黑羽,形成显著黑灰色颈斑。上背褐色,各羽缘红褐色;下背和腰蓝灰色。肩和内侧飞羽黑褐色,具红褐色羽缘;外侧中覆羽和大覆羽深灰色,羽缘较淡;飞羽黑褐色,羽缘较淡。下体为葡萄酒红褐色,颏、喉棕色沾染粉红色,胸沾灰色,腹淡灰色,两胁、腹侧及尾下覆羽蓝灰色。尾上覆羽和尾羽同为褐色,具蓝灰色羽端,愈向外侧蓝灰色羽端愈宽。最外侧尾羽外翈灰白色。

习性　栖息于低山丘陵和平原的森林、果园和农田以及宅旁竹林和树林。常成对或成小群飞行和取食。在地面活动时十分活跃,边走边觅食,头前后摆动。主要吃各种植物的果实、种子、嫩叶、幼芽,也吃农作物种子,有时也食昆虫。

营巢于森林中树上,也在宅旁竹林或灌木丛中营巢。雌雄亲鸟轮流孵卵。雏鸟晚成性,刚出壳时雏鸟裸露无羽,身上仅有稀疏几根黄色毛状绒羽。雏鸟将嘴伸入亲鸟口中,取食亲鸟从嗉囊中吐出的半消化乳状食物"鸽乳"。

分布　天目山留鸟,分布于森林、竹林地带。国内遍布于全国,北至黑龙江,西至新疆,南达海南、香港和台湾。国外分布于西伯利亚,西至乌拉尔山,东至东亚,南至南亚、中南半岛和东南亚。

鹃形目 Cuculiformes

体形修长的攀禽。嘴峰弧形下曲。翼较长,或短而圆。初级飞羽 10 枚。尾较长,多为圆尾或凸尾,尾羽 8~10 枚。足多为对趾型。雌雄鸟体羽相似。

栖息于森林、灌丛或湿地等多种环境。以昆虫为主要食物。繁殖方式多样,有的自己营巢、孵卵和育雏;有的巢寄生,即产卵于其他种类鸟巢中,由其代为孵卵。雏鸟晚成性。

本目现存有 1 科 149 种,除地球两极外,分布于世界各地。中国有 1 科 20 种。天目山有 1 科 8 种。

杜鹃科 Cuculidae

体多瘦长。嘴峰稍向下弯曲。翼圆形,初级飞羽 10 枚。腿短弱,趾 3 前 1 后,第 2 和第 3 趾向前。尾长而阔,呈凸尾状,尾羽 8～10 枚。雌雄鸟体色一般相似,但幼鸟羽色不同。

大多栖息于开阔林地,以捕食昆虫为主,兼食植物果实和种子等。生活习性有寄生型和非寄生型两种,前者大多树栖,后者大多地栖。雏鸟晚成性。

本科现存有 33 属 149 种,主要分布于亚洲、欧洲、非洲及美洲。中国有 8 属 20 种。天目山有 5 属 8 种。

天目山杜鹃科分属检索

1. 跗跖前缘被羽 ··· 2
   跗跖前缘裸露 ··· 3
2. 雄鸟上体蓝黑色;雌鸟上体褐色,密布白色斑点 ··················· 噪鹃属 *Eudynamys*
   上体黑色,肩和翼栗色 ··· 鸦鹃属 *Centropus*
3. 头部具冠羽,翼栗色 ·· 凤头鹃属 *Clamator*
   头部无冠羽,翼非栗色 ·· 4
4. 两翼折合时,次级飞羽的长度仅达初级飞羽的 1/3 ····················· 杜鹃属 *Cuculus*
   两翼折合时,次级飞羽的长度超过初级飞羽的 2/3 ··············· 八声杜鹃属 *Cacomantis*

噪鹃属 *Eudynamys* Vigors & Horsfield,1827

体型较大。雌雄异色,雄性体羽几纯黑色,稍具金属蓝光泽。具长尾,飞行时略呈扇状。跗跖裸出。

本属现存有 3 种,分布于中国南部、东南亚至澳大利亚。中国有 1 种。天目山有 1 种。

4.40　噪鹃 *Eudynamys scolopacea* Linnaeus,1758(图版Ⅳ-40)

别名　嫂鸟、哥好雀、婆好、鬼郭公

形态　体中型,体重 180～240g,体长 370～430mm,翼长 190～220mm。虹膜深红色。嘴白色至土黄色或浅绿色,基部较灰暗。跗跖和脚蓝灰色,爪暗绿色。

雄鸟:通体蓝黑色。上体具蓝色光泽。下体褐色,沾绿色;胸部带有金属光泽。

雌鸟:上体暗褐色,略具金属绿色光泽,并满布整齐的白色斑点。其中,头部白色斑点略沾皮黄色,且较细密,常呈纵纹状排列;背、翼羽及尾羽白色斑点呈横斑状排列。颏至上胸黑色,密被粗的白色斑点。其余下体具黑白相间的横斑。

幼鸟:体色基调与雄性成鸟相似。后颈具稀疏白斑。翼上覆羽和飞羽末端灰褐色。腹羽和腋羽有少量白斑。尾羽近末端缀以小白斑。

习性　栖息于山地、丘陵、山脚平原地带林木茂盛的森林中。多单独活动。常隐蔽于大树顶层茂盛的枝叶丛中,一般仅能听见其声而不见其影。主要以植物果实、种子为食,也食昆虫和昆虫幼虫。

不营巢和孵卵,通常将卵产在黑领椋鸟、喜鹊和红嘴蓝鹊等鸟巢中,由义亲代孵代育。

分布　天目山夏候鸟,分布于森林地带。国内分布于长江流域及以南地区,北达陕西,西达四川、贵州、云南。国外分布于尼泊尔、印度及东南亚地区,迁徙经过波斯。

鸦鹃属 *Centropus* Illiger，1811

体型中到大。头羽的羽干坚硬如刺。嘴强，略向下弯曲。两翼短圆，不善飞行。尾长而呈凸尾状。后趾爪特长而直。

本属现存有 30 种，分布于非洲、南亚、东南亚及澳大利亚。中国有 2 种。天目山有 2 种。

天目山鸦鹃属分种检索

体长超过 40cm，翼长超过 20cm ………………………………… 褐翅鸦鹃 *C. sinensis*
体长不过 40cm，翼长少于 20cm ………………………………… 小鸦鹃 *C. bengalensis*

4.41　褐翅鸦鹃 *Centropus sinensis* Stephens，1815（图版Ⅳ-41）

别名　红毛鸡、大毛鸡、黄蜂、红鹘

形态　体中型，体重 260～390g，体长 400～520mm，翼长 200～230mm。虹膜深红色（成鸟）或灰蓝色至暗褐色（幼鸟）。嘴黑色。跗跖和爪黑褐色。

雄鸟：两翼、肩和肩内侧栗色，其余体羽，包括翼下覆羽和尾羽全为黑色。初级飞羽和外侧次级飞羽具暗色羽端。上体羽色淡，下体具横斑。头至胸有紫蓝色光泽和亮黑色的羽干纹，胸至腹具绿色光泽，尾羽有铜绿色光泽。

雌鸟：通体除两翼和肩外，均为灰黑色，其中头、颈及前胸具蓝色金属光泽。头侧及下体具灰白细横纹，羽干浅褐色。肩和翼羽栗褐色。飞羽远端黑褐色，初级飞羽内侧有一列黑褐色横斑。下体具有不规则的白色横斑。尾上覆羽和尾羽具白色横斑，有的个体仅第 1 对尾羽有横斑。

幼鸟：上体暗褐色，具红褐色横斑，羽轴灰白色。腰黑褐色，杂以污白色至棕色横斑。下体暗褐色，具狭形苍白色横斑。尾黑褐色，具一系列苍灰色或灰棕色横斑。随着幼鸟的成长，黑色比例增大，横斑减少。

习性　主要栖息于低山丘陵和平原地区的林缘灌丛、稀树草坡、草丛和芦苇丛中，也出现于靠近水源的村边灌丛和竹丛等地方。单个或成对活动，很少成群。平时多在地面活动，休息时也栖息于小树枝丫，或在芦苇顶上晒太阳，尤其是在雨后。食性较杂，主要以昆虫为食，也食蚯蚓类、甲壳类、软体动物等其他无脊椎动物，以及蛇类、蜥蜴类、鼠类等脊椎动物，有时还取食一些杂草种子和果实等植物性食物。

营巢于草丛、灌木丛、芦苇、竹林以及攀缘植物等处。雄鸟和雌鸟轮流孵卵。雏鸟孵出后就能在地上蹒跚而行，有危险时钻入草丛，1 周后便能离巢试飞。

分布　天目山留鸟，分布于林缘灌丛、稀树草地地带。国内分布于长江流域及以南地区。国外广泛分布于东亚、南亚、东南亚地区。

4.42　小鸦鹃 *Centropus bengalensis* Gmelin，1788（图版Ⅳ-42）

别名　小毛鸡、大乌鸦雉、小黄蜂

形态　体中小型，体重 90～170g，体长 300～400mm，翼长 140～190mm。虹膜深红色（成鸟）或黄褐色（幼鸟）。嘴黑色（成鸟）或黄色（幼鸟）。跗跖和脚黑色。

成鸟：头、颈、上背及下体黑色，具深蓝色光泽和亮黑色羽干纹。肩、肩内侧和两翼栗色，翼端和内侧次级飞羽较暗褐，显露出淡栗色羽干。下背和尾上覆羽淡黑色，具蓝色光泽。尾黑色，具绿色金属光泽和窄的白色尖端。

幼鸟：头、颈和上背暗褐色，具白色羽干和棕色羽缘。腰至尾上覆羽棕色，间有黑色横斑。下体淡棕白色，羽干白色，胸和两胁暗色，两胁具暗褐色横斑。两翼栗色，翼下覆羽淡栗色，且

杂有暗色细纹。尾淡黑色,具棕色端斑;中央尾羽具棕白色横斑和棕色端斑。

习性 栖息于低山丘陵和开阔山脚平原地带的灌丛、草丛、果园和次生林中。常单独或成对活动。性机警,稍有惊扰,立即奔入茂密的灌木丛或草丛中。主要以昆虫和其他小型动物为食,也吃少量植物果实与种子。

营巢于茂密的灌木丛、矮竹丛和其他植物丛中,通常置巢于灌木或小树的枝杈上。

分布 天目山留鸟,分布于灌丛、草地地带。国内分布于长江流域以南地区。国外广泛分布于南亚、东亚和东南亚地区。

凤头鹃属 *Clamator* Kaup,1829

体型较大。头具长的冠羽。嘴侧扁而向下弯曲。翼短而圆。尾细长,呈凸尾状。雌雄鸟羽色相似。

本属现存有 4 种,分布于欧亚大陆南部、南非等地。中国有 2 种。天目山有 1 种。

4.43 红翅凤头鹃 *Clamator coromandus* Linnaeus,1766(图版Ⅳ-43)

别名 冠郭公、红翅凤头郭公、有髻小黄蜂

形态 体中小型,体重 70～110g,体长 360～420mm,翼长 150～160mm。虹膜淡红色。嘴侧扁,嘴峰弯度较大;嘴黑色,基部淡黄色,嘴角肉红色。跗跖和脚蓝灰褐色。

成鸟:雌雄鸟羽色相似。头上有长的黑色羽冠。头顶、头侧及枕部也为黑色而具蓝色光泽。后颈白色,形成一个半领环;中央杂有灰色斑。背、肩及翼上覆羽暗绿色。两翼栗色;飞羽尖端苍绿色,最内侧次级飞羽黑色而具金属绿色光泽。腰和尾黑色,具深蓝色光泽。颏、喉和上胸淡红褐色。腋羽淡棕色,翼下覆羽淡红褐色。下胸和腹白色。跗跖基部被羽;覆腿羽灰色。尾凸形,较长;中央尾羽均具窄的白色端斑。尾下覆羽紫黑色。

幼鸟:上体褐色,具棕色端缘。下体白色。

习性 主要栖息于低山丘陵和山麓平原等开阔地带的疏林和灌木丛中,也见于园林和宅旁树上。多单独或成对活动。常活跃于高而暴露的树枝间,飞行快速,但不持久。主要以昆虫为食,偶尔也吃植物果实。

不营巢,通常将卵产于画眉、黑脸噪鹛和鹊鸲的巢中,由义亲代孵代育。

分布 天目山夏候鸟,分布于疏林地带。国内分布于长江流域及以南地区,北达甘肃、陕西,西达四川、贵州、云南。国外繁殖于尼泊尔、印度、南亚及东南亚北部,迁徙至菲律宾及印度尼西亚。

杜鹃属 *Cuculus* Linnaeus,1758

头部无冠羽。体羽无金属光泽,下体羽具斑纹。跗跖前缘被羽,趾爪强健。尾较长,呈凸尾状。幼鸟上下体均密布横斑。

本属现存有 11 种,分布于欧洲、亚洲、非洲及大洋洲。中国有 9 种。天目山有 3 种。

天目山杜鹃属分种检索

1. 尾端具宽阔的黑斑 ·· 四声杜鹃 *C. micropterus*
   尾端无黑斑 ·· 2
2. 翼长不及 170mm,翼缘灰色无斑 ································ 小杜鹃 *C. poliocephulus*
   翼长超过 170mm,翼缘白色 ·· 大杜鹃 *C. canorus*

4.44　四声杜鹃 *Cuculus micropterus* Gould，1837（图版Ⅳ-44）

别名　光棍好过、快快割麦

形态　体中型,体重 90～150g,体长 300～340mm,翼长 180～220mm。虹膜黄褐色。嘴暗灰黑色,下嘴基部黄褐色,嘴角黄色。跗跖和脚爪黄色。

雄鸟:额、头顶、后颈至上背暗灰色。下背和翼上小覆羽灰色沾蓝褐色。飞羽黑褐色,初级飞羽具白色横斑。腰至尾上覆羽蓝灰色。头两侧淡灰色,颏灰白色,喉和下颈浅银灰色。上胸浅灰色沾棕色,下体余部白色,杂以较宽的黑色横斑。尾羽黑色,沿羽干两侧,具互生状排列的白色斑点,末端白色;外侧尾羽内翈具楔形白斑。尾下覆羽沾黄色,杂以稀疏的黑色横斑。

雌鸟:额、头顶至枕褐色。后颈、颈侧棕色,杂以褐色。上胸两侧棕色杂以黑褐色横斑;上胸中央棕白色,杂以黑褐色横斑。

幼鸟:背、翼上覆羽和三级飞羽褐色,杂以棕色横斑和白色羽缘。初级飞羽黑褐色,外翈具棕色斑点,内翈具棕色横斑和白色羽端。腰及尾上覆羽黑色至灰黑色,杂以浅棕色和白色横斑。下体白色,具褐色横斑。尾黑色,具白色羽干斑和白色端斑,两翈杂以淡棕色横斑。

习性　栖息于山地和山麓平原地带的森林中,尤以混交林、阔叶林和林缘疏林地带活动较多,有时也出现于农田地边树上。性机警,受惊后迅速起飞。飞行速度较快,每次飞行距离也较远。主要以昆虫为食,特别是毛虫,尤其喜欢吃鳞翅目幼虫,有时也吃植物种子等少量植物性食物。

不营巢,通常将卵产于大苇莺、灰喜鹊、黑卷尾等鸟类巢中,由义亲代孵代育。

分布　天目山夏候鸟,分布于森林地带。国内主要分布于东北、华北、西北、西南及长江中下游地区。国外分布于北至俄罗斯远东地区,东至日本,南至印度、缅甸及东南亚地区。

4.45　小杜鹃 *Cuculus poliocephulus* Latham，1790（图版Ⅳ-45）

别名　小喀咕

形态　体小型,体重 50～70g,体长 240～280mm,翼长 150～170mm。虹膜灰褐色,眼圈黄色。嘴黑褐色,下嘴基部黄色。跗跖和脚爪黄色。

雄鸟:额、头顶、后颈至上背暗灰色。下背和翼上小覆羽灰褐色,沾蓝色。飞羽黑褐色,初级飞羽具白色横斑。腰至尾上覆羽蓝灰色。头两侧淡灰色,颏灰白色,喉和下颈浅银灰色。上胸浅灰色沾棕色,下体余部白色,杂以较宽的黑色横斑。尾羽黑色,沿羽干两侧具互生状排列的白色斑点,末端白色;外侧尾羽内翈具楔形白斑。尾下覆羽浅黄色,杂以稀疏的黑色横斑。

雌鸟:额、头顶至枕褐色。后颈、颈侧棕色,杂以褐色横斑。上胸两侧棕色,中央棕白色,杂以黑褐色横斑。

幼鸟:背、翼上覆羽和三级飞羽褐色,杂以棕色横斑和白色羽缘。初级飞羽黑褐色,外翈具棕色斑点,内翈具棕色横斑和白色羽端。腰及尾上覆羽灰黑色,杂以浅棕色或白色横斑。下体白色,具褐色横斑。尾黑色,具白色羽干纹和白色端斑,两翈杂以淡棕色横斑。

习性　主要栖息于低山丘陵、林缘地边及河谷次生林和阔叶林中,有时亦出现于路旁、村屯附近的疏林和灌木林。常单独活动。无固定栖息地,常在一个地方栖息几天又迁至他处。性孤独,常躲藏在茂密的枝叶丛中鸣叫。飞行迅速,常低飞,每次飞翔距离较远。主要以昆虫为食,尤以粉蝶幼虫、春蛾科幼虫等鳞翅目幼虫为主要食物,偶尔也吃植物果实和种子。

不营巢和孵卵,通常将卵产于莺亚科和画眉亚科等鸟类巢中,由义亲代孵代育。

分布　天目山旅鸟,分布于森林地带。国内主要分布于东北、华北、西北、西南及长江中下游地区。国外分布于阿富汗、巴基斯坦北部,东至日本,南至印度半岛、斯里兰卡和非洲东部。

4.46　大杜鹃 *Cuculus canorus* **Linnaeus，1758**（图版Ⅳ-46）

别名　喀咕、布谷、郭公、获谷

形态　体中型,体重100～150g,体长260～350mm,翼长190～240mm。虹膜黄色。嘴黑褐色,下嘴基部黄色。跗跖和脚棕黄色,爪黑褐色。

雄鸟,额灰褐色,头顶、枕至后颈暗银灰色。背暗灰色,腰及尾上覆羽蓝灰色。两翼内侧覆羽暗灰色,外侧覆羽暗褐色。飞羽灰褐色,羽干黑褐色。飞羽内翈具白色横斑;羽缘白色,具暗褐色细斑纹。下体颏、喉、前颈、上胸及头侧和颈侧淡灰色。下体余部白色,杂以黑褐色横斑;胸及两胁横斑细密,向腹和尾下覆羽渐稀疏。尾羽暗灰色,羽端白色。中央尾羽羽轴两侧具对称的白斑,羽缘有许多小白点;外侧尾羽的羽干和外翈具白色斑点。

雌鸟:上体羽色比雄鸟更深,具栗色和黑褐色相间的横斑;下体白色,细纹更细窄。由颏至尾下覆羽密布暗褐色细横斑;胸、腹部沾浅棕色。

幼鸟:头顶、后颈、背及翼黑褐色,各羽均具白色羽缘。飞羽褐色,外翈具浅棕色斑,内翈具棕白色横斑。腰及尾上覆羽暗灰褐色,具白色端缘。颏、喉、头侧及上胸黑褐色,杂以白色块斑和横斑。下体余部白色,杂以黑褐色横斑。尾羽黑色而具白色端斑,外侧尾羽白色块斑较大。

习性　栖息于山地、丘陵和平原地带的森林中,有时也出现于农田和居民点附近高的乔木树上。常单独活动。性孤独,飞行快速而有力,两翼扇动幅度较大,但无声响。繁殖期间喜欢鸣叫,常站在乔木顶枝上鸣叫不息。主要以昆虫为食,特别是松毛虫、五毒蛾、松针枯叶蛾及其他鳞翅目幼虫。

无固定配偶,也不自己营巢和孵卵,而是将卵产于大苇莺、灰喜鹊、棕扇尾莺等雀形目鸟类巢中,由义亲代孵代育。

分布　天目山夏候鸟,分布于森林地带。国内除台湾无记录外,其余各地均有分布。国外从北欧经西伯利亚,到东亚为繁殖区;冬季迁至非洲、阿拉伯、东南亚等地越冬。

八声杜鹃属 *Cacomantis* Müller，1843

嘴侧扁,尖细,略向下弯曲。鼻孔多为圆形。羽色以棕色和灰色为主,全身具横斑。

本属现存有10种,分布于中国南部、东南亚至澳大利亚。中国有2种。天目山有1种。

4.47　八声杜鹃 *Cacomantis merulinus* **Scopoli，1786**（图版Ⅳ-47）

别名　雨鹃、哀鹃、八声喀咕

形态　体小型,体重25～35g,体长210～240mm,翼长110～120mm。虹膜红褐色。嘴褐色(冬季)或深褐色,下嘴基部橙色(夏季)。跗跖和脚爪黄色(♂),或深黄色(♀)。

雄鸟:头、颈和上胸灰色,背至尾上覆羽暗灰褐色。肩和两翼表面褐色,具青铜色反光。翼缘白色,外侧翼上覆羽杂以白色横斑。初级飞羽内侧具一斜形斑。下胸以下及翼下覆羽淡棕栗色。尾淡黑色,具白色端斑,外侧尾羽外缘具一系列白色横斑。尾下覆羽黑色,密被细窄的白色横斑。

雌鸟:上体具褐色和栗色相间的横斑。颏、喉和胸淡栗色,间以褐色狭形横斑。下体余部近白色,具极细窄的暗灰色横斑。

幼鸟:上体淡黑灰色,具桂红色和淡棕色横斑及斑点。颏、喉和胸淡棕色,具淡黑色细横斑和斑点。腹近白色,具黑褐色横斑。尾淡黑色,外侧缀以一系列棕色横斑。

习性　栖息于低山丘陵、山麓平原、耕地和村庄附近的树林与灌丛中,有时也出现于公园、庭园和路旁树上。单独或成对活动。性较其他杜鹃活跃,常不断地在树枝间飞来飞去。主要以昆虫为食,尤其爱吃鳞翅目幼虫。

不营巢和孵卵,通常将卵产于其他鸟类巢中。

分布 天目山夏候鸟,分布于森林、灌丛地带。国内主要分布于西藏东南部察隅、四川西南部、云南西部、广西南部、广东和福建沿海以及海南岛。国外分布于孟加拉国、不丹、南亚及东南亚。

鸮形目 Strigiformes

夜行性猛禽。头较宽大,嘴尖利而钩曲,嘴基具蜡膜。两眼大而向前,眼周具放射状细羽,排列呈面盘状。许多种类头两侧具耳状羽突,形似猫头,故称猫头鹰。翼形宽阔,羽毛柔软,飞行无声。尾短圆。脚强健有力,多数全身被羽。第4趾能前后转动,爪强而钩曲。

一般昼伏夜出,或晨昏活动捕食,食物主要是鼠类,兼食昆虫、鸟类及蛇类等动物。繁殖期间营巢于树洞、岩缝或地面隐蔽的草丛中。雏鸟晚成性。

本目现存有2科240余种,分布于全球各地。中国有2科31种。天目山有2科8种。

天目山鸮形目分科检索

面盘完整,下方变窄,呈心脏形;中爪具栉缘 ……………………………………… 草鸮科 Tytonidae

面盘或缺或存,若存时呈圆形;中爪(除嗉鸮属外)不具栉缘 …………………… 鸱鸮科 Strigidae

草鸮科 Tytonidae

面盘明显,四周具有硬羽组成的翎领。头顶两侧无耳簇羽。嘴形侧扁,嘴基直。鼻孔圆形。尾梢呈凸尾状。跗跖上部全部被羽;下部至趾有稀疏的鬃毛。脚较长,中趾爪具栉缘。

一般栖息于草地、沼泽附近的大树上。大多单个夜间活动,捕食野兔和鼠类等,有时也兼食鸟、蛙、蛇及大型昆虫。繁殖期一般营巢于树洞或建筑物的缝隙间。孵卵由雌鸟承担,雏鸟晚成性。

本科现存有2属20种,除北极以外,分布于世界各地。中国有2属3种。天目山有1属1种。

草鸮属 *Tyto* Billberg, 1828

中型猛禽。面盘扁平,呈心脏形。嘴强而钩曲,嘴基蜡膜为硬须掩盖。尾短圆。脚强健有力,常全部被羽,第4趾能向后反转,以利攀缘。

本属现存有17种,分布于世界各大陆。中国有2种。天目山有1种。

4.48 东方草鸮 *Tyto longimembris* Jerdon, 1839(图版Ⅳ-48)

别名 猴面鹰、白胸草鸮、人面鸮

形态 体中型,体重280~450g,体长300~400mm,翼长250~350mm。虹膜褐色。嘴黄褐色。跗跖和趾暗褐色,爪黑褐色。

雄鸟:眼先具一黑斑。面盘灰棕色,呈心脏形,有暗栗色边缘。面盘两侧翎领棕黄色。上体暗褐色,具棕黄色斑纹,近羽端处有白色小斑点。飞羽黄褐色,有暗褐色横斑。下体淡棕色,具褐色斑点。尾羽浅黄栗色,有4道暗褐色横斑;尾下覆羽近白色。跗跖大部被羽,与覆腿羽同为浅黄色。

雌鸟:羽色与雄鸟相似。

幼鸟:上体羽基部暗褐色,先端皮黄色。下体皮黄色;下体余部与成鸟相似。

习性　栖息于山麓草灌丛中,经常活动于茂密的热带草原、沼泽地,隐藏于地面上的高草丛中。昼伏夜出,性格凶猛、残暴。飞行的时候无声无息,能出其不意地捕杀猎物。以鼠类、蛙类、蛇类、鸟卵等为食。

营巢于地面上,隐藏于茂密的草丛或芦苇中,雏鸟两个月后离巢自营生活。

分布　天目山留鸟,分布于灌丛、高草地等处。国内分布于长江流域及以南地区,西达四川、贵州、云南。国外分布于东亚、印度、尼泊尔、东南亚至澳大利亚。

鸱鸮科 Strigidae

头形宽大。眼大,多具面盘。嘴短而强,上嘴端弯曲锐利。部分种类在头两侧具耳簇羽。翼宽而圆,初级飞羽 11 枚,缺第 5 枚次级飞羽。尾短圆,尾羽 12 枚。脚粗而强健,多数被羽。第 4 趾能前后反转。爪曲若钩,锐利。雌鸟通常较大。

一般昼伏夜出,或晨昏时活动捕食。食物以鼠类为主,兼食昆虫、鸟类及其他小动物。繁殖期间营巢于树洞或岩缝间,亦利用其他鸟类的弃巢。雏鸟晚成性。

本科现存有 25 属约 220 种,除了南极洲外,分布于世界各地。中国有 10 属 28 种。天目山有 5 属 7 种。

天目山鸱鸮科分属检索

1. 面盘和翎领显著,无耳簇羽 ·· 林鸮属 *Strix*
　 面盘和翎领不显著或无,具耳簇羽 ··· 2
2. 耳簇羽不显著 ··· 3
　 耳簇羽显著 ··· 4
3. 背羽纯色无斑纹 ·· 鹰鸮属 *Ninox*
　 背羽具横纹 ·· 鸺鹠属 *Glaucidium*
4. 体形较大,翼长超过 300mm,跗跖全部被羽 ·················· 雕鸮属 *Bubo*
　 体形较小,翼长不超过 250mm ····································· 角鸮属 *Otus*

林鸮属 *Strix* Linnaeus,1758

体中至大型,身体较为粗壮。头圆,无耳簇羽。面盘显著,呈圆形。尾上覆羽较短,多具横斑。跗跖和趾被羽。

本属现存有 15 种,分布于美洲、欧洲及亚洲。中国有 5 种。天目山有 1 种。

4.49　褐林鸮 *Strix leptogrammica* Temminck,1831(图版Ⅳ-49)

别名　棕林鸮、猫头鹰

形态　体中型,体重 710～1000g,体长 460～530mm,翼长 360～410mm。虹膜深褐色。嘴浅黄色,基部较暗。趾裸露部分及趾底橙黄色。爪淡黄色,先端暗褐色。

雄鸟:头部为圆形,无耳簇羽。头顶为纯褐色,没有点斑或横斑。面盘显著,呈棕褐色或棕白色。眼圈为黑色,有白色或棕白色的眉纹。通体为栗褐色,在肩部、翼和尾上覆羽有白色的横斑。喉部为白色,其余下体为皮黄色,具细密的褐色横斑。

雌鸟:面盘发达,眉纹近白色,眼周黑褐色;眼先白色,羽干黑色。上体大多暗褐色,杂淡色细横斑,具宽阔白色领环。尾羽暗褐色,羽缘白色。颏暗褐色,下喉白色;下体余部淡黄白色,密布褐色横斑。

习性 栖息于山地森林、热带森林、平原和低山地区。常成对或单独活动。性机警而胆怯,稍有声响,即迅速飞离。白天多躲藏在茂密的森林中,栖息在靠近树干而又有浓密枝叶的粗枝上,黄昏和晚上才出来活动和猎食。主要以啮齿类为食,也吃小鸟、蛙类、小型兽类和昆虫,偶尔在水中捕食鱼类。

主要营巢于树洞中,有时也在岩壁洞穴中营巢。亲鸟在孵卵和育雏期间护巢性极强,雏鸟晚成性。

分布 天目山留鸟,分布于森林地带。国内主要分布于长江流域及以南地区。国外分布于印度次大陆至东南亚。

鹰鸮属 *Ninox* Hodgson,1837

中型猛禽,外形似鹰。无明显的面盘,也无翎领和耳羽簇。跗跖被羽;趾裸出,具稀疏的浅黄色刚毛。

本属现存有约 30 种,主要分布于亚洲、大洋洲。中国有 2 种。天目山有 1 种。

4.50 鹰鸮 *Ninox scutulata* Raffles,1822(图版 Ⅳ-50)

别名 青叶鸮、酱色鹰鸮、褐鹰鸮

形态 体中型,体重 210～230g,体长 280～320mm,翼长 230～250mm。虹膜黄色,嘴灰黑色,嘴端黑褐色。跗跖被羽。趾裸出,肉红色,具稀疏的浅黄色刚毛。爪黑色。

由于外形似鹰,故名鹰鸮,这种体形也有利于在白天活动。与这种习性相适应,它也没有主要用于收集音波的显著的面盘、翎领和耳簇羽。眼先具白须,眼上方具黑斑。头顶黑色,羽缘淡棕色,缀以黑色波状细纹。颊淡栗棕色,杂以黑色羽干纹和黑斑。上体暗棕褐色,肩部有白色斑。飞羽黑褐色,具棕色横斑。颏、喉和前颈棕白色,具褐色的纵纹。下体余部白色,具水滴状的红褐色斑纹。覆腿羽和跗跖羽棕色,杂以细横纹;趾羽棕白色。中央尾羽黑褐色,具不明显的淡棕色横斑;外侧尾羽横斑明显而宽阔。

习性 栖息于针阔叶混交林和阔叶林中,尤其喜欢森林中的河谷地带,也出现于低山丘陵和山脚平原地带的树林、林缘灌丛、果园以及农田地区。除繁殖期成对活动外,其他季节大多独栖。白天多在树冠层栖息,黄昏和晚上活动,有时白天也活动。飞行迅速而敏捷,没有声响。主要以鼠类、小鸟和昆虫等为食。

通常营巢于高大树木上的天然洞穴中,也利用鸳鸯和啄木鸟等利用过的树洞。孵卵完全由雌鸟承担,雄鸟则在巢的附近警戒。雏鸟晚成性,刚孵出时两眼紧闭,全身被有白色的绒毛,嘴灰黑色,爪铅灰色。

分布 天目山夏候鸟,分布于森林地带。国内繁殖于中国东北至华中及华东,南迁越冬。国外分布于印度次大陆、东北亚、东南亚、婆罗洲、苏门答腊及爪哇西部。

鸺鹠属 *Glaucidium* Boie,1826

面盘和翎领不显著,耳羽缺如。体羽大多褐色,背羽具横斑,腹部具纵纹。尾较短,约为翼长的 2/3。

本属现存有约 30 种,分布于亚洲、非洲及美洲。中国有 3 种。天目山有 2 种。

天目山鸺鹠属分种检索

体形较大,翼长超过 140mm,无翎领 ………………………………………… 斑头鸺鹠 *G. cuculoides*

体形较小,翼长不及 110mm,翎领显著……………………………………………… 领鸺鹠 *G. brodiei*

4.51　斑头鸺鹠 *Glaucidium cuculoides* Vigors, 1831(图版Ⅳ-51)

别名　横纹小鸺、猫王鸟、训狐、鸺鹠

形态　体小型,体重 150～260g,体长 200～260mm,翼长 140～190mm。虹膜黄色,嘴黄绿色,嘴基较暗。蜡膜暗褐色。趾黄绿色,具刚毛羽。爪近黑色。

成鸟:雌雄鸟羽色相似。眉纹白色,较短狭。头、颈和整个上体及两翼暗褐色,密被细狭的棕白色横斑。飞羽黑褐色,外翈覆羽具大的白斑;外翈羽缘缀以棕色或棕白色三角形斑。颏、喉白色,上喉中部褐色,具皮黄色横斑;下喉和胸部白色,具褐色横斑。腹白色,具褐色纵纹。腋和尾下覆羽纯白色。跗跖被羽,白色而杂以褐斑。尾羽黑褐色,具 6 道显著的白色横斑和羽端斑。

幼鸟:上体横斑较少,有时几乎纯褐色,仅具少许淡色斑点。

习性　栖息于从平原、低山丘陵到中山地带的阔叶林、混交林、次生林和林缘灌丛,也出现于村寨和农田附近的疏林和树上。大多单独或成对活动。大多在白天活动和觅食,个别在晚上活动。主要以各种昆虫和幼虫为食,也吃鼠类、小鸟、蚯蚓、蛙类和蜥蜴等动物。

通常营巢于树洞或天然洞穴中。孵卵由雌鸟承担,雏鸟晚成性。

分布　天目山留鸟,分布于森林、灌丛地带。国内分布于甘肃南部、陕西、西藏、四川、河南、安徽及长江以南地区。国外分布于印度次大陆、中南半岛及东南亚。

4.52　领鸺鹠 *Glaucidium brodiei* Burton, 1836(图版Ⅳ-52)

别名　小鸺鹠、小猫头鹰、鬼冬哥

形态　体小型,体重 40～70g,体长 130～180mm,翼长 80～100mm。虹膜鲜黄色,嘴黄绿色,嘴基沾铅色。趾黄绿色,爪浅黄色。

成鸟:眼先及眉纹白色,眼先末端缀黑色。额、头顶和头侧暗褐色,具细密的白色斑点。后颈黑色,具棕黄色羽缘,形成显著的领环。肩羽外翈有大的白色斑点,形成 2 道显著的白色肩斑。上体余部灰褐色,杂以狭长的浅橙黄色横斑。飞羽黑褐色,除第一枚初级飞羽外,外翈均具棕红色斑点,内翈具白色斑。颏、喉白色,喉部具细的栗褐色横带。下体余部白色,体侧有大型褐色末端斑,形成褐色纵纹。覆腿羽和跗跖羽褐色,具白色横斑。尾下覆羽白色,先端杂有褐色斑点。尾暗褐色,具 6 道浅黄白色横斑和羽端斑。

幼鸟:羽色较淡,杂以灰白色或棕白色斑纹。

习性　栖息于山地森林和林缘灌丛地带。除繁殖期外,单独活动。主要在白天活动,黄昏时活动也较频繁,晚上喜欢鸣叫。休息时多栖息于高大的乔木上,并常常左右摆动着尾羽。主要以昆虫和鼠类为食,也吃小鸟和其他小型动物。

通常营巢于树洞和天然洞穴中,也利用啄木鸟的巢。孵卵由雌鸟承担,雏鸟晚成性。

分布　天目山留鸟,分布于森林、灌丛地带。国内分布于甘肃南部、陕西、四川、河南、安徽及长江以南地区。国外分布于巴基斯坦、喜马拉雅山脉、印度的中部和南部,南到马来西亚。

雕鸮属 *Bubo* Duméril，1806

体大型。体羽具斑点或条纹。第 3 枚初级飞羽最长,第 4 枚与第 3 枚几等长。面盘和耳羽簇显著。跗跖全被羽。脚强健有力。爪特别弯曲。

本属现存有约 20 种,分布于世界大部分地区。中国有 3 种。天目山有 1 种。

4.53　雕鸮 *Bubo bubo* Linnaeus，1758（图版Ⅳ-53）

别名　角鸮、猫头鹰、恨狐、鹫兔、怪鸮

形态　体大型,体重 1050～4000g,体长 560～710mm,翼长 410～500mm。虹膜金黄色。嘴和爪铅灰色,先端黑色。跗跖被棕色羽,杂以细横斑。

成鸟头顶黑褐色,羽缘棕白色,并杂以黑色波状细斑。面盘显著,淡棕黄色,杂以褐色细斑。眼先和眼前缘密被白色刚毛状羽,各羽均具黑色端斑。眼的上方有一大形黑斑。耳簇羽特别发达,显著突出于头顶两侧,外侧黑色,内侧棕色。后颈和上背棕色,各羽具粗著的黑褐色羽干纹,端部缀以黑褐色细斑点。肩、下背和翼上覆羽棕色至灰棕色,杂以黑色、黑褐色斑纹或横斑。飞羽棕色,具宽阔的黑褐色横斑和褐色斑点。腰及尾上覆羽棕色至灰棕色,具黑褐色波状细斑。颏白色,喉除翎领外亦白色,胸棕色,具粗著的黑褐色羽干纹,具黑褐色波状细斑。上腹和两胁的羽干纹变细,但黑褐色波状横斑增多而显著。腋羽白色或棕色,具褐色横斑。下腹棕白色,覆腿羽和尾下覆羽微杂褐色细横斑。中央尾羽暗褐色,具 6 道不规整的棕色横斑;外侧尾羽棕色,具暗褐色横斑和黑褐色斑点。

习性　栖息于山地森林、平原、荒野、林缘灌丛及裸露的高山和峭壁等各类环境中。除繁殖期外常单独活动。夜行性,白天多躲藏在密林中栖息,缩颈闭目栖于树上,一动不动。以各种鼠类为主要食物,被誉为"捕鼠专家",也吃兔类、蛙类、刺猬、昆虫、雉鸡及其他鸟类。

通常营巢于树洞、悬崖峭壁下的凹处或直接产卵于地上。孵卵由雌鸟承担,雏鸟晚成性。

分布　天目山留鸟,主要分布于森林和峭壁。国内遍布全国各地。国外遍布于大部欧亚地区和非洲,从斯堪的纳维亚半岛,一直向东穿过西伯利亚到萨哈林岛和千岛群岛,往南一直到亚洲南部,非洲从撒哈拉大沙漠南缘到阿拉伯。

角鸮属 *Otus* Pennant，1769

体形较小。翎领不显或缺如。耳羽发达,形成耳突。全身大多灰褐色,呈黑褐色杂斑状。两腿被羽至趾基。

本属现存有约 45 种,除大洋洲、南极洲外,广布于全球各地。中国有 6 种。天目山有 2 种。

天目山角鸮属分种检索

翼长不及 160mm,第 1 枚初级飞羽较长 ·· 红角鸮 *O. sunia*

翼长超过 160mm,第 1 枚初级飞羽较短 ··· 领角鸮 *O. lettia*

4.54　红角鸮 *Otus sunia* Hodgson，1836（图版Ⅳ-54）

别名　夜猫子、聒聒鸟

形态　体小型,体重 50～130g,体长 170～200mm,翼长 140～160mm。虹膜黄色。嘴暗绿色,下嘴先端近黄色。趾肉灰色,爪灰褐色。

成鸟(灰褐色型):面盘灰褐色,密布纤细黑纹。眼先近白色,羽端缀白色。耳羽突出,羽基

棕色,羽端棕白色。头顶至背和翼覆羽暗灰褐色,杂以棕白色斑。上体灰褐色,具黑褐色虫蠹状细纹。翎领不显著,淡棕色。飞羽大部黑褐色,外翈具棕色斑点,内翈具棕白色斑点。下体大多灰白色,杂以褐色纤细横斑。腋羽和翼下覆羽棕白色。覆腿羽淡棕色,跗跖羽棕白色,杂以褐色斑纹。尾羽灰褐色,尾下覆羽棕白色,缀灰棕色斑。

成鸟(棕栗色型):上体(包括两翼和尾)大多棕栗色,肩羽白色较显著。下体亦棕栗色,但羽干纹较狭细。

习性 主要栖息于山地阔叶林和混交林中,也出现于山麓林缘和村寨附近树林内,喜有树丛的开阔原野。除繁殖期成对活动外,通常单独活动。夜行性,白天多躲藏在树上浓密的枝叶丛间,晚上才开始活动和鸣叫。主要以鼠类和各种昆虫为食。

营巢于树洞或岩石缝隙和人工巢箱中。孵卵由雌鸟承担,雏鸟晚成性。

分布 天目山留鸟,分布于森林地带。国内分布于东北、华北、甘肃、陕西(夏候鸟和旅鸟);冬季迁至长江以南地区越冬。国外分布于欧洲、非洲、西伯利亚、东亚、南亚及东南亚。

4.55 领角鸮 *Otus lettia* Hodgson,1836(图版Ⅳ-55)

别名 猫头鹰

形态 体小型,体重 110～210g,体长 190～280mm,翼长 160～190mm。虹膜黄色。嘴淡黄色,沾绿色。趾浅褐色,爪淡黄色。

成鸟:雌雄鸟羽色相似。额和面盘灰白色,缀以黑褐色斑点。眼先羽端黑褐色;眼周栗褐色,眼上方白色。耳羽突出,外翈黑褐色,具棕褐色斑;内翈棕白色,杂以黑褐色点斑。上体及两翼大多灰褐色,具黑褐色虫蠹状细斑,杂以棕白色斑点。这些棕白色斑点在后颈处特别大而多,从而形成一个不完整的半领圈。肩和翼上覆羽具棕色或白色大型斑点。飞羽黑褐色,外翈杂以宽阔的棕白色横斑。颏、喉白色;上喉有一圈翎领,微沾棕色,具黑色羽干纹,两侧有细的横斑纹。下体余部灰白色,满布粗著的黑褐色羽干纹和浅棕色波状横斑。覆腿羽棕白色,微具褐色斑点。尾灰褐色,横贯以 6 道棕色和黑褐色相间的横斑;尾下覆羽棕白色。

幼鸟:通体污褐色,杂以棕白色细斑点。后颈无翎领。除飞羽和尾羽外,均呈绒羽状。飞羽黑褐色,内翈具灰黑色横斑,外翈具棕白色大斑。下体浅棕黄色,具褐色羽干纹和暗褐色波形横斑。腹面较淡,呈灰褐色。覆腿羽白色。尾黑褐色,具浅棕色虫蠹状斑。

习性 主要栖息于山地阔叶林和混交林中,也出现于山麓林缘和村寨附近树林内。除繁殖期成对活动外,通常单独活动。夜行性,白天多躲藏在树上浓密的枝叶丛间,晚上才开始活动和鸣叫。飞行轻快无声。主要以鼠类和昆虫为食。

通常营巢于天然树洞内,或利用啄木鸟废弃的旧树洞,偶尔也利用喜鹊的旧巢。雌雄亲鸟轮流孵卵,雏鸟晚成性。

分布 天目山留鸟,分布于森林地带。国内分布于东北、华北、陕西、河南、安徽及长江以南地区。国外分布于西伯利亚、萨哈林岛、东亚、南亚及东南亚。

夜鹰目 Caprimulgiformes

夜行性攀禽。头大而平扁。嘴短,基部宽阔,口裂极大,口须发达。鼻孔管状。翼尖长,羽毛松软,飞行无声。腿脚短弱,前 3 趾基部稍合并,中趾特长。雌雄鸟羽色相似。

栖息于森林、灌丛草原等地。夜行性,黄昏出动,飞捕昆虫为食。营巢于林下地面或枝杈间。

本目现存有 5 科约 139 种,除美洲和某些岛屿外,几遍布全球各地。中国有 2 科 8 种。天目山有 1 科 1 种。

夜鹰科 Caprimulgidae

头相对较大,眼大。嘴峰短而嘴裂巨大,口须发达。管状鼻孔大而靠近嘴的端部。翼尖长,初级飞羽 10 枚。尾长而呈圆形。腿短弱,中趾爪内侧具栉缘。体羽柔软,满布杂斑。

通常栖于山林间,白天伏于树枝或山坡草地,黄昏活动。食物以昆虫为主。雌雄均参与孵卵和育雏。

本科现存有 17 属 107 种,分布于全球热带和温带地区。中国有 2 属 7 种。天目山有 1 属 1 种。

夜鹰属 *Caprimulgus* Linnaeus,1758

体形较小。翎领不显或缺如。耳羽发达,形成耳突。全身大多灰褐色,呈黑褐色杂斑状。两腿被羽至趾基。

本属现存有约 40 种,分布于全球热带和温带地区。中国有 6 种。天目山有 1 种。

4.56　普通夜鹰 *Caprimulgus indicus* Latham,1790(图版Ⅳ-56)

别名　蚊母鸟、贴树皮、夜燕、鬼鸟

形态　体小型,体重 80～110g,体长 260～280mm,翼长 200～220mm。虹膜暗褐色。嘴乌黑色。跗跖被羽,肉褐色。脚和趾黑褐色,爪黑色。

雄鸟:额、头顶、枕具宽阔的绒黑色中央纹。上体灰褐色,杂以黑褐色和灰白色虫蠹斑。背、肩羽羽端具绒黑色块斑和细的棕色斑点。两翼覆羽和飞羽黑褐色,具锈红色横斑和眼状斑。最外侧 3 对初级飞羽内翈近翼端处有一大块白色斑;第 2～4 枚的外翈也具较大的棕白色块斑。额、喉黑褐色,羽端具棕白色细纹。下喉具一大型白斑。胸灰白色,杂以黑褐色虫蠹斑和横斑。腹和两胁红棕色,具密的黑褐色横斑。中央尾羽灰白色,具有宽阔的黑色横斑;最外侧 4 对尾羽黑色,具宽阔的灰白色和棕白色横斑。尾下覆羽红棕色或棕白色,杂以黑褐色横斑。

雌鸟:与雄鸟相似,但第 1～3 枚初级飞羽无白斑,而第 1、2 枚初级飞羽的内翈近羽端处有一棕红块斑。尾羽也无白斑,羽端杂以棕红色虫囊状细斑。

习性　主要栖息于阔叶林和针阔叶混交林,也出现于针叶林、林缘疏林、灌丛和农田地区竹林和丛林内。单独或成对活动。夜行性,白天多蹲伏于林中草地上或卧伏在阴暗的树干上。飞行快速而无声,常在鼓翼飞翔之后伴随着一阵滑翔。主要在飞行中捕食,尤以黄昏时捕食活动较频繁。主要以昆虫为食。

通常营巢于林中树下或灌木旁边地上。雌雄亲鸟孵卵,雏鸟晚成性。

分布　天目山留鸟,分布于森林、灌丛等处。国内分布于中国东北、华北、陕西、山西、四川、西藏及以南地区。国外分布于远东、巴基斯坦、印度、日本及东南亚。

雨燕目 Apodiformes

　　小型攀禽。嘴短阔而平扁,无嘴须。翼尖长,初级飞羽 10 枚,折合后远超尾端。尾大多叉形,尾羽 10 枚。脚和趾甚短,4 趾均向前方或后肢能反转。雌雄鸟羽色相似。体羽大多黑色或黑褐色,稍有光泽;腰和两胁常缀白斑。

　　常结群在空中飞翔,能在飞行中捕食飞虫。主要以昆虫为食。通常营巢于悬崖洞穴、建筑物缝隙中。雏鸟晚成性。

　　本目现存有 3 科约 450 种,主要分布于热带地区。中国有 2 科 11 种。天目山有 1 科 3 种。

雨燕科 Apodidae

　　体小型。似家燕,嘴短阔,嘴角甚阔,先端呈钩状。翼尖长,飞羽内翈宽而外翈狭。尾呈叉状或方形。脚和趾均甚短弱。

　　主要在空中飞行捕食昆虫。巢多筑于洞壁、岩壁及古建筑和庙宇等的天花板和横梁上。雌雄亲鸟轮流孵卵,雏鸟晚成性。

　　本科现存有 19 属 106 种,主要分布于热带地区,许多种类在高纬度地区繁殖。中国有 4 属 10 种。天目山有 2 属 3 种。

天目山雨燕科分属检索

　尾羽的羽干末端向后突出呈针刺状 ······················· 针尾雨燕属 *Hirundapus*
　尾羽的羽干末端不突出 ··· 雨燕属 *Apus*

针尾雨燕属 *Hirundapus* Hodgson，1837

　　体形似燕,但较燕大而壮实。体羽黑褐色,颏与喉白色或烟灰色。翼尖长,第 1 枚初级飞羽最长。跗跖裸露,趾爪强健而弯曲。尾叉状,尾羽羽干坚硬,延长呈针状。

　　本属现存有 4 种,分布于东亚、东南亚至澳大利亚。中国有 2 种。天目山有 1 种。

　　4.57　白喉针尾雨燕 *Hirundapus caudacutus* **Latham，1801**(图版 IV-57)

　　别名　野燕、针尾雨燕

　　形态　体中小型,体重 110～150g,体长 190～210mm,翼长 190～210mm。虹膜褐色。嘴黑色。跗跖和趾肉色。

　　雌雄鸟羽色相似。额灰白色。头顶至后颈黑褐色,具蓝绿色金属光泽。背、肩、腰呈丝光褐色。尾上覆羽和尾羽黑色,具蓝绿色金属光泽,尾羽羽轴末端延长呈针状。翼上覆羽和飞羽黑色,具紫蓝色和绿色金属光泽。初级飞羽内翈边缘较淡,呈烟灰色;次级飞羽内翈具白色纵斑。颏、喉白色。胸、腹烟棕色或灰褐色。翼下覆羽烟黑色;两胁和尾下覆羽白色。

　　习性　主要栖息于山地森林、河谷等开阔地带。常成群在森林上空飞翔,尤其是开阔的林中河谷地带。飞翔快速,是鸟类中飞行速度最快的种类之一。捕食在空中,边飞边捕食,主要以双翅目、鞘翅目等飞行性昆虫为食。

　　繁殖期为 5—7 月。营巢于悬岩石缝和树洞中。每窝产卵 2～6 枚。

　　分布　天目山旅鸟,分布于森林地带。国内繁殖于黑龙江、吉林、辽宁、内蒙古及河北北部;越冬于四川、云南、贵州、西藏东南部和台湾等地。国外繁殖于亚洲北部、喜马拉雅山脉;冬季南迁至澳大利亚及新西兰。

雨燕属 *Apus* Scopoli，1777

体形比较纤小。嘴形宽阔而平扁,先端稍向下曲,嘴裂很深,上嘴没有缺刻,没有嘴须。翼长而腿脚弱小,不能在地面行走,亦不能上树,适于疾飞。跗跖前缘被羽,四趾向前。

本属现存有 20 种,除地球两极、智利南部、阿根廷、新西兰和澳大利亚外,遍布世界其他地区。中国有 4 种。天目山有 2 种。

天目山雨燕属分种检索

尾呈深叉状 ·· 白腰雨燕 *A. pacificus*
尾呈平尾状 ·· 小白腰雨燕 *A. nipalensis*

4.58　白腰雨燕 *Apus pacificus* Latham，1801(图版Ⅳ-58)

别名　雨燕

形态　体小型,体重 25～45g,体长 160～180mm,翼长 150～170mm。虹膜暗褐色。嘴黑色。跗跖被羽,脚和趾黑褐色。爪黑色。

雄鸟:额、头顶、后颈、背及翼上、尾上覆羽均亮黑褐色。腰羽白色,具黑褐色羽干纹。飞羽黑褐色,内翈羽缘淡褐色。颏、喉浅灰白色,羽干纹细狭,呈黑色。胸腹部、翼下和尾下覆羽黑褐色,每羽具狭窄白端,呈鳞片状花纹。

雌鸟:与雄鸟相似,但羽色稍暗,且少光泽。

幼鸟:与雌鸟相似,腰羽白色不甚显著。体羽多褐色,而少亮黑色。

习性　主要栖息于陡峻的山坡、悬岩,尤其是靠近河流、水库等水源附近的悬崖峭壁。常成群在栖息地上空来回飞翔。在飞行中捕食,以各种昆虫为食,主要种类有蝇、蚊、蚁、蛾、蜂等。繁殖期为 5—7 月。

成群在一起营巢,巢置于河边的悬崖峭壁裂缝中。雌雄亲鸟均参与营巢活动,但以雌鸟为主。每窝产卵 2～3 枚。孵卵由雌鸟承担,雄鸟在孵卵期间常衔食喂雌鸟。

分布　天目山留鸟,分布于水源附近的悬崖峭壁地带。国内分布于西藏东南部、陕西、四川、贵州及长江以南各省区。国外分布于西伯利亚、远东、日本、印度等,越冬于澳大利亚和东南亚。

4.59　小白腰雨燕 *Apus nipalensis* Hadgson，1837(图版Ⅳ-59)

别名　小雨燕

形态　体小型,体重 25～35g,体长 110～140mm,翼长 130～150mm。虹膜暗褐色。嘴黑色。跗跖被羽,黑褐色。脚和趾黑褐色。

雄鸟:额、头顶、后颈和头侧灰褐色,背和尾黑褐色,微带蓝绿色光泽。肩灰褐色。翼梢较宽阔,呈烟灰褐色,飞羽微带光泽。腰白色,羽轴褐色,尾上覆羽暗褐色,具铜色光泽。颏、喉灰白色,颊淡褐色。下体余部暗灰褐色。尾为平尾,中间微凹。尾下覆羽灰褐色。

雌鸟和幼鸟:与雄鸟相似,但羽色稍暗。头部灰褐色稍淡,具淡灰褐色羽缘。下体暗褐色,羽缘灰白色,微具光泽。

习性　栖息于开阔的林区、悬岩和岩石海岛等各类生境中。成群活动,飞翔快速,在傍晚至午夜和清晨会发出比较尖的鸣叫声。雨后多见集群飞于溶洞地区上空。以小型飞行昆虫为食。

雌雄亲鸟共同营巢,巢筑于峭壁洞穴或建筑物的墙壁和天花板上。常成对或成小群在一起营巢繁殖,雌雄亲鸟轮流孵卵,雏鸟晚成性。

分布 天目山留鸟,分布于开阔林区和岩壁地带。国内分布于中国南部地区,西至四川西南部,东至山东威海市、江苏,南至台湾、海南岛。国外分布于非洲和亚洲各地。

佛法僧目 Coraciiformes

中小型攀禽。嘴粗壮而强直。尾较短,尾羽10～12枚。脚短,趾三前一后。前3趾基部部分有合并。两性羽色相似。

栖息于森林、水域或原野。主要以鱼类、虾类、昆虫等为食。繁殖期营巢于洞穴或树洞中,雏鸟晚成性。

本目现存有6科178种,除地球两极和部分岛屿外,世界其他地区都有分布。中国有3科21种。天目山有2科5种。

天目山佛法僧目分科检索

嘴粗短,翼长圆,飞羽10枚 ···························· 佛法僧科 Coraciidae

嘴长直,翼短圆,飞羽11枚 ···························· 翠鸟科 Alcedinidae

佛法僧科 Coraciidae

嘴粗壮,基部稍宽,嘴峰稍向下弯曲,上嘴近端处微具缺刻。鼻孔位于嘴基部。翼长而阔,初级飞羽10枚。尾羽平尾状,尾羽12枚。脚短弱,趾三前一后,外趾与中趾基部相并。羽色华丽,雌雄相近。

栖息于林间或开阔地的高树上。多见于单个活动。主要捕食昆虫,兼食小型动物及植物果实。

本科现存有2属12种,分布于旧大陆温带、热带地区。中国有2属3种。天目山有1属1种。

三宝鸟属 *Eurystomus* Vieillot,1816

体中型。头大而阔,头顶扁平。嘴阔而扁,略向下弯。翼尖长,腿短。

本属现存有4种,分布于非洲、亚洲及大洋洲。中国有1种。天目山有1种。

4.60 三宝鸟 *Eurystomus orientalis* Linnaeus,1766(图版Ⅳ-60)

别名 宽嘴佛法僧、老鸹翠、佛法僧、阔嘴鸟

形态 体中型,体重110～200g,体长240～290mm,翼长180～200mm。虹膜暗褐色。嘴朱红色,上嘴先端黑色。跗跖和趾朱红色,爪黑色。

雄鸟:头大而宽阔,头顶扁平。头至颈黑褐色,后颈至尾上覆羽暗铜绿色。两翼覆羽与背羽相似,但较背羽鲜亮而多蓝色。飞羽黑褐色,初级飞羽基部具一宽的天蓝色横斑;次级飞羽外翈具深蓝色光泽;三级飞羽基部蓝绿色。颏黑色,喉和胸黑色沾蓝色,具钻蓝色羽干纹;下体余部蓝绿色。腋羽和翼下覆羽淡蓝绿色。尾黑色,缀钻蓝色,有时微沾暗蓝紫色。

雌鸟:羽色较雄鸟暗淡,不如雄鸟鲜亮。

幼鸟:体羽似成鸟,但羽色较暗淡。嘴黑色,下嘴底部红色。跗跖暗紫红色。背面近绿褐

色,喉无蓝色。无钴蓝色羽干纹。

习性 主要栖息于针阔叶混交林和阔叶林林缘及河谷两岸高大的乔木树上。常单独或成对活动,早、晚活动频繁。以昆虫、蜘蛛、蜥蜴、小鸟等为食,喜吃金龟子、天牛等甲虫。

营巢于高树天然洞穴中,也利用啄木鸟废弃的洞穴作巢。雌雄轮流孵卵,雏鸟晚成性。

分布 天目山夏候鸟,分布于林缘、河谷地带。国内分布于东北、华北、陕西、山西、四川及以南地区。国外分布于远东、东亚、印度、东南亚及澳大利亚。

翠鸟科 Alcedinidae

头部较大,颈较短。嘴粗而长直,先端尖。鼻孔小,被额羽遮盖。翼短圆,初级飞羽11枚,第1枚甚小。尾羽10枚,呈圆尾形。外趾和中趾合并超过全长之半;内趾和中趾仅在基部相连。雌雄鸟羽色相似。

分为林栖和水栖两种类型。常单独活动,林栖者主要以昆虫为食;树栖者主要以鱼虾为食。繁殖时多在河岸或山坡筑巢。

本科现存有19属114种,分布于亚太地区、非洲和美洲。中国有7属11种。天目山有4属4种。

天目山翠鸟科分属检索

1. 羽色仅黑白两色 ·· 2
   羽色华丽 ··· 3
2. 背无横斑,翼长在150mm以下 ······················ 鱼狗属 *Ceryle*
   背具横斑,翼长在160mm以上 ···················· 大鱼狗属 *Megaceryle*
3. 尾较嘴长,翼形短圆 ································· 翡翠属 *Halcyon*
   尾较嘴短,翼形尖长 ······························· 翠鸟属 *Alcedo*

鱼狗属 *Ceryle* Boie,1828

中型水鸟。嘴长而侧扁,峰脊圆。鼻沟显著。翼尖长,第1枚初级飞羽稍短,第2、3枚最长。尾较嘴长。体羽黑白斑驳。

本属为单型属,现存仅有1种,分布于欧亚大陆、非洲及中南诸岛。中国有1种。天目山有1种。

4.61 斑鱼狗 *Ceryle rudis* Linnaeus,1758(图版Ⅳ-61)

别名 小花鱼狗

形态 体中型,体重100~140g,体长270~310mm,翼长130~150mm。虹膜淡褐色。嘴黑色。跗跖和趾黑褐色。

雄鸟:额、头顶、冠羽、头侧黑色,缀以白色细纹。眼先和眉纹白色。后颈白色,杂以黑纹,颈侧各具一大块白斑。背、肩及两翼覆羽黑色,具白色端斑,形成斑驳状黑白纹。飞羽黑褐色,初级飞羽基部白色,在翼上形成显著的白色翼斑;次级飞羽除基部和端斑白色外,外缘亦缀有白色斑。腰和尾上覆羽白色,具黑色次端斑。下体白色。喉侧具几条狭窄的黑色纵纹。胸具两条黑色胸带,前宽后窄。两胁和腹侧具黑斑。尾白色,具宽阔的黑色次端斑。

雌鸟:与雄鸟相似,仅具1条胸带,且常常在中部断裂;胸两侧具大型黑斑。

习性 主要栖息于低山和平原溪流、河流、湖泊、运河等开阔水域岸边,有时甚至出现在水塘和水渠附近。成对或结群活动，喜嘈杂，是唯一常盘桓水面寻食的鱼狗。多在距水面几米至十几米的低空飞翔觅食，一见鱼群，立刻收敛双翼，一头扎入水中，然后又急剧升起。休息时多栖息于水边树上，同时注视水中动静。食物以小鱼为主，兼吃甲壳类和多种水生昆虫及其幼虫，也啄食小型蛙类和少量水生植物。

通常营巢于河流岸边砂岩上，自己掘洞为巢。雌雄亲鸟轮流孵卵。雏鸟晚成性，雏鸟孵出后眼睛看不见，但5天后就可以看到东西并长出羽毛。

分布　天目山留鸟，分布于林中开阔的溪流旁。国内分布于长江以南地区。国外分布于欧亚大陆、非洲北部和中南部、印度次大陆、中南半岛及东南亚。

大鱼狗属 *Megaceryle* Kaup，1848

中大型水鸟。头部具冠羽。嘴粗直，长而坚，嘴脊圆。鼻沟显著。翼尖长，第1枚初级飞羽稍短，第2、3枚最长。尾较嘴长。主要体羽黑白斑驳。

本属现存有4种，分布于欧亚大陆、非洲及太平洋诸岛。中国有1种。天目山有1种。

4.62　冠鱼狗 *Megaceryle lugubris* Temminck，1834（图版Ⅳ-62）

别名　花鱼狗

形态　体中大型，体重250～500g，体长370～450mm，翼长180～200mm。虹膜褐色。嘴暗褐色，上嘴基部和先端淡绿褐色。跗跖和趾铅灰色，爪褐色。

雄鸟：嘴粗直，长而尖，嘴峰圆钝。头大颈短，翼短圆，尾亦大多短圆。头顶、羽冠及头两侧黑色，具许多白色椭圆或其他形状大斑点。自下嘴基部有一白纹向后延伸与白色的后颈相连，形成半领环。翼黑色，初级飞羽具白色圆斑，次级飞羽具许多整齐的白色横斑。背、腰、尾下覆羽灰黑色，杂以白色横斑。颏、喉白色，嘴下有一黑色粗线延伸至前胸。前胸黑色，具许多白色横斑。下体余部白色，两胁、腹侧及尾下覆羽具黑灰色横纹。

雌鸟：与雄鸟相似，唯翼下覆羽与腋羽棕色。

习性　栖息于林中溪流、山脚平原、灌丛或疏林、水清澈而缓流的小河、溪涧、湖泊以及灌溉渠等水域。常在江河、小溪、池塘以及沼泽地上空飞翔俯视觅食。平时常独栖在近水边的树枝顶上、电线杆顶或岩石上，伺机猎食。食物以小鱼为主，兼吃甲壳类和多种水生昆虫及其幼虫，也啄食小型蛙类和少量水生植物。

巢筑在陡岸、断崖、田野和小溪的堤坝上；用嘴挖洞，巢洞呈圆形。雌雄亲鸟共同孵卵，雏鸟晚成性，只由雌鸟喂雏。

分布　天目山留鸟，分布于溪流附近的树林。国内分布于河北、山西、陕西、四川、云南及长江以南地区。国外分布于喜马拉雅山脉南部、东亚及东南亚。

翡翠属 *Halcyon* Swainson，1821

嘴粗长似凿，基部较宽；嘴峰直，两侧无鼻沟。翼圆，第1枚初级飞羽与第7枚等长或稍短，第2、3、4枚近等长。尾圆形。体羽华丽，大多数种类嘴红色。

本属现存有11种，分布于欧亚大陆、非洲北部及太平洋诸岛。中国有3种。天目山有1种。

4.63　蓝翡翠 *Halcyon pileata* Boddaert，1783（图版Ⅳ-63）

别名　大翡翠、黑帽鱼狗、喜鹊翠

形态　体中型，体重70～120g，体长250～310mm，翼长130～140mm。虹膜暗褐色。嘴珊瑚红色。跗跖和趾红色，爪褐色。

雄鸟:额、头顶、头侧和枕部黑色,后颈白色,向两侧延伸与喉胸部白色相连,形成一宽阔的白色领环。眼下有一白色斑。翼上覆羽黑色,形成一大块黑斑。初级飞羽黑褐色,具蓝色羽缘,外翈基部白色,内翈基部有一大块白斑。次级飞羽内翈黑褐色,外翈钴蓝色。背、腰和尾上覆羽钴蓝色。颏、喉、颈侧、颊和上胸白色,胸以下包括腋羽和翼下覆羽橙棕色。尾钴蓝色,羽轴黑色。

雌鸟:似雄鸟,但羽色不如雄鸟的鲜艳。

幼鸟:后颈白领沾棕色。喉和胸部黄白色,具淡褐色端斑。腹侧有时亦具黑色羽缘。

习性 主要栖息于林中溪流及山脚与平原地带的河流、水塘和沼泽地带。常单独活动,一般多停息在河边树桩和岩石上,有时在临近河边小树的低枝上停息。经常长时间一动不动地注视着水面,一见水中鱼虾,立即以极为迅速而凶猛的姿势扎入水中用嘴捕取。主要以小鱼、虾蟹和水生昆虫等水栖动物为食,也食蛙类和鞘翅目、鳞翅目昆虫及幼虫。

营巢于土崖壁上或河流的堤坝上,雌雄双方共同用嘴挖掘隧道式的洞穴作巢。雌雄亲鸟轮流孵化,雏鸟晚成性,出生时眼睛看不见。

分布 天目山留鸟,分布于溪流地带。国内广布于中国东部和南部,北至东北、华北,西至宁夏、甘肃、陕西、四川,南至海南。国外分布于东亚、南亚及东南亚。

翠鸟属 *Alcedo* Linnaeus,1758

中小型水鸟。嘴粗直,长而坚,嘴脊圆形。鼻沟不著。翼尖长,第1枚初级飞羽稍短,第3、4枚最长。尾短圆,短于嘴长。体羽艳丽而具光泽,羽色常见蓝或绿。

本属现存有7种,分布于欧亚大陆、非洲及太平洋诸岛。中国有3种。天目山有1种。

4.64 普通翠鸟 *Alcedo atthis* Linnaeus,1758(图版Ⅳ-64)

别名 鱼虎、钓鱼翁、金鸟仔、大翠鸟、秦椒嘴

形态 体小型,体重20～40g,体长150～180mm,翼长70～80mm。虹膜褐色。嘴褐色(♂)或橘黄色(♀)。跗跖和趾红色。

雄鸟:头大颈短,嘴长而尖,嘴峰圆钝。体羽艳丽而具光泽。眼先和贯眼纹黑褐色。额、头顶、枕部和后颈暗蓝绿色,密布翠蓝色横斑。头两侧和耳羽栗红色,耳后各有一白色斑。体背灰翠蓝色,肩和翼暗绿蓝色,翼上杂有翠蓝色斑。翼尖长,第1片初级飞羽稍短,第3、4片最长。颏、喉部白色,颈侧具白色点斑。胸部以下呈鲜明的栗棕色;下体余部橙棕色。尾一般短小,表面暗绿蓝色,尾下暗黑褐色。

雌鸟:羽色与雄鸟相似。

习性 栖息于有灌丛或疏林、水清澈而缓流的小河,溪涧,湖泊,水库及灌溉渠等水域。常单独活动,一般多停息在河边树桩和岩石上,经常长时间一动不动地注视着水面,一见水中鱼虾,立即以极为迅速而凶猛的姿势扎入水中用嘴捕取。食物为鱼虾。

通常营巢于水域岸边或附近陡直的土岩或砂岩壁上,掘洞为巢。雌雄亲鸟轮流孵卵,雏鸟晚成性,孵出后由亲鸟抚育。

分布 天目山留鸟,分布于水库、池塘等处。国内分布于东北、华北、甘肃、陕西,西至西藏、四川,南至广东、台湾和海南。国外分布于欧亚大陆、北非、马来半岛、新几内亚和所罗门群岛。

戴胜目 Upupiformes

中型攀禽。嘴细长而下弯。尾较长,尾羽 10 枚。第 3 和第 4 趾基部并合。

栖息于树林、林缘或平原。主要以昆虫及其幼虫为食。雏鸟晚成性。

本目现存有 4 科 67 种,分布于欧亚大陆、非洲和马达加斯加岛。中国有 1 科 1 种。天目山有 1 科 1 种。

戴胜科 Upupidae

头具可开合的长形冠羽。嘴细长,稍向下弯曲。翼短圆,初级飞羽 10 枚。尾羽 10 枚。跗跖短,前后缘均具盾状鳞。中趾和外趾基部并合。在地面觅食,食物为昆虫及其幼虫,也食部分植物叶片。筑巢于树洞或墙缝中,由雌鸟孵卵和育雏。

本科现存有 1 属 3 种,分布于旧大陆的温带和热带地区。中国 1 属 1 种。天目山有 1 属 1 种。

戴胜属 *Upupa* Linnaeus,1758

本属的特征与科一致。

4.65　戴胜 *Upupa epops* Linnaeus, 1758(图版 Ⅳ-65)

别名　鸡冠鸟、花蒲扇、山和尚、臭姑鸪、胡哱哱

形态　体中小型,体重 50～90g,体长 250～310mm,翼长 140～160mm。虹膜褐色至红褐色。嘴黑色,基部淡紫色。跗跖和趾铅黑色。

雄鸟:羽冠棕栗色,先端黑色,后半部冠羽还具白斑。头、颈、上背淡棕栗色。肩羽和下背黑褐色,杂以棕白色横斑和羽缘。上、下背之间有黑色、棕白色、黑褐色三道带斑。翼外侧黑色、向内转为黑褐色,近端处具棕白色横斑。初级飞羽(除第 1 枚外)近端处具白色横斑;次级飞羽有 4 列白色横斑;三级飞羽杂以棕白色斜纹和羽缘。腰白色;尾上覆羽基部白色,端部黑色。胸淡棕栗色,沾淡葡萄酒色。腹及两胁由淡葡萄棕色转为白色,并杂有褐色纵纹。尾羽黑色,中部白斑形成一弧形横带;尾下覆羽全为白色。

雌鸟:羽色似雄鸟,但个体间有差异。有的和雄鸟略有区别,如羽色稍浅淡,颏喉部羽端白色。

幼鸟:上体羽色较苍淡。下体偏褐色,下腹沾灰棕色,胁部黑褐色纵纹较显著。

习性　栖息于山地、平原、森林、林缘、路边、农田、草地和果园等开阔地方,尤其在林缘耕地生境较为常见。多单独或成对活动。主要以昆虫和幼虫为食,也吃其他小型无脊椎动物。

成对营巢繁殖,亦见有雄鸟间的争雌现象。通常营巢于林缘或林中道路两边天然树洞中或啄木鸟的弃洞中。孵卵由雌鸟承担,雏鸟晚成性。

分布　天目山留鸟,分布于草地、林缘、灌丛等处。国内遍布全国各地。国外分布于欧洲、亚洲和非洲。

䴕形目 Piciformes

中小型攀禽。嘴一般强直,或粗厚或稍拱曲。舌能伸缩,舌尖具倒钩或分叉。翼大多短圆,初级飞羽 10 枚。尾多楔形,少数为圆尾或平尾;尾羽 10～12 枚,羽干大多坚硬。跗跖上缘被羽,脚短而强;趾对趾型,趾端具利爪。

栖息于森林,善攀缘。以昆虫,特别是树皮下的昆虫为主食。多在树干上凿洞营巢。雌雄亲鸟均参与孵卵,雏鸟晚成性。

本目现存有 9 科 450 种,除地球两极、马达加斯加、澳大利亚及一些高纬度岛屿外,全世界其他都有分布。中国有 3 科 42 种。天目山有 2 科 5 种。

天目山䴕形目分科检索

嘴短强,嘴峰稍曲,跗跖前后缘均被盾状鳞;尾羽 10 枚 ………………………… 拟䴕科 Capitonidae

嘴直长,呈楔状,跗跖前缘被盾状鳞;尾羽 12 枚,羽干常坚挺 ………………………… 啄木鸟科 Picidae

拟䴕科 Capitonidae

头大,嘴强健而大,嘴须发达。翼短圆,初级飞羽 10 枚。跗跖短而粗,对趾型。尾羽 10 枚。

生活于林区。大多单个或成对活动。食物以植物为主,兼食昆虫。雌雄亲鸟均参与孵卵,少数种类集小群筑巢。雏鸟晚成性。

本科现存有 3 属 30 种,分布于美洲、非洲及亚洲南部。中国有 1 属 9 种。天目山有 1 属 1 种。

拟啄木鸟属 *Megalaima* Müller，1836

嘴强健,嘴峰圆,有时半圆,但不隆起。嘴基周围的嘴须中等长,有些种几乎完全延伸至嘴的尖端。鼻孔被羽毛和鼻须掩盖或裸露。眼周有裸斑。翼圆。尾为平尾或凸尾。两性相似。

本属现存有 28 种,主要分布于印度半岛、印度尼西亚和中南半岛。中国有 9 种。天目山有 1 种。

4.66　大拟啄木鸟 *Megalaima virens* Boddaert，1783(图版Ⅳ-66)

形态　体中型,体重 150～250g,体长 300～350mm,翼长 140～160mm。虹膜棕褐色。嘴粗厚,淡黄色,上嘴先端黑褐色。跗跖和趾绿褐色,爪灰褐色。

成鸟:雌雄鸟羽色相似。头、颈和喉暗蓝色或紫蓝色,羽基暗褐色或黑色。上背和肩暗绿褐色,或缀暗红色。下背、腰及尾上覆羽亮草绿色,先端沾栗棕色。飞羽黑褐色,内翈铜绿色或草绿色;外翈端部灰色或灰白色。上胸暗褐色,下胸和腹淡黄色,具宽阔的绿色或蓝绿色纵纹。腋羽和翼下覆羽黄白色。两胁黄色,具褐绿色纵纹。尾羽亮草绿色,羽干黑褐色。尾下覆羽红色,覆腿羽黄绿色。

幼鸟:头部、颈部的蓝绿色羽缘较小。尾下覆羽红色较浅淡,不及成鸟鲜艳。

习性　栖息于低、中山常绿阔叶林内,也见于针阔叶混交林。常单独或成对活动,在食物丰富的地方有时也成小群。食物主要为植物的花、果实和种子,此外也食各种昆虫,特别是在繁殖期间。

成对营巢繁殖,通常营巢在山地森林树上,多在树干上凿洞为巢,有时也利用天然树洞。

雌雄亲鸟轮流孵卵,雏鸟晚成性。

分布　天目山留鸟,分布于森林地带。国内分布于西藏、四川、贵州、云南及长江以南广大地区。国外分布于喜马拉雅地区、东南亚及中南半岛。

啄木鸟科 Picidae

嘴强直而尖,呈凿状。舌细长,可前后移动,尖端列生小刺钩。翼短圆,初级飞羽 9 枚。尾坚挺,呈楔状或平尾状,尾羽 12 枚。跗跖前缘被盾状鳞,后缘被网状鳞。脚短健,对趾型。

多活动于山林地带。飞行时起伏较大,呈波浪状。营巢于树洞中。雌雄亲鸟轮流孵卵和育雏。

本科现存有 35 属约 240 种,除地球两极外,世界其他地方均有分布。中国有 13 属 32 种。天目山有 3 属 4 种。

天目山啄木鸟科分属检索

1. 尾羽羽干坚硬 ·· 2
   尾羽羽干柔软 ··· 姬啄木鸟属 *Picumnus*
2. 体羽大多绿色 ··· 绿啄木鸟属 *Picus*
   体羽大多黑色,上体具白斑 ································· 斑啄木鸟属 *Dendrocopos*

姬啄木鸟属 *Picumnus* Temminck，1825

嘴圆锥形,紧凑而尖。上嘴尖端稍成楔状。鼻孔和颏角被须和羽毛掩盖。眼圈四周被羽。体羽柔软,松散和延长。翼和尾圆。趾 4 枚。

本属现存有 27 种,主要分布于南美洲和中美洲,仅 1 种分布于中国和东南亚。中国有 1 种。天目山有 1 种。

4.67　斑姬啄木鸟 *Picumnus innominatus* Burton，1836（图版Ⅳ-67）

别名　小啄木鸟

形态　体小型,体重 10～20g,体长 90～110mm,翼长 55～65mm。虹膜褐色或红褐色。嘴浅灰褐色。跗跖和趾黑褐色。

雄鸟:额至后颈栗色,羽基黑褐色。自眼先开始有 2 条白纹沿眼的上下方延伸至颈侧。耳羽栗褐色。背至尾上覆羽橄榄绿色。两翼暗褐色,表面黄绿色。颏、喉近白色,缀有圆形黑褐色斑点。下体余部淡绿黄色或皮黄白色,胸、上腹及两胁满布大的圆形黑色斑点,到后胁和尾下覆羽呈横斑状;下腹黑斑减少。尾羽黑色,中央一对尾羽内侧白色,外侧 3 对尾羽有宽阔的斜行白色次端斑。

雌鸟:和雄鸟相似,但头顶前部无橙红色,为单一的栗色或烟褐色。

习性　栖息于低山丘陵和山脚平原常绿或落叶阔叶林中,也出现于中山混交林和针叶林地带。常单独活动,多在地上或树枝上觅食。主要以蚂蚁、甲虫和其他昆虫为食。

繁殖期为 4—7 月,营巢于树洞中。雌雄亲鸟轮流孵卵。

分布　天目山留鸟,分布于森林地带。国内分布于长江以南各省,北抵甘肃、陕西和河南,西抵西藏、四川、贵州、云南。国外分布于喜马拉雅山脉到印度、东南亚及中南半岛。

绿啄木鸟属 *Picus* Linnaeus，1758

嘴峰稍弯；鼻脊距离嘴峰较近，而距离嘴基缝合线较远。鼻孔被粗的羽毛掩盖。尾强凸尾状，尾长为翼长的 2/3 或稍短，最外侧尾羽较尾下覆羽为短。具 4 趾，外前趾较外后趾长。体羽以绿色为主。

本属现存有 15 种，分布于欧洲、亚洲及北非。中国有 7 种。天目山有 1 种。

4.68　灰头绿啄木鸟 *Picus canus* Gmelin，1788（图版Ⅳ-68）

别名　绿啄木鸟、响打木

形态　体中型，体重 110～160g，体长 270～320mm，翼长 130～160mm。虹膜暗红色。嘴灰黑色，下嘴基部黄绿色。跗跖和趾灰绿色或绿褐色，爪褐色。

雄鸟：额、头顶朱红色，额基灰色杂有黑色。眼先黑色，眉纹灰白色，耳羽、颈侧灰色，颚纹黑色，宽而明显。头顶后部、枕和后颈灰色或暗灰色，杂以黑色羽干纹。背和翼上覆羽橄榄绿色，腰及尾上覆羽绿黄色。初级飞羽黑色，具白色横斑；次级飞羽黄绿色，外翈沾橄榄黄色。颏、喉和前颈灰白色。胸、腹和两胁灰绿色。中央尾羽橄榄褐色，两翈具灰白色半圆形斑，端部黑色；外侧尾羽黑褐色，具暗色横斑。尾下覆羽亦为灰绿色，羽端草绿色。

雌鸟：额至头顶暗灰色，无红色斑，具黑色羽干纹和端斑，其余同雄鸟。

幼鸟：嘴基灰褐色，额红色，呈近圆形斑，并具橙黄色羽缘。头顶暗灰绿色，羽轴具淡黑色点斑。头侧至后颈暗灰色。两胁、下腹至尾下覆羽灰白色，杂以淡黑色斑点和横斑。其余同成鸟。

习性　主要栖息于低山阔叶林和混交林，也出现于次生林和林缘地带，很少到原始针叶林中。常单独或成对活动，很少成群。飞行迅速，呈波浪式前进。主要以昆虫为食，偶尔也吃植物果实和种子。

营巢于树洞中，巢洞由雌雄亲鸟共同啄凿完成，每年都啄新巢，一般不利用旧巢。由雌雄亲鸟轮流孵卵。雏鸟晚成性，雌雄亲鸟共同育雏。

分布　天目山留鸟，分布于森林地带。国内分布于全国各地。国外分布于欧洲、东亚、南亚、东南亚及苏门答腊。

斑啄木鸟属 *Dendrocopos* Koch，1816

喙强而尖直。尾羽坚挺，富有弹性。跗跖上部被羽。趾 4 枚，两前两后，彼此对生，后面外侧的趾较前面外侧的趾长。爪甚锐利。体色主要为黑白色，一些部位呈红色。

本属现存有 25 种，主要分布于欧洲、亚洲及北非。中国有 11 种。天目山有 2 种。

天目山斑啄木鸟属分种检索

翼短于 110mm，下体具纵纹 ·· 星头啄木鸟 *D. canicapillus*

翼长于 110mm，下体不具纵纹 ·· 大斑啄木鸟 *D. major*

4.69　星头啄木鸟 *Dendrocopos canicapillus* Blyth，1845（图版Ⅳ-69）

别名　小啄木鸟、红星啄木、小花头啄木鸟

形态　体小型，体重 30～50g，体长 140～210mm，翼长 100～120mm。虹膜棕红色(♂)、褐色(♀)。嘴铅灰色，下嘴较淡。跗跖和趾暗铅灰色，爪暗褐色。

雄鸟：前额和头顶暗灰色。鼻羽和眼先污灰白色。眉纹宽阔，白色，自眼后上缘向后延伸

至颈侧。枕部两侧各具一红色小斑。耳羽淡棕褐色,有一块黑斑。枕、后颈、上背和肩黑色。下背和腰白色,具黑色横斑。翼上覆羽黑色,具宽阔的白色端斑。飞羽黑色,具白色斑点。领纹白色或暗灰褐色,头侧和颈侧棕褐色。颊、喉灰白色。下体余部淡棕白色,满布黑褐色纵纹。尾上覆羽和中央尾羽黑色;外侧尾羽棕白色,具黑色横斑。

雌鸟:和雄鸟相似,但枕侧无红色。

习性　主要栖息于山地和平原阔叶林、针阔叶混交林和针叶林中,也出现于杂木林和次生林,甚至出现于村边和耕地中的零星乔木树上。常单独或成对活动。飞行迅速,呈波浪式前进。主要以昆虫为食,偶尔也吃植物果实和种子。

营巢于树洞中。由雌雄亲鸟共同啄凿巢洞。雌雄亲鸟轮流孵卵,雏鸟晚成性。

分布　天目山留鸟,分布于森林地带。国内分布于东北、华北、甘肃、山西、四川及以南地区。国外分布于印度、朝鲜、缅甸、马来半岛及印尼。

4.70　大斑啄木鸟 *Dendrocopos major* Linnaeus, 1758(图版Ⅳ-70)

别名　花啄木、赤䴕、啄木冠

形态　体中小型,体重 55～80g,体长 200～250mm,翼长 120～135mm。虹膜暗红色,嘴铅黑色或蓝黑色,跗跖和趾褐色。

雄鸟:额棕白色,眼先、眉、颊和耳羽白色,头顶黑色而具蓝色光泽,枕具一辉红色斑,后枕具一窄的黑色横带。后颈及颈两侧白色,形成一白色领圈。肩白色,背辉黑色,腰黑褐色而具白色端斑;两翼黑色,翼缘白色,飞羽内翈均具方形或近方形白色块斑,翼内侧中覆羽和大覆羽白色,在翼内侧形成一近圆形大白斑。中央尾羽黑褐色,外侧尾羽白色并具黑色横斑。颧纹宽阔呈黑色,向后分上下支,上支延伸至头后部,下支向下延伸至胸侧。颏、喉、前颈至胸以及两胁污白色,腹亦为污白色,略沾桃红色,下腹中央至尾下覆羽辉红色。

雌鸟:头顶、枕至后颈辉黑色,具蓝色光泽;耳羽棕白色。其余似雄鸟。

幼鸟:整个头顶暗红色,枕、后颈、背、腰、尾上覆羽和两翼黑褐色,较成鸟浅淡。前颈、胸、两胁和上腹棕白色,下腹至尾下覆羽浅桃红色。

习性　栖息于山地和平原针叶林、针阔叶混交林和阔叶林中,尤以混交林和阔叶林为多。常单独或成对活动,多在树干和粗枝上觅食。主要以蝗虫、蚁、蚊、蜂、鳞翅目、鞘翅目等各种昆虫、昆虫幼虫为食,也吃蜗牛、蜘蛛等其他小型无脊椎动物,偶尔也吃种子和草籽等植物性食物。

繁殖期 4—5 月,营巢于树洞中,由雌雄亲鸟共同啄凿而成。每窝产卵 3～8 枚。雌雄亲鸟轮流孵卵,孵化期 13～16 天。雏鸟晚成性,雌雄亲鸟共同育雏。

分布　天目山留鸟,分布于森林地带。国内分布于东北、华北、甘肃、山西、四川及以南地区。国外分布于北美、北非、欧洲及亚洲。

雀形目 Passeriformes

鸟类中最高等的类群,体型大小悬殊,外形也较复杂。嘴形多样,有的圆锥状,有的长而直,有的宽而扁。鸣管和鸣肌发达,善于发声,故又称鸣禽。跗跖前缘大多具盾状鳞,后缘光滑。脚大多细弱,不适于地面行走,而适于树栖。四趾不并合,三前一后,在同一平面上。

行动敏捷,多数善于营巢。幼鸟晚成性,由亲鸟哺育成长。多数种类取食昆虫,对农林业有益。

　　本目种类繁多,占全世界鸟类总种数的一半以上,现存有约 110 科 6400 余种。中国有 44 科 766 种。天目山有 30 科 120 种。

天目山雀形目分科检索

1. 翼圆形,初级飞羽 10 枚 ·· 2
   翼尖形或方形,初级飞羽 9 枚,若为 10 枚,第 1 枚特短小 ·· 21
2. 足呈攀型,后趾与中趾等长或更长,嘴无缺刻 ································· 䴓科 Sittidae
   足不呈攀型,后趾较中趾为短,嘴常具缺刻 ··· 3
3. 跗跖被靴状鳞(除少数例外) ··· 4
   跗跖被盾状鳞 ·· 9
4. 体羽疏松而柔软,颈部周围具发状纤羽,跗跖短弱 ······················· 鹎科 Pycnonotidae
   体羽稠密而结实,颈部周围不具发状纤羽,跗跖粗长 ····································· 5
5. 嘴形较粗,最外侧初级飞羽长度为内侧的 4/5 以上 ······················· 八色鸫科 Pittidae
   嘴形较细,最外侧初级飞羽长度不及内侧的 4/5 ····································· 6
6. 无嘴须,尾较短 ··· 河乌科 Cinclidae
   有嘴须,足较长 ·· 7
7. 嘴粗健而侧扁,嘴端缺刻明显,翼长而平 ································· 鸫科 Turdidae
   嘴须尖细,嘴端缺刻不明显,翼短而凹 ······································· 8
8. 尾比翼长 ··· 扇尾莺科 Cisticolidae
   尾比翼短 ··· 莺科 Sylviidae
9. 鼻孔全部被羽所遮盖 ··· 10
   鼻孔裸露或仅被少数遮盖 ··· 14
10. 第 1 枚初级飞羽长超过第 2 枚的一半 ··· 13
    第 1 枚初级飞羽长不及第 2 枚的一半 ··· 11
11. 尾较短,呈圆形或叉形 ··· 12
    尾较长,呈凸形 ··· 长尾山雀科 Aegithalidae
12. 营巢于树洞或岩隙间,巢呈杯状 ··································· 山雀科 Paridae
    营巢于树梢或树洞,巢呈囊状 ································· 攀雀科 Remizidea
13. 体大型,翼长超过 120mm,嘴粗长 ····························· 鸦科 Corvidae
    体中小型,翼长不及 100mm,嘴短厚 ··············· 鸦雀科 Paradoxornithidae
14. 鼻孔裸露无纤羽 ··· 15
    鼻孔多少被纤羽遮盖 ··· 16
15. 体较大,翼长超过 100mm,尾长超过 60mm,具嘴须 ······················· 黄鹂科 Oriolidea
    体较小,翼长不及 60mm,尾长不及 50mm,无嘴须 ················· 鹪鹩科 Troglodytidae
16. 腰羽羽轴坚硬如刺 ··· 山椒鸟科 Campephagidae
    腰羽羽轴柔软 ··· 17
17. 嘴侧扁而强健,上嘴具钩和齿突 ····························· 伯劳科 Laniidae
    嘴较细,常具缺刻;若钩和缺刻均存在时,嘴略平扁 ····························· 18
18. 体羽纯黑或暗灰色,尾羽 10 枚,呈深叉状 ······················· 卷尾科 Dicruridae
    体羽颜色多样,尾羽 12 枚,不呈深叉状 ··· 19
19. 颈部具纤羽,跗跖较嘴短 ··································· 叶鹎科 Chloropseidae
    颈部无发状纤羽,跗跖较嘴长 ··· 20

20. 头顶具鲜丽羽冠 ·· 戴菊科 Regulidae
　　头不具羽冠,羽色各异 ·· 画眉科 Timaliidae
21. 第 1 枚初级飞羽最长,使翼端呈尖形 ································ 22
　　翼端方形 ··· 24
22. 嘴形扁阔,初级飞羽 9 枚,脚细弱 ······················ 燕科 Hirundinidae
　　嘴短强不扁平,初级飞羽 10 枚 ································· 23
23. 翼与尾具蜡状辉斑 ····································· 太平鸟科 Bombycillidae
　　翼与尾无蜡状辉斑 ····································· 椋鸟科 Sturnidae
24. 最长的次级飞羽接近翼端,初级飞羽 9 枚,后爪常特长 ··· 鹡鸰科 Motacillidae
　　最长的次级飞羽仅达翼长之半,初级飞羽 10 枚 ········· 25
25. 嘴短粗,呈圆锥状 ·· 26
　　嘴不呈圆锥状 ··· 28
26. 嘴形平扁 ··· 27
　　嘴形不平扁,体纤小,上体几乎纯绿色,眼周白色 ····· 绣眼鸟科 Zosteropidae
27. 尾较翼短,或等长 ····································· 鹟科 Muscicapidae
　　尾较翼长,凸形 ····································· 王鹟科 Monarchidae
28. 初级飞羽 10 枚(麻雀属例外) ····································· 29
　　初级飞羽 9 枚 ··· 30
29. 尾呈方形 ··· 雀科 Frinfillidea
　　尾呈楔形 ··· 梅花雀科 Estrildidae
30. 下喙底缘平直,上下喙咬合紧密 ····················· 燕雀科 Fringillidae
　　下喙底缘明显上曲,上下喙咬合不紧密 ··········· 鹀科 Emberizidae

八色鸫科 Pittidae

体型中等,羽色绚丽多彩。嘴粗长而侧扁,嘴峰具轻微的拱曲。跗跖部长,脚强健,具 4 趾,三前一后。尾甚短,明显短于翼长。

栖息于热带、亚热带丛林,多活动于常绿阔叶林下的灌木、草丛中。主要以昆虫、蚯蚓等小型动物为食。

本科现存有 3 属 33 种,分布于欧洲、非洲、亚洲及大洋洲。中国有 1 属 9 种。天目山有 1 属 1 种。

八色鸫属 *Pitta* Vieillot,1816

体圆胖,嘴形较粗。尾短,腿长。最外侧初级飞羽长度仅为内侧的 4/5。羽色丰富,俗名八色。

本属现存有 14 种,分布于欧洲、非洲、亚洲至大洋洲。中国有 9 种。天目山有 1 种。

4.71 仙八色鸫 *Pitta nympha* Linnaeus,1766(图版 Ⅳ-71)

别名 五色轰鸟、印度八色鸫

形态 体中型,体重 50～90g,体长 180～210mm,翼长 110～130mm。虹膜暗褐色或棕褐色。嘴强健,黑色,长而侧扁,嘴基灰蓝白色。跗跖和趾黄褐色。

成鸟:雌雄鸟羽色相似。前额至枕部深栗褐色,冠纹黑色,眉纹茶黄色。眼先、颊、耳羽和颈侧黑色,与冠纹在后颈处相连,形成领斑状。肩、背部及翼上覆羽亮油绿色。飞羽亮蓝色,具白色翼斑。腰及尾上覆羽亮粉蓝色。颏黑褐色,喉白色。下体淡茶黄色,腹部中央至尾下覆羽猩红色。尾羽黑色,羽端蓝绿色。

　　幼鸟:羽色与成鸟相似,色彩较为浅淡。

　　习性　　主要栖息于平原和丘陵落叶很厚的各种类型的树林中,也见于林缘溪流边的灌丛、竹林等环境。繁殖期多成对活动,平时多见 10～20 只在树冠层结群静栖,或在相近的树枝上活动。取食多在密林落叶地面上,夜晚则栖息于树上。主要以昆虫、蚯蚓、蜈蚣等小动物为食。

　　大多营巢于高大的天然阔叶林内,筑巢由雌雄亲鸟共同承担。孵化由雌雄亲鸟共同承担,出雏后,雌雄亲鸟还要共同育雏。

　　分布　　天目山留鸟,分布于森林地带。国内分布偏向于中国西南部,包括云南、河北、河南及长江以南地区。国外分布于印度次大陆和东南亚。

燕科 Hirundinidae

　　体小而矫健。嘴短阔而平扁,呈三角形;上嘴先端具一小缺刻;嘴须短弱,鼻孔裸出。翼狭长,初级飞羽 9 枚,第 1 枚与第 2 枚几乎等长;次级飞羽甚短,最长者仅达翼的中部。尾羽 12 枚,叉形。跗跖细弱,通常不被羽,前缘被盾状鳞。

　　常在空旷的田野、谷地上空飞翔,以捕食各种飞行的昆虫。喜结群,繁殖期营巢于住宅的屋檐、墙壁或岩石缝隙。

　　本科现存有 19 属 83 种,除地球两极和某些岛屿之外,世界各地均有分布。中国有 5 属 14 种。天目山有 3 属 3 种。

天目山燕科分属检索

1. 跗跖和趾被羽 ……………………………………………………………………………………… 毛脚燕属 Delichon
   　跗跖和趾裸出 ……… 2
2. 腰蓝黑色,与背同色,下体无条纹 …………………………………………………………………………… 燕属 Hirundo
   　腰栗色,下体有条纹 …………………………………………………………………………………………… 斑燕属 Cecropis

毛脚燕属 *Delichon* Horsfield & Moore,1854

　　体型轻小,活动敏捷。喙短而宽扁,基部宽大,呈倒三角形,上喙近先端有一缺刻。口裂极深,嘴须不发达。翼狭长而尖,擅长飞行。尾呈叉状,形成"燕尾"。脚短而细弱,趾三前一后。雌雄鸟羽色相似,以黑色和灰白色为主。

　　本属现存有 3 种,分布于欧洲、亚洲及北非。中国有 3 种。天目山有 1 种。

4.72　烟腹毛脚燕 *Delichon dasypus* Bonaparte,1850(图版Ⅳ-72)

　　别名　　白腰燕、石燕、灵燕

　　形态　　体小型,体重 10～15g,体长 100～120mm,翼长 90～110mm。虹膜暗褐色。嘴黑色,尖端稍曲,嘴端微具缺刻。跗跖和趾淡肉色,均被白色绒羽,爪淡褐色。

　　雌雄鸟羽色相似。额、头顶、枕及后背黑色,微具金属光泽。腰和尾上覆羽白色,具黑褐色纤细的羽干纹。翼尖长,翼上覆羽和飞羽黑褐色,具蓝色金属光泽。长的尾上覆羽黑褐色,羽端微具金属光泽。颏、喉烟灰白色。胸和两胁缀有更多烟灰色。腹部灰白色。尾呈浅叉状,尾羽黑褐色。尾下覆羽灰褐色,具细的黑色羽干纹和宽的白色边缘。

　　习性　　主要栖息于山地悬崖峭壁处,尤其喜欢在人迹罕至的荒凉山谷地带,也栖息于房屋、桥梁等人类建筑物上。常成群栖息和活动,多在栖息地上空飞翔,有时也出现在森林上空或在草坡山崎上空飞来飞去。主要以昆虫为食,在空中捕食飞行性昆虫。

常成群在一起营巢,通常营巢于悬崖凹陷处或陡峭岩壁石隙间,也营巢于桥梁、废弃房屋墙壁等人类建筑物上。巢由雌雄亲鸟用泥土、枯草混合成泥丸堆砌而成,孵化及育雏由雌雄亲鸟共同担任。

分布　天目山留鸟,主要分布于悬崖峭壁。国内繁殖于中国中东部及青藏高原,冬季南迁至台湾、华南及东南。国外繁殖于喜马拉雅山脉至日本;越冬南迁至东南亚及大巽他群岛。

燕属 *Hirundo* Linnaeus,1758

体小型。嘴短弱,基部宽大。嘴裂宽,为典型食虫鸟类的嘴型。翼尖长,飞行迅速。尾叉形。脚短小而爪较强,趾三前一后。背羽大多辉蓝黑色。

本属现存有 15 种,分布于欧洲、亚洲及非洲,个别种分布到美洲。中国有 3 种。天目山有 1 种。

4.73　家燕 *Hirundo rustica* **Linnaeus,1758**(图版Ⅳ-73)

别名　燕子、拙燕

形态　体小型,体重 15～25g,体长 130～200mm,翼长 100～120mm。虹膜暗褐色。嘴黑褐色。跗跖和趾黑色。

雌雄鸟羽色相似。前额深栗色,上体从头顶一直到尾上覆羽均为蓝黑色而富有金属光泽。两翼小覆羽和内侧飞羽亦为蓝黑色而富有金属光泽。初级飞羽、次级飞羽和尾羽黑褐色,微具蓝色光泽,飞羽狭长。尾长,呈深叉状。最外侧一对尾羽特形延长,其余尾羽由两侧向中央依次递减,除中央一对尾羽外,所有尾羽内翈均具一大型白斑,飞行时尾平展,其内翈上的白斑相互连成"V"形。颏、喉和上胸栗色或棕栗色,其后有一黑色环带,有的黑环在中段被栗色侵入而中断,下胸、腹和尾下覆羽白色或棕白色,也有呈淡棕色和淡赭桂色的,随亚种而不同,但均无斑纹。虹膜暗褐色,嘴黑褐色,跗跖和趾黑色。

幼鸟和成鸟相似,但尾较短,羽色亦较暗淡。

习性　喜欢栖息在人类居住的环境。常成对或成群地栖息于村落的房顶、电线以及附近的河滩和田野里。善飞行,整天大多数时间都成群地在村庄及其附近的田野上空不停地飞翔,有时还不停地发出尖锐而急促的叫声。活动范围不大,通常在栖息地附近 2km² 范围内活动。主要以昆虫为食,食物种类常见有双翅目、鳞翅目、膜翅目、鞘翅目、同翅目、蜻蜓目等昆虫。

雌雄亲鸟共同筑巢,巢多置于人类房舍内外墙壁上、屋椽下或横梁上。由雌鸟单独孵化。

分布　天目山夏候鸟,分布于河滩、荒野及建筑物等处。国内北方为繁殖鸟和旅鸟,南方为夏候鸟。国外几乎全球分布。

斑燕属 *Cecropis* Boie,1826

嘴短弱,基部宽。口裂极深,嘴须不发达。翼狭长而尖。腰棕红色,形成宽阔腰带。尾甚长,为深叉形。脚短而细弱,趾三前一后。

本属现存有 9 种,分布于欧洲南部、非洲、亚洲及澳洲。中国有 2 种。天目山有 1 种。

4.74　金腰燕 *Cecropis daurica* **Laxmann,1769**(图版Ⅳ-74)

别名　赤腰燕、黄腰燕、巧燕、花燕儿

形态　体较家燕略大,体重 18～30g,体长 160～210mm,翼长 100～130mm。虹膜暗褐色。嘴短弱,基部宽,黑色。跗跖和脚灰蓝黑色。

雌雄鸟羽色相似。额、头顶蓝黑色,具金属光泽。后枕棕红色,具黑色羽干纹。眼先黑色,有极细的棕红色眉纹。眼后、颊部棕红色。背部蓝黑色,具蓝色金属光泽。腰棕红色,形成宽阔腰带。翼上覆羽黑褐色,具狭窄的棕黄色端斑。飞羽黑褐色,内翈灰白。喉、胸灰白色沾棕,具黑褐色羽干纹;腹部同色,但黑褐色羽干纹稀疏。尾甚长,为深叉形,尾上覆羽黑色;尾下覆羽棕黄色。

幼鸟和成鸟相似,但上体灰蓝色不及成鸟艳丽。

习性　栖息于低山及平原的居民点附近。结小群活动,善飞行。飞行时,振翼较缓慢且比其他燕子更喜高空翱翔。主要以昆虫为食,食物种类常见有双翅目、鳞翅目、膜翅目等昆虫。

雌雄共同筑巢,巢多在山地村落间的屋外墙壁上,且喜选木质结构的房屋。孵卵和育雏由雌雄共同承担。

分布　天目山夏候鸟,分布于河谷地带。国内除台湾和西北部外,大部分地区均有分布。国外分布于欧亚大陆及非洲北部,包括整个欧洲、北回归线以北的非洲地区、阿拉伯半岛和中南半岛。

鹡鸰科 Motacillidae

体型纤小。嘴形细长,嘴须发达,上嘴先端微具缺刻;鼻孔裸出。翼尖长,初级飞羽9枚,第1和第2枚几等长;最长的次级飞羽几达翼端。尾羽12枚,最外侧飞羽纯白色。脚细长,跗跖前缘具盾状鳞,后缘光滑棱状。

多栖息于湖泊、水库、溪流的岸边或草地。善在地面奔走,而不跳跃,停息时尾羽常不停摆动;飞行时,飞行轨迹呈波浪状。主要以昆虫为食。

本科现存有6属65种,分布于欧洲、非洲、亚洲、美洲及大洋洲。中国有3属19种。天目山有3属5种。

天目山鹡鸰科分属检索

1. 背羽具纵纹 ·· 鹨属 Anthus
   背羽纯色,无纵纹 ·· 2
2. 尾呈凹尾状,中央尾羽较外侧尾羽短 ·················· 山鹡鸰属 Dendronanthus
   尾呈圆尾状,中央尾羽较外侧尾羽长 ···························· 鹡鸰属 Motacilla

山鹡鸰属 *Dendronanthus* Blyth,1844

中等体型。上喙较细长,先端具缺刻。翼尖长,内侧三级飞羽极长,几与翼尖平齐。尾细长,外侧尾羽白色。腿细长,后趾具长爪,适于在地面行走。停栖时,尾轻轻往两侧摆动,不似其他鹡鸰尾上下摆动。

本属为单型属,现存仅有1种,繁殖在亚洲东部,冬季南移亚洲南部。中国有1种。天目山有1种。

4.75　山鹡鸰 *Dendronanthus indicus* Gmelin,1789(图版Ⅳ-75)

别名　林鹡鸰、树鹡鸰、刮刮油

形态　体小型,体重15～28g,体长150～190mm,翼长70～100mm。虹膜深褐色。嘴较直,黑褐色,下嘴肉红色。跗跖肉色,前缘微具盾状鳞,后缘被靴状鳞。脚棕褐色。

雌雄鸟羽色相似。眼先、贯眼纹黑褐色。眉纹白色,从鼻孔直达耳羽上方。眼圈、颊灰白色。头部和上体橄榄褐色。翼上覆羽黑色,先端黄白色。飞羽黑褐色,外翈具有 2 条白色翼斑。颏、喉白色。下体白色,胸部具两道黑色横斑,下面的横斑有时不连续。尾羽褐色,最外侧 1 对尾羽白色。

幼鸟似成鸟,但体色较淡。

习性 栖息于林间空地、林缘、河边及村落附近。单独或成对活动。停息时,尾轻轻往两侧摆动,不似其他鹡鸰尾上下摆动。飞行时,为典型鹡鸰类的波浪式飞行。在林间捕食,主食直翅目、鳞翅目、双翅目等昆虫,也吃蜗牛。

营巢在树的水平枝芽上,孵卵由雌雄亲鸟轮流进行,但以雌鸟为主。雏鸟晚成性,孵出后由雌雄亲鸟共同育雏。

分布 天目山夏候鸟,分布于林间空地、河滩等处。国内繁殖在东北部、北部、中部及东部;越冬在南部、东南部、西南部和西藏东南部。国外分布于欧亚大陆及非洲北部、阿拉伯半岛、印度次大陆和中南半岛。

鹡鸰属 *Motacilla* Linnaeus,1758

体细长。尾呈圆尾状,中央尾羽较外侧尾羽长。多活动于水边,停息时,尾上下摆动,故又称"点水雀"。羽色大多由黑白二色组成,或由黑、黄、白、灰、绿色组成。背羽纯色,无纵纹。

本属现存有 12 种,分布于欧洲、非洲、亚洲。中国有 5 种。天目山有 2 种。

天目山鹡鸰属分种检索

下体大多黄绿色,上体灰色 ································· 灰鹡鸰 *M. cinrea*
下体大多白色,上体多为黑色 ································· 白鹡鸰 *M. alba*

4.76 灰鹡鸰 *Motacilla cinerea* Tunstall,1771(图版 Ⅳ-76)

别名 点水雀、马兰花儿、黄鸰

形态 体小型,体重 14～22g,体长 160～190mm,翼长 75～85mm。虹膜褐色。嘴黑褐色,基部稍淡。跗跖黄褐色,前缘具盾状鳞,后缘成棱状。趾和爪褐色。

雄鸟:眼先、贯眼纹及耳羽灰黑色。眉纹和颧纹白色。前额、头顶至背灰褐色。翼上覆羽和飞羽黑褐色,飞羽基部白色,展翼后白色翼斑明显。腰及尾上覆羽黄色。颏、喉夏季为黑色,冬季为白色,下体余部鲜黄色。

雌鸟:和雄鸟相似,但上体较绿灰,颏、喉白色;下体黄色不如雄鸟鲜亮。

幼鸟:翼上覆羽暗灰色,具淡棕色羽端。腰和尾上覆羽浅黄色,沾褐色。胸和腹白色,沾浅黄色。尾下覆羽浅黄色。其他部分与成鸟相似。

习性 主要栖息于溪流、河谷、湖泊、水塘、沼泽等水域岸边,或水域附近的草地、农田、住宅和林区居民点,也出现在林中溪流和城市公园中。常单独或成对活动,有时也集成小群或与白鹡鸰混群。飞行时两翼一展一收,呈波浪式前进。多在水边行走或跑步捕食,有时也在空中捕食。主要以昆虫为食,主要有鞘翅目、鳞翅目、直翅目等昆虫。

营巢于河流两岸的各式生境中,包括河边土坑、水坝、石头缝隙、石崖台阶、河岸倒木树洞、房屋墙壁缝隙等。营巢由雌雄亲鸟共同进行。孵卵主要由雌鸟承担,雏鸟晚成性,雌雄亲鸟共同育雏。

分布 天目山留鸟,分布于各类水域岸边。国内遍及全国各地,长江以北主要为夏候鸟,部分旅鸟,在长江以南主要为冬候鸟,部分旅鸟。国外分布于欧亚大陆、非洲和大洋洲等地。

4.77　白鹡鸰 *Motacilla alba* Linnaeus，1758（图版Ⅳ-77）

别名　白颤儿、点水雀、马兰花儿、白面鸟

形态　体小型，体重 15～30g，体长 160～200mm，翼长 80～100mm。虹膜黑褐色。雄鸟嘴、跗跖和脚黑色。雌鸟嘴黑色，下嘴褐色；跗跖深褐色。

雄鸟：额、头顶前部、颊及颈侧白色；头顶后部、枕和后颈黑色。背、肩黑色。翼上覆羽黑色，尖端白色，在翼上形成一块大白斑。飞羽黑褐色，外侧缘具宽窄不一的白边。下体除胸部有一半环形或三角形黑斑外，两胁沾灰色，其余为纯白色。尾长而窄，尾羽黑色，最外两对尾羽主要为白色。

雌鸟：和雄鸟相似，但上体及胸部黑色较浅，略呈深褐色。翼上白斑及下体较雄鸟白。

幼鸟：额、颊、颏、喉乳白色。头顶至腰灰褐色。飞羽褐色，具白色斑。胸中央具浅褐色斑，下体余部白色。

习性　主要栖息于河流、湖泊、水库、水塘等水域岸边，也栖息于农田、湿草原、沼泽等湿地。常单独、成对或以 3～5 只的小群活动。多在水边或水域附近的草地、农田、荒坡或路边活动，遇人则斜着起飞，边飞边鸣。飞行姿势呈波浪式，有时也较长时间地站在一个地方，尾不停地上下摆动。主要以鞘翅目、双翅目、鳞翅目等昆虫为食，此外也吃蜘蛛等其他无脊椎动物，偶尔也吃种子、浆果等植物性食物。

通常营巢在水域附近岩洞、岩壁缝隙、河边土坎、田边石隙以及河岸、灌丛与草丛中，也在房屋屋脊、房顶和墙壁缝隙中营巢。营巢由雌雄亲鸟共同承担，孵卵由雌雄亲鸟轮流进行，但以雌鸟为主。雏鸟晚成性，孵出后由雌雄亲鸟共同育雏。

分布　天目山留鸟，分布于各类水域岸边。国内遍及全国各地，在中北部广大地区为夏候鸟，在华南地区为留鸟，在海南越冬。国外分布于欧亚大陆、非洲及北美洲等地。

鹨属 *Anthus* Bechstein，1805

嘴较尖细，上喙先端具缺刻。翼尖长，内侧飞羽长，几与翼尖平齐。背羽具纵纹。虹膜褐色或暗褐色，嘴暗褐色。脚肉色或暗褐色，后爪细长。尾细长，外侧尾羽为白色，停息时尾常上下摆动。

本属现存有 44 种，几乎分布于世界各地。中国有 13 种。天目山有 2 种。

天目山鹨属分种检索

后爪较后趾短，显著弯曲，胸部具黑色纵纹 ………………………………… 树鹨 *A. hodgsoni*

后爪较后趾长或等长，稍弯曲，胸部纯白色 ………………………………… 水鹨 *A. spinoletta*

4.78　树鹨 *Anthus hodgsoni* Richmond，1907（图版Ⅳ-78）

别名　木鹨、麦如蓝儿、树鲁鹨

形态　体小型，体重 15～25g，体长 140～170mm，翼长 75～90mm。虹膜红褐色。嘴细长，先端具缺刻；上嘴黑褐色，下嘴肉黄色。跗跖肉褐色，前缘具盾状鳞，后缘光滑无鳞。趾和爪肉褐色。

雌雄鸟羽色相似。眼先黄白色，具黑褐色贯眼纹。眉纹自嘴基起棕黄色，后转为棕白色。上体橄榄绿色，头顶具细密的黑褐色纵纹，往后到背部纵纹逐渐不明显。翼上覆羽橄榄绿色，具棕白色端斑。飞羽黑褐色，具橄榄黄绿色羽缘。颏、喉棕白色，喉侧有黑褐色颧纹。胸皮黄白色，胸和两胁具粗著的黑色纵纹。下体余部白色。尾羽黑褐色，具橄榄绿色羽缘，最外侧一

对尾羽具大型楔状白斑,次一对外侧尾羽仅尖端白色。

习性　主要栖息于阔叶林、混交林和针叶林等山地森林中。常活动在林缘、路边、河谷、林间空地、高山苔原、草地等各类生境,有时也出现在居民点和社区。常成对或以 3～5 只的小群活动,迁徙期间亦集成较大的群。性机警,受惊后立刻飞到附近树上。站立时,尾常上下摆动。多在地上奔跑觅食,食物主要有鳞翅目、直翅目、半翅目及鞘翅目等昆虫,也吃蜘蛛、蜗牛等小型无脊椎动物,此外还吃苔藓、谷粒、杂草种子等植物性食物。

通常营巢于林缘、林间路边或林中空地等开阔地面草丛或灌木旁凹坑内,也在林中溪流岸边石隙下浅坑内营巢。营巢由雌雄亲鸟共同承担,孵卵主要由雌鸟承担。雏鸟晚成性,孵出后需由亲鸟育雏。

分布　天目山冬候鸟,分布于林缘、河谷、草地等处。国内遍及全国各地,东北、华北、西北及西南为夏候鸟或旅鸟,越冬于长江以南地区。国外分布于欧亚大陆,北非和北美有零星分布。

4.79　水鹨 *Anthus spinoletta* Linnaeus, 1758（图版 IV-79）

别名　黄腹鹨、冰鸡儿

形态　体小型,体重 18～27g,体长 145～185mm,翼长 80～100mm。虹膜褐色或暗褐色。嘴较细长,先端具缺刻;上嘴暗褐色,下嘴基部黄褐色。跗跖褐色或暗肉色。脚褐色,爪黑褐色。

雌雄鸟羽色相似。眉纹棕白色,眼先灰褐色。颊灰白色沾褐色,耳羽橄榄褐色。额、头顶及上体橄榄褐色,具不明显的暗褐色纵纹。翼上覆羽暗褐色,具有两道白色翼斑。飞羽灰褐色,内侧飞羽(三级飞羽)极长,羽缘灰白色。繁殖期,喉、胸部沾葡萄红色,胸和两胁微具细的暗色纵纹或斑点;冬季,下体暗皮黄色,胸部及两胁的暗褐色纵纹明显。尾细长,尾羽暗褐色,最外侧的 1 对尾羽外翈白色。外侧尾羽具大型白斑,尾下覆羽灰白色。

习性　繁殖期主要栖息于高山草原、阔叶林、混交林和针叶林等处,亦在高山矮林和疏林灌丛栖息;迁徙期间和冬季,则多栖于低山丘陵和山脚平原草地。单独或成对活动,迁徙期间亦集成较大的群。性机警,受惊后立刻飞到附近树上。站立时,尾常上下摆动。性活跃,不停地在地上或灌丛中觅食。食物主要有鞘翅目、鳞翅目、膜翅目等昆虫,兼食一些植物种子。

通常营巢于林缘及林间空地、河边或湖畔草地上,也在沼泽或水域附近草地和农田地边营巢。营巢由雌雄亲鸟共同承担。孵卵主要由雌鸟承担,雏鸟晚成性,雌雄亲鸟共同育雏。

分布　天目山冬候鸟,分布于森林、灌丛地带。国内遍及全国各地,东北、华北、西北及西南为留鸟或旅鸟,越冬于长江以南地区。国外分布于欧亚大陆和美洲,非洲和大洋洲有零星分布。

山椒鸟科 Campephagidae

体型大小不一。嘴短而粗壮,基部宽阔。上嘴先端微向下弯呈钩状,微具缺刻。鼻孔常为羽须覆盖。体羽多松软,但多数种类腰羽羽干刚硬如芒刺。翼尖长,初级飞羽 10 枚,第 1 枚与第 2 枚长度相差较大。尾羽 12 枚,长度适中而阔,呈凸状或叉状。腿细弱,跗跖前缘具盾状鳞。

大多数种类树栖性,常结群生活。鸣声尖锐而嘹亮。食物以昆虫为主,兼食植物果实等。

本科现存有 5 属 84 种,分布于非洲、亚洲和大洋洲的热带和亚热带地区。中国有 3 属 10种。天目山有 2 属 4 种。

天目山山椒鸟科分属检索

尾羽具白色端斑,圆形,外侧尾羽超过尾长的 3/4 ·············· 鹃鵙属 *Coracina*

尾羽不具白色端斑,凸形,外侧尾羽不及尾长的 1/2 ·············· 山椒鸟属 *Pericrocotus*

鹃鵙属 *Coracina* Vieillot,1816

体型较纤细。喙短宽,先端下弯,微具缺刻。翼中等,较伯劳稍尖长。尾细长。腿较短弱,适于树栖。体羽松软,腰羽羽干坚硬。

本属现存有 49 种,分布于亚洲。中国有 2 种。天目山有 1 种。

4.80 暗灰鹃鵙 *Coracina melaschistos* Hodgson,1836(图版Ⅳ-80)

别名 黑翅山椒鸟、平尾龙眼燕

形态 体中型,体重 30～50g,体长 200～250mm,翼长 110～130mm。虹膜红褐色。嘴黑色。跗跖黑褐色。脚铅蓝色。

雄鸟:眼先和贯眼纹黑色。颊、耳羽及颈侧青灰色。额、头顶至背部灰褐色。翼上覆羽灰褐色;飞羽亮黑色,具金属光泽。颏、喉和胸青灰色,腹部较浅。尾羽黑色,尾下覆羽白色,外侧三枚尾羽的羽尖白色。

雌鸟:似雄鸟,但色浅。白色眼圈不完整,耳羽及下体具白色横斑。翼下通常具一小块白斑。尾下覆羽污白色,具黑色波纹。

习性 主要生活于平原、山区,栖息于落叶混交林、阔叶林缘、热带雨林、针竹混交林以及山坡灌木丛及竹林。冬季从山区森林下移越冬。单独或成对活动。杂食性,主食昆虫,包括鞘翅目、直翅目、半翅目等昆虫,也吃蜘蛛、蜗牛和少量植物种子。

营巢在高大乔木树冠部分的水平枝上,孵卵由雌雄亲鸟轮流进行。雏鸟晚成性,孵出后由雌雄亲鸟共同育雏。

分布 天目山夏候鸟,分布于森林地带。国内分布北至河北、河南、山西、陕西,西至四川,南至广东、广西、海南等地。国外分布于东亚、南亚和东南亚。

山椒鸟属 *Pericrocotus* Boie,1836

嘴形狭而侧扁。翼形稍长而尖,飞羽 10 枚。尾呈深凸状,甚长,最外侧尾羽不及尾长的一半。尾羽 12 枚。多数雄鸟体羽为黑色和红色,雌鸟呈黑色、橙黄色或灰色。

本属现存有 13 种,主要分布于东半球温暖地带。中国有 7 种。天目山有 3 种。

天目山山椒鸟属分种检索

1. 外侧尾羽白色,腹部灰白色 ······················· 2

   外侧尾羽非白色,腹部黄色或红色 ·············· 灰喉山椒鸟 *P. solaris*

2. 背和腰同为灰色 ·· 灰山椒鸟 *P. divaricatus*

   腰羽较背色淡,而呈灰黄褐色 ·············· 小灰山椒鸟 *P. cantonensis*

4.81 灰山椒鸟 *Pericrocotus divaricatus* Raffles,1822(图版Ⅳ-81)

别名 灰十字、宾灰燕

形态 体中型,体重 20～30g,体长 180～210mm,翼长 90～100mm。虹膜暗褐色。嘴黑色,上嘴具缺刻,端部下曲。跗跖、脚和爪黑色。

雄鸟：额和头顶前部白色。眼先黑色，颊、耳羽及颈侧灰色。头顶、枕至背部黑色。翼上覆羽黑褐色，外缘灰白色。飞羽黑褐色，中部具一大的白色横斑。腰和尾上覆羽青灰色。下体自颏、喉至腋羽黑色，具白色端斑。胸侧和两胁略呈灰白色，翼下覆羽白色杂以黑斑。中央两对尾羽黑褐色，其余尾羽基部黑色，先端白色。

雌鸟：前额灰白色。鼻羽、嘴基及眼先黑褐色。自头顶至背、肩及内侧翼上覆羽均为灰色。两翼及尾部黑褐色，亦较雄鸟淡而沾灰色。余部与雄鸟相似。

习性　繁殖季节，主要栖息于茂密的原始落叶阔叶林和针阔叶混交林中；非繁殖期，栖息于林缘次生林、河岸林，甚至庭院和村落附近的疏林和高大树上。常成群在树冠层上空飞翔，边飞边叫，鸣声清脆。迁徙期间有时集成数十只的大群。主要以鞘翅目、鳞翅目、同翅目等昆虫为食。

通常营巢于落叶阔叶林和红松阔叶混交林中，巢多置于高大树木侧枝上。孵卵由雌雄亲鸟轮流进行。雏鸟晚成性，孵出后由雌雄亲鸟共同育雏。

分布　天目山旅鸟，分布于森林地带。国内繁殖于内蒙古东北、黑龙江、吉林；迁徙经华北、西南、华东及华南等，一直到台湾、海南。国外主要分布于东亚和东南亚，在欧洲和北美有零星分布。

4.82　小灰山椒鸟 *Pericrocotus cantonensis* Swinhoe，1861（图版Ⅳ-82）

别名　小十字

形态　体中小型，体重 20～28g，体长 180～200mm，翼长 90～100mm。虹膜暗褐色。嘴略平扁，黑色。跗跖黑色，前缘具盾状鳞，后缘光滑。脚和爪黑色。

雄鸟：眼周灰黑色。眉纹短，白色。耳羽浅灰黑色。额和头顶前部白色。头顶至枕灰黑色，背灰黑色渐浅，腰灰色沾棕黄色。翼上覆羽黑色。飞羽黑褐色，内侧初级飞羽和外侧次级飞羽内翈具宽阔的白斑。下体自颏至尾下覆羽，包括颈侧及耳羽前部均为白色；胸部具有界限不明显的灰褐色胸带。胸侧和两胁略呈灰白色；翼下覆羽白色，杂以黑斑；腋羽黑色，具白色端斑。中央两对尾羽黑褐色，其余尾羽基部黑色，先端白色。

雌鸟：前额灰白色。鼻、嘴基及眼先黑褐色。自头顶至背、肩，包括内侧翼上覆羽均灰色。两翼及尾部黑褐色，较雄鸟淡而沾灰色。余部与雄鸟相似。

习性　主要栖息于茂密的原始落叶阔叶林和针阔叶混交林中，非繁殖期也出现在林缘次生林、河岸林，甚至庭院和村落附近的疏林和高大树上。常成群在树冠层上空飞翔，边飞边叫，鸣声清脆。飞翔时呈波浪形前进。主要以鞘翅目、鳞翅目、同翅目等昆虫为食。

通常营巢于落叶阔叶林和针阔叶混交林中，巢多置于高大树木侧枝上。孵卵由雌雄亲鸟轮流进行。雏鸟晚成性，孵出后由雌雄亲鸟共同育雏。

分布　天目山夏候鸟，分布于森林地带。国内繁殖于内蒙古东北部、黑龙江和吉林；迁徙期间见于辽宁、内蒙古东部、河北、山东、河南、湖南、江苏，一直往南到东南沿海，往西则经西南部省区。国外分布于俄罗斯、远东、东亚、中南半岛、东南亚等地。

4.83　灰喉山椒鸟 *Pericrocotus solaris* Blyth，1846（图版Ⅳ-83）

别名　十字鸟

形态　体小型，体重 12～21g，体长 160～200mm，翼长 70～90mm。虹膜褐色。嘴黑色，上嘴先端具缺刻。跗跖前缘具盾状鳞，跗跖和脚黑色。

雄鸟：眼先黑色；颊、耳羽、头侧以及颈侧暗灰色。额、头顶至上背、肩黑色，具蓝色光泽。下背、腰和尾上覆羽赤红色。翼上覆羽黑褐色，具赤红色羽端。飞羽黑褐色，除第 1～3 枚初级飞羽外,其余飞羽近基部赤红色,内翈亦为赤红色而稍淡,形成赤红色翼斑。喉灰白色,沾黄色。下体余部鲜红色,尾下覆羽橙红色。尾黑色,中央尾羽仅外翈端缘赤红色;次一对尾羽大多黑色,仅先端和外翈大部分为橙红色,其余尾羽由内向两侧红色范围逐渐扩大,黑色范围逐渐缩小。

雌鸟:眼先灰黑色,颊、耳羽、头侧和颈侧灰色或浅灰色。额至上背深灰色。下背橄榄绿色。腰和尾上覆羽橄榄黄色。两翼和尾与雄鸟同色,但红色被黄色取代。颏、喉浅灰色或灰白色。胸、腹和两胁鲜黄色。

习性　主要栖息于低山丘陵地带的杂木林和山地森林中,尤以低山阔叶林、针阔叶混交林较常见,也出没于针叶林。常成小群活动,性活泼,飞行姿势优美,常边飞边叫,叫声尖细,声音单调。以昆虫为食,偶尔吃少量植物果实与种子。所吃昆虫主要为鳞翅目、鞘翅目、双翅目等昆虫。

通常营巢于常绿阔叶林、栎林。巢多置于树木侧枝上或枝杈间。孵卵由雌雄亲鸟轮流进行。雏鸟晚成性,孵出后由雌雄亲鸟共同育雏。

分布　天目山留鸟,分布于森林地带。国内分布于云南、贵州、湖南、江西、广西、广东、福建、海南岛和台湾。国外分布于孟加拉国、不丹、柬埔寨、印度、印尼、老挝、马来西亚、缅甸、尼泊尔、泰国、越南。

鹎科 Pycnonotidae

体型适中。嘴形多样,常具嘴须。体羽常柔软如绒。枕部发状纤羽或长或短。翼尖长,初级飞羽 10 枚,第 1 枚初级飞羽长于第 2 枚之半。尾羽 12 枚,呈方尾状或圆尾状。跗跖较短,被盾状鳞。繁殖期间营巢于树上,巢呈杯状。

栖息于森林或林缘,有的活动于疏林和灌丛。喜结群活动,多在树冠觅食,主要取食野生植物的果实、种子,兼食昆虫等。

本科现存有 27 属 150 余种,分布于非洲和亚洲。中国有 7 属 22 种。天目山有 4 属 6 种。

天目山鹎科分属检索

1. 嘴形短厚,鼻孔几全被羽掩盖 ･･････････････････････ 雀嘴鹎属 *Spizixos*
   嘴形适中,鼻孔裸出 ･･ 2
2. 冠羽显著,跗跖短于嘴长 ･･･････････････････････････････････････ 3
   冠羽不显著或无,跗跖长于嘴长 ･･･････････････････ 鹎属 *Pycnonotus*
3. 冠羽明显,嘴黑色 ･･････････････････････ 灰短脚鹎属 *Hemixos*
   无冠羽者嘴黑色,有冠羽者嘴橙黄色 ･･･････････ 短脚鹎属 *Hypsipetes*

雀嘴鹎属 *Spizixos* Blyth, 1845

嘴粗短,上嘴略向下弯曲。上体暗橄榄绿色,下体橄榄黄色。尾羽黄绿色,具宽的黑色端斑。

本属现存有 2 种,分布于印度、孟加拉国、缅甸、老挝、越南及中国。中国有 2 种。天目山有 1 种。

4.84 领雀嘴鹎 *Spizixos semitorques* Swinhoe，1861（图版IV-84）

别名 绿鹦嘴鹎、黄爪雀、青冠雀、羊头公

形态 体中型，体重35～50g，体长170～220mm，翼长80～100mm。虹膜红褐色或灰褐色。嘴粗短，上嘴略向下弯曲，灰黄色。跗跖、趾和爪淡褐色或黑褐色。

雌雄鸟羽色相似。近鼻孔处至下嘴基部两侧各有一小束白羽。颊和耳羽黑色，具白色细纹。额、头顶、枕和后颈黑色。背、肩、腰和尾上覆羽橄榄绿色，尾上覆羽稍浅淡。翼上长覆羽与背相似，呈绿褐色或暗橄榄黄色。飞羽暗褐色，外翈橄榄黄绿色。颏、喉黑色；下喉部具白色环纹，延伸至颈的两侧。胸和两胁橄榄绿色；腹和尾下覆羽鲜黄色。尾橄榄黄色，具宽阔的暗褐色至黑褐色端斑。

习性 主要栖息于低山丘陵和山脚平原地区，喜爱溪边沟谷灌丛、稀树草坡、林缘疏林、常绿阔叶林、次生林等生境。常成群活动，有时单独或成对活动，鸣声婉转悦耳。食性较杂，食物主要以植物性食物为主，尤以野果占优势；动物性食物主要为鞘翅目昆虫。

繁殖期5—7月，通常营巢于溪边或路边小树侧枝枝梢处，也见于灌丛中。

分布 天目山留鸟，分布于森林、草地等处。国内主要分布于长江流域及以南地区，北至甘肃东南部、河南和陕西南部，西至四川、云南、贵州，东至沿海省区。国外见于越南北部。

鹎属 *Pycnonotus* Boie，1826

嘴形狭尖，上嘴微下弯，近黑色。跗跖长于嘴长。脚和趾黑色。

本属现存有49种，主要分布于亚洲，个别种引入澳大利亚。中国有12种。天目山有2种。

天目山鹎属分种检索

枕白色，尾下覆羽白色 ·············· 白头鹎 *P. sinensis*

枕黑色，尾下覆羽黄色 ·············· 黄臀鹎 *P. xanthorrhous*

4.85 白头鹎 *Pycnonotus sinensis* Gmelin，1789（图版IV-85）

别名 白头翁、白头公

形态 体中型，体重25～45g，体长160～220mm，翼长80～95mm。虹膜褐色。嘴黑色，嘴峰稍曲，端部下弯，近端具缺刻。跗跖和趾爪黑色。

成鸟：雌雄鸟羽色相似。额至头顶纯黑色，富有光泽。两眼上方至后枕白色，形成一白色枕环。耳羽后部有一白斑；后颈黑色。上体橄榄褐色，具黄绿色羽缘，使上体形成不明显的暗色纵纹。翼上覆羽和飞羽黑褐色，外翈橄榄绿色。颏、喉部白色。胸灰褐色，形成不明显的宽阔胸带。腹和尾下覆羽白色或灰白色，具黄绿色羽缘。尾褐色，外翈黄绿色，内翈褐色。

幼鸟：头灰褐色；背橄榄色。胸部浅灰褐色；腹部及尾下覆羽灰白色。翼及尾灰褐色，外翈缀有不明显的黄绿色羽缘。

习性 主要栖息于低山丘陵和平原地区的灌丛、草地、疏林、次生林和竹林，也见于阔叶林、混交林和针叶林及其林缘地带。常以3～5只（多至10多只）的小群活动，冬季有时亦集成20～30只的大群。性活泼，常在树枝间跳跃，或飞翔于相邻树木间，一般不做长距离飞行。善鸣叫，鸣声婉转多变。杂食性，既食动物性食物，也吃植物果实与种子。动物性食物主要有鞘翅目、鳞翅目、直翅目等昆虫和幼虫，也吃蜘蛛、壁虱等无脊椎动物。

繁殖期营巢于灌木或阔叶树、竹林和针叶树上。雌雄亲鸟共同孵卵。幼鸟早成性，需经亲鸟育雏。

分布　天目山留鸟,主要分布于森林、灌丛等处。国内分布于长江流域及其以南广大地区,北至陕西南部和河南一带,偶尔见于河北和山东,西至四川、贵州和云南东北部,东至江苏、浙江、福建沿海,南至广西、广东、香港、海南岛和台湾。国外分布于东亚、东南亚北部地区。

4.86　黄臀鹎 *Pycnonotus xanthorrhous* Anderson, 1869(图版Ⅳ-86)

别名　黑头翁

形态　体中型,体重 25～45g,体长 170～220mm,翼长 80～100mm。虹膜棕褐色或黑褐色。嘴黑色,嘴峰稍曲,端部下弯,近端具缺刻。跗跖和趾爪黑褐色。

雌雄鸟体色相似。额、头顶、枕、眼先、眼周均为黑色,额和头顶微具光泽。耳羽灰褐色或棕褐色。背、肩、腰至尾上覆羽土褐色或褐色。翼上覆羽和飞羽暗褐色,外翈羽缘红褐色。颏、喉白色,喉侧具不明显的黑色髭纹。上胸灰褐色,形成一条宽的灰褐色或褐色环带;两胁灰褐色。下体余部污白色或乳白色;尾下覆羽深黄色或金黄色。尾羽暗褐色,具不明显的明暗相间的横斑;外侧尾羽具窄的白色端缘。

习性　主要栖息于中低山丘陵和山脚平地的次生阔叶林、混交林和林缘地区,尤其喜欢沟谷林、林缘疏林灌丛、稀树草坡等开阔地区。除繁殖期成对活动外,其他季节均成群活动,通常 3～5 只一群,亦见有 10 多只甚至 20 只的大群。晚上成群、成排地栖息在树枝或竹枝上过夜。常作季节性垂直迁移。善鸣叫,鸣声清脆洪亮。主要以植物果实与种子为食,也吃昆虫等动物性食物,但幼鸟几全以昆虫为食;动物性食物主要有鞘翅目、鳞翅目、膜翅目等昆虫及其幼虫。

通常营巢于灌木或竹丛间,也在林下小树上营巢。雌雄亲鸟共同孵卵。幼鸟经大约 2 周的喂食,就可以出巢。

分布　天目山留鸟,分布于森林、灌丛地带。国内分布于长江流域及以南地区,东至东南沿海省区,北到甘肃东南部、陕西南部和河南南部,西达西藏东南部。国外分布于缅甸、老挝、越南及印度次大陆。

短脚鹎属 *Hypsipetes* Vigors, 1831

嘴形狭尖,上嘴微下弯。跗跖短于嘴长。嘴橙色或黄色而冠羽明显,或嘴黑色而无冠羽。本属现存有 15 种,分布于南亚、东南亚及中国。中国有 2 种。天目山有 2 种。

天目山短脚鹎属分种检索

尾呈叉状,嘴鲜红色 ┄┄┄┄┄┄┄┄┄┄┄┄┄┄┄┄┄┄ 黑短脚鹎 *H. leucocephalus*

尾呈方形或圆形,嘴呈其他色 ┄┄┄┄┄┄┄┄┄┄┄┄┄┄ 绿翅短脚鹎 *H. mcclellandii*

4.87　黑短脚鹎 *Hypsipetes leucocephalus* Gmelin, 1789(图版Ⅳ-87)

别名　白头黑鹎、白头公、山白头、黑鹎

形态　体中到大型,体重 40～70g,体长 210～280mm,翼长 110～130mm。虹膜黑褐色。嘴纤细而尖长,鲜红色。跗跖和脚橘红色,爪黄色。

雌雄鸟羽色相似。羽色变化较大,基本上可以分为两种类型。

白头型:前额、头顶、头侧、颈、颏、喉等整个头颈部均为白色(东南亚种)或白色一直到胸(四川亚种)。上体余部从背至尾上覆羽黑色,具蓝绿色光泽。翼上覆羽与背同色;飞羽和尾羽黑褐色。下体自胸腹往后黑褐色或黑色,尾下覆羽暗褐色,具灰白色羽缘。

黑头型:通体全黑色或黑褐色。上体羽缘亦具蓝绿色光泽。有的背部和下体羽色较灰。

习性　冬季主要栖息在低山丘陵和山脚平原地带的树林中,夏季可上到中高山地带。通常生活在次生林、阔叶林、常绿阔叶林和针阔叶混交林及其林缘地带,冬季有时也出现在疏林荒坡、路边或地头树上,垂直迁徙现象极明显。常单独或成小群活动,有时亦集成大群,特别是冬季。性活泼,常在树冠上来回不停地飞翔,有时也在树枝间跳来跳去,或站于枝头。善鸣叫,鸣声粗厉,单调而多变,显得较为嘈杂。杂食性,主要以鞘翅目、膜翅目、直翅目等昆虫为食,也吃果实、种子等植物性食物。

营巢于山地森林中树上,巢多置于乔木水平枝上。

分布　天目山留鸟,分布于森林地带。国内分布于长江流域及以南各省,北至陕西南部、湖北、湖南、安徽,东至江苏、浙江、福建、台湾等东南沿海各省,南至广西、广东、海南岛,西至四川、贵州、云南和西藏东南部。国外分布于非洲东部、南亚、东南亚等地。

4.88　绿翅短脚鹎 *Hypsipetes mcclellandii* **Horsfield,1840**(图版Ⅳ-88)

别名　条纹短脚鹎、绿山画眉鸟

形态　体中型,体重 25~50g,体长 190~260mm,翼长 90~120mm。虹膜暗红或紫红色。嘴黑色,嘴峰尖端稍曲,近端具缺刻。跗跖、趾和爪肉色至黑褐色。

雄鸟:眼周灰白色,耳羽、颊锈色或红褐色,颈侧较耳羽稍深。额、头顶至枕栗褐色,先端具明显的白色羽干纹;头顶具较低的冠羽。颈浅栗褐色。背、肩、腰及尾上覆羽棕褐色。翼上覆羽橄榄绿色。飞羽暗褐色,外翈橄榄绿色,内翈基部灰白色。颏、喉灰白色。胸浅棕或灰棕色,具白色纵纹。下体余部棕白色或淡棕黄色。翼下覆羽棕白色;两胁淡灰棕色。尾橄榄绿色,尾下覆羽淡黄色,翼缘淡黄色。

雌鸟:与雄鸟羽色基本一致,但体背羽色较淡。

习性　栖息于山地阔叶林、针阔叶混交林、次生林、林缘疏林、竹林、稀树灌丛和灌丛草地等各类生境中。常以 3~5 只或 10 多只的小群活动。多在乔木冠层或林下灌木上跳跃、飞翔,并同时发出喧闹的叫声,鸣声清脆多变而婉转。主要以野生植物果实与种子为食,也吃部分昆虫,食性较杂;动物性食物主要有鞘翅目、同翅目、双翅目等昆虫。

营巢于乔木侧枝上或林下灌木和小树上。雌雄亲鸟共同孵卵。幼鸟早成性,需经亲鸟育雏。

分布　天目山留鸟,分布于森林、草地等处。国内分布于西藏东南部、云南、贵州、四川和长江流域及以南广大地区。国外分布于东喜马拉雅山区至印度东北部、缅甸、越南、老挝、泰国、马来半岛等地。

灰短脚鹎属 *Hemixos* Blyth,1845

嘴形直而尖,近黑色。跗跖短于嘴长。脚和趾黑色。全身以灰色为主。具黑色冠羽,喉部白色。

本属现存有 3 种,分布于南亚、东南亚及中国。中国有 2 种。天目山有 1 种。

4.89　栗背短脚鹎 *Hemixos castanonotus* **Swinheo,1870**(图版Ⅳ-89)

别名　栗短脚鹎、栗背山画眉鸟、栗鹎

形态　体中型,体重 30~50g,体长 190~260mm,翼长 90~110mm。虹膜褐色或红褐色。嘴黑褐色,嘴峰稍曲,近端具缺刻。跗跖、趾和爪黑褐色。

雄鸟:额至头顶前部、眼先、颊栗色。头顶具短的羽冠;头顶、枕逐渐为黑栗色。耳羽至颈侧棕色或棕栗色。上体栗色。翼上覆羽和飞羽暗褐色,内翈灰褐色,外翈黄褐色,缀以灰白色

羽缘。颏、喉白色。胸和两胁沾灰色,腹中央和尾下覆羽白色。尾羽暗褐色沾棕色,外侧尾羽具灰白色羽缘。

雌鸟:与雄鸟羽色相似,但体羽显苍淡。

习性 主要栖息于低山丘陵地区的次生阔叶林、林缘灌丛、稀树草坡灌丛及地边丛林等生境中。常成对或成小群活动在乔木冠层,也到林下灌木和小树上活动和觅食。杂食性,主要以植物性食物为食,也吃昆虫等动物性食物;动物性食物主要有鞘翅目、双翅目、鳞翅目等昆虫。

营巢于小树或林下灌木枝丫上。雌雄亲鸟共同孵卵。幼鸟早成性,需经亲鸟育雏。

分布 天目山留鸟,主要分布于森林地带。国内分布于贵州、湖南、浙江、江西、福建、广西、广东、香港和海南岛等地。国外分布于越南东北部。

叶鹎科 Chloropseidae

体型小或中等。嘴形细长而下曲,上嘴先端具缺刻。鼻孔圆形,大多裸露。枕部具丝状纤羽。翼圆形,初级飞羽 10 枚,第 1 枚飞羽长为第 2 枚之半。尾羽 12 枚,多为方形或圆形尾。跗跖粗短,前缘被靴状鳞或盾状鳞。体羽鲜艳,雌雄异色。

树栖为主,不迁徙。以果实、种子和昆虫为食。

本科现存有 1 属 11 种,分布于亚洲热带地区及中国。中国有 1 属 3 种。天目山有 1 属 1 种。

叶鹎属 *Hemixos* Jardine & Selby,1827

因叶鹎科为单型科,仅有 1 属,所以属的特征与科一致。

4.90 橙腹叶鹎 *Chloropsis hardwickii* Jardine & Selby, 1830(图版Ⅳ-90)

别名 五彩雀

形态 体中型,体重 20~40g,体长 160~200mm,翼长 80~100mm。虹膜红棕色。嘴黑色。跗跖、足和趾铅灰色至黑色。

雄鸟:额基、眼先、颊、耳羽及下方均为蓝黑色。眉区和眼后微沾黄色。额、头顶至后颈黄绿色。上体余部草绿色。翼上小覆羽亮蓝色;其余翼上覆羽和初级飞羽暗蓝色或紫黑色,外翈深蓝色且具金属光泽。颏、喉和上胸紫蓝色。下体余部橙黄色,两胁绿色。尾羽暗褐色至黑色,大多沾暗蓝色。

雌鸟:和雄鸟大致相似。额和头顶不沾黄色,上体全为草绿色。两翼表面、尾上覆羽均为草绿色。喉中部至上胸和腹部两侧均为浅绿色,橙色仅限于腹部中央和尾下覆羽。

习性 主要栖息于低山丘陵和山脚平原地带的森林中,尤以次生阔叶林、常绿阔叶林和针阔叶混交林中较常见。常成对或成 3~5 只的小群,多在乔木冠层间活动,偶尔也到林下灌木和地上活动和觅食。性活泼,常不停地在枝叶间跳上跳下,或在林木间飞来飞去,并不断发出悦耳的叫声。主要以昆虫为食,也吃部分植物果实和种子。

繁殖期 5—7 月,营巢于森林中树上。

分布 天目山留鸟,分布于森林地带。国内主要分布于西藏、云南、湖南、江西、浙江、广西、广东、福建、香港和海南岛等省区。国外仅分布于南亚、越南、老挝、缅甸、泰国等地。

伯劳科 Laniidae

嘴形大而强,上嘴先端具钩和缺刻,略似鹰嘴。鼻孔多被垂羽掩盖。翼短圆形,初级飞羽10枚,第1枚初级飞羽长仅为第2枚之半。尾羽12枚,尾长呈凸形。跗跖强健,被盾状鳞。

栖息于丘陵、平原开阔的林缘区域。常停栖于树冠的顶部,窥视地面及空中的飞虫。性较凶猛,捕食大型昆虫、鸟类、小型啮齿动物和爬行动物。

本科现存有4属33种,分布于除大洋洲和中南美洲以外的所有大陆。中国有1属12种。天目山有1属4种。

伯劳属 *Lanius* Linnaeus,1758

体中等。嘴强壮,上嘴先端具缺刻和钩。鼻孔部分被羽毛掩盖。翼大多短圆,初级飞羽10枚。尾通常呈凸尾状,尾羽12枚。跗跖强健有力,具盾状鳞。雌雄鸟羽色相似。

本属现存有29种,分布于非洲、欧洲、亚洲及美洲。中国有12种。天目山有4种。

天目山伯劳属分种检索

1. 尾上覆羽与中央尾羽异色 ⋯⋯⋯⋯⋯⋯ 2
   尾上覆羽与中央尾羽同色 ⋯⋯⋯⋯⋯⋯ 3
2. 尾上覆羽棕色,体长超过210mm ⋯⋯ 棕背伯劳 *L. schach*
   尾上覆羽灰褐色,体长不及200mm ⋯⋯ 牛头伯劳 *L. bucephalus*
3. 背栗色,具黑色横纹 ⋯⋯ 虎纹伯劳 *L. tigrinus*
   背淡棕色,无黑色横纹 ⋯⋯ 红尾伯劳 *L. cristatus*

4.91　棕背伯劳 *Lanius schach* Linnaeus,1758(图版 IV-91)

别名　大红背伯劳、海南鸠、桂来姆

形态　体型较大,体重45~110g,体长220~280mm,翼长90~110mm。虹膜暗褐色。嘴强健,先端具钩,黑色,下嘴基部白色。跗跖和趾黑色。

雄鸟:眼先、眼周和耳羽黑色,形成一条宽阔的黑色贯眼纹。前额黑色。头顶至上背灰色(但西南亚种黑色)。下背、肩逐渐变为栗棕色,直至腰、尾上覆羽红棕色。翼上覆羽黑色,大覆羽具窄的棕色羽缘。飞羽黑色,外翈羽缘棕色;初级飞羽基部白色,形成白色翼斑。颏、喉和腹中部白色;下体余部淡棕色或棕白色。两胁和尾下覆羽棕红色或浅棕色。尾羽黑色,外侧尾羽外翈具棕色羽缘和端斑。

雌鸟:前额具较窄的黑褐色区域。头顶至背部灰褐色。中央尾羽和贯眼纹沾黑褐色。其余羽色同雄鸟。

习性　主要栖息于低山丘陵和山脚平原地区,夏季可上到中山次生阔叶林和混交林的林缘地带。有时也到园林、农田、村宅河流附近活动。除繁殖期成对活动外,多单独活动。性凶猛,领域性甚强,特别是繁殖期间,常常为保卫自己的领域而驱赶入侵者。是一种肉食性鸟类,主要以昆虫等动物性食物为食。所吃食物主要有鞘翅目、半翅目、直翅目等昆虫,也捕食小鸟、青蛙、蜥蜴和鼠类,偶尔也吃少量植物种子。

营巢于树上或高的灌木上。雌雄鸟共同参与营巢活动。雏鸟晚成性,雌雄双亲共同育雏,并竭力保护它们的觅食领域。

分布　天目山留鸟,分布于林缘、草地等处。国内分布于长江流域及以南的广大地区,北

达甘肃兰州和陕西汉中,西抵四川、贵州、云南和西藏东南部,东至东南沿海,南到广西、广东、香港、福建、台湾和海南岛。国外分布于北美、中亚、东亚、南亚和东南亚,北非有零星分布。

4.92　牛头伯劳 *Lanius bucephalus* Temminck & Schlegel, 1845(图版Ⅳ-92)

别名　红头伯劳

形态　体中型,体重 30～50g,体长 180～220mm,翼长 80～100mm。虹膜褐色。嘴黑褐色,下嘴基部黄褐色。跗跖和趾黑色;爪钩状,黑色。

雄鸟:眼先、眼周及耳羽黑褐色。额、头顶至上背栗色。下背、肩羽、腰及尾上覆羽灰褐色。翼上覆羽暗褐色,具棕色羽缘。飞羽黑褐色,具淡棕色羽缘;从第 4 枚初级飞羽起,基部白色,构成鲜明的白色翼斑。颏、喉污白色。颈侧、胸及腹侧棕黄色,具细小而模糊不清的黑褐色鳞纹。腹中部至尾下覆羽污白色。中央尾羽及相邻数枚尾羽的外沿黑褐色,其余尾羽灰褐色,各羽均具淡灰褐色端缘;所有尾羽均有不明显的横斑。

雌鸟:眼上纹白色,窄而不显著;过眼纹黑褐色。上体羽色似雄鸟但更沾棕褐色。飞羽似雄性,但不具白色翼斑。额、喉白色。胸、胁及腹侧比雄鸟更染黄棕色,具细密的黑褐色鳞纹。

幼鸟:眼先至耳羽的过眼纹黑褐色,不具白眉纹。额、头顶至上背棕栗色,以后直至尾上覆羽的栗色稍淡;整个上体满布黑褐色横斑。翼上覆羽及飞羽黑褐色,内侧飞羽具淡棕色羽缘。下体污白色,自颏、喉至尾下覆羽有黑褐色鳞纹。尾羽黑褐色,具淡棕色端缘;尾下覆羽沾淡棕黄色。

习性　栖息于山地稀疏阔叶林或针阔叶混交林的林缘地带,迁徙时平原可见。多单独停栖于突出之枝头或木桩上,有将剩余食物串挂于枝头上之行为。以鞘翅目、鳞翅目和膜翅目等昆虫为主食。

繁殖期为 5—7 月,常建巢于疏林或灌丛,或有刺的树及落叶松、红松的枝杈间。由雌性亲鸟孵化。雏鸟晚成性,雌雄亲鸟共同育雏。

分布　天目山冬候鸟,分布于林缘地带。国内分布于甘肃并向东北扩展,越冬于长江流域及以南广大地区,在台湾为罕见迷鸟。国外分布于俄罗斯、朝鲜、日本。

4.93　虎纹伯劳 *Lanius tigrinus* Drapiez, 1828(图版Ⅳ-93)

别名　虎伯劳、花伯劳、三色虎伯劳、后嘴伯劳、虎鸡

形态　体中型,体重 23～30g,体长 150～190mm,翼长 80～120mm。虹膜褐色。嘴强健,先端具钩和缺刻,黑色,下嘴基部灰白色。跗跖和趾暗褐色;爪钩状,黑色。

雄鸟:自眼先向后,经头侧过眼到耳区,有宽阔的黑色过眼纹。头顶至上背青灰色。肩、背至尾上覆羽栗褐色,各羽具数条黑色鳞状斑。翼上覆羽栗棕色,具黑色波状细纹。飞羽暗褐色,外翈羽缘棕红色,愈内侧者棕红色羽缘越宽。下体几全为白色,仅胁部具暗灰色的稀疏鳞斑。覆腿羽白色沾淡棕色,具黑褐色横斑。尾羽棕褐色,各羽具有暗褐色的隐横纹;外侧尾羽具白色端斑。

雌鸟:眼先和眉纹暗灰白色。额基黑色斑较小。胸侧及两胁白色,杂有黑褐色横斑。余部与雄鸟相似,但羽色不及雄鸟鲜亮。

幼鸟:过眼纹褐色或不显著。头顶与背羽均为栗褐色,满布黑褐色横斑。下体的胸、胁部满布黑褐色鳞斑。

习性　主要栖息于低山丘陵和山脚平原地区的森林和林缘地带,尤以开阔的次生阔叶林、灌木林和林缘灌丛地带较常见。多单独或成对活动。性凶猛,不仅捕虫,还会袭击小鸟和鼠类。主要以昆虫为食,食物中绝大部分是害虫,也取食少量植物。

营巢于小树和灌丛上。孵卵由雌鸟担任。雌鸟在孵卵时,由雄鸟担任警戒,并常衔虫饲喂雌鸟。雌雄亲鸟共同育雏。

分布　天目山夏候鸟,分布于林缘灌丛、开阔森林等处。国内分布于东北南部、河北,南至长江流域及以南广大地区。国外分布于东亚、南亚及东南亚。

4.94　红尾伯劳 *Lanius cristatus* **Linnaeus,1758**(图版 IV-94)

别名　褐伯劳、土虎伯劳、花虎伯劳、小伯劳

形态　体中型,体重 23～44g,体长 170～210mm,翼长 80～100mm。虹膜暗褐色。嘴强健,先端具钩和缺刻,黑色,下嘴基部灰白色。跗跖和趾铅灰色;爪钩状,黑色。

雄鸟:眼先耳区黑色,连结成一粗著的黑色贯眼纹。自眼上方至耳羽上方有一窄的白眉纹。额和头顶前部淡灰色(但指名亚种额和头顶红棕色);头顶至后颈灰褐色。上背、肩暗灰褐色(指名亚种棕褐色);下背、腰棕褐色。翼上覆羽和飞羽黑褐色,外翈具棕白色羽缘和先端;尾上覆羽棕红色。颏、喉和颊白色,下体余部棕白色。两胁较多棕色,腋羽棕白色。尾羽棕褐色,具有隐约可见的暗褐色横斑。

雌鸟:和雄鸟相似,但羽色较苍淡。贯眼纹黑褐色;眉纹淡黄色。颏、喉污黄色,胸以下不及雄鸟鲜亮,但布满鳞纹。

幼鸟:上体棕褐色,各羽均缀黑褐色横斑和棕色羽缘。下体棕白色,胸和两胁杂有细的黑褐色波状横斑。

习性　主要栖息于低山丘陵和山脚平原地带的灌丛、疏林和林缘地带,尤其在有稀矮树木和灌丛生长的开阔旷野、河谷、湖畔、路旁和田边地头灌丛中较常见。单独或成对活动。性活泼,常在枝头跳跃或飞上飞下。主要以昆虫等动物性食物为食。食物主要有直翅目、鞘翅目、半翅目和鳞翅目等昆虫;偶尔也食少量草籽。

营巢由雌雄鸟共同承担,通常营巢于低山丘陵小块次生杨桦林、人工落叶松林、杂木林和林缘灌丛中。卵产齐后即开始孵卵,由雌鸟承担,雄鸟则警戒和觅食饲喂雏鸟。雌雄亲鸟共同育雏。

分布　天目山夏候鸟,分布于林缘、灌丛地带。国内繁殖于黑龙江,迁徙经中国东部的大多数地区。国外分布于美洲、欧洲、北非和亚洲,偶见于大洋洲。

黄鹂科 Oriolidae

体型中等。嘴粗厚与头等长,嘴峰稍向下曲,上嘴先端微具缺刻。鼻孔裸出,被薄膜遮盖。翼形尖长,初级飞羽 10 枚,第 1 枚飞羽长于第 2 枚之半。尾较短,尾羽 12 枚,稍呈凸状。跗跖较短,前缘被靴状鳞;爪长而曲。

栖息于平原或山区森林地带,喜活动于村落附近的高大乔木上。鸣声悦耳多变。主食昆虫、浆果等。

本科现存有 4 属 38 种,分布于印度、中国、斯里兰卡及马来半岛。中国有 1 属 6 种。天目山有 1 属 1 种。

黄鹂属 *Oriolus* Linnaeus,1766

体中等。嘴与头等长,较为粗壮,嘴峰略呈弧形、稍向下曲,嘴缘平滑,上嘴尖端微具缺刻。嘴须细短。鼻孔裸出,盖以薄膜。翼尖长,具 12 枚初级飞羽,第 1 枚长于第 2 枚之半。尾短圆,尾羽 10 枚。跗跖短而弱,适于树栖,前缘具盾状鳞,爪细而钩曲。雌雄鸟羽色相似,但雌羽较暗淡。幼鸟具纵纹。

本属现存有 29 种,分布于欧亚大陆、非洲、大洋洲的温带和热带地区。中国有 6 种。天目山有 1 种。

4.95 黑枕黄鹂 *Oriolus chinensis* Linnaeus, 1766(图版Ⅳ-95)

别名 黄鹂、黄莺

形态 体大型,体重 60～110g,体长 220～270mm,翼长 140～160mm。虹膜红褐色。雄鸟嘴粉红色,雌鸟和幼鸟嘴黄褐色。跗跖短弱,前缘具盾状鳞。足和趾铅蓝色。爪细而钩曲。

雄鸟:额基、眼先黑色,并穿过眼经耳羽向后枕延伸,两侧在后枕相连形成一条围绕头顶的黑色宽带。头和上下体羽大多金黄色。下背绿黄色;腰和尾上覆羽柠檬黄色。翼上覆羽黑色,外翈和羽端黄色,内翈大多黑色。飞羽黑色,除第一枚初级飞羽外,其余初级飞羽外翈均具黄白色羽缘;次级飞羽外翈具宽的黄色羽缘。尾黑色,除中央一对尾羽外,其余尾羽均具宽阔的黄色端斑,且愈向外侧尾羽黄色端斑愈大。

雌鸟:和雄鸟羽色大致相近,但色彩不及雄鸟鲜亮,羽色较暗淡,背面较绿,呈黄绿色。

幼鸟:与雌鸟相似,上体黄绿色,下体淡绿黄色。下胸、腹中央黄白色,整个下体均具黑色羽干纹。

习性 主要栖息于低山丘陵和山脚平原地带的天然次生阔叶林、混交林,也出入于农田、原野、村寨附近和城市公园的树上。常单独或成对活动,有时也呈 3～5 只的松散群。主要在高大乔木的树冠层活动,很少下到地面。繁殖期间喜欢隐藏在树冠层枝叶丛中鸣叫,鸣声清脆婉转,富有弹音。有时边飞边鸣,飞行呈波浪式。主要食物有鞘翅目、鳞翅目、直翅目等昆虫,也吃少量植物果实与种子。

通常营巢在阔叶林内高大乔木上,巢多置于阔叶树水平枝末端枝杈处,呈吊篮状。孵卵由雌鸟承担。雏鸟晚成性,雌雄亲鸟共同育雏。

分布 天目山夏候鸟,分布于森林地带。国内分布于黑龙江、吉林、辽宁、内蒙古东北部、河北、山东、山西、陕西、甘肃,一直往南到广东、广西、福建、香港、台湾和海南岛,往西到四川、贵州和云南,往东至江苏、浙江等东部沿海地区。国外主要分布于东亚、南亚及东南亚,美洲、非洲有零星分布。

卷尾科 Dicruridae

嘴强健,嘴峰稍弯曲,先端微具钩。鼻孔被垂羽掩盖。翼宽长而稍尖,初级飞羽 10 枚。尾羽 12 枚,呈叉状,中央尾羽较短,最外侧尾羽最长,末端向外卷曲。跗跖短而健,前缘被盾状鳞。爪曲而尖锐。

树栖性,性凶猛而好斗。主食昆虫类。繁殖期营巢于高大的树冠顶端。

本科现存有 2 属 26 种,分布于非洲至东南亚和大洋洲的热带、亚热带地区。中国有 1 属 7 种。天目山有 1 属 2 种。

卷尾属 *Dicrurus* Vieillot, 1816

因卷尾科为单型科,仅有 1 属,所以属的特征与科一致。

天目山卷尾属分种检索

额具发状羽冠,上体黑色 ······························· 发冠卷尾 *D. hottentottus*

额无发状羽冠,上体灰色 ······························· 灰卷尾 *D. leucophaeus*

4.96 发冠卷尾 *Dicrurus hottentottus* **Linnaeus, 1766**（图版Ⅳ-96）

别名 黑铁炼甲、山黎鸡、大鱼尾燕、卷尾燕

形态 体中大型,体重 70～110g,体长 270～350mm,翼长 150～190mm。虹膜暗红褐色。嘴强健,嘴峰稍曲,先端具钩,黑色。跗跖、趾和爪黑色。

雄鸟:眼先、眼后至耳羽绒黑色。前额顶基部中央具 10 多条丝的发状冠羽,基部约 1/3 处发羽具细小丝状分支,披向后颈并伸延到上背部。枕、后颈、肩、背至尾上覆羽纯黑色,稍沾金属光泽。颈侧部羽呈披针状,具蓝紫色金属光泽。翼上覆羽和飞羽纯黑色,具铜绿金属光泽。下体纯黑色,颏部羽绒毛状;喉部具紫蓝色金属光泽的滴状斑。尾羽纯黑色,具铜绿金属光泽。

雌鸟:体羽似雄鸟,但铜绿金属光泽不如雄鸟鲜艳。额顶基部的发状羽冠亦较雄鸟短小。

幼鸟:全身羽黑褐色或黑色,微带金属光泽。翼缘污灰白色;翼下覆羽及腋羽黑褐色,具白色端斑。翼和尾黑色,稍沾金属光泽;最外侧一对尾羽羽端稍外曲并上卷。下体黑色,喉、胸前端和颈侧有数枚披针形滴状斑羽,并略具铜绿金属光泽。

习性 栖息于低山丘陵和山脚沟谷地带,多在常绿阔叶林、次生林或人工松林中活动,有时也出现在林缘疏林、村落和农田附近的小块丛林树上。单独或成对活动,很少成群。主要在树冠层活动和觅食,鸣声单调,尖厉而多变。常见到成对相互追逐。主要以鞘翅目、直翅目、蜻蜓目、膜翅目等昆虫为食,偶尔也吃少量植物果实、种子、叶芽等植物性食物。

通常营巢于高大乔木顶端枝杈上,雌雄鸟共同参与营巢活动。孵卵由雌雄亲鸟轮流承担。雏鸟晚成性,雌雄双亲共同育雏。

分布 天目山夏候鸟,分布于森林地带。国内分布于河北、山西、陕西、河南、四川、长江流域及以南的广大地区,南到福建、广东等地。国外分布于中亚、东亚、南亚至澳大利亚,北美和南非有零星分布。

4.97 灰卷尾 *Dicrurus leucophaeus* **Vieillot, 1817**（图版Ⅳ-97）

别名 灰铁炼甲、铁灵甲、白颊乌秋、灰龙尾燕

形态 体中型,体重 40～60g,体长 240～310mm,翼长 130～150mm。虹膜橙红色。嘴黑色,上嘴略长于下嘴。跗跖、趾和爪黑色。

雄鸟:眼周、脸颊部及耳羽区白色略沾黄色,形成界限清晰的纯白块斑。鼻须及前额基部绒黑色。自头顶、背部、腰部至尾上覆羽法兰绒浅灰色。翼上覆羽浅灰色,飞羽灰褐色。颏部灰褐色;喉、胸部淡灰色。翼下覆羽及腋羽淡灰白色。腹部转为浅淡灰色;下腹至尾下覆羽近灰白色。尾羽淡灰色,具隐约不显的浅灰褐色横斑。

雌鸟:体形较雄鸟为小,羽色近似雄鸟,但稍显暗淡些。

幼鸟:体羽暗灰褐色。头侧脸颊部白块斑的界限不甚清晰。翼腕关节缘具灰白斑;翼下覆羽及腋羽亦具灰白斑。

习性 栖息于平原丘陵地带、村庄附近、河谷或山区。通常成对或单独停留在高大乔木树冠顶端,或山区岩石顶上。食物以昆虫为主,其中有鞘翅类、膜翅类、鳞翅类等的蛹及幼虫和成虫;偶尔也食植物果实与种子。

营巢于阔叶高大乔木树冠岔枝间。孵卵由雌雄亲鸟轮流承担。雏鸟晚成性,雌雄双亲共同育雏。

分布 天目山夏候鸟,分布于森林地带。国内分布于河北、甘肃、陕西、山西、四川、长江流域及以南的广大地区,南到海南。国外分布于东亚、南亚及东南亚,北美和南非有零星分布。

椋鸟科 Sturnidae

体型大小适中。嘴直而尖,嘴缘平滑,上嘴先端具缺刻。翼长适中,初级飞羽 10 枚,第 1 枚特短小。尾短,平尾状,尾羽 12 枚。跗跖前缘被盾状鳞;脚长而健。

大多地栖性,喜结群活动。主食果实和浆果,兼食昆虫。繁殖期营巢于树洞。

本科现存有 33 属 120 余种,主要分布在欧亚大陆中部和南部、非洲和东南亚。中国有 10 属 21 种。天目山有 2 属 3 种。

天目山椋鸟科分属检索

额羽长而竖立 ·· 八哥属 Acridotheres

额羽短而向后倾·· 椋鸟属 Sturnus

八哥属 Acridotheres Vieillot,1816

嘴黄色,较头部短,嘴基宽,嘴峰钩曲。额羽甚多,特别延长而竖立,与头顶尖长羽毛形成巾帻。头侧或完全披羽,或局部裸出。两翼长而尖,有白斑。尾羽短,呈方形。

本属现存有 10 种,主要分布于亚洲,个别种可达大洋洲、非洲南部,并被引种至北美。中国有 6 种。天目山有 1 种。

4.98　八哥 *Acridotheres cristatellus* Linnaeus,1758(图版Ⅳ-98)

别名　黑八哥、鸲鸹、寒皋、凤头八哥、了哥仔

形态　体中大型,体重 80～150g,体长 210～280mm,翼长 110～150mm。虹膜橙黄色。嘴乳黄色。跗跖和趾黄色。爪黑褐色。

雌雄鸟羽色相似。通体乌黑色,额羽延长成簇耸立于嘴基,形如冠状。头顶至后颈、头侧、颊和耳羽绒黑色,具蓝绿色金属光泽。上体余部缀有淡紫褐色,不如头部黑而辉亮。翼上覆羽先端和初级飞羽基部白色,形成宽阔的白色翼斑。下体暗灰黑色,肛周和尾下覆羽具白色端斑。尾羽绒黑色,除中央一对尾羽外,均具白色端斑。

习性　主要栖息于低山丘陵和山脚平原地带的次生阔叶林、竹林和林缘疏林中,也栖息于农田、果园和村寨附近的大树、屋脊。成群活动,有时集成大群。性活泼,善鸣叫,尤其在傍晚时甚为喧闹。食性杂,主要以直翅目、鞘翅目、鳞翅目、双翅目等昆虫及其幼虫为食,也吃谷粒、果实和种子等植物性食物。

营巢于树洞、建筑物洞穴中,雌雄鸟共同参与营巢活动。孵卵由雌雄亲鸟轮流承担。雏鸟晚成性,雌雄双亲共同育雏。

分布　天目山留鸟,分布于森林、果园地带。国内分布于四川、云南以东,河南和陕西以南的平原地区,东南至沿海及台湾、香港和海南岛一带。国外主要分布于东南亚。

椋鸟属 Sturnus Linnaeus,1758

体形中等。嘴形直而尖,微下曲,无嘴须。额羽短,向后倾。头侧通常完全被羽。翼长而尖。腿和脚粗壮。尾短而呈平尾状。

本属现存有 3 种,分布于非洲、欧洲、亚洲和美洲。中国有 3 种。天目山有 2 种。

天目山椋鸟属分种检索

头丝光白色,背淡灰色 ··· 丝光椋鸟 *S. sericeus*

头顶灰黑色,背褐色 ·· 灰椋鸟 *S. cineraceus*

4.99　丝光椋鸟 *Sturnus sericeus* Gmelin, 1788（图版Ⅳ-99）

别名　牛屎八哥、丝毛椋鸟

形态　体中型,体重 65~85g,体长 200~230mm,翼长 115~130mm。虹膜黑色。嘴朱红色,先端黑色。跗跖和趾橘黄色。爪黑褐色。

雄鸟:头和颈白色,微缀灰色,部分沾皮黄色。颈、肩和背灰色,颈基处较暗,往后逐渐变浅,到腰和尾上覆羽为淡灰色。翼上覆羽深灰色,具白色羽缘。飞羽黑色,初级飞羽基部有显著白斑。颏、喉和颈侧白色;上胸暗灰色,有的向颈侧延伸至后颈,形成一个不甚明显的暗灰色环带。下胸和两胁灰色,腹、腋羽和尾下覆羽白色。尾黑色,具蓝绿色金属光泽。

雌鸟:和雄鸟大致相似。头顶棕白色;头顶后部至后颈暗灰色。上体余部灰褐色,往后变淡。腰和尾上覆羽灰色。颏、喉灰白色;胸淡皮黄灰色。下体余部灰白色。

习性　主要栖息于低山丘陵和山脚平原地区的次生林、小块丛林和稀树草坡等开阔地带。除繁殖期成对活动外,常成 3~5 只的小群活动,偶尔亦见 10 多只的大群;在迁徙时可结成大群。常在地上觅食,有时亦见和其他鸟类一起在农田和草地上觅食。性较胆怯,见人即飞,鸣声清甜、响亮。食性主要以鞘翅目、半翅目、鳞翅目等昆虫为食,也吃桑葚、榕果等植物果实与种子。

营巢于阔叶树天然树洞或啄木鸟废弃的树洞中,也在水泥电线杆顶端空洞和人工巢箱中营巢。雌雄鸟共同筑巢,孵卵主要由雌鸟承担,有时雄鸟亦参与孵卵。雏鸟晚成性,雌雄亲鸟共同育雏。

分布　天目山留鸟,分布于稀疏森林和草地。国内分布北至陕西南部、河南南部和安徽南部,东至江苏镇江、上海等长江流域及其以南一直到海南岛等中国南部地区。国外主要分布于东亚、东南亚。

4.100　灰椋鸟 *Sturnus cineraceus* Temminck, 1835（图版Ⅳ-100）

别名　高粱头、假画眉、竹雀

形态　体中型,体重 65~105g,体长 180~240mm,翼长 120~140mm。虹膜褐色。嘴橙红色,先端黑色。跗跖和趾橙黄色。爪黑褐色。

雄鸟:眼先和眼周灰白色,颊和耳羽白色,均杂有黑色。额、头顶、后颈和颈侧黑色,额和头顶前部杂有白色。背、肩、腰和翼上覆羽灰褐色;尾上覆羽白色。飞羽黑褐色,外翈具狭窄的灰白色羽缘。颏白色;喉、前颈和上胸灰黑色,具不甚明显的灰白色矛状条纹。下胸、两胁和腹淡灰褐色。翼下覆羽白色;腋羽灰黑色,杂有白色羽端。腹中部和尾下覆羽白色。中央尾羽灰褐色,外侧尾羽黑褐色,内翈先端白色。

雌鸟:和雄鸟大致相似,但仅前额杂有白色,头顶至后颈黑褐色。颏、喉淡棕灰色;上胸黑褐色,具棕褐色羽干纹。

习性　主要栖息于低山丘陵和开阔平原地带的疏林草甸、河谷阔叶林,也栖息于农田、路边和居民点附近的小块丛林中。除繁殖期成对活动外,其他时候多成群活动。飞行迅速,鸣声低微而单调。主要以昆虫为食,也吃少量植物果实与种子;秋冬季则主要以植物果实和种子为主;所吃昆虫种类主要是鳞翅目、鞘翅目、直翅目、膜翅目等昆虫。

营巢于阔叶树天然树洞或啄木鸟废弃的树洞中,也在水泥电线杆顶端空洞和人工巢箱中营巢。雌雄鸟共同筑巢,孵卵主要由雌鸟承担,有时雄鸟亦参与孵卵。雏鸟晚成性,雌雄亲鸟共同育雏。

分布　天目山冬候鸟,分布于稀疏森林和草地。国内分布于黑龙江以南至辽宁、河北、内蒙古以及黄河流域一带(夏候鸟),迁徙及越冬时普遍见于河北、河南、山东南部,往南至长江流域、东南沿海以及台湾、香港和海南岛,往西至四川西部、贵州和云南。国外主要分布于东亚、东南亚。

鸦科 Corvidae

雀形目中体型最大的一科。嘴粗壮,嘴缘光滑,嘴的长度与头的长度几乎等长。鼻孔圆形,被须羽掩盖。初级飞羽10枚,第1枚长超过第2枚长度之半。尾羽12枚,平尾或凸尾状。脚粗壮,跗跖前缘被盾状鳞;趾三前一后,中趾基部与外趾并合。

广泛栖息于各类树林,适应性强。筑巢于树上、树洞或岩洞内。杂食性。

本科现存有26属127种,除南美洲和南极洲外,广布于世界各地。中国有12属29种。天目山有5属6种。

天目山鸦科分属检索

1. 体羽棕色,具蓝、白、黑色相间的翼斑 ⋯⋯⋯⋯⋯⋯⋯⋯⋯⋯⋯⋯⋯⋯ 松鸦属 *Garrulus*
   体羽无棕色,无前述翼斑 ⋯⋯⋯⋯⋯⋯⋯⋯⋯⋯⋯⋯⋯⋯⋯⋯⋯⋯⋯⋯ 2
2. 尾远较翼长 ⋯⋯⋯⋯⋯⋯⋯⋯⋯⋯⋯⋯⋯⋯⋯⋯⋯⋯⋯⋯⋯⋯⋯⋯ 3
   尾远较翼短 ⋯⋯⋯⋯⋯⋯⋯⋯⋯⋯⋯⋯⋯⋯⋯⋯⋯⋯⋯⋯ 鸦属 *Corvus*
3. 嘴红色 ⋯⋯⋯⋯⋯⋯⋯⋯⋯⋯⋯⋯⋯⋯⋯⋯⋯⋯⋯⋯ 蓝鹊属 *Urocissa*
   嘴黑色 ⋯⋯⋯⋯⋯⋯⋯⋯⋯⋯⋯⋯⋯⋯⋯⋯⋯⋯⋯⋯⋯⋯⋯⋯⋯ 4
4. 体羽主要为黑白色 ⋯⋯⋯⋯⋯⋯⋯⋯⋯⋯⋯⋯⋯⋯⋯⋯⋯⋯ 鹊属 *Pica*
   体羽主要为棕褐色 ⋯⋯⋯⋯⋯⋯⋯⋯⋯⋯⋯⋯⋯⋯ 树鹊属 *Dendrocitta*

松鸦属 *Garrulus* Brisson，1760

髭纹黑色。飞行时,两翼显得宽圆。大覆羽、初级覆羽和次级飞羽外翈基部具黑、白、蓝三色相间横斑。

本属现存有3种,分布于欧亚大陆及非洲北部。中国有1种。天目山有1种。

4.101　松鸦 *Garrulus glandarius* Linnaeus，1758(图版 Ⅳ-101)

别名　山和尚

形态　体中大型,体重120～190g,体长300～360mm,翼长160～210mm。虹膜灰色或淡褐色。嘴黑色。跗跖和趾肉色。爪黑褐色。

雌雄鸟羽色相似。羽色变化较大。前额基部和嘴部覆羽尖端黑色。额、头顶、后颈、头侧、颈侧红褐色或棕褐色,头顶至后颈具黑色纵纹(云南亚种额白色,头顶黑色;普通亚种和西藏亚种头顶无黑色纵纹,次级飞羽基部无白色。)。背、肩、腰灰色沾棕色。翼上覆羽栗色,具黑褐色纵纹。初级飞羽黑褐色,外翈灰白色,内翈暗栗色,端部绒黑色。次级飞羽黑色,外翈靠基部一半白色,形成明显的白色翼斑;覆羽和次级飞羽外翈基部具黑、白、蓝三色相间横斑。下嘴基部有一卵圆形黑斑,向后延伸至颈侧。颏、喉灰白色;胸、腹、两胁葡萄红色或淡棕褐色。尾上覆羽白色,肛周和尾下覆羽灰白色。尾黑色,微具蓝色光泽;最外侧一对尾羽和尾羽基部羽色较浅淡,呈浅褐色。

习性　常年栖息在针叶林、针阔叶混交林、阔叶林等森林中,有时也到林缘疏林和天然次生林内,很少出现于平原耕地。除繁殖期多见成对活动外,其他季节多集成3～5只的小群四处游荡。冬季偶尔可到林区居民点附近的耕地或路边丛林活动和觅食。食性较杂,食物组成随季节和环境而变化,繁殖期主要以鞘翅目、鳞翅目、直翅目等昆虫及其幼虫为食,也食蜘蛛、鸟卵、雏鸟等其他动物;秋、冬季和早春,则主要以各类植物果实与种子为食,兼食部分昆虫。

通常营巢于高大乔木顶端较为隐蔽的枝杈处。孵卵由雌鸟承担。雏鸟晚成性,由雌雄亲鸟共同育雏。

分布　天目山留鸟,分布于森林地带。国内分布于东北、华北、华中及东南部广大地区。国外分布于欧洲、西北非、中东、南亚、东亚至东南亚,北美有零星分布。

鸦属 *Corvus* Linnaeus，1758

体中大型。嘴坚硬而粗大。鼻孔被鼻须完全遮盖;鼻须硬而直,且达嘴的中部。腿和趾强健有力。尾凸尾状。体黑色,或黑色间白色,或黑色间灰色,且常有美丽的紫色和蓝色、或绿色、或银色闪光。

本属现存有45种,除南美洲、新西兰和南极洲外,几乎遍布于全世界。中国有9种。天目山有2种。

天目山鸦属分种检索

嘴基裸出,下体蓝紫色,具金属光泽 ……………………………………… 秃鼻乌鸦 *C. frugilegus*
嘴基被羽,下体暗绿色或深蓝色 ……………………………………… 大嘴乌鸦 *C. macrorhynchus*

4.102　秃鼻乌鸦 *Corvus frugilegus* Linnaeus, 1758(图版Ⅳ-102)

别名　风鸦、老鸹、山老公

形态　体大型,体重400～460g,体长450～490mm,翼长300～330mm。虹膜深褐色。嘴长而尖,黑色,嘴基部裸露,皮肤灰白色。跗跖、趾和爪黑色。

雌雄鸟羽色相似。眼先和颏部黑色。全身黑色,具紫色金属光泽。翼长于尾,翼羽和尾羽微带铜绿色。飞行时,两翼较长窄,翼尖显著。

习性　常栖息于平原丘陵的耕作区,有时会接近人群密集的居住区。喜结群活动,尤其到了冬季常常结成庞大的集群,多者可达数千乃至上万。食性很杂,垃圾、腐尸、昆虫、植物种子、蛙蟾类等都出现在它们的食谱中。

于树上营巢,巢以枯枝搭成,呈碗状。由雌鸟孵卵,幼鸟出壳后由双亲共同哺育。

分布　天目山冬候鸟,分布于河谷地带。国内主要分布于东部地区,最西可达甘肃、四川盆地,南至海南岛。国外分布于欧洲、非洲北部、印度次大陆、中南半岛和太平洋诸岛等。

4.103　大嘴乌鸦 *Corvus macrorhynchos* Wagler, 1827(图版Ⅳ-103)

别名　巨嘴鸦、老鸦、老鸹

形态　体大型,体重410～670g,体长440～540mm,翼长290～350mm。虹膜褐色或暗褐色。嘴粗而厚,黑色。跗跖黑色,后缘鳞片常愈合为整块鳞板。趾三前一后,后趾与中趾等长,趾和爪均黑色。

雌雄鸟羽色相似。全身羽毛黑色,除头顶、枕、后颈和颈侧光泽较弱外,其他包括背、肩、腰、翼上覆羽和内侧飞羽在内的上体均具紫蓝色金属光泽。下体乌黑色或黑褐色,喉部羽毛呈披针形,具有强烈的绿蓝色或暗蓝色金属光泽。下体余部黑色,具紫蓝色或蓝绿色光泽,但明显较上体弱。

习性 主要栖息于低山、平原和山脚阔叶林、针阔叶混交林、针叶林、次生杂木林、人工林等各种森林中,尤以疏林和林缘地带较常见。除繁殖期间成对活动外,其他季节多成3～5只或10多只的小群活动,有时亦见和秃鼻乌鸦、小嘴乌鸦混群活动,偶尔也见有数十只甚至数百只的大群。性机警,常伸颈张望和注意观察四周动静,对持枪的人尤为警惕,距离很远时即飞走并不断扭头向后张望。杂食性,主要以直翅目、鞘翅目等昆虫、幼虫和蛹为食,也吃雏鸟、鸟卵、鼠类、腐肉、动物尸体以及植物叶、芽、果实、种子和农作物种子等。

营巢于高大乔木顶部枝杈处,巢主要由枯枝构成。雌雄鸟轮流孵卵。雏鸟晚成性,幼鸟出壳后由双亲共同哺育。

分布 天目山留鸟,分布于森林地带。国内分布于东北、华北、华中、长江流域及以南广大地区,西至甘肃、四川,南至台湾、香港及海南岛。国外主要分布于亚洲东部和南部,北至俄罗斯,美洲有零星分布。

蓝鹊属 *Urocissa* Cabanis, 1850

体中大型。嘴坚硬而较粗大,黄色或栗色。头黑色(斯里兰卡蓝鹊头栗色)。具长而下垂的楔形尾,尾端白色。

本属现存有5种,分布于喜马拉雅山脉、印度东北部、中国、缅甸及越南北部。中国有4种。天目山有1种。

4.104 红嘴蓝鹊 *Urocissa erythrorhyncha* Boddaert, 1783(图版Ⅳ-104)

别名 长尾蓝雀、长尾山鹊、长尾巴练、蛇尾巴鹊

形态 体大型,体重150～210g,体长510～650mm,翼长170～210mm。虹膜红褐色。嘴、跗跖和趾橙红色。爪淡褐色或浅黄色。

雌雄鸟羽色相似。头顶至后颈具蓝白色或紫灰色羽端,且从头顶往后此端斑越来越扩大,形成一个从头顶至后颈,有时甚至到上背中央的大型块斑。额、头顶前部及头侧、颈侧、颏、喉和上胸全为黑色。背、肩、腰紫蓝灰色。翼上覆羽黑褐色;飞羽紫蓝色,具白色端斑。尾上覆羽淡紫蓝色或淡蓝灰色,具黑色端斑和白色次端斑。喉、胸黑色,下体余部白色,有时沾蓝色或沾黄色。尾很长,呈凸状,中央尾羽蓝灰色,具白色端斑,其余尾羽紫蓝色或蓝灰色,具白色端斑和黑色次端斑。

习性 主要栖息于山区常绿阔叶林、针叶林、针阔叶混交林和次生林等各种不同类型的森林中,也见于竹林、林缘疏林和村旁地边树上。性喜群栖,经常成对或成3～5只,多则10余只的小群活动。性活泼而嘈杂,常在树枝间跳上跳下或在树间飞来飞去,飞翔时多呈滑翔姿势。主要以鞘翅目、鳞翅目、直翅目等昆虫及其幼虫为食,也吃植物果实、种子和玉米、小麦等农作物,食性较杂。

营巢于树木侧枝上,也在高大的竹子上部筑巢。雌雄亲鸟轮流孵卵。雏鸟晚成性,由雌雄亲鸟共同育雏。

分布 天目山留鸟,分布于森林地带。国内分布于华北、西南、华中、长江流域及以南广大地区。国外主要分布于南亚、东南亚,北美有零星分布。

鹊属 *Pica* Brisson，1760

体中大型。尾远较翼长，呈楔形。双翼黑色，翼肩有一大型白斑。下体以胸为界，前黑后白。腿、脚纯黑色。

本属现存有 5 种，除南美洲、大洋洲与南极洲外，几乎遍布世界各大陆。中国有 1 种。天目山有 1 种。

4.105　喜鹊 *Pica pica* **Linnaeus，1758**（图版Ⅳ-105）

别名　客鹊、山喳喳、麻野鹊、鸦鹊子

形态　体大型，体重 180～270g，体长 370～490mm，翼长 180～230mm。虹膜暗褐色。嘴黑色。跗跖、趾和爪黑色。

雄鸟：头、颈、背和尾上覆羽辉黑色，后头及后颈稍沾紫色，背部稍沾蓝绿色。肩羽纯白色；腰灰色和白色相杂状。翼上覆羽和飞羽黑色，初级飞羽内翈具大块白斑，外翈及羽端沾蓝绿光泽；次级飞羽具深蓝色光泽。颏、喉和胸黑色，喉部羽有时具白色轴纹。上腹和胁纯白色；下腹和覆腿羽污黑色。腋羽和翼下覆羽淡白色。尾羽黑色，具深绿色光泽；末端紫红色，具深蓝绿色宽带。

雌鸟：与雄鸟体色基本相似，但光泽不如雄鸟显著。下体乌黑或乌褐色，白色部分有时沾灰色。

幼鸟：形态似雌鸟，但体黑色部分呈褐色或黑褐色。白色部分为污白色。

习性　栖息于山区、平原，常见于荒野、农田、郊区、城市、公园和花园。除繁殖期间成对活动外，常成 3～5 只的小群活动，秋冬季节常集成数十只的大群。性机警，觅食时常有一鸟负责守卫，即使成对觅食时，亦多是轮流分工守候和觅食。飞翔能力较强，且持久。食性较杂，食物组成随季节和环境而变化，夏季主要以昆虫等动物性食物为食，其他季节则主要以植物果实和种子为食；常见食物种类有鳞翅目、鞘翅目、直翅目、膜翅目等昆虫及其幼虫，也吃雏鸟和鸟卵。

通常营巢在高大乔木上，也在村庄附近和公路旁的大树上营巢，有时甚至在高压电线杆上营巢。营巢由雌雄鸟共同承担。雌鸟孵卵，雏鸟晚成性，雌雄亲鸟共同育雏。

分布　天目山留鸟，分布于林缘、草地等处。国内分布于全国各地。国外分布范围很广，除南极洲、南非、南美洲与大洋洲外，几乎遍布世界各大陆。

树鹊属 *Dendrocitta* Gould，1833

体颀长，中等大小。嘴粗壮略向下弯，黑色或灰黑色。脚黑色或深灰色。尾甚长而呈楔状，黑色或仅尾端黑色。

本属现存有 7 种，分布于亚洲。中国有 3 种。天目山有 1 种。

4.106　灰树鹊 *Dendrocitta formosae* **Swinhoe，1863**（图版Ⅳ-106）

别名　山老鸹、山喜鹊

形态　体中大型，体重 70～130g，体长 310～390mm，翼长 130～150mm。虹膜红色或红褐色。嘴黑色，具有坚硬的鼻羽，覆盖鼻孔。跗跖、趾和爪蓝黑色。

雌雄鸟羽色相似。额、眼先、眼上黑色，头的两侧、颏、喉暗烟褐色，头顶至后颈灰色。背、肩棕褐色或灰褐色，腰及尾上覆羽灰色或灰白色沾褐色。翼和翼上覆羽黑色，除第一和第二枚初级飞羽外，所有初级飞羽基部均有一白色斑，在翼上形成明显的白色翼斑，飞翔时更为明显。尾羽黑色或中央一对尾羽暗灰色，端部黑色，外侧尾羽黑色，其最基部亦为灰色。下体颏、喉暗

烟褐色,颈侧和胸较淡,两胁和腹灰色或灰白色,尾下覆羽栗色,覆腿羽褐色。

习性　主要栖息于山地阔叶林、针阔叶混交林和次生林,也见于林缘疏林和灌丛。常成对或成小群活动。树栖性,多栖于高大乔木顶枝上,喜不停地在树枝间跳跃,喜鸣叫。主要以浆果、坚果等植物果实和种子为食,也吃昆虫等动物性食物。

营巢于树上和灌木上。雌雄亲鸟轮流孵卵,雏鸟晚成性,雌雄亲鸟共同育雏。

分布　天目山留鸟,分布于森林地带。国内主要分布于长江流域及以南各地,西至四川、贵州、云南和西藏东南部,东至江苏、浙江,南至广东、香港、福建、海南岛和台湾。国外分布于南亚和东南亚。

河乌科 Cinclidae

中小型鸟类。体羽稠密,嘴细窄而直,先端稍下弯,鼻孔被膜覆盖,无嘴须,但嘴角处有绒状细羽。翼短而圆,初级飞羽 10 枚,最外侧初级飞羽较短。尾短,尾羽 12 枚。跗跖较长而健壮,前缘被靴状鳞。

栖息于山间溪流附近,能潜入水底捕食鱼虾和水生昆虫。筑巢于溪流边的岩石洞穴中或地面的树根下。

本科现存有 1 属 5 种,间断分布于欧亚大陆、北美洲以及南美洲安第斯山脉北部的多山地带。中国有 1 属 2 种。天目山有 1 属 1 种。

河乌属 *Cinclus* Borkhausen，1797

因河乌科为单型科,仅有 1 属,所以属的特征与科一致。

4.107　褐河乌 *Cinclus pallasii* Temminck，1820(图版Ⅳ-107)

别名　水乌鸦、水老鸹

形态　体中型,体重 60~140g,体长 180~240mm,翼长 90~120mm。虹膜褐色。嘴黑褐色。跗跖和趾黑色。

雌雄鸟羽色相似。眼圈白色,常为眼周羽毛遮盖而外观不显著。通体呈咖啡褐色,背和尾上覆羽具棕红色羽缘。翼和尾黑褐色,飞羽外翈具咖啡褐色狭缘。下体腹中央色较浅淡,尾下覆羽色较暗。

幼鸟:上体黑褐色,羽缘黑色形成鳞状斑纹,具浅棕色近端斑。翼上覆羽暗褐色,具棕白色羽缘。飞羽黑色,内侧飞羽具棕白色羽端。颏、喉、颈侧、胸、胁和尾下覆羽及覆腿羽均具锈棕色羽端。腹具棕白色羽端。腋羽和翼下覆羽黑褐色,具灰白色弧形斑。

习性　褐河乌为山区水域鸟类,终年活动于河流中的大石上或河岸崖壁凸出部,很少上河岸地面活动。一般常单独或成对活动,飞行迅速,一般沿河流水面直线飞行。能在水面浮游,也能在水底潜走。主要在水中取食,以动物性食物为主,包括鳞翅目、襀翅目、毛翅目等昆虫以及小虾、小鱼、螺类,偶尔吃些植物叶和种子。

巢筑于河流两岸石隙间、石壁凹处、树根下或垂岩下边。雌雄亲鸟共同营巢,巢材取于营巢地河流两岸。雌鸟孵卵,雌雄亲鸟共同育雏。

分布　天目山留鸟,主要分布于天目溪水域。国内分布于天山西部、东北、华东、华中、华南、西南以及台湾等广大地区。国外分布于中亚、南亚、东亚至东南亚。

鹪鹩科 Troglodytidae

小型鸟类。嘴锐长而狭,先端稍下弯,无嘴须,鼻孔裸出。翼短圆,初级飞羽 10 枚。尾羽短而柔软,数目不定。跗跖前缘被盾状鳞。趾爪发达强健。通体具点斑和纵纹,幼鸟更著。

栖息于阴暗潮湿的环境中,常在河边、岩石、坡地等地活动。

本科现存有 19 属 88 种,绝大部分是新大陆的原生物种,主要分布于热带地区。中国有 1 属 1 种。天目山有 1 属 1 种。

鹪鹩属 *Troglodytes* Vieillot,1809

小型鸣禽。嘴长适中,稍弯曲,先端无缺刻。鼻孔部分或全部被有鼻膜。翼短圆。尾短小狭窄而柔软,尾羽 12 枚。跗跖前缘具盾状鳞,趾及爪发达。体羽棕褐或呈褐色,具众多的黑褐色横斑及部分浅色点斑。

本属现存有 12 种,分布于南美、北美、欧亚大陆及北非。中国有 1 种。天目山有 1 种。

4.108　鹪鹩 *Troglodytes troglodytes* Linnaeus,1758(图版 IV-108)

别名　山蝈蝈、巧妇

形态　体小型,体重 7～13g,体长 80～110mm,翼长 40～50mm。虹膜暗褐色。嘴黑褐色,下嘴较浅。跗跖和趾肉褐色,爪黑褐色。

成鸟:雌雄鸟羽色相似。额、头顶、枕部及后颈棕褐色;由鼻孔至眼后具一条乳黄白色细的眉纹;眼先、耳羽及颊部羽色较淡,杂有黄褐色点斑和条纹。上体棕褐色,腰及尾上覆羽棕褐色较重,各羽均具黑褐色横斑,腰羽靠近端部具白色点斑。翼上覆羽与上体同色,具黑褐色横斑和白色端斑。飞羽黑褐色,外翈具相间排列的棕黄白色横斑和黑褐色横斑。颏、喉污白色,具浅棕色羽缘。胸棕灰色,具黑褐色细横斑。腹部和两胁深棕色,具黑褐色与棕白色相间排列的横斑。腋羽污白色,染有浅棕色。尾棕褐色,与尾上覆羽同色,具黑褐色细横斑。尾下覆羽红棕色,具黑褐色和棕色横斑及白色端斑。

幼鸟:与成鸟相似,唯羽色偏红。眉纹不显著,头顶、枕部羽有窄的黑褐色羽缘。翼上覆羽无明显白色端斑。尾上覆羽少有白色端斑。颏、喉、胸部羽色较深,具窄的黑褐色羽缘。

习性　栖息于森林、灌丛、小城镇和郊区的花园、农场的小片林区、城市边缘的林带、岸边草丛。一般独自或成双或以家庭小群进行活动。性极活泼而又怯懦,善于隐蔽,见有人来即隐匿于倒木、灌草丛或乱石堆中,又常从另外一侧潜逃。飞行迅速而敏捷,觅食时跳跃行进,并不停地将头、尾举起,频频扇动双翼。食物以昆虫为主,包括鳞翅目、双翅目、直翅目、鞘翅目等昆虫,也食蜘蛛类和一些水生动物。秋季还啄食少量浆果。

大多在靠近水源处或潮湿阴暗、松萝和腐木较多的地方营巢。一夫多妻制,无固定的配偶关系。由雌性孵卵。雏鸟早成性,由雌鸟带领家族群进行活动。

分布　天目山冬候鸟,分布于林缘、灌丛和草地。国内在青海、甘肃、山西、内蒙古、河北、河南等地为留鸟,在山东、浙江、福建、广东等地为旅鸟或冬候鸟。国外主要分布于欧亚大陆、北美。

鸫科 Turdidae

体型大小适中。嘴侧扁而长,先端具缺刻。常具嘴须,鼻孔被须羽掩盖。翼长而尖,初级飞羽10枚,第1枚甚短。尾羽12枚,较短,平截或凸尾状。跗蹠长而强健,常被盾状鳞。后趾爪较中趾爪短。

大多数陆栖,活动于开阔环境或疏林。食物以昆虫为主。雌鸟筑巢和孵卵,幼鸟晚成性,双亲育雏。

本科现存有20属171种,除南极洲外均有分布。中国有20属94种。天目山有10属18种。

天目山鸫科分属检索

1. 翼长超过110mm ·· 2
   翼长不超过110mm ··· 5
2. 体羽几呈紫蓝色或蓝黑色(除褐翅啸鸫) ································ 啸鸫属 Myophonus
   体羽非纯紫蓝色或蓝黑色 ··· 3
3. 雄性体羽主要为蓝色,至少喉部蓝色 ································· 矶鸫属 Monticola
   雄性体羽不呈蓝色,至少喉部不为蓝色 ······································· 4
4. 次级飞羽下面具一道明显的白斑 ································· 地鸫属 Zoothera
   次级飞羽下面无白斑 ··· 鸫属 Turdus
5. 尾羽或仅雄性尾羽栗红色 ··· 6
   尾羽非栗红色 ··· 7
6. 尾较短,圆尾状,雌雄异色 ··································· 水鸫属 Rhyacornis
   尾较长,方尾状,雌雄同色 ······························· 红尾鸲属 Phoenicurus
7. 尾呈深叉状 ··· 燕尾属 Enicurus
   尾不呈叉状 ·· 8
8. 尾长远超跗蹠的2倍 ·· 9
   尾长不超过跗蹠的2倍 ································· 歌鸲属 Luscinia
9. 中央尾羽黑色,外侧白色 ······························· 鹊鸲属 Copsychus
   尾羽沾蓝色,外侧无白色 ································· 鸲属 Tarsiger

啸鸫属 Myophonus Temminck, 1822

体中型。嘴尖直,黑色或黄色。雄性体羽通常蓝黑色或紫蓝色(除褐翅啸鸫),个别种雌性体羽为棕色。头或肩羽有鲜艳的蓝色斑块。脚黑色。

本属现存有9种,分布于印度、中国及东南亚。中国有2种。天目山有1种。

4.109 紫啸鸫 Myophonus caeruleus Scopoli, 1786(图版Ⅳ-109)

别名 鸣鸡、乌精、铁老鸦

形态 体中型,体重140～210g,体长260～350mm,翼长160～190mm。虹膜暗褐色。嘴短健,黑色,嘴峰稍曲,上嘴前端有缺刻。跗蹠黑色,后缘鳞片常愈合为整块鳞片。趾和爪黑色。

雌雄鸟羽色相似。前额基部和眼先黑色。头部和整个上下体羽深紫蓝色,末端均具辉亮的淡紫色滴状斑。翼上覆羽和飞羽黑褐色,外翈深紫蓝色,内翈黑褐色,具紫白色端斑。腹、后胁和尾下覆羽黑褐色,有的微沾紫蓝色。尾深紫蓝色,内翈黑褐色,外翈深紫蓝色。

幼鸟和成鸟基本相似,上体包括两翼和尾均紫蓝色,无滴状斑。中覆羽先端缀有白点。下体乌棕褐色,喉侧杂有紫白色短纹,胸和上腹杂有细的白色羽干纹。

习性　主要栖息于山地森林溪流沿岸,尤以阔叶林和混交林中多岩的山涧溪流沿岸较常见。单独或成对活动。性活泼而机警。善鸣叫,繁殖期雄鸟鸣声婉转动听。地面取食,主要以直翅目、半翅目和双翅目等昆虫及其幼虫为食,也吃蚌和小蟹等其他动物,偶尔吃少量植物果实与种子。

通常营巢于溪边岩壁突出的岩石上或岩缝间、树根间的洞穴中,有时也营巢于庙宇上或树权上。营巢由雌雄鸟共同承担。雌雄亲鸟轮流孵卵。雏鸟晚成性,雌雄亲鸟共同育雏。

分布　天目山留鸟,分布于山涧溪流沿岸。国内分布于华北、华东、华中、华南和西南等地,从河北北部、山西、陕西、宁夏、甘肃往南一直到东南沿海,西达贵州、四川、云南和西藏南部。国外分布于中亚、南亚和东南亚。

矶鸫属 *Monticola* Linnaeus,1766

体中等,体形似鸫属鸟类。雄性体羽主要为蓝色。腋羽与翼下覆羽,雄性为纯色,雌性则均呈二色相杂状。尾较翼短。跗跖较长,但不如其他鸫类强壮。

本属现存有 13 种,分布于非洲、欧洲和亚洲。中国有 5 种。天目山有 2 种。

天目山矶鸫属分种检索

雄性喉蓝色,雌性上体钴蓝色 ··· 蓝矶鸫 *M. solitarius*
雄性喉黑色,雌性上体橄榄褐色 ··· 栗腹矶鸫 *M. rufiventris*

4.110　**蓝矶鸫 *Monticola solitarius* Linnaeus,1758**(图版Ⅳ-110)

别名　麻石青、蓝石鸫

形态　体中型,体重 45~65g,体长 180~230mm,翼长 110~130mm。虹膜暗褐色。嘴黑色(♂)或暗褐色(♀和幼鸟)。跗跖和趾黑褐色,爪黑色。

雄鸟:眼先近黑色;颊、耳羽和颈侧蓝色。额至尾上覆羽和头颈的两侧辉蓝色。翼上覆羽和飞羽蓝色;大覆羽和次级飞羽大多微具白端。至秋,头顶至上背各羽端转为黑褐色,并贯以黑褐色横斑;下背至尾上覆羽,黑斑较微,具棕白色羽端。额至胸部辉蓝色,端部棕白色,具黑褐色次端斑;胸部以下栗红色。尾羽黑色,羽缘带蓝色。

雌鸟:眼先污白色;颊和耳羽暗褐色,缀以白色细点。额至上背褐灰色,隐约具有黑斑。下背至尾上覆羽灰蓝色,具白色端斑及黑褐色次端斑。翼上覆羽和飞羽与雄鸟相似,但较苍淡,缀以白缘。颊、喉及喉侧白色或棕白色,具圈状黑斑。胸以下略同,但圈状斑转为横斑;尾下覆羽棕色更著。

幼鸟:上体淡蓝色,各羽端部具有棕白色点斑,并贯以黑斑。翼上各羽、尾上覆羽及尾羽均具棕色或棕白色羽端。下体与雌性成鸟秋羽略同,但下腹全部或仅中央为棕白色,微具黑斑。

习性　主要栖息于多岩的低山峡谷以及山溪、湖泊等水域附近的岩石山地,也栖息于海滨岩石和附近的山林中,冬季多到山脚平原地带,有时也进到公园和果园中。单独或成对活动。多在地上觅食,常从栖息的高处直落地面捕猎,或突然飞出捕食空中活动的昆虫。主要以鞘翅目、鳞翅目、膜翅目、蜻蜓目等昆虫为食,尤以鞘翅目昆虫为多。

通常营巢于沟谷岩石缝隙中或岩石间。营巢主要由雌鸟承担,雄鸟仅协助运送巢材。孵卵由雌鸟承担,雄鸟警戒。雏鸟晚成性,雌雄亲鸟共同育雏。

分布　天目山留鸟,分布于山涧溪流附近。国内繁殖于东北和华北,迁徙时经过西南、华中、长江流域及以南广大地区。国外主要分布于东亚、中亚、中非、南亚及东南亚,北美、欧洲和大洋洲有零星分布。

4.111　栗腹矶鸫 *Monticola rufiventris* **Jardine & Selby, 1833**(图版Ⅳ-111)

别名　栗色胸石鸫、栗胸矶鸫

形态　体中型,体长 220～250mm,翼长 120～150mm。虹膜暗褐色。嘴黑色。跗跖和趾黑褐色,爪黑色。

雄鸟:上体钴蓝色。头侧脸部黑色。翼和尾羽黑褐色,外缘沾钴蓝色。喉蓝黑色,下体余部栗红色。

雌鸟:上体橄榄褐色。背部有黑色鳞状斑。颈侧具白斑。喉白色;下体余部棕白色,有黑褐色扇贝形斑纹。

幼鸟:具赭黄色点斑及褐色的扇贝形斑纹。

习性　栖息于森林及林缘地带。常单独或成对活动,偶见集成小群。多停在乔木顶枝上,尾上下来回摆动。繁殖期间常站在高树顶端长时间鸣叫。主要以鞘翅目、直翅目等昆虫为食,也吃蜗牛、软体动物、蜥蜴、蛙、水生昆虫和小鱼等小动物。

繁殖期 5—7 月,营巢于悬崖或岩石缝隙中。雌鸟负责孵卵。

分布　天目山留鸟,分布于森林地带。国内分布于西藏、四川、贵州、云南、湖北、浙江、广西、广东、福建、海南等省区。国外分布于巴基斯坦、印度、孟加拉、喜马拉雅山脉西部及东部、东达东南亚各国北部。

地鸫属 *Zoothera* Vigors,1832

体中等,体形似鸫属鸟类,但翼和尾较短。嘴长而壮,嘴端稍曲。嘴须通常发达,副须长度超过鼻孔。次级飞羽和部分初级飞羽等基部为白色或皮黄色,形成一道白色或皮黄色带斑,飞行时特别明显。

本属现存有 35 种,分布于亚洲、欧洲、澳大利亚及北美洲等。中国有 7 种。天目山有 3 种。

天目山地鸫属分种检索

1. 雌雄鸟羽色相同,下体羽具显著的黑白端斑 …………………………………… 虎斑地鸫 Z. *dauma*
   雌雄鸟羽色相异,下体羽不具黑白端斑 ……………………………………………………………… 2
2. 下体几乎纯栗色…………………………………………………………………… 橙头地鸫 Z. *citrina*
   下体无栗色 ………………………………………………………………………… 白眉地鸫 Z. *sibirica*

4.112　虎斑地鸫 *Zoothera dauma* **Latham, 1790**(图版Ⅳ-112)

别名　虎鸫、虎斑山鸫、顿鸡

形态　体中型,体重 110～170g,体长 260～300mm,翼长 150～170mm。虹膜暗褐色。嘴深褐色,下嘴基部较浅淡。跗跖肉色,具靴状鳞。趾和爪肉色。

雌雄鸟羽色相似。眼周、耳羽、颊至头颈侧棕白色,微具黑色端斑,耳羽后缘有一黑色块斑。从额至尾上覆羽橄榄赭褐色,各羽均具亮棕白色羽干纹、绒黑色端斑和金棕色次端斑,形成明显的黑色鳞状斑。翼上覆羽黑色,具暗橄榄褐色羽缘和棕白色端斑。飞羽黑褐色,外翈羽缘淡棕黄色,内翈基部棕白色,在翼下形成一条棕白色带斑。颏、喉白色或棕白色,微具黑色端斑。胸、上腹和两胁白色,具黑色端斑和浅棕色次端斑,形成明显的黑色鳞状斑。下腹中央和尾下覆羽白色,腋羽黑色,羽基白色;翼下覆羽黑色,尖端白色,与次级飞羽内翈基部的白色一起共同形成白色翼下带斑。中央尾羽橄榄褐色,外侧尾羽逐渐转为黑色,具白色端斑。

习性　主要栖息于阔叶林、针阔叶混交林和针叶林中,尤以溪谷、河流两岸和地势低洼的密林中较常见。地栖性,常单独或成对活动,多在林下灌丛中或地上觅食。性胆怯,见人即飞。多贴地面在林下飞行,每次飞不多远即又降落在灌丛中。主要以昆虫和无脊椎动物为食,食物主要为鞘翅目、鳞翅目、直翅目等昆虫及其幼虫,也食少量植物果实、种子和嫩叶等植物性食物。

通常营巢于溪流两岸的混交林和阔叶林内,巢一般置于距地不高的树干枝杈处。孵卵由雌鸟承担。雏鸟晚成性,由雌雄亲鸟共同育雏。

分布　天目山冬候鸟,分布于林下地带。国内分布于东北、华北、西南、华中及东南部广大地区。国外主要分布于俄罗斯、东亚、南亚及东南亚,西欧和北美有零星分布。

4.113　橙头地鸫 *Zoothera citrina* Latham, 1790(图版Ⅳ-113)

别名　地穿草鸫

形态　中等体型,体长 190～210mm,翼长 110～120mm。虹膜褐色或棕褐色。嘴黑褐色或黑色。跗跖黄色或肉黄色,爪黄色。

雄鸟:前额、头顶、头侧、枕、后颈和颈侧鲜橙色或橙栗色,尤以头顶羽色较深。背、肩、腰和尾上覆羽蓝灰色。两翼黑褐色,翼上覆羽和飞羽外翈蓝灰色,具白色端斑,形成明显的横斑。尾羽暗褐色,中央尾羽蓝灰色,外侧尾羽内翈褐色,外翈蓝灰色,尖端白色。下体颏、喉、胸、上腹和两胁橙棕色,颏和喉稍淡,下腹、肛周和尾下覆羽白色。

雌鸟:与雄鸟大致相似,但背、翼等上体不为蓝色,而为橄榄灰色,翼上大覆羽白色先端,中覆羽具灰白色先端;下体橙棕色,略较雄鸟浅淡。

习性　主要栖息于低山丘陵和山脚的森林中,尤喜茂密的常绿阔叶林。常单独或成对活动。地栖性,性胆怯,常躲藏在林下茂密的灌木丛中。主要以昆虫和幼虫为食,也吃植物果实和种子。

繁殖期为 5—7 月,雌雄鸟共同筑巢,每窝产卵 3～4 枚。孵卵由雌雄鸟轮流承担。雏鸟晚成性,雌雄亲鸟共同育雏。

分布　天目山留鸟,分布于山脚的林下地带。国内分布于云南、贵州、安徽、湖北、广东、广西、香港和海南等地。国外分布于巴基斯坦、喜马拉雅山脉地区、南亚及东南亚。

4.114　白眉地鸫 *Zoothera sibirica* Pallas, 1776(图版Ⅳ-114)

别名　白眉麦鸡、地穿草鸫、黑串鸡

形态　中等体型,体长 210～280mm,翼长 120～130mm。虹膜暗褐色。嘴角黑褐色,下嘴基部黄褐色。跗跖橙黄色,爪黄褐色。

雄鸟:眼先黑褐色,眉纹白色粗长;耳羽黑褐色,具细窄的污白色羽干纹。上体自前额至尾上覆羽深蓝灰色或黑灰色。翅上小覆羽与背同色,大、中覆羽黑褐色,中覆羽具小的白色端斑,大覆羽具不显著的淡棕褐色端斑。飞羽黑褐色,外翈羽缘缀橄榄褐色,内翈中部具白斑。中央一对尾羽深蓝灰色或黑灰色,具不明显的暗色横斑;外侧尾羽黑褐色,外翈羽缘沾灰蓝色且具白色端斑。颏污黄色,喉、前颈、胸暗蓝灰色或黑灰色。下胸、腹侧白色,具蓝褐色端斑,形成横斑。腹中部和肛周污白色,尾下覆羽白色。

雌鸟:眉纹皮黄色,眼先黑褐色。颊和耳羽皮黄色,羽缘缀橄榄褐色。额棕褐色或锈棕色,

自头、后颈至尾上覆羽橄榄褐色,有的微沾灰色。翅上覆羽暗褐色,外翈羽缘棕褐色或橄榄褐色,大、中覆羽尖端缀赭褐色斑点。飞羽黑褐色,外翈羽缘棕褐色。尾黑褐色沾橄榄色,具隐约不显的暗色横斑,外侧尾羽具白色端斑。颏、喉污白色沾皮黄色,喉、胸、颈侧和两胁皮黄色或污皮黄白色。腹至尾下覆羽白色,尾下覆羽基部橄榄褐色,仅端部白色。腋羽和翼下覆羽暗褐色,羽端污白色。除颏、喉外,下体各羽均具棕褐色或褐色端斑,形成鳞状斑。

幼鸟:眉纹白色,耳羽皮黄色,均有褐斑。头棕褐色,具细窄的皮黄色羽干纹,上体余部暗橄榄褐色或蓝灰色,具细窄的暗赭色纵纹。翅上覆羽棕褐色,羽端皮黄色。外侧两对尾羽具白色端斑。颏、喉淡赭色或皮黄白色,有的喉侧具暗褐色纵纹。胸较暗,呈暗褐色,散布有皮黄色斑点。腹至尾下覆羽污白色或皮黄白色。

习性 常见于混交林和针叶林,迁徙期间常在林缘、道旁两侧次生林、村庄附近的丛林活动。单独或成对活动。主要在水域附近的林下灌丛中或地上觅食,以浆果、昆虫和蠕虫为食,也食蜘蛛、小型无脊椎动物、植物种子等。

分布 天目山旅鸟,分布于林下地带。国内分布于除新疆、青海、宁夏、西藏之外的各省区。国外分布于西伯利亚、蒙古、印度、东亚及东南亚。

鸫属 *Turdus* Linnaeus,1758

体中等。嘴峰甚曲,上嘴切缘的前面具明显的缺刻,嘴须发达。翼形尖。腋羽及翼下覆羽在两性均为纯色,雄性体羽不呈蓝色。

本属现存有 82 种,分布于非洲、欧洲、亚洲、大洋洲及美洲。中国有 23 种。天目山有 5 种。

天目山鸫属分种检索

1. 体羽全为黑色 ……………………………………………………… 乌鸫 *T. merula*
   体羽非全黑色 …………………………………………………………………………… 2
2. 翼下覆羽和腋羽栗黄色 ………………………………………………………………… 3
   翼下覆羽和腋羽灰色 ………………………………………………… 白腹鸫 *T. pallidus*
3. 两胁无斑点 ………………………………………………………… 灰背鸫 *T. hortulorum*
   两胁具斑点 …………………………………………………………………………… 4
4. 两胁和臀部具黑色点斑 ……………………………………………… 斑鸫 *T. eunomus*
   两胁和臀部具红棕色点斑 …………………………………………… 红尾鸫 *T. naumanni*

4.115 乌鸫 *Turdus merula* Linnaeus,1758(图版Ⅳ-115)

别名 百舌、反舌、黑鸫、乌鸪

形态 体中型,体重 60～130g,体长 210～300mm,翼长 140～160mm。虹膜褐色。嘴橙黄色或黄色。跗跖、趾和爪黑褐色。

雄鸟:眼周橘黄色。全身大致黑色、黑褐色或乌褐色,有的沾锈色或灰色。上体包括两翼和尾羽黑色。下体色稍淡,黑褐色。颏缀以棕色羽缘,喉微染棕色且微具黑褐色纵纹。

雌鸟:较雄鸟色淡,喉、胸有暗色纵纹。

幼鸟:自额至尾上覆羽棕褐色,具浅白色羽干纹。颏、喉中央棕白色,缀以少许褐色斑。胸和腹棕白色微染栗色,羽端缀棕褐色矢状斑。两胁、下腹和覆腿羽污棕色,微缀棕白色羽干纹。尾下覆羽暗褐色。

习性 主要栖息于次生林、阔叶林、针阔叶混交林和针叶林等各种不同类型的森林中。尤其喜欢栖息在林区外围、林缘疏林、农田旁树林、果园和村镇边缘、平原草地或园圃间。常结小群在地面上奔驰。胆小，眼尖，对外界反应灵敏，夜间受到惊吓时会飞离原栖地。歌声嘹亮动听，并善仿其他鸟鸣。主要以昆虫为食，所吃食物有鳞翅目、双翅目、鞘翅目、直翅目等昆虫及其幼虫，也食植物的种子、果实等。

巢大多营于乔木的枝梢上或树木主干分支处。孵卵由雌鸟承担，雌雄共同育雏。

分布　天目山留鸟，分布于森林地带。国内分布于全国各地。国外主要分布于欧亚大陆和北非，北美有零星分布。

4.116　白腹鸫 *Turdus pallidus* Gmelin，1789（图版Ⅳ-116）

别名　黄春、浅色鸫、穿鸡

形态　体中型，体重 60~90g，体长 180~240mm，翼长 110~130mm。虹膜褐色。上嘴褐色，下嘴黄色。跗跖和趾肉黄色，爪褐色。

雄鸟：眼先黑色，眉纹和眼下白色。耳羽灰褐色，具白色羽干纹。额、头和枕部灰褐色。肩、翼上覆羽、背至尾上覆羽橄榄褐色。飞羽灰褐色，外翈缘黄褐色。颏乳白色，喉和颈灰褐色。胸和胁橙棕色；腋羽和翼下覆羽灰色。腹中央和尾下覆羽白色。尾羽黑褐色，外侧 3 枚尾羽具宽阔白色端斑。

雌鸟：眉纹黄白色。头和上体黄褐色，喉和耳羽白色，具黑褐色纵纹。飞羽和尾羽褐色。

习性　栖于低地森林、次生植被、公园及花园。尤以河谷等水域附近茂密的混交林较常见，迁徙和越冬期间也见于常绿阔叶林、杂木林、人工松树林、林缘疏林草坡、果园和农田地带。常单独或成对活动，春秋迁徙季节亦集成几只或 10 多只的小群，有时亦见和其他鸫类结成松散的混合群。性羞怯，藏匿于林下。善于在地上跳跃行走，多在地上活动和觅食。主要以鞘翅目、鳞翅目等昆虫及其幼虫为食，也吃其他小型无脊椎动物、植物果实和种子。

通常营巢于林下小树或高的灌木枝杈上。孵卵由雌鸟承担，雌雄共同育雏。

分布　天目山留鸟，分布于森林地带。国内繁殖于内蒙古东北部、黑龙江、吉林等地，迁徙或越冬于辽宁、华北、西南、华中及长江以南地区，南至海南岛、香港和台湾。国外繁殖于俄罗斯、远东，越冬于东亚、南亚和东南亚等地。

4.117　灰背鸫 *Turdus hortulorum* Scalater，1863（图版Ⅳ-117）

别名　灰青鸫、金胸鸫、灰背穿草鸡

形态　体中型，体重 50~70g，体长 200~230mm，翼长 110~130mm。虹膜褐色。嘴黄褐色（♂）或褐色（♀），短健，上嘴前端有缺刻或小钩。跗跖和趾肉黄色，爪黄褐色。

雄鸟：眼先黑色，耳羽褐色，具细窄的白色羽干纹。头部微沾橄榄色，头两侧缀有橙棕色。从头至尾包括两翼均为石板灰色。飞羽黑褐色，外翈缀有蓝灰色。颏、喉淡白色，微缀赭色，具黑褐色羽干纹，两侧具黑色斑点。胸淡灰色，有的具黑褐色三角形羽干斑。下胸中部和腹中央污白色，下胸两侧、两胁、腋羽和翼下覆羽亮橙栗色，尾下覆羽白色而缀有淡皮黄色。尾羽除中央一对为蓝灰色外，其余尾羽为黑褐色，外翈缀有蓝灰色。

雌鸟：与雄鸟大致相似，但颏、喉呈淡棕黄色，具黑褐色长条形或三角形端斑，尤以两侧斑点较稠密。胸淡黄白色，具三角形羽干斑。

幼鸟：头和翕具淡色条纹，上体橄榄褐色，翼上覆羽具棕色端斑。下体污白色，具暗色纵纹；胸或多或少具有斑点。

习性　主要栖息于低山丘陵地带的针阔叶混交林、针叶林中，尤以河谷等水域附近茂密的混交林较常见，迁徙和越冬期间也见于常绿阔叶林、杂木林、人工松树林、林缘疏林草坡、果园

和农田地带。常单独或成对活动,春秋迁徙季节亦集成几只或 10 多只的小群,有时亦见和其他鸫类结成松散的混合群。地栖性,善于在地上跳跃行走,多在地上活动和觅食。主要以鞘翅目、鳞翅目和双翅目等昆虫及其幼虫为食,此外也吃蚯蚓等其他动物、植物果实和种子。

通常在迁到繁殖地后不久即开始占区和配对。营巢由雌雄亲鸟共同承担,常常边营巢边追逐交尾,通常筑巢于林下幼树枝杈上。孵卵由雌鸟承担,雌雄亲鸟共同育雏。

分布　天目山冬候鸟,分布于森林、草地等处。国内繁殖分布于黑龙江、吉林、辽宁等地;越冬于长江流域及以南地区,偶到云南、海南岛和台湾越冬;迁徙期间经过华北、华中、西南等地。国外繁殖于俄罗斯西伯利亚东南部、远东和朝鲜,秋冬季节偶见于越南和日本。

4.118　斑鸫 *Turdus eunomus* Temminck,1820(图版 Ⅳ-118)

别名　斑点鸫、穿草鸡、红麦鸡

形态　体中型,体重 50～90g,体长 200～250mm,翼长 120～135mm。虹膜褐色。嘴较短健,上嘴近端常具缺刻;嘴黑褐色,下嘴基部黄色。跗跖强健,淡褐色,前缘被靴状鳞。趾和爪黑褐色。

雄鸟:眼先黑色,眉纹淡棕红色或黄白色。额、头顶黑褐色,具淡褐色羽缘。颈和上背橄榄褐色沾棕色,具黑褐色羽干纹。下背至尾上覆羽转为棕栗色,具淡褐色羽端。翼上覆羽黑褐色。飞羽黑褐色,外翈羽缘棕白色或棕红色。颏、喉棕白色或淡皮黄白色,喉的两侧缀有黑褐色斑点,有的褐色斑点一直扩展到整个喉部和上胸;胸和两胁黑褐色,具棕白色或白色羽缘。腋羽和翼下覆羽棕栗色,亦具白色羽缘。腹白色,尾下覆羽棕褐色且具白色羽缘。

雌鸟:和雄鸟相似,但喉和上胸黑斑较多。

习性　主要栖息于针阔叶混交林、针叶林和林缘灌丛地带,也出现于农田、果园和村镇附近疏林灌丛草地和路边树上,特别是林缘疏林灌丛和农田地区在迁徙期间较常见。除繁殖期成对活动外,其他季节多成群,特别是迁徙季节,常集成数十只甚至上百只的大群。性活跃,一般在地上活动和觅食,边跳跃觅食边鸣叫。主要以昆虫为食,主要有鳞翅目、双翅目、鞘翅目、直翅目等昆虫及其幼虫。

通常营巢于树干水平枝杈上,也在树桩或地上营巢,偶尔在悬崖边营巢。营巢由雌雄亲鸟共同承担。孵卵由雌鸟承担,雌雄亲鸟共同育雏。

分布　天目山留鸟,分布于森林地带。国内分布于全国各地,长江流域和长江以南地区为冬候鸟,长江以北为旅鸟。国外分布于东欧、西欧、俄罗斯、中亚,中美洲有零星分布。

4.119　红尾鸫 *Turdus naumanni* Temminck,1820(图版 Ⅳ-119)

别名　斑点鸫、红胸鸫

形态　体中型,体长 220～250mm,翼长 130～140mm。虹膜褐色。嘴略向下曲;嘴黑褐色,下嘴基部黄色。跗跖强健,淡褐色,前缘被靴状鳞。

雄鸟:眼先和耳羽灰褐色,眼上有清晰的白色眉纹。从头至尾上覆羽灰褐色,缀有红棕色羽缘。翼上覆羽灰褐色。飞羽黑褐色,外翈羽缘红棕色。中央一对尾羽暗橄榄绿色,羽缘棕红色,外侧尾羽内翈大多棕红色,外翈黑褐色;最外侧一对尾羽几全为棕红色。下体白色,喉和上胸常具有黑色点斑,下胸具红棕色斑纹,两胁和尾下覆羽具红棕色点斑。

习性　栖息于开阔的林区。除繁殖期成对活动外,其他季节多成群。食物以昆虫为主,包括蝗虫、金针虫、地老虎、玉米螟幼虫等农林害虫。

筑巢于不太高的树杈上,主要以嫩枝编成碗状巢。每窝产 3～5 枚卵。

分布　天目山留鸟,分布于森林地带。国内在吉林省以南至长江流域的广大华北地区越冬。国外繁殖于西伯利亚,南迁经东亚。

水鸲属 *Rhyacornis* Forster，1817

小型鸣禽。虹膜褐色。嘴和跗跖黑褐色。趾和爪黑色或暗褐色。雄性羽色以红色和黑色为主,尾红色;雌性浅褐色。

本属现存有 2 种,分布于欧亚大陆、非洲北部。中国有 1 种。天目山有 1 种。

4.120 红尾水鸲 *Rhyacornis fuliginosa* Vigors，1831(图版 Ⅳ-120)

别名 铅色红尾鸲、溪红尾鸲、燕石青

形态 体小型,体重 15～28g,体长 110～140mm,翼长 70～80mm。虹膜褐色。嘴和跗跖黑褐色。趾和爪黑色(♂)或暗褐色(♀)。

雄鸟:额和眼先蓝黑色。通体暗蓝灰色,腹部稍淡。翼上覆羽和飞羽黑褐色,飞羽具铅蓝色外缘。尾羽和尾上下覆羽栗红色,端部淡黑色。

雌鸟:上体暗蓝灰褐色,头顶较多褐色。翼上覆羽和飞羽黑褐色,内侧次级飞羽和覆羽具淡棕色羽缘。下体白色,具淡蓝灰色鳞状斑,向后逐渐转为波状横纹。尾上下覆羽白色;尾羽暗褐色,基部白色,并由内向外基部白色范围逐渐扩大,到最外侧一对尾羽几全为白色。

习性 主要栖息于山地溪流与河谷沿岸,尤以多石的林间或林缘地带的溪流沿岸较常见,也出现于平原河谷和溪流,偶尔也见于湖泊、水库、水塘岸边。常单独或成对活动。停立时尾常不断地上下摆动,间或还将尾散成扇状,并左右来回摆动。主要以昆虫为食,如鞘翅目、鳞翅目、膜翅目等昆虫及其幼虫,也吃少量植物果实和种子。

通常营巢于河谷与溪流岸边,巢多置于岸边悬岩洞隙、岩石或土坎下凹陷处,也在岸边岩石缝隙和树洞中营巢。主要由雌鸟营巢,雄鸟偶尔参与营巢活动。雌鸟孵卵,雏鸟晚成性,雌雄亲鸟共同育雏。

分布 天目山留鸟,分布于各主要溪流。国内分布于华北、华东、华中、华南、西南以及台湾和海南岛等地。国外主要分布于阿富汗、巴基斯坦、尼泊尔、印度、孟加拉国、缅甸、越南、泰国等地。

红尾鸲属 *Phoenicurus* Forster，1817

小型鸣禽。嘴短健,上嘴前端有缺刻或小钩,有嘴须。鼻孔不明显,不为悬羽所掩盖。翼长而尖,初级飞羽 10 枚,第一枚甚短。尾较长,远超跗跖的 2 倍,尾羽通常 12 枚。跗跖较长而强键,前缘被靴状鳞。雌雄异色,常具红色尾。

本属现存有 14 种,分布于亚洲、欧洲南部和非洲北部。中国有 10 种。天目山有 1 种。

4.121 北红尾鸲 *Phoenicurus auroreus* Pallas，1776(图版 Ⅳ-121)

别名 花红燕儿、火燕、穿马褂、灰顶尾鸲

形态 体小型,体重 13～22g,体长 130～160mm,翼长 60～80mm。虹膜暗褐色。嘴和跗跖黑色。趾和爪黑色。

雄鸟:额、头顶、后颈至上背深灰色;下背黑色,腰和尾上覆羽橙棕色。翼上覆羽和飞羽黑色或黑褐色,次级飞羽和三级飞羽基部白色,形成一道明显的白色翼斑。头侧、颈侧、颏、喉和上胸黑色,其余下体橙棕色。中央尾羽黑色,最外侧尾羽外翈具黑褐色羽缘,其余尾羽橙棕色。秋季刚换上的新羽上体灰色和黑色部分均具暗棕色或棕色羽缘,飞羽和覆羽亦缀有淡棕色羽缘。

雌鸟:眼圈微白色。额、头顶、头侧、颈、背、两肩橄榄褐色。两翼内侧覆羽橄榄褐色,其余翼上覆羽和飞羽黑褐色,具白色翼斑,但较雄鸟小。腰、尾上覆羽淡棕色;中央尾羽暗褐色,外

侧尾羽淡棕色。下体黄褐色,胸沾棕色,腹中部近白色。

习性 主要栖息于山地、森林、河谷、林缘和居民点附近的灌丛与低矮树丛中,尤以居民点和附近的丛林、花园、地边树丛较常见。常单独或成对活动。行动敏捷,频繁地在地上和灌丛间跳来跳去啄食虫子,偶尔也在空中飞翔捕食。性胆怯,见人即藏匿于丛林内。主要以昆虫为食,仅偶尔食灌木浆果。多以鞘翅目、鳞翅目、直翅目等昆虫及其幼虫为主,其中约80%为农作物和树木害虫。

营巢环境多样,主要营巢于房屋墙壁破洞、缝隙、屋檐、顶棚、牌楼、废弃房屋等人类建筑物上和邻近的柴垛等堆集物缝隙中,也营巢于树洞、岩洞、树根下和土坎坑穴中。营巢由雌雄亲鸟共同承担,孵卵全由雌鸟承担,雄鸟在巢附近警戒。雏鸟晚成性,雌雄亲鸟共同育雏。

分布 天目山冬候鸟,分布于森林、灌丛地带。国内繁殖于东北、西北和西南部,越冬于长江以南地区,包括四川南部、云南南部、西藏南部、香港、台湾和海南岛等地。国外主要分布于俄罗斯、蒙古、印度、东亚及东南亚等地。

燕尾属 *Enicurus* Temminck,1822

嘴直而壮,嘴须发达。第1枚初级飞羽长约为第2枚初级飞羽的一半。尾呈深叉状、尾比翼长(小燕尾除外),外侧第二对和第三对尾羽最长,最外侧两对尾羽通常为白色,最外侧一对尾羽比邻近的一对外侧尾羽短。跗跖长而纤细,色甚浅淡。雌雄同色,或几乎相同。

本属现存有10种,主要分布于喜马拉雅山脉地区,中国有4种。天目山有2种。

天目山燕尾属分种检索

尾较翼短,中央尾羽几达尾端 ································ 小燕尾 *E. scouleri*
尾较翼长,中央尾羽仅为最长尾羽的1/3 ···················· 黑背燕尾 *E. immaculatus*

4.122 小燕尾 *Enicurus scouleri* Vigors,1832(图版 IV-122)

别名 小剪尾、点水鸦雀

形态 体小型,体重14~20g,体长110~140mm,翼长65~80mm。虹膜黑褐色。嘴较长而平直,黑色,上嘴近端具缺刻。跗跖细长,前缘被靴状鳞。跗跖、趾和爪肉白色。

成鸟:额、头顶前部白色。枕、颈至上背黑色。腰和尾上覆羽为白色,腰部白色间横贯一道黑斑。翼上覆羽和飞羽黑褐色,大覆羽先端及次级飞羽基部白色,形成一道明显的白色翼斑,内侧飞羽外翈具窄的白缘。颏、喉和上胸黑色,下体余部白色,两胁略沾黑褐色。中央尾羽先端黑褐色,基部白色,外侧尾羽的黑褐色逐渐缩小,而白色却逐渐扩大,至最外侧一对尾羽几乎全为白色。

幼鸟:额和头顶前部黑褐色。颏、喉和前胸近白色,羽端黑褐色。其余部分与成鸟略同,而黑色部分较成鸟浅淡。

习性 主要栖息于山涧溪流与河谷沿岸,季节性垂直迁徙较明显。常成对或单个活动。以水生昆虫和昆虫幼虫为食,所吃食物主要有鞘翅目、鳞翅目、膜翅目等昆虫及其幼虫。

通常营巢于森林中山涧溪流沿岸岩石缝隙间和石壁缝中,巢隐蔽性甚好,不易被发现。孵卵由雌雄鸟共同承担。雏鸟晚成性,雌雄亲鸟共同育雏。

分布 天目山留鸟,分布于山涧溪流岸边。国内分布北至甘肃南部、陕西,向南达长江以南广大地区,西抵四川、云南西北部、西藏南部。国外分布于南亚、哈萨克斯坦、吉尔吉斯斯坦、塔吉克斯坦和东南亚北部地区。

4.123　白额燕尾 *Enicurus immaculatus* Hodgson，1836（图版IV-123）

别名　燕尾、地燕子、白冠燕尾、黑背燕尾

形态　体中型，体重 40～50g，体长 220～310mm，翼长 100～120mm。虹膜褐色。嘴平直纤细，黑色，上嘴近端微具缺刻。跗跖肉白色，前缘被靴状鳞。趾和爪象牙白色。

成鸟：雌雄鸟羽色相似。前额至头顶前部白色。头顶后部、枕、头侧、后颈、颈侧、背灰黑色（雌鸟头顶后部沾有浓褐色）。肩辉黑色，具窄的白色端斑。下背、腰和尾上覆羽白色。翼上覆羽黑色，具白色尖端；飞羽黑色，基部白色，与大覆羽白色端斑共同形成翼上显著的白色翼斑，内侧次级飞羽尖端亦为白色。颏、喉至胸黑色，下体余部白色。尾深叉状，中央尾羽最短，往外侧尾羽依次变长；尾羽黑色，具白色基部和端斑，最外侧两对尾羽几全白色。

幼鸟：上体自额至腰咖啡褐色。颏、喉棕白色；胸和上腹淡咖啡褐色具棕白色羽干纹。其余和成鸟相似。

习性　主要栖息于山涧溪流与河谷沿岸，尤其喜欢水流湍急、水中多石头的林间溪流，冬季也见于水流平缓的山脚、平原河谷和村庄附近缺少树木隐蔽的溪流岸边。常单独或成对活动。性胆怯，平时多停息在水边或水中石头上，在浅水中觅食。以水生昆虫及其幼虫为食，所吃食物主要有鞘翅目、鳞翅目、膜翅目等昆虫。

通常营巢于森林中水流湍急的山涧溪流沿岸岩石缝隙间，巢隐蔽性甚好，不易被发现。孵卵由雌鸟承担，雏鸟晚成性，雏鸟孵出后的当天，雌雄亲鸟即开始寻食喂雏。

分布　天目山留鸟，分布于山涧溪流沿岸。国内主要分布于长江流域及以南的广大地区，北至河南南部、陕西南部、甘肃东南部和南部，西至四川、贵州和云南，南至广东、香港和海南岛。国外分布于南亚和东南亚。

歌鸲属 *Luscinia* Forster，1817

体小似雀。嘴细长，嘴须不发达。翼短圆，长度远不到110mm，第一枚初级飞羽短狭。尾长约为跗跖长的 2 倍（新疆歌鸲的尾长超过 2 倍）。跗跖粗长而健。

本属现存有 11 种，分布于非洲、欧洲和亚洲广大地区。中国有 10 种。天目山有 1 种。

4.124　红尾歌鸲 *Luscinia sibilans* Swinhoe，1863（图版IV-124）

别名　红腿欧鸲、红腰鸥鸲

形态　体小型，体长 120～150mm，翼长 60～80mm。虹膜褐色。嘴尖直，黑色。跗跖和脚黄褐色。

雄鸟：眼先和颊黄褐色，眼周淡黄褐色。上体橄榄褐色。飞羽黑褐色，外缘棕褐色。尾及尾上覆羽红褐色。下体白色，微沾皮黄色；喉、胸部及两胁有褐色鳞状斑。

雌鸟：背部橄榄褐色。尾羽棕色，不如雄鸟鲜艳。下体鳞状斑较稀疏。

习性　多栖息于林木稀疏而林下灌木密集的地方，主要在地上和接近地面的灌木或树桩上活动。单独或成对活动。占域性甚强，常在地上奔跑、跳跃，尾不时颤动上举。主要以昆虫、蜘蛛为食。

繁殖期 6—7 月。通常营巢于树干下部天然树洞中，也利用啄木鸟废弃的树洞。雌鸟孵卵，雄鸟在附近警戒。雏鸟晚成性，雌雄亲鸟共同育雏。

分布　天目山旅鸟，分布于疏林及灌丛。国内分布于东部地区，北自大、小兴安岭，南至海南、广西和云南；北部为繁殖鸟，中部为旅鸟，南部为旅鸟或冬候鸟。国外分布于西伯利亚、日本、朝鲜、老挝等地区。

鹊鸲属 *Copsychus* Wagler，1827

嘴粗健而直,长约为头长之半或略长。尾呈凸尾状,尾与翼几乎等长或较翼稍长。两性羽色相异。雄鸟上体大多黑色,翼具白斑;下体前黑后白。雌鸟则以灰色或褐色替代雄鸟的黑色部分。

本属现存有 12 种,分布于南亚和东南亚。中国有 3 种。天目山有 1 种。

4.125　鹊鸲 *Copsychus saularis* Linnaeus，1758(图版Ⅳ-125)

别名　四喜、猪屎雀、信鸟、屎鸦雀

形态　体中小型,体重 30～50g,体长 180～230mm,翼长 90～110mm。虹膜褐色。嘴黑色。跗跖、趾和爪黑褐色(♂)或浅褐色(♀)。

雄鸟:头顶至尾上覆羽黑色,略带蓝色金属光泽。翼上覆羽和飞羽黑褐色,内侧次级飞羽外翈大部和次级覆羽均为白色,构成明显的白色翼斑。颊、颏、喉至上胸黑色。下胸至尾下覆羽纯白色。中央两对尾羽全黑,外侧第 4 对尾羽仅内翈边缘黑色,余部均白;其余尾羽都为白色。

雌鸟:与雄鸟相似,但黑色部分被灰色或褐色替代。飞羽和尾羽的黑色较浅淡。下体及尾下覆羽的白色略沾棕色。

习性　主要栖息于低山丘陵和山脚平原地带的次生林、竹林、林缘疏林灌丛和小块森林等开阔地方,尤喜村寨和居民点附近的小块丛林、灌丛、果园以及耕地、路边树林与竹林。单独或成对活动。性活泼、大胆,不畏人,好斗。休息时常展翼翘尾。有时将尾往上翘到背上。清晨常高高地站在树梢或房顶上鸣叫,鸣声婉转多变,悦耳动听。主要以昆虫为食,所吃食物种类常见有鞘翅目、鳞翅目、直翅目等昆虫及其幼虫,也食蜘蛛、小螺、蜈蚣等其他小型无脊椎动物,偶尔也食植物果实与种子。

通常营巢于树洞、墙壁洞穴以及屋檐缝隙中,有时也在树杈处营巢。孵卵由雌雄亲鸟共同承担。雏鸟晚成性,雌雄亲鸟共同育雏。

分布　天目山留鸟,分布于开阔森林、灌丛。国内广泛分布于长江流域及以南地区,南达海南岛、香港、福建,北至甘肃东南部、陕西、山西、河南和山东,西至四川、贵州、云南等省。国外分布于南亚和东南亚地区。

鸲属 *Tarsiger* Hodgson，1845

小型鸣禽。虹膜褐色或黑色。嘴直而尖,深褐色或黑色。尾长超过跗跖的 2 倍。跗跖和脚灰褐色或深褐色(金色林鸲浅肉色)。

本属现存有 6 种,分布于亚洲和东北欧。中国有 5 种。天目山有 1 种。

4.126　红胁蓝尾鸲 *Tarsiger cyanurus* Pallas，1773(图版Ⅳ-126)

别名　青鸲、蓝尾巴根子、红胁歌鸲、蓝尾歌鸲

形态　体小型,体重 10～16g,体长 120～140mm,翼长 70～80mm。虹膜褐色或暗褐色。嘴黑色。跗跖和趾栗褐色,爪浅褐色。

雄鸟:眉纹白色沾棕色,自前额向后延伸至眼上方的前部转为蓝色。眼先、颊黑色;耳羽黑褐色,杂以淡褐色斑纹。头顶至背部灰蓝色;头顶两侧、翼上覆羽和尾上覆羽特别鲜亮,呈辉蓝色。飞羽暗褐色,最内侧第 2、3 枚飞羽外翈沾蓝色,其余飞羽具暗棕色或淡黄褐色狭缘。颏、喉、胸棕白色,腹至尾下覆羽白色,胸侧灰蓝色,两胁橙红色或橙棕色。尾主要为黑褐色,中央

一对尾羽具蓝色羽缘,外侧尾羽仅外翈羽缘稍沾蓝色,愈向外侧蓝色愈淡。

雌鸟:前额、眼先、眼周棕白色,其余头侧橄榄褐色,耳羽杂有棕白色羽缘。上体橄榄褐色,腰和尾上覆羽灰蓝色。下体和雄鸟相似,但胸沾橄榄褐色,胸侧无灰蓝色。尾黑褐色,沾灰蓝色。

习性　繁殖期间主要栖息于山地针叶林、针阔叶混交林和林缘疏林灌丛地带;迁徙季节和冬季亦见于低山丘陵和山脚平原地带的次生林、林缘疏林、道旁和溪边疏林灌丛中。常单独或成对活动,有时亦见成 3～5 只的小群,尤其是秋季。主要为地栖性,多在林下灌丛间活动和觅食。停歇时常上下摆尾。主要以昆虫为食。所吃食物种类常见有鞘翅目、鳞翅目、直翅目等昆虫及其幼虫,也食植物果实与种子。

一般在高出地面的土坎、突出的树根和土崖上的洞穴中营巢,也有在树干洞穴中营巢的。雌雄鸟共同营巢,孵卵由雌鸟承担。雏鸟晚成性,孵出后由雌雄亲鸟共同育雏。

分布　天目山冬候鸟,分布于森林、灌丛等处。国内主要繁殖于东北和西南地区,越冬于长江流域及以南广大地区。国外主要分布于欧亚大陆,南至阿富汗、巴基斯坦和喜马拉雅山脉等地,越冬于印度、泰国和中南半岛,在中美洲和北非也有分布。

鹟科 Muscicapidae

嘴短健,基部甚宽阔,嘴峰有脊。嘴须发达,鼻孔被须羽掩盖。翼形各异,常尖长,折合时至少达到尾长之半。初级飞羽 10 枚,第 1 枚较短小。尾羽 12 枚。跗跖较嘴长,前缘被盾状鳞,后缘棱状。趾弱,后趾爪较中趾爪短。

大多在树丛或灌丛间生活,栖于树上。食物以昆虫为主。

本科现存有 51 属 324 种,分布于欧洲、亚洲和非洲。中国有 9 属 37 种。天目山有 4 属 5 种。

天目山鹟科分属检索

1. 雌雄鸟羽色相似,胸部具纵纹 ································· 鹟属 *Muscicapa*
   雄鸟体色鲜艳,胸部无纵纹 ··· 2
2. 第 1 枚初级飞羽不短于第 2 枚之半,雌雄同色 ············· 林鹟属 *Rhinomyias*
   第 1 枚初级飞羽短于第 2 枚之半,雌雄异色 ······································ 3
3. 无眉纹,中央尾羽纯蓝色 ·································· 蓝鹟属 *Cyanoptila*
   有眉纹,中央尾羽黑褐色,具白色端斑 ····················· 姬鹟属 *Ficedula*

鹟属 *Muscicapa* Brisson,1760

小型鸣禽。嘴基部甚宽,超过嘴峰的 1/2,嘴须明显。羽毛松软。第 1 枚初级飞羽长不到第 2 枚的一半,第 3、4 枚最长。尾方形或稍凹,尾羽 12 枚。跗跖部短,脚细弱。

本属现存有 27 种,分布于亚洲、欧洲和非洲。中国有 6 种。天目山有 2 种。

天目山鹟属分种检索

上体灰褐色,第 2 枚初级飞羽较第 5 枚长 ······················· 北灰鹟 *M. dauurica*
上体乌灰褐色,第 2 枚初级飞羽较第 5 枚短 ······················· 乌鹟 *M. sibirica*

4.127 北灰鹟 *Muscicapa dauurica* Pallas,1811(图版Ⅳ-127)

别名　阔嘴鹟、棕褐鹟、大眼嘴儿

形态　体小型,体重 9～16g,体长 110～130mm,翼长 60～75mm。虹膜褐色。嘴黑褐色,下嘴基部棕黄色。跗跖被盾状鳞,黑色。趾和爪铅黑色。

成鸟:雌雄鸟羽色相似。眼先微白,眼周有一圈白羽。额深灰褐色,上体余部灰褐色。翼上覆羽和飞羽黑褐色,具灰白色端斑,内翈缘亦灰白色。颊、喉白色,胸部具苍灰色横带,形成胸环。腹和尾下覆羽白色。尾羽黑褐色,近方形。

幼鸟:上体褐色,具赭黄色斑纹;下体白色,喉、胸和体侧具暗色斑纹。

习性 栖息于各种森林中,尤其是山地溪流沿岸的混交林和针叶林中。常成对或单独活动,偶尔也成 3~5 只的小群。性机警,善藏匿。主要以鞘翅目、鳞翅目、膜翅目等昆虫及幼虫为食,偶尔也食少量的蜘蛛和植物花朵。

营巢于森林中乔木的树权上。孵卵主要由雌鸟承担。雏鸟晚成性,雌雄鸟共同育雏。

分布 天目山旅鸟,分布于森林地带。国内繁殖于中国北方,包括东北、华北,西至甘肃、陕西、四川,迁徙经华东、华中及台湾,冬季至南方包括海南岛越冬。国外繁殖于东北亚及喜马拉雅山脉,冬季南迁至印度、东南亚、苏拉威西岛及大巽他群岛。

4.128　乌鹟 *Muscicapa sibirica* Gmellin,1789(图版Ⅳ-128)

别名 斑鹟、大眼嘴儿

形态 体小型,体重 9~15g,体长 120~140mm,翼长 70~80mm。虹膜暗褐色。嘴黑褐色,下嘴基部较淡。跗跖被靴状鳞,铅黑色。趾和爪黑色。

成鸟:雌雄鸟羽色相似。头顶羽毛中部黑褐色,具点斑。眼先和眼周白色或皮黄白色。上体乌灰褐色,两翼覆羽和飞羽黑褐色,翼上大覆羽和三级飞羽羽缘淡棕白色,初级飞羽内翈羽缘棕褐色,次级飞羽羽缘白色,尾乌灰褐色或黑褐色。颊及耳羽暗灰褐色;嘴角处有一黑白纹相间的嘴角斑。颏、喉白色或污白色,胸和两胁具粗阔的乌灰褐色纵纹或全为乌灰色,腹和尾下覆羽白色。

幼鸟:上体灰褐色,杂以白色斑纹;下体杂以褐色斑点。

习性 栖息于丘陵山地的树丛间。成对或单独活动在高树上,很少下地。主要以昆虫及其幼虫为食,所吃昆虫种类主要为鞘翅目、膜翅目、鳞翅目等,也吃少量植物种子。

繁殖期 5—7 月,营巢于森林中的树权上。孵卵主要由雌鸟承担。雏鸟晚成性,雌雄鸟共同育雏。

分布 天目山旅鸟,分布于森林地带。国内繁殖于中国东北,越冬于华南、华东、海南岛及台湾。国外分布北至俄罗斯、哈萨克斯坦,东至日本,西至印度,南至菲律宾。

林鹟属 *Rhinomyias* Blyth,1843

中小型鸣禽。虹膜褐色。嘴略向下曲,近黑。翼短圆,第 1 枚初级飞羽较长。跗跖和脚粉红色或淡黄色。体羽偏褐色。颈近白色,略具深色鳞状斑纹。胸部浅褐色。

本属现存有 12 种,主要分布于东南亚诸岛。中国有 1 种。天目山有 1 种。

4.129　白喉林鹟 *Rhinomyias brunneatus* Slater,1897(图版Ⅳ-129)

别名 白喉鹟、褐胸鹟

形态 体中型,体重 20~30g,体长 150~170mm,翼长 70~90mm。虹膜棕褐色。嘴扁平而下弯,具缺刻,上嘴黑色,下嘴基部偏黄色。跗跖和趾淡黄色,爪角褐色。

成鸟:雌雄鸟羽色相似。眼先白色,眼周具狭窄的白色环圈。颊和耳羽褐色,具细窄的白色羽干纹。额至头顶褐色;背和翼上覆羽橄榄褐色;腰至尾上覆羽棕褐色。飞羽黑褐色,外翈缘浅棕色,内翈缘棕白色。颏、喉白色,胸部具淡褐色胸环。腹灰白色。翼下覆羽和两胁淡棕色。尾方形,褐色,外翈缘棕色。

幼鸟:通体以黑褐色为主,上体布满橙棕色斑点。

习性 栖息于阔叶林下层、茂密竹丛、次生林及人工林。常单独或成对活动。常伫立于枝头等处静伺,一旦飞虫临近即迎头衔捕,然后又回原处栖息。性胆小,善藏匿。以昆虫为主食。

在树上或洞穴内以苔藓、树皮、毛、羽等编成碗状巢。孵卵主要由雌鸟承担。雏鸟晚成性,雌雄鸟共同育雏。

分布 天目山夏候鸟,分布于森林地带。国内主要分布于南方,分布在江苏、浙江、福建、湖南、广东、广西、四川、贵州、香港等地。国外仅见于马来半岛和尼科巴群岛越冬。

蓝鹟属 *Cyanoptila* Blyth,1847

中小型鸣禽。虹膜黑褐色。嘴短而尖,黑色。跗跖和脚黑色。雄鸟上体多少有蓝色,耳羽、喉部及上胸蓝色或黑色。

本属现存有 2 种,分布于东亚、东南亚等地。中国有 1 种。天目山有 1 种。

4.130 白腹蓝[姬]鹟 *Cyanoptila cyanomelana* Temminck,1829(图版Ⅳ-130)

别名 蓝燕、石青、竹林鸟、蓝白鹟、琉璃鸟

形态 体中型,体重 20～30g,体长 150～200mm,翼长 90～110mm。虹膜褐色。雄鸟嘴黑褐色;雌鸟上嘴深褐色,下嘴褐色。跗跖、趾和爪黑褐色。

雄鸟:额基、眼先、颊黑色。头顶、枕和颈钴蓝色,羽基灰褐色。背至尾上覆羽深蓝色。翼上覆羽和飞羽黑褐色,外翈钴蓝色。颊、喉及上胸近黑。下胸、腹及尾下覆羽白色。中央尾羽暗蓝色,基部黑色;外侧尾羽外翈蓝色,内翈黑褐色,基部白色。

雌鸟:额、头顶橄榄灰色,羽端具褐色鱼鳞状细纹。头侧和颈侧染灰。背、肩橄榄褐色;腰及翼上覆羽锈褐色。飞羽和尾羽暗褐色,外翈缘锈褐色。颏、喉白色;胸灰褐色;腹和尾下覆羽灰白色。

习性 栖息于山地阔叶林和针阔叶混交林的溪流沿岸。单独或成对活动。叫声婉转动听。在树冠处取食昆虫,主要以昆虫及其幼虫为食。

在岩缝、树洞和树根中筑巢,由雌鸟孵卵。雏鸟晚成性,雌雄鸟共同育雏。

分布 天目山旅鸟,分布于山涧溪流沿岸的树林。国内分布于东北、华北、华东,西至甘肃、四川、贵州、云南等地。国外主要分布于欧亚大陆及非洲北部,包括整个欧洲、北回归线以北的非洲、阿拉伯半岛及中南半岛等地区。

姬鹟属 *Ficedula* Brisson,1760

小型鸣禽。第 1 枚初级飞羽短于第 2 枚之半,第 2 枚较第 5 枚短。雌雄异色,雄鸟常艳丽。上体多为蓝色。头部和尾基常具白色。

本属现存有 31 种,分布于欧亚大陆、东南亚及附近岛屿。中国有 15 种。天目山有 1 种。

4.131 红喉姬鹟 *Ficedula albicilla* Pallas,1811(图版Ⅳ-131)

别名 黄点儿、白点颏、黑尾杰、红胸鹟

形态 体小型,体重 8～14g,体长 110～130mm,翼长 65～75mm。虹膜深褐色。嘴角黑色。跗跖和脚黑色。

雄鸟:眼先和眼圈污白色,稍沾棕黄色。耳羽黄褐色,稍杂纤细白色纹。上体及翼上覆羽灰褐色,稍沾棕色。尾上覆羽及中央 1 对尾羽黑褐色;尾羽基部白色,端部黑色。下体颏喉橙

黄色,喉侧及胸部灰棕色,腹侧两胁淡灰棕色。腋羽灰色,羽端淡棕色。腹部及尾下覆羽污白色。

雌鸟:上体、翼及尾羽羽色似雄鸟。颏喉棕白色,杂以灰黄色或淡棕色。胸及两胁棕黄色或胸部棕褐色沾灰色。腹部及尾下覆羽白色。

幼鸟:体羽似雌鸟,仅翼上大覆羽和三级飞羽具乳黄白色羽端缘。下体胸部和腹侧暗黄褐色。

习性　主要栖息于低山丘陵和山脚平原地带的阔叶林、针阔叶混交林和针叶林中。常单独或成对活动,偶尔也成小群。性活泼,整天不停地在树枝间跳跃或飞来飞去,并常常从树枝上飞到空中捕食飞行性昆虫,然后又飞回原处。主要以鞘翅目、鳞翅目、双翅目等昆虫及其幼虫为食。

繁殖期5—7月。通常营巢于森林中沿河一带的老龄树树洞中,也在树的裂缝中营巢。

分布　天目山旅鸟,分布于森林地带。国内繁殖于东北地区,越冬于南部沿海,迁徙时遍及东部地区。国外繁殖于欧亚大陆北部,冬季迁徙至东南亚。

王鹟科 Monarchidae

嘴十分扁平,基部甚宽阔。嘴须和鼻须发达,鼻孔被垂羽掩盖。嘴前缘无锯齿,具缺刻,嘴峰有脊。初级飞羽10枚。尾羽明显长于翼长,尾羽12枚,呈凸形,有些种类的雄鸟的中央尾羽特别长,呈飘带状。跗跖较短小,趾弱。跗跖后缘侧扁呈棱状,跗跖前缘被靴状鳞。

本科动物大多活动在低山丘陵或平原地带,栖息于树丛或灌丛间。从不或很少在地面活动。具有很强的领域性。以昆虫和昆虫幼虫为食。置巢于树枝上,巢为杯状。

本科现存有16属99种,分布于非洲、亚洲及大洋洲。中国有2属3种。天目山有1属1种。

寿带属 *Terpsiphone* Gloger, 1827

嘴大而扁平,钴蓝色;上嘴具棱脊,嘴须粗长。头多具羽冠。尾较翼长或等长。跗跖和趾铅蓝色。

本属现存有16种,分布于非洲和亚洲。中国有2种。天目山有1种。

4.132　寿带 *Terpsiphone paradisi* Linnaeus, 1758(图版Ⅳ-132)

别名　长尾鹟、三光鸟、一枝花、天堂鹟、紫带子

形态　体中小型,体重15～35g,体长170～490mm,翼长80～100mm。虹膜暗褐色。嘴钴蓝色,粗大而基部宽扁,嘴峰稍曲,有缺刻。跗跖铅蓝色,前缘被盾状鳞。趾铅蓝色,爪黑色。

雄鸟有两种色型。

栗色型:眼圈辉钴蓝色,羽冠明显。额、头顶至后颈、颈侧、头侧等蓝黑色,富有金属光泽。背、肩、腰和尾上覆羽等为带紫的深栗红色。翼上覆羽和飞羽栗红色,外翈具楔状黑斑或黑色羽缘。喉和上胸蓝黑色,富有金属光泽。下胸和两胁灰色,往后逐渐变淡,到腹和尾下覆羽全为白色。尾羽栗色,中央尾羽特别延长,羽干暗褐色。

白色型:眼圈辉钴蓝色。头、颈以及颏、喉和栗色型相似,均为亮蓝黑色;但背至尾等上体为白色,具细窄的黑色羽干纹。翼上覆羽和飞羽白色。外翈具楔状黑斑或黑色羽缘。胸至尾下覆羽纯白色。尾羽白色,具窄的黑色羽干纹,中央一对尾羽特别延长。

雌鸟:眼圈淡蓝色。头、颈、颏、喉均与雄鸟相似,但辉亮差些,羽冠亦稍短。后颈暗紫灰

色。上体余部包括两翼和尾栗色,中央尾羽不延长。翼上覆羽和飞羽栗色,外翈羽缘黑褐色。下体和栗色型雄鸟相似,但尾下覆羽微沾淡栗色。

习性　主要栖息于低山丘陵和山脚平原地带的阔叶林中,也出没于林缘疏林和竹林,尤其喜欢沟谷和溪流附近的阔叶林。常单独或成对活动,偶尔也见 3～5 只成群。性羞怯,常活动在森林中下层茂密的树枝间。飞行缓慢,长尾摇曳。鸣声高亢、洪亮,鸣叫时羽冠耸立。常从栖息的树枝上飞到空中捕食昆虫。主要以昆虫为食,所吃食物种类主要有鞘翅目、鳞翅目、直翅目、双翅目、同翅目等昆虫及其幼虫,也会食少量植物种子。

繁殖期间领域性甚强,一旦有别的鸟侵入,立刻加以驱赶,直到赶走为止。营巢于靠近溪流附近的小阔叶树枝权上和竹上,也在林下幼树枝权上营巢。营巢由雌雄鸟共同承担。孵卵主要由雌鸟承担,雄鸟在雌鸟离巢期间亦参与孵卵活动。雏鸟晚成性,雌雄亲鸟共同育雏。

分布　天目山夏候鸟,分布于低山森林地带。国内分布于华北、华中、华南及东南的大部地区。国外分布于东亚、中亚、南亚及东南亚。

画眉科 Timaliidae

体中小型。嘴大多直而侧扁。嘴前缘无锯齿,常具缺刻和嘴须。翼短圆,具 10 枚初级飞羽;第 1 枚甚短。尾长度适中,尾羽 12 枚。后趾爪较中趾爪短。跗跖较嘴长,前缘被盾状鳞。

大多在树丛或灌丛间生活,不善远距离飞行。常成群聚集在树上,叫声婉转,善于模仿其他鸟的叫声。食物以昆虫为主,兼食果实和其他植物性食物。

本科现存有 41 属 280 多种,大多数种类分布于亚洲南部,少数分布于非洲和大洋洲,有些种类分布于亚洲北部及欧洲,个别种分布在北美洲。中国有 27 属 127 种。天目山有 9 属 14 种。

天目山画眉科分属检索

1. 两性一般不同,翼较尖长 …………………………………………………………………………… 2
   两性相似,翼较短圆 …………………………………………………………………………………… 3
2. 嘴先端具钩 ………………………………………………………………… 鸠鹛属 Pteruthius
   嘴先端无钩 ………………………………………………………………… 相思鸟属 Leiothrix
3. 腿较弱,翼较长,树栖性,耳羽栗色 …………………………………………… 凤鹛属 Yuhina
   腿较强,翼较短,地栖性,耳羽非栗色 …………………………………………………………… 4
4. 尾长不到 50mm …………………………………………………………………………………… 5
   尾长超过 50mm …………………………………………………………………………………… 6
5. 尾羽 6 枚 ……………………………………………………………… 鳞胸鹪鹛属 Pnoepyga
   尾羽 10 枚 …………………………………………………………………… 鹪鹛属 Spelaeornis
6. 尾长超过 70mm …………………………………………………………………………………… 7
   尾长不到 60mm …………………………………………………………………………………… 8
7. 嘴细长而弯曲,且与头等长 ………………………………………… 钩嘴鹛属 Pomatorhinus
   嘴长而直,且较头短 ………………………………………………………… 噪鹛属 Garrulax
8. 额羽的羽干强硬,冠部棕红色(♂)或黄色(♀) …………………………… 穗鹛属 Stachyris
   额羽的羽干不硬,眼周具灰白色眼圈 ……………………………………… 雀鹛属 Alcippe

鸱鹛属 *Pteruthius* Swainson，1832

体中小型。两性体色有差异,雄鸟相对较鲜艳。嘴短具缺刻,先端具钩。鼻孔椭圆形,上覆髭毛。翼较尖长。第 1 枚初级飞羽长度小于第 2 枚初级飞羽之半。跗跖前部常覆盾状鳞。

本属现存有 9 种,主要分布于印度、缅甸、中国南部及东南亚。中国有 5 种。天目山有 1 种。

4.133　淡绿鸱鹛 *Pteruthius xanthochlorus* Gray，1846(图版Ⅳ-133)

形态　体中小型,体长 110～125mm,翼长 57～62mm。虹膜灰色或灰褐色。上嘴黑色,下嘴褐色,基部蓝灰色。跗跖肉色,脚灰色。

雄鸟:头顶至后颈蓝灰色。前额、眼先、头侧暗灰色,眼圈大多白色。上体灰绿色或橄榄绿色。翼上覆羽褐色,小覆羽羽缘绿色,大覆羽羽缘和尖端黄绿色。初级飞羽黑色,最外侧数枚初级飞羽边缘绿色,内侧初级飞羽和次级飞羽边缘蓝灰色。尾羽褐色,除中央一对尾羽外,其余尾羽均具白色端斑。颏、喉、胸淡灰色或灰白色,其余下体亮黄色或灰黄色,两胁橄榄绿色。

雌鸟:体色与雄鸟相似,但头顶至后颈烟灰色,无眼圈。

习性　主要栖息于较茂密的森林中。常单独或成对活动,也与山雀、鹛及柳莺混群。常活动在较高的树枝间。性宁静,行为谨慎,很少鸣叫。主要以甲虫、椿象、蝉等昆虫为食,也吃浆果、种子等植物性食物。

繁殖期 5—7 月,通常营巢于茂密的树杈间。

分布　天目山留鸟,主要分布于密林中。国内分布于西藏、陕西、四川、云南、安徽、浙江、福建等地。国外主要分布于印度、缅甸及喜马拉雅山脉地区。

相思鸟属 *Leiothrix* Swainson，1832

小型鸣禽。嘴形粗健,长度约为头长的一半。嘴黄色或红色。鼻孔裸露。两性大体相似。

本属现存有 2 种,分布于印度、中国及东南亚。中国有 2 种。天目山有 1 种。

4.134　红嘴相思鸟 *Leiothrix lutea* Scopoli，1786(图版Ⅳ-134)

别名　相思鸟、红嘴鸟

形态　体小型,体重 14～29g,体长 130～150mm,翼长 60～75mm。虹膜暗褐色或淡红褐色。嘴赤红色,基部黑色,上缘弯曲,下缘稍直。跗跖和趾黄褐色。爪纤细钩状,浅黄色。

雄鸟:眼先、眼周淡黄色。耳羽浅灰色或橄榄灰色。额、头顶、枕和上背橄榄绿色沾黄色,额和头顶前部稍浅淡。下背、腰和尾上覆羽暗灰橄榄绿色,最长的尾上覆羽具淡黄色端斑。翼上覆羽大多暗橄榄绿色;飞羽黑褐色,向内渐深。初级飞羽外翈羽缘黄色,往内逐渐变为金黄色;从第三枚初级飞羽起,初级飞羽外翈基部朱红色,形成显著的朱红色翼斑;次级飞羽外翈灰黑色,基部橙黄色。颏和喉灰黄色,上胸橙红色,形成一显著的胸带。下胸、腹和尾下覆羽黄白色或乳黄色,腹中部较白。翼下覆羽灰色,两胁和腋羽黄绿色沾灰色。尾叉状,灰黑色。外侧尾羽向外稍曲,外翈和端斑金属蓝绿色,内翈基部暗灰橄榄绿色;中央尾羽暗灰橄榄绿色,具金属蓝黑色端斑。

雌鸟:和雄鸟大致相似,但翼斑橙黄色,眼先白色微沾黄色。

习性　主要栖息于山地常绿阔叶林、常绿落叶混交林、竹林和林缘疏林灌丛地带,有时也进到村舍、庭院和农田附近的灌木丛中。除繁殖期间成对或单独活动外,其他季节多成 3～5 只或 10 余只的小群,有时亦与其他小鸟混群活动。善鸣叫,尤其繁殖期间鸣声响亮、婉转动听。性大胆,不甚怕人,多在树上或林下灌木间穿梭、跳跃、飞来飞去,偶尔也到地上活动和觅食。主要以鳞翅目、鞘翅目、双翅目等昆虫为食,也吃果实、种子等植物性食物。

通常营巢于林下或林缘灌木丛或竹丛中,巢多筑于灌木侧枝或小树枝杈上或竹枝上。孵卵由雌雄亲鸟轮流承担。雏鸟晚成性,雌雄亲鸟共同育雏。

分布　天目山留鸟,分布于林缘灌丛地带。国内分布于甘肃南部、陕西南部、长江流域及其以南华南各省,东至浙江、福建,南至广东、香港、广西,西至四川、贵州、云南和西藏南部。国外主要分布于南亚、缅甸、老挝和越南等地,在北美和北非有零星分布。

凤鹛属 *Yuhina* Hodgson,1836

体小型。虹膜褐色。上嘴偏黑,下嘴多为红色。具短的冠形羽。跗跖和趾橘黄色。额、眼先及颏上部黑色。头顶偏灰色或栗色,上体橄榄灰色,下体偏白。

本属现存有 11 种,分布于喜马拉雅山脉、印度阿萨姆、缅甸北部、中国南方及东南亚。中国有 8 种。天目山有 1 种。

4.135　栗耳凤鹛 *Yuhina castaniceps* Moore,1854(图版Ⅳ-135)

别名　条纹凤鹛、白尾奇公、栗头凤鹛

形态　体小型,体重 10～17g,体长 120～140mm,翼长 55～60mm。虹膜红色或红褐色。嘴纤细,基部稍宽,上嘴栗色,下嘴黄褐色。跗跖黄褐色,前缘具盾状鳞。趾和爪褐色。

雌雄鸟羽色相似。额、头顶至枕灰色,具灰色羽冠和白色羽干纹。眼先灰白色,眉纹不甚明显,其上有时杂有褐斑。眼后、耳羽、后颈和颈侧栗褐色,有的后颈栗色不明显或没有,各羽亦具白色羽干纹。背、肩、腰和尾上覆羽栗色,染铅蓝色斑,各羽亦具白色羽轴纹。翼上覆羽和飞羽灰褐色,内外翈与背同色。从颏至尾下覆羽污灰白色;胸侧和两胁栗色,染铅蓝色。尾凸状,灰褐色,羽轴栗色,外侧尾羽具明显的白色端斑。

习性　主要栖息于沟谷雨林、常绿阔叶林和混交林中。繁殖期成对活动,非繁殖期多成群,通常成 10～20 只的小群,有时集成数十只甚至上百只的大群。活动在小乔木上或高的灌木顶枝上。主要以鞘翅目、膜翅目等昆虫为食,也吃植物果实与种子。

巢多置于其他鸟类废弃的巢洞或天然洞穴中。孵卵由雌雄亲鸟轮流承担。雏鸟晚成性,雌雄亲鸟共同育雏。

分布　天目山留鸟,分布于森林地带。国内分布于四川、贵州、云南、湖北、湖南、浙江、广西、广东、福建和香港等地。国外主要分布于锡金、孟加拉国、印度、缅甸、泰国、老挝、越南和印度尼西亚等地。

鳞胸鹪鹛属 *Pnoepyga* Hodgson,1844

体小型。虹膜深或浅褐色。嘴黑色或近黑色。尾极短或不显。跗跖和趾粉褐色或黄褐色。雄雌同色。

本属现存有 5 种,分布于南亚和东南亚。中国有 3 种。天目山有 1 种。

4.136　小鳞胸鹪鹛 *Pnoepyga pusilla* Hodgson,1845(图版Ⅳ-136)

别名　小鹪鹛、小鳞鹪鹛

形态　体小型,体重 8～12g,体长 70～100mm,翼长 40～50mm。虹膜深褐色。嘴纤细而直,黑色,下嘴较淡,嘴基黄褐色。跗跖和趾粉红色。爪灰白色,后爪弓形,较长。

雌雄鸟羽色相似。眼先灰褐色,满布点斑。上下眼睑色淡,呈一草黄色眼圈。额、头顶、枕

和上背黑褐色沾棕色,具棕黄色次端斑和黑褐色羽缘,从而呈鳞状;下背草黄色。腰和尾上覆羽同上背,但棕黄色次端斑明显扩大。翼上覆羽棕褐色,具较亮的棕黄色端斑,形成两条明显的翼斑。飞羽棕褐色,外翈缘棕褐色,内翈黑褐色。颏、喉、胸及腹黑色,具银白色或棕黄色羽缘,形成醒目的鳞状斑。两胁和尾下覆羽棕黄色,羽缘色浅。

习性 主要栖息于森林、灌丛或竹林中。单独或成对活动。性胆怯,叫声洪亮。常作短距离飞行,间或落地觅食。杂食性,食物主要为鳞翅目、直翅目、膜翅目等昆虫及其幼虫,也食一些植物的叶和芽。

营巢于林下岩石间或长满苔藓的岩石上。孵卵由雌雄亲鸟轮流承担。雏鸟晚成性,雌雄亲鸟共同育雏。

分布 天目山留鸟,分布于森林地带。国内分布于西藏东南部、华中、西南、华南及东南山区森林。国外尼泊尔、东南亚、马来半岛、苏门答腊岛、爪哇岛、佛罗勒斯岛及帝汶岛。

鹪鹛属 *Spelaeornis* David & Oustalet,1877

体小型。虹膜深褐或浅褐色。嘴略向下曲,多为黑色,有的种类下嘴较淡。尾很短。跗跖和趾褐色或偏粉。

本属现存有 9 种,主要分布于印度、缅甸、中国及越南北部。中国有 4 种。天目山有 1 种。

4.137 丽星鹪鹛 *Spelaeornis formosus* Walden,1874(图版 IV-137)

别名 鳞斑画眉

形态 体小型,体重 7～10g,体长 100～120mm,翼长 40～50mm。虹膜褐色。嘴黑褐色。跗跖和趾黑褐色。爪角褐色。

雌雄鸟羽色相似。上体包括翼上覆羽深褐色,腰和尾上覆羽沾棕色,具白色次端斑。飞羽棕褐色,外翈具黑色横斑。下体暗黄色,喉、胸具白色小点斑;腹部杂以黑色小斑。尾羽淡棕褐色,具黑色横斑。

习性 主要栖息于亚热带常绿阔叶林、混交林的林间灌丛。性隐蔽,隐匿于山区茂密的林下层。善奔跑,不善飞。杂食性,食物主要为鳞翅目、直翅目、膜翅目等昆虫及其幼虫,偶尔食少量植物果实与种子。

通常营巢于茂密的灌丛、竹丛、草丛中。孵卵由雌雄亲鸟轮流承担。雏鸟晚成性,雌雄亲鸟共同育雏。

分布 天目山留鸟,分布于林间灌丛。国内分布于云南东南部、西藏东南部、福建北部。国外主要分布于喜马拉雅山脉东部、缅甸西部和北部及中南半岛北部。

钩嘴鹛属 *Pomatorhinus* Hordfield,1821

体中型。嘴侧扁而下曲,细长,几与头等长。尾较长,跗跖强健,适于枝间跳跃。多数具白色眉纹。尾羽暗褐色,尾下覆羽白色或橙棕色。

本属现存有 15 种,分布于热带、亚热带的亚洲。中国有 6 种。天目山有 2 种。

天目山钩嘴鹛属分种检索

有白色眉纹,嘴长 25mm 以下 ·················· 棕颈钩嘴鹛 *P. ruficollis*

无白色眉纹,嘴长 30mm 以上 ·················· 斑胸钩嘴鹛 *P. erythrocnemis*

4.138　棕颈钩嘴鹛 *Pomatorhinus ruficollis* **Hodgson，1836**（图版Ⅳ-138）

别名　小钩嘴鹛、小钩嘴噪鸟、钩嘴画眉、小鹛

形态　体中型,体重 22～30g,体长 160～180mm,翼长 70～80mm。虹膜深褐色。嘴细长而弯曲,上嘴黑色,先端和边缘乳黄色;下嘴淡黄色。跗跖浅褐色,前缘被盾状鳞。趾铅褐色,爪淡黄色。

本种各亚种羽色变化较大,长江亚种具有以下特征:

雌雄鸟羽色相似。眉纹白色,从额基沿眼上侧向后延伸直达颈侧。眼先、颊和耳羽黑色,形成一宽阔的黑色贯眼纹。头顶橄榄褐色;后颈栗红色,形成半领环状。背棕褐色,向后较淡。翼上覆羽棕褐色;飞羽暗褐色,外翈羽缘污灰色或灰褐色。颏、喉白色;胸和胸侧白色,具粗著的淡橄榄褐色纵纹,有时微带赭色。胸以下为淡橄榄褐色,腹中部白色。两胁和尾下覆羽橄榄棕色。尾羽暗褐色,微具黑色横斑,基部边缘微沾棕橄榄褐色。

习性　栖息于低山和山脚平原地带的阔叶林、次生林、竹林和林缘灌丛中,也出入于村寨附近的茶园、果园、路旁丛林和农田地灌木丛。常单独、成对或成小群活动。性活泼,胆怯畏人,常在茂密的树丛或灌丛间疾速穿梭或跳来跳去,一遇惊扰,立刻藏匿于丛林深处,繁殖期间常躲藏在树叶丛中鸣叫,鸣声单调、清脆而响亮。主要取食双翅目、鳞翅目、半翅目等昆虫及其幼虫,也取食少量树木和灌木果实与种子,以及草籽等植物性食物。

通常营巢于灌木上。孵卵由雌雄亲鸟轮流承担。雏鸟晚成性,雌雄亲鸟共同育雏。

分布　天目山留鸟,分布于林间灌丛。国内广泛分布于秦岭以南的广大地区,东至江苏、浙江、福建、台湾,西至甘肃、四川、贵州、云南和西藏东南部,北至河南南部、陕西南部和甘肃东南部,南至广东、香港、广西和海南岛。国外主要分布于南亚和东南亚。

4.139　斑胸钩嘴鹛 *Pomatorhinus erythrocnemis* **Gould，1863**（图版Ⅳ-139）

别名　大钩嘴鹛、锈脸钩嘴鹛、钩嘴画眉

形态　体中大型,体重 55～80g,体长 210～250mm,翼长 90～120mm。虹膜淡黄色。嘴细长而下曲,上嘴黑褐色;下嘴灰白色,基部褐色。跗跖褐色。趾灰褐色,爪红褐色。

雌雄鸟羽色相似。眼先灰白色,眉纹、颊和耳羽棕栗色,眉纹仅见于眼前缘。额锈红色;头顶橄榄褐色,具宽的黑褐色羽干纹。颈、腰及尾上覆羽红褐色,具橄榄褐色细纹。飞羽暗褐色,外翈缘浅栗色,内翈缘转为深栗色。背、翼上覆羽及尾羽赤棕色。颊、两胁及尾下覆羽橙褐色。下体余部偏白,胸具灰色点斑及纵纹。尾羽暗褐色,具隐而不显的暗色横纹。

习性　栖息于矮树林、林缘、灌丛或草丛中。常单独、成对或成小群活动。性活泼,常在树枝间穿梭跳跃,或作短距离飞行。鸣声清脆而响亮。食性较杂,主要取食鞘翅目、鳞翅目、半翅目等昆虫及其幼虫,也取食少量树木和灌木果实与种子,以及草籽等植物性食物。

通常营巢于灌丛、草丛和矮树冠下层,有时也在地面营巢。孵卵由雌雄亲鸟轮流承担。雏鸟晚成性,雌雄亲鸟共同育雏。

分布　天目山留鸟,分布于林缘灌丛、草地等处。国内广泛分布于秦岭以南的广大地区,东至江苏、浙江、福建、台湾,西至甘肃、四川、贵州、云南和西藏东南部,北至河南南部、陕西南部和甘肃东南部,南至广东、香港、广西和海南岛。国外主要分布于喜马拉雅山脉、缅甸东部及泰国西北部。

噪鹛属 *Garrulax* Lesson，1831

体多大中型,略似画眉。嘴强直或稍曲,嘴较头短,约为头长的 3/4,有的上嘴端部微具缺刻。鼻孔被硬羽,羽轴延长呈须状。上体大多不具纵纹。翼短圆,第 1 枚初级飞羽发达。尾羽 12 枚,尾圆形或凸形。

本属现存有 45 种,多分布于东洋界,少数分布于古北界。中国有 37 种。天目山有 5 种。

天目山噪鹛属分种检索

1. 鼻孔完全或几乎完全为羽须遮盖 ⋯⋯⋯⋯⋯⋯⋯⋯⋯⋯⋯⋯⋯⋯⋯⋯⋯⋯⋯⋯⋯⋯⋯⋯ 2
   鼻孔仅为稀疏的羽须遮盖 ⋯⋯⋯⋯⋯⋯⋯⋯⋯⋯⋯⋯⋯⋯⋯⋯⋯⋯⋯⋯⋯⋯⋯⋯⋯⋯⋯ 3
2. 颏、喉褐灰色 ⋯⋯⋯⋯⋯⋯⋯⋯⋯⋯⋯⋯⋯⋯⋯⋯⋯⋯⋯⋯ 黑脸噪鹛 *G. perspicillatus*
   颏黑色,喉棕褐色或棕黄色 ⋯⋯⋯⋯⋯⋯⋯⋯⋯⋯⋯⋯⋯⋯⋯ 棕噪鹛 *G. poecilorhynchus*
3. 尾较翼短,或等长,胸具一黑色环带 ⋯⋯⋯⋯⋯⋯⋯⋯⋯⋯⋯⋯⋯⋯⋯⋯⋯⋯⋯⋯⋯⋯ 4
   尾较翼长,胸不显黑色 ⋯⋯⋯⋯⋯⋯⋯⋯⋯⋯⋯⋯⋯⋯⋯⋯⋯⋯⋯⋯⋯ 画眉 *G. canorus*
4. 具黑色颊纹,耳羽黑色,杂白色纵纹 ⋯⋯⋯⋯⋯⋯⋯⋯⋯⋯⋯⋯⋯ 黑领噪鹛 *G. pectoralis*
   无颊纹,耳羽灰白色,上下边缘具黑纹 ⋯⋯⋯⋯⋯⋯⋯⋯⋯⋯⋯ 小黑领噪鹛 *G. monileger*

4.140　黑脸噪鹛 *Garrulax perspicillatus* Gmelin，1789(图版Ⅳ-140)

别名　土画眉、黑面画眉

形态　体中型,体重 100～140g,体长 270～320mm,翼长 110～130mm。虹膜棕褐色或褐色。嘴黑褐色。跗跖和趾黄褐色。爪黑褐色。

雌雄鸟羽色相似。前额、眼先、眼周、头侧和耳羽黑色。头顶至后颈褐灰色。背暗灰褐色,至尾上覆羽转为土褐色。翼上覆羽和最内侧飞羽橄榄色;其余飞羽褐色,外翈羽缘黄褐色。颏、喉至上胸褐灰色。下胸和腹棕白色。腋羽和翼下覆羽浅黄褐色;两胁棕白色沾灰色。尾下覆羽棕黄色。尾羽暗棕褐色,中央一对尾羽深褐色;外侧尾羽栗褐色,具黑色端斑,越往外侧黑斑愈大。

幼鸟:与成鸟相似,但鼻孔被羽覆盖。头部不显灰色,而缀褐色。

习性　主要栖息于平原和低山丘陵地带的灌丛与竹丛中,也出入于庭院、人工松柏林、农田地边和村寨附近的疏林和灌丛内,偶尔也进到高山和茂密的森林。常成对或成小群活动,特别是秋冬季节集群较大,可达 10 多只至 20 余只。常在荆棘丛或灌丛下层跳跃穿梭,或在灌丛间飞来飞去,飞行姿态笨拙,不进行长距离飞行。性活跃,活动时常喋喋不休地鸣叫,显得甚为嘈杂。杂食性,但主要以昆虫为主,所吃昆虫主要有鞘翅目、鳞翅目、直翅目等昆虫及其幼虫,也吃其他无脊椎动物、植物果实、种子和部分农作物。

通常营巢于低山丘陵和村寨附近小块丛林和竹林内,巢多置于距地 1m 以上的灌木、幼树或竹类枝丫上。孵卵由雌雄亲鸟轮流承担。雏鸟晚成性,雌雄亲鸟共同育雏。

分布　天目山留鸟,分布于林缘灌丛。国内分布于陕西南部的秦岭、山西南部、河南、安徽、长江流域及其以南广大地区,东至江苏、浙江、福建,南至广东、香港、广西,西至四川、贵州和云南东部。国外分布于老挝、越南北部。

4.141　棕噪鹛 *Garrulax poecilorhynchus* Gould，1863(图版Ⅳ-141)

别名　棕画眉、土画眉、八音鸟

形态　体中型,体重 80～100g,体长 230～290mm,翼长 110～120mm。虹膜灰色,眼周裸露部分蓝色。嘴端部黄色或黄绿色,基部黑色。跗跖和趾铅褐色。爪黄色。

雌雄鸟羽色相似。鼻羽、前额、眼先、眼周、耳羽上部、颊前部和颏黑色。上体赭褐色,头顶至颈具窄的淡黑色羽缘,在头顶形成鳞状斑;尾上覆羽红棕色。两翼内侧覆羽和飞羽赭褐色,外侧覆羽棕褐色;飞羽外翈棕黄色,内翈黑褐色。喉和上胸淡赭褐色;下胸、腹和两胁灰色。尾下覆羽灰白色或白色。中央一对尾羽棕栗色;其余尾羽外翈棕栗色,内翈暗褐色,从内向外逐渐变淡;最外侧 3 对尾羽具白色端斑。

习性 主要栖息于山地常绿阔叶林中,尤以林下植物发达、阴暗、潮湿和长满苔藓的岩石地区较常见。常单独或成小群活动。性羞怯、善隐藏,多活动于林下灌木丛间地上,很少到森林中上层活动。善鸣叫,因而显得较嘈杂,常常闻其声而难觅其影。杂食性,以啄食昆虫为主,也吃植物的果实和种子。

筑巢于低矮乔木枝丫上,巢离地约 2m 高,以干燥的树叶、草茎及草根为巢材。孵卵由雌雄亲鸟轮流承担。雏鸟晚成性,雌雄亲鸟共同育雏。

分布 天目山留鸟,分布于森林地带。该鸟为中国特产物种,主要分布于四川、贵州、云南、安徽、浙江、福建和台湾等地。

4.142 画眉 *Garrulax canorus* Linnaeus,1758(图版Ⅳ-142)

别名 金画眉

形态 体中型,体重 55～75g,体长 200～260mm,翼长 80～100mm。虹膜橙黄色或黄色。嘴强健,嘴峰稍曲,上嘴黄褐色(♂)或黄色(♀),下嘴黄色。跗跖黄褐色,前缘具盾状鳞。趾和爪黄色。

雌雄鸟羽色相似。眼先和耳羽暗棕褐色。眼圈白色,其上缘白色向后延伸成一窄线直至颈侧,状如眉纹,故有画眉之称(台湾亚种无眉纹)。额棕色,头顶至上背棕褐色,具宽阔的黑褐色纵纹。翼上覆羽棕褐色。飞羽暗褐色,外翈羽缘棕色,内翈黄褐色,中部附近的内翈草黄色。颏、喉、上胸和胸侧棕黄色,杂以黑褐色纵纹。两胁较暗无纵纹。腹中部污灰色,肛周沾棕色。翼下覆羽棕黄色。尾羽暗褐色,具多道不甚明显的黑褐色横斑。

习性 主要栖息于低山丘陵和山脚平原地带的矮树丛和灌木丛中,也栖于林缘、农田、旷野、村落和城镇附近小树丛、竹林及庭园内。常常单独活动,有时结小群活动。既机灵又胆怯,好隐匿,常常在密林中飞窜而行,或立于茂密的树梢枝权间鸣叫。杂食性,但全年食物以昆虫为主,尤其在繁殖季节,包括直翅目、半翅目、鞘翅目等昆虫及其幼虫;植物性食物主要为种子、果实、草籽、野果、草莓等。

一般营巢于山丘茂密的草丛、灌木丛中的地面或灌木枝上,以干草叶、枯草根和茎等编织而成。孵化仅由雌鸟担任,雄鸟在巢周围警戒。雏鸟晚成性,雌雄亲鸟共同育雏。

分布 天目山留鸟,分布于林缘灌丛。国内分布于甘肃、陕西和河南以南至长江流域及以南的广大地区,东至江苏、浙江、福建和台湾,西至四川、贵州和云南,南至广东、香港、广西和海南岛。国外主要分布于东亚地区、老挝和越南北部。

4.143 黑领噪鹛 *Garrulax pectoralis* Gould,1836(图版Ⅳ-143)

别名 领笑鸫

形态 体中型,体重 140～160g,体长 280～320mm,翼长 120～140mm。虹膜棕色或棕褐色。嘴黑褐色,下嘴基部黄色,嘴峰稍弯,近端具缺刻。跗跖和趾暗褐色或铅灰色。爪灰白色。

雌雄鸟羽色相似。眼先白色沾棕色。眉纹白色,一直延伸到颈侧。耳羽黑色而杂有白纹。后颈栗棕色,呈半环状。整个上体包括两翼和尾棕褐色。翼上覆羽暗灰褐色。飞羽黑褐色,外翈缘棕褐色,内翈缘棕黄色。颏、喉白色沾棕色。颧纹黑色,常往后延伸与黑色胸带相连,胸带有的在中部断裂。胸、腹棕白色,两胁棕色或棕黄色,尾下覆羽棕色或淡黄色。尾羽橄榄褐色,中央一对尾羽棕褐色或橄榄棕色,外侧尾羽具黑褐色次端斑和棕黄色端斑。

习性　主要栖息于低山丘陵和山脚平原地带的阔叶林中,也出入于林缘疏林和灌丛。性喜集群,常以小群活动,有时亦与其他噪鹛混群活动。多在林下茂密的灌丛或竹丛中觅食,时而在灌丛枝叶间跳跃,一般较少飞翔。性机警,多数时间躲藏在茂密的灌丛等阴暗处,附近稍有声响立刻喧闹起来。主要以鞘翅目、蜻蜓目、鳞翅目等昆虫及其幼虫为食,也食草籽和其他植物果实与种子。

通常营巢于低山阔叶林中,巢多置于林下灌丛、竹丛或幼树上。孵卵由雌雄亲鸟轮流承担。雏鸟晚成性,雌雄亲鸟共同育雏。

分布　天目山留鸟,分布于森林地带。国内分布于甘肃东南部和陕西南部,往南经长江流域,东至浙江、福建,西至四川、云南、贵州,南至广东、香港、广西和海南岛。国外分布于南亚、缅甸、泰国、老挝、越南等地。

4.144　小黑领噪鹛 _Garrulax monileger_ Hodgson,1836(图版Ⅳ-144)

别名　洋画眉

形态　体中型,体重 75～90g,体长 270～290mm,翼长 115～130mm。虹膜黄色。嘴黑褐色,尖端较淡。跗跖和趾淡褐色或肉褐色。爪黄色或黄褐色。

雌雄鸟羽色相似。眼先、眼上下和眼后纵纹黑色,眉纹白色,细而长。耳羽灰白色,其上下缘具黑斑或黑纹不明显。前额、头顶、枕橄榄褐色。后颈栗棕色,形成一宽阔的栗棕色领环。其余上体橄榄褐色,外侧飞羽外翈橄榄褐色或灰亮白色,其余飞羽褐色或与背同色。颏、喉白色,后缘微棕。胸、腹亦白色,有时微沾棕色,胸部有一黑色横带。两胁棕黄色,尾下覆羽淡棕黄色。

习性　主要栖息于低山和山脚平原地带的阔叶林、竹林和灌丛中,尤以常绿阔叶林和沟谷林较常见。喜成群,常数只或 10 余只一起活动,有时亦见与黑领噪鹛及其他噪鹛混群活动。飞行迟缓、笨拙,喜鸣叫。多在林下地面草丛和灌丛中觅食。主要以昆虫为食,也吃植物果实和种子。

繁殖期 4—6 月。通常置巢于林下灌丛、竹丛或小树上,巢呈杯状。每窝产卵通常 4 枚,多至 5 枚,少至 3 枚。

分布　天目山留鸟,分布于山脚和沟谷。国内分布于云南、湖南、浙江、福建、广东和海南岛等地。国外分布于南亚和东南亚。

穗鹛属 _Stachyris_ Hodgson,1836

体型略小。虹膜浅褐色或红褐色。嘴尖直或略弯,多呈黑色或近黑色。多数种类额至头顶棕红色或橙栗色。

本属现存有 13 种,主要分布于南亚和东南亚。中国有 7 种。天目山有 1 种。

4.145　红头穗鹛 _Stachyris ruficeps_ Blyth,1847(图版Ⅳ-145)

别名　红顶噪鹛、红头小鹛

形态　体小型,体重 7～13g,体长 100～120mm,翼长 45～55mm。虹膜棕褐色或栗红色。嘴细而尖直,上嘴角褐色,下嘴暗黄色。跗跖和趾黄褐色或肉黄色。

雌雄鸟羽色相似。额基、眼先淡灰黄色,眼周有一圈黄白色。颊和耳羽灰黄色,或多或少缀有橄榄褐色。额至头顶棕红色或橙栗色,枕棕红色或橄榄褐色。上体余部包括翼上覆羽灰橄榄绿色,尾上覆羽较背稍浅。飞羽暗褐色,外翈羽缘茶黄色。颏、喉、胸浅灰黄色,具细的黑色羽干纹。腹、两胁和尾下覆羽橄榄绿色,有的或多或少沾灰色。腋羽和翼下覆羽黄白色。尾羽褐色,外翈缘黄绿色,内翈浅褐色。

习性 主要栖息于山地森林中,多见于低山和山脚平原的阔叶林地带。常单独或成对活动,有时也见呈小群或与其他鸟类混群活动。在林下或林缘灌木丛枝叶间飞来飞去或跳上跳下。食物主要为鞘翅目、鳞翅目、直翅目等昆虫及其幼虫,偶尔吃少量植物果实与种子。

通常营巢于茂密的灌丛、竹丛、草丛和堆放的柴捆上。孵卵由雌雄亲鸟轮流承担。雏鸟晚成性,雌雄亲鸟共同育雏。

分布 天目山留鸟,分布于森林地带。国内分布于陕西南部、四川、贵州、云南、西藏、长江流域及以南广大地区。国外主要分布于南亚、缅甸、老挝和越南等地。

雀鹛属 *Alcippe* Blyth,1844

体形似雀。嘴较强,嘴峰弧形。鼻孔有膜,先端被长须所覆盖。多数种类颊部灰色或灰褐色。

本属现存有 17 种,分布于非洲和东南亚。中国有 15 种。天目山有 1 种。

4.146 灰眶雀鹛 *Alcippe morrisonia* Swinhoe,1863(图版 Ⅳ-146)

别名 灰头雀鹛、灰脸雀鹛、白眼环鹛

形态 体小型,体重 14～19g,体长 120～140mm,翼长 60～70mm。虹膜栗色。嘴黑褐色,嘴峰稍曲,上喙末端略钩,具缺刻。鼻须和嘴须发达。跗跖和趾黄褐色。爪稍淡,浅黄色。

雌雄鸟羽色相似。眼先灰褐色;眼周具近白色眼圈。额、头顶、枕、颊和耳羽灰褐色。背、腰橄榄褐色;尾上覆羽逐渐转棕褐色。颏、喉浅灰褐色。胸灰白色染草黄色。腹侧和两胁为草黄色,腹中央灰白色;尾下覆羽棕黄色。肩羽、翼上覆羽和飞羽橄榄褐色;飞羽外翈棕褐色,内翈黑褐色,但内翈缘色较淡。中央尾羽橄榄褐色,具不明显的暗色横隐纹;其余尾羽外翈暗橄榄褐色,内翈更暗。

习性 主要栖息于山地和山脚平原地带的森林和灌丛中,在阔叶林、针阔叶混交林、针叶林以及林缘灌丛、竹丛、稀树草坡等各类生境中均有分布。除繁殖期成对活动外,常成 5～7 只或 10 余只的小群,有时亦见与其他小鸟混群。频繁地在树枝间跳跃或飞来飞去。主要以鞘翅目、鳞翅目、膜翅目等昆虫及其幼虫为食,也吃果实、种子、苔藓、叶、芽等植物性食物。

通常营巢于林下灌丛近地面的枝杈上。孵卵由雌雄亲鸟轮流承担。雏鸟晚成性,雌雄亲鸟共同育雏。

分布 天目山留鸟,分布于森林、灌丛等地。国内分布于长江流域及以南各地,往北达陕西和甘肃南部,往东至浙江和福建沿海,南达广东、香港、广西、台湾和海南岛,往西至四川、贵州、云南等省。国外主要分布于缅甸、老挝、越南、柬埔寨等地。

鸦雀科 Paradoxornithidae

体型较小。嘴短厚,呈鹦鹉状,喙前缘无锯齿。鼻孔全部被羽所遮盖。翼短圆,第 1 枚初级飞羽长超过第 2 枚的一半。跗跖长而粗,被盾状鳞。足呈攀型,后趾爪较中趾爪短。尾较长,不呈深叉状。

常活动于森林灌丛树枝之间,取食昆虫,兼食植物果实和种子。大多营集群生活。

本科现存有 3 属 22 种,主要分布于南亚和东南亚。中国有 3 属 20 种。天目山有 1 属 3 种。

鸦雀属 *Paradoxornis* Gould，1836

体型较小。嘴形短厚,其厚度较长度为大,或与长度几乎相等。鼻孔完全被羽掩盖。翼短而圆,翼长不到 100mm。第 1 枚初级飞羽的长度超过第 2 枚之半。尾较长,呈凸尾状。

本属现存有 20 种,分布于非洲和东南亚。中国有 18 种。天目山有 3 种。

天目山鸦雀属分种检索

1. 尾较翼长,头顶红棕色,喉淡棕色 ┉┉┉┉┉┉┉┉┉┉┉┉┉┉┉┉┉┉ 棕头鸦雀 *P. webbianus*
   尾与翼等长,或短于翼长 ┉┉┉┉┉┉┉┉┉┉┉┉┉┉┉┉┉┉┉┉┉┉┉┉┉┉┉┉┉┉┉ 2
2. 尾与翼几乎等长,翼长超过 70mm,头顶深灰色 ┉┉┉┉┉┉┉┉┉ 灰头鸦雀 *P. gularis*
   尾较翼短,翼长不到 60mm,头顶栗色,喉黑色 ┉┉┉┉┉┉┉ 短尾鸦雀 *P. davidianus*

4.147　棕头鸦雀 *Paradoxornis webbianus* Gould，1852(图版Ⅳ-147)

别名　棕喉鸦雀

形态　体小型,体重 10～12g,体长 100～135mm,翼长 45～60mm。虹膜暗褐色。嘴基部黑褐色,侧缘和先端均沾淡黄色,上缘弯曲。跗跖和趾铅褐色。爪钩状稍长,浅黄色。

雌雄鸟羽色相似。眼先、颊、耳羽和颈侧淡棕栗色。额、头顶至后颈(有时直到上背)红棕色,头顶羽色稍深。背、肩、腰和尾上覆羽棕褐色,有的微沾灰色,呈橄榄灰褐色。翼上覆羽棕红色,或与背相似。飞羽多为褐色或暗褐色,除第一枚飞羽外,其余各羽外翈均缀有深浅不一的栗红色,往先端逐渐变淡,内翈羽缘淡棕色。颏、喉、胸淡棕色,具细微的暗红棕色纵纹。腹、两胁和尾下覆羽灰褐色,腹中部淡棕黄色或棕白色。尾羽暗褐色,基部外翈羽缘橄榄褐色;中央一对尾羽多为橄榄褐色,具隐约可见的暗色横斑。

习性　主要栖息于中低山阔叶林和混交林林缘灌丛地带,也栖息于疏林草坡、竹丛、矮树丛和高草丛中,冬季多下到山脚和平原地带的灌丛、果园、庭院、苗圃和芦苇沼泽中活动。常成对或成小群活动,秋冬季节有时也集成 20 或 30 多只乃至更大的群。性活泼而大胆,不甚怕人,一般做短距离低空飞行。常边飞边叫或边跳边叫,鸣声低沉而急速,较为嘈杂。主要以鞘翅目、半翅目和鳞翅目等昆虫为食,也食蜘蛛等其他小型无脊椎动物及植物果实与种子等。

通常营巢于灌木或竹丛上,也在茶树、柑橘等小树上营巢。孵卵由雌雄亲鸟轮流承担。雏鸟晚成性,雌雄亲鸟共同育雏。

分布　天目山留鸟,分布于灌丛、草地等处。国内遍布于中国东部、中部和长江流域及以南各地,北至黑龙江南部、吉林、河北、山西,一直往南到广东、香港、广西和台湾,往西到甘肃南部、四川、贵州和云南。国外分布于俄罗斯远东、朝鲜、越南北部和缅甸东北部。

4.148　灰头鸦雀 *Paradoxornis gularis* Gray，1845(图版Ⅳ-148)

别名　金色山雀

形态　体中小型,体重 25～30g,体长 160～180mm,翼长 75～85mm。虹膜褐色。嘴橙黄色,上嘴明显弯曲。跗跖和趾铅灰色。爪钩状稍长,角黄色。

雌雄鸟羽色相似。眼先灰白色,眼圈白色。眼后、耳羽和颈侧灰色。眼上有一长而粗著的黑色眉纹,向前延伸至额侧,与黑色的额部相连为一体。前额黑色,头顶至后颈灰色或深灰色。背、肩、腰和尾上覆羽棕褐色。翼上覆羽和飞羽棕褐色,飞羽外翈棕褐色,内翈暗褐色。颏、颊白色;有的颏微具黑点。喉中部黑色。胸、腹等下体余部均白色。尾羽与背同色。

习性　主要栖息于山地常绿阔叶林、次生林、竹林和林缘灌丛中。除繁殖期间成对或单独活动外,其他季节多呈 3～5 只或 10 多只的小群,有时亦见呈 20～30 只的大群。在林下灌丛或竹丛中活动,性活泼,行动敏捷,频繁地在灌木枝间跳跃或飞来飞去,有时亦飞到树顶活动。主要以昆虫及其幼虫为食,也食植物果实和种子。

通常营巢于林下幼树或竹的枝杈间,巢呈杯状,主要由竹叶和枯草构成。孵卵由雌雄亲鸟轮流承担。雏鸟晚成性,雌雄亲鸟共同育雏。

分布 天目山留鸟,分布于森林、灌丛等处。国内分布于长江流域及以南地区。国外分布于南亚、缅甸、泰国、老挝和越南等地。

4.149 短尾鸦雀 *Paradoxornis davidianus* Slater,1897（图版 Ⅳ-149）

别名 挂墩鸦雀

形态 体小型,体重 9～12g,体长 90～100mm,翼长 40～55mm。虹膜褐色。嘴橙黄色或肉色。跗跖和趾铅灰色。

雌雄鸟羽色相似。自前额到后颈、头侧栗色。上体和翼上覆羽棕灰色,尾上覆羽栗色。飞羽黑褐色,外侧飞羽外翈皮黄色,内侧逐渐变浅为灰色。颏、喉黑色,缀有细的纵纹;喉具淡黄色的横带。胸腹部灰黄色。两胁和尾下覆羽浅棕色。尾羽褐色,外翈栗红色。

习性 栖于低山丘陵的林下灌丛和竹林中。成对或以小群活动。性活泼,敏捷。主要以昆虫及其幼虫为食,也食植物果实和种子。

分布 天目山留鸟,分布于林下灌丛地带。国内分布于云南、湖南、浙江和福建等省。国外分布于越南、老挝、泰国、缅甸等地。

扇尾莺科 Cisticolidae

体型小。嘴形细尖,嘴缘光滑,上嘴先端常微具缺刻。两翼短圆,初级飞羽 10 枚。第 1 枚初级飞羽的长度超过第 2 枚初级飞羽的 1/3,但不及其 1/2。尾较翼长,凸型尾,尾羽 10～12 枚。体羽栗棕色,具显著的黑褐色羽干纹。

栖于灌丛、草丛和农田中,性活泼。繁殖期间单独或成对活动。多为当地的留鸟。取食昆虫,也食其他小型无脊椎动物和杂草种子。

本科现存有 28 属 160 种,分布于非洲、欧洲、亚洲及大洋洲。中国有 3 属 10 种。天目山有 1 属 1 种。

山鹪莺属 *Prinia* Horsfield,1821

体型较小。嘴细尖而直,黑色或褐色为主。两翼短圆,初级飞羽 12 枚。尾较长,呈凸尾状。大多跗跖和趾偏粉色。

本属现存有 23 种,分布于非洲和亚洲。中国有 7 种。天目山有 1 种。

4.150 纯色山鹪莺 *Prinia inornata* Sykes,1832（图版 Ⅳ-150）

别名 褐头鹪莺、普通鹪莺、茶色鹪莺

形态 体小型,体重 7～11g,体长 110～150mm,翼长 40～50mm。虹膜淡褐色、橙黄色或黄褐色。嘴纤细,上嘴黑褐色,下嘴角黄色或黄白色。跗跖、趾和爪肉色或肉红色。

雌雄鸟羽色相似。

夏羽:额和头顶棕色,有时头顶具暗色羽干纹,微具棕色羽缘。眼先、眉纹和眼周棕白色。颊和耳羽淡褐色或黄色色,有时亦呈浅棕白色。上体灰褐色沾棕色,背、腰沾橄榄色。翼上覆羽浅褐色,外翈羽缘浅红棕色或灰褐色。飞羽褐色或浅褐色,外翈羽缘红棕色。下体白色,微

沾皮黄色,尤以胸、两胁和尾下覆羽较著,有的两胁还沾褐色。覆腿羽、腋羽和翼下覆羽浅棕色或棕色。尾凸状,外侧尾羽依次缩短;淡褐色,具隐约可见的横斑,尤以中央尾羽较明显;外侧尾羽具不明显的黑色亚端斑和极窄的白色端斑。

冬羽:上体红棕色,多呈红棕褐色。下体棕色,颏、喉稍浅。尾较夏羽为长。其余和夏羽相似。

习性　主要栖息于低山丘陵,活动于山脚和平原地带的农田、果园和村庄附近的草地和灌丛中,也见于溪流沿岸和沼泽边的灌丛及水草丛中。常单独或成对活动,偶尔亦成小群。多在灌木下部和草丛中觅食,性活泼,行动敏捷,除受惊后急速从草丛中飞起外,其他时候很少飞翔。主要以鞘翅目、膜翅目、鳞翅目等昆虫及其幼虫为食,也食少量蜘蛛等其他小型无脊椎动物和杂草种子等。

通常筑巢在草丛和小麦丛间。孵卵由雌雄鸟轮流承担。雏鸟晚成性,雌雄亲鸟共同育雏。

分布　天目山留鸟,分布于灌丛、草地等处。国内主要分布于四川、重庆、贵州、云南、湖南、湖北、江西、浙江、福建、广西、广东、香港、海南岛和台湾等地。国外分布于南亚和东南亚。

莺科 Sylviidae

体纤小。嘴细尖,嘴缘光滑,上嘴先端常微具缺刻及嘴须。两翼短圆,初级飞羽 10 枚。尾羽 10 枚或 12 枚。跗跖细弱,较嘴长,前缘被靴状鳞或盾状鳞。除个别种外,羽色单纯,雌雄鸟相似。幼鸟与雌鸟同色,但较为鲜亮,多缀以黄色或红棕色。后趾爪较中趾爪短。尾呈圆形,比翼短。

栖息于各种生境中,鸣声尖脆。绝大多数种类以昆虫为食,亦兼食植物种子等。

本科现存有 48 属 281 种,广布于旧大陆,主要分布于欧亚大陆和大洋洲。中国有 16 属 104 种。天目山有 4 属 10 种。

天目山莺科分属检索

1. 尾羽 10 枚 ··· 树莺属 Cettia
   尾羽 12 枚 ·· 2
2. 嘴须仅伸向嘴峰的中央处 ································ 柳莺属 Phylloscopus
   嘴须特长,伸向嘴端 ·· 3
3. 尾羽 12 枚,头顶栗色 ································· 鹟莺属 Seicercus
   尾羽 10 枚,头顶黄色 ···························· 拟鹟莺 Abroscopus

树莺属 Cettia Bonaparte,1834

体型小。嘴短而尖;嘴须不发达,仅几根,形短而细,不伸达嘴端。尾长超过 30mm,圆尾状,外侧尾羽较中央尾羽稍短;尾羽 10 枚。脚细长而强。

本属现存有 11 种,分布于欧洲和亚洲。中国有 9 种。天目山有 2 种。

天目山树莺属分种检索

上体纯色,尾长超过翼长 ································ 强脚树莺 C. fortipes
头顶沾棕色,尾长不及翼长 ···························· 远东树莺 C. canturians

4.151　强脚树莺 *Cettia fortipes* Hodgson, 1845（图版Ⅳ-151）

别名　山树莺、告春鸟

形态　体小型,体重 7～13g,体长 100～130mm,翼长 40～55mm。虹膜暗褐色。上嘴黑褐色,下嘴黄白色。跗跖和趾淡褐色。

雌雄鸟羽色相似。眉纹淡黄色,自鼻孔向后延伸至枕部,细长而不明显。自嘴向后伸至颈部的贯眼纹,呈暗褐色。眼周淡黄色。颊和耳上覆羽棕色和褐色相混杂。上体橄榄褐色,自前向后逐渐转淡。腰和尾上覆羽深棕褐色。飞羽和尾羽暗褐色,外翈边缘浅棕褐色。颊、喉及腹部中央白色,稍沾灰色。胸侧、两胁灰褐色。尾下覆羽黄褐色。

习性　主要栖息于阔叶林树丛和灌丛间,在草丛或绿篱间也常见到。冬季也出没于山脚和平原地带的果园、茶园、农耕地及村舍竹丛或灌丛中。常成对或单独活动,善跳跃、不善飞翔。经常不停地穿梭于茂密的枝间,只闻其声,不见其影。嗜食鳞翅目、膜翅目、鞘翅目等昆虫及其幼虫,兼食一些植物性食物,如野果和杂草种子等。

筑巢于草丛和灌丛上。孵卵主要由雌鸟承担,雄鸟在旁保护。雏鸟晚成性,雌雄亲鸟共同育雏。

分布　天目山留鸟,分布于森林灌丛地带。国内分布于西南、华中、华东和华南,北至河北,西至陕西、甘肃、四川,南至广东、台湾。国外分布于克什米尔、尼泊尔、不丹、印度、缅甸等地。

4.152　远东树莺 *Cettia canturians* Swinhoe, 1860（图版Ⅳ-152）

别名　树莺、告春鸟

形态　体小型,体重 12～30g,体长 95～170mm,翼长 60～75mm。虹膜褐色。上嘴褐色,下嘴淡灰褐色。跗跖和趾粉红色。

雌雄鸟羽色相似。上体棕褐色,前额、头顶特别鲜亮。腰和尾上覆羽色泽较浅。眉纹自嘴基沿眼上方伸至颈侧,呈淡皮黄色。贯眼纹自眼先穿过眼睛向后延伸至枕部,呈深褐色。颊及耳羽呈淡褐色和黄白色相混杂。飞羽暗棕褐色,各羽外翈与背同色,呈棕褐色。尾羽暗棕褐色,较淡。下体污白色,胸、两胁和尾下覆羽沾皮黄色。

习性　主要栖息于稀疏的阔叶林和灌丛中,尤其喜欢林缘灌丛,也出现于小块丛林、灌丛和高草丛中。常单独或成对活动。性胆怯,多在树木及草丛下层枝间上、下跳动。主要食物有鞘翅目、同翅目、直翅目等昆虫。

繁殖期5—7月。通常营巢于林缘灌丛特别稠密的地带,营巢一般由雌鸟承担。孵卵由雌鸟承担,雄鸟在附近警戒。

分布　天目山冬候鸟,主要分布于稀疏灌丛。国内除新疆、西藏和甘肃外,分布于其他各地。国外分布于俄罗斯、东亚、印度及东南亚。

柳莺属 *Phylloscopus* Boie, 1826

嘴细尖。翼较尖。多数第3、4枚初级飞羽最长,少数第4、5枚或第3～5枚最长,且几乎相等。尾方形或稍圆,尾羽12枚。跗跖前缘被靴状鳞,仅在下部有1单个鳞片,有时被盾状鳞。多数上体被羽绿色。

本属现存有66种,分布于欧洲和亚洲,少数见于非洲中、南部。中国有35种。天目山有6种。

天目山柳莺属分种检索

1. 翼上无翼镜 ……………………………………………………………… 极北柳莺 *P. borealis*
   翼上具翼镜 …………………………………………………………………………………… 2
2. 腰黄色,尾羽无白色 ………………………………………………… 黄腰柳莺 *P. proregulus*
   腰无黄色,尾羽内翈具白色 …………………………………………………………………… 3
3. 尾下覆羽灰黄色,下体余部白色 ……………………………………… 冕柳莺 *P. coronatus*
   不具上述特征 ………………………………………………………………………………… 4
4. 头顶具显著冠纹 ……………………………………………………………………………… 5
   头顶无显著冠纹 …………………………………………………………… 黄眉柳莺 *P. inornatus*
5. 中央冠纹两侧的眉纹长而明显,呈淡黄色 ……………………… 冠纹柳莺 *P. reguloides*
   中央冠纹两侧黑色,形成两条黑色侧冠纹 ……………………………… 黑眉柳莺 *P. ricketti*

4.153　极北柳莺 *Phylloscopus borealis* Blasius, 1858(图版Ⅳ-153)

别名　柳叶儿、柳窜儿、绿豆雀、北寒带柳莺

形态　体小型,体重 8～10g,体长 110～130mm,翼长 55～70mm。虹膜暗褐色。上嘴黑褐色,下嘴黄褐色。跗跖和趾肉色。爪铅黑色。

雌雄鸟羽色相似。眉纹黄白色,长而明显。贯眼纹呈黑褐色,自鼻孔延伸至枕部。颊部和耳羽淡黄绿色和黑褐色相杂。上体和翼上覆羽灰橄榄绿色,腰羽稍淡;大覆羽先端黄白色,形成一道翼上翼斑,有时不明显。飞羽黑褐色,外翈羽缘与背同色,内翈具狭窄白色羽缘。下体白色沾黄色,尾下覆羽更为浓著,两胁缀灰色。尾羽黑褐色,外翈羽缘灰橄榄绿色,内翈具细窄的灰白色羽缘,尤以外侧几对尾羽明显。

习性　主要栖息于稀疏的阔叶林、针阔叶混交林及林缘的灌丛地带。迁徙期间也见于林缘次生林、人工林,果园、庭院以及道旁和宅旁小树林内。单只、成对或成小群活动,有时也和其他柳莺一道活动于乔木顶端。动作轻快敏捷,叫声洪亮。食物几乎全为动物性的,主要为膜翅目、鳞翅目、鞘翅目等昆虫及其幼虫。

营巢于地面上,亦有在树桩和倒木上筑巢。雌雄亲鸟轮流孵卵。雏鸟早成性,育雏由雌雄亲鸟共同承担。

分布　天目山旅鸟,分布于森林地带。国内繁殖于新疆、黑龙江等地,迁徙经陕西、甘肃、宁夏、青海、河北,向南达浙江、福建,部分越冬于福建、台湾。国外繁殖于北欧、俄罗斯中南部,向东直达堪察加半岛、朝鲜和日本,越冬于马来半岛、帝汶岛和印度尼西亚诸岛,偶见于英国、荷兰和意大利。

4.154　黄腰柳莺 *Phylloscopus proregulus* Pallas, 1811(图版Ⅳ-154)

别名　树窜儿、绿豆雀、柠檬柳莺、巴氏柳莺、黄尾根柳莺

形态　体小型,体重 4～8g,体长 75～110mm,翼长 45～55mm。虹膜黑褐色。嘴近黑色,下嘴基部淡黄色。跗跖和趾淡褐色。爪黑褐色。

雌雄鸟羽色相似。眉纹黄绿色,自嘴基直伸到头的后部。贯眼纹暗褐色,自眼先沿着眉纹下面,向后延伸至枕部。颊和耳羽暗绿色与绿黄色相杂。前额黄绿色;头顶中央冠纹呈淡绿黄色。上体包括翼的内侧覆羽橄榄绿色;腰羽黄色,形成宽阔横带。翼的外侧覆羽和飞羽黑褐色,外翈缘黄绿色;中覆羽和大覆羽的先端淡黄绿色,形成两道明显翼斑。下体苍白色,稍沾黄绿色,而两胁、腋羽和翼下覆羽沾鲜黄色。尾羽黑褐色,外翈羽缘黄绿色,内翈具狭窄的灰白羽缘。

习性　主要栖息于针叶林、针阔叶混交林和稀疏的阔叶林。迁徙期间常呈小群活动于林缘次生林、柳丛、道旁疏林灌丛中。繁殖期间单独或成对活动于树冠层中。性活泼、行动敏捷，常在树顶枝叶间跳来跳去寻觅食物。主要以昆虫为食，以双翅目、鳞翅目、同翅目等昆虫及其幼虫居多。

雌雄鸟共同营巢，通常营巢于林中树枝的缝隙中。由雌鸟承担孵化工作。雏鸟早成性，育雏由雌雄亲鸟共同承担。

分布　天目山冬候鸟，分布于森林地带。国内主要繁殖于青海、甘肃、四川、西藏和云南，迁徙经过或越冬于长江流域及以南广大区域。国外分布于尼泊尔、印度、缅甸、泰国和越南等地。

4.155　冕柳莺 *Phylloscopus coronatus* **Temminck & Schlegel，1847**（图版Ⅳ-155）

别名　东方冕莺、柳窜儿

形态　体小型，体重 6～12g，体长 90～120mm，翼长 55～65mm。虹膜褐色。上嘴褐色，下嘴苍黄色。跗跖、趾和爪墨绿褐色。

雌雄鸟羽色相似。眉纹前端黄色，后端黄白色。贯眼纹暗褐色，自鼻孔穿过眼部一直延伸至枕部。额、头顶和后颈暗橄榄褐色，头顶中央有一条淡黄色冠纹。颊和耳羽淡黄绿色，杂有褐色和白色纹。背部橄榄绿色，往后逐渐变淡，至腰及尾上覆羽转为淡黄绿色。翼上覆羽暗褐色，大覆羽先端淡黄色，形成一道翼上翼斑。飞羽暗褐色，外翈缘黄绿色。下体银白色，胁部沾灰色，翼下覆羽和腋羽沾黄色。尾羽暗褐色，2 对最外侧尾羽的内翈具狭窄白色羽缘。

习性　栖息于开阔林区，喜在稀疏林缘、灌丛中。常单独或成对活动，迁徙时结成小群。多活动于树冠枝叶间，性活泼。主要以昆虫为食，包括鳞翅目、半翅目、鞘翅目等昆虫及其幼虫。

营巢于山脚或溪边岩坡上的缝隙或凹穴内，亦筑巢于低矮树木的枝杈上。孵化由雌鸟承担。雏鸟早成性，育雏由雌雄亲鸟共同承担。

分布　天目山旅鸟，分布于林缘灌丛地带。国内主要繁殖于内蒙古、黑龙江、吉林、辽宁、陕西、甘肃、重庆、四川和云南等地，迁徙期间经贵州、河北、山西及以南广大地区，偶见于台湾。国外繁殖于俄罗斯远东南部、朝鲜和日本，越冬于中南半岛、马来西亚和印度尼西亚等地。

4.156　冠纹柳莺 *Phylloscopus reguloides* **Blyth，1842**（图版Ⅳ-156）

别名　克氏柳莺

形态　体小型，体重 7～9g，体长 100～110mm，翼长 55～65mm。虹膜褐色。上嘴褐色，下嘴粉红色。跗跖和趾偏绿色至黄色。

雌雄鸟羽色相似。贯眼纹自鼻孔向后延伸至枕部，呈暗褐色。眉纹长而明显，呈淡黄色。颊和耳羽淡黄色和暗褐色相杂。头顶稍沾灰黑色，中央冠纹淡黄色。上体橄榄绿色。翼和尾羽黑褐色，各羽外翈边缘与背同色；最外侧两对尾羽的内翈具白色狭缘。大覆羽和中覆羽的尖端淡黄绿色，形成两道翼上翼斑。下体白色，微沾灰色，胸部稍缀以黄色条纹。尾下覆羽为沾黄的白色。

习性　栖息于针叶林、针阔叶混交林、常绿阔叶林和林缘灌丛地带，秋冬季节下移到低山或山脚平原地带。除繁殖季节成对或单只活动外，多以 3～5 只小群活动。食物主要以昆虫及其幼虫为食。

繁殖期 5—7 月。通常营巢于隐蔽性很好的岸上洞穴中，有时营巢于原木或树上的洞中。每窝产 4～5 枚卵。双亲共同孵卵，雌鸟承担更多的孵卵工作。

分布　天目山夏候鸟,分布于森林地带。国内主要分布于西藏、甘肃、陕西、四川、云南、贵州、河北、湖北及长江以南各地。国外分布于南亚和东南亚。

4.157　黄眉柳莺 *Phylloscopus inornatus* Blyth, 1842(图版Ⅳ-157)

别名　黄胸柳莺、树窜儿、树叶儿

形态　体小型,体重5～8g,体长95～105mm,翼长50～60mm。虹膜暗褐色。上嘴黑褐色,下嘴黄色。跗跖和趾肉色。爪灰色。

雌雄鸟羽色相似。眉纹淡黄绿色。自眼先有一条暗褐色的纵纹,穿过眼睛直达枕部。头部色泽较深,在头顶的中央贯以一条若隐若现的黄绿色纵纹。头的余部为黄色与绿褐色相混杂。翼上覆羽黑褐色,内侧覆羽橄榄绿色,大覆羽和中覆羽尖端淡黄白色,形成翼上的两道翼斑。飞羽黑褐色,外翈缘黄绿色,除最外侧几枚飞羽外,余者羽端缀白色。尾羽黑褐色,各翼外缘具橄榄绿色狭缘,内缘白色。下体白色,胸、胁、尾下覆羽均稍沾绿黄色,腋羽亦然。

习性　栖息于山地和平原地带的森林中,包括针叶林、针阔叶混交林和林缘灌丛,以及果园、田野、村落、庭院等处。常单独或三五成群活动,迁徙期间可见大集群。动作轻巧、灵活、敏捷。飞行迅速,觅食时,只在树与树间飞窜,离去时则高飞。主要以昆虫为食,包括鞘翅目、鳞翅目、膜翅目等昆虫,也取食蜘蛛等其他无脊椎动物。

营巢于林缘缓枝、林间旷地的向阳草坡,亦见于路边两侧枯枝落叶间等。由雌鸟衔材筑巢,雄鸟多为雌鸟运材过程中的伴随者。孵卵由雌鸟负责。雏鸟早成性,育雏由雌雄亲鸟共同承担。

分布　天目山旅鸟,分布于森林地带。国内繁殖于内蒙古、黑龙江、吉林、甘肃和新疆,迁徙或越冬于西藏、重庆、四川、贵州、云南、长江流域及以南地区。国外繁殖于亚洲北部,西至乌拉尔,往东至阿纳德尔平原和鄂霍次克海,往南到乌苏里、朝鲜和蒙古;越冬于印度、不丹、中南半岛和马来半岛。

4.158　黑眉柳莺 *Phylloscopus ricketti* Slater, 1897(图版Ⅳ-158)

别名　黄胸柳莺、树窜儿

形态　体小型,体重6～8g,体长100～110mm,翼长53～60mm。虹膜暗褐色。上嘴黑褐色,下嘴黄色或橙黄色。跗跖和趾绿褐色或紫绿色。爪灰色。

雌雄鸟羽色相似。头顶中央有一条宽阔的淡绿黄色冠纹,两侧为黑色或灰黑色,形成两条宽阔的黑色侧冠纹。紧邻侧冠纹有一条黄色眉纹,贯眼纹淡黑色。颊和耳羽淡黄色沾绿色。背、肩、腰和尾上覆羽橄榄绿色或亮绿色。两翼暗褐色,外缘黄绿色;中覆羽和大覆羽尖端淡黄色,形成两道黄色翼斑。最外侧一对尾羽内翈羽缘黄白色。下体鲜黄色,两胁沾绿色。腋羽和翼下覆羽白色沾黄色。尾暗褐色,最外侧一对尾羽内翈羽缘黄白色。

习性　主要栖息于海拔2000m以下的低山山地阔叶林和次生林中,也栖息于混交林、针叶林、林缘灌丛和果园。除繁殖期间单独或成对活动外,其他时期多成群,也常与其他小鸟混群活动。性活泼,鸣声响亮。主要以昆虫和昆虫幼虫为食。

繁殖期4—7月。通常营巢于林下或森林边土坎洞穴中。

分布　天目山夏候鸟,分布于森林地带。国内分布于四川、贵州、云南、长江流域及以南地区。国外分布于越南、老挝。

鹟莺属 *Seicercus* Swainson，1837

体小型。嘴细尖而直，黑或褐色为主。通常具黑色侧冠纹。下体均为黄色。

本属现存有 11 种，主要分布于南亚和东南亚。中国有 10 种。天目山有 1 种。

4.159　栗头鹟莺 *Seicercus castaniceps* Hodgson，1845（图版Ⅳ-159）

别名　灰脸莺

形态　体小型，体重 4.5～6g，体长 80～100mm，翼长 45～55mm。虹膜褐色。上嘴褐色，下嘴淡黄色。跗跖、趾淡褐色。

雌雄鸟羽色相似。额和头顶红褐色，侧顶纹及过眼纹黑色。眼圈白色，颊灰色。后颈有一道狭窄的黑及白色的细纹。背黄绿色，腰及两胁黄色。翼羽与尾羽暗褐色，各羽外缘黄绿色。大、中覆羽先端淡黄绿色，形成两道显著的翼斑。尾上覆羽淡黄绿色。下体颏、喉灰白色。胸灰色，腹及尾下覆羽黄色。

习性　栖息于山区森林，在矮树林及灌丛中活动。繁殖期常单独或成对活动，非繁殖期多成 3～5 只的小群，常与其他鸟类混群。行动敏捷，鸣声清脆。在树冠层觅食，取食各类昆虫，也吃少量植物种子。

繁殖期 5—7 月。营巢于树根下的土坎或岩石边的洞穴中。雌雄亲鸟轮流孵卵，雏鸟属晚成鸟。

分布　天目山夏候鸟，分布于灌丛地带。国内分布于甘肃、陕西、四川、贵州、浙江、广西、广东、福建等地。国外分布于南亚及东南亚。

拟鹟莺属 *Abroscopus* Baker，1930

体小型。虹膜褐色。嘴较粗扁，上嘴色深。嘴须发达。跗跖和趾粉褐色。

本属现存有 3 种，分布于南亚及东南亚北部。中国均有。天目山有 1 种。

4.160　棕脸鹟莺 *Abroscopus albogularis* Moore，1854（图版Ⅳ-160）

别名　褐脸莺

形态　体小型，体重 6～12g，体长 85～100mm，翼长 40～50mm。虹膜褐色。嘴较粗扁，橙红色，下嘴色浅。嘴须发达。跗跖、趾黄褐色，爪色较淡。

雌雄鸟羽色相似。额缘、颊、颈侧棕栗色。头顶黄色，具黑色侧冠纹。颈、背、肩和翼上覆羽橄榄绿色，腰黄白色。飞羽黑褐色，外翈亮橄榄绿色。颏灰白色，具黑色针状羽尖。喉灰黑色，具白色羽缘。下体余部白色，上胸沾黄色。胁、翼下覆羽和尾下覆羽淡黄色。尾羽 10 枚，橄榄褐色，外翈缘染绿。

习性　栖于常绿林及竹林。繁殖期间单独或成对活动，其他时候成群活动。常在树林和竹林上层活动，也在林下灌丛和林缘疏林地带活动和觅食。以昆虫及昆虫幼虫为食。

营巢于枯死的竹洞中。雌雄亲鸟轮流孵卵。雏鸟早成性，育雏由雌雄亲鸟共同承担。

分布　天目山留鸟，分布于森林地带。国内广布于华中、华南及东南，包括海南岛及台湾。国外分布于尼泊尔、缅甸及中南半岛北部。

戴菊科 Regulidae

体型纤小。嘴形较细,常具缺刻。鼻孔被单枚坚硬纤羽。头顶具鲜艳羽冠。体羽颜色多样。跗跖较嘴长。后趾较中趾短。

常栖息于山地针叶林中,活动于高大乔木上。主食昆虫,也食其他小型无脊椎动物,偶食少量植物种子。

本科现存有 1 属 6 种。中国有 1 属 2 种。天目山有 1 属 1 种。

戴菊属 *Regulus* Hodgson,1945

因戴菊科为单型科,仅有 1 属,所以属的特征与科一致。

4.161 戴菊 *Regulus regulus* Linnaeus,1758(图版 Ⅳ-161)

别名 金头莺

形态 体小型,体重 5～6g,体长 80～105mm,翼长 50～65mm。虹膜褐色。嘴黑色。跗跖和趾淡褐色。爪黑褐色或浅黄色。

雄鸟:眼周和眼后上方灰白色或乳白色。额灰黑色或灰橄榄绿色。头顶中央有一前窄后宽的橙色斑,两侧各有一条黑色侧冠纹。头侧、后颈和颈侧灰橄榄绿色。背、肩部橄榄绿色,腰和尾上覆羽黄绿色。翼上覆羽和飞羽黑褐色,除第 1、2 枚初级飞羽外,其余飞羽外翈缘黄绿色,内侧飞羽近基部外缘黑色形成一椭圆形黑斑;最内侧 4 枚飞羽和大中覆羽先端淡黄白色,在翼上形成明显的翼斑。下体污白色,羽端微沾黄色,体侧沾橄榄灰色或褐色。尾黑褐色,外翈橄榄黄绿色。

雌鸟:大致和雄鸟相似,但羽色较暗淡,头顶中央斑不为橙色而为柠檬黄色。

习性 主要栖息于针叶林和针阔叶混交林中。迁徙季节和冬季,多下到低山和山脚林缘灌丛地带活动。除繁殖期单独或成对活动外,其他时间多成群。性活泼好动,行动敏捷,常在针叶树枝间跳来跳去或飞飞停停,边觅食边前进,并不断发出尖细的叫声。主要以各种昆虫为食,尤以鞘翅目昆虫及幼虫为主,也吃蜘蛛和其他小型无脊椎动物,冬季还吃少量植物种子。

巢多筑在针叶树的侧枝上或细枝丛中。营巢活动由雌雄鸟共同承担。雌雄轮流孵卵。雏鸟晚成性,雌雄亲鸟共同育雏。

分布 天目山冬候鸟,分布于森林地带。国内主要繁殖于新疆、青海、甘肃、陕西、四川、贵州、云南、西藏、黑龙江和吉林长白山等地,迁徙或越冬于辽宁、河北、河南、山东、甘肃、青海、江苏、浙江、福建等地,也偶见于台湾。国外主要分布于欧亚大陆、北非及中非。

绣眼鸟科 Zosteropidae

体型小巧。体羽几近纯绿色,眼周具一白色绒状眼圈,故此而得名。嘴长为头长之半,嘴峰稍向下曲,嘴缘平滑,鼻须不显,鼻孔为薄膜所掩盖。翼圆而长,初级飞羽 10 枚,第 1 枚飞羽很小。尾短,呈平尾状。雌雄成鸟羽色相似,舌能伸缩,先端具有两簇角质纤维,适于伸入花中索取昆虫。跗跖长而健,但不适于地栖,前缘具少数盾状鳞。中趾和外趾基部并合。

主要栖息于林缘、灌丛,以昆虫及浆果为食。营巢于树的枝丫间。

本科现存有 16 属 128 种,分布于亚洲、非洲和澳大利亚。中国有 1 属 4 种。天目山有 1 属 1 种。

绣眼鸟属 *Zosterops* Vigors & Horsfield，1827

体小型。嘴小，为头长的一半，嘴峰稍向下弯，嘴缘平滑。舌能伸缩，先端具有角质硬性的纤维簇。鼻孔为薄膜所掩盖。眼周有白圈。翼圆长，尾短。跗跖长而健。雌雄鸟相似。

本属现存有87种，分布于亚洲南部和非洲。中国有4种。天目山有1种。

4.162　暗绿绣眼鸟 *Zosterops japonicus* Temminck & Schlegel，1847（图版Ⅳ-162）

别名　绣眼儿、粉眼儿、白眼儿、白目眶、粉燕儿

形态　体小型，体重8～15g，体长90～115mm，翼长50～60mm。虹膜红褐色。嘴黑色，下嘴基部稍淡。跗跖和趾铅灰色或灰黑色。爪暗铅色。

雌雄鸟羽色相似。眼周有一圈白色绒状短羽。眼先和眼圈下方有一细的黑色纹。耳羽和颊黄绿色。从额基至尾上覆羽草绿色或暗黄绿色，前额沾有较多黄色且更为鲜亮。翼上内侧覆羽与背同色，外侧覆羽和飞羽黑褐色，除小翼羽和第一枚初级飞羽外，其余覆羽和飞羽外翈均具草绿色羽缘。颏、喉、上胸和颈侧鲜柠檬黄色；下胸、腹部和两胁灰白色。尾下覆羽淡柠檬黄色。腋羽和翼下覆羽白色，有时腋羽微沾淡黄色。尾暗褐色，外翈羽缘黄绿色。

习性　主要栖息于阔叶林和针阔叶混交林、竹林、次生林等各种类型森林中，也栖息于果园、林缘以及村寨和地边高大的树上。常单独、成对或成小群活动，迁徙季节和冬季喜欢成大群，有时集群多达50～60只。在次生林和灌丛枝叶与花丛间穿梭跳跃，活动时发出"嗞嗞"的细弱声音。食物以昆虫为主，所吃昆虫主要有鳞翅目、鞘翅目、半翅目等昆虫及其幼虫，也吃蜘蛛、小螺蛳等小型无脊椎动物，还食果实和种子等植物性食物。

营巢于阔叶树、针叶树及灌木上，巢呈吊篮状或杯状，多悬吊于细的侧枝末梢或枝杈上。孵卵由雌雄亲鸟轮流承担。雏鸟晚成性，雌雄亲鸟共同育雏。

分布　天目山留鸟，分布于森林地带。国内在中国北部地区多为夏候鸟，华南沿海省区、海南岛和台湾地区主要为留鸟。国外分布于日本、韩国、老挝、缅甸、泰国和越南。

攀雀科 Remizidae

体型纤小。嘴呈尖锥状，无须。翼端呈圆形或尖形。初级飞羽10枚，第1枚初级飞羽甚小。尾呈方形或稍凹。

该科鸟类见于针阔叶混交林和林缘，善于攀爬。巢囊状，悬垂于枝梢末端；或营巢于树洞中。主要以昆虫为食。

本科现存有3属11种，分布于欧亚大陆、非洲和北美。中国有2属3种。天目山有1属1种。

攀雀属 *Remiz* Jarocki，1819

体小型。嘴尖，似圆锥状，灰黑色或深褐色。鼻孔被须掩盖。翼端圆形。尾呈方尾型。头顶灰色或灰白色，脸颊黑色。背棕褐色。多数跗跖和趾蓝灰色。

本属现存有4种，主要分布于欧亚大陆。中国有2种。天目山有1种。

4.163　中华攀雀 *Remiz consobrinus* Swinhoe，1870（图版Ⅳ-163）

别名　攀雀、洋红儿

形态　体小型，体重8～11g，体长90～115mm，翼长50～60mm。虹膜暗褐色。上嘴黑褐色，下嘴灰黑色。跗跖和趾蓝灰色。

雌雄鸟羽色相似。眼先浅灰绿色;眉纹不明显,浅绿色。颊、耳羽淡橄榄绿色。额、头顶和枕部暗橄榄绿色。背、腰及尾上覆羽橄榄绿色。翼上覆羽褐色,羽缘橄榄绿色。飞羽黑褐色,外翈羽缘橄榄绿色。颏和喉灰白色。胸和两胁绿灰色。腹部中央和尾下覆羽浅黄色,沾绿色。翼下覆羽白色,腋羽淡黄白色。尾羽暗褐色,具窄的橄榄绿色羽缘。

幼鸟:似成鸟,但羽色较暗,嘴呈黄色。

习性 栖息于针叶林或混交林间,也活动于低山开阔的村庄附近。常单独或成小群活动于开阔森林地带,冬季成群,特喜芦苇地栖息环境。性较活泼,叫声高调、柔细而动人。主要以昆虫为食,也食植物的叶、花、芽、花粉和汁液。

巢呈梨形,多悬吊于细的侧枝末梢或枝杈上。孵化不详。雏鸟由父母双方共同喂养,雌鸟单独维护并保持巢的整洁。

分布 天目山冬候鸟,分布于森林地带。国内在中国北方并不罕见,但在冬季迁徙至中国东部,南至香港。国外分布于俄罗斯的极东部,迁徙至日本、朝鲜等地。

长尾山雀科 Aegithalidae

体小型。嘴常具缺刻,鼻孔全被羽所遮盖。体羽松软,雌雄鸟羽色相似。尾甚长,呈凸型,最外侧尾羽距尾端的距离约等于后趾的长度。跗跖被盾状鳞。后趾较中趾短。

该科鸟类以昆虫为食,成群在枝间觅食。在树枝上筑巢,呈囊状,侧开口。

本科现存有 4 属 13 种,分布于欧亚大陆和北美。中国有 1 属 5 种。天目山有 1 属 2 种。

长尾山雀属 Aegithalos Hermann,1804

体极小。虹膜黄色或深褐色。嘴小而尖,似圆锥,黑色。尾甚长,凸尾状。

本属现存有 9 种,主要分布于欧亚大陆。中国有 2 种。天目山有 2 种。

天目山长尾山雀属分种检索

头顶栗红色,喉中部具黑色块斑 ……………………………………… 红头长尾山雀 A. concinnus
头顶黑色或灰色,喉部具暗灰色块斑 ……………………………………… 银喉长尾山雀 A. caudatus

4.164 红头长尾山雀 Aegithalos concinnus Gould,1855(图版Ⅳ-164)

别名 红豆宝儿、红头山雀、小老虎、红面只

形态 体小型,体重 4～8g,体长 90～120mm,翼长 45～55mm。虹膜橘黄色。嘴蓝黑色。跗跖和趾棕褐色。爪黑褐色。

雌雄鸟羽色相似。额、头顶和后颈栗红色。眼先、头侧和颈侧黑色。上体余部暗蓝灰色,腰部羽端浅棕色。翼上覆羽和飞羽黑褐色。除第 1、2 枚飞羽外,其余飞羽外翈具蓝灰色羽缘,内翈微沾玫瑰红色。颏、喉白色,喉部中央有一大型绒黑色块斑。胸、腹白色,胸部有一宽的栗红色胸带。两胁和尾下覆羽栗红色;腋羽和翼下覆羽白色。尾黑褐色,中央尾羽微沾蓝灰色,最外侧 3 对尾羽具楔状白色端斑;最外侧 1 对尾羽外翈白色,其余尾羽外翈羽缘蓝灰色。

习性 主要栖息于山地森林和灌木林间,也见于果园、茶园等人类居住地附近的小树林内。常 10 余只或数十只成群活动。性活泼,常从一棵树突然飞至另一树,不停地在枝叶间跳跃或来回飞翔觅食。边取食边不停鸣叫。食物夏季以昆虫为主,冬季则主要以植物性食物为主。

营巢在树上,巢为椭圆形。孵卵由雌雄亲鸟轮流承担,以雌鸟为主。雏鸟晚成性,雌雄亲鸟共同育雏。

分布 天目山留鸟，分布于森林地带。国内分布于甘肃、西藏、陕西、云南、长江流域及以南地区。国外分布于尼泊尔、巴基斯坦、不丹、印度、柬埔寨、老挝、缅甸、泰国和越南等地。

4.165 银喉长尾山雀 *Aegithalos caudatus* Linnaeus，1758（图版Ⅳ-165）

别名 十姊妹、洋红儿、银颏山雀

形态 体小型，体重7～11g，体长120～160mm，翼长60～70mm。虹膜黄白色。嘴短粗，黑褐色。跗跖和趾淡褐色。爪黑褐色。

雌雄成鸟羽色相似。躯体圆润，松散的羽毛外观蓬松。头顶和枕侧灰黑色，头顶中央贯以黄灰色纵纹。额、头侧和颈侧淡葡萄棕色。背至尾上覆羽石板灰色。翼上覆羽棕褐色。飞羽黑褐色，内侧飞羽的羽缘较淡。颏、喉淡葡萄棕色，喉部中央具一银灰色块斑。胸部黄褐色，腹部沾葡萄红色，尾下覆羽葡萄红色。腋羽和翼下覆羽白色。尾较长，为体长之半；尾羽黑褐色，中央尾羽较暗，外侧3对尾羽外翈浅褐色，并具楔状白色端斑。

幼鸟：头顶及上背呈葡萄褐色，头部纵纹亦较淡。喉、胸和上腹呈锈色，下腹黄灰色。

习性 多栖息于山地针叶林或针阔叶混交林，冬季在针叶林中亦可见，但多数下降到河谷次生林一带。秋季成小家族游荡，至冬季可汇成100只以上的大群。行动敏捷，来去均甚突然，常见跳跃在树冠间或灌丛顶部，有时还像鹟类一样，掠食空中飞行的昆虫。主要啄食昆虫，包括半翅目、鞘翅目、鳞翅目及其他昆虫，也有少许植物。

营巢在树上，多筑在背风的林内，置于落叶松枝杈间，巢的一侧紧贴树干。由雌鸟单独坐巢孵卵。雏鸟晚成性，雌雄鸟均担任育雏工作。

分布 天目山留鸟，分布于森林地带。国内分布广泛，北至黑龙江、内蒙古、甘肃、新疆，西至四川、云南，南到安徽、浙江、湖南。国外主要分布于亚洲、北非和北美，偶见南美、中非。

山雀科 Paridae

体型略小于麻雀。嘴强而短，略呈锥形，嘴须弱或缺如。鼻孔多少被羽须所掩盖。体羽柔软，许多种类具羽冠。翼较短而呈圆形，初级飞羽10枚，第1枚初级飞羽长度不到第2枚的一半。尾圆形或略呈叉形。跗跖小而强健，前缘被盾状鳞。

通常活动于森林或林缘灌丛。性活泼，常在枝条间跳跃、攀旋。食物以昆虫为主。营于树洞、岩隙及墙洞中，巢呈浅杯状。

本科现存有14属61种，分布于非洲、欧洲、亚洲及美洲。中国有5属22种。天目山有1属2种。

山雀属 *Parus* Linnaeus，1758

体型小（比常见的麻雀小）。嘴短尖而强，呈锥形。鼻孔被悬羽覆盖。翼圆，第1枚初级飞羽短小，但长于大覆羽。跗跖强健，前缘被盾状鳞。两性羽色相似，羽毛柔软，一般为灰色或黑色，常带有蓝黄色斑纹。

本属现存有24种，分布于欧亚大陆、北美与非洲。中国有18种。天目山有2种。

天目山山雀属分种检索

尾圆尾状，下体不为一致的黄色 ·········· 大山雀 *P. major*
尾方尾状，下体为一致的黄色 ·········· 黄腹山雀 *P. venustulus*

4.166　大山雀 *Parus major* Linnaeus，1758(图版Ⅳ-166)

别名　灰山雀、白面只、白脸山雀、白颊山雀

形态　体小型,体重 12～17g,体长 120～150mm,翼长 60～75mm。虹膜褐色或暗褐色。嘴短而强,略呈锥状,黑色或黑褐色。跗跖和趾紫褐色。爪灰褐色。

雄鸟:前额、眼先、头顶、枕和后颈上部灰蓝黑色。颊、耳羽和颈侧白色,呈一近似三角形的白斑。后颈上部黑色,沿白斑向左右颈侧延伸,形成一条黑带,与颏、喉和前胸之黑色相连。上背和两肩黄绿色,在上背黄绿色和后颈的黑色之间有一细窄的白色横带。下背至尾上覆羽蓝灰色。翼上覆羽黑褐色,具蓝灰色羽缘;大覆羽具宽阔的灰白色羽端,形成一显著的翼带。飞羽黑褐色,羽缘蓝灰色,外翈缘灰白色。颏、喉和前胸灰蓝黑色,其余下体白色,中部有一宽阔的黑色纵带,前端与前胸黑色相连,往后延伸至尾下覆羽,有时在尾覆羽下还扩大成三角形。中央 1 对尾羽蓝灰色,羽干黑色,其余尾羽内翈黑褐色,外翈蓝灰色;最外侧 1 对尾羽白色,仅内翈具宽阔的黑褐色羽缘,次 1 对外侧尾羽末端具白色楔形斑。

雌鸟:羽色和雄鸟相似,但体色稍较暗淡,缺少光泽,腹部黑色纵纹较细。

幼鸟:羽色和成鸟相似,但黑色部分较浅淡,且沾褐色,缺少光泽;喉部黑斑较小,腹无黑色纵纹或黑色纵纹不明显,灰色和白色部分沾黄绿色。

习性　主要栖息于低山和山麓地带的阔叶林和针阔叶混交林中,也出入于人工林和针叶林,有时也进到果园、道旁和地边树丛、房前屋后和庭院中的树上。除繁殖期间成对活动外,秋冬季节多成 3～5 只或 10 余只的小群,有时亦见单独活动的。性较活泼而大胆,不甚畏人。行动敏捷,常在树枝间穿梭跳跃,或从一棵树飞到另一棵树上,边飞边叫。主要以鳞翅目、双翅目、鞘翅目等昆虫及其幼虫为食,也食少量蜘蛛、蜗牛、草籽、花等小型无脊椎动物和植物性食物。

通常营巢于天然树洞中,也利用啄木鸟废弃的巢洞和人工巢箱,有时也在土崖和石隙中营巢。雌雄鸟共同营巢,雌鸟为主。孵卵由雌鸟承担。雏鸟晚成性,雌雄亲鸟共同育雏。

分布　天目山留鸟,分布于森林地带。国内分布于黑龙江、吉林、辽宁、内蒙古东北部和东南部、河北、山西、青海、甘肃、新疆北部、西藏、四川、贵州、云南、长江流域及以南广大地区,冬季偶见于台湾。国外分布于欧亚大陆、北非、北美及太平洋诸岛。

4.167　黄腹山雀 *Parus venustulus* Swinhoe，1870(图版Ⅳ-167)

别名　采花雀、黄点儿、黄豆崽、丁丁拐

形态　体小型,体重 9～14g,体长 80～110mm,翼长 60～70mm。虹膜褐色或暗褐色。嘴蓝黑色或灰蓝色。跗跖和趾灰黑色。爪灰黑色。

雄鸟:脸颊、耳羽和颈侧白色,在头侧形成大块白斑。额、眼先、头顶到上背黑色,具蓝色金属光泽;后颈具一有时微沾黄色的白色块斑。下背、腰、肩亮蓝灰色,腰较浅淡。翼上覆羽黑褐色;中覆羽和大覆羽具白而微沾黄色的端斑,在翼上形成两道明显的翼斑。飞羽暗褐色,除外侧 2 枚初级飞羽外,其余飞羽外翈羽缘灰绿色,最内侧三级飞羽具黄白色端斑。颏、喉和上胸黑色,微具蓝色金属光泽;下胸和腹鲜黄。腋羽和翼下覆羽白色,有时微沾黄。两肋黄绿色,尾下覆羽黄色。尾上覆羽和尾羽黑色,外侧尾羽外翈中部具白斑,越外侧范围越大。

雌鸟:额、眼先、头顶、枕和背灰绿色,后颈有一淡黄色斑。腰淡灰绿色。两翼覆羽和飞羽黑褐色;外翈羽缘绿色,中覆羽、大覆羽和三级飞羽具淡黄白色端斑。颊、耳羽及颏和喉白色或灰白色,其余下体淡黄色沾绿色。

幼鸟:和雌鸟相似,但头侧和喉沾黄色。

习性　主要栖息于山地各种林地,冬季多下到低山和山脚平原地带的次生林、人工林和林缘疏林灌丛地带。除繁殖期成对或单独活动外,其他时候成群,常呈10～30只的集群,有时也与大山雀等鸟类混群。整天多数时候在树枝间跳跃穿梭,或在树冠间飞来飞去。主要以直翅目、半翅目、鳞翅目等昆虫为食,也食果实和种子等植物性食物。

营巢于天然树洞中,巢呈杯状。雌雄鸟共同营巢,雌鸟为主。孵卵由雌鸟承担。雏鸟晚成性,雌雄亲鸟共同育雏。

分布　中国特产种。天目山留鸟,分布于森林地带。国内分布于中国甘肃、陕西、四川、贵州、云南等地,往北到河南伏牛山和山西南部,偶见于河北兴隆和北京西山,往南至福建、香港、广东和广西等地。

䴓科 Sittidae

嘴形强直,几乎与头等长;上嘴边缘光滑或有小缺刻。鼻孔部分被羽覆盖,具嘴须。体羽蓬松而柔软。翼尖而长,第1枚初级飞羽长不到第2枚之半。尾羽短呈方形或稍圆,尾羽12枚。跗跖前缘被盾状鳞,后缘光滑。脚强健有力,后趾爪较长而发达。

栖息于山地森林,善攀缘,多活动于树冠层。以昆虫及虫卵为食。营巢于树洞或岩壁缝隙中。

本科现存有1属28种,分布于欧洲、亚洲和大洋洲。中国有1属11种。天目山有1属1种。

䴓属 *Sitta* Linnaeus,1758

因䴓科为单型科,仅有1属,所以属的特征与科一致。

4.168　普通䴓 *Sitta europaea* Linnaeus,1758(图版Ⅳ-168)

别名　蓝大胆、穿树皮、松枝儿、贴树皮

形态　体中小型,体重14～20g,体长100～130mm,翼长70～80mm。虹膜深褐色。嘴黑色,嘴基灰蓝白色。跗跖和趾暗褐色。

雄鸟:自额、眼至颈侧有一道醒目的黑色贯眼纹。头顶至尾上覆羽灰蓝色。飞羽黑褐色,外缘蓝灰色,与翼上覆羽同色。颊、耳羽、颈侧至胸部肉桂棕色或污黄白色。两胁及腹部栗色。中央1对尾羽浅灰蓝色;外侧尾羽黑褐色,具灰蓝色羽端斑和白色次端斑,且越外侧白斑越大。尾下覆羽污白色,具淡栗色羽缘。

雌鸟:羽色与雄鸟相似,但不如雄鸟鲜艳,色彩较为污、暗、淡。

幼鸟:上体较成鸟污暗,呈暗褐色。眼先和贯眼纹污黑。颊、喉棕白色至棕黄色。下体颜色较成鸟淡,呈浅肉桂棕色或浅棕黄色。

习性　喜居老龄混交林和阔叶林中,在高大栎树林里及历史悠久的公园内也有分布。单独或成对活动。飞行起伏呈波状,偶尔于地面取食。食物以昆虫为主。

营巢常利用啄木鸟的弃洞或在树干上凿穴。由雌鸟孵卵,雌雄都参与育雏。

分布　天目山留鸟,分布于森林地带。国内分布于西北、东北、华北、华东及华南等大部分落叶林区。国外分布于东亚、中亚至西伯利亚。

雀科 Passeridae

体型较小。嘴粗短,呈锥形,嘴缘平滑而无缺刻,闭嘴时上下嘴间没有缝隙。鼻孔裸出。尾方形。跗跖被盾状鳞。脚强壮。

主要栖息于开阔的次生林、灌木丛、农田和人类居住区。多结群生活,主要以谷粒、草籽和植物种子为食。繁殖期也食昆虫。

本科现存有12属51种,分布于于欧洲、亚洲、非洲、美洲及大洋洲。中国有5属13种,浙江有1属2种,天目山有1属2种。

麻雀属 *Passer* Brisson,1760

嘴短粗而强壮,嘴峰稍曲,呈圆锥状。一般上体呈棕色、黑色的杂斑状,因而俗称麻雀。翼短,初级飞羽9枚,外侧飞羽的淡色羽缘(第1枚除外)在羽基和近端处互相拼缀,略成两道横斑。除树麻雀外,雌雄异色。

本属现存有28种,分布于于欧亚大陆、非洲、美洲及大洋洲。中国有5种。天目山有2种。

天目山麻雀属分种检索

耳羽有黑色块斑 ·· 麻雀 *P. montanus*

耳羽无黑色块斑 ·· 山麻雀 *P. rutilans*

4.169 麻雀 *Passer montanus* Linnaeus,1758(图版Ⅳ-169)

别名 麻雀、家雀、老家贼、瓦雀

形态 体小型,体重16~24g,体长115~150mm,翼长60~80mm。虹膜暗红褐色。嘴一般为黑色,冬季有的呈灰褐色;下嘴基部黄色。跗跖和趾黄褐色。爪黑褐色。

成鸟:眼先和眼下缘黑色。颊、耳羽和颈侧灰白色,耳羽后各具一黑斑。从额至后颈栗褐色。背、肩、腰及尾上覆羽棕褐色,且背和肩杂以黑色纵纹。翼上小覆羽栗色,中覆羽和大覆羽黑褐色,具白色沾黄的羽端。飞羽黑褐色,初级飞羽先端灰白色,外缘具棕褐色横斑;次级飞羽先端浅棕褐色,外缘棕褐色。下体灰白色为主,颏和喉的中部黑色,胸和腹沾褐色,两胁转为淡黄褐色,尾下覆羽杂少许黑褐色羽端。尾暗褐色,羽缘较浅淡。

幼鸟:羽色较成鸟苍淡。头顶中部沙褐色,两侧和颈栗褐色较浓。背部黑纹比成鸟少。颊与喉侧均灰白色,耳羽后部的黑斑比成鸟浅淡。胸灰色沾棕色,腹污白色,两胁和尾下覆羽渲染灰棕色。

习性 主要栖息在人类居住环境,无论山地、平原、丘陵、草原、沼泽和农田,还是城镇和乡村,在有人类集居的地方,多有分布。性喜成群,除繁殖期外,常成群活动,特别是秋冬季节,集群多达数百只,甚至上千只。性活泼,频繁的在地上奔跑,并发出叽叽喳喳的叫声,显得较为嘈杂。食性较杂,主要以谷粒、草籽、种子、果实等植物性食物为食,繁殖期也吃大量昆虫。

营巢于村庄、城镇等人类居住地区的房舍、庙宇、桥梁以及其他建筑物上,以屋檐和墙壁洞穴最为常见,也在树洞石穴、土坑和树枝间营巢或利用废弃的喜鹊巢和人工巢箱。雌雄鸟共同参与营巢活动。雌雄鸟轮流进行孵卵。雏鸟晚成性,雌雄亲鸟共同觅食喂雏。

分布 天目山留鸟,分布于灌草丛、建筑物等处。国内广布于全国各地。国外广布于欧亚大陆、北非、北美、大洋洲及太平洋诸岛,南美和南非几乎不见。

4.170　山麻雀 *Passer rutilans* Gould，1836（图版Ⅳ-170）

别名　红雀、桂色雀、黄雀

形态　体小型，体重 15～30g，体长 110～140mm，翼长 60～75mm。虹膜栗褐色或褐色。嘴黑色，雌性下嘴基部淡褐色。跗跖和趾黄褐色。爪浅褐色。

雄鸟：眼先和眼后黑色，颊、耳羽和头侧淡灰白色。上体从额、头顶一直到腰栗红色；背、腰羽端和外缘土黄色，具黑色条纹。翼上覆羽黑褐色，大覆羽具狭窄的淡栗色外缘和栗色端斑；中覆羽具灰白色端斑。飞羽暗褐色，羽缘黄褐色，初级飞羽具 2 道棕白色横斑。尾上覆羽黄褐色。下体灰白色，有时微沾黄色，颏和喉部中央黑色。腋羽灰白色沾黄色；覆腿羽栗色。尾羽黑褐色，具土黄色羽缘，中央尾羽边缘稍红。

雌鸟：眼先和贯眼纹褐色，一直向后延伸至颈侧。眉纹长而宽阔，皮黄白色或土黄色。上体橄榄褐色或沙褐色，上背杂以棕褐与黑色斑纹，腰栗红色。两翼和尾颜色同雄鸟。颊、头侧、颏、喉淡皮黄色；腹部中央白色。

习性　栖息于低山丘陵和山脚平原地带的各类森林和灌丛中。性喜结群，除繁殖期间单独或成对活动外，其他季节多呈小群。多活动于林缘疏林、灌丛和草丛中，有时也到农田、河谷、果园、岩石草坡、房前屋后和路边树上活动和觅食。在树枝或灌丛间飞来飞去或飞上飞下，飞行力较其他麻雀强，活动范围亦较其他麻雀大。杂食性，动物性食物中较常见的有鞘翅目、鳞翅目、膜翅目等昆虫及其幼虫，植物性食物主要有禾本科和莎草科等野生植物的果实和种子。

营巢于山坡岩壁天然洞穴中，也筑巢在堤坝、桥梁洞穴或房檐下和墙壁洞穴中。雌雄鸟共同参与营巢活动。雌雄鸟轮流进行孵卵。雏鸟晚成性，雌雄亲鸟共同觅食喂雏。

分布　天目山留鸟，分布于开阔森林地带。国内分布于华东、华中、华南、西南和长江流域及以南地区，南至广西、广东、香港、福建和台湾等地。国外分布于俄罗斯、南亚、东亚、老挝、缅甸、泰国、越南等地。

梅花雀科 Estrildidae

体型较小。嘴粗厚，圆锥形，基部膨大，嘴缘平滑而缺刻，上下嘴闭合严密。鼻孔裸出。初级飞羽 10 枚，第 1 枚初级飞羽短小，长不到第 2 枚之半。尾楔形。跗跖被盾状鳞。脚较粗，趾较长。

主要栖息于开阔的次生林、灌木丛、农田和人类居住区。多结群生活，主要以谷粒、草籽和植物种子为食。繁殖期也食昆虫。

本科现存有 31 属 141 种，分布于非洲、大洋洲和东南亚。中国有 4 属 7 种。天目山有 1 属 2 种。

文鸟属 *Lonchura* Sykes，1832

嘴短粗而强壮，呈圆锥状，常呈黑色。翼形尖，第 1 枚飞羽较短，不超过大覆羽。中央尾羽形狭而端尖。

本属现存有 35 种，主要分布于非洲南部、大洋洲、南亚、东南亚及中国南部。中国有 4 种。天目山有 2 种。

天目山文鸟属分种检索

4.171　白腰文鸟 *Lonchura striata* Linnaeus，1766（图版Ⅳ-171）

别名　禾谷、十姊妹、白腰算命鸟、衔珠鸟、尖尾文鸟

形态　体小型，体重 9～15g，体长 100～130mm，翼长 45～55mm。虹膜红褐色或淡红褐色。上嘴黑色，下嘴蓝灰色。跗跖蓝褐色和深灰色。趾和爪蓝褐色。

雌雄成鸟羽色相似。额、头顶前部、眼先、眼周、颊和嘴基均为黑褐色。耳羽和颈侧淡褐色，具细的白色条纹或斑点。头顶后部至背和两肩沙褐色，具皮黄白色羽干纹。翼上覆羽暗沙褐色，具棕白色羽干纹。飞羽黑褐色。腰白色。尾上覆羽栗褐色，具棕白色羽干纹和红褐色羽端。颏、喉黑褐色，上胸栗色，具浅黄色羽干纹和淡棕色羽缘；下胸、腹和两胁白色，具不明显的淡褐色 U 形斑或鳞状斑。尾下覆羽和覆腿羽栗褐色，具棕白色细纹或斑点。尾黑色，先端尖，呈楔状。

幼鸟上体淡褐色，具白色或棕白色羽干纹。腰灰白色。尾上覆羽浅黄褐色，具褐色弧状纹和近白色羽干纹。颏、喉淡灰褐色或灰色，具浅褐色弧状纹。胸、尾下覆羽和覆腿羽淡黄褐色，具浅褐和灰褐相间的弧状纹。腹、两胁灰褐色沾黄色。其余似成鸟。

习性　栖息于低山、丘陵和山脚平原地带，尤以溪流、苇塘、农田和村落附近较多见，常见于林缘、次生灌丛、农田及花园。除繁殖期多成对活动外，其他季节多成群，常数只或 10 多只在一起，秋冬季节亦见数十只甚至上百只的大群。常站在树枝、竹枝等高处鸣叫，也常边飞边鸣。性温顺，不畏人，易于驯养。主要以植物种子为食，特别喜欢稻谷，在夏季也吃一些昆虫和未熟的谷穗、草穗。

营巢在田地边和村庄附近的树上或竹丛中，也在山边、溪旁和庭院中树上或灌丛与竹丛中营巢。营巢由雌雄亲鸟共同承担。孵卵由雌雄亲鸟轮流承担。雏鸟晚成性，雌雄亲鸟共同觅食喂雏。

分布　天目山留鸟，分布于林缘灌丛、草地等处。国内分布于长江流域及其以南地区，北抵陕西、河南、安徽和江苏等省，西至四川、贵州、云南，南至广西、广东、香港、福建、海南岛和台湾。国外分布于南亚和东南亚。

4.172　斑文鸟 *Lonchura punctulata* Linnaeus，1758（图版Ⅳ-172）

别名　鳞胸文鸟、禾谷、十姊妹、算命鸟、小岛纺织鸟

形态　体小型，体重 11～17g，体长 100～125mm，翼长 50～60mm。虹膜褐色或暗褐色。嘴蓝黑色或黑色，冬季较淡。跗跖和趾铅褐色。爪浅褐色。

雌雄成鸟羽色相似。脸、颊、头侧、颏、喉深栗色；颈侧栗黄色，具白色羽端。额、眼先栗褐色，羽端稍淡。头顶、后颈、背、肩淡棕褐色，具灰白色羽干纹和不甚明显的淡褐色横斑。翼上覆羽和飞羽暗褐色，缀栗褐色羽缘。腰和尾上覆羽灰褐色，羽端近白色，具细的淡栗色横斑和白色羽干纹。尾上覆羽和中央尾羽橄榄黄色，其余尾羽暗黄褐色。上胸、胸侧淡棕白色，具红褐色弧状横斑，形成鳞片状。下胸、腹侧和两胁近白色，具暗灰褐色弧状横斑或 U 形斑。腹中央和尾下覆羽皮黄白色；尾下覆羽亦具褐色弧状横斑，但常常被羽毛掩盖而不明显。腋羽、翼下覆羽棕皮黄色或红赭色。

幼鸟：上体淡褐色或淡黄褐色，下体皮黄褐色或土褐色，无鳞状斑。

习性　主要栖息于低山、丘陵、山脚和平原地带的农田、村落、林缘疏林及河谷地区。除繁殖期间成对活动外,多成群,常成 20～30 只、甚至上百只的大群活动和觅食,有时也与麻雀和白腰文鸟混群。飞行迅速,两翼扇动有力,常常发出呼呼的振翼声响。主要以谷粒等农作物为食,也吃草籽和其他野生植物果实与种子,繁殖期间也食部分昆虫。

营巢于靠近主干的茂密侧枝枝杈处,也在蕨类植物上营巢。营巢由雌雄鸟共同承担。孵卵由雌鸟独自承担。雏鸟晚成性,雌鸟独自育雏。

分布　天目山留鸟,分布于林缘灌丛、草地等处。国内分布于中国南部,自西藏东南部、四川西南部、云南、贵州至江苏南部、浙江、福建、台湾、广东及海南。国外分布于北美、南亚、东南亚和大洋洲等地,零星分布于非洲。

燕雀科 Fringillidae

体型小。嘴粗短,圆锥形,嘴缘平滑,上下嘴的嘴缘闭合时相互紧接。鼻孔常被皮膜或为羽须所掩盖。初级飞羽 9～10 枚,次级飞羽的长度约等于翼长的 3/4。尾凹形或叉形。跗跖前缘被盾状鳞。

栖息于森林、田园、草地、灌丛和居民区附近。食物多为谷类、草籽、果实、花、叶芽等。繁殖期间以昆虫喂养幼虫。

本科现存有 52 属 219 种,中国有 16 属 57 种。天目山有 4 属 6 种。

天目山燕雀科分属检索

1. 嘴甚强厚,上嘴后伸至骨质眼眶之后 ··· 3
   嘴不甚强厚,上嘴不伸至骨质眼眶之后 ··· 2
2. 腰白色,背黑褐色,杂以棕色斑 ··· 燕雀属 *Fringilla*
   腰非白色,背绿色或黄色 ··· 金翅属 *Carduelis*
3. 内侧初级飞羽和外侧次级飞羽的羽端呈方形或波形 ····················· 锡嘴雀属 *Coccothraustes*
   内侧初级飞羽和外侧次级飞羽的羽端不呈方形或波形 ······················· 蜡嘴雀属 *Eophone*

燕雀属 *Fringilla* Linnaeus，1758

体中等,比麻雀稍大。嘴强而长,尖端锐,嘴峰直;嘴须强。鼻孔卵圆形,位于嘴基,几被羽遮盖。翼较长,第 2、3 枚初级飞羽最长,并几乎相等。跗跖强,趾短。尾稍呈叉状。雌雄异色,羽色多样。腰白色或黄绿色;头顶和背黑色(♂)或褐色(♀)。

本属现存有 4 种,分布于欧亚大陆、西北非和北方各岛屿。中国有 2 种。天目山有 1 种。

4.173　燕雀 *Fringilla montifringilla* **Linnaeus，1758**(图版Ⅳ-173)

别名　虎皮雀

形态　体中小型,体重 18～28g,体长 130～170mm,翼长 80～95mm。虹膜褐色或暗褐色。嘴基绿黄色,嘴尖黑褐色。跗跖和趾淡红褐色或暗褐色。爪灰褐色。

雄鸟:额、头顶、颊、枕、后颈、上背黑色,具蓝色金属光泽,背羽具黄褐色羽缘。下背、腰和尾上覆羽白色,具淡棕色先端。肩、翼上小覆羽棕黄色;中覆羽白色;大覆羽黑色,羽端淡棕色。飞羽黑褐色,外翈缘灰白色,内翈缘浅棕色。第 3 枚初级飞羽以内的基部具白斑;第 4～9 枚初级飞羽中段外翈具白斑。颏、喉和上胸锈棕色;下胸、腹、两胁和尾下覆羽白色。尾羽黑色,具浅黄色羽端和狭边;外侧 1 对尾羽近基段有一白斑。

雌鸟：羽色和雄鸟相似，但较雄鸟淡，上体黑色部分被褐色取代，且具淡色羽缘，头和背部具不明显的纵纹。下背至腰灰白色，尾浅黑色，具白色狭缘。颏、喉沙棕色，上胸暗橙棕色，羽端灰棕色，下胸、腹和尾下覆羽灰白色。

习性　繁殖期间栖息于阔叶林、针阔叶混交林和针叶林等各类森林中；迁徙期间和冬季，主要栖息于林缘疏林、次生林、农田、旷野、果园和村庄附近的小林内。除繁殖期间成对活动外，其他季节多成群，尤其是迁徙期间常集成大群。主要以草籽、果实、种子等植物性食物为食，繁殖期间则主要以昆虫为食。

通常成对分散营巢繁殖，巢多置于树上紧靠主干的分枝处。雌雄鸟共同营巢。孵卵由雌鸟承担。雏鸟晚成性，雌雄亲鸟共同育雏。

分布　天目山冬候鸟，分布于森林地带。国内主要分布于东北、内蒙古东北部、河南、陕西、山西，一直往南到长江流域及以南各地，西至甘肃、四川、贵州、云南，东至沿海各地和台湾，南至广东、广西、福建和香港。国外繁殖于欧洲北部，越冬于欧洲南部、地中海、北非。

金翅属 *Carduelis* Brisson，1760

嘴尖直，一般不膨胀。翼较长而尖。尾较长，呈凹型。体羽黄绿色，常具黄色或红色斑。本属现存有 24 种，主要分布于欧亚大陆和美洲。中国有 11 种。天目山有 2 种。

天目山金翅雀属分种检索

翼长在 75mm 以上，嘴和足粉红色 ……………………………………………………… 金翅雀 *C. sinica*

翼长在 75mm 以下，嘴和足褐色 ……………………………………………………… 黄雀 *C. spinus*

4.174　金翅雀 *Carduelis sinica* Linnaeus，1766（图版 IV-174）

别名　绿雀、芦花黄雀、黄弹鸟、黄楠鸟、谷雀

形态　体中小型，体重 15～22g，体长 115～145mm，翼长 75～85mm。虹膜栗褐色。嘴黄褐色或肉黄色。跗跖和趾淡棕黄色或淡灰红色。爪灰褐色。

雄鸟：眼先、眼周灰黑色。前额、颊、耳羽、眉区、头侧褐灰色，沾草黄色。头顶、枕至后颈灰褐色，羽尖沾黄绿色。背、肩和翼上覆羽暗栗褐色，羽缘微沾黄绿色。腰和尾上覆羽金黄绿色。飞羽黑褐色，尖端灰白色，基部鲜黄色，在翼上形成一大块黄色翼斑。颊、颏、喉橄榄黄色。胸和两胁栗褐色沾绿黄色，或污褐色而沾灰色。腋羽、腹、翼下覆羽鲜黄色，肛周灰白色。中央尾羽黑褐色，羽基沾黄色，羽缘和尖端灰白色；其余尾羽基段鲜黄色，末段黑褐色，外翈羽缘灰白色。

雌鸟：和雄鸟相似，但羽色较暗淡。头顶至后颈灰褐色，具暗色纵纹。上体少金黄色而多褐色，腰淡褐色沾黄绿色。下体黄色亦较少，仅微沾黄色且亦不如雄鸟鲜艳。

幼鸟：和雌鸟相似，但羽色较淡。上体淡褐色，具明显的暗色纵纹。下体黄色，亦具褐色纵纹。

习性　主要栖息于低山、丘陵、山脚和平原等开阔地带的疏林中，尤喜林缘疏林和生长有零星大树的山脚平原，也出现于城镇公园、果园、苗圃、农田地边和村寨附近的树丛中或树上。常单独或成对活动，秋冬季节成群，有时多达数十只甚至上百只。多在树冠层枝叶间跳跃或飞来飞去，也到低矮的灌丛和地面活动和觅食。飞翔迅速，两翼扇动甚快，常发出呼呼声响。主要以植物果实、种子、草籽和谷粒等为食。

营巢于阔叶树、竹丛、针叶树幼树枝杈上，主要由雌鸟承担，雄鸟协助搬运巢材。孵卵由雌

鸟承担。雏鸟晚成性,雌雄亲鸟共同觅食喂雏。

分布　天目山留鸟,分布于开阔森林地带。国内分布于东北、内蒙古东北部、河北、河南、山西,一直往南到广东、香港、福建和台湾,西至甘肃、宁夏、青海、四川。国外分布于俄罗斯、堪察加半岛、日本和朝鲜等地。

4.175　黄雀 *Carduelis spinus* Linnaeus,1758(图版Ⅳ-175)

别名　黄鸟、金雀、芦花雀

形态　体小型,体重 11～15g,体长 100～140mm,翼长 65～75mm。虹膜近黑色。嘴暗褐色,下嘴色泽较淡。跗跖、趾和爪暗褐色。

雄鸟:眼先灰色;眉纹鲜黄色,仅限于眼后。贯眼纹短,黑色。耳羽黄绿色;颊黄色。额、头顶和枕黑色,羽缘黄绿色,枕羽尤其明显。后颈、肩和背黄绿色,羽缘亮黄色,具黑褐色羽干纹。翼上覆羽黑褐色,羽端黄绿色或亮黄色。飞羽基段亮黄色,末段黑褐色,外缘黄绿色,羽端灰褐色。腰鲜黄色,羽尖色较深。尾上覆羽黑褐色,具宽的亮黄色羽缘。颏和喉中央黑色,羽尖沾黄色。胸亮黄色;腹灰白色,微沾黄色。翼下覆羽和腋羽淡黄色,前者羽基发黑。两胁及尾下覆羽灰白色,具黑褐色羽干纹。中央尾羽黑褐色,带亮黄色窄边;最外侧尾羽亮黄色,外翈末段及内翈羽端褐色;其余尾羽基段亮黄色,末段黑褐色,并带黄色边缘。冬羽的黄、绿和黑等色泽不如夏羽那样鲜明,但羽干纹较明显。

雌鸟:额、头顶、头侧和背褐色沾绿色,带黑褐色羽干纹。腰绿黄色,具褐色羽干纹。下体淡绿黄色或黄白色,具较粗的褐色羽干纹,胁部尤甚。余部同雄鸟。

幼鸟:与雌鸟相似,但色偏褐而少黄色,因此腰、眉纹和颊淡皮黄色。上体条纹粗著,下体多呈白色,具有黑色点斑。翼斑皮黄色。

习性　栖息环境比较广泛,多在针阔叶混交林、针叶林、杂木林和河漫滩的丛林中,有时也到公园和苗圃中。除繁殖期成对生活外,常集成几十只的大群,春秋季迁徙时见有集大群的现象。平常游荡时,喜落于茂密的树顶上,常一鸟先飞,而后群体跟着前往。飞行快速,直线前进。食物一般随季节和地区不同而有变化,春季取食嫩芽、种子和鞘翅目昆虫;夏季以多种昆虫喂雏;而秋季则食浆果、草籽等。

多在树枝上营巢,或在林下小树上。雌雄均参与营巢,但以雌鸟为主。孵卵由雌鸟承担。雏鸟晚成性,两性共同育雏,但以雌鸟为主。

分布　天目山冬候鸟,分布于森林地带。国内在中国东北为繁殖鸟;东北南部、内蒙古东部、河北、河南、山东和江苏为旅鸟,少数为冬候鸟;在浙江、福建、广东、台湾及四川和贵州等地为冬候鸟。国外分布于南欧至埃及,东至日本和朝鲜半岛的广大地区。

锡嘴雀属 *Coccothraustes* Brisson,1760

体中等。嘴形粗厚而宽阔。脚短而弱,前 3 趾基部并连,称并趾型。跗跖大部由单列大型卷形鳞所包被。

本属现存有 3 种,分布于非洲、中国和东南亚。中国有 1 种。天目山有 1 种。

4.176　锡嘴雀 *Coccothraustes coccothraustes* Linnaeus,1758(图版Ⅳ-176)

别名　老锡、老西儿、蜡嘴雀

形态　体中小型,体重 18～24g,体长 160～200mm,翼长 80～110mm。虹膜红褐色或褐色。嘴强厚,铅蓝色,下嘴基部近白色。跗跖、趾肉色或褐色。爪黄褐色。

雄鸟:嘴基、眼先、颏和喉中部黑色。自额至枕部,羽色由淡黄色逐渐变为棕黄色,后颈有一条灰色宽带,向两侧延伸至喉侧。背、肩暗棕褐色;腰淡皮黄色,基部亮灰色。尾上覆羽棕黄色。翼上小覆羽黑褐色;中覆羽灰白色,形成宽阔的翼斑;大覆羽黑褐色。飞羽绒黑色,端部具蓝绿色光泽,内翈具大型白斑。颏、喉黑色。胸、腹、两胁和覆腿羽葡萄红色。下腹中央略沾棕红色,尾下覆羽白色。中央尾羽基段黑色,末段暗栗色,端斑白色;其余尾羽黑色,末端白色。

雌鸟:和雄鸟基本相似,但羽色较浅淡,不及雄鸟鲜亮而有光彩。额至头顶乌灰色,有时微沾灰绿色。枕至后颈浅棕褐色。次级飞羽外翈和部分初级飞羽外翈淡灰色而无金属光泽。

幼鸟:和雌鸟相似,但羽色较雌鸟更浅。额和头顶污灰褐色。后颈至背暗褐色,羽基灰色。腰和尾上覆羽淡橘黄色。颏、喉和下颈白色。上胸灰白色,羽端棕褐色。下胸、两胁和上腹白色,密布黑色块斑。下腹和尾下覆羽棕白色,其余同雌鸟。

习性 主要栖息于低山、丘陵和平原地带的阔叶林、针阔叶混交林和次生林及人工林。主要以植物果实、种子为食;亦吃昆虫,主要有鳞翅目、鞘翅目、膜翅目等昆虫及其幼虫。

营巢在阔叶树枝叶茂密的侧枝上。雌雄均参与营巢,但以雌鸟为主。孵卵主要由雌鸟承担。雏鸟晚成性,雌雄亲鸟共同育雏。

分布 天目山冬候鸟,分布于森林地带。国内分布于内蒙古、东北、华北,一直到长江中下游和东南沿海等省,西至四川、贵州、青海、甘肃、宁夏等地。国外分布于欧亚大陆和非洲西北部。

蜡嘴雀属 *Eophona* Gould,1851

中型鸟类。由于嘴黄色,呈粗大圆锥形,故得名"蜡嘴"。跗跖强健;跗跖和趾粉褐色。

本属现存有 2 种,分布于中国、俄罗斯西伯利亚东南部和远东南部、朝鲜、日本等地。中国均有。天目山有 2 种。

天目山蜡嘴雀属分种检索

嘴黄色,嘴尖染黑 ························· 黑尾蜡嘴雀 *E. migratoria*
嘴为一致的黄色 ························· 黑头蜡嘴雀 *E. personata*

4.177 黑尾蜡嘴雀 *Eophona migratoria* Hartert, 1903(图版Ⅳ-177)

别名 黑尖蜡嘴、白翅蜡嘴、小桑嘴

形态 体中型,体重 40~60g,体长 170~210mm,翼长 90~110mm。虹膜淡红褐色。嘴橙黄色,嘴基、嘴尖和切合线蓝黑色。跗跖、趾粉褐色。爪黄褐色。

雄鸟:整个头部辉黑色,具蓝色金属光泽。后颈、背、肩灰褐色,有的背微沾棕色。腰和尾上覆羽淡灰色或灰白色。翼上覆羽和飞羽黑色,具蓝紫色金属光泽和白色端斑,尤以初级飞羽白色端斑较宽阔。下喉、颈侧、胸、腹和两胁灰褐色,沾棕黄色,有时两胁沾橙棕色;腹中央至尾下覆羽白色。腋羽和翼下覆羽黑色,羽缘白色。尾黑色,外翈具蓝黑色金属光泽。

雌鸟:整个头和上体灰褐色,背、肩微沾黄褐色,腰和尾上覆羽近银灰色。翼上覆羽灰褐色,羽端稍暗。飞羽黑褐色,具白色端斑;外翈黑色,内翈羽缘和端斑黑褐色。下体淡灰褐色,两胁和腹沾橙黄色,尾下覆羽污灰白色。中央 2 对尾羽黑色,其余尾羽黑褐色,羽缘沾灰色。

幼鸟:幼鸟和雌鸟相似,但羽色较浅淡。下体近污白色,无橙黄色沾染。

习性 栖息于低山和山脚平原地带的阔叶林、针阔叶混交林、次生林和人工林中,也出现于林缘疏林、河谷、果园、城市公园及农田地边和庭院树上。繁殖期间单独或成对活动,非繁殖期成群,有时集成数十只的大群。树栖性,频繁地在树冠层枝叶间跳跃或来回飞翔。性活泼而

大胆,不甚怕人。鸣声高亢,悠扬而婉转。主要以种子、果实、草籽、嫩叶、嫩芽等植物性食物为食,也吃部分动物性食物,包括膜翅目、鞘翅目等昆虫和小螺蛳等小型无脊椎动物。

在乔木侧枝枝杈上营巢。雌雄均参与营巢,但以雌鸟为主。孵卵主要由雌鸟承担。雏鸟晚成性,雌雄亲鸟共同育雏。

分布　天目山旅鸟,分布于森林地带。国内在东北至华北地区为夏候鸟,在西南、华东、华南沿海及台湾越冬。国外分布于日本、韩国,朝鲜、老挝、缅甸、泰国和越南等地。

4.178　黑头蜡嘴雀 *Eophona personata* Temminck & Schlegel, 1845(图版Ⅳ-178)

别名　黄嘴雀、黑翅蜡嘴、大蜡嘴

形态　体中型,体重 65～95g,体长 180～230mm,翼长 110～120mm。虹膜深红色。嘴甚强厚,蜡黄色。跗跖、趾肉褐色。爪浅黄色。

雄鸟:额、头顶、嘴基四周和眼周灰蓝黑色。上体余部包括颈侧浅灰色,沾淡褐色;腰和尾上覆羽的灰色较淡。翼上覆羽黑色,外表有黑铜色光泽。飞羽深黑色,外翈灰蓝色,初级飞羽中部具白斑。喉、胸和两胁浅灰色,沾淡褐色;至腹部转灰白色,腹中部和尾下覆羽白色。翼下覆羽、腋羽和覆腿羽白色,杂以浅栗色。尾羽深黑色,带金属光泽。

雌鸟:与雄鸟同色,但上体偏褐灰色。

幼鸟:头部无黑色。上体淡褐色。翼上覆羽和飞羽黑褐色,具白色狭边。中、大覆羽具淡皮黄色先端。喉和胸灰黄色。腹至尾下覆羽灰白色,杂浅栗色。

习性　栖息于平原和丘陵的溪边灌丛、草丛和次生林,也见于山区的灌丛、常绿林和针阔叶混交林。除繁殖期成对生活外,多集成小群,很少为大群。性喜活动,不断地在枝间飞行。性颇怯疑,见到远处有人即刻飞走,或听到声响即行藏匿。配对时,雄鸟凌晨就开始停息大树顶上歌唱,山里人称它为"优秀歌手"。食物随季节和地区而异,春季以叶芽、嫩叶和榆实等为食;夏季几乎全为昆虫和昆虫幼虫;秋季嗜食浆果和植物种子。

巢一般筑于松树上,有时也在落叶乔木上,均离地面甚高。孵卵由雌鸟承担。雏鸟晚成性,雌雄亲鸟共同育雏。

分布　天目山旅鸟,分布于森林、草地等处。国内东北、华中、西南地区为常见的留鸟,在天山、长江流域及以南地区为冬候鸟。国外分布于俄罗斯、日本、朝鲜、韩国、老挝、澳门等地。

鹀科 Emberizidae

体型小。嘴大多为圆锥形,下嘴的底缘甚向上曲,上下嘴边缘不紧密切合而微向内弯,因而切合线中略有缝隙。鼻孔常被皮膜或为羽须所掩盖。初级飞羽 9～10 枚,次级飞羽的长度约等于翼长的 3/4。尾凹形或叉形。跗跖前缘被盾状鳞。两性羽色常有区别。

栖息于森林、田园、草地、灌丛和居民区附近。食物多为谷类、草籽、果实、花、叶芽等;繁殖期间以昆虫喂养幼虫。非繁殖期常集群活动,繁殖期在地面或灌丛内筑碗状巢。

本科现存有 29 属 175 种,除南极外,世界各地均有分布。中国有 6 属 31 种。天目山有 3 属 12 种。

天目山鹀科分属检索

凤头鹀属 Melophus Gray, 1831

小型鸣禽。羽冠长而发达。尾近方形。雌雄异色,雄鸟羽色艳丽。雌雄的双翼和尾羽多呈栗红色。

本属现存有 1 种,主要分布于南亚、东南亚及中国南部。中国有 1 种。天目山有 1 种。

4.179 凤头鹀 Melophus lathami Gray, 1831(图版Ⅳ-179)

别名 凤头雀、大红袍

形态 体中小型,体重 21～31g,体长 130～175mm,翼长 75～90mm。虹膜暗褐色。上嘴近黑色,下嘴基部肉色。跗跖和趾肉褐色。爪近黑色。

雄鸟(夏羽):冠羽较长,长达 30mm 左右。头、颈至腰黑色,带蓝绿色金属光泽。翼上覆羽和飞羽鲜栗色,小覆羽具黑缘,飞羽先端乌黑色。尾上覆羽深栗色,具黑缘。下体黑色,羽缘橄榄褐色。尾羽栗红色,羽端黑色。腋羽黑色;尾下覆羽和大腿羽淡栗褐色。

雄鸟(冬羽):所有黑色部分的羽缘均呈橄榄褐色,而扩展至全身各羽,而翼上覆羽转呈黑褐色,边缘也浅淡。

雌鸟:耳羽和颊褐色而沾绿色。上体暗褐色,羽缘栗红色,具宽大灰褐色纵纹。翼上覆羽棕褐色,羽缘浅灰色。飞羽外翈、初级飞羽尖端和内侧次级飞羽暗褐色,羽轴栗红色。下体锈黄色,颈侧和两胁较暗而沾绿色,喉和胸微具黑褐色纵纹。尾羽棕褐色;大多数外侧尾羽具栗红色楔状斑。

幼鸟:与雌鸟相似,而且部分羽色也似成鸟的秋羽,但冠羽很短或无。

习性 栖息于低山丘陵和山脚平原等开阔地带,常见于山麓的耕地和岩石斜坡上,也见于市区和乡村。一般是单个或成对生活,很少有集群者。性颇怯疑,一见远处有人即行飞去。食物以植物性为主,如麦粒、薯类、杂草种子和植物碎片等,也食少量昆虫和蠕虫。

巢建于沿岸高平的草丛中,有的在堤坝或墙壁洞穴中,也有的在山茶树基部或其他小灌木下方。雌鸟单独负担筑巢工作。孵卵由雌鸟承担。雏鸟晚成性,需由亲鸟育雏。

分布 天目山留鸟,多分布于山脚开阔林地。国内常见于中国华中、东南及西南等省区,迷鸟至台湾。国外分布于尼泊尔、巴基斯坦、孟加拉国、不丹、印度、缅甸、老挝、泰国和越南等地。

鹀属 Emberiza Linnaeus,1758

体中小型,大小似麻雀。嘴短,呈圆锥形,坚实而尖,切缘微向内曲。鼻孔半遮以短额须。上下颚基部边沿向内卷曲。翼颇发达,第一枚初级飞羽常退化,第 2～5 枚近乎等长。翼与尾几等长或较尾长。爪弯曲,后爪短于后趾。

本属现存有 44 种,主要分布于欧洲和亚洲,少数见于非洲和大洋洲。中国有 26 种。天目山有 10 种。

天目山鹀属分种检索

1. 最外侧尾羽具有显著的白色块斑 ·· 2
   最外侧尾羽不具显著的白色块斑 ······························ 栗鹀 E. rutila
2. 体羽具纵纹,或与腹部异色 ··· 3
   体羽无纵纹,而与腹部同色 ·································· 三道眉草鹀 E. cioides
3. 下体多少有些黄色 ··· 8
   下体无黄色 ··· 4
4. 胸具显著纵纹,眉纹白色 ·································· 白眉鹀 E. tristrami
   胸部不具纵纹,眉纹存在时非白色 ····································· 5
5. 眉纹黄色 ·· 黄眉鹀 E. chrysophrys
   眉纹存在时不为黄色 ·· 6
6. 耳羽褐色或黄褐色 ·································· 田鹀 E. rustica
   耳羽栗色 ··· 7
7. 喉黄栗色 ·· 小鹀 E. pusilla
   喉白色 ·· 栗耳鹀 E. fucata
8. 腰羽栗色 ·· 黄胸鹀 E. aureola
   腰羽非栗色 ··· 9
9. 具冠羽,喉黄色 ································ 黄喉鹀 E. elegans
   无冠羽,喉非黄色 ································ 灰头鹀 E. spodocephala

4.180 栗鹀 *Emberiza rutila* Pallas, 1776(图版Ⅳ-180)

别名　红金钟、大红袍、紫背儿

形态　体小型,体重 15～22g,体长 130～150mm,翼长 65～80mm。虹膜暗褐色。上嘴褐色,下嘴淡褐色。跗跖和趾黄褐色。爪黑褐色或淡黄色。

雄鸟(春羽):上体自头至尾上覆羽均栗红色,至腰和尾上覆羽色较浅淡,各羽微杂灰绿色。翼上覆羽栗红色,小翼羽黑色,羽缘青绿色。飞羽暗褐色,羽缘橄榄绿色,内侧次级飞羽表面栗红色。尾羽暗褐色,羽缘青绿色;外侧 2 对尾羽外翈具小形的灰褐色端斑。颏、喉和上胸均栗红色;下胸以下,包括覆腿羽和尾下覆羽深硫黄色。体侧和两胁橄榄绿色,具暗黑色条纹。腋羽和翼下覆羽白色,微沾淡黄色,羽基污暗。

雄鸟(秋羽):与春羽的区别在于栗红色部分较深暗,几呈锈褐色,具橄榄黄色羽缘;颏、喉和上胸的羽端常呈白色;其他体羽部分色泽较深。

雌鸟(春羽):眼先、眼周和模糊眉纹淡灰色。耳羽淡灰褐色,上缘有一细黑纹。头上部栗褐色,中央黄褐色,各羽均具黑色条纹。上背和肩羽栗褐色,具黑色宽条纹。下背和腰淡栗红色;尾上覆羽缘灰色,中央色暗。翼上覆羽黑褐色,羽缘橄榄灰色,羽端黄白色。飞羽暗褐色,羽缘橄榄褐色,次级飞羽缘微红色。颊、颏和喉淡牛皮黄色,颧纹黑色;下体余部浅硫黄色,胸部具有暗色轴纹。体侧和两胁灰绿色,具亮黑褐色纵纹。尾羽较雄者色淡。

雌鸟(秋羽):与春羽近似,仅绿黄部分被淡褐色代替,而黑色条纵纹不著。

幼鸟:上体棕褐色,具黑色纵纹,下背和腰比背更偏棕色,并具黑色纵纹。与雌性成鸟不同,下体条纹一般相似,但更淡黄。喉、胸和体侧具黑色条纹。

习性　喜栖于山麓或田间,也见于湖畔或沼泽地的树林、灌丛或草甸等。多呈小群活动,一般由数只或由 10～30 只组成。性不大怯疑,当人接近时才飞离。鸣叫时,多停于树顶或枝梢上。食物以植物性食物为主,食物组成有杂草种子、谷物等,繁殖期以昆虫及其幼虫为主。

巢筑于落叶松林下灌丛和草丛的地面上,由细干草构成,内垫羽毛和细根。孵卵由雌雄亲鸟轮流承担。雏鸟晚成性,雌雄亲鸟共同觅食喂雏。

分布　天目山旅鸟,分布于森林、草地等处。国内主要分布东北、内蒙古、华北、陕西及以南广大地区,南至台湾、广东、广西。国外分布于欧亚大陆及非洲北部。

4.181　三道眉草鹀 *Emberiza cioides* Brandt, 1843(图版Ⅳ-181)

别名　大白眉、犁雀儿、三道眉、山带子

形态　体小型,体重 18～30g,体长 135～175mm,翼长 70～80mm。虹膜栗褐色。嘴灰黑色,下嘴基部灰白色。跗跖和趾肉红色。爪黑褐色。

雄鸟:眉纹白色,自嘴基伸至颈侧。眼先及下部各有一条黑纹;耳羽深栗色。额呈黑褐色和灰白色混杂状。头顶及枕深栗红色,羽缘淡黄色。上体余部栗红色,向后渐淡,羽缘土黄色,并具黑色羽干纹。小覆羽灰褐色,羽缘较浅白;中覆羽内翈褐色,外翈栗红色,羽端土黄色;大覆羽黑褐色,羽缘黄白色。飞羽暗褐色,初级飞羽外缘灰白色,次级飞羽的羽缘淡红褐色。颏及喉皮黄色。上胸由黑色斑点构成 U 形胸环,其后是一条栗色的胸带。下体余部皮黄色,两胁栗红色至栗黄色,具黑褐色纵纹。中央 1 对尾羽栗红色,具黑褐色羽干纹;其余尾羽黑褐色,外翈边缘土黄色,最外侧尾羽具白色楔状斑,次外侧尾羽具小的白色端斑。

雌鸟:体羽色较雄鸟淡。耳羽土黄色,眼先和颊纹污黄色。眉纹、耳羽及喉均土黄色。头顶、后颈和背部浅褐色沾棕色,而满布黑褐色条纹。胸部栗色,横带不显明。

幼鸟:上体黄褐色,有的腰以下微沾黄色。下体砂黄色,除腹和尾下覆羽外,通体满布黑褐色条纹或斑点。

习性　栖于丘陵地带的稀疏阔叶林、人工林和其他小片林缘,喜栖在开阔地带。冬季常成小群活动,由数只或十多只集群在一起;繁殖时则分散成对活动。性颇怯疑,一见有人便立刻停止鸣叫,或远飞或快速藏匿。食物大部分为鞘翅目、鳞翅目、直翅目和同翅目等昆虫及其幼虫,少部分为杂草种子。

仅雌鸟筑巢,巢一般筑于山坡草丛地面,极少数在灌丛小树和高树上。孵卵由雌鸟承担。雏鸟晚成性,雌雄亲鸟共同觅食喂雏。

分布　天目山留鸟,分布于林缘地带。国内分布较广,从东北北部,西至新疆,南至广东,西南至四川等地。国外分布于哈萨克斯坦、吉尔吉斯斯坦、俄罗斯、日本、朝鲜半岛、老挝等地。

4.182　白眉鹀 *Emberiza tristrami* Swinhoe, 1870(图版Ⅳ-182)

别名　白三道儿、五道眉、小白眉

形态　体小型,体重 14～20g,体长 130～160mm,翼长 65～80mm。虹膜褐色或暗褐色。上嘴褐色或淡褐色,下嘴肉色或肉黄色。跗跖和趾肉红色。爪黄白色。

雄鸟(春羽):整个头黑色,头顶中央有一显著的白色中央冠纹。眉纹白色长而显著,从嘴基直到颈侧。颚纹亦白色,长而宽阔并延伸至颈侧。耳羽后部具一小白斑。后颈栗灰色。背、肩栗褐色,具显著的黑色纵纹,有时沾橄榄灰色。腰和尾上覆羽栗色或栗红色,有的具灰白色羽缘。翼上小覆羽栗色;中覆羽和大覆羽黑褐色,具棕黄色羽缘,有的尖端棕白色或白色。飞羽黑褐色,外侧飞羽具窄的棕黄色羽缘,内侧飞羽具栗红色羽缘。颏、喉黑色,下喉有一白斑。胸和两胁棕褐色或锈褐色,具深栗色或暗色纵纹。其余下体白色。尾羽黑褐色,中央 1 对尾羽具宽的栗红色或栗褐色羽缘,最外侧 2 对尾羽具长的楔状白斑。

雄鸟(冬羽):头白色沾皮黄色或棕色。颏、喉具宽的皮黄色或淡褐色尖端,使颏、喉部黑色常被掩盖。上体栗黄色羽缘亦较显著。

雌鸟:和雄鸟基本相似,但头部黑色转为深褐色。中央冠纹、眉纹和颊纹多为污白色,有时微沾黄褐色或棕色,颊纹下有黑色点斑组成的黑色颚纹。眼先、眼周皮黄色;耳羽棕褐色。额、喉白色,微沾黄褐色;喉侧具暗褐色条纹。胸和两胁较雄鸟淡,呈锈褐色或淡栗色,具不明显的暗色纵纹。其余似雄鸟。

幼鸟:和雌鸟相似,但较暗偏褐。喉、胸、两胁具显著的暗色纵纹。

习性　栖息于低山针阔叶混交林、针叶林、阔叶林及林缘、林间空地、溪流沿岸,尤以林下植物发达的针阔叶混交林中较常见,不喜无林的开阔地带。单独或成对活动,仅在迁徙时集成小群,家族群时期也很短。善隐蔽,多数时候在林下灌丛和草丛中活动,很少暴露在外,如遇惊扰,在灌丛间低飞逃窜,隐藏于较远的树间或草下。平常很少鸣叫,但繁殖期发出强烈鸣唱。以草籽和浆果等植物性食物为主,也食少量昆虫及其幼虫;但喂雏的食物绝大多数是鳞翅目幼虫,偶尔有螨类和浆果。

营巢于林下灌丛和草丛,尤喜溪边和沟谷附近的林下灌丛。营巢由雌雄亲鸟共同承担。雌雄亲鸟轮流进行孵卵。雏鸟晚成性,雌雄亲鸟共同觅食喂雏。

分布　天目山旅鸟,分布于开阔森林、山涧溪流地带。国内分布于内蒙古东北部、黑龙江北部,一直往南到福建、广东、广西和香港,往西达四川东部、贵州和云南东南部。国外分布于俄罗斯、日本、韩国、朝鲜、老挝、缅甸、泰国、越南等地。

4.183　黄眉鹀 *Emberiza chrysophrys* Pallas,1776(图版Ⅳ-183)

别名　大眉子、黄三道、金眉子

形态　体小型,体重 15~24g,体长 130~165mm,翼长 70~80mm。虹膜暗褐色。上嘴褐色,下嘴灰白色。跗跖和趾肉褐色。爪黄白色。

雄鸟(春羽):眉纹鲜黄色,耳羽后转为白色。额、头顶、枕部和头侧黑色,从额至枕有一细窄的白色冠纹。上体褐色,后颈具栗褐色细纹,背部具黑褐色羽干纹,有时沾栗色;后背、腰和尾上覆羽色偏栗红。翼上覆羽褐色,中、大覆羽尖端白色;小翼羽暗褐色,翼缘棕色。飞羽褐色,初级飞羽的外缘灰白色,次级飞羽羽缘暗褐色。颏、颧黑色。胸侧和两胁栗褐色,具暗褐条纹。翼下覆羽和腋羽白色,羽基灰色。腹中央和尾下覆羽白色,后者基段黑色。中央 1 对尾羽褐色,中轴较暗,外翈栗色;其余尾羽黑褐色,最外 2 对尾羽有白色楔状斑。

雄鸟(冬羽):眼先和头侧黑褐色。耳羽褐色,下缘近黑色;眉纹较宽,黄色。头黑色,具赭色羽缘,冠纹较宽;后颈具白点,颈侧灰色,具暗色羽干纹。腋羽和翼下覆羽白色,羽基灰色。其他部分与春羽同。

雌鸟:体形较雄鸟略小,不同处在于头部褐色,头侧、耳羽淡褐色。下体条纹比较稀少。其他部分似雄鸟。

幼鸟:似雌鸟,腰及腹沾黄色;大、中覆羽黑色,先端白色。8、9 月进行部分换羽,除初级覆羽、飞羽及尾羽外,都换成第一年冬羽。此时,与成鸟差异不大。

习性　栖息于山区混交林、平原杂木林和灌丛中,有稀疏棘丛的开阔地带,也到沼泽地和开阔田野中。一般小群或单个活动,或与其他鹀类混杂飞行,但从不结成大群。性怯疑而又安静,多数时间隐藏于地面灌丛或草丛中。很少鸣叫,只在受惊起飞时才发声。在春季繁殖期,鸣声婉转而优美。觅食多在地面,在树上休息。杂食性,春季以杂草种子为主,也有叶芽和植物碎片等;秋季以各种谷类为主,也有草籽、少量昆虫和浆果等。

营巢于树上,呈杯状,由枯草茎叶构成,内垫有大量兽毛。营巢由雌雄亲鸟共同承担。雌雄亲鸟轮流进行孵卵。雏鸟晚成性,雌雄亲鸟共同觅食喂雏。

分布　天目山冬候鸟,分布于开阔森林、灌丛等处。国内分布于中国大部分地区,在南方越冬。国外分布于俄罗斯、蒙古、日本、韩国、朝鲜和老挝等地,迁徙经过荷兰、乌克兰和英国。

4.184　田鹀 *Emberiza rustica* Pallas, 1776(图版IV-184)

别名　花眉子、白眉儿、田雀、花嗉儿、花九儿

形态　体小型,体重 15～23g,体长 130～160mm,翼长 70～80mm。虹膜暗褐色。上嘴灰褐色,下嘴肉色。跗跖和趾肉黄色。爪黑褐色。

雄鸟(春羽):头顶和面部黑色,有些羽端沾栗黄色。眉纹白色,有的个体眉纹沾土黄色。颧纹棕白色,伸至颈侧。枕部多为白色,形成一块白斑。颈、背至尾上覆羽栗红色,背中央有黑褐色纵纹,羽缘土黄色;余羽具黄色狭缘。小覆羽栗褐色,羽缘土黄色;中、大覆羽黑褐色,羽缘栗红色至栗黄色,羽端白色形成两道白斑。颏、喉、颈侧及腹部近白色,颏和喉侧有一块褐色点斑。胸和胁的羽端栗红色,因而形成栗红色胸带及体侧的栗色斑。腋羽和翼下覆羽白色。中央尾羽的中央黑褐色,向两侧渐浅,并渐显栗色,羽缘土白色;最外侧尾羽由内翈先端的中央起有一白带伸至外翈的近基部;其余尾羽均黑褐色,微具黄褐色羽缘。

雄鸟(冬羽):除后胸和腹部外,其余各羽均具栗黄色羽缘。

雌鸟(春羽):羽色较雄鸟暗淡。头部黑褐色,但枕部浅色斑较显著。面部黄褐色。胸部栗白色。

雌鸟(冬羽):由于栗黄色羽缘发达,全体显得发黄。头部转黄褐色,眉纹沾黄棕色。胸部栗红色,多杂以土黄色。其余与春羽同。

习性　栖息于平原杂木林、人工林、灌木丛和沼泽草甸中。迁徙时间集结成群,有的与灰头鹀和黄胸鹀组成数十只的小群或百余只的大群,但在越冬地多分散或单独活动。性颇大胆,不甚畏人。春季发出动人的歌声,常站在灌木上唱个不停。在地面取食,食物以植物性为主,包括各种杂草种子、嫩芽和浆果,也食昆虫及其幼虫和其他无脊椎动物等。

巢建在前一年的枯草丛中,也在树丛中建巢。孵卵由雌鸟承担。雏鸟晚成性,雌雄亲鸟共同觅食喂雏。

分布　天目山冬候鸟,主要分布于灌丛、草地等处。国内分布于东北、内蒙古、宁夏、甘肃、新疆、长江流域及以南等地,南至福建、湖南。国外分布于西欧、北欧、中亚、东亚、南亚及中东等地,零星分布于北美。

4.185　小鹀 *Emberiza pusilla* Pallas, 1776(图版IV-185)

别名　红脸鹀、虎头儿、铁脸儿、麦寂寂

形态　体小型,体重 11～17g,体长 115～150mm,翼长 60～80mm。虹膜褐色。上嘴近黑色,下嘴灰褐色。跗跖和趾肉褐色。爪灰褐色。

雄鸟(春羽):眉纹红褐色;耳羽暗栗色,后缘沾黑色。头顶、头侧、眼先和颊侧均赤栗色,头顶两侧各具一黑色宽带。颈灰褐色,沾土黄色。肩、背沙褐色,具黑褐色羽干纹。翼上覆羽黑褐色,具赭黄色羽缘和棕黄色端斑,初级覆羽的羽缘较淡,中覆羽具白色端斑。飞羽暗褐,内翈缘赭黄色,外翈缘转为土白色。腰和尾上覆羽灰褐色。喉、胸、胁均土黄色,具黑色条纹。下体余部白色。翼下覆羽和腋羽白色,羽基灰色。尾羽褐色,具不明显的土白色羽缘,最外侧尾羽具楔状白斑。

雄鸟(冬羽):头顶羽端赭土色,头顶的赤栗色部分和两侧的黑色带有些混杂,不如春羽明显。翼羽外缘近赭色。其他各部的羽色和春羽大致相同。

雌鸟(春羽):羽色较雄鸟浅淡。头顶中央红褐色,多杂以狭小黑色纵纹和赭土色羽尖。头顶两侧黑色带呈黑褐色。其余各部与雄鸟春羽同。

雌鸟(冬羽):大致与春羽同,仅头顶两侧黑色带转呈红褐色。

习性　栖息于灌木丛、小乔木、村边树林与草地、苗圃、麦地和稻田中。多集群生活,春季多为十数只的小群,秋季一般集成大群,冬季多分散或单个活动。性颇怯疑,虽在迁徙途中也会静静地隐藏于麦田、灌丛或草丛中。频繁地在草丛间穿梭或在灌木低枝间跳跃,见人立刻藏匿于草丛或灌丛中。常发出单调而低弱的叫声,多隐伏在灌木荆棘丛中或草丛中鸣叫。主要以草籽、种子、果实等植物性食物为食,也食鞘翅目、膜翅目、半翅目等昆虫及其幼虫和卵。

营巢于地上草丛或灌丛中,特别是在低矮的树丛中较多见。孵卵由雌雄鸟共同承担。雏鸟晚成性,雌雄亲鸟共同觅食喂雏。

分布　天目山冬候鸟,分布于灌丛、草地等处。国内分布于东北、内蒙古、宁夏、甘肃、新疆、长江流域及以南等地,南至香港、海南岛。国外分布于西欧、北欧、中亚、东亚、南亚及中东等地,零星分布于北美。

4.186　栗耳鹀 *Emberiza fucata* Pallas, 1776(图版Ⅳ-186)

别名　赤脸雀、高粱颏儿、赤胸鹀、红胸麻雀

形态　体中小型,体重 20~30g,体长 150~170mm,翼长 70~80mm。虹膜深褐色。上嘴黑色,具灰色边缘;下嘴蓝灰色,基部粉红色。跗跖和趾粉红色。

雄鸟(春羽):眼先、眼围和眉纹白色。颊淡牛皮黄色,具黑色点斑。耳羽栗色;额、头顶及颈灰色,具宽的黑纹。上背淡栗褐色,具黑色宽纹;肩羽栗色,具黑色羽干纹。小覆羽栗色;中、大覆羽深黑褐色,具深栗褐色宽缘。飞羽黑褐色,除第 1 和第 2 枚初级飞羽外翈缘白色外,其余飞羽外翈缘栗色。下背和腰淡栗色;尾上覆羽淡褐色,具黑色羽干纹。颏、喉和胸皮黄白色,喉侧具黑色颧纹,并与沿喉基的一条深黑色带状点斑相连,胸具一条栗色横斑。下体余部皮黄白色。胁染栗皮黄色,具黑褐色条纹。腋羽和翼下覆羽白色,具弱黄色。

雄鸟(冬羽):上体尤其头部纯皮黄色。尾羽黑褐色;中央尾羽内翈缘灰褐色,外翈缘淡皮黄色。最外侧尾羽内翈具白色楔形斑。

雌鸟:上体羽毛浓褐色,镶以皮黄栗色羽缘。栗色胸带斑不很显著;胸部黑色点斑小而模糊。

幼鸟:上体和下体纯皮黄色;胸和颧部具黑色条纹。

习性　喜栖于低山河谷沿岸草甸、森林迹地形成的湿草甸或夹杂稀疏灌丛的草甸。在迁徙途中和越冬地多在平原低地的荆棘、小树或高草上活动,同时也到村边、苗圃和农田中。繁殖期成对生活,迁徙时集群飞行,并常和其他鹀类混群,但在越冬地多分散单独活动。性不大怯疑,除非极其接近时才飞离。在地上或草丛与灌丛中觅食。食物随季节和地区而异:春季以各种草籽为主;繁殖期以昆虫及其幼虫、蠕虫及水生动物为主;秋季食物多见有小米、高粱等谷物;冬季则以树木种子和草籽为多。

雌鸟营巢,营巢于沼泽草甸中,偶尔也营巢于小灌木的低枝上。雌鸟孵卵。雏鸟晚成性,雌雄亲鸟共同觅食喂雏。

分布　天目山夏候鸟,分布于灌丛、草地等处。国内分布于东北、东南沿海、华南、海南、四川、贵州等地。国外分布于俄罗斯、蒙古、东亚、南亚及东南亚等地。

4.187　黄胸鹀 *Emberiza aureola* Pallas，1773（图版Ⅳ-187）

别名　禾花雀、黄肚囊、黄豆瓣、麦黄雀、老铁背、白肩鹀

形态　体中小型，体重 19～29g，体长 130～160mm，翼长 70～80mm。虹膜褐色。上嘴灰色，下嘴粉褐色。跗跖和趾淡褐色。

雄鸟：眼先、颊和耳羽黑色。额黑色几达头顶，头顶、枕和颈暗棕色。背棕褐色，具黑色的羽轴。腰栗红色，尾上覆羽灰褐色，具黑色轴纹。翼上覆羽和飞羽黑褐色，外翈具栗色边缘；翼上具一窄的白色横带和一宽的白色翼斑。颏、上喉黑色；下喉黄色。下体余部鲜黄色，胸有一深栗色横带。尾黑褐色，外侧两对尾羽具长的楔状白斑。

雌鸟：眉纹皮黄白色。上体棕褐色或黄褐色，具粗著的黑褐色中央纵纹。腰和尾上覆羽栗红色。两翼和尾黑褐色，中覆羽具宽阔的白色端斑；大覆羽具窄的灰褐色端斑，亦形成两道淡色翼斑。下体淡黄色，胸无横带，两胁具栗褐色纵纹。

习性　栖息于低山丘陵和开阔平原地带的灌丛、草甸、草地和林缘地带，尤其喜欢溪流、湖泊和沼泽附近的灌丛、草地，也见于田间地头，不喜欢茂密的森林。繁殖期间常单独或成对活动，非繁殖期则喜成群，特别是迁徙期间和冬季，集成数百至数千只的大群。白天在地上，也在草茎或灌木枝上活动和觅食，晚上栖于草丛中。性胆怯，见人即飞走。食物随季节而不同，主要以昆虫及其幼虫为食，所食种类主要有鞘翅目、鳞翅目、直翅目等，也吃部分小型无脊椎动物和草籽、种子和果实等植物性食物。

巢多筑于草原、沼泽、河流与湖泊岸边地上草丛中，或灌木与草丛下的浅坑内。孵卵由雌雄鸟共同承担。雏鸟晚成性，雌雄亲鸟共同觅食喂雏。

分布　天目山旅鸟，分布于林缘灌丛、草地等处。国内分布于中国东部，包括东北、华北、华中、华东各地，西北部分地区可见其在迁徙季节过境，亦于越冬季见于西南和华南各地。国外主要分布于欧亚大陆、东南亚诸岛，在北美和北非有零星分布。

4.188　黄喉鹀 *Emberiza elegans* Temminck，1835（图版Ⅳ-188）

别名　春暖儿、黄眉子、探春、黄豆瓣、黑月子、黄凤儿

形态　体小型，体重 11～24g，体长 130～155mm，翼长 60～80mm。虹膜褐色或暗褐色。嘴黑褐色，下嘴基部淡褐色。跗跖和趾肉色。

雄鸟（夏羽）：眉纹自额基至枕侧长而宽阔，前段为黄白色，后段为鲜黄色。额、头顶黑色，具黑色冠羽。颈黑褐色，具灰色羽缘。背、肩栗红色或栗褐色，具粗著的黑色羽干纹和皮黄色或棕灰色羽缘。飞羽黑褐色或黑色，外翈羽缘皮黄色或棕灰色，内翈羽缘白色。翼上覆羽黑褐色，中覆羽和大覆羽具棕白色端斑，在翼上形成两道翼斑。腰和尾上覆羽淡棕灰色或灰褐色，有时微沾棕栗色。颏黑色，上喉鲜黄色，下喉白色，胸具一半月形黑斑，其余下体污白色或灰白色，两胁具栗色或栗黑色纵纹，腋羽和翼下覆羽白色。中央尾羽灰褐色或棕褐色；其余尾羽黑褐色，羽缘浅灰褐色；最外侧两对尾羽具大形楔状白斑。

雄鸟（冬羽）：黑色部分具沙皮黄色羽缘，其余似夏羽。

雌鸟：和雄鸟相似，但羽色较淡。眉纹、后枕皮黄色，有时眉纹后段沾黄色。眼先、颊、耳羽、头侧棕褐色。头部黑色部分转为黄褐色或褐色。颏和上喉皮黄色，其余下体灰白色，胸部无黑色半月形斑，有时仅具少许栗棕色或黑栗色纵纹。两胁具栗褐色纵纹。其余同雄鸟。

幼鸟：和雌鸟相似。眉纹淡棕色。头、颈和肩棕褐色，具黑色羽干纹。背棕红褐色，具黑色羽干纹。翼黑褐色，翼上覆羽具白色羽缘，飞羽具棕色羽缘。腰灰褐色。颏淡黄色；喉、胸红褐色，具细的棕褐色纵纹。下体余部污白色。两胁具黑色羽干纹。

习性　栖息于低山丘陵地带的次生林、阔叶林、针阔叶混交林的林缘灌丛中,尤喜河谷与溪流沿岸疏林灌丛,也见于山边草坡及农田、道旁和居民点附近的小块次生林内。繁殖期间单独或成对活动,非繁殖期间,特别是迁徙期间多成5～10只的小群,有时亦见多达20多只的大群。性活泼而胆小,频繁地在灌丛与草丛中跳来跳去或飞上飞下,有时亦栖息于灌木或幼树顶枝上,见人后又立刻落入灌丛中或飞走。以昆虫及其幼虫为食,繁殖期间几全吃昆虫,主要有鳞翅目、膜翅目、毛翅目等。

筑巢于林缘、河谷和路旁次生林与灌丛中的地上草丛中或树根旁,也在离地不高的幼树或灌木上筑巢。营巢由雌雄亲鸟共同承担。卵产齐后即开始孵卵,由雌雄亲鸟轮流进行。雏鸟晚成性,雌雄亲鸟共同觅食喂雏。

分布　天目山旅鸟,主要分布于林缘灌丛地带。国内分布于内蒙古、东北、华北、西南、华中、长江流域及以南等地区。国外分布于俄罗斯、日本、朝鲜、韩国、老挝、缅甸等地。

4.189　灰头鹀 *Emberiza spodocephala* **Pallas,1776**(图版Ⅳ-189)

别名　青头雀、青头鹀、蓬鹀、黑脸鹀

形态　体小型,体重14～26g,体长125～160mm,翼长60～75mm。虹膜褐色。嘴深褐色,下嘴基部浅黄色。跗跖和趾淡黄色。

雄鸟(春羽):嘴基、眼先、颊和颏斑灰黑色。头、颈和胸绿灰色,微沾黄色,有时具黑点。上背、肩橄榄绿色,微沾赤褐色,羽中央具宽阔黑色条纹,羽缘黄褐色。小覆羽淡红褐色,中、大覆羽黑褐色,外表沙褐色,羽缘色浅,羽端呈牛皮白色。飞羽暗褐色,外翈缘淡赤褐色。下背、腰和尾上覆羽浅橄榄褐色。胸淡硫黄色,至肛周和尾下覆羽转为黄白色。胸侧和两胁淡褐色,具黑褐色条纹。腋羽淡黄色;翼下覆羽黄白色,羽基色暗。尾羽黑褐色,中央尾羽具黄褐色羽缘,其余尾羽亮绿褐色;外侧第2对尾羽内翈具白色楔状斑,最外侧1对尾羽几乎全白,仅内侧有一斜黑斑。

雄鸟(冬羽):头和颈橄榄绿色比较显明,各羽有部分尖端黑褐色,其他体羽同春羽相似。前颈和胸部的黑点不显明。

雌鸟(春羽):眼先、眼周和不清楚的眉纹牛皮黄色。耳羽褐色,具黄色轴纹。额、头顶至后颈灰褐色。颊和耳羽暗灰褐色,颊纹淡黄色,延伸于颈侧。颏和喉灰白色,具细轴纹。胸部草黄色,具黑褐色纵纹。腹和尾下覆羽黄白色。体侧和两胁棕褐色,具黑色条纹。其他部分与雄性同,但较浅淡。

雌鸟(秋羽):头部棕褐色,具黑色条纹。上体淡褐色,具粗著的黑色轴纹,背和肩羽尤为明显。喉淡橄榄黄色,常具暗色点斑。下体白色,胸和腋部沾黄色。其余部分与春羽相似。

习性　栖息于山区河谷溪流两岸,平原沼泽地的疏林和灌丛中,也见于山边杂林、草甸灌丛、山间耕地以及公园、苗圃和篱笆上。除繁殖期成对外,常成小群活动,也有单独活动者。性不怯疑,易让人接近,往往在人非常接近时才飞离。杂食性,在早春和晚秋时以杂草籽、植物果实和各种谷物为食,夏季繁殖期大量啄食鳞翅目昆虫的幼虫及其他昆虫。

由雌鸟营巢,巢建于矮灌木丛中的地面或离地不高的树枝上,而很少在离地较高的枝间。孵卵主要由雌鸟负担。雏鸟晚成性,雌雄亲鸟共同觅食喂雏。

分布　天目山冬候鸟,分布于林缘灌丛、山涧溪流沿岸等处。国内分布于东北、华北、西南、华中、长江流域及以南等地区。国外分布于俄罗斯、南亚、东亚及东南亚,迁徙时经过芬兰、德国、英国和荷兰等地。

蓝鹀属 *Latoucheornis* Martens，1906

体小型,矮胖。虹膜深褐色。嘴黑色。跗跖和趾偏粉色。雄鸟体羽石蓝灰色,仅腹部、臀及尾外缘色白。雌鸟暗褐色,无纵纹,具两道锈色翼斑。

本属现存仅有 1 种,中国特有物种,分布于中部及东南。天目山有 1 种。

4.190　蓝鹀 *Latoucheornis siemsseni* Martens，1906(图版 Ⅳ-190)

别名　蓝雀

形态　体小型,体重 13～17g,体长 115～140mm,翼长 60～70mm。虹膜褐色。上嘴黑色,下嘴褐色(♂)或淡黄色(♀)。跗跖和趾肉黄色。爪黑褐色。

雄鸟:通体石板蓝色。飞羽黑色,具蓝灰色羽缘,内侧飞羽内翈基段有白斑。胁羽、下腹和尾下覆羽纯白。中央尾羽灰蓝色,具黑色羽轴;其余尾羽黑褐色,最外侧尾羽具宽白纹。

雌鸟:头和颈棕黄色。上背棕褐色,具暗褐色羽干纹。下背、腰、尾上覆羽石板灰色,羽缘棕褐。翼上覆羽和飞羽黑褐色,具棕褐色羽缘。尾羽灰褐色,羽缘色浅;最外侧尾羽有细长的白斑。胸和两胁棕褐色。腹和尾下覆羽白色。腋羽白色;翼下覆羽褐色。

习性　栖息于次生林及灌丛。非繁殖季节多见于山麓平地、沟谷和林缘地带,有时也到村落附近的灌丛和竹丛中。一般多单独活动,有时也结成 3～5 只的小群。性胆大,不甚怕人。在地上、电线上或山边岩石和幼树上活动和觅食。食物为鞘翅目昆虫和杂草种子等。

分布　中国特有种。天目山冬候鸟,分布于林缘地带。国内繁殖于陕西、四川及甘肃;越冬往东至湖北、安徽、福建及广东北部。

第五章 哺乳纲 Mammalia

哺乳纲动物又称兽类,是全身被毛、运动快速、恒温、胎生和哺乳的脊椎动物。它们起源于古爬行类,经历了漫长的发展,进化为结构最复杂、机能最完善、进化水平最高的动物类群。哺乳纲动物分布极为广泛,具有陆栖、穴居、飞翔和水栖等多种生活方式,栖息于多种生态环境。

第一节 哺乳纲概述

一、哺乳纲的主要特征

1. 除单孔类外,绝大多数哺乳类均胎生。胎儿借助胎盘和母体联系,并获得营养和受到保护,胎盘为胎儿提供稳定的发育条件。这些使哺乳类的生存和发展有了广阔的空间。

2. 具有乳腺,能分泌乳汁,哺乳幼仔。这些使后代在优越的营养条件下迅速成长,哺乳纲的名称由此而来。

3. 具高度发达的神经系统,感官也极其发达。这些使它们能够协调各种复杂的机能活动,也能适应外界各种变化的环境条件,从而行为也极其复杂。

4. 牙齿发生分化,咀嚼肌发达,还具有能分泌唾液的口腔腺等。这些使它们取食结构的物理和化学功能高度完善,大大提高了获取营养和能量的能力。

5. 心脏由二心室和二心房所组成,仅具有左体动脉弓,血液里红细胞多,无核,温血;具发达的肺泡系,出现了肉质的横膈膜;体表被毛或皮下脂肪发达;具发达的汗腺等。这些结构在发达的神经系统调节下,使它们的产热和散热,取得了动态平衡,减少了对环境的依赖性,成为最高等的恒温动物。

6. 具发达的四肢,各肢具爪、蹄或趾甲,适于攀缘、行走或奔跑,提供了它们快速活动的能力,保证了它们主动积极的生活方式成为可能。

二、哺乳纲的进化史

哺乳纲动物的起源比鸟纲动物早,是在古生代由原始爬行动物演化而来的,其祖先是兽齿类爬行动物。兽齿类最初出现于晚石炭纪,繁盛于二叠纪中期至三叠纪,其特征既有原始性而与杯龙类相似,又有进步性而与哺乳类相似,如四肢下移至腹面、合颞孔、牙槽生、异齿型、胎生哺乳等。兽齿类包括多结节齿类和三结节齿类。一般认为,哺乳动物是多系起源的,即原兽亚纲起源于三叠纪的多结节齿类,后兽亚纲和真兽亚纲起源于侏罗纪某些三结节齿类。

哺乳纲进化经历了3个基本阶段:①中生代侏罗纪,由三结节类演化出古兽类,以及后来灭绝的三齿类和对齿兽类,此阶段多结节齿类还很兴旺;②白垩纪古兽类演化出后兽亚纲和真兽亚纲;③新生代早期,多结节齿类灭绝,单孔类化石动物出现;真兽类在生存斗争中取得优势,并出现了适应辐射,产生了众多的化石动物和现存类型,如啮齿类、鲸类及灵长类等。

第二节　哺乳纲鉴定所用的形态特征及测量

为使读者便于理解、查阅和比较,这里将哺乳纲的形态名词列出,适当加以说明。由于物种千姿百态,会形成多种多样的结构特征,这里仅列出本书所涉及的形态术语(图5-1和图5-2)。

一、外形测量

体重:整个身体的重量。小型的以克(g)为单位,大型的以千克(kg)为单位。

体长:自吻端至肛门(或尾基)的直线距离。

全长:自吻端至尾端(端毛除外)的直线距离。

尾长:自肛门(或尾基)至尾端(端毛除外)的直线距离。

后足长:自踵部(后跟)至最长趾末端(爪除外)的直线距离(有蹄类到蹄尖)。

耳长:自耳壳基部缺口至耳尖(簇毛除外)的距离。

臂长:自肘关节至腕关节的距离。

躯干长:自肩关节的前缘至股后缘的距离。

胫长:自后肢胫部膝关节至踵关节的直线距离。

肩高:自肩部最高点至前肢末端的直线距离。

臀高:自荐骨部最高点至后肢末端的直线距离。

胸围:胸廓的最大周径。

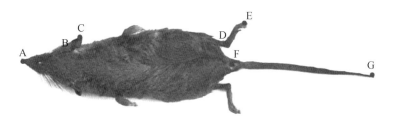

图 5-1　哺乳动物的外形测量

A—F 为体长;A—G 为全长;B—C 为耳长;D—E 为后足长;F—G 为尾长

二、头骨测量

颅全长:即头骨的最大长度,自头骨前端最突出处(门齿、前颌骨或鼻骨)至后端最突出处的直线距离。

颅基长:自前颌骨中间上门齿齿槽前缘至枕髁后缘的直线距离。

腭长:自中间上门齿齿槽前缘至腭部后缘(不包括棘突在内)的最短距离。

颧宽:左右颧弓外缘间的最大宽度。

齿隙长:自啮齿类门齿基部后缘至第一颊齿前缘的距离。

眶间宽(或眶间距):左右眼眶内缘之间的最短距离。

后头宽(或脑颅最大宽):头骨后部(脑颅)的最大宽度。

上列齿长:自上门齿前端至最后上臼齿槽最后缘的距离。

下齿列长：自下门齿前端至最后下臼齿槽最后缘的距离。

颊齿列长：颊齿（即前臼齿和臼齿）的最大长度。

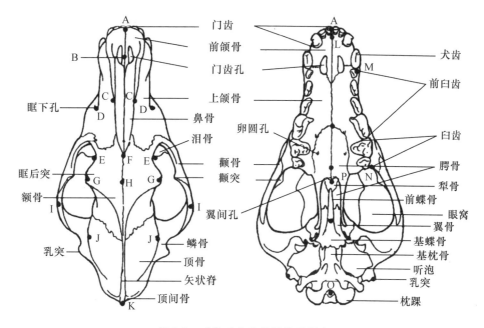

图 5-2　哺乳动物头骨结构及量度

A—K 为颅全长；A—P 为腭长；A—N 为上齿列长；B—F 为鼻骨长；C—C 为鼻骨宽；

E—E 为眶下孔距；G—G 为眶间距；I—I 为颧宽；J—J 为后头宽；L—O 为基底长；

M—N 为颊齿列长

第三节　天目山哺乳纲分类

现存的哺乳纲动物分为 3 个亚纲，即原兽亚纲、后兽亚纲和真兽亚纲。全世界现有哺乳动物 28 目 153 科，共计 5450 多种。中国共有 13 目 54 科 640 余种，约占世界总种数的 12.2%。

迄今为止，天目山共记录到哺乳动物 8 目 23 科 66 种。其中，种类最多的是啮齿目，有 19 种，占天目山哺乳纲动物总种数的 28.79%；其次为食肉目，有 18 种，占 27.27%；再次为翼手目，有 12 种，占 18.18%；种类最少是灵长目、鳞甲目和兔形目，各有 1 种，占 1.52%。

列入国家一级重点保护的有云豹、金钱豹、华南梅花鹿和黑麂等 4 种，占总种数的 6.06%；列入国家二级重点保护的有猕猴、穿山甲、豺、黄喉貂、水獭、大灵猫、小灵猫、金猫、中华鬣羚和中华斑羚等 10 种，占 15.15%；列入《国家保护的有益的或者有重要经济、科学研究价值的陆生野生动物名录》的有东北刺猬、狼、貉、赤狐、黄鼬、黄腹鼬、鼬獾、猪獾、果子狸、豹猫、食蟹獴、野猪、毛冠鹿、小麂、中国豪猪、赤腹松鼠、珀氏长吻松鼠、中华竹鼠、北社鼠和华南兔等 20 种，占 30.30%。

我国特有种有黑麂、小麂和猪尾鼠等 3 种，占总种数的 4.55%。列入《浙江省重点保护陆生野生动物名录》的有狼、貉、赤狐、黄鼬、黄腹鼬、果子狸、豹猫、食蟹獴、毛冠鹿、中国豪猪和猪尾鼠等 11 种，占 16.67%。

列入《华盛顿公约(CITES)》附录 I 的有穿山甲、水獭、云豹、金猫、金钱豹、黑麂、中华鬣羚和中华斑羚等 8 种,占总种数的 12.12%;列入附录 II 的有猕猴、豺、狼和豹猫等 4 种,占 6.06%。

天目山哺乳纲分目检索

1. 身体表面披有鳞甲,无齿 …………………………………………………… 鳞甲目 Pholidota
   身体表面无鳞甲,有齿 ……………………………………………………………………………… 2
2. 前肢延长变成翼状,指节间有飞膜 …………………………………………… 翼手目 Chiroptera
   前肢正常,不呈翼状 …………………………………………………………………………………… 3
3. 指/趾端有指/趾甲,拇指/趾和其他指/趾可对握 ……………………………… 灵长目 Primates
   指/趾端有爪或蹄,大指/趾和其他指/趾不能对握 ………………………………………………… 4
4. 指/趾端有偶数蹄 …………………………………………………………… 偶蹄目 Artiodactyla
   指/趾端具爪 ……………………………………………………………………………………………… 5
5. 无犬齿,门齿和前臼齿间有虚位 …………………………………………………………………… 6
   有犬齿,无虚位 ………………………………………………………………………………………… 7
6. 上门齿 4 枚 ………………………………………………………………… 兔形目 Lagomorpha
   上门齿 2 枚 …………………………………………………………………… 啮齿目 Rodentia
7. 犬齿不发达,体型小,吻部尖长,跖行型 ……………………………… 劳亚食虫目 Eulipotyphla
   犬齿发达,体型大,吻部正常,常为趾行型 ………………………………… 食肉目 Carnivora

劳亚食虫目 Eulipotyphla

本目动物是真兽亚纲中最原始的类群,多数种类体型较小,外形似鼠,但吻鼻部细长突出,能活动。脑颅低平,颧弓常退化或缺失。耳、眼较小或退化。齿形尖锐,分化不显著;第 1 对门齿特别发达,犬齿退化,最后 1 对前臼齿通常很大。四肢短,一般五指/趾,跖行,爪锐利,适于掘土。

栖于开阔的生境,包括山麓、平原灌草丛,某些可到森林。多营地栖或地下穴居生活,少数营半树栖及半水栖。多夜行性,主食昆虫及蠕虫。

本目现存有 4 科 460 余种,除地球两极、大洋洲外,各大陆均有分布。中国有 3 科 89 种。天目山有 3 科 7 种。

天目山劳亚食虫目分科检索

1. 颧弓完整粗大,上臼齿具 4 个大小相近的齿尖,中央具一个小齿尖 ………… 猬科 Erinaceidae
   颧弓纤细或缺如,上臼齿具 3 个或 4 个大小不等的齿尖,中央无小齿尖 ……………………… 2
2. 下颌前门齿不向前平伸,有颧弓和听泡,耳壳消失,有些前掌宽阔 …………………… 鼹科 Talpidae
   下颌前门齿向前平伸,无颧弓和听泡,耳壳留存,前掌纤细 ………………… 鼩鼱科 Soricidae

猬科 Erinaceidae

本科动物体型较大,躯体背部和体侧被有棘刺,其余部分被软毛。吻短而圆钝,眶后突不发达或几近缺如,眶间部窄。第一上门齿最长,其余门齿和犬齿均退化,齿式$\frac{3.1.3.3}{2.1.2.3}=36$。

多栖息于开阔的山麓、草原、荒漠和林缘。营地面生活,以昆虫为食。

本科现存有 10 属 25 种,分布于欧洲、亚洲和非洲。中国有 5 属 10 种。天目山有 1 属 1 种。

猬属 *Erinaceus* Linnaeus(1758)

体肥矮,爪锐利,眼小,毛短。体长 20～30cm,体重 400～1200g。耳较短,不伸出棘刺。嘴尖而长。体背和体侧密生粗硬棘刺,头、尾和腹面被毛。尾短。前后足均具 5 指/趾,跖行,少数种类前足 4 指。

本属现存有 4 种,广布于欧洲、亚洲。中国有 1 种,主要分布于中国北方至长江流域。天目山有 1 种。

5.1　东北刺猬 *Erinaceus amurensis* Schrenk,1859(图版 V-1)

别名　刺球子、普通刺猬、偷瓜畜

形态　为猬类中较大者,体重 400g 左右,体长 200～216mm,尾长 20～40mm。体粗壮肥满,略呈圆形。头宽,吻尖短。耳短小,耳长不超过后足长,也不超过周围之棘长。鼻骨狭长,其前后宽度相差甚微,颧弓完整,齿式 $\frac{3.1.3.3}{2.1.2.3}=36$,犬齿不发达。

由头顶向后至尾上部被覆硬而尖的棘刺,仅吻端和四肢足垫裸露处无棘刺。棘刺由两种颜色组成,一种棘刺基部白色或土黄色,上端一段呈棕色,且较长,再后为白色,尖端棕色,致使其整个体色呈浅土棕色;另一种棘刺全为白色,但为数较少,个别棘的尖端呈棕色。耳前部、脸、身体腹面及四肢均被较细的硬毛,毛灰白色或浅黄色,到腹部转为土黄色或灰黄色,下颌部及胸部毛色较淡,四肢浅棕色。面部、四肢及体腹部有灰褐色长毛。

习性　栖息于森林、草原的各类环境中,有时出入于果园和耕地。常在树根、倒木、灌丛、石隙、墙角及废物堆下等较隐蔽的地方做窝栖居。除繁殖期外,常单独活动。通常在黄昏和夜间活动,白天隐于窝内。性迟钝,行动缓慢,遇险时常蜷曲成团,呈刺球状,一动不动,直到危险过去,才会慢慢伸出头和四肢,开始缓慢行动。主要以昆虫及其幼虫为食,兼食蛇、蛙、蜥蜴、啮齿类等小型脊椎动物,偶尔也吃少量植物性食物。

分布　天目山主要分布于森林、灌丛、草地和农田等处。国内分布于东北、华北、华东等地。国外分布于欧洲、俄罗斯、朝鲜。

鼹科 Talpidae

本科动物适于地下生活。体小而粗圆,吻裸而尖长,眼耳小,外耳郭退化。颧弓纤细,齿数 34～44 枚。颈短,尾一般较短。前肢特别发达,具 5 指,前足特化成掌状且向外翻转,具强大的爪。

穴居于阔叶林、森林草原,亦有水栖者,大多以无脊椎动物为食。

本科现存有 17 属 51 种,分布于亚洲、欧洲和北美。中国有 6 属 18 种。天目山有 1 属 1 种。

缺齿鼹属 *Mogera* Pomel,1848

体呈圆筒形,体长 17～22cm,体重 200g 左右。头吻部尖而长,鼻部尖而长,突出于嘴前。眼小,耳隐于毛中。前门齿小,上颌犬齿大于门齿,下颌无犬齿,上下颌每侧 4 枚前白齿。前足宽大,具强大的爪,掌心向外翻折。后肢细,不发达。尾粗短,约等于后足长。

本属现存有 9 种,分布于欧洲和亚洲北部。中国有 5 种,主要分布于中国北方至长江流域。天目山有 1 种。

5.2 华南缺齿鼹 *Mogera insularis* Swinhoe, 1862(图版 Ⅴ-2)

别名 地老鼠

形态 体中等,体长 80~110mm;尾粗短,略长于后足,多 20mm 以下。鼻吻尖长微上翘。颅骨狭长,脑颅扁圆,齿式为 $\frac{3.1.4.3}{3.0.4.3}=42$。具有一系列适应掘土和地下穴居生活的特征:体型粗壮,呈圆筒形;头小,吻尖,颈不显,眼退化,耳壳缺失;四肢短,前肢强健,掌宽大而外翻,指端具长而扁平的利爪。

全身被毛细柔致密,深褐色,闪金属光泽。体背茶褐色或棕褐色。下颏和前胸略淡,毛基均深灰色。吻鼻、足背毛稀而短。尾被稀疏的褐色长毛。

习性 栖息于山区林地,常见于阔叶林、混交林、草丛、耕地及林木苗圃等处。喜土壤疏松、腐殖质较多、湿润的环境,营地下穴居生活,视觉退化,听觉、嗅觉灵敏,很少爬出地面。掘土能力强,利用鼻吻和前掌不停地挖扒,隧道入土不深,洞道交织成网。食物以蚯蚓为主,也食一些昆虫及其幼虫和蛹。

分布 天目山分布于开山老殿(海拔 1000m)以下的林缘。国内分布于江苏、安徽、湖北、四川以南地区。国外分布于越南。

鼩鼱科 Soricidae

本科动物为小型兽类,躯体和四肢细长。被毛柔软细密,吻鼻尖长,转动自如。眼小,耳郭较大。四肢细弱,具五指/趾,爪较大而发达。

嗅觉敏锐,多在地面活动,少数营半地下或水栖生活。多为夜行性,食物以昆虫为主。

本科现存有 26 属约 385 种,主要分布于欧亚大陆和北美。中国 11 属 61 种。天目山有 3 属 5 种。

天目山鼩鼱科分属检索

1. 体形适应水栖生活,尾长茂密,尾腹侧和趾具短毛连成栉毛 ···················· 水麝鼩属 *Chimmarogale*
   体形不适应水栖生活,尾腹侧和趾没有栉毛 ·· 2
2. 上颌每侧单尖齿 4 枚,每侧齿数共 9 枚 ·· 臭鼩属 *Suncus*
   上颌每侧单尖齿 3 枚,每侧齿数共 8 枚 ··· 麝鼩属 *Croeidura*

水麝鼩属 *Chimmarogale* Anderson,1877

体被天鹅绒状的柔软致密的绒毛,并有较长而在亚尖端或尖端有淡色段的针毛伸出毛被外。眼小。耳壳不露出毛被,对耳屏呈瓣状。鼻吻向两翼发展,均可防止水的侵入。齿式为 $\frac{3.1.1.3}{1.1.1.3}=28$。麝香腺位于胸部两侧,窄长。3 对乳头均位于鼠鬒部。尾的腹面有栉毛。掌和跖的边缘和趾的两侧均有栉毛。爪发达。

本属现存有 6 种,分布于日本、中国、印度及东南亚。中国有 3 种。天目山有 1 种。

5.3 喜马拉雅水麝鼩 *Chimarogale himalayica* Gray，1842（图版Ⅴ-3）

别名　水耗子、水老鼠、药老鼠

形态　体似鼠但吻部尖细，体长一般为 90～120mm，尾长 80～90mm，稍短于体长。头骨扁宽。足发达，具五趾；爪不长但相当锐利钩曲。系典型水陆两栖兽类，具一系列适应水生生活的形态结构特征：眼小；耳短，隐于毛被中，具半月形耳屏瓣，入水后可关闭耳孔，防水进入；四足及两侧密生扁硬短粗之刚毛，形成毛栉，呈蹼状，利于拨水；尾下两侧也有长毛形成的毛栉；毛被柔软致密，闪丝状光泽，具防水性能；短毛间杂有一些具灰白色亮尖的长毛，背中部少而体侧较多，尤以臀部最为长而密集。

体背棕褐色，毛基蓝灰色，毛尖棕褐色，次端部灰白色。腹毛毛基深灰色，毛尖灰白色略染黄棕色。尾上褐色，尾下基部 2/3 左右污白色，其余部分与尾上同色。足背淡棕褐色，毛栉白色。

习性　营水陆两栖生活，多栖息于溪流、小河等水体的岸边，善于游泳和潜水。巢筑于水中或水边石隙内。行动敏捷，捕食小鱼、小虾、蟹、蝌蚪、蛙及水生昆虫。

分布　天目山分布于溪流附近的灌丛、草地和小树林等处。国内分布于河北、山东、山西、西藏及以南的地区。国外分布于印度北部、缅甸、越南北部及日本。

臭鼩属 *Suncus* Ehrenberg，1833

吻明显前伸。耳正常，露出毛被。颅骨坚实而窄长。无颧骨。第 1 上门齿大，齿式为 $\frac{3.1.2.3}{1.1.1.3}=30$。体侧有麝香腺 1 对。乳头 1 对，位于鼠鼷部。

本属现存有 18 种，分布于热带、亚热带地区。中国有 2 种，分布于长江流域及以南地区。天目山有 1 种。

5.4 臭鼩 *Suncus murinus* Linnaeus，1766（图版Ⅴ-4）

别名　臭老鼠

形态　体大型，形似麝鼩，体长一般在 110～140mm，尾长 70～80mm。眼小，吻尖长，突出于下颌前方。耳大而圆，露出毛被。头骨狭长，脑颅略有凹陷。体侧中部臭腺分泌黄色物。尾粗短，末端尖细长锥形，密布短毛并有长毛间杂，直达尾尖。前后足较长，均 5 指/趾，爪锐利。

体毛短细而柔软，背褐灰色，腹毛较淡，毛尖带褐色并有银褐色光泽。吻部和足背深褐色。体侧界线不显，中段有麝香腺，椭圆形，覆有灰白色短毛。

习性　栖息于灌丛草地、田野耕地及村落室内。夜行性为主，单独生活，视觉差。体侧的臭腺能分泌奇臭的分泌物，受惊时放出自卫。臭鼩性凶猛，不善爬，善跳跃，捕食昆虫、蚯蚓、蜗牛，也食小型鼠类。食物中动物性成分占总食物的 4/5。

分布　天目山分布于竹林、灌丛、草丛等处。国内分布于南部地区。国外分布于非洲、亚洲的热带地区。

麝鼩属 *Crocidura* Wagler，1832

鼻吻前伸较长，尖端背中线有深沟，前面观呈"V"形。眼小。耳壳较大，半露出毛被，耳孔有 2 片耳瓣，能开闭。颅骨薄，侧观背面成直线，脑颅宽而圆。上颌单尖齿 3 枚，齿式为 $\frac{3.1.1.3}{1.1.1.3}=28$。乳头 3 对，全位于鼠鼷部或前 1 对位于腹部。体侧有麝香腺，发情季节明显发育。尾基较粗,被短毛,杂以长毛向四周伸出。四肢较短。有泄殖腔,外形不易区别雌雄。

本属现存有 180 余种,分布于欧洲、亚洲和非洲,主要集中在热带和亚热带。中国有 12 种。天目山有 3 种。

天目山麝鼩属分种检索

1. 体长一般在 70mm 以下,尾长约为体长之半 ················· 山东小麝鼩 *C. shantungensis*
   体长一般超过 70mm ··· 2
2. 体长一般为 70～90mm,尾毛散生,有长毛 ····························· 灰麝鼩 *C. attenuate*
   体长一般在 90mm 以上,尾长约为体长的 2/3 ··············· 白尾梢麝鼩 *C. fuliginosa*

5.5　山东小麝鼩 *Crocidura shantungensis* **Milller, 1901**(图版 V-5)

别名　尖嘴耗子、地老鼠

形态　小型麝鼩,形似小家鼠,体长一般在 70mm 以下,尾长约 40mm,体重小于 10g。吻尖长,呈象鼻状,适于挖掘土壤,吻侧有长须。眼小,耳壳正常。头骨狭长,前部窄而后部宽。尾较短,一般为体长的 60% 左右,其上长有稀疏但明显的长毛。四肢较纤细。

背毛灰棕色,微闪光泽,毛基暗灰色,毛尖灰棕色。腹面灰白色染棕色,毛基灰色,毛端白色染棕色。尾二色但不甚明显,尾上与背部同色,尾下稍浅淡,尾部稀疏长毛白色。四足背面毛白色和褐色混杂,但个体差异较大。

习性　栖息于森林、平原、丘陵和山地,多见于农田、菜地、灌草丛、林缘及湖边等处。主食土壤昆虫,也吃一些植物的花、果实和种子等。由于农作物频繁交替种植,迫使该物种总是忙碌不停地寻找食物。尤其是隆冬时节,一昼夜可吞进相当于自身体重 1.5 倍,甚至 2～3 倍的食物。

分布　天目山分布于森林、林缘、灌草丛及农田等处。国内分布,北至青海、内蒙古、东北三省,西至四川、贵州,东至江苏、浙江,南至广西。国外分布于小亚细亚、西欧、中欧、南欧、中亚及俄罗斯、蒙古、朝鲜。

5.6　灰麝鼩 *Crocidura attenuata* **Milne-Edwards, 1872**(图版 V-6)

别名　尖嘴臭耗子、地老鼠

形态　体中等,体长一般为 70～90mm,尾长 50mm 以上,但短于体长,体重 10～20g。吻尖长,散生较硬的长毛。头骨狭长,外观粗壮坚实,前部窄而后部宽。四肢各具 5 指/趾,指/趾端生锐爪。尾较长,略短于体长,具稀疏长毛,尾基 1/2 处较粗壮。

背毛深灰色沾棕色,毛尖略呈白色。尾上部与背毛同色,腹面略浅。腹毛淡灰色,毛尖灰白色。足背覆以白色短毛。冬毛较夏毛淡,全身银灰色。

习性　栖息于山区林地、针叶林、混交林、荒地山坡,亦见于溪水边、耕地旁或荒草地。夜行性为主,不越冬,善于游泳。主食蚯蚓、蠕虫及其他昆虫,亦吃植物果实种子。

分布　天目山分布于开山老殿(海拔 1000m)以下的树丛、灌草丛、溪边及田边等处,以低山为多。国内分布于江苏、安徽、陕西、四川以南的广大地区。国外分布于印度、不丹、缅甸。

5.7　白尾梢麝鼩 *Crocidura fuliginosa* **Blyth, 1855**

别名　长尾大麝鼩、尖嘴耗子、地老鼠

形态　形似灰麝鼩,但体型略大,体长一般超过 90mm,尾长超过体长的 3/4,体重一般大于 20g。吻尖长突出,吻侧有长须。耳壳圆,露于毛被外。头骨狭长,前部略窄而后部宽。尾末端毛较长,形成笔状毛束。前后足均具 5 指/趾。

体背灰褐色,毛尖棕褐色。腹部较背部稍淡浅,淡褐色。尾上部与背毛同色,尾下颜色较浅,呈浅棕色,尾尖端仅具几根白色毛。足背有深褐色短毛。

习性 栖息于平原山区林地、农田,偶见于农家室内。以夜间活动为主,耐低温,会游泳。杂食性,主食昆虫及其幼虫,亦吃植物果实种子。

分布 天目山分布于山脚河谷的森林、灌草丛及田野等处。国内分布于江苏、安徽、四川及以南地区。国外分布于俄罗斯、韩国。

翼手目 Chiroptera

本目动物是食虫类演化成的一群古老、特化、能飞翔的兽类。眼很小,耳根大,大多数外耳具耳屏,有的鼻端有复杂的皮褶,称为鼻叶。骨骼愈合程度很高,坚固而轻。前肢特化形成翼膜,第一指很短,不包围在翼膜内,具钩爪;其余 4 指很长,各指之间有翼膜。后肢间有股间膜,具 5 趾和钩状爪,以适应悬挂身体。大多数种类具长尾,完全或部分地包于股间膜。

夜行性,视觉差,利用回声定位导航。适应性很强,分布广,除极地和某些大洋中的岛屿外,其他地区都有分布。

本目现存有 18 科约 1200 种,除极地和大洋中的一些岛屿外,世界其他地区均有分布。中国有 7 科 135 种。天目山有 3 科 12 种。

翼手目分科检索

1. 颜面部有复杂的鼻叶 ……………………………………………………………………… 2
   颜面部正常,无突出的鼻叶 ……………………………………… 蝙蝠科 Vespertilionidae
2. 足趾各具 2 节趾骨,鼻叶包括一马蹄形叶和一长形顶叶 ……………… 蹄蝠科 Hipposideridae
   足趾各具 3 节趾骨,鼻叶包括一马蹄形叶、一纵列鞍状叶、联接叶和一近似三角形的顶叶 …………
   ……………………………………………………………… 菊头蝠科 Rhinolophidae

菊头蝠科 Rhinolophidae

本科动物体形中等。耳特别宽大,无耳屏,对耳屏发达。鼻叶宽阔,呈复杂的蹄状,由鞍状叶、马蹄叶、联接叶和顶叶组成。前肢第 2 指具掌骨而无指骨,第 3 指具 2 指节;足趾第 1 趾具 2 趾节,其余各趾具 3 趾节。齿式通常为 $\dfrac{1.1.2.3}{2.1.3.3}=32$。

本科现存 1 属 85 种,遍布于东半球各地区热带和温带地区。中国有 1 属 21 种,分布于南方各地。天目山有 1 属 5 种。

菊头蝠属 *Rhinolophus* Vespertilio & Schreber,1774

属与科的特征一致。

有的学者把小菊头蝠、角菊头蝠和单角菊头蝠认作 3 个独立的种,而另有学者把这三者认作 1 个种的 3 个亚种。鉴于此,慎重起见,本书把角菊头蝠和小菊头蝠并作一个种。

天目山菊头蝠属分种检索

5.8　小菊头蝠 *Rhinolophus pusillus* Andersen, 1905(图版 V-8)

别名　蝙蝠、角菊头蝠、菊头蝠

形态　体小型,体重 4~6g,体长 35~45mm,前臂长一般为 34~40mm。头骨狭长形,甚小。耳较大,耳长 16~19mm。翼短,翼膜不甚延长。具复杂鼻叶,鞍状叶基部宽,顶部窄而成三角形,两侧缘微凹入;联接叶高出鞍状叶,侧面观呈尖三角形;马蹄叶钝而圆,具两颗小乳突。

体毛柔软细密,毛基灰白色。背毛棕褐色。腹毛较浅,淡褐色。

习性　栖于阴暗潮湿的山洞、坑道、防空洞等处,多与其他蝠类共居。集群生活,多 1~5 只成一群,偶见 20 只大群。傍晚出洞觅食,活动于林区、农田上空,捕食昆虫,嗜食蚊类。

分布　天目山分布于村寨和农田等处。国内分布于华中、西南、华南各地。国外分布于缅甸、泰国、越南、日本。

5.9　中华菊头蝠 *Rhinolophus sinicus* Andersen, 1905(图版 V-9)

别名　蝙蝠、短指菊头蝠、洛氏菊头蝠

形态　体中等,体重 9~14g,体长 40~55mm,前臂长 45~50mm。眼小耳大,耳朵不具耳屏。鼻叶复杂,联接叶圆钝,略高于鞍状叶;马蹄叶较大,两侧下缘各具一片附小叶;鞍状叶左右两侧呈平行状,顶端圆,连接叶阔而圆。前后足 5 指/趾均具爪,第 3、4、5 掌骨近等长。雌体具乳头 1 对,胸位。雄性具阴茎骨。

体色随着年龄不同而有变化,有橙色、锈黄色至褐黄色等毛色。首次换羽之前,幼蝠浅灰色。通常成体背毛毛尖栗色,毛基灰白色;腹毛棕色。

习性　栖息于洞穴、废弃的旧隧道、寺庙、房屋、枯井和树木的空洞中,洞周常具茅草、灌丛或树林。可集成上百只的群体,常与其他蝙蝠共栖。主要在夜间活动,飞行于农田、森林和村舍上空,捕食双翅目、鳞翅目等昆虫。

分布　天目山分布于灌草、森林等处。国内分布于陕西、四川、安徽、云南、福建和浙江等地。国外分布于斯里兰卡、尼泊尔、印度。

5.10　中菊头蝠 *Rhinolophus affinis* Horsfield, 1823(图版 V-10)

别名　蝙蝠、菊头蝠

形态　体中等,体重 14~18g,体长 45~60mm,前臂长一般为 50~55mm,尾长小于头体长的一半。鼻叶宽大,马蹄叶较宽阔,两侧各有 1 附小叶;联接叶低于鞍状叶顶端;鞍状叶中央两侧内凹;顶叶近等边三角形。耳较宽大,呈三角形。尾短,与股间膜近平。第 4 和第 5 掌骨近等长;第 3 指第 2 节特别延长,大于第 3 指第 1 节的 1.5 倍。

体背毛棕褐色。腹毛淡偏肉桂色,喉部更淡。

习性　栖居于潮湿的山洞、废矿井的坑道等处。常单只或成群倒挂于岩洞侧壁上,也常与其他蝙蝠共栖,但一般互不相混。冬眠时,受干扰不惊飞。白天在洞内休息,夜间出洞活动,捕食蚊类、蛾类等昆虫。

分布　天目山分布于潮湿的山洞或坑道之处。国内分布于陕西、四川、云南、湖南、江苏以南地区。国外分布于印度北部、尼泊尔、不丹、缅甸、印度尼西亚等。

5.11　皮氏菊头蝠 *Rhinolophus pearsoni* Horsfield, 1851（图版 V-11）

别名　菊头蝠

形态　体中等,体重 15～24g,体长 47～65mm,前臂长一般为 50～60mm。马蹄叶宽大,覆盖上唇,两侧附小叶退化;联接叶低于鞍状叶顶端;鞍状叶前部窄,后部宽;顶叶较高,先端渐尖呈楔状。耳短,小于胫骨长。第 3、4、5 掌骨依次增长,股间膜后端较平不突出。

体毛长而柔软,通体呈棕褐色或暗褐色,唯额部毛短,色浅。背毛毛基呈浅沙灰色。翼膜起于胫基,呈褐色。下体较上体色浅。

习性　栖息于潮湿的山洞、坑道等处,洞道不深,洞口周围常有森林或灌丛。群居生活,每洞十几至几十只不等,常与其他蝙蝠共栖。比较机灵,一有干扰,随即飞出洞外。傍晚出洞觅食,捕食昆虫,尤嗜食蚊类。冬眠时,成片或成行倒挂于岩壁上,并以翼膜包裹身体。

分布　天目山分布于开山老殿(海拔 1000m)以上的森林、灌丛。国内分布于陕西、四川、云南、湖南、浙江及以南地区。国外分布于印度、缅甸、越南、泰国、马来西亚等。

5.12　大菊头蝠 *Rhinolophus luctus* Temminck, 1835（图版 V-12）

别名　绒菊头蝠、台湾大叶鼻蝠、毛面菊头蝠

形态　国内体型最大的一种菊头蝠,体重 35～50g,体长 70～90mm,前臂长 65～75mm。鼻孔内外缘突起,并衍生成杯状的鼻间叶,鞍状叶基部向两侧扩展成翼状,使之呈三叶形;马蹄叶发达,覆盖鼻吻部,两侧不具附小叶;联接叶低于鞍状叶顶端;顶叶狭长,呈舌状。耳短,小于胫骨长。头骨狭长,矢状脊发达,颞窝相对较小,眶间部狭。翼膜不甚延长,第 3 指的第 2 指节之长不及第 1 指节的 1.5 倍。第 3、4、5 掌骨依次略长。

体毛细长柔软而卷曲,毛棕褐色或烟灰褐色,毛尖隐约有灰白色。背腹毛色一致呈棕褐色,额部毛短而色浅。

习性　栖息于潮湿的山洞、坑道等处。常与其他蝙蝠共处一洞,每只挂在洞顶壁上,大多数离洞口不太远。傍晚出洞,两三只集群飞翔觅食,不时在树枝上倒挂停歇。捕食昆虫,尤其嗜食蚊类。

分布　天目山分布于有岩洞的林区。国内分布于四川、云南、湖南、浙江及以南地区。国外分布于印度、缅甸、越南、泰国、马来西亚等。

蹄蝠科 Hipposideridae

本科动物体形较大。鼻叶由马蹄叶、联接叶和顶叶组成。一般耳壳较大,耳圆且厚,无耳屏,对耳屏不如菊头蝠科发达。颅骨窄长,鼻额区域宽阔。额部多有额腺囊。前肢第 2 指仅具掌骨,其余各指具 2 指节;后足各具 2 趾节。齿式为 $\frac{1.1.1\sim2.3}{2.1.2.3}=28\sim30$。

本科现存有 9 属 81 种,分布于东半球热带、亚热带地区。中国有 3 属 9 种。天目山有 1 属 1 种。

蹄蝠属 *Hipposideros* Gray，1831

后鼻叶不尖,有纵脊分隔。多有发达的额腺囊。颅骨鼻额区多宽阔。犬齿发达,齿式为 $\frac{1.1.2.3}{2.1.2.3}=30$。尾中等发达。

本属现存有 70 余种,分布于印度、孟加拉国、中国及东南亚地区。中国有 7 种。天目山有 1 种。

5.13　普氏蹄蝠 *Hipposideros pratti* Thomas，1891（图版 V -13）

别名　大蝙蝠、柏氏蹄蝠、马蹄蝠

形态　体较大,体重 50～80g,体长一般为 75～100mm,前臂长 80～90mm。耳大而宽,基部具毛。鼻叶复杂,马蹄叶中央缺凹,两侧各有 2 片附小叶;鞍状叶短棍状,其上有 4 个结节;顶叶中央高于两侧,后方在连接叶两旁分开,形成左右 2 片具绒毛的三角形叶片。头骨宽大而坚实,颧宽略大于后头宽。第 3、4、5 掌骨等长,股间膜圆扇状,后足约为胫骨长之半。

毛色通体为淡棕黄色,有的个体背部色泽稍淡,暗淡色泽不一。腹面毛色略浅。

习性　喜栖于温暖潮湿的山洞,通常洞道较深。常数十或数百只集聚于岩洞高处,多与其他蝙蝠同洞栖居。冬季常于潮湿多水的洞道深处冬眠。性较凶猛,夜行性为主,以蚊类和蛾类等昆虫为食。

分布　天目山分布于潮湿的岩洞等处。国内分布于陕西、江苏、安徽、四川、湖南以南地区。国外分布于缅甸、泰国、越南、马来西亚等地。

蝙蝠科 Vespertilionidae

本科动物是翼手目中最常见和最大的一个类群。吻鼻部形态正常,不具复杂的鼻叶。耳发育正常,耳屏较发达,两耳大多分离。前臂长为 30～80mm。尾发达,超过后肢长,向后延伸于股间膜的末端。前颌骨较短,齿式为 $\frac{1～2.1.1～3.3}{2～3.1.2～3.3}=28～38$,具尖锐的齿尖。

本科现存有 44 属约 350 种,除极地和大洋中的一些岛屿外,世界其他地区均有分布。中国有 17 属 86 种。天目山有 4 属 6 种。

天目山蝙蝠科分属检索

1. 耳呈管状,体橙黄色,齿式 $\frac{2.1.3.3}{3.1.3.3}=38$ ······················· 彩蝠属 *Kerivoula*

　耳不呈管状,体褐色或棕色,齿数不足 38 枚 ·· 2

2. 体型较大,前臂长 65～70mm,耳宽阔 ·············· 鼠耳蝠属 *Myotis*

　体型较小,前臂长不超过 50mm,耳狭长 ·· 3

3. 第 3 指的第 2 指节特长,约为第 1 指节的 3 倍 ·················· 长翼蝠属 *Minioptcrus*

　第 3 指的第 2 指节不特别长,不到第 1 指节的 2 倍 ·················· 伏翼属 *Pipistrellus*

彩蝠属 *Kerivoula* Gray，1842

体较小,头小耳大。翼膜止于趾基,无距缘膜。耳壳基部管状,内缘较凸;耳屏窄长,顶尖而微向外弯。颅骨窄长,脑颅光滑。吻尖而窄。第 1 上门齿大于第 2 上门齿,齿式为 $\frac{2.1.3.3}{3.1.3.3}=38$。

本属现存有 21 种,主要分布于南美、亚洲及大洋洲。中国有 3 种。天目山有 1 种。

5.14　彩蝠 *Kerivoula picta* Pallas，1767

别名　花蝠、黄蝠

形态　体型较小，体重 6～10g，体长 40～55mm，前臂长一般为 40～50mm。尾长短于体长，但长于后肢长。耳壳较大，耳基部管状，略似漏斗状，耳内缘凸起，耳屏细长披针形。头骨吻部狭长，略上翘，脑颅圆而高凸。翼膜与趾基相连；第 5 掌骨长于第 3、4 掌骨，翼显得短而宽。

体毛绒毛状，棕褐色。背腹毛橙黄色，但腹毛较淡。前臂、掌和指部及其附近为橙色，但指间的翼膜为黑褐色。足背有黑色短毛。

习性　一般栖居于森林、果园。傍晚出洞觅食，捕食昆虫。

分布　天目山分布于高大树林。国内分布于浙江、贵州、福建、广西、海南、广东等地。国外分布于文莱、印度尼西亚、马来西亚、尼泊尔、斯里兰卡、越南等。

鼠耳蝠属 *Myotis* Kaup，1829

体中等或甚小，头体长 35～80mm，前臂长 32～69mm。耳壳较发达，窄长而尖，耳屏直而细长，顶端尖。颅骨多窄长，吻部几乎与脑颅部近等长。齿式为 $\dfrac{2.1.3.3}{3.1.3.3}=38$。股间膜大，近基部有毛，有些种类发达。尾多包于股间膜内。后足大。

本属现存有 106 种，除极地和大洋中的一些岛屿外，世界其他地区均有分布。中国有 29 种。天目山有 2 种。

天目山鼠耳蝠属分种检索

后足连爪长等于胫长，翼膜出自胫部中间 ………………………………… 大足鼠耳蝠 *M. rickettia*

后足连爪长短于胫长，翼膜多出自踵部或趾基部 …………………… 中华鼠耳蝠 *M. chinensis*

5.15　大足鼠耳蝠 *Myotis pilosus* Peters，1869（图版 Ⅴ-15）

别名　蝙蝠、檐老鼠、大脚蝠

形态　体较大，体重 20～30g，体长 60～65mm，前臂长一般为 55～60mm。吻部不很突出，口须发达。耳较短，向前折转不达吻尖；耳屏狭小，不及耳长之半。后肢粗大，后足连爪几与胫等长；爪强而弯，足背生有硬毛。翼膜发达，着于胫基部。尾较长，末端突出于膜外。

体被毛短而浓密。头部两侧近黑色。背毛沙灰色或灰褐色。腹部灰白色。

习性　栖于丘陵或山区、岩洞及城墙石缝内。多集小群生活，常与其他种类蝙蝠共栖。无季节迁飞习性，冬季休眠。夜行性，捕食昆虫和小鱼虾。

分布　中国特有种。天目山分布于岩洞等处。国内分布于山东、江苏、安徽、江西、福建等地。

资源现状　该物种体型大，能捕食大量昆虫，为有益的兽类。

5.16　中华鼠耳蝠 *Myotis chinensis* Tomes，1857（图版 Ⅴ-16）

别名　檐老鼠、飞鼠、大鼠耳蝠

形态　体较大，体重 22～35g，体长 60～90mm，前臂长 60～70mm。耳尖长，前折可达鼻端；耳屏长而直，约为耳长之半。头骨狭长，吻宽，矢状脊低。尾长略短于体长，尾末端略微突出于股间膜。翼膜宽大，止于趾基部。第 1、第 2 指骨等长；第 3 指的掌骨粗壮。

体被毛短而密。背毛橄榄褐色，毛尖沙褐色。腹毛灰褐色，毛尖沙灰色。

习性　栖息于岩洞中。单只或数只悬挂在岩洞顶壁,有时与大足鼠蝠组成数十或数百只的混合群。冬眠期短且较浅睡,易受惊飞。夜行性,黄昏时外出活动于郊野或村落附近,捕食昆虫。

分布　中国特有种。天目山分布于较大岩洞等处。国内分布于华中、华南、西南地区。

长翼蝠属 *Miniopterus* Bonaparte，1837

吻低扁而较宽,吻端稍向上翘,中央有纵沟。腭部较宽,穹隆状。耳壳短,顶平齐;耳屏也短,形细长,顶端钝。翼膜窄长能折叠。第3指的第2指骨特长。体毛短,形成较厚的丝绒状。体深棕褐色或黑褐色。齿式为 $\frac{2.1.2.3}{3.1.3.3}=36$。

本属现存有34种,广泛分布于亚洲、南欧及北非的热带和亚热带地区。中国有3种,见于华北、西南和华南地区。浙江有1种,天目山有1种。

5.17　亚洲长翼蝠 *Miniopterus fuliginosus* Hodgson，1835(图版 Ⅴ-17)

别名　折翼蝠、褶翅蝠

形态　体较小,体重10～16g,体长50～60mm,前臂长46～52mm。耳短而宽;耳屏小而细长,仅为耳长之半。吻尖略向上翘,中间凹,吻端宽。脑颅较低平,吻鼻部略上翘,矢状脊和人字脊均不发达。翼膜狭长,起于髁部腹面。第3指第2指节的长度约为第1指节的3倍;第5指的掌骨长于其余各指的掌骨。尾较长,但不穿出股间膜。

全身被丝绒状短毛。背毛为黑褐色,毛基色深于毛尖。腹毛灰黑色,毛端浅褐色;喉部和臀部毛色更淡。偶见白化个体,有全白型、白斑型。

习性　栖息于岩洞和隧道中。常数十只到数百只群栖一处,黄昏时外出活动,捕食鳞翅目、鞘翅目等昆虫。

分布　天目山分布于岩洞和屋舍等处。国内分布于河北、江苏、湖北、湖南、四川、安徽、浙江等地。国外分布于欧洲、亚洲和非洲。

伏翼属 *Pipistrellus* Kaup，1829

外形似鼠耳蝠,但一般体形较小。吻面短,耳较短小,耳屏短而稍宽。颅骨鼻额较宽而脑颅较低。颧弓多纤细,少数有眶上突。翼膜正常,第5指长大于第3、4掌骨加其第1指节的长度;第3指第2指节不特别延长。大多数的尾全包于股间膜内,有时尾尖略为露出。后足短小。上颌外门齿齿缘高度超过内门齿齿缘高度,齿式为 $\frac{2.1.2.3}{3.1.2.3}=34$。

本属现存有47种,广泛分布于欧亚大陆。中国有8种。天目山有2种。

天目山伏翼属分种检索

颅全长一般超过13mm,颧宽8mm以上,体色偏灰 ·················· 东亚伏翼 *P. abramus*
颅全长一般低于13mm,颧宽8mm以下,体色偏黑 ·················· 普通伏翼 *P. pipistrellus*

5.18　东亚伏翼 *Pipistrellus abramus* Temminck，1840(图版 Ⅴ-18)

别名　家蝠、檐老鼠、小伏翼、日本伏翼

形态　体型小,体重4～10g,体长40～50mm,前臂长30～35mm。耳短而宽,略呈三角形;耳屏短小,末端圆钝。头骨短宽,吻部宽扁,颧弓细弱。翼膜较宽长,起于趾基。尾较长,突出股间膜外。阴茎细长,中间有两个弯曲,长10mm以上。

全身被绒状短毛。体背毛灰褐色,毛基黑褐色,毛尖浅灰褐色。腹毛灰白色,毛基黑灰色,毛尖污白色。颈背部、两侧毛基黑褐色较浅,褐色较重。

习性　常栖息于屋檐、墙缝、树洞或山洞中。集群生活,多5～20只一群。有冬眠习性,冬眠时间3个月左右。傍晚飞出,黎明飞返,出返活动频率与温度高低呈正相关。主食双翅目、膜翅目等昆虫,

分布　天目山分布于老式建筑物的屋檐等处。国内分布于全国各地。国外分布于俄罗斯、日本、朝鲜、缅甸等。

5.19　普通伏翼 *Pipistrellus pipistrellus* Schreber, 1774(图版 V-19)

别名　家蝠、檐老鼠、欧洲家蝠、小蝙蝠

形态　体较小,体重4～6g,体长38～45mm,前臂长28～32mm。耳较小,外缘在耳尖以下较平直;耳屏较宽短,顶端钝。两翼尖长。尾短于体长,末端包于股间膜内。第3、4和5指的掌骨几等长。阴茎骨较短,末端不弯曲。

背毛暗棕褐色,毛基略暗,毛尖棕色。腹毛褐色,部分毛尖灰白色;后腹毛色较淡。

习性　常栖息于屋檐、墙缝,也见于山洞中。夜行性,黄昏出来觅食,多活动于居民点、树林、溪流上空。

分布　天目山分布于树林、田野及屋檐等处。国内分布于陕西、新疆、四川及以南地区。国外广布于欧亚大陆。

灵长目 Primates

本目包括猿猴类和人类,由于人是万物之灵,故称灵长目,是食虫类适应于树栖生活而演化最成功的一个类群。它们的体型变化较大,体重最小的仅5g,最大可达300kg;身高最小仅11cm,最高可达200cm以上。一般颜面裸露,两眼向前,视觉发达,嗅觉退化。四肢发达,大多数具有5指/趾,第1指/趾与其他4指/趾能对握。尾长短不一,低等者长,最长可达体长的3倍以上,高等者短,甚至不显。牙齿分为乳齿和恒齿,齿式为 $\frac{3.1.4.3}{3.1.4.3}=44$ 或 $\frac{2.1.2.3}{2.1.2.3}=32$。

栖息于热带、亚热带和温带的山林中。多为树栖,善攀缘,行动敏捷,喜群居,杂食性。

本目现存有16科437种,分布于非洲、亚洲和美洲。中国有4科31种。天目山有1科1种。

猴科 Cercopithecidae

本科动物体中等,头较小,体格粗壮。眼窝深陷,有的具暂时性贮食的颊囊。四肢等长或后肢稍长。多数尾较短。齿式为 $\frac{2.1.2.3}{2.1.2.3}=32$。

树栖,昼行性。杂食,主要食树叶等植物性食物。

本科现存有23属138种,广布于亚洲和非洲森林。中国4属19种,中国主要分布于华南、华东、华中、西南地区。天目山有1种。

猕猴属 *Macaca* Lacepede，1799

身体粗壮,四肢短健有力,尾通常较头体长短。有的种类尾仅为 1 个残余的突起,极不明显。鼻孔裂缝状向下开口。具颊囊。头骨眶上脊显著,常形成粗壮的眉弓。雄猴犬齿较雌猴的长,常露出唇外,呈獠牙状。齿式为 $\frac{2.1.2.3}{2.1.2.3}=32$。臀部有 1 对后茧状的胼胝。

本属现存有 22 种,除 1 种(无尾猕猴 *Macaca sylvanus*)产于非洲外,其余种类分布于亚洲南部、东部和东南部。中国有 8 种。天目山有 1 种。

5.20　猕猴 *Macaca mulatta* Zimmermann，1780(图版 V-20)

别名　猴子、猢狲、恒河猴、黄猴、沐猴

形态　体中等,较瘦弱,体重 4～8kg,体长 45～65cm;尾长 17～30cm,超过后足长,约为体长之半。颜面部较狭窄,吻部突出,两颚粗壮。两眼向前,眼间距较窄。四肢关节灵活,上腕部和大腿部与躯干部分离,使前后肢可以前后左右自由运动。拇指(趾)和其余 4 指(趾)相对,可以握合树枝。乳头 1 对。

身体大部分毛色为灰黄色或灰褐色。面部裸露无毛;颜面和两耳肉红色,因年龄和性别不同而有差异,雌性在发情期红色更著色。头部棕黄,无向四周辐射的漩毛。背部棕灰色或棕黄色,胸部淡灰色,腰部以下为橙黄色或橙红色,腹面淡灰黄色。四肢外侧大体棕黄色。臀胝发达,多为肉红色。

习性　栖息于山区阔叶林、针阔叶混交林、竹林及稀树裸岩等地,特别是岩石嶙峋、悬崖峭壁又夹杂着溪河沟谷、攀藤绿树的广阔地段。群栖,数目多少不等,少则几只,多则上百只,由猴王带领。视觉发达,嗅觉退化。昼行性,善于攀缘跳跃,会游泳和模仿人,有喜怒哀乐的表现。食性较杂,以树叶、嫩枝、幼芽、各种野果为主要食物,偶尔也食小鸟、昆虫,甚至蚯蚓、蚂蚁等小动物。

分布　天目山分布于各类森林。国内分布于河北、河南、陕西、山西、湖北、青海、西藏、四川等以南地区。国外分布于阿富汗、巴基斯坦、尼泊尔、印度、泰国、缅甸、越南、柬埔寨等。

鳞甲目 Pholidota

本目动物体被鳞甲,头尖细似锥状,舌细长能伸出舔食蚁类等昆虫。无齿,眼耳均小。四肢粗壮,爪强大犀利,尤以前足爪特别强大,以利挖掘打洞。尾长而扁阔,末端尖。

栖息于热带、亚热带的森林、灌丛、开阔地带。

本目现存有 1 科 8 种,分布于非洲和亚洲。中国有 1 科 3 种。天目山 1 科 1 种。

穿山甲科 Manidae

本科动物身被覆瓦状排列的鳞甲,遇敌可全身蜷缩成球状。有树栖和陆栖两种生活型,树栖者尾相对较长,陆栖者尾相对较短。

独居,昼伏夜出,行走缓慢,依靠灵敏的嗅觉搜寻食物,以蚂蚁和白蚁为食。

本科现存有 3 属 8 种,其中,穿山甲属 4 种,分布于亚洲;长尾穿山甲属 2 种和地穿山甲属 2 种,分布于非洲。中国有 1 属 3 种。天目山 1 属 1 种。

穿山甲属 *Manis* Linnaeus，1758

体狭长，四肢粗短，尾扁阔，尾背隆起，尾腹平直。耳壳小，呈瓣状或棱状。鳞片间杂有稀疏的硬毛。前后各具 5 指/趾，指/趾端具强爪。雄兽不具阴囊。多生活于亚热带的落叶森林。

本属现存有 4 种，分布于亚洲。中国有 2 种。天目山有 1 种。

5.21　穿山甲 *Manis pentadactyla* Linnaeus，1758（图版Ⅴ-21）

别名　鲮鲤、川山甲、龙鲤

形态　体狭长，体重 2～7kg，体长 30～50cm，尾长 25～35cm。头小，呈圆锥状；眼小。吻尖长，鼻垫裸露近肉色。舌很长，能自由伸缩；无齿。尾扁平而长，背面略隆起。四肢粗短，具 5 指/趾，并有强爪；前足爪长，尤以中间第 3 爪特长，后足爪较短小。雌体有乳头 1 对。

全身被鳞甲，鳞甲间杂有硬毛。鳞甲从背脊中央向两侧排列，呈纵列状。鳞片呈棕褐色；腹部的鳞片略软，呈灰白色。老年兽的鳞片边缘橙褐色或灰褐色，幼兽尚未角化的鳞片呈黄色。两颊、眼、耳以及颈腹部、四肢外侧、尾基都生有长的白色和棕黄色稀疏的硬毛。

习性　主要栖息于土质疏松、较潮湿的树林。过着孤独的生活，穴居。喜炎热，能爬树和游泳。性胆怯，行动迟缓，受惊或睡眠时均卷缩呈球状。昼伏夜出。视力不佳，依靠气味来寻找猎物，以长舌舔食白蚁、蚁、蜜蜂或其他昆虫。

分布　天目山分布于树林、灌草丛等处。国内分布于四川、云南、湖北、湖南、安徽等省。国外分布于尼泊尔。

食 肉 目 Carnivora

本目动物多数是以捕食其他动物为食的猛兽，体型大小各异，但都体格匀称、行动敏捷、感官发达。多数具有肛门腺和尾腺。上颌最后一个前臼齿和下颌第 1 臼齿非常发达，称为裂齿，为主要的进攻武器。多数齿总数保持原始特点，齿式为 $\dfrac{3.1.4.3}{3.1.4.3}=44$。

大多数为夜行性，地面活动，少数树栖或半水栖。

本目现存有 16 科 287 种，广泛分布于各大陆及各大岛屿，澳大利亚和新西兰是后来引入的。中国有 10 科 63 种。天目山有 5 科 16 种。

食肉目分科检索

1. 爪不能伸缩，或略有伸缩 ·· 2
　具典型可伸缩的锐爪，头骨圆而高，无臭腺或不发达 ············· 猫科 Felidae
2. 体型中等，具尾腺，肛门腺不发达或无 ································ 3
　体小型，身体细长而四肢短，具发达的肛门腺 ············· 鼬科 Mustelidae
3. 前后足均具 5 指（趾），四肢中等长，善攀缘 ························ 4
　前足 4 指，后足 5 趾，四肢长，善奔跑 ····················· 犬科 Canidae
4. 尾长而尾毛蓬松，头骨具眶环 ·························· 獴科 Herpestidae
　尾毛致密而短，头骨不具眶环 ····················· 灵猫科 Viverridae

犬科 Canidae

本科动物体形为中等。颜面部长,吻端尖出,鼻部裸出部分比较发达。四肢细长,前肢 5 指或 4 指,后肢 4 趾,爪钝而不能收缩,趾行型。肛门附近有臭腺和肛腺,尾较粗长。雌兽乳头 3～7 对,雄兽具阴茎骨。犬齿粗大,裂齿发达,齿式为 $\frac{3.1.4.2}{3.1.4.2\sim3}=40\sim42$。

嗅觉和听觉发达,行动矫健敏捷。营地栖生活,多数能游泳,不能攀树。以动物为食,亦吃一些植物性食物。

本科现存有 12 属 38 种,除了少数岛屿、南极洲外,几乎遍及陆生食肉类的全部分布范围。中国 4 属 8 种。天目山 4 属 4 种。

天目山犬科分属检索

1. 体棕红色,下颌臼齿 2 对 ·· 豺属 Cuon
   体不呈棕红色,下颌臼齿 3 对 ·· 2
2. 体型较大,体长超过 1m,头骨长超过 20cm ·································· 犬属 Canis
   体型较小,体长不超过 1m,头骨长不超过 20cm ·································· 3
3. 吻较短,吻端距眶下孔小于臼齿间宽,颊部两侧有横生的长毛 ·········· 貉属 Nyctereutes
   吻较长,吻端距眶下孔大于臼齿间宽,颊部两侧无横生的长毛 ·········· 狐属 Vulpes

豺属 Cuon Hodgson,1838

体形似狼,但较小,吻也较短。鼻骨超过上颌骨长度,几达眼眶中央水平线。耳端圆钝。上门齿排列成浅圆弧形,犬齿发达,与门齿间有空隙,齿式为 $\frac{3.1.4.2}{3.1.4.2}=40$。尾粗短,不及体长之半,尾毛蓬松。毛棕红色。

本属现存仅有 1 种,分布于亚洲大陆。中国有 1 种,分布于大陆各省区。天目山有 1 种。

5.22 豺 Cuon alpinus Pallas,1811(图版 V -22)

别名 豺狗、红狗、豺狼、红狼

形态 体似犬,小于狼,而大于赤狐,体重 10～22kg,体长 85～100cm,尾长 30～45cm。头宽,吻部短,额部隆起。耳直立,先端圆。趾垫心脏形,跖垫三角形,裸露。

体毛厚密而粗糙,体色随季节和产地的不同而异。一般头部、颈部、肩部、背部及四肢外侧等处棕褐色;腹部及四肢内侧淡白色、黄色或浅棕色。尾毛蓬松而下垂,呈棕黑色,尾端黑色或棕色。

习性 栖息于有森林覆盖的山地丘陵地区。性喜群居,多由较为强壮而狡猾的"头领"带领一个或几个家族临时聚集而成。听觉和嗅觉极发达,性警觉,凶狠,善追逐。常在晨昏活动,行动快速而诡秘,稍有异常情况立即逃避。以群体围捕的方式猎食。食物主要是鹿、麝、羊、野猪等偶蹄目动物。

分布 天目山分布于森林、灌丛等处。国内除台湾、海南及南海诸岛外,其他各地均有分布。国外分布于亚洲大陆,但日本、加里曼丹岛和斯里兰卡等地无分布。

犬属 *Canis* Linnaeus，1758

本属包括犬科中的大型种类,体匀称。瞳孔圆形。鼻吻部短而粗。耳中等大,直立,先端尖。鼻骨部分较隆起,鼻骨向后渐变狭。上门齿排列呈弧形,门齿小;犬齿长而粗壮,裂齿发达,齿式为 $\frac{3.1.4.2}{3.1.4.3}=42$。四肢强健。有 4 个大的圆形指/趾垫和 1 个跖垫。毛被粗糙,无光泽。尾蓬松,长不及体长的一半。

本属现存有 10 种,除了少数岛屿、南极洲外,几遍布全世界。中国有 2 种。天目山有 1 种。

5.23　狼 *Canis lupus* Linnaeus，1758（图版Ⅴ-23）

别名　豺狗、狼狗、毛狗

形态　体似犬,体重 18～30kg,体长 900～140cm,尾长 27～50cm。头腭尖形,颜面部长,鼻端突出。耳直立,向前折可达眼部。头骨粗壮,眶上突发达,眶后突粗钝。四肢强健,前足 4～5 指,后足一般 4 趾;爪粗而钝,不能或略能伸缩。尾较短粗,低垂不弯曲。

体多灰黄色,个体变异较大,有棕灰黄色、棕灰色或淡棕黄色等。额部和头顶灰白有黑色,上下唇黑色。吻颊、腮部、下颌及后部浅灰棕色。头部、躯干、尾背面及四肢外侧浅黄灰色。体背及体侧长毛尖多为黑色。腹部及四肢内侧灰白色。尾毛蓬松但不卷曲,尾色与体色相同。

习性　栖息范围广,适应性强,多栖息于山地丘陵地带。善快速及长距离奔跑,多喜群居,一般单只或 2～3 只一起活动。嗅觉灵敏,听觉发达。机警,多疑,善奔跑,耐力强。以夜间活动为主,早晚喜嚎叫。主要以鹿、羚羊、兔为食,也食用昆虫、老鼠等,能耐饥。

分布　天目山分布于森林、灌草丛等处。国内除台湾、海南及南海诸岛外,其他各地均有分布。国外分布于欧亚及北美等大部分地区。

貉属 *Nyctereutes* Temminck，1839

体形似狐,但较肥壮。耳短小,吻尖而短小。鼻吻部短。裂齿小,齿式为 $\frac{3.1.4.2(3)}{3.1.4.3}=42$(44)。四肢较短,尾短。两颊具向侧面生长的长毛。

本属现存有 7 种,分布北至芬兰、俄罗斯,南至越南。中国有 1 种。天目山有 1 种。

5.24　貉 *Nyctereutes procyonoides* Gray，1834（图版Ⅴ-24）

别名　狸、貉子、土狗、毛狗

形态　体较小,外形似狐,体重 3～6kg,体长 45～65cm,尾长 14～20cm。头短吻尖,耳短而圆。头骨轮廓扁平;鼻骨接近 1/3 处尖锐,有骤然的凹陷。躯体肥胖,四肢短,尾短,覆有蓬松的毛。上门齿排列略呈弧形,犬齿狭长而尖,齿式为 $\frac{3.1.4.2}{3.1.4.3}=42$。

体乌棕色,吻部、眼上、腮部、颈侧至躯体背侧均为浅黄褐色。前额和鼻吻部白色,两颊连同眼周毛色黑褐,形成明显的"八"字形黑纹。颊部覆有蓬松的长毛,形成环状领。背部至尾背面浅棕灰色,针毛具黑色毛尖,形成一条界限不清的黑色纵纹。体侧、腹部及尾腹面色浅,为棕黄色或棕灰色。四肢浅黑色。

习性　栖息于河谷、草原和靠近河川、溪流、湖泊附近的丛林,尤喜靠水的灌草丛。穴居,洞穴多数是露天的。性温顺,叫声低沉,能攀树及游泳。行动不如豺、狐敏捷。一般独居,有时 3～5 只成群。夜行性,食性杂,主食鼠类和鱼类,也食虾蟹、昆虫、果实、根茎等。

分布　天目山分布于靠近河谷、溪流和池塘的树林、灌丛等处。国内除西北高原、台湾、海南外，其他各地均有分布。国外分布于俄罗斯、日本、朝鲜及中南半岛等。

狐属 *Vulpes* Oken，1816

本属在犬科中体形中等或偏小，体细长。吻尖而较小，耳尖而较大。瞳孔椭圆形。头骨长，吻部较长。犬齿细而长，咬合时上犬齿接近或达到下颌底缘，下犬齿尖超出上颌齿槽线。下臼齿狭长，齿尖尖锐，齿式为 $\dfrac{3.1.4.2}{3.1.4.3} = 42$。尾蓬松，尾长超过体长之半。四肢短。耳背黑色。某些种类黄棕色或灰棕黄色，少数黑灰色。

本属现存有 12 种，广泛分布于旧大陆。中国有 4 种。天目山有 1 种。

5.25　赤狐 *Vulpes vulpes* Linnaeus，1758（图版 V-25）

别名　狐狸、红狐、草狐

形态　体细长，体重 3～7kg，体长 50～80cm，尾长 32～55cm。吻尖而长。鼻骨细长，额骨前部平缓，中间有一狭沟。耳较大，高而尖，直立。四肢较长。尾较长，略超过体长之半；尾形粗大，覆毛长而蓬松。具尾腺，能施放奇特臭味，称"狐腺"。乳头 4 对。

躯体覆有长的针毛，毛色因季节和地区不同而变异很大。一般背面毛色棕黄或趋棕红，或呈棕白色，毛尖灰白色。头灰棕色，耳背黑褐色，耳缘灰棕色。吻部两侧具黑褐色毛区。喉及前胸以及腹部毛色浅淡，呈乌灰色和乌白色。四肢外侧均趋黑色并延伸至足面，后肢较呈暗红色。尾背红褐色，尾下灰褐色，部分毛尖黑色，尾末端白色。幼年毛色呈浅灰褐色。

习性　栖息环境广泛，包括森林、灌木丛、草甸等。喜欢居住在土穴、树洞或岩石缝中。听觉、嗅觉发达。喜单独活动。夜行性，善于游泳和爬树。性狡猾多疑，行动敏捷，记忆力很强，以计谋来捕捉猎物。食性杂，主要以鼠类为食，也吃野禽、蛙、鱼、昆虫等，还吃各种野果和农作物。

分布　天目山广布于境内各地。国内除台湾、海南外，其他各地均有分布。国外分布于亚洲、欧洲、北美洲和非洲等地。

鼬科 Mustelidae

本科动物体形是中小型。头部略圆，颈长，耳小。身体细长，四肢短，尾较长。前后均 5 指/趾。大多数肛门附近有臭腺。少数种类爪短而具蹼，善游泳。

全身被毛致密，善疾走，轻快敏捷，拱肩曲背跳跃前进。生活方式多样，有树栖、水栖、穴居等。

本科现存 22 属 59 种，分布于欧亚大陆、非洲和南北美洲。中国 10 属 19 种。天目山 5 属 6 种。

天目山鼬科分属检索

1. 体型较大，喉胸部具有明显的块状斑，体长 400mm 以上 ……………………… 貂属 *Martes*
   体型较小，喉胸部无斑 …………………………………………………………………… 2
2. 体细长，四肢短小，体背棕黄色或其他色 ……………………………… 鼬属 *Mustela*
   体短粗，四肢较长，体背浅灰色 …………………………………………………………… 3
3. 爪短而弯曲，指/趾间具蹼 ………………………………………………… 水獭属 *Lutra*
   爪长而直，指/趾间无蹼 …………………………………………………………………… 4
4. 体型较小，体长在 450mm 以下，额部至背脊有 1 条白色纵纹 ………… 鼬獾属 *Melogale*
   体型较大，体长在 450mm 以上 ……………………………………………… 猪獾属 *Arctonyx*

貂属 *Martes* Pinel，1792

本属为一群大型鼬科动物。体细长，尾长为体长的 $1/2\sim1/3$。吻尖。耳较大，略呈三角形。头骨大而狭长。吻鼻部短宽。眶后突及颧突明显，人字脊发达。听泡大，卵圆形。上颌门齿排成一横列，外侧 1 对较粗大，犬齿弯锥状，齿式为 $\dfrac{3.1.4.1}{3.1.4.2}=38$。四肢短，半跖行性。毛被柔软，除青鼬外，色泽较暗，喉胸部具淡色斑。

本属现存有 10 种，分布于亚洲、欧洲。中国有 3 种。天目山有 1 种。

5.26 黄喉貂 *Martes flavigula* Boddaert，1785（图版 V-2）

别名 青鼬、黄猺、蜜狗、两头乌、黄腰狸

形态 体柔软而细长，呈圆筒状，为貂属最大一种，体重 $1.5\sim3$kg，体长 $40\sim70$cm，尾长 $35\sim50$cm，尾长超过体长的 $2/3$。头较为尖细，略呈三角形。鼻吻部尖长。耳郭短圆。四肢短小，但强健有力，前后肢各具 5 指/趾，爪弯曲锐利并有伸缩性。

身体的毛色比较鲜艳，颊部和耳内侧黄褐色。头及颈背部、身体的后部、四肢及尾均为暗棕色至黑色。背部棕黄色，腰部以后转为暗褐色，臀部及尾近黑色，故俗称"两头乌"。喉胸部毛色鲜黄，故名黄喉鼬。下体余部颜色较浅，喉橙黄色，胸腹浅棕黄色。前肢上部浅棕黄色，下部转为黑褐色；后肢上部黑褐色，下部几近黑色。

习性 栖息于山地林区。穴居树洞、岩洞。对环境的适应能力很强，性情凶狠，常单独或数只集群捕猎。行动快速敏捷，能进行大距离的跳跃，还具有很高的爬树本领。晨昏活动较频。主要食物包括鼠、獾、狸、鸟和鸟卵、鱼等，饥饿时吃少量野果，也盗食家禽，尤喜蜂蜜，故又有"蜜狗"之称。

分布 天目山分布于各类森林。国内除新疆、内蒙古外，其他各地均有分布。国外分布于西伯利亚东部、朝鲜、越南、缅甸、泰国及印度等。

鼬属 *Mustela* Linnaeus，1758

本属为中小型鼬科动物。体躯细长，雄兽略大于雌兽。吻钝圆。耳小，圆形。头骨狭长，吻鼻部短，脑颅部长，听泡长圆形。上门齿排成一横列，犬齿长而直，齿式为 $\dfrac{3.1.3.1}{3.1.3.2}=34$。四肢短小。

本属现存有 19 种，广布于亚洲、欧洲、北美洲、南美洲北部及非洲北部。中国有 7 种。天目山有 2 种。

天目山鼬属分种检索

冬毛背部棕黄色，腹部色泽较浅，背腹部色泽在体侧分界不明显 ·········· 黄鼬 *M. sibirica*
冬毛背部咖啡色，腹部橘黄色，背腹部色泽在体侧分界明显 ·········· 黄腹鼬 *M. kathiah*

5.27 黄鼬 *Mustela sibirica* Pallas，1773（图版 V-27）

别名 黄狼、黄鼠狼、鼠狼子

形态 体细长，雄性体重 $450\sim850$g，体长 $30\sim40$cm，尾长 $15\sim25$cm；雌性体重 $200\sim400$g，体长 $25\sim32$cm，尾长 $13\sim19$cm。头细，颈较长。耳壳短而宽，稍突出于毛丛。头骨狭长形，顶部较平；颧弓窄，听泡为长椭圆形。四肢较短，具 5 指/趾，指/趾间具微皮膜。肛门腺发达。雄兽的阴茎骨基部膨大成结节状，端部呈钩状。

毛色从浅沙棕色到黄棕色,色泽较淡。背毛略深,腹毛稍浅。吻端、眼周、额部暗褐色,鼻端、下唇和颏部呈白色,喉部及颈下常有白斑。尾和四肢同背部毛色。四肢、尾与身体同色。

习性 栖息于山地和平原,也常出没在村庄附近。穴居,居于石洞、树洞或倒木下;除繁殖期外,一般没有固定的巢穴。嗅觉十分灵敏,但视觉较差。营独栖生活。夜行性,尤其是清晨和黄昏活动频繁。行动敏捷,善游泳、攀缘登高。遇险时,从肛门腺释放出恶臭气味而逃遁。食性很杂,主要以小型哺乳动物为食,也吃两栖动物、鱼类、鸟卵、昆虫和腐肉。

分布 天目山分布于境内各地。国内分布于全国各地,尤以长江中下游平原、华北平原和东北平原数量较多。国外分布于俄罗斯、朝鲜、蒙古、印度、缅甸等。

5.28 黄腹鼬 _Mustela kathiah_ Hodgson,1835(图版 V-28)

别名 香菇狼、松狼

形态 体细长,比黄鼬小,体重 150～300g,体长 15～35cm,尾长 11～18cm,超过体长之半。头狭长。吻短,两眶下孔之间的最小宽度约等于眶下孔后缘至吻端的长度。鼻骨略宽,末端止于额骨前端的 1/3。眶后突发达,略粗钝。四肢短,腕垫后面有稀疏短毛。乳头 2 对。

周身被毛短;尾毛略长,但不蓬松。背部咖啡褐色。头颈、体侧、尾及四肢外侧皆与背色一致。下唇、下颌毛色较浅,呈黄白色。背腹侧分界线直而清晰。喉部经颈下至鼠蹊部及四肢外侧沙黄色。四肢内侧金黄色或淡黄色。爪短略细,灰褐色。

习性 栖息于山地林缘、灌丛和河谷等地。穴居,主要占据其他动物的洞为巢。夜行性,主要在清晨和夜间活动。单个或成对活动,行动敏捷,会游泳,但很少上树。遇险时,从肛门腺释放出恶臭的气味而逃遁。食物以鼠类为主,也吃鱼、蛙、昆虫,偶尔亦取食浆果。

分布 天目山分布于境内各地。国内陕西秦岭南部是本种分布的最北限,沿该纬度线以南地区均有分布。国外分布于巴基斯坦、尼泊尔、缅甸等。

水獭属 _Lutra_ Brisson,1762

头圆而平扁,颈短。耳小而圆,耳和鼻孔有小圆瓣,当潜水时能关闭耳和鼻孔。头骨宽扁,吻短粗。脑颅约呈梨形。听泡低平,乳突不明显。上门齿横列,最外 1 对较大,犬齿圆锥形,齿式为 $\frac{3.1.4.1}{3.1.4.1}=36$。四肢短,指/趾间有发达的蹼。毛被短而浓密,发达的绒毛为粗毛所盖。营半水栖生活。

本属现存有 11 种,分布于欧洲、亚洲和美洲。中国有 1 种。天目山有 1 种。

5.29 水獭 _Lutra lutra_ Linnaeus,1758(图版 V-29)

别名 水狗、獭子、猵獭

形态 体中等细长,体重 3.5～8kg,体长 50～80cm,尾长 30～50cm。躯体长,呈扁圆形。头部宽而稍扁,吻短,眼睛稍突而圆。耳小,外缘圆形,着生位置较低。吻部粗短,额部较长,脑室宽大呈扁梨形;听泡扁平,三角形。鼻孔和耳道生有小圆瓣,潜水时能关闭,防水入侵。尾基部粗,向后逐渐变细,尾上富有肌肉,适于划水。四肢短,指/趾间具蹼,各指/趾端具侧扁的爪。

体毛较短而致密,下颏中央有数根长的硬须,前肢腕垫后面长有数根短的刚毛。体背和尾背均为棕褐色,具油亮光泽。唇、颊白色,鼻垫、额部黑褐色。腹面毛色较淡,呈灰褐色;绒毛基部灰白色,绒面咖啡色。

习性 栖息于江河、湖泊、溪流和水库附近,喜水流缓慢、清澈而鱼类较多的水域。营半水栖生活。多穴居,但一般无固定洞穴。除了交配期以外,平时都独居。听觉、视觉、嗅觉都很敏锐。夜行性,晨昏尤为活跃。善于游泳和潜水。食物以小鱼、虾蟹为主,也捕捉小鸟、小兽、蛙类及甲壳类动物等,有时还吃一部分植物性食物。

分布　天目山分布于面积较大的沼泽、低洼地及池塘等处。国内分布于全国各地。国外分布于欧洲、亚洲和非洲北部。

鼬獾属 *Melogale* Geoffroy, 1831

体较鼬属的粗短,尾长约为体长的一半。面部具白纹。鼻吻部端部突出于下颌,软骨质。嘴须多而长。耳中等。头骨上的颞脊近乎平行。上门齿略弧状排列,最外 1 对较大,犬齿扁锥形,齿式为 $\frac{3.1.4.1}{3.1.4.2}=38$。跖垫有横条纹。爪长而粗大,适于掘土。

本属现存有 5 种,分布于亚洲南部。中国有 2 种,分布于长江流域及以南各省区。天目山有 1 种。

5.30　**鼬獾 *Melogale moschata* Gray, 1831**(图版 V-30)

别名　猸子、山獾、白猸

形态　体介于貂属和獾属之间,体重 850～1350g,体长 29～44cm,尾长 13～17cm,不及体长之半。鼻端尖而裸露,鼻垫与上唇间被毛。颈部粗短。眼小,耳壳短圆而直立。颅形狭长,鼻骨中缝稍凹陷;颧弓细弱,略向外扩张。四肢短,具 5 指/趾,指/趾垫较厚;爪侧扁而弯曲,前爪特长,约为后爪的 2 倍。

毛色变异较大,体背及四肢外侧黄灰褐色、暗紫灰色到棕褐色。头部和颈部色调较体背深;头顶后至脊背有一条连续不断的白色或乳白色纵纹。前额、眼后、耳前、颊和颈侧有不定形的白色或乳白色斑,有的个体为橙黄色斑点。自头顶向后至肩部中央有一连续或间断的白色纵纹。下体及四肢内侧为乳白色、肉桂色到杏黄色。尾与体同色,尾下白色,向后色调逐渐减淡。

习性　栖息于河谷、丘陵及山地森林、灌草。穴居于石洞和石缝,亦善打洞。夜行性,常在黄昏和夜间成对出来活动。杂食性,以蚯蚓、虾蟹、小鱼、蛙、鼠类为食,亦食植物的果实和根茎。

分布　天目山广布于境内各地。国内分布于长江流域及以南地区。国外分布于缅甸、尼泊尔、越南、印度等。

猪獾属 *Arctonyx* Cuvier, 1825

体形及大小似狗獾。鼻吻部长而圆,与猪相似,软骨质的鼻垫发达。喉下有白斑。头骨狭长;眶前孔大,其前缘远远超过上裂齿后缘。听泡小而扁平。上门齿马蹄状,最外 1 对较宽大,上犬齿粗大锐利,齿式为 $\frac{3.1.3\sim4.1}{3.1.3\sim4.2}=34\sim38$。尾短,毛蓬松,黄白色。四肢短而强健,具发达的爪,适于掘土。

本属现存仅有 1 种,分布于印度、泰国、马来西亚和苏门答腊等。中国有 1 种。天目山有 1 种。

5.31　猪獾 *Arctonyx collaris* Cuvier，1825(图版 V-31)

别名　沙獾、獖、拱猪、狟

形态　体粗壮,体重 5～13kg,体长 50～80cm,尾长 11～22cm。吻鼻部裸露突出似猪拱嘴,故名猪獾。眼小,耳短圆。头骨形态和狗獾相似,但矢状脊与人字脊不如狗獾显著,额部与眶间区较狗獾宽而低平,稍向前倾斜。四肢粗短,具 5 指/趾,爪发达。

整个身体呈现黑白两色混杂。头部正中从吻鼻部向后至颈后部有一条白色条纹,宽约等于或略大于吻鼻部宽。两颊的眼下各具 1 条污白色条纹。下颌及喉白色,向后延伸可达前肩和前胸。背部黑褐色为主,背毛基白色,中段黑色,毛尖黄白色。两侧同背色。胸腹部和四肢黑褐色。尾毛长,白色。

习性　栖息于山地丘陵林缘、灌丛、田野等处。喜穴居,在荒丘、路旁、田埂等处挖掘洞穴。夜行性,多单独活动,能在水中游泳。视觉差,但嗅觉灵敏。有冬眠习性。杂食性,主要以蚯蚓、甲壳动物、昆虫、蜈蚣、小鱼、蛙类、蜥蜴、小鸟和鼠类等动物为食,也吃玉米、小麦、土豆、花生等农作物。

分布　天目山广布于境内各地。国内分布于西藏、青海、陕西、山西、河北、辽宁及以南地区。国外分布于中南半岛、苏门答腊、不丹、印度等。

灵猫科 Viverridae

本科动物体型中等。身体细长,吻部突出。四肢短,尾较长。爪弯曲具半伸缩性,前后肢具 5 指/趾。足掌除足垫部分裸露外,其余部分均被短毛,趾行性或半跖行性。不少种类具尾环。典型齿式为 $\frac{3.1.4.2}{3.1.4.2}=40$。多数种类在会阴部有一个发育程度不等的会阴腺(香腺)。

本科是旧大陆特有科,以林栖为主,以岩洞和树洞为巢。

本科现存有 15 属 38 种,主要分布于非洲和亚洲南部的热带和亚热带地区。中国有 9 属 10 种。天目山有 3 属 3 种。

天目山灵猫科分属检索

1. 趾行性,后足足跟下全被毛;尾具黑(或黑棕)白相间的色环 ·················· 2
   半跖行性,后足足跟下大部分或全部裸露;尾无色环 ·················· 果子狸属 *Paguma*
2. 体型较大,头骨长超过 130mm,背脊中线生有长鬣毛 ·················· 大灵猫属 *Viverra*
   体型较小,头骨长小于 130mm,背脊中线无鬣毛 ·················· 小灵猫属 *Viverricula*

果子狸属 *Paguma* Gray，1831

个体较大,大小如狐,躯干较长。头骨较长,吻部宽短。眶后突大而钝,眶后凹缩不显著狭窄。上门齿排列成弧形,上犬齿大而尖利,第 2 白齿小,齿式为 $\frac{3.1.4.2(1)}{3.1.4.2(1)}=40(36/38)$;部分个体终生缺失,故齿数可为 36 或 38。除头部外,躯干部不具斑纹,不同于其他灵猫类。尾特别长,香腺不发达。

本属为单型属,但亚种分化很多,分布于亚洲南部;国内黄河以南广大地区均有分布。天目山有 1 种。

5.32　果子狸 *Paguma larvata* Hamilton-Smith，1827（图版Ⅴ-32）

别名　花面狸、青猺、白鼻狗、花猸子

形态　体中等,体重2.5～5kg,体长35～65cm,尾长30～55cm。吻部较短而粗,颅腔较狭长,矢状脊很不发达或缺失。尾不具缠绕性。四肢粗短,各具5指/趾,爪具伸缩性,能攀缘。肛腺、包皮腺发达,香腺不发达。雌雄各有乳头2对,均在腹部。

毛色多变,一般因季节或地区不同而有差异,冬毛色浅淡多灰黄色,夏毛多棕黄色杂焦黑色。从鼻往后经头顶到颈背有一条纵向的宽阔白纹。颈背常有颈纹与面纹相延续,但因季节或地区不同而有变化。具白色的眼下斑(长方形)、眼角斑(扇形)和耳前斑(半圆形)。体背因地区和季节不同而异,一般呈灰白、灰黄、棕黄、棕褐甚至于乌黑色。颏黑褐色。喉灰白色或灰褐色。胸部棕黄色或灰黄色。腹灰白色。体侧和四肢上部暗棕色;四肢下部黑色。尾色变异较大,多数尾基同背色,尾端黑色;少数均呈灰黄色或灰白色。

习性　栖息于山川、沟壑森林、灌丛及干燥裸岩。营家族生活,常雌雄老幼同栖一穴。嗅觉和听觉灵敏,性机警,善于攀缘。夜行性,多在黄昏、夜间和拂晓活动。食性杂,以带酸甜味的各种浆果或核果为主食,也捕食小动物,如昆虫、蛙蛇、雉类、鼠类等。

分布　天目山主要分布于林缘地带。国内分布于陕西、河北、河南、四川及以南地区。国外分布于印度、缅甸、不丹、尼泊尔、印度尼西亚等。

大灵猫属 *Viverra* Linnaeus，1758

个体较大,身体瘦长。头部较小,吻部细长。背部中线毛特长成为鬣毛,形成1条黑色的脊纹。头骨较大而狭长,颧弓较粗壮,眶后突发达,矢状脊明显。上门齿排列成半圆形,犬齿粗壮而尖锐,第2上白齿较大,齿式为$\frac{3.1.4.2(3)}{3.1.4.2}=40$或42。四肢短,足具5趾,足黑色或黑褐色。尾长而显著,具黑白相间的环纹。

本属现存有5种,广泛分布于非洲、亚洲东南部的热带和亚热带地区。中国有2种。天目山有1种。

5.33　大灵猫 *Viverra zibetha* Linnaeus，1758（图版Ⅴ-33）

别名　九节狸、九江猫、麝香猫

形态　体较大,体重5～11kg,体长65～80cm,尾长38～48cm,超过体长之半。头略尖,吻略尖,额部较宽。耳小。四肢短,各具5指/趾,爪半伸缩性。雌雄兽会阴部生有一个两唇闭合的芳香腺,能分泌出油液状的灵猫香,起着动物外激素的作用。

体毛为棕灰色,带有黑褐色斑纹。口唇灰白色。额、眼周围有灰白色小麻斑。背中央至尾基有一条黑色的由粗硬鬣毛组成的鬣毛。背脊中部两侧各有1条白色条纹。体侧缀着不甚规则的黑褐色或棕色斑纹。腹面淡白色或灰黄色。四肢黑褐色。尾有5或6个黑白相间的色环,黑环宽,白环窄,尾端黑色。

习性　栖息于林缘灌丛、草丛地带。穴居,除繁殖期外,基本上独居。夜行性,白天隐藏,晨昏开始活动。听觉和嗅觉都很灵敏。性机警,行动敏捷,善于攀登树木和游泳。杂食性,动物性食物包括小型兽类、鸟类、两栖爬行类、甲壳类、昆虫,植物性食物包括茄科植物的茎叶、无花果的种子及浆果等。

分布　天目山分布于林缘的灌丛、草丛等处。国内分布于西藏、陕西、四川、湖北、安徽、江苏及以南地区。国外分布于印度、孟加拉国、不丹、尼泊尔、缅甸、马来西亚等。

小灵猫属 *Viverricula* Hodgson，1838

大小如家猫。吻尖而短。两耳短圆,前缘内侧基部十分靠近。头骨较小,鼻颌部短。脑颅窄高,几乎侧扁。矢状脊特别发达,后部高隆。牙齿较小,但非常锐利,齿式为 $\frac{3.1.4.2}{3.1.4.2}=40$。通体一般棕灰色、棕黄色或乳黄色,无背鬣毛。

本属为单型属,但亚种分化较多,主要分布于亚洲东南部的热带和亚热带地区;在非洲可能是人为引进的。国内分布北达苏北地区,东到台湾,南抵海南,西到云、贵、川等省区。天目山有 1 种。

5.34 小灵猫 *Viverricula indica* Desmarest，1817(图版 V-34)

别名 七节狸、斑灵猫、香狸猫、笔猫、乌脚猫、香猫

形态 体纤细,与大灵猫相似而较小,体重 2~5kg,体长 48~58cm,尾长 25~40cm,超过体长之半。吻部尖而突出,额部狭窄。耳短而圆,眼小而有神。四肢粗壮,后肢略长于前肢;具5 指/趾,有伸缩性。雌雄兽肛门与会阴之间有囊状香腺。

通体一般为棕灰、棕黄或乳黄,因季节地区不同。上下颌前部白色。眼眶前缘和耳后暗褐色,从耳后至肩部有 2 条黑褐色颈纹。从肩到臀常有 3~5 条颜色较暗的背纹,背部中间的两条纹路较清晰,两侧的背纹不清晰。腋下、前胸暗褐色,腹部黄灰色或灰白色。尾有 6~7 个暗褐色环,其间隔有灰白色环,尾尖多为灰白色。四足深棕褐色。

习性 栖息于山区林缘、灌丛及农耕地。多独居,穴居。昼伏夜出,活动的高潮主要在傍晚至半夜。性机敏而胆小,行动灵活,会游泳,善于攀缘。御敌时,能从肛门腺中排出黄色而奇臭的分泌物,用以自卫。食性较杂,以鼠、鸟、蛇、蛙、昆虫等动物性为主,亦食野果、嫩枝叶等。

分布 天目山分布于河谷、山脚地带。国内分布于陕西、四川、安徽、江苏及以南地区。国外分布于印度、斯里兰卡、不丹、越南、缅甸、马来西亚等。

獴科 Herpestidae

本科动物为中小型。吻鼻尖长,耳短小。颈短而粗;尾基部粗大,向尾末端逐渐变细。四肢短矮,各具 5 指/趾。肛门两侧有 1 对肛门腺。齿突高而尖利,第 3 门齿大于第 1、2 门齿。

栖息于山林沟谷及溪水旁。穴居,晨昏活动,常雌雄相伴,嗅觉灵敏。食物包括蛇、蛙、蟹、鱼、小鸟及昆虫等。

本属现存有 14 属 34 种,分布于欧亚大陆和非洲。中国有 1 属 2 种。天目山有 1 属 1 种。

獴属 *Herpestes* Illiger，1811

体细长;尾向后逐渐细尖,尾长可达头体长之半或超过头体长。耳短宽圆。头骨低长,鼻颌部短,眶上突发达,与颧骨的颧突一起构成围绕眼的骨质环。第 4 上前臼齿大,为齿列中最大者,齿式为 $\frac{3.1.4.2}{3.1.4.2}=40$;有时缺第 1、2 上前臼齿,使齿数减为 36~38。四肢较短,各具 5 指/趾,第 1 指/趾与其他 4 指/趾分开较远;均具爪,爪不具伸缩性。肛门腺发达,能放出臭气。

本属现存有 10 种,广泛分布于非洲、亚洲南部的热带和亚热带地区。中国有 2 种。天目山有 1 种。

5.35　食蟹獴 *Herpestes urva* Hodgson，1836（图版 V-35）

别名　石獴、山獴、水獴、竹筒狸

形态　体重 1.1～2.9kg，体长 37～51cm，尾长 17～31cm，约为体长的 2/3。吻部短而钝，头骨枕部上面的矢状脊和人字脊汇合处不显著向上突出；听泡前半部低，后半部明显膨胀。颈短而粗，体躯稍粗壮，略呈扁圆形。乳头有 6 个，位于腹部。尾基部粗大，向尾末端逐渐尖细。

全身灰棕色，杂黑色。吻部及眼周围毛短，棕褐色；颊、额、头顶及耳均被黑色的短毛。自口角经颊部、颈侧到肩部各有一条白色纵纹。体背针毛黑色与棕色相间，有些部位黑色与灰白色或浅灰棕色相间。尾毛蓬松，尾背近基部半段毛色如同体背，唯黑白成分较少；后半段被毛棕黄色。唇边及颌下灰白色。喉部向后至腹面均棕褐色；尾腹浅棕黄色。四肢毛短，棕褐色，杂棕黄色毛尖。

习性　栖息于沟谷和溪水边茂密的树林。穴居，多利用树洞、岩穴或草堆作窝。昼行性，晨昏活动较频。常雌雄相伴或带幼仔外出活动。视力较差，嗅觉敏锐。行动敏捷，善潜水，能攀缘。受惊后能从臭腺向后喷射液状分泌物，并且周身毛直立张开，表现凶猛。食性较杂，以各种小型动物为主食，包括鱼、蛇、蟹、贝类、小鸟、鼠类、蛙类等。

分布　天目山主要分布于开山老殿（海拔 1000m）以下的河谷、溪流两旁的密林。国内分布于四川、湖北、安徽、江苏等地。国外分布于尼泊尔、孟加拉国、印度、老挝、马来西亚等。

猫科 Felidae

本科动物体形为大中型，头大而圆，颜面部短。舌面具有角质钩状突起，有助于捕食。具弯曲能伸缩的爪，趾行型。尾长，末端钝圆。全身被密而柔软的毛，色泽绚丽。

多独栖，晨昏活动，以伏击的方式猎捕其他动物。分布广泛，从热带雨林到沙漠荒丘、寒冷的草原高地，皆有其踪迹。

本科现存有 15 属 41 种，分布于欧亚大陆、非洲、美洲的寒带到热带地区。中国有 7 属 13 种。天目山有 4 属 4 种。

天目山猫科分属检索

1. 体中小型，体长多在 1m 以下 ·· 2
   体大型，体长通常 1.2m 以上，全身具黑色环或黑斑 ············· 豹属 *Panthera*
2. 体小型，似家猫，全身黄棕色，具棕黑色花斑 ············· 豹猫属 *Prionailurus*
   体中型，体长 1m 左右 ·· 3
3. 全身棕黄色，有云状斑纹 ·· 云豹属 *Neofelis*
   全身红棕色至灰棕色，无斑纹或有小型斑纹 ············· 金猫属 *Catopuma*

豹猫属 *Prionailurus* Severtzov，1858

本属动物是猫科中体形较小的一个类群。头骨短而宽，近圆形。额骨部高耸，吻部较短，颜面部较扁平。颅骨较低而短。眶底较长，鼻骨不在前鼻孔上方翻转。枕髁大孔的外腔比内腔小很多。门齿较小，第 1 枚上前臼齿极小，裂齿较发达，齿式为 $\frac{3.1.3.1}{3.1.2.1}=30$。前足 5 指，后足 4 趾，指（趾）端具可伸缩性的锐爪。体表具披针形或莲座状斑点，偶尔纵向排列，但不融合形成垂直条纹。

本属现存有 5 种，分布于俄罗斯、亚洲的南部、西部和中部。中国有 1 种。天目山有 1 种。

5.36 豹猫 *Prionailurus bengalensis* Kerr, 1792(图版 Ⅴ-36)

别名 狸猫、狸子、拖鸡豹、山猫、野猫

形态 比家猫稍大,体重 1.3～3.2kg,体长 42～54cm,尾长 22～32cm,超过体长之半。头圆吻短。眼睛大而圆,瞳孔直立。耳小,呈圆形或尖形。口鼻部短而狭,额骨平。

通体浅棕色,遍布棕黑色斑点,与豹纹相似。上下唇白色,两眼内侧至额顶各有 1 条白色纵纹。耳背具有淡黄色斑。自头部至肩部有 4 条棕褐色条纹,其中 2 条断续向后延伸至尾基。颈下至胸有暗棕色斑带。胸腹部及四肢内侧白色。尾部具暗棕色和灰白相间的半环和斑点,尾端黑褐色或暗灰色。

习性 豹猫栖息于山地林区或灌丛,偶见于林缘开阔的地段。穴居树洞、土洞、石块下或石缝中。独栖或成对活动。善于攀缘,行动敏捷。夜行性,晨昏活动较多。主要以鼠类、兔类、蛙类、蜥蜴、蛇类、小型鸟类、昆虫等为食,也吃浆果、榕树果和部分嫩叶、嫩草,偶盗食家禽。

分布 天目山主要分布于林区、林缘或村寨附近。国内除新疆、内蒙古外,其余各地均有分布。国外分布于巴基斯坦、印度、朝鲜、日本及中南半岛。

云豹属 *Neofelis* Gray, 1867

体形似豹,但比豹小,四肢也比豹短。耳短而圆。吻较长,眶后突短宽。头骨狭长而低,头骨的枕区呈尖窄的三角形,听泡较低。矢状脊发达,人字脊较发达。上犬齿长是基部宽度的 3 倍,齿式为 $\frac{3.1.3.1}{3.1.3.2}=34$。脚掌较宽。体被大型云状斑。

本属现存有 2 种,曾遍布亚洲,现生活于热带、亚热带丛林。中国有 1 种。天目山有 1 种。

5.37 云豹 *Neofelis nebulosa* Griffith, 1821(图版 Ⅴ-37)

别名 龟云豹、乌云豹、荷叶豹、樟豹

形态 体中等,体重 12～20kg,体长 70～120cm,尾长 65～95cm,几等于体长。头部略圆,口鼻突出。四肢粗短,具利爪。后足关节柔韧,能极大增加旋转幅度。尾毛蓬松。

体金黄色,并覆盖有大块的深色云状斑纹,因此称作"云豹";斑纹周缘近黑色,而中心暗黄色,状如龟背饰纹,故又有"龟纹豹"之称。唇缘黑色,吻端乳白色,两侧各有 4 条黑色狭纹。眼睛周围白色。鼻尖粉色,有时带黑点。耳背有黑色圆点。颈背有 4 条纵行黑纹,中央两条止于肩部,外侧 2 条断续延伸至尾基部。尾与背部同色,有数条间断的纵纹;尾端有数个不完整的黑环。下体和四肢内侧黄白色,带稀疏黑斑;四肢外侧黄色,具长黑斑。

习性 栖息于亚热带山地森林中。行动敏捷,善攀缘,能利用粗长的尾保持身体平衡。有敏锐的视力、良好的嗅觉和听觉。常伏于树枝上守候,待猎物临近时,从树上跃下捕食。以鸟、小型哺乳动物为食,有时攻击大型有蹄类。

分布 天目山主要分布于原始森林。国内分布于陕西、四川、贵州、安徽、浙江及以南地区。国外分布于尼泊尔、缅甸、泰国、越南、爪哇等地。

金猫属 *Catopuma* Severtzov, 1858

头骨短而宽,近圆形。额部高耸,吻部较短,颜面部较扁平。眶后突长而尖,常与颧骨眶突组成一骨质环,包围着眼。听泡明显膨大。门齿较小,第 1 枚上前臼齿极小,齿式为 $\frac{3.1.3.1}{3.1.2.1}=30$。前足 5 指,后足 4 趾,指/趾端具可伸缩性的锐爪。眼的内上角有两道镶黑边的白纹。

本属现存有 3 种,分布于中国、东南亚。中国有 2 种。天目山有 1 种。

5.38　金猫 *Catopuma temmincki* Vigors & Horsfield，1827(图版 V-38)

　　别名　原猫、红春豹、芝麻豹

　　形态　体中等,体重 6～15kg,体长 55～110cm,尾长 40～55cm,超过体长之半。耳短圆,直立。眼大而圆。头骨较大,脑室大而圆。鼻骨较宽,额骨前中部略凹陷。门齿横列,上下颌第 3 门齿较大;犬齿较直。尾粗壮。四肢粗健,前肢 5 指,后肢 4 趾,其弯曲利爪可伸缩。

　　体色变化大,从金棕色、红棕色、灰棕色到黑色。依体色和斑纹可大略区别为 3 个色型,三者既彼此有别亦存有混杂和过渡,但以红金猫(棕色)色型者占多数。三者的共同点是:两眼角内侧各具 1 条白纹,其后连接棕色纹直至后头部;面颊两侧,各有 1 条两侧棕黑色的白纹,自眼下方斜伸至耳下部;耳背面皆为黑色,耳基部周围灰黑色混杂;颈背和体侧具暗色环,毛基浅灰色,毛尖的颜色不一,或黑或棕或白;尾背同背色,尾腹浅白色;尾末端同为白色。

　　习性　栖息于高山密林,也见于林缘或多岩石山地。除在繁殖期成对活动外,一般独居。夜行性,以晨昏活动较多。听觉灵敏,其外耳道是猫类中最为灵活的一种。行动敏捷,善于攀爬,性凶猛。食物种类主要是啮齿类,亦包括鸟类、兔及小型鹿类。

　　分布　天目山分布于森林及多岩环境。国内分布于西藏、陕西、四川、安徽及以南地区。国外分布于尼泊尔、印度、缅甸、越南、苏门答腊等地。

豹属 *Panthera* Oken，1816

　　本属动物为猫科中的大型种类,体长多在 100cm 以上。全身有显著黑斑或条纹。尾长通常超过体长之半。颅骨狭长,眼眶前缘至吻端之距约为颅全长的 1/4。鼻骨较宽,末端微向下凹。额骨高于顶骨。门齿横列,中央 1 对较小,犬齿大而锋利,裂齿具长而尖利的刀叶,齿式为 $\frac{3.1.3.1}{3.1.2.1}=30$。

　　本属现存有 5 种,除澳大利亚外,几乎各大陆均有分布。中国有 3 种。天目山有 1 种。

5.39　金钱豹 *Panthera pardus* Linnaeus，1758(图版 V-39)

　　别名　豹、银钱豹、文豹

　　形态　外形似虎,但体型小于虎,成年豹体重 35～50kg,体长 100～150cm,尾长 70～85cm。头圆,耳短,颈短。四肢强健有力,前肢较后肢粗大。前足 5 指,后足 4 趾,各指/趾具角质利爪,具伸缩性。

　　体色随季节变化,夏毛色较深,呈棕黄色;冬毛色较浅,为黄色;通体密布许多黑褐色斑点或斑环,似古代铜钱,故名"金钱豹"。头部黑斑密集,延伸至颈背。耳背黑色,耳尖黄色。四肢外侧具黑斑点;下体和四肢内侧毛白色,黑斑较少。尾背深黄色,基部黑斑成条状,中部黑斑成环状;尾腹乳白色,具黑斑,尾尖黑色。

　　习性　栖息于山区、丘陵茂密丛林或森林。一般独居。昼伏夜出,傍晚和黎明最为活跃。视觉和嗅觉异常灵敏。既会游泳,又善于攀爬。行动敏捷,弹跳力强。常潜伏于树干上,待机猎取猎物。食物包括野羊、野猪、鹿类、野兔、鼠类及鸟类等,有时也潜入村庄盗食家畜。

　　分布　天目山分布于较为隐蔽的森林及灌丛。国内分布于华南、华东、西南、华北和东北等地区。国外分布于亚洲和非洲。

偶蹄目 Artiodactyla

本目为大、中型兽类。四肢具偶数指/趾,第 1 指/趾缺失,第 3、4 指/趾特别发达,第 2、5 指/趾退化或完全缺失。指/趾端具蹄,善于奔跑。除猪、骆驼及鹿科的某些种类头上无角外,其余头上都有 1 对骨质角。胃的结构分为两种,即反刍的胃由 4 室组成,不反刍的胃简单,为 1 室(猪科)或 3 室(骆驼科)。上门齿趋于退化,多数种类犬齿退化或消失。

偶蹄类绝大多数为陆栖,多数群居,善于奔跑,植食性,极少数杂食性。

本目现存有 24 科约 390 种,除大洋洲、南极洲外,分布于世界各大洲。中国有 6 科 64 种。天目山有 3 科 7 种。

天目山偶蹄目分科检索

1. 头上无角,上颌有门齿,下犬齿异形 ································· 猪科 Suidae
   雄性有角,若无角则上犬齿成獠牙状,上颌无门齿 ·················· 2
2. 有角者为实角,有分枝,每年脱换;上犬齿不发达或成獠牙状 ········· 鹿科 Cervidae
   有角者为虚角,不分枝,永不脱换;上犬齿缺失 ··················· 牛科 Bovidae

猪科 Suidae

本科动物体型为中等。头长,吻鼻部延伸,鼻端裸露为鼻盘。四肢粗短,头骨狭长。胃简单,仅 1 室,有盲肠。下门齿向前倾斜,犬齿发达,能不断生长,发展成獠牙状,齿式为 $\frac{3.1.4.3}{3.1.4.3}=44$。

适应性很强,群栖。杂食性,以植物性食物为主。

本科现存有 6 属 19 种,主要分布于欧亚大陆、非洲。中国有 1 属 1 种。天目山 1 种。

野猪属 *Sus* Linnaeus,1758

面部狭长,颅顶中部宽。眼眶圆,颧弓较发达。雄性犬齿非常发达,呈獠牙状,露出唇外;雌性犬齿小,不呈獠牙状;齿式为 $\frac{3.1.4.3}{3.1.4.3}=44$。毛粗硬,绒毛少,背部形成鬃毛。雌猪有 6 对乳头。

本属现存有 10 种,分布于欧洲、亚洲、北美洲。中国有 1 种。天目山有 1 种。

5.40 野猪 *Sus scrofa* Linnaeus,1758(图版 V-40)

别名 山猪

形态 体重 50～150kg,体长 90～150cm,尾长 18～27cm。头部和前端较大,后部较小。形似家猪,但头细长,吻部较尖。眼较小,耳略小而竖立。吻部突出似圆锥体,其顶端为裸露的软骨垫(拱鼻)。四肢粗短,有 4 指/趾,具硬蹄,仅中间 2 指/趾着地。

体色有棕色、黑色和深灰色,因地区不同而略有差异。全身被有刚硬的针毛;背脊的针毛(鬃毛)特别发达,较长而粗硬。腹毛较背毛稀疏,毛色较淡,甚至为白色。四肢上部黑褐色杂沙白色,下部黑色。

幼猪的毛色为浅棕色,有黑色条纹。

习性 栖息于山区林地,常见于靠近水沟的密林、灌草丛。大多集群活动,4～10 只为一群较为常见。雄性在一年中的大部分时间是独栖的。夜行性,通常在清晨和傍晚最活跃。嗅觉特别灵敏,喜欢泥浴。食性很广,主食含淀粉、糖和脂肪较多的食物,如嫩叶、坚果、浆果、草叶和草根等。

分布 天目山广布于境内各地。国内分布于全国各地。国外分布于亚洲、欧洲和北非各地。

鹿科 Cervidae

本科为大中型动物。头较尖细,耳大且直立。多数雄鹿具实角,每年脱换,角分叉,叉数随年龄的增加而增加。上颌缺门齿,犬齿退化消失或成獠牙状,齿式为 $\frac{0.0\sim1.3.3}{3.1.3.3}=32\sim34$。身体不同部位常有一些特殊的皮肤腺。多数幼体具斑点,成体仅梅花鹿有斑点。尾短。四肢细长,主蹄大,侧蹄小而发育不全。乳头 2 对。

多营集群生活,以晨昏活动为主。听视觉均极敏锐,嗅觉发达,行动敏捷,善于奔跑,以植物为食。

本科现存有 20 属约 90 种,除了大洋洲、非洲撒哈拉沙漠以南地区外,分布于欧亚大陆、地中海诸岛、南北美洲及非洲北部。中国有 11 属 22 种,浙江有 4 属 5 种,天目山有 2 属 4 种。

天目山鹿科分属检索

1. 体型较大,体长超过 150cm,头骨长超过 225mm ⋯⋯⋯⋯⋯⋯⋯⋯⋯ 鹿属 *Cervus*
   体型较小,体长不到 150cm,头骨长不到 225mm ⋯⋯⋯⋯⋯⋯⋯⋯⋯⋯ 2
2. 角甚短,隐于额部簇状长毛中,棱状脊不突出,无额腺 ⋯⋯⋯⋯⋯ 毛冠鹿属 *Elaphodus*
   角较长,角基沿额骨两侧突起成棱状脊,有额腺 ⋯⋯⋯⋯⋯⋯⋯ 鹿属 *Muntiacus*

鹿属 *Cervus* Linnaeus，1758

体型较大,体长大于 130cm。颅全长大于 25cm。鼻端裸露。雄性具角,角具眉叉,分叉 3~6 支,角长超过头长 2 倍以上。具眶下腺。泪窝大。上犬齿小,下颌门齿与犬齿排成横列,齿式为 $\frac{0.1.3.3}{3.1.3.3}=34$。具浅色臀斑。尾短而明显。无蹄腺,侧趾短于中央二趾。

本属现存有 8 种,分布于欧亚大陆、北美及非洲西北部。中国有 5 种。天目山有 1 种。

5.41 华南梅花鹿 *Cervus pseudaxis* Swinhoe, 1873(图版 V-41)

别名 花鹿、茸鹿

形态 体中大型,体重 55~120kg,体长 120~150cm,尾长 9~22cm。头部略圆,颜面部较长。眼大而圆。耳长且直立,颈长。四肢细长,主蹄狭而尖,侧蹄小。雄性具角,生长完全时有 4 叉;雌性体型较小,无角。

毛色随季节而变,夏季体毛为棕黄色或栗红色,无绒毛,在背脊两旁和体侧下缘镶嵌着有许多排列有序的白色斑点,状似梅花,因而得名。冬季体毛呈烟褐色,白斑不明显。颈部和耳背呈灰棕色,一条黑色的背中线从头部贯穿到尾的基部。腹部白色;臀部有许多白色斑块。尾背面黑色,腹面白色。

习性 栖息于山地阔叶林、混交林、灌丛、高山草地等。群居性,平时雌鹿和幼鹿集群,雄鹿独居。一般晨昏活动。听觉、嗅觉均很发达,视觉稍弱。性机警,奔跑迅速,跳跃力很强。植食性,以树叶、新枝、嫩芽、树皮、青草等为食。

分布 中国特有种。天目山仅分布于西北部林缘地带。国内残存于安徽南部、江西北部和浙江西部等地。

毛冠鹿属 *Elaphodus* Milne-Edwards，1871

外形与麂类相似。仅雄兽具短小而不分叉的角，几被额部的长毛遮盖。眶下腺发达，不具额腺。颅形较狭长，前颌骨的升支不与鼻骨相连。泪窝大而深陷，听泡低小。雄性上犬齿大而侧扁，向下弯曲，呈獠牙状，突出口外；下门齿和犬齿横列；齿式为 $\dfrac{0.1.3.3}{3.1.3.3}=34$。毛粗硬，额部有 1 簇马蹄形的黑色长毛。

本属为单型属，主要分布于中国长江流域及东南沿海各地。天目山有 1 种。

5.42　毛冠鹿 *Elaphodus cephalophus* Milne-Edwards，1871（图版 V-42）

别名 青麂、黑麂

形态 体较小，体重 11～22kg，体长 80～100cm，尾长 9～12cm。鼻端裸露，眼较小。耳较圆阔，被厚毛。四肢较纤弱。眼下腺是鹿类中最发达的。

被毛粗硬，一般暗褐色，冬毛色深近黑褐色，夏毛赤褐色。额顶部有一簇马蹄形的黑色长毛，故称毛冠鹿。头颈的毛在近毛尖处有白色环。眼上方有灰纹与额部毛冠分界。耳内侧白色，下部有黑色横纹，耳背尖端白色。脸颊和吻部稍杂苍白色毛。腹部、鼠蹊部和尾的下面白色。

幼兽体毛暗褐色，在背中线两侧有不很显著的白点，排列成纵行，其旁也有斑痕；体背、四肢及尾背均为黑褐色。

习性 栖息于山区林地，尤喜阔叶林、混交林、灌丛、采伐迹地等。独栖。听觉和嗅觉较发达。白天隐居于林下灌丛或竹林中，晨昏时出来活动觅食。性情温和，机警灵活，一有动静，就会迅速遁走。植食性，主食新枝嫩叶，其次是果实和种子，有时亦盗食玉米苗、油菜叶、大豆叶及薯类。

分布 天目山分布于茂密森林、竹林及灌丛等处。国内分布于亚热带山地丘陵，北限秦岭，西至西藏东部，南限在北回归线附近。国外分布于缅甸北部。

麂属 *Muntiacus* Rafinesgue，1815

本属为小型鹿类。头骨略呈三角形，泪窝显著。门齿排列成扇形，雄性上犬齿较发达，露出唇外成獠牙状，但不如麝、獐的上犬齿细长；齿式为 $\dfrac{0.1.3.3}{3.1.3.3}=34$。毛较短细。仅雄兽具简单的角，角基较长，并沿额骨两侧向前伸，与额基愈合形成棱状脊。

本属现存有 12 种，分布于东洋界。中国有 8 种，分布于长江流域及以南地区、台湾、海南岛等地。天目山有 2 种。

天目山麂属分种检索

全身近黑色，额部有棕色长毛 ……………………………………………… 黑麂 *M. crinifrons*

全身栗棕色，额部无长毛 ……………………………………………………… 小麂 *M. reevesi*

5.43　黑麂 *Muntiacus crinifrons* Sclater, 1885（图版Ⅴ-43）

别名　乌獐、乌金麂、蓬头麂、红头麂

形态　体较大,体重 17～23kg,体长 85～115cm,尾长 12～22cm。额腺位于两眼之间。耳短、稍圆。头骨短小,吻部较窄,鼻骨长直,且其最宽处在前部;泪骨形态与林麝相反,呈长方形。尾较长。

通体棕褐色,前部偏棕,后部近黑,夏毛棕色成分增加。头顶部和两角之间有一簇长达5～7cm的棕色冠毛,故又称蓬头麂。眼间、前额到耳部每侧各有 1 条深褐色暗纹。体背至尾背暗褐色,腹部稍淡,四肢近黑。后肢内侧、鼠蹊部为黄白色,尾腹白色。

胎儿及初生幼仔躯体具浅黄色圆形斑点;幼体毛色略淡,多为暗褐色。

习性　栖息于丘陵山地密林。性胆小怯懦,活动很隐蔽。大多在晨昏活动,一般雌雄成对。有游走觅食的习性,具领域性,在一定的范围内来回觅食。植食性,主食叶和嫩枝,种类近百种,偶吃动物性食物。

分布　中国特有种。天目山主要分布于诸山山腰一带的森林、灌丛等处。国内分布于安徽、浙江、江西、福建、广东和云南等地。

5.44　小麂 *Muntiacus reevesi* Ogilby, 1839（图版Ⅴ-44）

别名　黄麂、黄猄、吠麂、犬麂、角麂

形态　麂类中最小一种,体重 8～15kg,体长 70～85cm,尾长 9～16cm。脸部较短而宽,额腺短而平行,眶下腺发达。头骨短而宽,泪窝极大,甚至超过眼窝。角基部有 1 小角叉,角尖向内向下弯曲。雄兽上犬齿发达,形成獠牙。

体色变异较大,从栗色至暗栗色不等。一般地,夏毛淡栗红色,且混杂有灰黄色的斑点;冬毛较夏毛稍黑。吻至角基部暗棕色,从眶下腺至角分叉处每侧各有一条黑色宽纹。吻侧、面部、颈背、耳基部和耳郭外侧具黑色宽纹。耳背上缘暗棕色,耳内有长的白毛。体背和四肢上部近暗栗色,四肢下部黑棕色,蹄附近毛色暗黑。尾背和臀部边缘均有一条鲜艳的橙栗色窄线。胸、腹部、后肢内侧、臀部边缘及尾腹白色。

雌兽前额毛暗棕色,耳背黑色。雄兽前额毛为鲜艳的橙栗色,耳背暗棕色。

习性　栖息于气候温暖的低山丘陵多灌丛地区。独栖,很少结群。昼行性,以晨昏最活跃。凭着轻捷行动、灵活的躯干和敏锐的听觉,能巧妙地逃避敌害。植食性,主食各种青草、树叶及嫩芽。

分布　中国特有种（国外有引种）,天目山分布于境内各地。国内主要分布于云贵高原、长江流域及以南地区。

牛科 Bovidae

大中型食草类。体形多样,似牛者身体粗壮,四肢短粗;似羊者身体轻捷,四肢细长。雄性具洞角,终生生长,永不脱换;多数雌性亦有角。上颌缺门齿和犬齿,齿式为 $\frac{0.0.3.3}{3.1.3.3}=32$。胃有 4 室,反刍。乳头 1～2 对,位于鼠蹊部。主蹄发达,侧蹄发育不全或缺失。生活于草原、山地和森林,多营集群生活,以植物为食。

本科现存有 53 属约 160 种,分布于欧、亚、非及北美洲。中国有 13 属 33 种。天目山有 2 属 2 种。

天目山牛科分属检索

体型较大,尾较短,颈背具长鬣毛,眶下腺发达 ··· 鬣羚属 *Capricornis*

体型较小,颈背无鬣毛,眶下腺很小 ··· 斑羚属 *Naemorhedus*

鬣羚属 *Capricornis* Ogilby,1836

体较大。头部窄长,耳狭长。两性均具洞角,角细长而尖锐,略向后弯曲,角基环棱,近尖处光滑。眶下腺发达,头骨泪窝大而明显。泪骨大,下缘凸出,上缘与额骨交界处多无空隙。颈背具发达的鬣毛。尾短,约为后足长之半。

本属现存有 6 种,分布于亚洲的中部和东部。中国有 3 种。天目山有 1 种。

5.45 中华鬣羚 *Capricornis milneedwardsii* David,1869(图版Ⅴ-45)

别名 苏门羚、野山羊、明鬃羊、四不像

形态 体中等,体重 50～120kg,体长 80～170cm,尾长 6～12cm。头显长。眶前腺显著。耳似驴耳,狭长而尖。吻端裸露,具眶下腺。四肢短粗,适于在山崖乱石间奔跑跳跃。

通体被毛稀疏而粗硬,黑灰色或红灰色,以黑色为主,绒毛淡白。唇白色或淡黄白色,吻端裸露为褐色。颈背有长的鬣毛,白色与棕黑色相杂,故称鬣羚。鬣毛向背部延伸成粗毛脊。下体色浅,淡棕黑色或淡褐色。四肢上半部黑褐色,下半部锈棕色或浅棕色。毛色随四季变异,冬季白色喉斑明显,有时通体黑色。

习性 栖息于林缘、灌丛、针叶林和混交林,喜出没于草丛、乱石山崖。单独或集小群生活,以晨昏活动为主。行动敏捷,机警灵活,善于在乱石间奔跑。取食各种植物的嫩枝、树叶、松萝、鲜草等,喜食菌类,到盐渍地舔食盐。

分布 天目山分布于崎岖多岩的森林、灌丛等处。国内分布于西北、西南、华东、华南和华中地区。国外分布于尼泊尔、印度及东南亚各国。

斑羚属 *Naemorhedus* Smith,1827

体中等,大小近似家养的山羊。两性均具洞角,角尖细短,近尖处微弯曲,近基部具环棱。眶下腺退化,泪窝浅平,远不如鬣羚属发达。头骨后部较鬣羚属更为弯曲向下。泪骨狭长方形,同额骨,鼻骨交界处多有空隙存在。四肢短。

本属现存有 5 种,分布于俄罗斯、朝鲜、印度、尼泊尔、中国及东南亚。中国有 5 种。天目山有 1 种。

5.46 中华斑羚 *Naemorhedus griseus* Milne-Edwards,1874(图版Ⅴ-46)

别名 青羊、麻羊、灰包羊

形态 体稍小,体重 15～32kg,体长 80～160cm,尾长 10～17cm。雄性体型明显大于雌性。眶下腺退化,仅一块裸露的皮肤。雌雄均具角,仅角尖处略向下弯曲,雄性的角长。四肢短,蹄狭窄。乳头 2 对。

通体被毛较粗硬,有个体差异,一般青灰褐色。吻鼻裸露,淡白色。耳背棕灰色,耳内白色。背部具有短的深色鬃毛和一条粗的深色背纹。尾有丛毛,黑棕色。喉部有一白色大斑,边缘橙色。颏色深,腹部浅灰色。四肢下部色浅,与体色对比鲜明,有时前肢红色而具黑色条纹。

习性 栖息于高、中山林区,喜出没于林缘乱石山崖。集小群活动,一般数只或 10 多只一群,年老雄性通常独居。以晨昏活动为主。行动迅速,善于跳跃。以草、灌木枝叶、坚果和水

果为食;取食植物组成中,非禾本科草本占比最高,其次为灌木、禾本科草本及乔木。

分布　天目山分布于崎岖多岩的森林、灌丛等处。国内分布于山地林区,北起黑龙江、内蒙古、西藏,南抵云南、广西、广东。国外分布于亚洲大陆东半部,北起俄罗斯、朝鲜,南抵缅甸、印度等。

啮齿目 Rodentia

本目是哺乳动物中种类和数量最多的一个目,几达总数一半。体中小型。颜面部较脑颅部短。上下颌门齿各 1 对,非常发达,无齿根,终生生长。前足多为 4 指,拇指缺如;后足 5 趾,某些特化种仅有 3 趾。

繁殖力高,性成熟早,适应性很强。大多为杂食性,但以植物性食物为主。

本目现存有 33 科约 2280 种,除南极和少数海岛以外,遍布世界其余地区。中国有 9 科 210 余种。天目山有 6 科 19 种。

天目山啮齿目分科检索

1. 身体表面被坚硬的棘刺,体型较大 ························· 豪猪科 Hystricidae
   身体表面被软毛,无坚硬的棘刺,体型较小 ·· 2
2. 上臼齿 4～5 枚,下臼齿 4 枚 ···························· 松鼠科 Sciuridae
   上臼齿 3 枚 ·· 3
3. 尾被小型鳞片及稀疏毛,尾基毛较短,后部逐渐加长 ········· 刺山鼠科 Platacanthomyidae
   尾完全裸露或密被毛 ··· 4
4. 体型较大,眼耳较退化,眶下孔下缘几成直线 ················ 鼹型鼠科 Spalacidae
   眼耳较正常,眶下孔下缘呈"V"字形 ··· 5
5. 第 1、2 臼齿咀嚼面的齿突排成 2 纵列,多具颊囊 ··············· 仓鼠科 Cricetidae
   第 1、2 臼齿咀嚼面的齿突排成 3 纵列 ··························· 鼠科 Muridae

豪猪科 Hystricidae

体粗壮,全身被棘刺,用以防御。鼻腔很大,额骨大于顶骨。上下门齿各 1 枚,齿式 $\frac{1.0.1.3}{1.0.1.3}=20$。四肢略等长,锁骨不完全。陆栖,穴居,夜行性。植食性,尤喜根茎类植物。

本科现存有 3 属 11 种,分布于东洋界、古北界的南部以及非洲的大部分地区。中国有 2 属 3 种。天目山有 1 种。

豪猪属 *Hystrix* Linnaeus,1758

体粗壮。颅骨侧面前高后低。鼻骨和鼻腔膨大,几占整个吻部背面。鼻骨长超过额骨,并与额骨一齐隆起。上齿列左右平行排列,前臼齿比臼齿大,齿式为 $\frac{1.0.1.3}{1.0.1.3}=20$。体背前两侧及腹面的棘刺扁平,后部及尾的棘刺圆形,在尾端极膨大成管状。尾短,不超过 120mm,而隐于棘刺中。前后足粗壮。乳头 3 对。

本属现存有 8 种,分布于欧洲南部、亚洲南部、非洲北部。中国有 2 种。天目山有 1 种。

5.47　中国豪猪 *Hystrix hodgsoni* **Gray，1847**(图版Ⅴ-47)

　　别名　箭猪、刺猪

　　形态　大型啮齿类,体粗大,体重 10～15kg,体长 50～70cm,尾长 8～11cm。头圆耳小。鼻骨宽长,其后缘在泪骨之后。上门齿略微弯曲,下门齿露出的部分极长。尾较短,隐于刺中。

　　全身棕褐色或黑褐色,从额部到颈背中央具有白色细长的棘刺,形成 1 条白色纵纹,而在两肩至颏下形成半圆形白环。通常后颈有长而粗的毛发,头部和颈部有细长、直生而向后弯曲的鬃毛。身体的前半部分深褐色至黑色,背部、臀部和尾部都生有粗而直的黑棕色和白色相间的纺锤形棘刺;刺下皮肤上生有稀疏的长刚毛,多为白色。腹部和四肢覆短小柔软的刺,臀部刺长而密集。

　　习性　栖息于低山林木茂盛地区,尤喜农田附近的山地草坡、密林灌丛。穴居,多以家族形式同居于一洞。夜行性,白天躲在洞内,晚间出来觅食。听觉和视觉都不很灵敏。行动缓慢,反应较差。冬季有群居的习性。平时棘刺贴附于体表,遇敌和发怒时,会迅速直竖起来,身体倒退向敌人撞击。草食性,主要食物是植物的根茎、树皮、果实和种子,喜食花生、番薯等农作物,尤喜吃盐。

　　分布　天目山分布于茂密的森林、灌丛等处。国内分布于陕西、西藏、四川及长江以南各地。国外分布于尼泊尔、孟加拉国、印度、缅甸、泰国等。

松鼠科 Sciuridae

　　体型多为中等。有树栖、半树栖、地栖 3 种类型,以树栖类或半树栖类居多。树栖类体较细长,尾粗圆而长,尾毛蓬松,四肢发达;地栖类适应于穴居生活,体较粗壮,尾短小,体被密毛;半树栖类体型居中,尾长而扁圆,被长毛。门齿前面平滑或有纵纹,齿式为 $\dfrac{1.0.1～2.3}{1.0.1.3}=20$ (或 22)。前足有 4 指,拇指退化;后足 5 趾。多为昼行性,以坚果、种子和其他植物性食物为食。

　　本科现存有 54 属近 300 种,除大洋洲和某些岛屿外,广布于全世界。中国有 19 属 50 种。天目山有 2 属 2 种。

天目山松鼠科分属检索

吻短而宽,鼻骨长小于眶间宽,腹部非白色 ·················· 丽松鼠属 *Callosciurus*

吻较长,鼻骨长大于眶间宽,腹部白色,尾基下方锈红色·················· 长吻松鼠属 *Dremomys*

丽松鼠属 *Callosciurus* Gray，1867

　　颅骨短宽而粗。鼻骨短,其前段向两侧倾斜,后段平直,后缘与前颌骨的额突后缘几近平齐。眶下孔小,只有神经通过。下颌骨的冠状突高而呈镰刀状,上门齿扁而窄,齿式为 $\dfrac{1.0.1.3}{1.0.1.3}=20$。体背多呈橄榄灰色,没有条纹。前后足背除与背同色外,有不同程度的黑色。

　　本属现存有 20 种,分布于欧洲南部、亚洲南部、非洲北部。中国有 6 种。天目山有 1 种。

5.48　赤腹松鼠 *Callosciurus erythraeus* **Pallas，1779**(图版Ⅴ-48)

　　别名　红腹松鼠、松鼠

　　形态　体细长,体重 220～400g,体长 18～30cm,尾长 14～19cm。吻较短,鼻骨粗短,其长小于眶间宽。脑颅圆而凸,仅眶间部略低凹。尾较长,若连尾端毛在内几等于体长。前足裸露,指垫 4 枚;后足跖部裸出,趾垫 5 枚。乳头 2 对,位于腹部。

耳壳内侧淡黄灰色,外侧灰色,耳缘有黑色长毛。体背橄榄黄灰色。体侧、四肢外侧与背部色略浅。腹部和四肢内侧均为栗红色。尾毛背腹面几乎同色,与背相近,后段有不太明显的黑黄相间的环纹,尾端有长 2cm 左右的黑色区域。四足背面趋黑,指/趾黑色。

习性　栖息于低山阔叶林或针阔叶混交林,尤喜山毛榉科植物的树林。昼行性,晨昏活动最为频繁。树栖,善于攀高和跳跃,寻食时常从一树跳往另一树。食性较杂,主要食物是松子、板栗及桃、杏、山梨等果实,也吃禾草、农作物及昆虫、鸟卵、雏鸟和蜥蜴等。

分布　天目山分布于森林、灌丛、竹林等处。国内分布于陕西、西藏、四川及长江以南各地。国外分布于印度、缅甸、泰国等。

长吻松鼠属 *Dremomys* Heude,1898

颅骨背面较平,向前倾斜。吻部明显狭长,呈锥状。鼻骨较长,鼻骨长大于眶间宽。下颌骨关节突较长,明显后伸,冠状突尖细,弯如镰刀。上门齿平滑无纹,下门齿扁而细,齿式为 $\frac{1.0.2.3}{1.0.1.3}=22$。乳头 3 对。体毛较柔软和丰盛。耳无簇状长毛。体背无任何条纹。

本属现存有 14 种,分布于中国南部各地,南至马来半岛、中南半岛等地区。中国有 5 种。天目山有 1 种。

5.49　珀氏长吻松鼠 *Dremomys pernyi* Milne-Edwards,1867(图版 V-49)

别名　长吻松鼠、松鼠、毛老鼠

形态　体细长,体重 190～230g,体长 17～20cm,尾长 15～17cm。眶间宽较狭,眶后突细短而向下弯曲。泪骨狭长,与颧骨前端平行。听泡小而呈圆形,两听泡间距离较大。前肢 4 指,指垫 3 枚;后肢 5 趾,趾垫 4 枚。

背部毛色自头至尾基部、体侧、四肢外侧均为橄榄黄灰色,背中央黑毛较多而略色深。眼周有宽的赭黄色眼圈。耳后有明显的锈红色斑。喉部白色,下颌及腹毛基部浅灰色,下体余部为白色。尾毛长而蓬松,尾背中央与体背部毛色相似,腹面为淡棕黄色。四肢内侧灰白色,大腿内侧、尾基部及肛周围为赭黄色。足背与体背同色。

习性　栖息于森林灌丛。主要营树栖生活,多在河谷溪流旁的树上,巢建在枝叶密集处。晨昏活动。警觉性很高,一有动静就窜入地洞躲藏。主要采食各种果实,如板栗、松子、橡果等坚果及一些浆果、嫩叶,亦食少量昆虫。

分布　天目山主要分布于河谷溪流附近的林地。国内分布于陕西、西藏、四川及长江以南各地。国外分布于印度、缅甸等。

刺山鼠科 Platacanthomyidae

体小。齿式为 $\frac{1.0.0.3}{1.0.0.3}=16$。尾特长,尾被小型鳞片及稀疏的毛;尾毛在尾基部较短,然后逐渐增长而密集,至尾端形成毛簇。

本科现存有 3 属 8 种,分布于印度、中国和越南。中国有 1 属 4 种。天目山有 1 属 1 种。

猪尾鼠属 *Typhlomys* Milne-Edwards，1877

体形为鼠形。颅骨的眶下孔纵长，颧骨纤细。腭骨骨化不完全。门齿细而弯，无前臼齿，臼齿咬合面平，近长方形。体色一致深银色，毛柔软无刺毛。尾特长有鳞环，尾毛特长呈簇状，似"瓶刷"。

本属为单型属，主要分布于中国和越南。中国有 1 种。天目山有 1 种。

5.50　猪尾鼠 *Typhlomys cinereus* Milne-Edwards，1877（图版 V-50）

别名　刺山鼠、老鼠

形态　体似小家鼠，体重 11～20g，体长 6～9cm，尾长 9～10cm，大于体长。眼极小，耳大而薄，具短毛。鼻骨较长，颧较宽。尾根部 2/3 处裸露，后 1/3 处为逐渐伸长的细毛，形成毛束，形似猪尾，故称猪尾鼠。前肢拇指退化成一结节，后肢拇趾隐约可见。

通体被细密暗褐色绒毛，由软毛和较长的针毛组成。头部、背部及体侧均为带光泽的褐灰色。下体自下颊至肛门皆为灰白色。尾暗棕色，端部白色。四肢灰白色，前后肢背面均为黑灰色。

习性　主要栖息于潮湿的溪流旁的石隙中。夜间可用回声定位辅助活动。植食性为主，主要食物是植物种子、果实及茎叶等。

分布　天目山主要分布于海拔 600m 的三里亭一带。国内分布于陕西、贵州、安徽、浙江、福建、广西及云南等地。国外分布于越南北部。

鼹型鼠科 Spalacidae

体粗壮。吻钝圆，眼极小。耳壳退化，隐于毛内。头骨粗大，有显著的矢状脊和人字脊；颧弓粗而向外弯，眶下孔的下缘几呈直线形；听泡扁平。上下门齿粗大，垂直而内弯，齿面宽，齿式为 $\frac{1.0.0.3}{1.0.0.3}=16$。尾短，裸露无毛或被稀疏短毛。四肢短健，爪短强而略平扁。

本科现存有 6 属 37 种，分布于南亚、东南亚及东非。中国有 5 属 13 种。天目山有 1 属 1 种。

竹鼠属 *Rhizomys* Gray，1831

头骨结实，颧骨粗壮，颅基长超过枕鼻长。鼻骨不越出前颌骨。上枕骨与部分外枕骨合成枕板，稍倾斜。门齿粗壮，唇缘黄红色；上齿列长远大于颊齿列长。尾短无毛，缺乏鳞片。栖息于热带、亚热带的山区竹林中。营穴居生活，昼伏夜出。

本属现存有 4 种，亚洲特有。中国均有。天目山有 1 种。

5.51　中华竹鼠 *Rhizomys sinensis* Gray，1831（图版 V-51）

别名　普通竹鼠、灰竹鼠、竹溜子、竹溜

形态　体似鼢鼠，但成体较鼢鼠大得多，体重 600～1300g，体长 22～38cm，尾长 5～11cm。鼻骨前端宽，向后逐渐变窄。颧弓前部窄，后部宽。吻短而钝，颈短粗。尾短，均匀被稀疏短毛。前肢较后肢细小，爪亦稍短。爪强健，前肢爪背面观呈指甲状，腹面观则呈铲状；后肢爪尖长，腹侧面具深沟。一般雄性个体比雌性个体大。

体毛密而柔软。从吻至额及颊部毛基白色，末端棕色；向后至背部和体侧，毛基灰黑色，毛尖浅棕色，而体侧的棕色更浅。颏部及下颈毛白色。腹部毛较背部稀疏，毛基灰色，毛尖棕白

色。臀部毛基灰白色,毛尖棕色。会阴及肛周围毛棕色。足背与尾均棕白色或棕灰色。

幼体颊部和颏部毛色较浅,腹部毛具白色毛尖,尾毛棕灰色,余部毛色灰黑。

习性　栖息于阔叶林、针阔叶混交林、林下多生竹类,或直接栖于竹林。性喜在安静、清洁、干燥、光线适宜、空气新鲜的环境中生活。营穴居生活,昼伏夜出。性情温驯,公母形影不离。植食性,取食各类竹子、甘蔗、玉米等的根茎,也吃草及其他植物的果实和种子;缺食时,也危害庄稼。

分布　天目山分布于生有竹类植物的森林或竹林。国内分布于陕西、四川、湖北、浙江及以南各地区(不包括海岛)。国外分布于缅甸北部。

仓鼠科 Cricetidae

体小,粗短。眼和耳小或退化。头骨粗而坚实,吻短而钝。颧弓粗大,眶下孔窄小。尾短而侧扁,具鳞片。四肢较短,前肢多为 4 指,后肢 5 趾,前肢爪特别发达,后足具蹼。栖息于森林、草原、荒漠、农田及河谷、灌丛等。大部分种类地栖,少部分地下生活,个别种类半水栖半陆栖生活。

本科现存有 130 属约 680 种,除澳大利亚及一些大洋岛屿外,分布世界其余地区。中国有 20 属 66 种。天目山有 2 属 2 种。

天目山仓鼠科分属检索

体较小,尾长较短,一般为体长的 1/3 ·· 绒鼠属 *Eothenomys*
体较大,尾长较长,一般大于体长的 1/3 ·· 田鼠属 *Microtus*

绒鼠属 *Eothenomys* Miller,1896

头扁平,颅全长小于 32mm。耳壳正常,多显露。上门齿不甚前倾,不突出口外;下门齿齿根很长;白齿无齿龈;齿式为 $\dfrac{1.0.0.3}{1.0.0.3}=16$。尾短,圆形被毛。四肢短,后足长小于 25mm。

本属现存有 12 种,主要分布于日本、朝鲜、中国、印度及缅甸等地。中国均有。天目山有 1 种。

5.52　黑腹绒鼠 *Eothenomys melanogaster* Milne-Edwards,1871(图版 Ⅴ-52)

别名　黑老鼠、绒鼠

形态　体小而肥壮,体重 14～40g,体长 75～117mm,尾长 28～50mm。外貌与田鼠相似,呈筒状。眼小,耳短圆。吻部钝而短,吻侧具长短不一的胡须。头骨短而宽,眶间部较宽,眶间距 4mm 以上。鼻骨长大于吻长,前宽约为后宽的 2 倍。颧弓粗壮而宽厚。眼眶较大,无眶上突。腭部长,超过颅全长的 1/2。四肢较短,爪尖锐。前后足均具 5 指/趾。

被毛短,细密而柔软。吻鼻部两侧具黑白两种胡须。耳毛极短,几乎裸露,黑褐色。头部被毛短于背部;头部、体背与体侧毛色呈均匀的黑棕褐色。背部中央散有一些黑色长毛,毛基为深灰色。腹部毛略短于背部,与体侧毛有分界,毛尖灰白色,毛基灰黑色。尾毛稀疏而较长,背面黑褐色,腹面灰白色,尾尖具一小束黑褐色长毛。四足背与体背同色。

习性　栖息于中、高山地区的树林、灌丛、草地、农田等处。常成群居于地穴中。以夜间活动为主,白天也时常外出。无贮粮习性,不冬眠。以植物根茎、树皮、嫩叶、嫩枝、果实、种子等为主要食物,兼食少量昆虫。

　　分布　天目山多分布于七里亭(海拔 800m)以上的森林、林缘等处。国内分布于陕西、四川、贵州、湖北、安徽、浙江、福建、台湾、云南等地。国外分布于越南、泰国、缅甸、印度等地。

<h2 align="center">田鼠属 Microtus Schrank，1798</h2>

　　体较大。耳较短,但显露于毛被外。颅骨较大而粗壮。额骨后缘中央有向后伸的小骨,与翼骨相连而形成两个翼窝。硬腭具有两条纵沟,腭骨后缘中央有舌状小骨。上门齿下垂略向前倾;臼齿咬合面齿环棱角复杂;齿式为 $\frac{1.0.0.3}{1.0.0.3}=16$。背色深暗,从暗褐到黑棕。尾较长,最长可达后足长的 3 倍。

　　本属现存有 60 余种,分布广泛,主要分布于欧洲、亚洲及北美等地。中国有 6 种。天目山有 1 种。

5.53　东方田鼠 *Microtus fortis* Büechner，1889(图版 Ⅴ-53)

　　别名　沼泽田鼠、长江田鼠、远东田鼠、大田鼠

　　形态　体较大而粗壮,体重 45～100g,体长 120～150mm,尾长 42～55mm。耳较短圆,稍突于毛被之外。头骨坚实粗大,背面呈穹形隆起。吻部较短,鼻骨不达前颌骨后缘。尾较长,尾毛较密。四肢较短,足背着生密毛。后足较长,足掌基部有毛着生。乳头 4 对。

　　通体棕褐色为主。背毛黄褐色或黑褐色。体侧毛色稍浅,棕色较浓。体侧与腹部界线分明,腹部污白色,有的淡黄褐色或灰褐色。四足背面与体背基本同色,有的稍浅,尤其是前足。爪污白色。尾毛褐色或深褐色,尾腹比尾背稍浅。

　　习性　栖息于山地低洼地区,坡地和林缘地带亦有分布,尤喜荒地草灌丛和草甸生境。典型的穴居型,常在芦苇丛、杂草丛下的田野和田埂上筑造其洞穴。不冬眠,昼夜都出洞活动。游泳和潜水能力很强,但行动比其他鼠类笨拙,不善攀登。取食植物的茎、叶、根、种子以及树皮,而以种子为最,也吃昆虫。

　　分布　天目山分布于开山老殿(海拔 1000m)以下的杂草、芦苇丛等处。国内分布于东北、华北、西北、华中等地区。国外分布于俄罗斯、蒙古、朝鲜等。

<h2 align="center">鼠科 Muridae</h2>

　　体中小型,身体细长。吻鼻部略尖,眼较小,耳长。齿式为 $\frac{1.0.0.3}{1.0.0.3}=16$。尾覆细鳞,裸出无毛或被稀疏短毛。大多为地面生活型,有些种类适于树栖、水栖或地下生活。

　　本科现存有 126 属约 560 种,除马达加斯加与极地外,分布于东半球各地。中国有 19 属 62 种。天目山有 6 属 12 种。

<h3 align="center">天目山鼠科分属检索</h3>

　1. 体型较小,成体体长小于 70mm,颅全长不足 20mm ……………………………… 巢鼠属 *Micromys*
　　　体较大,成体体长一般大于 70mm,颅全长超过 20mm …………………………………………… 2
　2. 成体体长小于 150mm,后足长小于 25mm ……………………………………………………… 3
　　　成体体长大于 150mm,后足长大于 25mm ……………………………………………………… 4
　3. 上门齿内侧有一明显的缺刻 …………………………………………………… 小家鼠属 *Mus*
　　　上门齿内侧光滑无缺刻 ……………………………………………………… 姬鼠属 *Apodemus*

巢鼠属 *Micromys* Dehne,1841

最小的啮齿类之一,体长在 75mm 以下。头较短。耳壳短而圆,向前拉仅达眼与耳距离之半,耳壳内具三角形耳瓣,能将耳孔关闭。颅全长在 20mm 以下。吻短,上门齿切缘平直无缺刻。尾细长,尾长约等于头体长,能屈抓握。仅尾梢背面近乎裸露,其余部分均被毛。前后足均短宽,掌和跖的两长垫能在中线并拢,利于攀爬。

本属现存有 2 种,分布于欧洲、北亚等地。中国有 2 种。天目山有 1 种。

5.54　巢鼠 *Micromys minutus* Pallas,1771(图版 V-54)

别名　小鼠、鼷鼠、小老鼠、米鼠仔

形态　体细小,比小家鼠更小,体重 5～13g,体长 50～70mm,尾长 50～75mm。四肢纤细。头骨狭小,脑颅较隆起。颧弓细弱,比小家鼠窄;鼻骨比小家鼠短小。乳头 4 对,胸部 2 对,腹部 2 对。

口鼻部及两眼间为棕黄色。耳内外具棕黄色密毛。头部至体背 2/3～3/4 处为棕褐色,毛尖黑色,毛基深灰色。背毛棕褐色至暗褐色。尾毛短,端部无毛,能卷曲;背面棕黑,腹面白色。体侧和四肢外侧较浅,为棕黄色或铁锈色。腹部污灰白色,略带淡棕色。臀部周围棕褐色,但较背部鲜艳。前足背淡黄色,后足背棕黄褐色。

习性　栖息于农田、草地、芦苇、灌丛及树林等处。用植物枝叶筑巢或挖洞穴居。常夜间活动,有时昼夜均活动。性喜攀登,常利用尾协助四肢在作物穗上或枝条间攀缘,偶尔也可在浅水中游泳。杂食性,喜食玉米、大豆、稻谷等粮食,也吃浆果、茶籽等;在作物成熟前,以吃植物绿色部分为主。

分布　天目山分布于开山老殿(海拔 1000m)以下的溪流附近的灌丛、草丛及田野等处。国内分布于南方各地区。国外分布于欧亚大陆,西至英法,东至西伯利亚、朝鲜,南抵中南半岛、印度等。

小家鼠属 *Mus* Linnaeus,1758

体小,颅骨纤细。鼻骨前缘伸出超过门齿前缘或略后。一般无眶上脊。上门齿切缘后面具明显缺刻。四肢细弱而灵巧,足垫 6 枚。尾细长,尾鳞显露。体毛短而柔软,体色暗而略有光泽。

本属现存约 15 种,分布于欧洲、非洲及亚洲等地。中国有 6 种。天目山有 1 种。

5.55　小家鼠 *Mus musculus* Linnaeus,1758(图版 V-55)

别名　小鼠、鼷鼠、小老鼠、米鼠仔

形态　小型鼠,体重 8～20g,体长 70～90mm,尾长 50～90mm。耳短,前折达不到眼部。上颌门齿内侧,从侧面看有一明显的缺刻。乳头 5 对,胸部 3 对,鼠蹊部 2 对。后足短,不及 20mm。

毛色变化很大,背毛由灰褐色至黑褐色。腹毛白色或灰黄色。尾毛上面的颜色较下面深。四足背面为暗褐色或灰白色。

习性 栖息于室内较隐蔽的地方,野外喜居于田埂和草丛之间。主要活动于居民住宅区的室内及周围环境,是最常见的家栖鼠种之一。昼夜活动,但以夜间活动为主。适应性强,行动敏捷。繁殖力强,一年四季均能繁殖。食性杂,以植物性食物为主,包括果实、种子和植物绿色部分;最喜食各种粮食和油料种子,有时吃少量草籽及昆虫。

分布 天目山主要分布于各种建筑物、荒地、草地等处。国内分布于全国各地。该鼠原产欧洲,后遍布全世界。

姬鼠属 *Apodemus* Kaup,1829

体较小或中等。耳较大而显露;耳屏仅成低脊,不能掩盖耳门。脑颅较宽,隆起。吻部较为狭长,前端较尖细。颧弓较狭。鼻骨前端超过门齿前缘,后端超出或接近前颌骨后缘。尾不卷曲。前后足多为白色。体毛不带刺毛,背部毛色较深,腹白色或灰白色。

本属现存约有 20 种,分布于欧亚大陆,北起冰岛,南至非洲北部,向东分布到日本列岛。中国有 9 种。天目山有 2 种。

天目山巢鼠属分种检索

耳壳较小,不到 16mm,背脊上有一条纵行的黑线 ·················· 黑线姬鼠 *A. agrarius*
耳壳较大,超过 16mm,背脊上无纵行的黑线 ·················· 中华姬鼠 *A. draco*

5.56 黑线姬鼠 *Apodemus agrarius* Pallas,1771(图版Ⅴ-56)

别名 田姬鼠、黑线鼠、长尾黑线鼠、黄耗子

形态 体中小型,体重 11~45g,体长 70~120mm,尾长 60~100mm。眶上嵴明显;额骨与顶骨之间的交接缝呈人字形。乳头 4 对,胸部和鼠蹊部各 2 对。尾部的鳞环较明晰。四肢较细弱。

体背棕褐色,背部中央具明显纵走的黑色条纹,起于两耳间的头顶部,止于尾基部,黑线姬鼠以此得名。耳背具棕黄色短毛。背和腹的毛色有明显界限,腹毛和四肢内侧灰白色。四足背面白色。尾双色,背面暗棕色,腹面白色。

习性 栖息于农田、墓地、竹林、草甸及树林等处。在田埂及水渠堤上栖息洞穴较多。以夜间活动为主,黄昏和清晨最为活跃。繁殖力较强。食性杂,主要食物有种子、根、茎及植物绿色部分等,也捕食昆虫。

分布 天目山主要分布于林缘、草丛及田野等处。国内分布于华东、华南、西南、华北、东北等。国外从朝鲜半岛经蒙古、俄罗斯一直到西欧皆有分布。

5.57 中华姬鼠 *Apodemus draco* Barrett-Hamilton,1900(图版Ⅴ-57)

别名 林姬鼠、森林姬鼠、山耗子、龙姬鼠

形态 体细长,体重 10~35g,体长 70~110mm,尾长 60~110mm。耳较黑线姬鼠略大而薄,前折可达眼部。头骨小于黑线姬鼠。吻部较尖细,门齿孔可达臼齿列前端的水平线。额骨与顶骨之间的交接缝呈圆弧形。颧弓细弱,鼻骨细长。尾纤细,尾鳞明晰。前后足掌垫各 6 枚。雌性乳头 3 对。

耳壳略带棕褐色。背毛棕黄色,由粗毛和柔毛组成;粗毛毛基灰白色,毛尖棕黄色,柔毛毛基灰黑色,毛尖棕黄色。背部中央无黑色条纹。体侧毛淡棕色,背腹毛交界处分界明显。腹毛

与四肢内侧灰白色。尾背棕褐色,尾腹棕黄色。四足背面白色。

习性 栖息于林区、灌丛及杂草丛中。喜潮湿地带,筑洞穴居,洞穴多在树根下,或岩石缝隙中或树洞中。主要在夜间与晨昏活动。以多种植物种子、果实、草籽为食,也吃植物绿色部分及一些昆虫。

分布 天目山主要分布于森林、山顶灌草丛等处。国内分布于陕西、西藏、宁夏、河北、四川及以南地区。国外分布于缅甸、印度等地。

白腹鼠属 *Niviventer* Marshall,1976

头较小,吻短。耳圆形,明显露出毛被外。门齿切面没有缺刻,第1上白齿齿冠不特别延长。体毛多柔软,间杂扁而刚硬的刺毛。下体白色或纯白色。尾长明显超过头体长,尾端有一段很明显的白色尾梢。

本属现存约有18种,分布于中国至东南亚。中国有13种。天目山有2种。

天目山白腹鼠属分种检索

背毛铁锈色,多刺毛,耳长小于20mm,尾端非白色,腹毛白色 ············ 针毛鼠 *Niviventer fulvescens*
背毛灰褐色,少刺毛,耳长大于20mm,尾端白色,腹毛乳黄色 ············ 白腹鼠 *N. niviventer*

5.58 针毛鼠 *Niviventer fulvescens* Gray,1847(图版Ⅴ-58)

别名 刺毛黄鼠、刺毛鼠、山鼠、赤鼠、栗鼠、榛鼠

形态 体中等,体重40~100g,体长95~160mm,尾长120~190mm,超过体长。耳短小而圆,近乎裸露。鼻骨细长,向前伸超过门齿。眶上嵴明显,向后延伸达顶骨后缘。听泡小而低平,颧弓较细。胸部和鼠蹊部各具2对乳头。

背毛棕色或棕褐色,杂以刺状针毛;越靠近背部中央针毛越多,所以背部中央毛色较深。夏毛中背部刺毛较冬季为多,所以冬季背部毛色较深。背腹交界处针毛较少,呈鲜艳的棕黄色。腹毛乳白色。足背白色,中央有1条暗棕色窄纹。尾两色,背面棕黑色,腹面白色。

习性 栖息于山地丘陵的林区、灌丛、竹林、草丛、农田等。筑巢在树根岩石缝隙中。以夜间活动为主,活动范围很广。性凶好斗,善攀喜跳。杂食性,以植物为主,喜食野果、竹笋、桐果、茶果、栗子和榛子等,亦常盗食稻谷、麦、花生及番茄等。冬季食物缺乏时,也吃植物根叶。

分布 天目山分布于森林、灌丛及农田等处。国内分布于陕西、西藏、四川及长江以南地区。国外分布于印度、尼泊尔、缅甸、泰国、越南、马来西亚等。

5.59 北社鼠 *Niviventer confucianus* Hodgson,1836(图版Ⅴ-59)

别名 硫黄腹鼠、刺毛灰鼠、白尾鼠、黄腹鼠

形态 体中等,体重40~150g,体长100~180mm,尾长100~200mm,超过体长。耳较针毛鼠大而薄,前折可遮眼。头骨狭长而低扁。吻部较长,超过颅全长的1/2。眶上嵴发达,延伸至顶间骨。门齿孔较宽,向后延伸达第一白齿前缘的联接线。胸部和鼠蹊部各具2对乳头。四肢较粗壮。

背毛棕褐色或略带棕黄色,背中部因有少量褐色刺状针毛,毛色较深。背毛中夏毛的针毛较冬毛多,故夏毛偏棕褐色,而冬毛偏棕黄色。背腹毛在体侧分界线极为明显。腹毛乳白色或牙黄色,个体愈老年,牙黄色调愈深。尾双色,背面棕褐色,腹面白色。前足背面白色,后足背面棕褐色。

幼体背毛深灰色,腹毛洁白。

习性　栖息于丘陵山地的灌草丛、树林、荒坡、农田等。挖洞穴居。以夜间活动为主。善于攀爬,行动敏捷。食性杂,食物中有各种坚果、嫩叶和少量昆虫,也吃各种作物的种子和幼苗,以及树木的种子和幼苗。

分布　天目山广布于境内各地。国内除新疆、辽宁及黑龙江外,其余各地区均有分布。国外分布于印度半岛、中南半岛、斯里兰卡、马来半岛和印尼诸岛。

大鼠属 *Rattus* Fischer,1803

头较小,吻短。耳圆形,明显露出毛被外。颧弓发达,有发达的眶上脊。门齿切面没有缺刻,第 1 上白齿齿冠不特别延长。尾短于或等于头体长。体毛多柔软,间杂扁而刚硬的刺毛。下体毛基暗色,毛尖灰白色。

本属现存有 20 种,分布于东亚、中国及东南亚等。中国有 8 种,遍及全国各地。浙江有 5 种,天目山有 4 种。

天目山鼠属分种检索

1. 尾长显著小于体长,成体头骨左右颞脊近平行 ……………………… 褐家鼠 *Rattus norvegicus*
   尾长大于或等于体长,成体头骨左右颞脊不平行 ………………………………………… 2
2. 尾长大于体长,腹毛尖棕黄色,前足背面中央深褐色、周围白色 …………… 黄胸鼠 *R. tanezumi*
   尾长几与体长相等,腹毛尖无明显的棕黄色 ……………………………………………… 3
3. 鼻骨相对较短,比前颌骨短,成体后足长一般小于 33mm ………………… 黄毛鼠 *R. losea*
   鼻骨相对较长,与前颌骨等长,成体后足长一般大于 35mm ……………… 大足鼠 *R. nitidus*

5.60　褐家鼠 *Rattus norvegicus* Berkenhout,1769(图版 V-60)

别名　大家鼠、沟鼠、挪威鼠、屎鼠

形态　体粗壮,体重 70~220g,体长 110~220mm,尾长 100~170mm,显著短于体长。耳短而厚,前折不能遮眼。头骨较粗大,脑颅较狭窄。颧弓较粗壮,左右颞脊向后平行延伸而不向外扩展。门齿孔较短,后缘接近白齿前缘联接线。具 6 对乳头。尾毛稀疏,尾上具环状鳞片。后足粗大,长度大于 33mm。

背毛棕褐色或灰褐色,年龄愈老背毛棕色色调愈深;背部中央自头顶至尾端有一些黑色长毛,使其颜色更深。腹毛灰色,略带污白色。尾二色,上面灰褐色,下面灰白色;尾部鳞环明显,尾背有一些褐色细长毛,故尾背色调较深。四足背面白色。

习性　栖息地极为广泛,多栖于住宅、仓库、菜园、阴沟、垃圾堆、河滩、草地、灌丛及农田。筑洞穴居,洞道复杂。昼夜均可活动,以夜间活动为主。触觉、嗅觉和听觉敏锐,胆小机警。繁殖力很强,全年均可繁殖。食性极其广泛,如成熟作物、草籽、植物绿色部分及蛙类、鱼类、大型昆虫等,甚至垃圾、饲料、粪便均可作为充饥之物。

分布　天目山分布于灌草丛、田野及建筑物等处。国内除西藏外,其余各地区均有分布。该物种原产于北欧和北亚,后遍布全球。

5.61　黄胸鼠 *Rattus tanezumi* Temminck,1844(图版 V-61)

别名　黄腹鼠、长尾鼠、家耗子

形态　体细长,较褐家鼠瘦小,体重 50~200g,体长 115~190mm,尾长 120~210mm。耳大而薄,前折可遮住眼。头骨比褐家鼠小,吻部较短,门齿孔较大,鼻骨较长。后足细长,长于 3cm。雌性乳头 5 对,胸部 2 对,腹部 3 对。

体毛粗糙,棕褐色或黄褐色,并杂有黑色,背中部杂有较多的黑毛。背腹之间毛色也无明显界线。胸部毛黄色,有时具一块白斑。腹毛灰黄色。前足背中央褐色,四周灰白色;后足背面白色。尾部鳞环明显,呈环状,细毛较长,尾上下均黑褐色。

习性　黄胸鼠是主要的家栖鼠类,多隐匿于房屋上层,常于屋顶、天花板等处营巢而居,亦见于住宅附近的农田和林区。营夜间活动,以清晨和黄昏最为活跃。听觉、嗅觉发达。善攀缘,行动敏捷。繁殖力强,全年均可繁殖。食性较广泛,最喜含水量高的植物性食物,如红薯、马铃薯、蔬菜及其他农作物。

分布　中国特有种。天目山分布于境内各地。国内分布于长江流域及以南地区。

5.62　黄毛鼠 *Rattus losea* Swinhoe, 1871(图版Ⅴ-62)

别名　罗赛鼠、园鼠、黄毛仔

形态　体中等,躯干细,体重 60~140g,体长 100~180mm,尾长 100~170mm。耳小而薄。左右颞脊弯曲呈弧形。门齿孔较长,其后缘几达上颌第 1 臼齿的第 2 横脊处。后足短小,一般小于 33mm。雌鼠乳头 6 对:胸部 3 对,鼠鼷部 3 对。

毛色变异很大,背毛淡棕褐色、棕褐色至黄褐色不等。体侧毛色较淡。腹毛灰白色,基部灰色,尖端白色。尾基部生密而短的黑褐色毛,尾环不明显。尾近乎一色,背面深褐色,腹面略浅。四足背面白色。

习性　栖息地以作物区为主,堤岸、灌丛、草地也见其活动。穴居,洞穴比较简单。营夜间活动,以清晨和黄昏最为活跃。善潜水,捕捉鱼虾。终年可繁殖,春秋两季是繁殖高峰期。杂食性,食物以水稻、小麦、甘薯、瓜果等农作物为主,亦取食野果、植物绿色部分、昆虫等。

分布　天目山多分布于草丛、田野等处。国内分布于长江流域及以南地区。国外分布于柬埔寨、老挝、马来西亚、泰国、越南等。

5.63　大足鼠 *Rattus nitidus* Hodgson, 1845(图版Ⅴ-63)

别名　灰胸鼠、水耗子、喜马拉雅家鼠、灰腹鼠

形态　体粗壮,体重 70~160g,体长 140~200mm,尾长 140~180mm,与体长接近。耳大而薄,前伸能达到眼部。头骨较狭长,棱脊较发达。鼻骨较长,颞脊在顶骨处向外扩展成弧形。门齿孔较窄长,其后缘接近第一臼齿的连接线。后足细长,成体后足长均大于 30mm。尾环明显,被稀疏短毛。

背毛由长毛和绒毛组成,长毛较粗硬,毛基灰白色,毛尖棕褐色;绒毛毛基灰色,毛尖棕黄色。由于背中央长毛较多,毛色略呈棕褐色,两侧色调较淡。吻部周围毛色稍淡,略显灰色。体侧与腹毛无明显界限。腹毛灰白色,毛基灰色,毛尖白色或微染黄色。尾背棕褐色,腹面灰白色。四足背面白色,具稀疏的闪光短毛。

习性　栖息于田野、山地林缘地带。穴居,洞穴多在荆棘灌丛和岩石缝隙中。主要在夜间活动,以晨昏最活跃。具有明显的季节性迁移和趋食性迁移特性。繁殖力强,一年四季均可繁殖。主要以种子为食,喜食玉米和稻谷,亦食浆果、草籽草根、嫩芽和其他小型鼠类及田螺、鱼、螃蟹等。

分布　天目山多分布于七里亭(海拔 800m)以上的灌丛、田园等处。国内分布于华南、西南、华东等地区。国外分布于尼泊尔、印度和中南半岛等。

青毛鼠属 *Berylmys* Ellerman，1947

体较细长。耳大而薄。头骨较细长，脑颅较低平。听泡较大，长度超过枕鼻长的 15％。门齿孔较短，后端不到臼齿前缘之水平线。后足长大于 45mm。背部绒毛和刺毛混杂。背腹毛色有明显的分界线。腹毛及四肢内侧白色。尾上下毛色基本一致。

本属现存有 4 种，分布于中国至东南亚。中国有 3 种。天目山有 1 种。

5.64 青毛巨鼠 *Berylmy bowersi* Anderson，1879（图版 V-64）

别名 包氏鼠、大山鼠、青鼠

形态 大型鼠类，体重 220～470g，体长 180～290mm，尾长 190～280mm，略等于体长。耳大而薄，前折可遮住眼部。眶上嵴不如白腹巨鼠发达，颞脊不太明显。鼻骨前端突出门齿外，后端与前颌骨后端平齐。

背毛由绒毛和硬刺毛组成；绒毛青灰色，硬刺毛端部青褐色，基部灰白色。愈靠近背部中央，硬刺毛愈多，两侧硬刺毛较少，故背部中央青褐色，两侧青灰色。背腹毛色在体侧有明显的分界线。腹毛及四肢内侧均为白色。尾青褐色，上下毛色基本一致。前足背面灰白色，后足背面暗棕褐色。

习性 栖息于密林、山麓或山谷溪流边，多见于常绿阔叶林。穴居，洞穴多在岩石缝隙中。入冬后，部分个体会进入房舍。主要取食野果、竹笋及竹根，也食绿色的嫩芽和苔藓。

分布 天目山多分布于三里亭（海拔 600m）以下的森林、河谷地带。国内主要分布于西藏、四川及长江以南山地林区。国外分布于印度、印尼、老挝、马来西亚、缅甸、泰国和越南。

小泡巨鼠属 *Leopoldamys* Ellerman，1947

体型粗大。耳壳大而薄，前伸能遮住眼部。腭骨较长，接近枕鼻长之半，后端伸至最后上臼齿后缘。听泡较小，长度不到枕鼻长的 15％。背部有针毛。尾粗而长，远远超过体长。后足长大于 45mm。

本属现存有 6 种，分布于中国至东南亚。中国有 2 种。天目山有 1 种。

5.65 白腹巨鼠 *Leopoldamys edwardsi* Thomas，1882（图版 V-65）

别名 大山鼠、小泡巨鼠、长尾巨鼠、穿山龙

形态 体较青毛巨鼠粗壮，体重 250～550g，体长 140～280mm，尾长 160～320mm，超过体长。头骨粗壮细长，棱嵴发达。门齿孔比青毛巨鼠略显宽长，后端不到臼齿前缘的水平线。鼻骨前端突出门齿外，后端与前颌骨末端平齐。眶上嵴发达，一直延伸到顶间骨处。胸部和鼠蹊部各具 2 对乳头。

吻及眼眶周围暗褐色。背毛由绒毛和硬刺毛组成；绒毛棕灰色，硬刺毛端部黑褐色，基部白色。愈靠近背部中央，硬刺毛愈多，两侧硬刺毛较少，故背部中央黑褐色，两侧淡棕色。背腹交界处分界明显。腹毛白色。尾两色，尾背棕褐色，尾腹灰白色，末端灰白色。前足背面灰白色，中央区有一暗褐色斑块；后足背面棕褐色。

习性 栖息于山地林缘灌丛、竹林、山谷、农地等，一般靠近水源。常在靠近水源的岩石裂缝中做窝。多在夜间活动。攀缘能力强。主要采食植物的茎、叶等绿色部分，夏季取食鲜果和少量昆虫，冬季一般以各种野果为食。

分布 天目山分布于近水的森林、灌草丛等处。国内主要分布于陕西、四川、安徽及长江以南地区。国外分布于印度、中南半岛和马来群岛等。

兔形目 Lagomorpha

　　中小型兽类。上唇纵裂。上颌有 2 对门齿,前后排列,前 1 对较大,有明显的纵沟,后 1 对较小,呈柱形。无犬齿,故门齿与前臼齿之间有很长的空隙。尾短小或无尾。后肢明显长于前肢,适应于跳跃。

　　本目现存有 2 科 87 种,分布于亚洲、欧洲、非洲、北美洲和南美洲的广大地区。中国有 2 科 41 种。天目山 1 科 1 种。

兔科 Leporidae

　　体中等。耳狭长,听觉灵敏。后鼻孔较宽,以利于呼吸。上唇纵裂。上门齿 2 对前后排列,犬齿虚位,齿式为 $\frac{2.0.3.3}{1.0.2.3}=28$。后肢长于前肢,以适应迅速奔跑。尾短。繁殖力高。主要以草为食,偶尔也吃昆虫、螺类。

　　本科现存有 11 属 60 余种,分布于世界各地,澳大利亚和新西兰是后来引入的。中国有 2 属 12 种。天目山有 1 属 1 种。

兔属 *Lepus* Linnaeus,1758

　　兔形目中体形较大者。前颌骨突出于鼻骨前缘。骨质腭的长度大于或等于翼骨间的宽度。听泡发达。第 3 臼齿小,齿式为 $\frac{2.0.3.3}{1.0.2.3}=28$。大部分种类耳端黑色。体背部色泽通常为褐色或淡灰褐色,腹面苍白色或白色。

　　本属现存有 32 种,分布于亚洲、欧洲、北美洲及非洲。中国有 11 种。天目山有 1 种。

5.66　华南兔 *Lepus sinensis* Gray,1832(图版 V-66)

　　别名　短耳兔、野兔、山兔

　　形态　比草兔略小,体重 1～2kg,体长 40～55cm,尾长 4～6cm。耳长小于后足长。额骨前部较宽而低平,后部微隆起。顶骨较平滑,中间稍隆起,两侧较低平。鼻骨呈长板状,左右两鼻骨于正中呈直缝相聚,前部尖端略下弯,后部较平直。颧弓较粗壮,前段较后段略宽。上门齿 2 对,前面 1 对较大,其前面内侧有一浅沟。

　　额部及头部棕黑色,有些个体头顶毛色较浅,稍呈黄白色。耳的内侧着生淡黄色的稀疏短毛,前缘毛较长,后缘及耳尖毛较短,均呈棕黄色;耳的外侧前部毛色与头部相似,耳的中后部为棕黄色。鼻部两侧,毛色较浅,形成一狭长的淡色区,并向后延伸经眼周而达耳的基部。颈部背侧有一小区纯棕黄色。体背通常为红棕色或棕褐色甚至于沙黄色。体侧由于黑毛较少,呈浅黄色。颏部淡黄色,颈下棕黄色。腹部和四肢内侧白色或稍沾黄色,四肢外侧棕黄色。尾背棕褐色,中央毛色较黑,尾腹淡黄色。

　　习性　多栖息于中低山林缘、灌丛、草地,也见于农作区。昼夜都有活动,但白天多隐藏于灌丛和杂草中。多利用现成的洞穴作窝,但通常无固定的洞穴。遇敌时,一般是向山上或沿山坡逃跑,只有在无路时,才跑向山下。草食性,采食各种杂草、树叶、植物花、果实、种子、蔬菜、瓜果、根茎及豆类等。

　　分布　天目山分布于灌丛、草丛及田野等处。国内分布于江苏、安徽、贵州等以南地区。国外分布于越南、老挝等地。

主要参考文献

胡步青，黄美华，何时新等.浙江蛇类志.北京：科学出版社,1959.

诸葛阳，沈铁生，张淑德.1959.杭州市郊区冬春季鼠类初步调查.杭州大学学报,(2):1-9.

毛节荣.1959.杭州钱塘江鱼类的调查.杭州大学学报,(2):25-43.

毛节荣，张贞华.1959.杭州两栖类的调查.杭州大学学报,(2):17-24.

诸葛阳.1962.杭州市郊区鼠类调查.杭州大学学报,(1):103-112.

郑作新.中国经济动物志——鸟类.北京：科学出版社,1963.

钱国桢，虞快.1964.天目山习见鸟类若干生态学问题的初步研究：I.区系动态.华东师范大学学报,(1):57-60.

胡步青，黄美华，何时新等.1965.浙江爬行动物调查报告.动物学杂志,7(1):22-26.

毛节荣，张贞华.西天目山两栖爬行动物调查.见：中国动物学会编.中国动物学会30周年学术讨论会论文摘要汇编.北京：科学出版社,1965.

钱国桢，虞快.1965.天目山习见鸟类若干生态学问题的初步研究：II.密度和数量波动问题.华东师范大学学报,(2):49-56.

虞快，钱国桢，王培潮.西天目山常见鸟类繁殖期的分布.见：中国动物学会编.中国动物学会30周年学术讨论会论文摘要汇编.北京：科学出版社,1965.

郭汉身，张继秀，朱丰雪等.1966.浙江省两栖动物调查报告.动物学杂志,8(1):31-34.

盛和林，吴光，李冬馥等.1976.皖南陆生哺乳动物区系组成及其经济意义.华东师范大学学报,(1):93-100.

伍献文.中国经济动物志——淡水鱼类(第二版).北京：科学出版社,1979.

黄美华.1982.浙江蛇类的区系分布.浙江医科大学学报(医学版),11(S1):4-5.

李思忠.中国淡水鱼类的分布区划.北京：科学出版社,1981.

盛和林.1981.浙西山区的黑麂、小麂、毛冠鹿和梅花鹿资源.野生动物,(2):33-34.

温业新，黄文几，黄征一等.1981.浙江省翼手类初步调查.兽类学报,1(1):34-38.

诸葛阳.1982.浙江省兽类区系及地理分布.兽类学报,2(2):157-166.

诸葛阳.1982.浙江山区野生动物资源及其对自然生态平衡的意义.生态学杂志,1(1):24-26.

钱国桢，王培潮，祝龙彪等.1983.二十年来天目山鸟类群落结构变化趋势的初步分析.生态学报,3(3):262-268.

诸葛阳，姜仕仁.1983.杭州鸟类调查.杭州大学学报,10(增刊):50-64.

祝龙彪，盛和林.1983.浙江西天目山的啮齿动物.兽类学报,3(1):26.

鲍毅新，诸葛阳.1984.天目山自然保护区啮齿类的研究.兽类学报,4(3):197-205.

胡锦矗，王酉之.四川资源动物志(第二卷)——兽类.成都：四川科学技术出版社,1984.

梁仁济，董永文.1984.皖南地区翼手类初步研究.兽类学报,4(4):321-328.

李桂垣.四川资源动物志(第三卷)——鸟类.成都：四川科学技术出版社,1985.

盛和林.哺乳动物学概论.上海：华东师范大学出版社,1985.

五律，李德俊，刘积琛.贵州爬行类志.贵阳：贵州人民出版社,1985.

诸葛阳，鲍毅新，邵晨.1985.浙江发现的猪尾鼠.动物学杂志,20(5):43-44.

朱曦.1985.浙江临安城郊冬季鸟类的种类组成与生态分布.浙江林学院学报,2(2):57-63.

江望高，诸葛阳. 1986. 西天目山鸟类调查报告. 杭州大学学报，13(增刊)：94-113.

毛节荣. 1986. 浙江天目山区鱼类区系的调查报告. 杭州大学学报，13(增刊)：68-83.

韦今来，赵志良. 1986. 西天目山自然保护区两栖类和爬行类动物的调查报告. 杭州大学学报，13(增刊)：89-93.

朱曦. 1987. 浙江省临安、安吉低山丘陵地区陆生脊椎动物的初步调查. 浙江林学院学报，4(2)：87-92.

郑米良，郏国生. 1988. 浙江省淡水鱼类区系组成及其区划地位的研究. 浙江水产学院学报，7(1)：27-38.

诸葛阳，丁平. 1988. 浙江省珍稀雉类分布、生境及资源保护. 野生动物，(4)：3-4.

丁平，诸葛阳. 1989. 浙江西部山区珍稀雉类生态学研究. 杭州大学学报，16(3)：302-309.

李德浩. 青海经济动物志. 西宁：青海人民出版社，1989.

诸葛阳，姜仕仁，丁平等. 浙江动物志：鸟类. 杭州：浙江科学技术出版社，1989.

陈马康，童合一，俞泰济. 钱塘江鱼类资源. 上海：上海科学技术文献出版社，1990.

黄美华，蔡春抹，金贻郎等. 浙江动物志：两栖类、爬行类. 杭州：浙江科学技术出版社，1990.

王岐山，胡小龙，贾华龙. 安徽兽类志. 合肥：安徽科学技术出版社，1990.

张觉民. 中国内陆水域渔业资源. 北京：农业出版社，1990.

陈璧辉. 安徽两栖爬行动物志. 合肥：安徽科学技术出版社，1991.

程炳卿. 西天目山志. 杭州：浙江人民出版社，1991.

毛节荣，徐寿山，郏国生等. 浙江动物志：淡水鱼类. 杭州：浙江科学技术出版社，1991.

杨逢春. 天目山自然保护区自然资源综合考察报告. 杭州：浙江科学技术出版社，1992.

周世锷，杨淑贞. 天目山鸟兽资源调查报告. 见：天目山自然保护区管理局编. 天目山自然保护区自然资源综合考察报告. 杭州：浙江科学技术出版社，1992.

罗蓉，谢家骅，辜永河等. 贵州兽类志. 贵阳：贵州科学技术出版社，1993.

叶昌媛，费梁，胡淑琴. 中国珍稀及经济两栖动物. 成都：四川科学技术出版社，1993.

朱曦，陈洪明，李秋文. 1994. 西天目山低山带繁殖鸟类群落结构. 浙江林学院学报，11(2)：159-164.

朱曦. 1994. 浙江省候鸟的迁徙和主要栖息地的评议. 浙江林学院学报，14(5)：26-30.

楚国忠. 1995. 浙北马尾松人工林鸟类群落结构和多样性指数的季节变化. 林业科学，31(5)：428-435.

毛宗秀，金显，黄美华等. 1996. 中国浙江产游蛇科蛇类数值分类初探. 动物分类学报，21(1)：118-124.

张荣祖. 中国动物地理. 北京：科学出版社，1999.

中国野生动物保护协会. 中国两栖动物图鉴. 郑州：河南科学技术出版社，1999.

朱曦，任斐，邵生富等. 1999. 华东天目山区鸟类研究. 林业科学，35(5)：77-86

朱曦，任斐. 1999. 华东天目山生物多样性研究. 见：中国动物学会. 中国动物科学研究——中国动物学会第14届会员代表大会及中国动物学会65周年年会论文集.

浙江省林业局. 浙江省林业自然资源(第三卷)：野生动物卷. 北京：中国农业科学技术出版社，2002.

陶吉兴，刘安兴，杨友金等. 2003. 浙江重点蛇类资源数量与生态分布研究. 浙江大学学报(农业与生命科学版)，29(5)：563-568.

陶吉兴，刘安兴，孙孟军. 2004. 浙江重点两栖动物种群数量研究. 浙江大学学报(农业与生命科学版)，30(5)：536-540.

雷焕宗，林植华，华和亮. 2005. 六种游蛇属蛇尾长的两性异形和种间差异. 河南科学，23(2)：211-213.

明水. 2005. 金钱豹饮水天目山. 浙江林业，(1)：39.

杨奇森，夏霖，马勇等. 2005. 兽类头骨测量标准Ⅰ：基本量度. 动物学杂志，40(3)：50-56.

李裕冬，刘少英，曾宗永. 2007. 白腹鼠属几个相似种的差异探讨. 四川动物，26(1)：41-45.

刘伟石，邰二虎，胡德夫. 2007. 浙江省豹资源的分布调查. 特产研究，(3)：43-45.

丁平,陈水华,鲍毅新等. 2008. 杭州市陆生野生动物资源. 中国城市林业,64(4):62-65,71.

许立杰,冯江,刘颖等. 2008. 小菊头蝠和单角菊头蝠分类地位的探讨. 东北师范大学学报,40(1):95-99.

杨淑贞,杜晴洲,陈建新等. 2008. 天目山毛竹林蔓延对鸟类多样性的影响研究. 浙江林业科技,28(4):43-46.

朱桂寿.浙江省陆生野生动物分布及其疫源疫病监测体系建设研究(博士论文). 南京:南京林业大学,2008.

郑光美.中国鸟类分类与分布名录(第二版).北京:科学出版社,2011.

费梁,叶昌媛,江建平.中国两栖动物及其分布彩色图鉴.成都:四川科学技术出版社,2012.

吕建中,牛晓玲. 2013. 拥抱自然呵护生物——天目山自然保护区生物多样性保护现状. 浙江林业,(07):32-33.

王福云,于学伟,龚利洋等. 2013. 杭州市2010—2012年野生动物救护情况分析. 野生动物,34(6):366-369.

王敬,韦新良,徐建等. 2014. 天目山针阔叶混交林林木空间分布格局特征. 浙江农林大学学报,31(5):668-675.

蒋志刚,江建平,王跃招. 2016. 中国脊椎动物红色名录. 生物多样性,24(5):500-551.

江建平,谢锋,臧春鑫等. 2016. 中国两栖动物受威胁现状评估. 生物多样性,24(5):588-597.

刘志立,方陆明,宁学芳. 2016. 浙江省绿头鸭分布与迁徙规律. 浙江林业科技,36(4):24-28.

蒋志刚,刘少英,吴毅等. 2017. 中国哺乳动物多样性(第二版).生物多样性,25(8):886-895.

Caldwell HR and Caldwell JC. South China Birds. Shanghai:Hester May Vanderburgh,1931.

La Touche, *et al*. A Handbook of the Birds of Eastern China. Vol. 1~2. London:Taylor and Francis,1925—1934.

Newton I. The Migration Ecology of Birds. London:Academic Press,2007.

中名索引

T

W

Z

学名索引

图版 I 鱼纲

I-1 日本鳗鲡（杨淑贞）

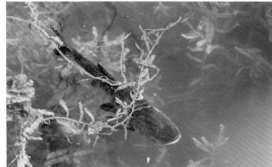

I-2 鳢（杨淑贞）

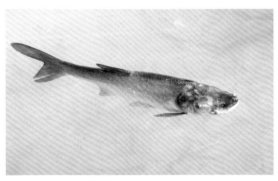

I-3 鲢（杨淑贞）

I-4 鲤（杨淑贞）

I-5 鲫（杨淑贞）

I-6 似鲚（鲁庆彬）

Ⅰ-7　鳘（鲁庆彬）

Ⅰ-8　贝氏鳘（鲁庆彬）

Ⅰ-9　红鳍鲌（鲁庆彬）

Ⅰ-10　鳊（杨淑贞）

Ⅰ-11　大眼华鳊（鲁庆彬）

Ⅰ-12　团头鲂（鲁庆彬）

Ⅰ-13　大鳞鲴（鲁庆彬）

Ⅰ-14　圆吻鲴（鲁庆彬）

I-15 宽鳍鱲（楼信权）

I-16 马口鱼（鲁庆彬）

I-17 青鱼（鲁庆彬）

I-18 草鱼（鲁庆彬）

I-19 赤眼鳟（鲁庆彬）

I-20 无须鱊（鲁庆彬）

I-21 唇䱻（鲁庆彬）

I-22 花䱻（鲁庆彬）

Ⅰ-23　似鱎（鲁庆彬）

Ⅰ-24　麦穗鱼（鲁庆彬）

Ⅰ-25　小鳈（鲁庆彬）

Ⅰ-26　黑鳍鳈（鲁庆彬）

Ⅰ-27　细纹颌须鮈（鲁庆彬）

Ⅰ-28　似鮈（鲁庆彬）

Ⅰ-29　棒花鱼（鲁庆彬）

Ⅰ-30　倒刺鲃（鲁庆彬）

I-31　光唇鱼（吴元奇）

I-32　原缨口鳅（楼信权）

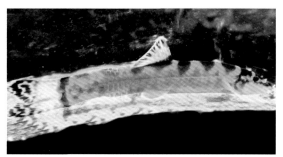

I-33　张氏薄鳅（鲁庆彬）

I-34　中华花鳅（鲁庆彬）

I-35　泥鳅（鲁庆彬）

I-36　圆尾拟鲿（鲁庆彬）

I-37　黄颡鱼（杨淑贞）

I-38　光泽拟鲿（鲁庆彬）

I-39　鲇（鲁庆彬）

I-40　鳗尾鮠（鲁庆彬）

I-41　福建纹胸鮡（鲁庆彬）

I-42　青鳉（鲁庆彬）

I-43　鳝鱼（杨淑贞）

I-44　刺鳅（鲁庆彬）

I-45　中国少鳞鳜（杨淑贞）

I-46　斑鳜（鲁庆彬）

I-47 波纹鳜（鲁庆彬）

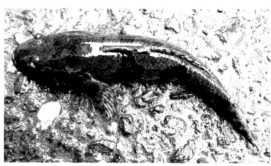

I-48 河川沙塘鳢（杨淑贞）

I-49 子陵吻鰕虎鱼（杨淑贞）

I-50 波氏吻鰕虎鱼（鲁庆彬）

I-51 乌鳢（杨淑贞）

I-52 月鳢（鲁庆彬）

图版 Ⅱ　两栖纲

Ⅱ-1　中国瘰螈（范忠勇）

Ⅱ-2　秉志肥螈（王聿凡）

Ⅱ-3　东方蝾螈（章叔岩）

Ⅱ-4　安吉小鲵（杨淑贞）

Ⅱ-5　淡肩角蟾（刘周）

Ⅱ-6　中华蟾蜍（杨淑贞）

Ⅱ-7 中国雨蛙（金伟）　　　　　Ⅱ-8 小弧斑姬蛙（王聿凡）

Ⅱ-9 饰纹姬蛙（赵金富）　　　　Ⅱ-10 斑腿泛树蛙（赵金富）

Ⅱ-11 大树蛙（杨淑贞）　　　　　Ⅱ-12 华南湍蛙（杨淑贞）

Ⅱ-13 阔褶水蛙（赵金富）　　　　Ⅱ-14 弹琴蛙（王聿凡）

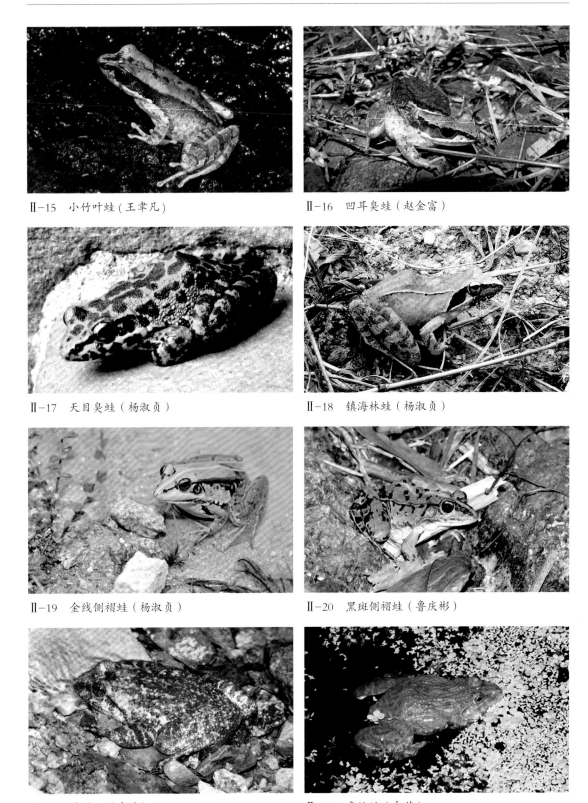

Ⅱ-15　小竹叶蛙（王聿凡）　　　　　　　　　　Ⅱ-16　凹耳臭蛙（赵金富）

Ⅱ-17　天目臭蛙（杨淑贞）　　　　　　　　　　Ⅱ-18　镇海林蛙（杨淑贞）

Ⅱ-19　金线侧褶蛙（杨淑贞）　　　　　　　　　Ⅱ-20　黑斑侧褶蛙（鲁庆彬）

Ⅱ-21　棘胸蛙（朱英）　　　　　　　　　　　　Ⅱ-22　虎纹蛙（朱英）

Ⅱ-23　泽陆蛙（杨淑贞）

图版Ⅲ　爬行纲

Ⅲ-1　中华鳖（杨淑贞）　　　　　　　　Ⅲ-2　平胸龟（杨淑贞）

Ⅲ-3　黄缘闭壳龟（杨淑贞）　　　　　　Ⅲ-4　乌龟（杨淑贞）

Ⅲ-5　铅山壁虎（杨淑贞）　　　　　　　Ⅲ-6　多疣壁虎（王聿凡）

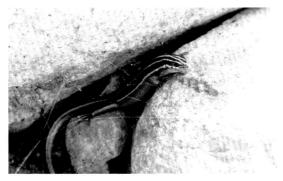

Ⅲ-7 蓝尾石龙子（夏建宏）

Ⅲ-8 中国石龙子（王聿凡）

Ⅲ-9 铜蜓蜥（杨淑贞）

Ⅲ-10 宁波滑蜥（杨淑贞）

Ⅲ-11 北草蜥（杨淑贞）

Ⅲ-12 脆蛇蜥（杨淑贞）

Ⅲ-13 黑脊蛇（王聿凡）

Ⅲ-14 中国钝头蛇（王聿凡）

Ⅲ-15　白头蝰（杨淑贞）

Ⅲ-16　尖吻蝮（王聿凡）

Ⅲ-17　短尾蝮（章叔岩）

Ⅲ-18　山烙铁头蛇（杨淑贞）

Ⅲ-19　原矛头蝮（张吉）

Ⅲ-20　福建绿蝮（杨淑贞）

Ⅲ-21　中国沼蛇（王聿凡）

Ⅲ-22　银环蛇（张吉）

Ⅲ-23　舟山眼镜蛇（吴军）

Ⅲ-24　福建华珊瑚蛇（杨淑贞）

Ⅲ-25　中华珊瑚蛇（章叔岩）

Ⅲ-26　绞花林蛇（张吉）

Ⅲ-27　纹尾斜鳞蛇（杨淑贞）

Ⅲ-28　福建颈斑蛇（杨淑贞）

Ⅲ-29　颈棱蛇（杨淑贞）

Ⅲ-30　钝尾两头蛇（杨淑贞）

Ⅲ-31　山溪后棱蛇（章叔岩）

Ⅲ-32　乌梢蛇（杨淑贞）

Ⅲ-33　灰鼠蛇（朱英）

Ⅲ-34　滑鼠蛇（张斌）

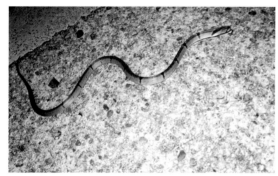

Ⅲ-35　中国小头蛇（吴军）

Ⅲ-36　虎斑颈槽蛇（王聿凡）

Ⅲ-37　翠青蛇（杨淑贞）

Ⅲ-38　黑头剑蛇（王聿凡）

Ⅲ-39 赤链蛇（杨淑贞）

Ⅲ-40 黄链蛇（杨淑贞）

Ⅲ-41 刘氏链蛇（王聿凡）

Ⅲ-42 黑背链蛇（杨淑贞）

Ⅲ-43 灰腹绿蛇（王聿凡）

Ⅲ-44 紫灰蛇（杨淑贞）

Ⅲ-45 红纹滞卵蛇（王聿凡）

Ⅲ-46 玉斑蛇（方国富）

Ⅲ-47　黑眉晨蛇（杨淑贞）

Ⅲ-48　王锦蛇（杨淑贞）

Ⅲ-49　双斑锦蛇（章叔岩）

Ⅲ-50　草腹链蛇（王聿凡）

Ⅲ-51　绣链腹游蛇（王聿凡）

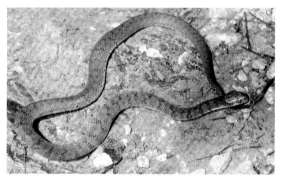

Ⅲ-52　赤链华游蛇（王聿凡）

Ⅲ-53　乌华游蛇（杨淑贞）

Ⅲ-54　异色蛇（朱英）

图版Ⅳ 鸟纲

Ⅳ-1 小鸊鷉（杨淑贞）

Ⅳ-2 白鹭（杨淑贞）

Ⅳ-3 牛背鹭（俞肖剑）

Ⅳ-4 池鹭（俞肖剑）

Ⅳ-5 夜鹭（杨淑贞）

Ⅳ-6 黑苇鳽（鲁庆彬）

Ⅳ-7　鸳鸯（陈海龙）

Ⅳ-8　针尾鸭（张斌）

Ⅳ-9　绿翅鸭（杨淑贞）

Ⅳ-10　凤头鹰（俞肖剑）

Ⅳ-11　赤腹鹰（杨淑贞）

Ⅳ-12　苍鹰（赵金富）

Ⅳ-13　雀鹰（吴志华）

Ⅳ-14　松雀鹰（戴美杰）

Ⅳ-15 白腹鹞 (朱英)

Ⅳ-16 普通鵟 (俞肖剑)

Ⅳ-17 林雕 (朱英)

Ⅳ-18 灰脸鵟鹰 (范忠勇)

Ⅳ-19 蛇雕 (赵金富)

Ⅳ-20 白腹隼雕 (俞肖剑)

Ⅳ-21 黑冠鹃隼 (鲁庆彬)

Ⅳ-22 黑鸢 (赵金富)

Ⅳ-23　凤头蜂鹰（范忠勇）　　　　　　Ⅳ-24　红隼（杨淑贞）

Ⅳ-25　灰背隼（吴志华）　　　　　　　Ⅳ-26　燕隼（赵金富）

Ⅳ-27　灰胸竹鸡（徐爱春）　　　　　　Ⅳ-28　环颈雉（杨淑贞）

Ⅳ-29　白颈长尾雉（徐爱春）　　　　　Ⅳ-30　勺鸡（徐爱春）

IV-31 白鹇（徐爱春）

IV-32 红脚苦恶鸟（俞肖剑）

IV-33 黑翅长脚鹬（杨淑贞）

IV-34 反嘴鹬（宋建跃）

IV-35 白腰草鹬（杨淑贞）

IV-36 青脚鹬（杨淑贞）

IV-37 火斑鸠（俞肖剑）

IV-38 珠颈斑鸠（杨淑贞）

Ⅳ-39　山斑鸠（杨淑贞）

Ⅳ-40　噪鹃（吴志华）

Ⅳ-41　褐翅鸦鹃（俞肖剑）

Ⅳ-42　小鸦鹃（俞肖剑）

Ⅳ-43　红翅凤头鹃（张斌）

Ⅳ-44　四声杜鹃（吴志华）

Ⅳ-45　小杜鹃（俞肖剑）

Ⅳ-46　大杜鹃（朱英）

Ⅳ-47　八声杜鹃（赵金富）

Ⅳ-48　东方草鸮（朱英）

Ⅳ-49　褐林鸮（吴志华）

Ⅳ-50　鹰鸮（朱英）

Ⅳ-51　斑头鸺鹠（范忠勇）

Ⅳ-52　领鸺鹠（赵金富）

Ⅳ-53　雕鸮（杨淑贞）

Ⅳ-54　红角鸮（杨淑贞）

Ⅳ-55 领角鸮（吴志华）

Ⅳ-56 普通夜鹰（田润刚）

Ⅳ-57 白喉针尾雨燕（吴志华）

Ⅳ-58 白腰雨燕（吴志华）

Ⅳ-59 小白腰雨燕（范忠勇）

Ⅳ-60 三宝鸟（吴志华）

Ⅳ-61 斑鱼狗（鲁庆彬）

Ⅳ-62 冠鱼狗（俞肖剑）

Ⅳ-63 蓝翡翠（钱斌）

Ⅳ-64 普通翠鸟（杨淑贞）

Ⅳ-65 戴胜（俞肖剑）

Ⅳ-66 大拟啄木鸟（俞肖剑）

Ⅳ-67 斑姬啄木鸟（杨淑贞）

Ⅳ-68 灰头绿啄木鸟（吴志华）

Ⅳ-69 星头啄木鸟（杨淑贞）

Ⅳ-70 大斑啄木鸟（杨淑贞）

Ⅳ-71　仙八色鸫（赵金富）

Ⅳ-72　烟腹毛脚燕（杨淑贞）

Ⅳ-73　家燕（杨淑贞）

Ⅳ-74　金腰燕（杨淑贞）

Ⅳ-75　山鹡鸰（杨淑贞）

Ⅳ-76　灰鹡鸰（杨淑贞）

Ⅳ-77　白鹡鸰（杨淑贞）

Ⅳ-78　树鹨（杨淑贞）

Ⅳ-79 水鹨(俞肖剑)

Ⅳ-80 暗灰鹃鵙(吴志华)

Ⅳ-81 灰山椒鸟(俞肖剑)

Ⅳ-82 小灰山椒鸟(杨淑贞)

Ⅳ-83 灰喉山椒鸟(杨淑贞)

Ⅳ-84 领雀嘴鹎(杨淑贞)

Ⅳ-85 白头鹎(杨淑贞)

Ⅳ-86 黄臀鹎(陈光辉)

Ⅳ-87　黑短脚鹎（杨淑贞）

Ⅳ-88　绿翅短脚鹎（杨淑贞）

Ⅳ-89　栗背短脚鹎（杨淑贞）

Ⅳ-90　橙腹叶鹎（杨淑贞）

Ⅳ-91　棕背伯劳（杨淑贞）

Ⅳ-92　牛头伯劳（赵金富）

Ⅳ-93　虎纹伯劳（俞肖剑）

Ⅳ-94　红尾伯劳（俞肖剑）

Ⅳ-95　黑枕黄鹂（俞肖剑）

Ⅳ-96　发冠卷尾（俞肖剑）

Ⅳ-97　灰卷尾（赵金富）

Ⅳ-98　八哥（杨淑贞）

Ⅳ-99　丝光椋鸟（杨淑贞）

Ⅳ-100　灰椋鸟（范忠勇）

Ⅳ-101　松鸦（杨淑贞）

Ⅳ-102　秃鼻乌鸦（俞肖剑）

Ⅳ-103　大嘴乌鸦（俞肖剑）

Ⅳ-104　红嘴蓝鹊（杨淑贞）

Ⅳ-105　喜鹊（杨淑贞）

Ⅳ-106　灰树鹊（杨淑贞）

Ⅳ-107　褐河乌（杨淑贞）

Ⅳ-108　鹪鹩（范忠勇）

Ⅳ-109　紫啸鸫（杨淑贞）

Ⅳ-110　蓝矶鸫（俞肖剑）

Ⅳ-111　粟腹矶鸫（杨淑贞）

Ⅳ-112　虎斑地鸫（俞肖剑）

Ⅳ-113　橙头地鸫（钱斌）

Ⅳ-114　白眉地鸫（钱斌）

Ⅳ-115　乌鸫（杨淑贞）

Ⅳ-116　白腹鸫（钱斌）

Ⅳ-117　灰背鸫（俞肖剑）

Ⅳ-118　斑鸫（杨淑贞）

Ⅳ-119　红尾鸲（赵金富）

Ⅳ-120　红尾水鸲（杨淑贞）

Ⅳ-121　北红尾鸲（杨淑贞）

Ⅳ-122　小燕尾（俞肖剑）

Ⅳ-123　白额燕尾（杨淑贞）

Ⅳ-124　红尾歌鸲（钱斌）

Ⅳ-125　鹊鸲（杨淑贞）

Ⅳ-126　红胁蓝尾鸲（杨淑贞）

Ⅳ-127 北灰鹟（老蒋）

Ⅳ-128 乌鹟（俞肖剑）

Ⅳ-129 白喉林鹟（赵金富）

Ⅳ-130 白腹蓝［姬］鹟（俞肖剑）

Ⅳ-131 红喉姬鹟（俞肖剑）

Ⅳ-132 寿带（赵金富）

Ⅳ-133 淡绿鵙鹛（赵金富）

Ⅳ-134 红嘴相思鸟（俞肖剑）

Ⅳ-135 栗耳凤鹛（杨淑贞）

Ⅳ-136 小鳞胸鹪鹛（吴志华）

Ⅳ-137 丽星鹪鹛（吴志华）

Ⅳ-138 棕颈钩嘴鹛（杨淑贞）

Ⅳ-139 斑胸钩嘴鹛（俞肖剑）

Ⅳ-140 黑脸噪鹛（杨淑贞）

Ⅳ-141 棕噪鹛（赵金富）

Ⅳ-142 画眉（杨淑贞）

Ⅳ-143 黑领噪鹛（杨淑贞）

Ⅳ-144 小黑领噪鹛（陈少川）

Ⅳ-145 红头穗鹛（杨淑贞）

Ⅳ-146 灰眶雀鹛（杨淑贞）

Ⅳ-147 棕头鸦雀（杨淑贞）

Ⅳ-148 灰头鸦雀（钱斌）

Ⅳ-149 短尾鸦雀（田润刚）

Ⅳ-150 纯色山鹪莺（俞肖剑）

Ⅳ-151　强脚树莺（赵金富）　　　　　　Ⅳ-152　远东树莺（俞肖剑）

Ⅳ-153　极北柳莺（钱斌）　　　　　　　Ⅳ-154　黄腰柳莺（俞肖剑）

Ⅳ-155　冕柳莺（范忠勇）　　　　　　　Ⅳ-156　冠纹柳莺（赵金富）

Ⅳ-157　黄眉柳莺（俞肖剑）　　　　　　Ⅳ-158　黑眉柳莺（赵金富）

Ⅳ-159 栗头鹟莺（赵金富）

Ⅳ-160 棕脸鹟莺（俞肖剑）

Ⅳ-161 戴菊（吴志华）

Ⅳ-162 暗绿绣眼鸟（俞肖剑）

Ⅳ-163 中华攀雀（鲁庆彬）

Ⅳ-164 红头长尾山雀（杨淑贞）

Ⅳ-165 银喉长尾山雀（俞肖剑）

Ⅳ-166 大山雀（杨淑贞）

Ⅳ-167　黄腹山雀（杨淑贞）

Ⅳ-168　普通鸸（俞肖剑）

Ⅳ-169　麻雀（杨淑贞）

Ⅳ-170　山麻雀（杨淑贞）

Ⅳ-171　白腰文鸟（杨淑贞）

Ⅳ-172　斑纹鸟（杨淑贞）

Ⅳ-173　燕雀（杨淑贞）

Ⅳ-174　金翅雀（杨淑贞）

Ⅳ-175　黄雀（杨淑贞）

Ⅳ-176　锡嘴雀（赵锷）

Ⅳ-177　黑尾蜡嘴雀（杨淑贞）

Ⅳ-178　黑头蜡嘴雀（钱斌）

Ⅳ-179　凤头鹀（吴志华）

Ⅳ-180　栗鹀（俞肖剑）

Ⅳ-181　三道眉草鹀（杨淑贞）

Ⅳ-182　白眉鹀（杨淑贞）

Ⅳ-183 黄眉鹀（杨淑贞）

Ⅳ-184 田鹀（吴志华）

Ⅳ-185 小鹀（杨淑贞）

Ⅳ-186 栗耳鹀（赵金富）

Ⅳ-187 黄胸鹀（吴志华）

Ⅳ-188 黄喉鹀（赵金富）

Ⅳ-189 灰头鹀（杨淑贞）

Ⅳ-190 蓝鹀（徐卫南）

图版 V　哺乳纲

V-1　东北刺猬（杨淑贞）

V-2　华南缺齿鼹（杨淑贞）

V-3　喜马拉雅水麝鼩（张芬耀）

V-4　臭鼩（张芬耀）

V-5　山东小麝鼩（钟建平）

V-6　灰麝鼩（汤亮）

V-8　小菊头蝠（张芬耀）

V-9　中华菊头蝠（鲁庆彬）

V-10　中菊头蝠（汤亮）

V-11　皮氏菊头蝠（张芬耀）

V-12　大菊头蝠（张芬耀）

V-13　普氏蹄蝠（夏建宏）

V-15　大足鼠耳蝠（鲁庆彬）

V-16　中华鼠耳蝠（张芬耀）

V-17　亚洲长翼蝠（夏建宏）

V-18　东亚伏翼（鲁庆彬）

V-19　普通伏翼（汤亮）

V-20　猕猴（杨淑贞）

V-21　穿山甲（谢纯刚）

V-22　豺（张斌）

V-23　狼（刘周）

V-24　貉（张斌）

V-25　赤狐（俞肖剑）

V-26　黄喉貂（俞肖剑）

V-27　黄鼬（徐爱春）

V-28　黄腹鼬（余建平）

V-29　水獭（鲁庆彬）

V-30　鼬獾（乔轶伦）

V-31　猪獾（徐爱春）

V-32　果子狸（章书声）

V-33 大灵猫（张斌）

V-34 小灵猫（张斌）

V-35 食蟹獴（乌岩岭）

V-36 豹猫（徐爱春）

V-37 云豹（张斌）

V-38 金猫（鲁庆彬）

V-39 金钱豹（张斌）

V-40 野猪（徐爱春）

V-41　华南梅花鹿（徐爱春）

V-42　毛冠鹿（徐爱春）

V-43　黑麂（徐爱春）

V-44　小麂（徐爱春）

V-45　中华鬣羚（徐爱春）

V-46　中华斑羚（张斌）

V-47　中国豪猪（章书声）

V-48　赤腹松鼠（俞肖剑）

V-49　珀氏长吻松鼠（杨淑贞）

V-50　猪尾鼠（何锴）

V-51　中华竹鼠（鲁庆彬）

V-52　黑腹绒鼠（鲁庆彬）

V-53　东方田鼠（鲁庆彬）

V-54　巢鼠（鲁庆彬）

V-55　小家鼠（张芬耀）

V-56　黑线姬鼠（张芬耀）

V-57　中华姬鼠（鲁庆彬）

V-58　针毛鼠（张芬耀）

V-59　北社鼠（张芬耀）

V-60　褐家鼠（张芬耀）

V-61　黄胸鼠（张芬耀）

V-62　黄毛鼠（鲁庆彬）

V-63　大足鼠（张芬耀）

V-64　青毛巨鼠（张芬耀）

V-65 白腹巨鼠（张芬耀）

V-66 华南兔（杨淑贞）